/ 高等农业院校教材 /

高等数学学习指导

王殿坤　李福乐　袁冬梅　主编

中国农业出版社
北　京

内容简介

本书为《高等数学》(李福乐、王殿坤、刘振斌主编)的配套辅导书,是编者多年教学经验的总结。本书共 11 章,主要内容为函数与极限、导数与微分、中值定理与导数的应用、不定积分、定积分、定积分的应用、微分方程、空间解析几何与向量代数、多元函数微分学、多元函数积分学、级数。每章内容包括基本内容、基本要求、习题解答三部分。

本书不仅适用于高等农业院校的学生,也可作为林、水、医等院校的学生学习高等数学的指导书,亦可作为报考农、林、水、医院校研究生的考生的复习参考书。

编写人员名单

主　编　王殿坤（青岛农业大学）
　　　　　李福乐（青岛农业大学）
　　　　　袁冬梅（青岛农业大学）
副主编　刘振斌（青岛农业大学）
　　　　　王忠锐（青岛农业大学）
　　　　　王广彬（青岛农业大学）
　　　　　常桂娟（青岛农业大学）
　　　　　孙宝山（青岛农业大学）
　　　　　黄凯美（青岛农业大学）
参　编　（以姓名笔画为序）
　　　　　于加举（青岛农业大学）
　　　　　王　萍（青岛农业大学）
　　　　　王敏会（青岛农业大学）
　　　　　尹晓翠（青岛农业大学）
　　　　　邢海龙（青岛农业大学）
　　　　　刘　倩（青岛农业大学）
　　　　　许　洋（青岛农业大学）
　　　　　孙金领（青岛农业大学）
　　　　　李冬梅（青岛农业大学）
　　　　　李桂玲（青岛农业大学）
　　　　　杨　雪（青岛农业大学）
　　　　　吴　慧（青岛农业大学）
　　　　　辛永训（青岛农业大学）
　　　　　赵　静（青岛农业大学）
　　　　　徐　英（青岛农业大学）
　　　　　程　冰（青岛农业大学）

前言
FOREWORD

本书是《高等数学》（李福乐、王殿坤、刘振斌主编）的配套辅导书，是编者多年教学经验的总结。本书不仅适用于高等农业院校，也可作为林、水、医等院校的学生学习高等数学的辅导书，亦可作为报考农、林、水、医等院校研究生的考生的复习参考书。

本书的内容有：

一、基本内容

列出了各章的基本理论知识和常用的计算公式。

二、基本要求

指出各章中每一部分内容应该掌握到什么程度，便于读者在复习时合理分配时间。

三、习题解答

对高等数学的每一节课后习题以及各章的自测题都做了全面详细的解答。另外，为考研的学生准备了六套综合测试题，并做了解答，便于学生了解考研题型和难度。

本书内容丰富，解答明确，启发性强，只要认真学习，既能巩固所学的理论知识，又能有效地提高运算能力和技巧，还可以提高读者分析问题和解决问题的能力。

本书在编写过程中，得到了很多同行专家的关心和支持，在此表示衷心感谢。由于水平所限，书中难免存在不妥之处，敬请读者批评指正。

编　者

2023 年 5 月

目录
CONTENTS

前言

第一章　函数与极限 ... 1
　一、基本内容 ... 1
　二、基本要求 ... 4
　三、习题解答 ... 5

第二章　导数与微分 ... 31
　一、基本内容 ... 31
　二、基本要求 ... 34
　三、习题解答 ... 34

第三章　中值定理与导数的应用 ... 61
　一、基本内容 ... 61
　二、基本要求 ... 65
　三、习题解答 ... 65

第四章　不定积分 ... 106
　一、基本内容 ... 106
　二、基本要求 ... 109
　三、习题解答 ... 109

第五章　定积分 ... 150
　一、基本内容 ... 150
　二、基本要求 ... 152
　三、习题解答 ... 153

第六章　定积分的应用 ... 169
　一、基本内容 ... 169

  二、基本要求 …… 170
  三、习题解答 …… 170

第七章 微分方程 …… 187
  一、基本内容 …… 187
  二、基本要求 …… 189
  三、习题解答 …… 190

第八章 空间解析几何与向量代数 …… 213
  一、基本内容 …… 213
  二、基本要求 …… 218
  三、习题解答 …… 218

第九章 多元函数微分学 …… 231
  一、基本内容 …… 231
  二、基本要求 …… 234
  三、习题解答 …… 235

第十章 多元函数积分学 …… 258
  一、基本内容 …… 258
  二、基本要求 …… 263
  三、习题解答 …… 263

第十一章 级数 …… 305
  一、基本内容 …… 305
  二、基本要求 …… 309
  三、习题解答 …… 309

附录 综合测试题与解答 …… 347
参考文献 …… 377

函数与极限

一、基本内容

1. 函数的定义

如果有一个确定的对应规律 f，使得对于 D 中的每一个实数 x，都有一个唯一确定的实数 y 与之对应，则称 y 是 x 的函数，即 $y=f(x)$，其中 D 为函数的定义域，x 称为自变量，y 的取值范围称为函数的值域，y 称为因变量.

2. 函数的表示法

列表法、公式法与图解法是三种常用的函数表示法.

分段函数：在公式法中，当对应关系可以用两个或几个式子表示时，就称为分段函数.

3. 函数的几个特性

(1) 函数的有界性：设函数 $f(x)$ 在区间 (a,b) 内有定义，如果存在一个正数 M，使得对于 (a,b) 内的一切 x 都有 $|f(x)| \leqslant M$，则称函数 $f(x)$ 在 (a,b) 内是有界的，否则称为无界.

(2) 函数的单调性：如果函数 $f(x)$ 对于区间 (a,b) 内的任意两点 x_1 及 x_2，当 $x_1 < x_2$ 时，有 $f(x_1) < f(x_2)$（或 $f(x_1) > f(x_2)$），则称函数 $f(x)$ 在区间 (a,b) 内是单调增加（或单调减少）的.

(3) 函数的奇偶性：如果函数 $f(x)$ 对于定义域内的任意 x，都满足 $f(-x)=f(x)$，则称 $f(x)$ 为偶函数；如果函数 $f(x)$ 对于定义域内的任意 x，都满足 $f(-x)=-f(x)$，则称 $f(x)$ 为奇函数.

(4) 函数的周期性：对于函数 $f(x)$，如果存在一个不为零的数 l，使对于定义域内的任何 x，都有 $f(x+l)=f(x)$ 成立，则称 $f(x)$ 为周期函数，使得 $f(x+l)=f(x)$ 成立的 l 中的最小正数称为 $f(x)$ 的最小正周期（简称周期）.

4. 反函数与复合函数

(1) 反函数：设 y 是 x 的函数，即 $y=f(x)$，如果把 y 当作自变量，x 当作函数，则由关系式 $y=f(x)$ 所确定的函数 $x=f^{-1}(y)$，称为函数 $y=f(x)$ 的反函数，习惯记为 $y=f^{-1}(x)$.

(2) 复合函数：如果 y 是 u 的函数 $y=f(u)$，而 u 又是 x 的函数 $u=\varphi(x)$，且 $\varphi(x)$ 的函数值的全部或部分在 $f(u)$ 的定义域中，那么 y 通过 u 的联系也成为 x 的函数，称后一个函数是由 $y=f(u)$ 及 $u=\varphi(x)$ 复合而成的函数，简称复合函数，记为 $y=f[\varphi(x)]$，其中 u 叫作中间变量.

5. 基本初等函数

基本初等函数是指：

(1)常函数：$y=C$；

(2)幂函数：$y=x^\mu$（μ 为实数）；

(3)指数函数：$y=a^x$（$a>0$，$a\neq 1$）；

(4)对数函数：$y=\log_a x$（$a>0$，$a\neq 1$）；

(5)三角函数：$y=\sin x$，$y=\cos x$，$y=\tan x$，$y=\cot x$，$y=\sec x$，$y=\csc x$；

(6)反三角函数：$y=\arcsin x$，$y=\arccos x$，$y=\arctan x$，$y=\mathrm{arccot}\, x$，$y=\mathrm{arcsec}\, x$，$y=\mathrm{arccsc}\, x$.

6. 初等函数

由基本初等函数经过有限次的四则运算和有限次的函数复合而构成的，并可用一个表达式表达的函数．

7. 数列的极限定义

设 $x_1, x_2, \cdots, x_n, \cdots$ 是一个数列，简记为 $\{x_n\}$，a 为一常数，如果对于任意给定的正数 ε（无论它多么小），总有自然数 N 存在，使得当 $n>N$ 时，不等式 $|x_n-a|<\varepsilon$ 总成立，则称数列 $\{x_n\}$ 以常数 a 为极限，记为 $\lim\limits_{n\to\infty}x_n=a$ 或 $x_n\to a(n\to\infty)$，若数列 $\{x_n\}$ 以 a 为极限，我们便说数列 $\{x_n\}$ 是收敛的，且收敛于 a；否则，就说它是发散的．

8. 函数的极限

(1)当 $x\to x_0$ 时的极限：设函数 $y=f(x)$ 在点 x_0 的某邻域内有定义（x_0 除外），如果对于任意给定的正数 ε（无论它多么小），总存在正数 δ，使得对于适合不等式 $0<|x-x_0|<\delta$ 的一切 x，相应的函数值 $f(x)$ 都满足不等式 $|f(x)-A|<\varepsilon$，那么 A 就称为函数 $f(x)$ 当 $x\to x_0$ 时的极限，记为 $\lim\limits_{x\to x_0}f(x)=A$ 或 $f(x)\to A(x\to x_0)$．

(2)当 $x\to\infty$ 时的极限：设函数 $y=f(x)$ 对绝对值无论多么大的 x 都有定义，如果对于任意给定的正数 ε（无论它多么小），总存在正数 X，使得对于适合不等式 $|x|>X$ 的一切 x，所对应函数值 $f(x)$ 都满足不等式 $|f(x)-A|<\varepsilon$，那么 A 就称为函数 $f(x)$ 当 $x\to\infty$ 时的极限，记为 $\lim\limits_{x\to\infty}f(x)=A$ 或 $f(x)\to A(x\to\infty)$．

类似地，可以定义当 $x\to+\infty$ 和 $x\to-\infty$ 时函数的极限：$\lim\limits_{x\to+\infty}f(x)=A$ 和 $\lim\limits_{x\to-\infty}f(x)=A$.

9. 无穷小与无穷大

(1)无穷小：如果对于任意给定的正数 ε（无论它多么小），总存在正数 δ（或正数 X），使得对于适合不等式 $0<|x-x_0|<\delta$（或 $|x|>X$）的一切 x，所对应函数值 $f(x)$ 都满足不等式 $|f(x)|<\varepsilon$，那么就称函数 $f(x)$ 为 $x\to x_0(x\to\infty)$ 的无穷小．

(2)无穷大：如果对于任意给定的正数 M（无论它多么大），总存在正数 δ（或正数 X），使得对于适合不等式 $0<|x-x_0|<\delta$（或 $|x|>X$）的一切 x，所对应函数值 $f(x)$ 都满足不等式 $|f(x)|>M$，那么就称函数 $f(x)$ 为 $x\to x_0(x\to\infty)$ 的无穷大．

(3)无穷小与无穷大的关系：若函数 $f(x)$ 为无穷大，则 $\dfrac{1}{f(x)}$ 为无穷小；若函数 $f(x)$ 为无穷小（$f(x)\neq 0$），则 $\dfrac{1}{f(x)}$ 为无穷大．

10. 极限的运算法则及判别准则

(1) 有关无穷小的运算法则：

① 有限个无穷小的和是无穷小；

② 有界函数与无穷小的积是无穷小；

③ 有限个无穷小的积是无穷小．

(2) 极限的四则运算法则：设 $\lim f(x) = A$，$\lim g(x) = B$，则

① $\lim[f(x) \pm g(x)] = \lim f(x) \pm \lim g(x) = A \pm B$；

② $\lim[f(x) \cdot g(x)] = \lim f(x) \cdot \lim g(x) = A \cdot B$；

③ $\lim \dfrac{f(x)}{g(x)} = \dfrac{\lim f(x)}{\lim g(x)} = \dfrac{A}{B} (B \neq 0)$．

(3) 极限存在的判别法：

① 单调有界函数必有极限；

② 若 $g(x) \leqslant f(x) \leqslant h(x)$，且 $\lim g(x) = \lim h(x) = A$，则 $\lim f(x) = A$；

③ $\lim\limits_{x \to x_0} f(x) = A \Leftrightarrow f(x_0 - 0) = f(x_0 + 0) = A$．

(4) 两个重要极限：

$$\lim_{x \to 0} \dfrac{\sin x}{x} = 1, \quad \lim_{x \to \infty} \left(1 + \dfrac{1}{x}\right)^x = e.$$

11. 无穷小的阶

(1) 设 α 和 β 是同一极限过程中的两个无穷小，

若 $\lim \dfrac{\beta}{\alpha} = 0$，则称 β 是比 α 高阶的无穷小，记为 $\beta = o(\alpha)$；

若 $\lim \dfrac{\beta}{\alpha} = \infty$，则称 β 是比 α 低阶的无穷小；

若 $\lim \dfrac{\beta}{\alpha} = C \neq 0$，则称 β 与 α 是同阶的无穷小；

若 $\lim \dfrac{\beta}{\alpha} = 1$，则称 β 是与 α 等价的无穷小，记为 $\beta \sim \alpha$．

(2) 等价无穷小定理：设 $\alpha \sim \alpha'$，$\beta \sim \beta'$，且 $\lim \dfrac{\beta'}{\alpha'}$ 存在，则 $\lim \dfrac{\beta}{\alpha} = \lim \dfrac{\beta'}{\alpha'}$．

12. 连续性定义

(1) 连续性定义：设函数 $y = f(x)$ 在点 x_0 的某邻域内有定义，如果对于任意给定的正数 ε（无论它多么小），总存在正数 δ，使得对于适合不等式 $|x - x_0| < \delta$ 的一切 x，相应的函数值 $f(x)$ 都满足不等式 $|f(x) - f(x_0)| < \varepsilon$，即 $\lim\limits_{x \to x_0} f(x) = f(x_0)$，则称函数 $f(x)$ 在点 x_0 连续．

函数 $y = f(x)$ 在点 x_0 连续定义的另一种形式为

$$\lim_{\Delta x \to 0} \Delta y = \lim_{\Delta x \to 0} [f(x_0 + \Delta x) - f(x_0)] = 0.$$

由定义可知，函数 $y = f(x)$ 在点 x_0 连续可解析为如下三条：

① 函数 $y = f(x)$ 在点 x_0 的某邻域内有定义；

② 极限 $\lim\limits_{x \to x_0} f(x)$ 存在；

③ 该极限值为 $f(x_0)$.

上述三条与连续定义等价.

(2) 间断点的定义及分类：

① 定义：不满足连续定义的点，即不满足与连续定义等价的三条中的任何一条的点，就称为函数的间断点.

② 分类：若 $y=f(x)$ 在间断点 x_0 处的左、右极限 $f(x_0-0)$, $f(x_0+0)$ 都存在，则称 x_0 为 $y=f(x)$ 的第一类间断点.

特别地，若还有 $f(x_0-0)=f(x_0+0)$，则称 x_0 为 $y=f(x)$ 的第一类间断点中的可去间断点.

不属于第一类间断点的间断点称为第二类间断点.

(3) 连续函数的性质：

① 若 $y=f(x)$ 及 $y=g(x)$ 在 $x=x_0$ 处连续，则 $f(x)\pm g(x)$, $f(x) \cdot g(x)$, $\dfrac{f(x)}{g(x)}(g(x_0)\neq 0)$ 在 $x=x_0$ 处连续.

② 若函数 $y=f(x)$ 在某区间上单调且连续，则其反函数 $x=\varphi(y)$ 在其相应的区间上也单调连续.

③ 若 $y=f(u)$ 在 u_0 处连续，$u=\varphi(x)$ 在 x_0 处连续，且 $u_0=\varphi(x_0)$，则 $y=f[\varphi(x)]$ 在 x_0 处连续.

基本初等函数在其定义域内是连续的；初等函数在其有定义的区间上是连续的.

④ 闭区间上连续函数的性质：

最值定理：闭区间上的连续函数一定有最大值和最小值.

介值定理：设 $y=f(x)$ 在 $[a,b]$ 上连续，C 是 $f(a)$ 与 $f(b)$ 之间的任何一个数 $(f(a)\neq f(b))$，则在 (a,b) 内至少有一点 ξ，使 $f(\xi)=C(a<\xi<b)$. 特别地，若 $f(a) \cdot f(b)<0$，则在 (a,b) 内至少有一点 ξ，使 $f(\xi)=0(a<\xi<b)$.

二、基本要求

1. 理解函数的概念，掌握函数的定义域和对应法则这两个要素.
2. 掌握函数的单调性、有界性、奇偶性及周期性.
3. 理解反函数、复合函数与分段函数的概念，能熟练地分析复合函数的分解与复合过程.
4. 熟练掌握基本初等函数的定义、性质及图形.
5. 理解数列极限和函数极限的定义，能准确地用"$\varepsilon-N$"或"$\varepsilon-\delta$"语言叙述极限定义，并对一些简单极限存在性问题给予证明.
6. 理解左、右极限的概念，举例说明函数左、右极限不存在的情形，同时给出几何解释.
7. 理解无穷小的概念，证明无穷小量的运算法则及函数极限与无穷小量关系的定理.
8. 能正确应用极限运算法则.
9. 了解两个极限准则，熟练掌握利用两个重要极限求极限的方法.

10. 理解函数在一点连续与间断的概念, 会判别函数的连续性及间断点的类型.
11. 正确理解闭区间上连续函数的性质, 能给出直观的几何解释.

三、习题解答

习 题 1-1

(A)

1. $f(x)=|1+x|+\dfrac{(7-x)(x-1)}{|2x-5|}$, 求 $f(-2)$.

解 $f(-2)=|1-2|+\dfrac{(7+2)\times(-2-1)}{|2\times(-2)-5|}=-2.$

2. $f(x)=\sqrt{4-x^2}$, 求 $f(0)$, $f(1)$, $f(-1)$, $f\left(\dfrac{1}{a}\right)$, $f(x_0)$, $f(x+h)$.

解 $f(0)=\sqrt{4-0}=2$;

$f(1)=\sqrt{4-1}=\sqrt{3}$;

$f(-1)=\sqrt{4-1}=\sqrt{3}$;

$f\left(\dfrac{1}{a}\right)=\sqrt{4-\left(\dfrac{1}{a}\right)^2}=\sqrt{4-\dfrac{1}{a^2}}$;

$f(x_0)=\sqrt{4-x_0^2}$;

$f(x+h)=\sqrt{4-(x+h)^2}.$

3. 求下列函数的定义域.

(1) $y=\sqrt{3x+2}$;

(2) $y=\dfrac{1}{1-x}$;

(3) $y=\ln(x-2)$;

(4) $y=\dfrac{1}{\lg|x-5|}$;

(5) $y=\sqrt{x^2-4}$;

(6) $y=\dfrac{1}{1+x^2-2x}+\sqrt{x+2}$;

(7) $y=\dfrac{\sqrt{4-x}}{\ln(x-1)}$;

(8) $y=\dfrac{2x}{x^2-3x+2}.$

解 (1) 要使函数有意义, 须 $3x+2\geqslant 0$, 即 $x\geqslant -\dfrac{2}{3}$, 所以函数的定义域为 $\left[-\dfrac{2}{3},+\infty\right)$.

(2) 要使函数有意义, 须 $1-x\neq 0$, 即 $x\neq 1$, 所以函数的定义域为 $(-\infty,1)\cup(1,+\infty)$.

(3) 要使函数有意义, 须 $x-2>0$, 即 $x>2$, 所以函数的定义域为 $(2,+\infty)$.

(4) 要使函数有意义, 须 $\begin{cases}|x-5|>0,\\ \lg|x-5|\neq 0,\end{cases}$ 即 $\begin{cases}x\neq 5,\\ |x-5|\neq 1,\end{cases}$ 即 $\begin{cases}x\neq 5,\\ x\neq 4, x\neq 6,\end{cases}$ 所以函数的定义域为 $(-\infty,4)\cup(4,5)\cup(5,6)\cup(6,+\infty)$.

(5) 要使函数有意义, 须 $x^2-4\geqslant 0$, 即 $x\geqslant 2$ 或 $x\leqslant -2$, 所以函数的定义域为 $(-\infty,-2]\cup[2,+\infty)$.

(6)要使函数有意义，须 $\begin{cases} 1+x^2-2x \neq 0, \\ x+2 \geqslant 0, \end{cases}$ 即 $\begin{cases} x \neq 1, \\ x \geqslant -2, \end{cases}$ 所以函数的定义域为 $[-2, 1) \cup (1, +\infty)$.

(7)要使函数有意义，须 $\begin{cases} 4-x \geqslant 0, \\ x-1 > 0, \\ x-1 \neq 1, \end{cases}$ 即 $\begin{cases} x \leqslant 4, \\ x > 1, \\ x \neq 2, \end{cases}$ 所以函数的定义域为 $(1, 2) \cup (2, 4]$.

(8)要使函数有意义，须 $x^2-3x+2 \neq 0$，即 $x \neq 1$, $x \neq 2$，所以函数的定义域为 $(-\infty, 1) \cup (1, 2) \cup (2, +\infty)$.

4. 下列各题中，函数 $f(x)$ 和 $g(x)$ 是否相同？为什么？

(1) $f(x) = \lg x^2$, $g(x) = 2\lg x$；

(2) $f(x) = \sqrt[3]{x^4 - x^3}$, $g(x) = x\sqrt[3]{x-1}$；

(3) $f(x) = x$, $g(x) = \sqrt{x^2}$.

解 (1)不相同．因为定义域不同．

(2)相同．

(3)不相同．因为对应关系不同．

5. 设 $\varphi(x) = \begin{cases} |\sin x|, & |x| < \dfrac{\pi}{3}, \\ 0, & |x| \geqslant \dfrac{\pi}{3}, \end{cases}$ 求 $\varphi\left(\dfrac{\pi}{6}\right)$, $\varphi\left(\dfrac{\pi}{4}\right)$, $\varphi\left(-\dfrac{\pi}{4}\right)$, $\varphi(-2)$.

解 $\varphi\left(\dfrac{\pi}{6}\right) = \left|\sin\dfrac{\pi}{6}\right| = \dfrac{1}{2}$; $\varphi\left(\dfrac{\pi}{4}\right) = \left|\sin\dfrac{\pi}{4}\right| = \dfrac{\sqrt{2}}{2}$;

$\varphi\left(-\dfrac{\pi}{4}\right) = \left|\sin\left(-\dfrac{\pi}{4}\right)\right| = \dfrac{\sqrt{2}}{2}$; $\varphi(-2) = 0$.

6. 下列函数中，哪些是偶函数？哪些是奇函数？哪些既非奇函数又非偶函数？

(1) $f(x) = \dfrac{1-x^2}{1+x^2}$；　　　　　　　　(2) $f(x) = xa^{-x^2}$；

(3) $f(x) = \dfrac{\sin x}{x}$；　　　　　　　　　(4) $f(x) = \dfrac{x}{|x|}$；

(5) $f(x) = 3x^2 - x^3$；　　　　　　　　(6) $f(x) = \dfrac{a^x + a^{-x}}{2}$.

解 (1)因为 $f(-x) = \dfrac{1-(-x)^2}{1+(-x)^2} = \dfrac{1-x^2}{1+x^2} = f(x)$，所以为偶函数．

(2)因为 $f(-x) = (-x)a^{-(-x)^2} = -xa^{-x^2} = -f(x)$，所以为奇函数．

(3)因为 $f(-x) = \dfrac{\sin(-x)}{-x} = \dfrac{\sin x}{x} = f(x)$，所以为偶函数．

(4)因为 $f(-x) = \dfrac{(-x)}{|-x|} = \dfrac{-x}{|x|} = -f(x)$，所以为奇函数．

(5)因为 $f(-x) = 3(-x)^2 - (-x)^3 = 3x^2 + x^3$，所以既非奇函数又非偶函数．

(6)因为 $f(-x) = \dfrac{a^{-x} + a^x}{2} = \dfrac{a^x + a^{-x}}{2} = f(x)$，所以为偶函数．

7. 设下列所考虑的函数在对称区间 $(-l, l)$ 内有定义，证明：

(1)两个偶函数的和是偶函数，两个奇函数的和是奇函数；

(2)两个偶函数的乘积是偶函数，两个奇函数的乘积是偶函数，奇函数与偶函数的乘积是奇函数．

证 (1)设 $f(x)$，$g(x)$ 均为偶函数，令 $\varphi(x)=f(x)+g(x)$，则
$$\varphi(-x)=f(-x)+g(-x)=f(x)+g(x)=\varphi(x),$$
所以 $\varphi(x)$ 为偶函数．

设 $f(x)$，$g(x)$ 均为奇函数，令 $\varphi(x)=f(x)+g(x)$，则
$$\varphi(-x)=f(-x)+g(-x)=-f(x)-g(x)=-[f(x)+g(x)]=-\varphi(x),$$
所以 $\varphi(x)$ 为奇函数．

(2)设 $f(x)$，$g(x)$ 均为偶函数，令 $\varphi(x)=f(x)\cdot g(x)$，则
$$\varphi(-x)=f(-x)\cdot g(-x)=f(x)\cdot g(x)=\varphi(x),$$
所以 $\varphi(x)$ 为偶函数．

设 $f(x)$，$g(x)$ 均为奇函数，令 $\varphi(x)=f(x)\cdot g(x)$，则
$$\varphi(-x)=f(-x)\cdot g(-x)=[-f(x)]\cdot[-g(x)]=f(x)\cdot g(x)=\varphi(x),$$
所以 $\varphi(x)$ 为偶函数．

设 $f(x)$ 为奇函数，$g(x)$ 为偶函数，令 $\varphi(x)=f(x)\cdot g(x)$，则
$$\varphi(-x)=f(-x)\cdot g(-x)=[-f(x)]\cdot g(x)=-[f(x)\cdot g(x)]=-\varphi(x),$$
所以 $\varphi(x)$ 为奇函数．

8. 函数 $y=\lg(x-1)$ 在下列哪些区间上有界？

(1)(2，3)； (2)(1，2)； (3)(1，$+\infty$)； (4)(2，$+\infty$).

解 (1)有界；(2)、(3)、(4)均无界．

9. 验证下列函数在指定区间内的单调性．

(1)$y=x^2$，$(-1,0)$；　　　　　(2)$y=\lg x$，$(0,+\infty)$；

(3)$y=\sin x$，$\left(-\dfrac{\pi}{2},\dfrac{\pi}{2}\right)$；　　　(4)$y=\cos x-x$，$[0,\pi]$．

解 (1)$y=x^2$ 在 $(-1,0)$ 内单调减少；

(2)$y=\lg x$ 在 $(0,+\infty)$ 内单调增加；

(3)$y=\sin x$ 在 $\left(-\dfrac{\pi}{2},\dfrac{\pi}{2}\right)$ 内单调增加；

(4)任取 $0\leqslant x_1<x_2\leqslant \pi$，则
$$y_1-y_2=(\cos x_1-x_1)-(\cos x_2-x_2)=(\cos x_1-\cos x_2)+(x_2-x_1).$$
因为 $y=\cos x$ 在 $[0,\pi]$ 上单调减少，所以 $x_1<x_2$，$\cos x_1-\cos x_2>0$；又 $x_2-x_1>0$，所以 $y_1-y_2>0$．所以 $y=\cos x-x$ 在 $[0,\pi]$ 上单调减少．

10. 下列函数中哪些是周期函数？如果是周期函数，指出其周期．

(1)$y=\sin(x-3)$；　　　　　(2)$y=\tan 3x$；

(3)$y=2+\cos(\pi x)$；　　　　(4)$y=x\cos x$；

(5)$y=\sin^2 x$；　　　　　　(6)$y=\sin(\omega x+\varphi)$（ω，φ 为常数）．

解 (1)是周期函数，周期 $l=2\pi$；　　(2)是周期函数，周期 $l=\dfrac{\pi}{3}$；

(3)是周期函数，周期 $l=2$；　　　　(4)不是周期函数；

(5)是周期函数，周期 $l=\pi$；　　　　(6)是周期函数，周期 $l=\dfrac{2\pi}{|\omega|}$.

(B)

1. 函数 $y=\sin\dfrac{\pi x}{2(1+x^2)}$ 的值域是(　　).

(A)$[-1,1]$；　　　　　　　　(B)$\left[-\dfrac{\sqrt{2}}{2},\dfrac{\sqrt{2}}{2}\right]$；

(C)$[0,1]$；　　　　　　　　　(D)$\left[-\dfrac{1}{2},\dfrac{1}{2}\right]$.

答案：B.

解　因为 $1+x^2\geqslant 2|x|$，所以 $-\dfrac{1}{2}\leqslant\dfrac{x}{1+x^2}\leqslant\dfrac{1}{2}$，因此 $-\dfrac{\pi}{4}\leqslant\dfrac{\pi x}{2(1+x^2)}\leqslant\dfrac{\pi}{4}$，从而 $-\dfrac{\sqrt{2}}{2}\leqslant\sin\dfrac{\pi x}{2(1+x^2)}\leqslant\dfrac{\sqrt{2}}{2}$，故选 B.

2. 设函数 $f(x)=x\cdot\tan x\cdot e^{\sin x}$，则 $f(x)$ 是(　　).

(A)偶函数；　　　(B)无界函数；　　　(C)周期函数；　　　(D)单调函数.

答案：B.

解　(A)因为 $f(-x)=(-x)\cdot\tan(-x)\cdot e^{\sin(-x)}=x\cdot\tan x\cdot e^{-\sin x}\neq f(x)$，所以 $f(x)$ 不是偶函数.

(B)因为 $f(x)=x\cdot\tan x\cdot e^{\sin x}\to\infty\left(x\to\dfrac{\pi}{2}\right)$，所以 $f(x)$ 是无界函数，故选 B.

(C)若 T 是 $f(x)$ 的周期，则 $f(x+T)=f(x)$. 令 $x=0$，得 $T\cdot\tan T\cdot e^{\sin T}=0$. 又 $T>0$，$e^{\sin T}>0$，得 $\tan T=0$，从而 $T=k\pi$，$k\in\mathbf{Z}^+$，于是 $2k\pi$ 也是 $f(x)$ 的周期，因此对定义域内任意 x，恒有 $f(x+2k\pi)=f(x)$，从而 $2k\pi\cdot\tan x\cdot e^{\sin x}\equiv 0$，于是 $\tan x\cdot e^{\sin x}\equiv 0$，矛盾. 因此 $f(x)$ 不是周期函数.

(D)$f\left(-\dfrac{\pi}{4}\right)=\dfrac{\pi}{4}e^{-\sin\frac{\pi}{4}}>0$，$f(0)=0$，$f\left(\dfrac{\pi}{4}\right)=\dfrac{\pi}{4}e^{\sin\frac{\pi}{4}}>0$，因此 $f(x)$ 不是单调函数.

3. 已知函数 $f(x)$ 满足 $f(x+y)=f(x)+f(y)$，确定 $f(x)$ 的奇偶性.

解　因为 $f(x+y)=f(x)+f(y)$，所以 $f(0)=f(0+0)=f(0)+f(0)$，从而 $f(0)=0$. 又 $0=f(0)=f(x-x)=f[x+(-x)]=f(x)+f(-x)$，所以 $f(-x)=-f(x)$，因此 $f(x)$ 为奇函数.

4. 证明：定义在对称区间 $(-l,l)$ 内的任何函数都可表示为一个奇函数与一个偶函数的和.

证　设 $f(x)$ 为定义在对称区间 $(-l,l)$ 内的任意函数，因为
$$f(x)=\dfrac{f(x)+f(-x)}{2}+\dfrac{f(x)-f(-x)}{2},$$
而 $\dfrac{f(x)+f(-x)}{2}$ 为偶函数，$\dfrac{f(x)-f(-x)}{2}$ 为奇函数，故结论成立.

5. 已知 $f(x)$ 为定义在 $(-l,l)$ 内的奇函数，若 $f(x)$ 在 $(0,l)$ 内单调增加，证明：$f(x)$ 在 $(-l,0)$ 内也单调增加.

证　对任意的 $x_1,x_2\in(-l,0)$，$x_1<x_2$，则有 $-x_1,-x_2\in(0,l)$，且 $-x_1>-x_2$.

由 $f(x)$ 在 $(0, l)$ 内单调增加，可知 $f(-x_1) > f(-x_2)$. 因为 $f(x)$ 为奇函数，故 $f(-x_1) = -f(x_1)$，$f(-x_2) = -f(x_2)$，因此 $-f(x_1) > -f(x_2)$，即 $f(x_1) < f(x_2)$，所以 $f(x)$ 在 $(-l, 0)$ 内也单调增加．

习 题 1-2

(A)

1. 函数 $y = x^2 (x \leqslant 0)$ 的反函数是 (　　).

(A) $y = \sqrt{x}$；　　　(B) $y = -\sqrt{x}$；　　　(C) $y = \pm\sqrt{x}$；　　　(D) 不存在．

答案：B.

解　根据 $y = x^2$ 可得 $x = \pm\sqrt{y}$，由 $y = x^2 (x \leqslant 0)$ 的定义域知，反函数的值域为 $(-\infty, 0]$，因此反函数为 $y = -\sqrt{x}$，故选 B.

2. 求下列函数的反函数．

(1) $y = 2\sin 5x$；　　　　　　　　　　(2) $y = 1 + \ln(x+2)$；

(3) $y = \sqrt{1-x}$；　　　　　　　　　　(4) $y = \dfrac{2^x}{2^x + 1}$.

解　(1) 由 $y = 2\sin 5x$，得
$$\frac{y}{2} = \sin 5x, \quad x = \frac{1}{5}\arcsin\frac{y}{2},$$
所以
$$y^{-1}(x) = \frac{1}{5}\arcsin\frac{x}{2} \quad (-2 \leqslant x \leqslant 2).$$

(2) 由 $y = 1 + \ln(x+2)$，得 $x + 2 = e^{y-1}$，$x = e^{y-1} - 2$，所以 $y^{-1}(x) = e^{x-1} - 2$.

(3) 由 $y = \sqrt{1-x}$，得 $x = 1 - y^2$，所以 $y^{-1}(x) = 1 - x^2 (x \geqslant 0)$.

(4) 由 $y = \dfrac{2^x}{2^x + 1}$，得 $2^x = \dfrac{y}{1-y}$，$x = \log_2\dfrac{y}{1-y}$，所以 $y^{-1}(x) = \log_2\dfrac{x}{1-x}$ $(0 < x < 1)$.

3. 设 $f(x) = x^2$，$\varphi(x) = 2^x$，求 $f[\varphi(x)]$ 与 $\varphi[f(x)]$.

解　$f[\varphi(x)] = \varphi^2(x) = 2^{2x}$，$\varphi[f(x)] = 2^{f(x)} = 2^{x^2}$.

4. 设 $\varphi(x) = x^3 + 1$，求 $\varphi(x^2)$ 与 $[\varphi(x)]^2$.

解　$\varphi(x^2) = x^6 + 1$，$[\varphi(x)]^2 = (x^3+1)^2 = x^6 + 2x^3 + 1$.

5. 设 $f(x-1) = x^2$，求 $f(x+1)$.

解　令 $t = x - 1$，则 $x = t + 1$，$f(t) = (t+1)^2$，所以 $f(x) = (x+1)^2$，因此
$$f(x+1) = (x+2)^2.$$

6. 设 $f(x)$ 的定义域是 $[0, 1]$，问：

(1) $f(x^2)$；　(2) $f(\sin x)$；　(3) $f(x+a)(a > 0)$；　(4) $f(x+a) + f(x-a)(a > 0)$

的定义域各是什么?

解　(1) $0 \leqslant x^2 \leqslant 1$，即 $-1 \leqslant x \leqslant 1$，所以 $f(x^2)$ 的定义域为 $[-1, 1]$.

(2) $0 \leqslant \sin x \leqslant 1$，得 $2k\pi \leqslant x \leqslant 2k\pi + \pi$，$k \in \mathbf{Z}$，所以 $f(\sin x)$ 的定义域为 $[2k\pi, 2k\pi + \pi]$，$k \in \mathbf{Z}$.

(3) $0 \leqslant x + a \leqslant 1$，得 $-a \leqslant x \leqslant 1 - a$，所以 $f(x+a)(a>0)$ 的定义域为 $[-a, 1-a]$.

(4) $\begin{cases} 0 \leqslant x+a \leqslant 1, \\ 0 \leqslant x-a \leqslant 1, \end{cases}$ 得 $\begin{cases} -a \leqslant x \leqslant 1-a, \\ a \leqslant x \leqslant 1+a, \end{cases}$

当 $0 < a \leqslant \dfrac{1}{2}$ 时，定义域为 $[a, 1-a]$；

当 $a > \dfrac{1}{2}$ 时，函数无定义.

7. (1) 设 $f(x) = ax+b$，且 $f(0) = -2$，$f(2) = 2$，求 $f[f(x)]$；

(2) 设 $f\left(\dfrac{1}{x}\right) = x + \sqrt{1+x^2}$，$x > 0$，求 $f(x)$.

解 (1) 由 $\begin{cases} f(0) = -2, \\ f(2) = 2, \end{cases}$ 得 $\begin{cases} -2 = b, \\ 2 = 2a+b, \end{cases}$ 即 $\begin{cases} a = 2, \\ b = -2, \end{cases}$ 所以 $f(x) = 2x-2$，所以

$$f[f(x)] = 2f(x) - 2 = 2(2x-2) - 2 = 4x-6.$$

(2) 令 $t = \dfrac{1}{x}$，则 $x = \dfrac{1}{t}$，得 $f(t) = \dfrac{1}{t} + \sqrt{1 + \dfrac{1}{t^2}}$，所以

$$f(x) = \dfrac{1}{x} + \sqrt{1 + \dfrac{1}{x^2}} \quad (x > 0).$$

8. 设 $f(x) = \begin{cases} 1, & |x| < 1, \\ 0, & |x| = 1, \\ -1, & |x| > 1, \end{cases}$ $g(x) = e^x$，求 $f[g(x)]$ 和 $g[f(x)]$.

解 $f[g(x)] = f(e^x) = \begin{cases} 1, & x < 0, \\ 0, & x = 0, \\ -1, & x > 0; \end{cases}$

$g[f(x)] = \begin{cases} e, & |x| < 1, \\ 1, & |x| = 1, \\ e^{-1}, & |x| > 1. \end{cases}$

9. 一球的半径为 r，作外切于球的圆锥，试将其体积表示为高的函数.

解 设圆锥的高为 h，体积为 V，底面半径为 x，则

$$\dfrac{r}{x} = \dfrac{h-r}{\sqrt{h^2+x^2}}, \quad r\sqrt{h^2+x^2} = x(h-r),$$

所以

$$r^2(h^2+x^2) = x^2(h-r)^2, \quad x^2 = \dfrac{r^2 h^2}{(h-r)^2 - r^2},$$

所以

$$V = \dfrac{1}{3}\pi x^2 h = \dfrac{\pi r^2 h^3}{3[(h-r)^2 - r^2]} \quad (h > 2r).$$

10. 某火车站收取行李费的规定如下，从该地到某地，当行李不超过 50kg 时，每千克收费 0.15 元，当超过 50kg 时，超重部分每千克收费 0.25 元，试求运费 y（元）与重量 x（kg）之间的函数关系.

解 当 $x \leqslant 50$ 时，$y = 0.15x$；

当 $x > 50$ 时，$y = 0.15 \times 50 + (x-50) \times 0.25 = 0.25x - 5$.

所以

$$y = \begin{cases} 0.15x, & x \leqslant 50, \\ 0.25x - 5, & x > 50. \end{cases}$$

(B)

1. 设函数 $f(x)=\begin{cases}1, & |x|\leqslant 1,\\ 0, & |x|>1,\end{cases}$ 则 $f\{f[f(x)]\}=($).

(A) 0;　　　　　　　　　　　　　　(B) 1;

(C) $\begin{cases}1, & |x|\leqslant 1,\\ 0, & |x|>1;\end{cases}$　　　　　　(D) $\begin{cases}0, & |x|\leqslant 1,\\ 1, & |x|>1.\end{cases}$

答案：B.

解 因为 $|f(x)|\leqslant 1$，所以 $f[f(x)]=1$，$f\{f[f(x)]\}=1$ 故选 B.

2. 设 $g(x)=\begin{cases}2-x, & x\leqslant 0,\\ x+2, & x>0,\end{cases}$ $f(x)=\begin{cases}x^2, & x<0,\\ -x, & x\geqslant 0,\end{cases}$ 则 $g[f(x)]=($).

(A) $\begin{cases}2+x^2, & x<0,\\ 2-x, & x\geqslant 0;\end{cases}$　　　　(B) $\begin{cases}2-x^2, & x<0,\\ 2+x, & x\geqslant 0;\end{cases}$

(C) $\begin{cases}2-x^2, & x<0,\\ 2-x, & x\geqslant 0;\end{cases}$　　　　(D) $\begin{cases}2+x^2, & x<0,\\ 2+x, & x\geqslant 0.\end{cases}$

答案：D.

解 当 $x<0$ 时，$f(x)=x^2>0$，则 $g[f(x)]=f(x)+2=x^2+2$.

当 $x\geqslant 0$ 时，$f(x)=-x\leqslant 0$，则 $g[f(x)]=2-f(x)=2+x$.

因此 $g[f(x)]=\begin{cases}2+x^2, & x<0,\\ 2+x, & x\geqslant 0,\end{cases}$ 故选 D.

3. 已知 $f(x)=\sin x$，$f[\varphi(x)]=1-x^2$，则 $\varphi(x)=$ _____，定义域为 _____．

解 $f[\varphi(x)]=\sin\varphi(x)=1-x^2$，因此 $\varphi(x)=\arcsin(1-x^2)$，由 $-1\leqslant 1-x^2\leqslant 1$，即 $0\leqslant x^2\leqslant 2$，定义域为 $[-\sqrt{2},\sqrt{2}]$.

4. 已知 $f[\varphi(x)]=1+\cos x$，$\varphi(x)=\sin\dfrac{x}{2}$，则 $f(x)=$ _____．

解 $f[\varphi(x)]=1+\cos x=1+1-2\sin^2\dfrac{x}{2}=2-2\sin^2\dfrac{x}{2}=2-2\varphi^2(x)$，

因此 $f(x)=2-2x^2$.

5. 设 $f(x)$ 满足方程 $af(x)+bf\left(-\dfrac{1}{x}\right)=\sin x$，其中 $|a|\neq |b|$，求 $f(x)$.

解 令 $x=-\dfrac{1}{t}$，则 $t=-\dfrac{1}{x}$．根据方程 $af(x)+bf\left(-\dfrac{1}{x}\right)=\sin x$，可得

$$af\left(-\dfrac{1}{t}\right)+bf(t)=\sin\left(-\dfrac{1}{t}\right),\quad 即\ bf(t)+af\left(-\dfrac{1}{t}\right)=-\sin\dfrac{1}{t},$$

因此 $$bf(x)+af\left(-\dfrac{1}{x}\right)=-\sin\dfrac{1}{x}.$$

联立 $$\begin{cases}af(x)+bf\left(-\dfrac{1}{x}\right)=\sin x,\\ bf(x)+af\left(-\dfrac{1}{x}\right)=-\sin\dfrac{1}{x},\end{cases}$$

解得 $$f(x)=\dfrac{1}{a^2-b^2}\left(a\sin x+b\sin\dfrac{1}{x}\right).$$

6. 求下列函数的反函数.

(1) $y=\dfrac{1}{2}\left(x+\dfrac{1}{x}\right)(|x|\geqslant 1)$；

(2) $y=\begin{cases}x, & x<1,\\ x^2, & 1\leqslant x\leqslant 2,\\ 3^x, & x>2.\end{cases}$

解 (1) 由 $y=\dfrac{1}{2}\left(x+\dfrac{1}{x}\right)$，得 $x^2-2xy+1=0$. 由韦达定理知，当且仅当 $y^2\geqslant 1$ 时，该方程有实解，$x=y\pm\sqrt{y^2-1}$.

当 $y\geqslant 1$ 时，$0\leqslant y-\sqrt{y^2-1}\leqslant 1$，与 x 范围不符，故 $x=y-\sqrt{y^2-1}$ 舍掉；

当 $y\leqslant -1$ 时，$-1\leqslant y+\sqrt{y^2-1}\leqslant 0$，与 x 范围不符，故 $x=y+\sqrt{y^2-1}$ 舍掉.

综上，$x=\begin{cases}y+\sqrt{y^2-1}, & y\geqslant 1,\\ y-\sqrt{y^2-1}, & y\leqslant -1.\end{cases}$

因此所求的反函数为

$$y=\begin{cases}x+\sqrt{x^2-1}, & x\geqslant 1,\\ x-\sqrt{x^2-1}, & x\leqslant -1.\end{cases}$$

(2) 由 $y=\begin{cases}x, & x<1,\\ x^2, & 1\leqslant x\leqslant 2,\\ 3^x, & x>2,\end{cases}$ 可得 $x=\begin{cases}y, & y<1,\\ \sqrt{y}, & 1\leqslant y\leqslant 4,\\ \log_3 y, & y>9,\end{cases}$

所求的反函数为

$$y=\begin{cases}x, & x<1,\\ \sqrt{x}, & 1\leqslant x\leqslant 4,\\ \log_3 x, & x>9.\end{cases}$$

7. 已知 Rt$\triangle ABC$ 中，直角边 AC，BC 的长度分别为 20，15，动点 P 从 C 出发，沿三角形边界按 $C\to B\to A$ 方向移动；动点 Q 从 C 出发，沿三角形边界按 $C\to A\to B$ 方向移动，移动到两动点相遇时为止，且点 Q 移动的速度是点 P 移动速度的 2 倍．设动点 P 移动的距离为 x，$\triangle CPQ$ 的面积为 y，试求 y 与 x 之间的函数关系.

解 $AC=20$，$BC=15$，则 $AB=\sqrt{AC^2+BC^2}=\sqrt{20^2+15^2}=25$.

设点 P 移动距离为 S_1，点 Q 移动距离为 S_2，则 $S_1=x$，$S_2=2x$. 又 $S_1+S_2=20+15+25$，即 $3x=60$，得 $x=20$（当 P，Q 相遇时，点 P 移动距离为 20），函数定义域为 $(0, 20)$.

(1) 当 $0<x\leqslant 10$ 时，点 P 在 BC 边上，点 Q 在 AC 边上，$CP=x$，$CQ=2x$. 显然 $y=\dfrac{1}{2}\cdot 2x\cdot x=x^2$.

(2) 当 $10<x\leqslant 15$ 时，点 P 在 BC 边上，点 Q 在 AB 边上，$CP=x$，$AQ=2x-20$. 根据相似三角形，可求出 $\triangle CPQ$ 以 CP 为底的高 $h=20\cdot\dfrac{45-2x}{25}=\dfrac{4}{5}\cdot(45-2x)$，因此 $y=\dfrac{1}{2}\cdot x\cdot\dfrac{4}{5}\cdot(45-2x)=-\dfrac{4}{5}x^2+18x$.

(3) 当 $15<x<20$ 时，点 P，Q 均在 AB 边上，$PQ=60-3x$.

根据面积之比 $\dfrac{S_{\triangle CPQ}}{S_{\triangle ABC}}=\dfrac{PQ}{AB}$，得

$$\frac{y}{\frac{1}{2}\cdot 15\cdot 20}=\frac{60-3x}{25},$$

即
$$y=-18x+360.$$

综上得

$$y=\begin{cases} x^2, & 0<x\leqslant 10, \\ -\dfrac{4}{5}x^2+18x, & 10<x\leqslant 15, \\ -18x+360, & 15<x<20. \end{cases}$$

习 题 1-3

（A）

1. 观察下列数列的变化趋势，写出它们的极限．

(1) $x_n=\dfrac{1}{2^n}$；　　　　(2) $x_n=(-1)^n\dfrac{1}{n}$；　　　　(3) $x_n=\dfrac{n-1}{n+1}$；

(4) $x_n=\dfrac{(-1)^n+1}{2n}$；　　(5) $x_n=2+\dfrac{1}{n^2}$；　　　　(6) $x_n=(-1)^n n$.

解 (1) $x_n=\dfrac{1}{2^n}$，即 $\dfrac{1}{2}$，$\dfrac{1}{2^2}$，$\cdots$，$\dfrac{1}{2^n}$，$\cdots$，随着自然数 n 的逐渐增大，数列 $\dfrac{1}{2^n}$ 趋于确定数值 0，所以 $\lim\limits_{n\to\infty}\dfrac{1}{2^n}=0$.

(2) $x_n=(-1)^n\dfrac{1}{n}$，即 -1，$\dfrac{1}{2}$，$-\dfrac{1}{3}$，$\cdots$，$(-1)^n\dfrac{1}{n}$，$\cdots$，随着自然数 n 的逐渐增大，数列 $x_n=(-1)^n\dfrac{1}{n}$ 趋于确定数值 0，所以 $\lim\limits_{n\to\infty}(-1)^n\dfrac{1}{n}=0$.

(3) $x_n=\dfrac{n-1}{n+1}$，即 0，$\dfrac{1}{3}$，$\dfrac{2}{4}$，$\dfrac{3}{5}$，$\cdots$，$\dfrac{n-1}{n+1}$，$\cdots$，随着自然数 n 的逐渐增大，数列 $x_n=\dfrac{n-1}{n+1}$ 趋于确定数值 1，所以 $\lim\limits_{n\to\infty}\dfrac{n-1}{n+1}=1$.

(4) $x_n=\dfrac{(-1)^n+1}{2n}$，即 0，$\dfrac{2}{4}$，0，$\dfrac{2}{8}$，0，$\dfrac{2}{12}$，$\cdots$，$\dfrac{(-1)^n+1}{2n}$，$\cdots$，随着自然数 n 的逐渐增大，数列 $x_n=\dfrac{(-1)^n+1}{2n}$ 趋于确定数值 0，所以 $\lim\limits_{n\to\infty}\dfrac{(-1)^n+1}{2n}=0$.

(5) $x_n=2+\dfrac{1}{n^2}$，即 $2+\dfrac{1}{1}$，$2+\dfrac{1}{2^2}$，$2+\dfrac{1}{3^2}$，$\cdots$，$2+\dfrac{1}{n^2}$，$\cdots$，随着自然数 n 的逐渐增大，数列 $x_n=2+\dfrac{1}{n^2}$ 趋于确定数值 2，所以 $\lim\limits_{n\to\infty}\left(2+\dfrac{1}{n^2}\right)=2$.

(6) $x_n=(-1)^n n$，即 -1，2，-3，4，$\cdots$，$(-1)^n n$，$\cdots$，随着自然数 n 的逐渐增大，数列 $x_n=(-1)^n n$ 不趋于任何确定的数值，所以数列 $x_n=(-1)^n n$ 的极限不存在．

2. 用数列极限的定义证明．

(1) $\lim\limits_{n\to\infty}\dfrac{1}{n^2}=0$；　　　　　　　　(2) $\lim\limits_{n\to\infty}\dfrac{3n+1}{2n+1}=\dfrac{3}{2}$；

(3) $\lim\limits_{n\to\infty}\dfrac{\sqrt{n^2+a^2}}{n}=1$; (4) $\lim\limits_{n\to\infty}0.\underbrace{999\cdots9}_{n\text{个}}=1$.

解 (1) 对于 $\forall \varepsilon>0$, 要使 $|x_n-a|=\left|\dfrac{1}{n^2}-0\right|=\dfrac{1}{n^2}<\varepsilon$, 只要 $n>\dfrac{1}{\sqrt{\varepsilon}}$.

取 $N=\left[\dfrac{1}{\sqrt{\varepsilon}}\right]$, 则当 $n>N$ 时, 有 $|x_n-a|=\left|\dfrac{1}{n^2}-0\right|=\dfrac{1}{n^2}<\varepsilon$, 所以
$$\lim_{n\to\infty}\dfrac{1}{n^2}=0.$$

(2) 因为 $\left|\dfrac{3n+1}{2n+1}-\dfrac{3}{2}\right|=\left|\dfrac{1}{2(2n+1)}\right|<\dfrac{1}{n}$, 对于 $\forall\varepsilon>0$, 要使 $|x_n-a|=\left|\dfrac{3n+1}{2n+1}-\dfrac{3}{2}\right|<\varepsilon$, 只要 $\dfrac{1}{n}<\varepsilon$, 即 $n>\dfrac{1}{\varepsilon}$.

取 $N=\left[\dfrac{1}{\varepsilon}\right]$, 则当 $n>N$ 时, 有 $|x_n-a|=\left|\dfrac{3n+1}{2n+1}-\dfrac{3}{2}\right|<\dfrac{1}{n}<\varepsilon$, 所以
$$\lim_{n\to\infty}\dfrac{3n+1}{2n+1}=\dfrac{3}{2}.$$

(3) 因为 $\left|\dfrac{\sqrt{n^2+a^2}}{n}-1\right|=\left|\dfrac{\sqrt{n^2+a^2}-n}{n}\right|=\left|\dfrac{a^2}{n(\sqrt{n^2+a^2}+n)}\right|<\dfrac{a^2}{n}$, 对于 $\forall\varepsilon>0$, 要使 $|x_n-a|=\left|\dfrac{\sqrt{n^2+a^2}}{n}-1\right|<\varepsilon$, 只要 $\dfrac{a^2}{n}<\varepsilon$, 即 $n>\dfrac{a^2}{\varepsilon}$.

取 $N=\left[\dfrac{a^2}{\varepsilon}\right]$, 则当 $n>N$ 时, 有 $|x_n-a|=\left|\dfrac{\sqrt{n^2+a^2}}{n}-1\right|<\dfrac{a^2}{n}<\varepsilon$, 所以
$$\lim_{n\to\infty}\dfrac{\sqrt{n^2+a^2}}{n}=1.$$

(4) 因为 $|1-0.999\cdots9|=\left|1-\left(1-\dfrac{1}{10^n}\right)\right|=\dfrac{1}{10^n}$, 对于 $\forall\varepsilon>0$, 要使 $|x_n-a|=|1-0.999\cdots9|<\varepsilon$, 只要 $\dfrac{1}{10^n}<\varepsilon$, 即 $n>\lg\dfrac{1}{\varepsilon}$.

取 $N=\left[\lg\dfrac{1}{\varepsilon}\right]$, 则当 $n>N$ 时, 有
$$|x_n-a|=|1-0.999\cdots9|=\left|1-\left(1-\dfrac{1}{10^n}\right)\right|=\dfrac{1}{10^n}<\varepsilon,$$
所以 $\lim\limits_{n\to\infty}0.999\cdots9=1$.

3. 设数列 $\{x_n\}$ 有界, 又 $\lim\limits_{n\to\infty}y_n=0$, 证明: $\lim\limits_{n\to\infty}x_ny_n=0$.

证 因为 $\{x_n\}$ 有界, 所以 $\exists M>0$, 使 $|x_n|<M$. 对于 $\forall\varepsilon>0$, 由于 $\lim\limits_{n\to\infty}y_n=0$, 所以 $\exists N$, 当 $n>N$ 时, 有 $|y_n|<\dfrac{\varepsilon}{M}$, 所以 $|x_ny_n-0|=|x_ny_n|<M|y_n|<M\cdot\dfrac{\varepsilon}{M}=\varepsilon$.

综上, 对于 $\forall\varepsilon>0$, $\exists N$, 当 $n>N$ 时, 有 $|x_ny_n-0|<\varepsilon$ 成立, 所以 $\lim\limits_{n\to\infty}x_ny_n=0$.

4. 对于数列 $\{x_n\}$, 若 $x_{2k}\to a(k\to\infty)$, $x_{2k+1}\to a(k\to\infty)$, 证明 $x_n\to a(n\to\infty)$.

证 因为 $x_{2k}\to a(k\to\infty)$, 对于 $\forall\varepsilon>0$, $\exists K_1$, 当 $k>K_1$ 时, 有
$$|x_{2k}-a|<\varepsilon. \tag{1}$$

又 $x_{2k+1} \to a(k \to \infty)$，对于上述的 ε，$\exists K_2$，当 $k > K_2$ 时，有
$$|x_{2k+1} - a| < \varepsilon. \tag{2}$$
取 $N = \max\{2K_1, 2K_2 + 1\}$，则当 $n > N$ 时，由(1)、(2)知，总有 $|x_n - a| < \varepsilon$，所以 $\lim\limits_{n \to \infty} x_n = a$.

5. 用函数极限的定义证明.

(1) $\lim\limits_{x \to 3}(3x - 1) = 8$； (2) $\lim\limits_{x \to 2}(5x + 2) = 12$；

(3) $\lim\limits_{x \to -2} \dfrac{x^2 - 4}{x + 2} = -4$； (4) $\lim\limits_{x \to \infty} \dfrac{1 + x^3}{2x^3} = \dfrac{1}{2}$；

(5) $\lim\limits_{x \to +\infty} \dfrac{\sin x}{\sqrt{x}} = 0$.

证 (1) 对于 $\forall \varepsilon > 0$，要使 $|3x - 1 - 8| = 3|x - 3| < \varepsilon$，只要 $|x - 3| < \dfrac{\varepsilon}{3}$.

取 $\delta = \dfrac{\varepsilon}{3}$，则当 $0 < |x - 3| < \delta$ 时，有 $|3x - 1 - 8| = 3|x - 3| < \varepsilon$，所以 $\lim\limits_{x \to 3}(3x - 1) = 8$.

(2) 对于 $\forall \varepsilon > 0$，要使 $|5x + 2 - 12| = 5|x - 2| < \varepsilon$，只要 $|x - 2| < \dfrac{\varepsilon}{5}$.

取 $\delta = \dfrac{\varepsilon}{5}$，则当 $0 < |x - 2| < \delta$ 时，有 $|5x + 2 - 12| = 5|x - 2| < \varepsilon$，所以 $\lim\limits_{x \to 2}(5x + 2) = 12$.

(3) 对于 $\forall \varepsilon > 0$，要使 $\left|\dfrac{x^2 - 4}{x + 2} - (-4)\right| = |x + 2| < \varepsilon$.

取 $\delta = \varepsilon$，则当 $0 < |x + 2| < \delta$ 时，有 $\left|\dfrac{x^2 - 4}{x + 2} - (-4)\right| = |x + 2| < \varepsilon$，所以 $\lim\limits_{x \to -2} \dfrac{x^2 - 4}{x + 2} = -4$.

(4) 对于 $\forall \varepsilon > 0$，要使 $\left|\dfrac{1 + x^3}{2x^3} - \dfrac{1}{2}\right| = \dfrac{1}{2|x|^3} < \varepsilon$，只要 $|x| > \dfrac{1}{\sqrt[3]{2\varepsilon}}$.

取 $X = \dfrac{1}{\sqrt[3]{2\varepsilon}}$，则当 $|x| > X$ 时，有 $\left|\dfrac{1 + x^3}{2x^3} - \dfrac{1}{2}\right| = \dfrac{1}{2|x|^3} < \varepsilon$，所以 $\lim\limits_{x \to \infty} \dfrac{1 + x^3}{2x^3} = \dfrac{1}{2}$.

(5) 对于 $\forall \varepsilon > 0$，要使 $\left|\dfrac{\sin x}{\sqrt{x}} - 0\right| < \varepsilon$. $\left|\dfrac{\sin x}{\sqrt{x}} - 0\right| = \dfrac{|\sin x|}{\sqrt{x}} \leqslant \dfrac{1}{\sqrt{x}} < \varepsilon$，只要 $x > \dfrac{1}{\varepsilon^2}$.

取 $X = \dfrac{1}{\varepsilon^2}$，则当 $x > X$ 时，有 $\left|\dfrac{\sin x}{\sqrt{x}} - 0\right| = \dfrac{|\sin x|}{\sqrt{x}} \leqslant \dfrac{1}{\sqrt{x}} < \varepsilon$，所以 $\lim\limits_{x \to +\infty} \dfrac{\sin x}{\sqrt{x}} = 0$.

6. 求 $f(x) = \dfrac{x}{x}$，$\varphi(x) = \dfrac{|x|}{x}$ 当 $x \to 0$ 时的左右极限，并说明它们在 $x \to 0$ 时的极限是否存在.

解 因为 $\lim\limits_{x \to 0^+} f(x) = \lim\limits_{x \to 0^+} \dfrac{x}{x} = 1$，$\lim\limits_{x \to 0^-} f(x) = \lim\limits_{x \to 0^-} \dfrac{x}{x} = 1$，所以 $\lim\limits_{x \to 0} f(x) = \lim\limits_{x \to 0} \dfrac{x}{x} = 1$.

因为 $\lim\limits_{x \to 0^+} \varphi(x) = \lim\limits_{x \to 0^+} \dfrac{x}{x} = 1$，$\lim\limits_{x \to 0^-} \varphi(x) = \lim\limits_{x \to 0^-} \dfrac{-x}{x} = -1$，所以 $\lim\limits_{x \to 0} \varphi(x)$ 不存在.

7. 证明当 $x \to x_0$ 时，函数 $f(x)$ 不能趋于两个不同的极限.

证 若 $\lim\limits_{x \to x_0} f(x) = a$，$\lim\limits_{x \to x_0} f(x) = b$，由定义知

对于 $\forall \varepsilon > 0$，

$\exists \delta_1 > 0$，当 $0 < |x - x_0| < \delta_1$ 时，总有 $|f(x) - a| < \dfrac{\varepsilon}{2}$；

$\exists \delta_2 > 0$，当 $0 < |x - x_0| < \delta_2$ 时，总有 $|f(x) - b| < \dfrac{\varepsilon}{2}$.

取 $\delta = \min\{\delta_1, \delta_2\}$，则当 $0 < |x - x_0| < \delta$ 时，有

$$|a - b| \leqslant |f(x) - a| + |f(x) - b| < \dfrac{\varepsilon}{2} + \dfrac{\varepsilon}{2} = \varepsilon,$$

由 ε 的任意性得 $a = b$.

(B)

1. 设函数 $f(x)$ 在 $(-\infty, +\infty)$ 内单调有界，$\{x_n\}$ 为数列，下列命题正确的是（　　）.

(A) 若 $\{x_n\}$ 收敛，则 $\{f(x_n)\}$ 收敛；　　　　(B) 若 $\{x_n\}$ 单调，则 $\{f(x_n)\}$ 收敛；

(C) 若 $\{f(x_n)\}$ 收敛，则 $\{x_n\}$ 收敛；　　　　(D) 若 $\{f(x_n)\}$ 单调，则 $\{x_n\}$ 收敛.

答案：B.

解 函数 $f(x)$ 在 $(-\infty, +\infty)$ 内单调，若 $\{x_n\}$ 单调，则 $\{f(x_n)\}$ 也单调.

又 $f(x)$ 在 $(-\infty, +\infty)$ 内有界，则 $\{f(x_n)\}$ 必有界.

因此 $\{f(x_n)\}$ 是单调有界数列，必收敛，故选 B.

2. 设 $\lim\limits_{n \to \infty} a_n = a$，且 $a \neq 0$，则当 n 充分大时，有（　　）.

(A) $|a_n| > \dfrac{|a|}{2}$；　　(B) $|a_n| < \dfrac{|a|}{2}$；　　(C) $a_n > a - \dfrac{1}{n}$；　　(D) $a_n < a - \dfrac{1}{n}$.

答案：A.

解 由 $\lim\limits_{n \to \infty} a_n = a$，知 $\lim\limits_{n \to \infty} |a_n| = |a|$，对于 $\forall \varepsilon > 0 \left(\text{取 } \varepsilon = \dfrac{|a|}{2}\right)$，$\exists N \in \mathbf{Z}^+$，当 $n > N$ 时，有 $||a_n| - |a|| < \varepsilon$，即 $||a_n| - |a|| < \dfrac{|a|}{2}$，得 $\dfrac{|a|}{2} < |a_n| < \dfrac{3|a|}{2}$，因此 (A) 对，(B) 错.

若令 $a_n = a - \dfrac{2}{n}$，则 $a_n < a - \dfrac{1}{n}$，故 (C) 错. 若令 $a_n = a + \dfrac{1}{n}$，则 $a_n > a - \dfrac{1}{n}$，故 (D) 错.

3. 已知 $\lim\limits_{x \to 2} x^2 = 4$，试问 δ 等于多少，使当 $|x - 2| < \delta$ 时，$|x^2 - 4| < 0.001$？

解 由 $\lim\limits_{x \to 2} x^2 = 4$ 知，对于 $\forall \varepsilon > 0$，取 $\delta = \min\left\{1, \dfrac{\varepsilon}{5}\right\}$，当 $|x - 2| < \delta$ 时，有 $|x^2 - 4| = |x + 2||x - 2| < 5\delta \leqslant \varepsilon$，于是取 $\varepsilon = 0.001$，则 $\delta = \min\left\{1, \dfrac{0.001}{5}\right\} = 0.0002$，要使 $|x^2 - 4| < 0.001$，取 $\delta = 0.0002$ 即可.

4. 若 $\lim\limits_{n \to \infty} x_n = a$，证明 $\lim\limits_{n \to \infty} |x_n| = |a|$. 并举例说明：如果数列 $\{|x_n|\}$ 有极限，但数列 $\{x_n\}$ 未必有极限.

证 由 $\lim\limits_{n \to \infty} x_n = a$ 知，对于 $\forall \varepsilon > 0$，$\exists N \in \mathbf{Z}^+$，当 $n > N$ 时，总有 $|x_n - a| < \varepsilon$. 因为 $||x_n| - |a|| \leqslant |x_n - a|$，所以对于 $\forall \varepsilon > 0$，$\exists N \in \mathbf{Z}^+$，当 $n > N$ 时，必有 $||x_n| - |a|| \leqslant |x_n - a| < \varepsilon$，因此 $\lim\limits_{n \to \infty} |x_n| = |a|$.

反例：取 $x_n = (-1)^n$，显然 $\lim\limits_{n \to \infty} |x_n| = \lim\limits_{n \to \infty} 1 = 1$.

而 $x_n = \begin{cases} 1, & n = 2k, \\ -1, & n = 2k + 1, \end{cases}$ 显然 $\lim\limits_{k \to \infty} x_{2k} = 1$，$\lim\limits_{k \to \infty} x_{2k+1} = -1$，因此数列 $\{x_n\}$ 的极限不存在.

5. 证明 $\lim\limits_{x\to 0}\dfrac{1+x}{1-e^{\frac{1}{x}}}$ 不存在.

证 由 $\lim\limits_{x\to 0^+}e^{\frac{1}{x}}=\infty$，$\lim\limits_{x\to 0^-}e^{\frac{1}{x}}=0$，可得

$$\lim_{x\to 0^+}\dfrac{1+x}{1-e^{\frac{1}{x}}}=0,\quad \lim_{x\to 0^-}\dfrac{1+x}{1-e^{\frac{1}{x}}}=1,$$

显然，$\lim\limits_{x\to 0^+}\dfrac{1+x}{1-e^{\frac{1}{x}}}\neq \lim\limits_{x\to 0^-}\dfrac{1+x}{1-e^{\frac{1}{x}}}$，因此 $\lim\limits_{x\to 0}\dfrac{1+x}{1-e^{\frac{1}{x}}}$ 不存在.

6. 用极限定义证明：函数 $f(x)$ 当 $x\to x_0$ 时的极限存在的充分必要条件是左极限、右极限各自存在并且相等.

证 必要性：设 $\lim\limits_{x\to x_0}f(x)=a$，由定义知，对于 $\forall\varepsilon>0$，$\exists\delta>0$，当 $0<|x-x_0|<\delta$ 时，总有 $|f(x)-a|<\varepsilon$.

故对 $\forall\varepsilon>0$，$\exists\delta>0$，当 $x_0-\delta<x<x_0$ 时，有 $|f(x)-a|<\varepsilon$，所以 $\lim\limits_{x\to x_0^-}f(x)=a$；

$\forall\varepsilon>0$，$\exists\delta>0$，当 $x_0<x<x_0+\delta$ 时，有 $|f(x)-a|<\varepsilon$，所以 $\lim\limits_{x\to x_0^+}f(x)=a$.

所以 $f(x)$ 当 $x\to x_0$ 时的左极限、右极限各自存在并且相等.

充分性：由 $\lim\limits_{x\to x_0^-}f(x)=a$ 知，对于 $\forall\varepsilon>0$，$\exists\delta_1>0$，当 $x_0-\delta_1<x<x_0$ 时，总有 $|f(x)-a|<\varepsilon$；

由 $\lim\limits_{x\to x_0^+}f(x)=a$ 知，对于上述的 ε，$\exists\delta_2>0$，当 $x_0<x<x_0+\delta_2$ 时，总有 $|f(x)-a|<\varepsilon$.

取 $\delta=\min\{\delta_1,\delta_2\}$，则当 $0<|x-x_0|<\delta$ 时，总有 $|f(x)-a|<\varepsilon$，所以 $\lim\limits_{x\to x_0}f(x)=a$.

习 题 1-4

（A）

1. 计算下列极限.

(1) $\lim\limits_{x\to 2}\dfrac{x^2+3}{x-3}$；

(2) $\lim\limits_{x\to 2}\dfrac{x^2-2x}{x^2-4x+4}$；

(3) $\lim\limits_{x\to -1}\dfrac{x+3}{x^2-x+1}$；

(4) $\lim\limits_{x\to -1}\dfrac{x^3+1}{x^2+1}$；

(5) $\lim\limits_{x\to \sqrt{3}}\dfrac{x^2-3}{x^2+1}$；

(6) $\lim\limits_{x\to 0}\dfrac{4x^3-2x^2+x}{3x^2+2x}$；

(7) $\lim\limits_{h\to 0}\dfrac{(x+h)^2-x^2}{h}$；

(8) $\lim\limits_{h\to 0}\dfrac{(x+h)^3-x^3}{h}$；

(9) $\lim\limits_{x\to \infty}\dfrac{2x^2+x}{3x^2+2x+2}$；

(10) $\lim\limits_{x\to \infty}\dfrac{x^2-1}{3x^3+2x^2+2}$；

(11) $\lim\limits_{x\to \infty}\dfrac{(x-1)(x-2)(x-3)}{5x^3}$；

(12) $\lim\limits_{x\to \infty}\dfrac{x^4-3x^2+2}{2x^3-3x+1}$.

解 (1) $\lim\limits_{x\to 2}\dfrac{x^2+3}{x-3}=\dfrac{\lim\limits_{x\to 2}(x^2+3)}{\lim\limits_{x\to 2}(x-3)}=\dfrac{4+3}{2-3}=-7.$

(2) $\lim\limits_{x\to 2}\dfrac{x^2-2x}{x^2-4x+4}=\lim\limits_{x\to 2}\dfrac{x(x-2)}{(x-2)^2}=\lim\limits_{x\to 2}\dfrac{x}{x-2}=\infty.$

(3) $\lim\limits_{x\to -1}\dfrac{x+3}{x^2-x+1}=\dfrac{-1+3}{1+1+1}=\dfrac{2}{3}.$

(4) $\lim\limits_{x\to -1}\dfrac{x^3+1}{x^2+1}=\dfrac{-1+1}{1+1}=0.$

(5) $\lim\limits_{x\to \sqrt{3}}\dfrac{x^2-3}{x^2+1}=\dfrac{3-3}{3+1}=0.$

(6) $\lim\limits_{x\to 0}\dfrac{4x^3-2x^2+x}{3x^2+2x}=\lim\limits_{x\to 0}\dfrac{4x^2-2x+1}{3x+2}=\dfrac{1}{2}.$

(7) $\lim\limits_{h\to 0}\dfrac{(x+h)^2-x^2}{h}=\lim\limits_{h\to 0}\dfrac{2xh+h^2}{h}=\lim\limits_{h\to 0}(2x+h)=2x.$

(8) $\lim\limits_{h\to 0}\dfrac{(x+h)^3-x^3}{h}=\lim\limits_{h\to 0}\dfrac{x^3+3x^2h+3xh^2+h^3-x^3}{h}=\lim\limits_{h\to 0}(3x^2+3xh+h^2)=3x^2.$

(9) $\lim\limits_{x\to \infty}\dfrac{2x^2+x}{3x^2+2x+2}=\lim\limits_{x\to \infty}\dfrac{2+\dfrac{1}{x}}{3+\dfrac{2}{x}+\dfrac{2}{x^2}}=\dfrac{2}{3}.$

(10) $\lim\limits_{x\to \infty}\dfrac{x^2-1}{3x^3+2x^2+2}=0.$

(11) $\lim\limits_{x\to \infty}\dfrac{(x-1)(x-2)(x-3)}{5x^3}=\dfrac{1}{5}.$

(12) $\lim\limits_{x\to \infty}\dfrac{x^4-3x^2+2}{2x^3-3x+1}=\infty.$

2. 计算下列数列的极限.

(1) $\lim\limits_{n\to \infty}\dfrac{1+2+3+\cdots+(n-1)}{n^2}$;   (2) $\lim\limits_{n\to \infty}\dfrac{1^2+2^2+3^2+\cdots+n^2}{n^3}$;

(3) $\lim\limits_{n\to \infty}\left(\dfrac{1}{2}+\dfrac{1}{4}+\dfrac{1}{8}+\cdots+\dfrac{1}{2^n}\right).$

解 (1) $\lim\limits_{n\to \infty}\dfrac{1+2+3+\cdots+(n-1)}{n^2}=\lim\limits_{n\to \infty}\dfrac{n(n-1)}{2n^2}=\dfrac{1}{2}.$

(2) $\lim\limits_{n\to \infty}\dfrac{1^2+2^2+\cdots+n^2}{n^3}=\lim\limits_{n\to \infty}\dfrac{n(n+1)(2n+1)}{6n^3}=\dfrac{1}{3}.$

(3) $\lim\limits_{n\to \infty}\left(\dfrac{1}{2}+\dfrac{1}{4}+\dfrac{1}{8}+\cdots+\dfrac{1}{2^n}\right)=\lim\limits_{n\to \infty}\dfrac{\dfrac{1}{2}\left[1-\left(\dfrac{1}{2}\right)^n\right]}{1-\dfrac{1}{2}}=1.$

3. 计算下列极限.

(1) $\lim\limits_{x\to 0}x^2\sin\dfrac{1}{x}$;   (2) $\lim\limits_{x\to \infty}\dfrac{\sin x}{x^2}.$

解 (1) 因为 $\lim\limits_{x\to 0}x^2=0$, $\left|\sin\dfrac{1}{x}\right|\leqslant 1$, 所以 $\lim\limits_{x\to 0}x^2\sin\dfrac{1}{x}=0.$

(2) 因为 $\lim\limits_{x\to \infty}\dfrac{1}{x^2}=0$, $|\sin x|\leqslant 1$, 所以 $\lim\limits_{x\to \infty}\dfrac{\sin x}{x^2}=0.$

(B)

1. 设函数 $f(x)=a^x(a>0, a\neq 1)$，则 $\lim\limits_{n\to\infty}\dfrac{1}{n^2}\ln[f(1)f(2)\cdots f(n)] = $ _____ .

解
$$\lim_{n\to\infty}\frac{1}{n^2}\ln[f(1)f(2)\cdots f(n)] = \lim_{n\to\infty}\frac{1}{n^2}\sum_{i=1}^n \ln f(i) = \lim_{n\to\infty}\frac{1}{n^2}\sum_{i=1}^n i\ln a$$
$$= \ln a \cdot \lim_{n\to\infty}\frac{1+2+\cdots+n}{n^2}$$
$$= \ln a \cdot \lim_{n\to\infty}\frac{n(n+1)}{2n^2} = \frac{1}{2}\ln a.$$

2. 设 $\{a_n\}$，$\{b_n\}$，$\{c_n\}$ 均为非负数列，且 $\lim\limits_{n\to\infty}a_n=0$，$\lim\limits_{n\to\infty}b_n=1$，$\lim\limits_{n\to\infty}c_n=\infty$，则必有（ ）．

(A) $a_n<b_n$ 对任意 n 成立；　　　　　(B) $b_n<c_n$ 对任意 n 成立；
(C) 极限 $\lim\limits_{n\to\infty}a_nc_n$ 不存在；　　(D) 极限 $\lim\limits_{n\to\infty}b_nc_n$ 不存在．

答案：D.

解 假设 $\lim\limits_{n\to\infty}b_nc_n=k$（存在），则 $\lim\limits_{n\to\infty}\dfrac{b_nc_n}{b_n}=\lim\limits_{n\to\infty}c_n=\dfrac{\lim\limits_{n\to\infty}b_nc_n}{\lim\limits_{n\to\infty}b_n}=k\neq\infty$ 与已知矛盾，故选 D.

3. 已知 $\lim\limits_{x\to\infty}\left(\dfrac{x^2}{x+1}-ax-b\right)=0$，其中 a，b 是常数，则（ ）．

(A) $a=1$，$b=1$；　　　　　(B) $a=-1$，$b=1$；
(C) $a=1$，$b=-1$；　　　　(D) $a=-1$，$b=-1$．

答案：C.

解 $\lim\limits_{x\to\infty}\left(\dfrac{x^2}{x+1}-ax-b\right)=\lim\limits_{x\to\infty}\dfrac{x^2-ax^2-ax-bx-b}{x+1}=\lim\limits_{x\to\infty}\dfrac{(1-a)x^2-(a+b)x-b}{x+1}=0$，
因此 x^2 的系数 $1-a=0$（否则极限为无穷大），且 x 的系数 $-(a+b)=0$，得 $a=1$，$b=-1$，故选 C.

4. 计算下列极限．

(1) $\lim\limits_{x\to+\infty}\dfrac{e^{2x}+e^{-x}}{3e^x+2e^{2x}}$；　　(2) $\lim\limits_{x\to-\infty}x(\sqrt{x^2+100}+x)$；

(3) $\lim\limits_{x\to 0}x^2\arctan\dfrac{1}{x}$；　　(4) $\lim\limits_{x\to 1}\left(\dfrac{1}{1-x}-\dfrac{3}{1-x^3}\right)$.

解 (1) $\lim\limits_{x\to+\infty}\dfrac{e^{2x}+e^{-x}}{3e^x+2e^{2x}}=\lim\limits_{x\to+\infty}\dfrac{1+e^{-3x}}{3e^{-x}+2}=\dfrac{1}{2}$.

(2) $\lim\limits_{x\to-\infty}x(\sqrt{x^2+100}+x)=\lim\limits_{x\to-\infty}\dfrac{x(\sqrt{x^2+100}+x)(\sqrt{x^2+100}-x)}{\sqrt{x^2+100}-x}$
$$=\lim_{x\to-\infty}\frac{100x}{\sqrt{x^2+100}-x}=\lim_{x\to-\infty}\frac{100}{\dfrac{1}{x}\sqrt{x^2+100}-1}$$
$$=\lim_{x\to-\infty}\frac{100}{-\sqrt{1+\dfrac{100}{x^2}}-1}=\frac{100}{-1-1}=-50.$$

(3) 因为 $\lim\limits_{x\to 0}x^2=0$，$\left|\arctan\dfrac{1}{x}\right|<\dfrac{\pi}{2}$，所以 $\lim\limits_{x\to 0}x^2\arctan\dfrac{1}{x}=0$.

(4) $\lim\limits_{x\to 1}\left(\dfrac{1}{1-x}-\dfrac{3}{1-x^3}\right)=\lim\limits_{x\to 1}\dfrac{1+x+x^2-3}{1-x^3}=\lim\limits_{x\to 1}\dfrac{(x+2)(x-1)}{(1-x)(1+x+x^2)}$
$=\lim\limits_{x\to 1}\dfrac{-(x+2)}{1+x+x^2}=-1.$

习 题 1-5

（A）

求下列极限．

(1) $\lim\limits_{x\to 0}\dfrac{\sin 2x}{\sin 5x}$;

(2) $\lim\limits_{x\to 0}\dfrac{\arcsin x}{x}$;

(3) $\lim\limits_{x\to 0}\dfrac{\tan 2x}{x}$;

(4) $\lim\limits_{x\to\infty}\dfrac{\sin x}{x}$;

(5) $\lim\limits_{x\to\infty}\left(1+\dfrac{1}{x}\right)^{\frac{x}{3}}$;

(6) $\lim\limits_{x\to\infty}\left(\dfrac{1+x}{x}\right)^{2x}$;

(7) $\lim\limits_{x\to\infty}\left(\dfrac{2x+3}{2x+1}\right)^{2x+1}$;

(8) $\lim\limits_{x\to\infty}\left(1-\dfrac{1}{x}\right)^{kx}$;

(9) $\lim\limits_{x\to 0}(1-2x)^{\frac{1}{x}}$.

解 (1) $\lim\limits_{x\to 0}\dfrac{\sin 2x}{\sin 5x}=\lim\limits_{x\to 0}\dfrac{\sin 2x}{2x}\cdot\dfrac{5x}{\sin 5x}\cdot\dfrac{2}{5}=\dfrac{2}{5}.$

(2) 令 $y=\arcsin x$，$x=\sin y$，当 $x\to 0$ 时，$y\to 0$，所以

$$\lim\limits_{x\to 0}\dfrac{\arcsin x}{x}=\lim\limits_{y\to 0}\dfrac{y}{\sin y}=1.$$

(3) $\lim\limits_{x\to 0}\dfrac{\tan 2x}{x}=\lim\limits_{x\to 0}\dfrac{\sin 2x}{2x}\cdot\dfrac{2}{\cos 2x}=2.$

(4) $\lim\limits_{x\to\infty}\dfrac{\sin x}{x}=\lim\limits_{x\to\infty}\dfrac{1}{x}\cdot\sin x=0.$

(5) $\lim\limits_{x\to\infty}\left(1+\dfrac{1}{x}\right)^{\frac{x}{3}}=\lim\limits_{x\to\infty}\left[\left(1+\dfrac{1}{x}\right)^{x}\right]^{\frac{1}{3}}=\mathrm{e}^{\frac{1}{3}}.$

(6) $\lim\limits_{x\to\infty}\left(\dfrac{1+x}{x}\right)^{2x}=\lim\limits_{x\to\infty}\left[\left(1+\dfrac{1}{x}\right)^{x}\right]^{2}=\mathrm{e}^{2}.$

(7) $\lim\limits_{x\to\infty}\left(\dfrac{2x+3}{2x+1}\right)^{2x+1}=\lim\limits_{x\to\infty}\left(1+\dfrac{2}{2x+1}\right)^{2x+1}=\lim\limits_{x\to\infty}\left[\left(1+\dfrac{2}{2x+1}\right)^{\frac{2x+1}{2}}\right]^{2}=\mathrm{e}^{2}.$

(8) $\lim\limits_{x\to\infty}\left(1-\dfrac{1}{x}\right)^{kx}=\lim\limits_{x\to\infty}\left[\left(1+\dfrac{1}{-x}\right)^{-x}\right]^{-k}=\mathrm{e}^{-k}.$

(9) $\lim\limits_{x\to 0}(1-2x)^{\frac{1}{x}}=\lim\limits_{x\to 0}\left[(1-2x)^{\frac{1}{-2x}}\right]^{-2}=\mathrm{e}^{-2}.$

（B）

1. 计算下列极限．

(1) $\lim\limits_{x\to 0}\dfrac{1-\cos 2x}{x\sin x}$;

(2) $\lim\limits_{x\to 0}\dfrac{\sin x+3x}{\tan x+2x}$;

(3) $\lim\limits_{x\to a}\dfrac{\cos x-\cos a}{x-a}$;

(4) $\lim\limits_{x\to a}\dfrac{\sin x-\sin a}{x-a}$;

(5) $\lim\limits_{x\to 0}\left(x\sin\dfrac{1}{x}+\dfrac{1}{x}\sin x\right)$;   (6) $\lim\limits_{x\to 0}\left(\dfrac{2+e^{\frac{1}{x}}}{1+e^{\frac{4}{x}}}+\dfrac{\sin x}{|x|}\right)$.

解 (1) $\lim\limits_{x\to 0}\dfrac{1-\cos 2x}{x\sin x}=\lim\limits_{x\to 0}\dfrac{2\sin^2 x}{x\sin x}=\lim\limits_{x\to 0}2\cdot\dfrac{\sin x}{x}=2.$

(2) $\lim\limits_{x\to 0}\dfrac{\sin x+3x}{\tan x+2x}=\lim\limits_{x\to 0}\dfrac{\dfrac{\sin x}{x}+3}{\dfrac{\tan x}{x}+2}=\dfrac{4}{3}.$

(3) $\lim\limits_{x\to a}\dfrac{\cos x-\cos a}{x-a}=\lim\limits_{x\to a}\dfrac{-2\sin\dfrac{x-a}{2}\cdot\sin\dfrac{x+a}{2}}{x-a}=\lim\limits_{x\to a}\dfrac{\sin\dfrac{x-a}{2}}{\dfrac{x-a}{2}}\cdot\left(-\sin\dfrac{x+a}{2}\right)$

$=\lim\limits_{x\to a}\left(-\sin\dfrac{x+a}{2}\right)=-\sin a.$

(4) $\lim\limits_{x\to a}\dfrac{\sin x-\sin a}{x-a}=\lim\limits_{x\to a}\dfrac{2\sin\dfrac{x-a}{2}\cdot\cos\dfrac{x+a}{2}}{x-a}=\lim\limits_{x\to a}\dfrac{\sin\dfrac{x-a}{2}}{\dfrac{x-a}{2}}\cdot\left(\cos\dfrac{x+a}{2}\right)$

$=\lim\limits_{x\to a}\cos\dfrac{x+a}{2}=\cos a.$

(5) $\lim\limits_{x\to 0}\left(x\sin\dfrac{1}{x}+\dfrac{1}{x}\sin x\right)=\lim\limits_{x\to 0}x\sin\dfrac{1}{x}+\lim\limits_{x\to 0}\dfrac{\sin x}{x}=0+1=1.$

(6) 由 $\lim\limits_{x\to 0^+}e^{\frac{1}{x}}=\infty,\ \lim\limits_{x\to 0^-}e^{\frac{1}{x}}=0,$ 得

$$\lim\limits_{x\to 0^+}\left(\dfrac{2+e^{\frac{1}{x}}}{1+e^{\frac{4}{x}}}+\dfrac{\sin x}{|x|}\right)=\lim\limits_{x\to 0^+}\dfrac{2+e^{\frac{1}{x}}}{1+e^{\frac{4}{x}}}+\lim\limits_{x\to 0^+}\dfrac{\sin x}{|x|}$$

$$=\lim\limits_{x\to 0^+}\dfrac{2+e^{\frac{1}{x}}}{1+(e^{\frac{1}{x}})^4}+\lim\limits_{x\to 0^+}\dfrac{\sin x}{x}$$

$$=0+1=1,$$

$$\lim\limits_{x\to 0^-}\left(\dfrac{2+e^{\frac{1}{x}}}{1+e^{\frac{4}{x}}}+\dfrac{\sin x}{|x|}\right)=\lim\limits_{x\to 0^-}\dfrac{2+e^{\frac{1}{x}}}{1+e^{\frac{4}{x}}}+\lim\limits_{x\to 0^-}\dfrac{\sin x}{|x|}$$

$$=\lim\limits_{x\to 0^-}\dfrac{2+e^{\frac{1}{x}}}{1+(e^{\frac{1}{x}})^4}-\lim\limits_{x\to 0^-}\dfrac{\sin x}{x}$$

$$=2-1=1,$$

所以 $\lim\limits_{x\to 0}\left(\dfrac{2+e^{\frac{1}{x}}}{1+e^{\frac{4}{x}}}+\dfrac{\sin x}{|x|}\right)=1.$

2. 证明 $\lim\limits_{x\to 0}\sqrt[n]{1+x}=1.$

证 当 $x>0$ 时,$1<\sqrt[n]{1+x}\leqslant 1+x,\ \lim\limits_{x\to 0^+}(1+x)=1,$ 由两边夹定理知 $\lim\limits_{x\to 0^+}\sqrt[n]{1+x}=1;$

当 $-1<x<0$ 时,$1+x<\sqrt[n]{1+x}\leqslant 1,\ \lim\limits_{x\to 0^-}(1+x)=1,$ 由两边夹定理知 $\lim\limits_{x\to 0^-}\sqrt[n]{1+x}=1.$

综上可得 $\lim\limits_{x\to 0}\sqrt[n]{1+x}=1.$

习 题 1-6

(A)

1. 当 $x \to 0$ 时，$2x-x^2$ 与 x^2-x^3 相比，哪一个是高阶无穷小？

解 因为 $\lim\limits_{x\to 0}\dfrac{x^2-x^3}{2x-x^2}=\lim\limits_{x\to 0}\dfrac{x-x^2}{2-x}=0$，所以 x^2-x^3 是比 $2x-x^2$ 高阶的无穷小.

2. 证明：当 $x \to 0$ 时，下列各对无穷小是等价的.

(1) $\arctan x$ 与 x； (2) $\sin x - \dfrac{1}{2}\sin 2x$ 与 $\dfrac{x^3}{2}$.

证 (1) 因为 $\lim\limits_{x\to 0}\dfrac{\arctan x}{x}\xlongequal{t=\arctan x}\lim\limits_{t\to 0}\dfrac{t}{\tan t}=1$，所以 $\arctan x \sim x$.

(2) 因为

$$\lim_{x\to 0}\dfrac{\sin x-\dfrac{1}{2}\sin 2x}{\dfrac{x^3}{2}}=\lim_{x\to 0}\dfrac{\sin x(1-\cos x)}{x\cdot\dfrac{x^2}{2}}=\lim_{x\to 0}\dfrac{1-\cos x}{\dfrac{x^2}{2}}$$

$$=\lim_{x\to 0}\dfrac{2\sin^2\dfrac{x}{2}}{\dfrac{x^2}{2}}=1,$$

所以 $\sin x-\dfrac{1}{2}\sin 2x\sim\dfrac{x^3}{2}$.

3. 利用等价无穷小的性质，求下列极限.

(1) $\lim\limits_{x\to 0}\dfrac{\tan 3x}{2x}$； (2) $\lim\limits_{x\to 0}\dfrac{\sin x}{3x+x^3}$； (3) $\lim\limits_{x\to 0}\dfrac{\sin(x^n)}{(\sin x)^m}$（$n$，$m$ 为正整数）.

解 (1) $\lim\limits_{x\to 0}\dfrac{\tan 3x}{2x}=\lim\limits_{x\to 0}\dfrac{3x}{2x}=\dfrac{3}{2}$.

(2) $\lim\limits_{x\to 0}\dfrac{\sin x}{3x+x^3}=\lim\limits_{x\to 0}\dfrac{x}{3x+x^3}=\lim\limits_{x\to 0}\dfrac{1}{3+x^2}=\dfrac{1}{3}$.

(3) $\lim\limits_{x\to 0}\dfrac{\sin(x^n)}{(\sin x)^m}=\lim\limits_{x\to 0}\dfrac{x^n}{x^m}=\begin{cases}0, & m<n,\\ 1, & m=n,\\ \infty, & m>n.\end{cases}$

4. 设 α，β 是两个无穷小，证明：如果 $\alpha\sim\beta$，则 $\beta-\alpha=o(\alpha)$；反之，如果 $\beta-\alpha=o(\alpha)$，则 $\alpha\sim\beta$.

证 若 $\alpha\sim\beta$，则 $\lim\dfrac{\beta}{\alpha}=1$. 因为 $\lim\dfrac{\beta-\alpha}{\alpha}=\lim\left(\dfrac{\beta}{\alpha}-1\right)=1-1=0$，所以 $\beta-\alpha=o(\alpha)$.

若 $\beta-\alpha=o(\alpha)$，则 $\lim\dfrac{\beta-\alpha}{\alpha}=0$，即 $\lim\left(\dfrac{\beta}{\alpha}-1\right)=0$，所以 $\lim\dfrac{\beta}{\alpha}=1$，所以 $\alpha\sim\beta$.

(B)

1. 设 α，β 是两个无穷小，下面四个命题哪个是假命题（   ）.

(A) 若 $\alpha\sim\beta$，则 $\alpha^2\sim\beta^2$； (B) 若 $\alpha^2\sim\beta^2$，则 $\alpha\sim\beta$；

(C) 若 $\alpha\sim\beta$，则 $\alpha-\beta=o(\alpha)$； (D) 若 $\alpha-\beta=o(\beta)$，则 $\alpha\sim\beta$.

答案：B.

解 举反例：设 $\alpha=\sin x$，$\beta=-x$，当 $x\to 0$ 时，$\lim\limits_{x\to 0}\dfrac{\alpha^2}{\beta^2}=\lim\limits_{x\to 0}\dfrac{(\sin x)^2}{x^2}=1$，但 $\lim\limits_{x\to 0}\dfrac{\alpha}{\beta}=\lim\limits_{x\to 0}\dfrac{\sin x}{-x}=-1$，故 α 与 β 不是等价无穷小.

2. 求 $\lim\limits_{x\to 0}\dfrac{x\sec^2 x-x}{x^2\sin x}$.

解 $\lim\limits_{x\to 0}\dfrac{x\sec^2 x-x}{x^2\sin x}=\lim\limits_{x\to 0}\dfrac{x(\sec^2 x-1)}{x^2\sin x}=\lim\limits_{x\to 0}\dfrac{\sec^2 x-1}{x\sin x}=\lim\limits_{x\to 0}\dfrac{\tan^2 x}{x^2}=1.$

3. 求 $\lim\limits_{x\to 0}\dfrac{(1+x^2)^{\frac{1}{3}}-1}{\cos x-1}$.

解 $\lim\limits_{x\to 0}\dfrac{(1+x^2)^{\frac{1}{3}}-1}{\cos x-1}=\lim\limits_{x\to 0}\dfrac{\frac{1}{3}x^2}{-\frac{1}{2}x^2}=-\dfrac{2}{3}.$

习 题 1-7

(A)

1. 下列函数当 k 取何值时在其定义域内连续？

(1) $f(x)=\begin{cases}e^x, & x<0,\\ k+x, & x\geq 0;\end{cases}$

(2) $f(x)=\begin{cases}\dfrac{1}{x}\sin x, & x<0,\\ k, & x=0,\\ x\sin\dfrac{1}{x}+1, & x>0;\end{cases}$

(3) $f(x)=\begin{cases}\dfrac{\sin 2x}{x}, & x<0,\\ 3x^2-2x+k, & x\geq 0.\end{cases}$

解 (1) 因为 $x<0$ 与 $x>0$ 时，$f(x)$ 均为初等函数，所以 $f(x)$ 在其有定义的区间内连续. 对点 $x=0$，由 $\lim\limits_{x\to 0^+}f(x)=\lim\limits_{x\to 0^-}f(x)=f(0)$，得 $k+0=e^0=1$，所以 $k=1$，即当 $k=1$ 时，$f(x)$ 在其定义域 $(-\infty,+\infty)$ 内连续.

(2) 因为 $x<0$ 与 $x>0$ 时，$f(x)$ 均为初等函数，所以 $f(x)$ 在其有定义的区间内连续.

对点 $x=0$，由 $\lim\limits_{x\to 0^+}f(x)=\lim\limits_{x\to 0^-}f(x)=f(0)=k$，知 $k=1$，即当 $k=1$ 时，$f(x)$ 在其定义域 $(-\infty,+\infty)$ 内连续.

(3) 因为 $x<0$ 与 $x>0$ 时，$f(x)$ 均为初等函数，所以 $f(x)$ 在其有定义的区间内连续.

对点 $x=0$，由 $\lim\limits_{x\to 0^+}f(x)=\lim\limits_{x\to 0^-}f(x)=f(0)=k$，知 $k=2$，即当 $k=2$ 时，$f(x)$ 在其定义域 $(-\infty,+\infty)$ 内连续.

2. 下列函数在指出的点处间断，说明这些间断点属于哪一类. 如果是可去间断点，则补充或修改定义使之在该点处连续.

(1) $y=\dfrac{x^2-1}{x^2-3x+2}$，$x=1$，$x=2$；

(2) $y=\dfrac{x}{\tan x}$，$x=k\pi$，$x=k\pi+\dfrac{\pi}{2}(k=0,\pm 1,\pm 2,\cdots)$；

(3) $y = \cos^2 \dfrac{1}{x}$, $x = 0$；

(4) $y = \begin{cases} x-1, & x \leqslant 1, \\ 3-x, & x > 1, \end{cases}$ $x = 1$.

解 (1)因为 $y = \dfrac{x^2-1}{x^2-3x+2} = \dfrac{(x-1)(x+1)}{(x-1)(x-2)} = \dfrac{x+1}{x-2}$，由此可知 $\lim\limits_{x \to 1} y = \lim\limits_{x \to 1} \dfrac{x+1}{x-2} = -2$，极限存在，且在 $x=1$ 处没有定义，所以 $x=1$ 为第一类间断点中的可去间断点.

补充定义 $f(x) = \begin{cases} \dfrac{x^2-1}{x^2-3x+2}, & x \neq 1, \\ -2, & x = 1, \end{cases}$ 此时函数在 $x=1$ 处连续.

而 $\lim\limits_{x \to 2} y = \lim\limits_{x \to 2} \dfrac{(x-1)(x+1)}{(x-1)(x-2)} = \infty$，所以 $x=2$ 为第二类间断点中的无穷间断点.

(2)因为 $\lim\limits_{x \to 0} \dfrac{x}{\tan x} = 1$，$\lim\limits_{x \to k\pi + \frac{\pi}{2}} \dfrac{x}{\tan x} = 0$，所以 $x=0$，$x = k\pi + \dfrac{\pi}{2}(k=0, \pm 1, \pm 2, \cdots)$ 皆为第一类间断点中的可去间断点.

补充定义 $y|_{x=0} = 1$，$y|_{x = k\pi + \frac{\pi}{2}} = 0$，此时函数 $y = f(x)$ 在 $x=0$，$x = k\pi + \dfrac{\pi}{2}$ 处连续.

而 $\lim\limits_{x \to k\pi} \dfrac{x}{\tan x} = \infty$，所以 $x = k\pi (k \neq 0)$ 为第二类间断点中的无穷间断点.

(3)因为 $y = \cos^2 \dfrac{1}{x}$ 在 $x=0$ 处的左右极限均不存在，且其函数值在 0 与 1 间振荡，所以 $x=0$ 为第二类间断点中的振荡间断点.

(4)因为 $\lim\limits_{x \to 1^-} f(x) = \lim\limits_{x \to 1^-}(x-1) = 0$，$\lim\limits_{x \to 1^+} f(x) = \lim\limits_{x \to 1^+}(3-x) = 2$，所以 $\lim\limits_{x \to 1^+} f(x) \neq \lim\limits_{x \to 1^-} f(x)$，所以 $x=1$ 为第一类间断点中的跳跃间断点.

3. 求下列函数或数列的极限.

(1) $\lim\limits_{x \to 0} \sqrt{x^2 - 2x + 5}$；

(2) $\lim\limits_{t \to -2} \dfrac{e^t + 1}{t}$；

(3) $\lim\limits_{a \to \frac{\pi}{4}} (\sin 2a)^3$；

(4) $\lim\limits_{x \to \frac{\pi}{9}} \ln(2\cos 3x)$；

(5) $\lim\limits_{x \to \frac{\pi}{4}} \dfrac{\sin 2x}{2\cos(\pi - x)}$；

(6) $\lim\limits_{x \to 0} \dfrac{\sqrt{x+1} - 1}{x}$；

(7) $\lim\limits_{x \to 0} \dfrac{x^2}{1 - \sqrt{1 + x^2}}$；

(8) $\lim\limits_{x \to 1} \dfrac{\sqrt{5x - 4} - \sqrt{x}}{x - 1}$；

(9) $\lim\limits_{n \to \infty} \dfrac{\sin \dfrac{5}{n^2}}{\tan \dfrac{1}{n^2}}$；

(10) $\lim\limits_{n \to \infty} \dfrac{\ln\left(1 + \dfrac{2}{\sqrt{n}}\right)}{\dfrac{1}{\sqrt{n}}}$.

解 (1) $\lim\limits_{x \to 0} \sqrt{x^2 - 2x + 5} = \lim\limits_{x \to 0} \sqrt{0 - 2 \times 0 + 5} = \sqrt{5}$；

(2) $\lim\limits_{t \to -2} \dfrac{e^t + 1}{t} = \dfrac{e^{-2} + 1}{-2}$；

(3) $\lim\limits_{a\to\frac{\pi}{4}}(\sin 2a)^3 = \left[\sin\left(2\cdot\frac{\pi}{4}\right)\right]^3 = 1$;

(4) $\lim\limits_{x\to\frac{\pi}{9}}\ln(2\cos 3x) = \ln\left[2\cos\left(3\cdot\frac{\pi}{9}\right)\right] = 0$;

(5) $\lim\limits_{x\to\frac{\pi}{4}}\dfrac{\sin 2x}{2\cos(\pi-x)} = \dfrac{\sin\left(2\cdot\frac{\pi}{4}\right)}{2\cos\left(\pi-\frac{\pi}{4}\right)} = -\dfrac{\sqrt{2}}{2}$;

(6) $\lim\limits_{x\to 0}\dfrac{\sqrt{x+1}-1}{x} = \lim\limits_{x\to 0}\dfrac{x}{x(\sqrt{x+1}+1)} = \lim\limits_{x\to 0}\dfrac{1}{1+1} = \dfrac{1}{2}$;

(7) $\lim\limits_{x\to 0}\dfrac{x^2}{1-\sqrt{1+x^2}} = \lim\limits_{x\to 0}\dfrac{x^2(1+\sqrt{1+x^2})}{(1-\sqrt{1+x^2})(1+\sqrt{1+x^2})} = -\lim\limits_{x\to 0}(1+\sqrt{1+x^2}) = -2$;

(8) $\lim\limits_{x\to 1}\dfrac{\sqrt{5x-4}-\sqrt{x}}{x-1} = \lim\limits_{x\to 1}\dfrac{4(x-1)}{(x-1)(\sqrt{5x-4}+\sqrt{x})} = \lim\limits_{x\to 1}\dfrac{4}{\sqrt{5x-4}+\sqrt{x}} = 2$;

(9) $\lim\limits_{n\to\infty}\dfrac{\sin\frac{5}{n^2}}{\tan\frac{1}{n^2}} = \lim\limits_{n\to\infty}\dfrac{\frac{5}{n^2}}{\frac{1}{n^2}} = 5$;

(10) $\lim\limits_{n\to\infty}\dfrac{\ln\left(1+\frac{2}{\sqrt{n}}\right)}{\frac{1}{\sqrt{n}}} = \lim\limits_{n\to\infty}\sqrt{n}\ln\left(1+\dfrac{2}{\sqrt{n}}\right) = \lim\limits_{n\to\infty}\ln\left(1+\dfrac{2}{\sqrt{n}}\right)^{\sqrt{n}}$

$= \lim\limits_{n\to\infty}\ln\left[\left(1+\dfrac{2}{\sqrt{n}}\right)^{\frac{\sqrt{n}}{2}}\right]^2 = 2$.

4. 求下列极限.

(1) $\lim\limits_{x\to\infty}e^{\frac{1}{x}}$;

(2) $\lim\limits_{x\to 0}\ln\left(\dfrac{\sin x}{x}\right)$;

(3) $\lim\limits_{x\to\infty}\left(\dfrac{x^2}{x^2-1}\right)^x$;

(4) $\lim\limits_{x\to 0}(1+3\tan^2 x)^{\cot^2 x}$.

解 (1) $\lim\limits_{x\to\infty}e^{\frac{1}{x}} = e^0 = 1$;

(2) $\lim\limits_{x\to 0}\ln\left(\dfrac{\sin x}{x}\right) = \ln 1 = 0$;

(3) $\lim\limits_{x\to\infty}\left(\dfrac{x^2}{x^2-1}\right)^x = \lim\limits_{x\to\infty}\left[\left(1+\dfrac{1}{x^2-1}\right)^{x^2-1}\right]^{\frac{x}{x^2-1}} = e^0 = 1$;

(4) $\lim\limits_{x\to 0}(1+3\tan^2 x)^{\cot^2 x} = \lim\limits_{x\to 0}\left[(1+3\tan^2 x)^{\frac{1}{3\tan^2 x}}\right]^3 = e^3$.

5. 判断函数 $f(x) = \begin{cases} x, & x<0, \\ \sin x, & x\geq 0 \end{cases}$ 在 $x=0$ 处是否连续.

解 因为 $\lim\limits_{x\to 0^+}f(x) = \lim\limits_{x\to 0^+}\sin x = 0$, $\lim\limits_{x\to 0^-}f(x) = \lim\limits_{x\to 0^-}x = 0$,

显然 $\lim\limits_{x\to 0^+}f(x) = \lim\limits_{x\to 0^-}f(x) = 0 = f(0)$, 所以 $f(x)$ 在 $x=0$ 处连续.

6. 判断函数 $f(x)=\begin{cases} x-1, & x\leqslant 1, \\ 2-x, & x>1 \end{cases}$ 在 $x=1$ 处是否连续.

解 因为 $\lim\limits_{x\to 1^+}f(x)=\lim\limits_{x\to 1^+}(2-x)=1$，$\lim\limits_{x\to 1^-}f(x)=\lim\limits_{x\to 1^-}(x-1)=0$，所以 $\lim\limits_{x\to 1^+}f(x)\neq\lim\limits_{x\to 1^-}f(x)$，所以 $f(x)$ 在 $x=1$ 处不连续.

7. 证明方程 $x^5-3x=1$ 至少有一根介于 1 与 2 之间.

证 设 $f(x)=x^5-3x-1$，因为 $f(1)=-3<0$，$f(2)=25>0$，由介值定理知，$f(x)=0$ 在 1 与 2 之间至少存在一个根，所以方程 $x^5-3x=1$ 至少有一根介于 1 与 2 之间.

8. 证明方程 $e^x\cos x=0$ 在 $(0,\pi)$ 内至少有一个根.

证 设 $f(x)=e^x\cos x$，因为 $f(0)=1>0$，$f(\pi)=-e^\pi<0$，由介值定理知，$f(x)=0$ 在 $(0,\pi)$ 内至少有一个根，所以方程 $e^x\cos x=0$ 在 $(0,\pi)$ 内至少有一个根.

9. 设 $f(x)=\begin{cases} 1, & x\geqslant 0, \\ -1, & x<0, \end{cases}$ $g(x)=\sin x$，讨论 $f[g(x)]$ 的连续性.

解 $f[g(x)]=\begin{cases} 1, & 2k\pi\leqslant x\leqslant 2k\pi+\pi, \\ -1, & 2k\pi+\pi<x<2k\pi+2\pi, \end{cases}$ 讨论分段点的连续性.

因为 $\lim\limits_{x\to 2k\pi^+}f[g(x)]=1$，$\lim\limits_{x\to 2k\pi^-}f[g(x)]=-1$，

所以 $f[g(x)]$ 在 $x=2k\pi$ 处不连续.

又因为 $\lim\limits_{x\to (2k\pi+\pi)^+}f[g(x)]=-1$，$\lim\limits_{x\to (2k\pi+\pi)^-}f[g(x)]=1$，

所以 $f[g(x)]$ 在 $x=2k\pi+\pi$ 处不连续.

所以 $f[g(x)]$ 在 $x=2k\pi$，$x=2k\pi+\pi$ 处不连续；在其他点处都连续.

(B)

1. $x=1$ 是函数 $e^{\frac{1}{x-1}}$ 的( ).

(A) 可去间断点； (B) 跳跃间断点； (C) 无穷间断点； (D) 连续点．

答案：C.

解 因为 $\lim\limits_{x\to 1^-}e^{\frac{1}{x-1}}=0$，$\lim\limits_{x\to 1^+}e^{\frac{1}{x-1}}=\infty$，所以 $x=1$ 是函数 $e^{\frac{1}{x-1}}$ 的无穷间断点．

2. 函数 $f(x)=x|x|$ 在点 $x=0$ 处( ).

(A) 极限不存在； (B) 极限存在，但不连续；
(C) 连续； (D) 间断．

答案：C.

解 因为 $\lim\limits_{x\to 0}x|x|=0=f(0)$，所以 $f(x)=x|x|$ 在点 $x=0$ 处连续.

3. 函数 $f(x)=\dfrac{(e^{\frac{1}{x}}+e)\tan x}{x(e^{\frac{1}{x}}-e)}$ 在 $[-\pi,\pi]$ 上的第一类间断点是 $x=($).

(A) 0； (B) 1； (C) $-\dfrac{\pi}{2}$； (D) $\dfrac{\pi}{2}$.

答案：A.

解 易知在 $[-\pi,\pi]$ 内 $f(x)$ 的间断点有 4 个：0，1，$\pm\dfrac{\pi}{2}$，而

$$\lim_{x\to 1}\frac{(e^{\frac{1}{x}}+e)\tan x}{x(e^{\frac{1}{x}}-e)}=\infty, \quad \lim_{x\to \pm\frac{\pi}{2}}\frac{(e^{\frac{1}{x}}+e)\tan x}{x(e^{\frac{1}{x}}-e)}=\infty,$$

所以 $x=1$, $x=\pm\dfrac{\pi}{2}$ 均为 $f(x)$ 的无穷间断点. 又

$$\lim_{x\to 0^+}\frac{(e^{\frac{1}{x}}+e)\tan x}{x(e^{\frac{1}{x}}-e)}=\lim_{x\to 0^+}\frac{1+e^{1-\frac{1}{x}}}{1-e^{1-\frac{1}{x}}}\cdot\lim_{x\to 0^+}\frac{\tan x}{x}=1, \quad \lim_{x\to 0^-}\frac{(e^{\frac{1}{x}}+e)\tan x}{x(e^{\frac{1}{x}}-e)}=-1,$$

故 $x=0$ 为 $f(x)$ 的跳跃间断点，是第一类间断点，从而选 A.

4. 已知 $\lim\limits_{x\to 1}\dfrac{x^2+ax+1}{x-1}=b$，求 a，b 的值.

解 因为 $\lim\limits_{x\to 1}\dfrac{x^2+ax+1}{x-1}=b$，且 $\lim\limits_{x\to 1}(x-1)=0$，所以 $\lim\limits_{x\to 1}(x^2+ax+1)=0$，即 $1+a+1=0$，

从而得 $a=-2$，$b=\lim\limits_{x\to 1}\dfrac{x^2+ax+1}{x-1}=\lim\limits_{x\to 1}(x-1)=0$.

5. 求下列函数的极限：

(1) $\lim\limits_{x\to 0}\dfrac{\sqrt{\cos x}-1}{x^2}$； (2) $\lim\limits_{x\to 0}(1+\sin x)^{\frac{1}{e^x-1}}$.

解 (1) $\lim\limits_{x\to 0}\dfrac{\sqrt{\cos x}-1}{x^2}=\lim\limits_{x\to 0}\dfrac{\sqrt{1+(\cos x-1)}-1}{x^2}=\lim\limits_{x\to 0}\dfrac{\frac{1}{2}(\cos x-1)}{x^2}$

$$=\frac{1}{2}\lim_{x\to 0}\frac{-\frac{x^2}{2}}{x^2}=-\frac{1}{4};$$

(2) $\lim\limits_{x\to 0}(1+\sin x)^{\frac{1}{e^x-1}}=\lim\limits_{x\to 0}\left[(1+\sin x)^{\frac{1}{\sin x}}\right]^{\frac{\sin x}{e^x-1}}=\lim\limits_{x\to 0}\left[(1+\sin x)^{\frac{1}{\sin x}}\right]^{\frac{\sin x}{x}}=e$.

自测题一

一、填空题

1. 设 $f(x)$ 的定义域为 $D=[0,1]$，则 $f(x^2)$ 的定义域为 _____.

解 $f(x^2)$ 由 $f(u)$ 与 $u=x^2$ 复合而成. $0\leqslant u\leqslant 1$，因此 $0\leqslant x^2\leqslant 1$，$-1\leqslant x\leqslant 1$，因此 $f(x^2)$ 的定义域为 $[-1,1]$.

2. 设 $f(x)=\dfrac{1}{1-x}$，则 $f[f(x)]=$ _____.

解 $f[f(x)]=\dfrac{1}{1-f(x)}=\dfrac{1}{1-\dfrac{1}{1-x}}=\dfrac{x-1}{x}=1-\dfrac{1}{x}$.

3. 已知 $\lim\limits_{x\to\infty}\left(\dfrac{x^2+1}{x+1}-ax-b\right)=0$，则 $a=$ _____，$b=$ _____.

解 $\lim\limits_{x\to\infty}\left(\dfrac{x^2+1}{x+1}-ax-b\right)=\lim\limits_{x\to\infty}\dfrac{x^2+1-ax^2-ax-bx-b}{x+1}$

$$=\lim_{x\to\infty}\frac{(1-a)x^2-(a+b)x+(1-b)}{x+1}=0,$$

因此 x^2 的系数 $1-a=0$，且 x 的系数 $a+b=0$，得 $a=1$，$b=-1$.

4. 已知 $\lim\limits_{x\to\infty}\left(\dfrac{x+a}{x-a}\right)^x=9$ (a 为非零常数)，则 $a=$ _____．

解 $\lim\limits_{x\to\infty}\left(\dfrac{x+a}{x-a}\right)^x=\lim\limits_{x\to\infty}\left(1+\dfrac{2a}{x-a}\right)^x=\lim\limits_{x\to\infty}\left[\left(1+\dfrac{2a}{x-a}\right)^{\frac{x-a}{2a}}\right]^{\frac{2ax}{x-a}}=\mathrm{e}^{2a}$，得 $\mathrm{e}^{2a}=9$，因此 $2a=\ln 9$，$a=\dfrac{1}{2}\ln 9=\ln 3$．

5. 设 $f(x)=\begin{cases}a+bx^2, & x\leqslant 0,\\ \dfrac{\sin bx}{x}, & x>0\end{cases}$ 在 $x=0$ 处连续，则常数 a 与 b 应满足的关系是 _____．

解 $f(x)$ 在 $x=0$ 处连续，因此有 $f(0+0)=f(0)=f(0-0)$．而 $f(0)=a$，$f(0+0)=\lim\limits_{x\to 0^+}\dfrac{\sin bx}{x}=b$，$f(0-0)=\lim\limits_{x\to 0^-}(a+bx^2)=a$，因此 $a=b$．

二、选择题

1. 若 $f(x)$ 为奇函数，$\varphi(x)$ 为偶函数，且 $\varphi[f(x)]$ 有意义，则 $\varphi[f(x)]$ 为（　　）．

(A) 奇函数；　　　　　　　　　　(B) 偶函数；
(C) 可能是奇函数也可能是偶函数；　(D) 非奇非偶函数．

答案：B．

解 由 $\varphi[f(-x)]=\varphi[-f(x)]=\varphi[f(x)]$ 可知，$\varphi[f(x)]$ 为偶函数，故选 B．

2. $f(x)=\dfrac{x^2-1}{x-1}\mathrm{e}^{\frac{1}{x-1}}$，则 $x=1$ 是 $f(x)$ 的（　　）．

(A) 可去间断点；　　　　　　　　(B) 跳跃间断点；
(C) 无穷间断点；　　　　　　　　(D) 连续点．

答案：C．

解 由 $\lim\limits_{x\to 1^+}\mathrm{e}^{\frac{1}{x-1}}=\infty$，$\lim\limits_{x\to 1^-}\mathrm{e}^{\frac{1}{x-1}}=0$，可得

$\lim\limits_{x\to 1^+}\dfrac{x^2-1}{x-1}\mathrm{e}^{\frac{1}{x-1}}=\lim\limits_{x\to 1^+}(x+1)\mathrm{e}^{\frac{1}{x-1}}=\infty$，$\lim\limits_{x\to 1^-}\dfrac{x^2-1}{x-1}\mathrm{e}^{\frac{1}{x-1}}=\lim\limits_{x\to 1^-}(x+1)\mathrm{e}^{\frac{1}{x-1}}=0$，故选 C．

3. 设对任意 x，总有 $\varphi(x)\leqslant f(x)\leqslant g(x)$，且 $\lim\limits_{x\to\infty}[g(x)-\varphi(x)]=0$，则 $\lim\limits_{x\to\infty}f(x)$（　　）．

(A) 存在且等于零；　　　　　　　(B) 存在但不一定为零；
(C) 一定不存在；　　　　　　　　(D) 不一定存在．

答案：D．

解 若令 $\varphi(x)=1-\mathrm{e}^{-|x|}$，$g(x)=1+\mathrm{e}^{-|x|}$，$f(x)=1$，则有 $\varphi(x)\leqslant f(x)\leqslant g(x)$，且 $\lim\limits_{x\to\infty}[g(x)-\varphi(x)]=\lim\limits_{x\to\infty}2\mathrm{e}^{-|x|}=0$，但 $\lim\limits_{x\to\infty}f(x)=1$，因此 (A)、(C) 均不正确．

若令 $\varphi(x)=\mathrm{e}^x-\mathrm{e}^{-|x|}$，$g(x)=\mathrm{e}^x+\mathrm{e}^{-|x|}$，$f(x)=\mathrm{e}^x$，则有 $\varphi(x)\leqslant f(x)\leqslant g(x)$，且 $\lim\limits_{x\to\infty}[g(x)-\varphi(x)]=\lim\limits_{x\to\infty}2\mathrm{e}^{-|x|}=0$，而 $\lim\limits_{x\to\infty}f(x)=\lim\limits_{x\to\infty}\mathrm{e}^x$ 不存在，因此 (B) 不正确，故选 D．

4. 当 $x\to 0$ 时，x^2-x^3 是 $2x-x^2$ 的（　　）．

(A) 低阶无穷小；　　　　　　　　(B) 高阶无穷小；
(C) 同阶非等价无穷小；　　　　　(D) 等价无穷小．

答案：B．

解 $\lim\limits_{x\to 0}\dfrac{x^2-x^3}{2x-x^2}=\lim\limits_{x\to 0}\dfrac{x(1-x)}{2-x}=0$，$x^2-x^3$ 是比 $2x-x^2$ 高阶的无穷小，故选 B.

5. 函数 $f(x)=\lim\limits_{t\to 0}\left(1+\dfrac{\sin t}{x}\right)^{\frac{x^2}{t}}$ 在 $(-\infty,+\infty)$ 内（　　）.

(A) 连续；　　　　　　　　　　　　(B) 有可去间断点；

(C) 有跳跃间断点；　　　　　　　　(D) 有无穷间断点.

答案：B.

解 $f(x)=\lim\limits_{t\to 0}\left(1+\dfrac{\sin t}{x}\right)^{\frac{x^2}{t}}=\lim\limits_{t\to 0}\left[\left(1+\dfrac{\sin t}{x}\right)^{\frac{x}{\sin t}}\right]^{\frac{\sin t}{x}\cdot\frac{x^2}{t}}=e^x\,(x\neq 0)$，因此 $f(x)$ 在 $(-\infty,0)\cup(0,+\infty)$ 内连续，$x=0$ 为可去间断点，故选 B.

三、计算下列极限

1. $\lim\limits_{x\to 0^+}\dfrac{1-e^{\frac{1}{x}}}{x+e^{\frac{1}{x}}}$；

2. $\lim\limits_{n\to\infty}2^n\sin\dfrac{x}{2^n}$；

3. $\lim\limits_{x\to 0}(1+2x)^{\frac{2}{\sin x}}$；

4. $\lim\limits_{x\to 0}(1-x^2)^{\frac{1}{1-\cos x}}$；

5. $\lim\limits_{x\to 0}(\cos x)^{\frac{1}{\ln(1+x^2)}}$；

6. $\lim\limits_{x\to 0}\dfrac{\sec x-1}{x^2}$.

解 1. 由 $\lim\limits_{x\to 0^+}e^{\frac{1}{x}}=+\infty$，可得

$$\lim_{x\to 0^+}\dfrac{1-e^{\frac{1}{x}}}{x+e^{\frac{1}{x}}}=\lim_{x\to 0^+}\dfrac{\frac{1}{e^{\frac{1}{x}}}-1}{\frac{x}{e^{\frac{1}{x}}}+1}=-1.$$

2. $\lim\limits_{n\to\infty}2^n\sin\dfrac{x}{2^n}=\lim\limits_{n\to\infty}\dfrac{\sin\frac{x}{2^n}}{\frac{x}{2^n}}\cdot x=x.$

3. $\lim\limits_{x\to 0}(1+2x)^{\frac{2}{\sin x}}=\lim\limits_{x\to 0}[(1+2x)^{\frac{1}{2x}}]^{2x\cdot\frac{2}{\sin x}}=e^{4\cdot\lim\limits_{x\to 0}\frac{x}{\sin x}}=e^4.$

4. $\lim\limits_{x\to 0}(1-x^2)^{\frac{1}{1-\cos x}}=\lim\limits_{x\to 0}[(1-x^2)^{\frac{1}{-x^2}}]^{\frac{-x^2}{1-\cos x}}=\lim\limits_{x\to 0}[(1-x^2)^{\frac{1}{-x^2}}]^{\frac{-x^2}{\frac{x^2}{2}}}$

$=\lim\limits_{x\to 0}[(1-x^2)^{\frac{1}{-x^2}}]^{-2}=e^{-2}.$

5. $\lim\limits_{x\to 0}(\cos x)^{\frac{1}{\ln(1+x^2)}}=\lim\limits_{x\to 0}[1+(\cos x-1)]^{\frac{1}{\ln(1+x^2)}}=\lim\limits_{x\to 0}\{[1+(\cos x-1)]^{\frac{1}{\cos x-1}}\}^{\frac{\cos x-1}{\ln(1+x^2)}}$

$=e^{\lim\limits_{x\to 0}\frac{\cos x-1}{\ln(1+x^2)}}=e^{\lim\limits_{x\to 0}\frac{-\frac{x^2}{2}}{x^2}}=e^{-\frac{1}{2}}.$

6. $\lim\limits_{x\to 0}\dfrac{\sec x-1}{x^2}=\lim\limits_{x\to 0}\dfrac{1-\cos x}{x^2\cos x}=\lim\limits_{x\to 0}\dfrac{\frac{x^2}{2}}{x^2\cos x}=\lim\limits_{x\to 0}\dfrac{1}{2\cos x}=\dfrac{1}{2}.$

四、讨论 $f(x)=\begin{cases}\dfrac{1}{x}\sin x,&x<0,\\ a,&x=0,\\ x\sin\dfrac{1}{x}+b,&x>0\end{cases}$ 连续，常数 a 与 b 应取什么数值.

解 要使 $f(x)$ 连续，由初等函数的连续性，只需保证 $f(x)$ 在 $x=0$ 处连续，即
$$f(0+0)=f(0)=f(0-0).$$
$$f(0+0)=\lim_{x\to 0^+}\left(x\sin\frac{1}{x}+b\right)=b, \quad f(0-0)=\lim_{x\to 0^-}\frac{1}{x}\sin x=1, \quad f(0)=a,$$
因此 $a=b=1$.

五、证明方程 $x=a\sin x+b(a>0, b>0)$ 至少有一个正根，且不超过 $a+b$.

证 令 $f(x)=x-a\sin x-b$，则 $f(x)$ 在 $[0, a+b]$ 上连续，且
$$f(0)=-b<0, \quad f(a+b)=a+b-a\sin(a+b)-b=a[1-\sin(a+b)]\geqslant 0.$$
(1) 若 $f(a+b)=0$，则 $a+b$ 即为方程的正根且不超过 $a+b$.

(2) 若 $f(a+b)>0$，则 $f(0)\cdot f(a+b)<0$，根据根的存在定理知，至少存在一点 $\xi\in(0, a+b)$，使得 $f(\xi)=0$，即 $\xi=a\sin\xi+b$，因此 ξ 是原方程的正根且不超过 $a+b$.

导数与微分

一、基本内容

1. 导数的定义

设函数 $y=f(x)$ 在 x_0 的某邻域内有定义,当自变量 x 在 x_0 处有增量 Δx 时,相应的函数有增量 $\Delta y=f(x_0+\Delta x)-f(x_0)$,当 $\Delta x\to 0$ 时,如果这两个增量的比值

$$\frac{\Delta y}{\Delta x}=\frac{f(x_0+\Delta x)-f(x_0)}{\Delta x}$$

的极限存在,则称这个极限值为函数 $y=f(x)$ 在 $x=x_0$ 处的导数,记为 $f'(x_0)$,即

$$f'(x_0)=\lim_{\Delta x\to 0}\frac{\Delta y}{\Delta x}=\lim_{\Delta x\to 0}\frac{f(x_0+\Delta x)-f(x_0)}{\Delta x},$$

也可记为 $y'|_{x=x_0}$ 或 $\frac{\mathrm{d}y}{\mathrm{d}x}\Big|_{x=x_0}$ 或 $\frac{\mathrm{d}}{\mathrm{d}x}f(x)\Big|_{x=x_0}$. 此时也称函数 $y=f(x)$ 在 $x=x_0$ 处可导.

2. 可导的充要条件

$y=f(x)$ 在 $x=x_0$ 处可导的充要条件是:$y=f(x)$ 在 $x=x_0$ 处的左导数 $f'_-(x_0)$、右导数 $f'_+(x_0)$ 都存在且相等.

3. 导数的基本公式

(1) $y=C$,$y'=0$;

(2) $y=x^\mu$,$y'=\mu x^{\mu-1}$;

(3) $y=a^x$,$y'=a^x\ln a$ ($a>0$,且 $a\neq 1$);

$y=\mathrm{e}^x$,$y'=\mathrm{e}^x$;

(4) $y=\log_a x$,$y'=\dfrac{1}{x\ln a}$ ($a>0$,且 $a\neq 1$);

$y=\ln x$,$y'=\dfrac{1}{x}$;

(5) $y=\sin x$,$y'=\cos x$;

(6) $y=\cos x$,$y'=-\sin x$;

(7) $y=\tan x$,$y'=\dfrac{1}{\cos^2 x}=\sec^2 x$;

(8) $y=\cot x$,$y'=-\dfrac{1}{\sin^2 x}=-\csc^2 x$;

(9) $y=\arcsin x$,$y'=\dfrac{1}{\sqrt{1-x^2}}$;

(10) $y = \arccos x$，$y' = -\dfrac{1}{\sqrt{1-x^2}}$；

(11) $y = \arctan x$，$y' = \dfrac{1}{1+x^2}$；

(12) $y = \mathrm{arccot}\, x$，$y' = -\dfrac{1}{1+x^2}$.

4. 四则运算

若 $u = u(x)$，$v = v(x)$ 的导数都存在，则

(1) $(u \pm v)' = u' \pm v'$；

(2) $(uv)' = u'v + uv'$；

(3) $\left(\dfrac{u}{v}\right)' = \dfrac{u'v - uv'}{v^2}$ ($v \neq 0$).

5. 反函数的导数

如果连续函数 $y = f(x)$ 是 $x = \varphi(y)$ 的反函数，且 $\varphi'(y) \neq 0$，则 $f'(x) = \dfrac{1}{\varphi'(y)}$ 或写为 $y'_x = \dfrac{1}{x'_y}$.

6. 复合函数求导

如果函数 $y = f(u)$ 和 $u = \varphi(x)$ 分别是 u 和 x 的可导函数，则复合函数 $y = f[\varphi(x)]$ 是 x 的可导函数，且 $y'_x = y'_u \cdot u'_x = f'(u) \cdot \varphi'(x)$ 或 $\dfrac{\mathrm{d}y}{\mathrm{d}x} = \dfrac{\mathrm{d}y}{\mathrm{d}u} \cdot \dfrac{\mathrm{d}u}{\mathrm{d}x}$.

7. 隐函数求导法

若 $y = y(x)$ 是由方程 $F(x, y) = 0$ 所确定的函数，则其导数可由方程 $\dfrac{\mathrm{d}}{\mathrm{d}x} F(x, y) = 0$ 求得.

8. 参数方程所确定的函数的导数

若 $y = f(x)$ 由参数方程 $\begin{cases} x = \varphi(t), \\ y = \psi(t) \end{cases}$ ($\alpha < t < \beta$) 给出，其中 $\varphi(t)$，$\psi(t)$ 可导，且 $\varphi'(t) \neq 0$，则由复合函数与反函数的求导公式，有

$$\dfrac{\mathrm{d}y}{\mathrm{d}x} = \dfrac{\psi'(t)}{\varphi'(t)} = \dfrac{y'_t}{x'_t}.$$

9. 微分的定义

设函数 $y = f(x)$ 在某区间内有定义，x_0 及 $x_0 + \Delta x$ 在这个区间内，如果函数的增量 $\Delta y = f(x_0 + \Delta x) - f(x_0)$ 可表示为 $\Delta y = A \Delta x + o(\Delta x)$，其中 A 不依赖于 Δx，而 $o(\Delta x)$ 是比 Δx 高阶的无穷小，则称函数 $y = f(x)$ 在点 x_0 处可微，$A \Delta x$ 叫作函数 $y = f(x)$ 在点 x_0 相应于自变量增量 Δx 的微分，记作 $\mathrm{d}y$，即 $\mathrm{d}y = A \Delta x$.

10. 可微的充要条件

函数 $y = f(x)$ 在点 x 处可微的充要条件是：函数 $y = f(x)$ 在点 x 处可导，且 $A = f'(x)$，于是微分又记为 $\mathrm{d}y = f'(x) \cdot \Delta x$ 或 $\mathrm{d}y = f'(x) \cdot \mathrm{d}x$.

11. 微分的四则运算

若 $u = u(x)$，$v = v(x)$ 在点 x 处可微，则

(1) $\mathrm{d}(u \pm v) = \mathrm{d}u \pm \mathrm{d}v$；

(2) $d(uv) = vdu + udv$；

(3) $d\left(\dfrac{u}{v}\right) = \dfrac{vdu - udv}{v^2} (v \neq 0)$.

12. 微分的基本公式

(1) $y = C$，$dy = 0$；

(2) $y = x^\mu$，$dy = \mu x^{\mu-1} dx$；

(3) $y = a^x$，$dy = a^x \ln a \, dx (a > 0$，且 $a \neq 1)$；

$\quad y = e^x$，$dy = e^x dx$；

(4) $y = \log_a x$，$dy = \dfrac{1}{x \ln a} dx (a > 0$，且 $a \neq 1)$；

$\quad y = \ln x$，$dy = \dfrac{1}{x} dx$；

(5) $y = \sin x$，$dy = \cos x \, dx$；

(6) $y = \cos x$，$dy = -\sin x \, dx$；

(7) $y = \tan x$，$dy = \dfrac{1}{\cos^2 x} dx = \sec^2 x \, dx$；

(8) $y = \cot x$，$dy = -\dfrac{1}{\sin^2 x} dx = -\csc^2 x \, dx$；

(9) $y = \arcsin x$，$dy = \dfrac{1}{\sqrt{1-x^2}} dx$；

(10) $y = \arccos x$，$dy = -\dfrac{1}{\sqrt{1-x^2}} dx$；

(11) $y = \arctan x$，$dy = \dfrac{1}{1+x^2} dx$；

(12) $y = \operatorname{arccot} x$，$dy = -\dfrac{1}{1+x^2} dx$.

13. 微分在近似计算中的应用

设函数 $y = f(x)$ 在点 x_0 处可微，$\Delta x = x - x_0$，$\Delta y = f(x_0 + \Delta x) - f(x_0)$，当 $|\Delta x|$ 很小时，有如下公式 ① $\Delta y \approx f'(x_0) \cdot \Delta x$；② $f(x_0 + \Delta x) \approx f(x_0) + f'(x_0) \cdot \Delta x$.

14. 高阶导数

函数 $y = f(x)$ 的导数的导数 $(y')'$，称为 $y = f(x)$ 的二阶导数，记为 $y'' = f''(x)$ 或 $\dfrac{d^2 y}{dx^2}$，…，一般地，函数 $y = f(x)$ 的 $n-1$ 阶导数的导数称为函数 $y = f(x)$ 的 n 阶导数，记为 $y^{(n)} = f^{(n)}(x)$ 或 $\dfrac{d^n y}{dx^n}$.

15. 高阶微分

函数 $y = f(x)$ 的一阶微分的微分称为 $y = f(x)$ 的二阶微分，记为 $d^2 y$，而且 $d^2 y = f''(x) dx^2$，一般地，函数 $y = f(x)$ 的 $n-1$ 阶微分的微分称为函数 $y = f(x)$ 的 n 阶微分，记为 $d^n y$，而且 $d^n y = f^{(n)}(x) dx^n$.

函数 $y = f(x)$ 的 n 阶导数等于函数的 n 阶微分与自变量的微分的 n 次幂的商.

二、基本要求

1. 理解导数的概念和几何意义，熟练掌握函数的可导性与连续的关系．
2. 熟练掌握求导的基本公式和计算初等函数导数的方法，理解高阶导数的概念．
3. 熟练掌握四则运算及复合函数求导方法．
4. 掌握隐函数、参数方程所确定的函数的求导方法．
5. 理解微分概念，明确函数的微分是函数改变量的线性主部．
6. 掌握微分基本公式及微分法则，弄清微分形式不变性的意义．
7. 掌握微分在近似计算中的应用．

三、习题解答

习题 2-1

（A）

1. 下列各选项中均假设 $f'(x_0)$ 存在，其中等式成立的有（　　）．

(1) $\lim\limits_{x \to x_0} \dfrac{f(x) - f(x_0)}{x - x_0} = f'(x_0)$；

(2) $\lim\limits_{h \to 0} \dfrac{f(x_0 + h) - f(x_0)}{h} = f'(x_0)$；

(3) $\lim\limits_{\Delta x \to 0} \dfrac{f(x_0) - f(x_0 - \Delta x)}{\Delta x} = f'(x_0)$；

(4) $\lim\limits_{\Delta x \to 0} \dfrac{f(x_0 - \Delta x) - f(x_0)}{\Delta x} = f'(x_0)$；

(5) $\lim\limits_{\Delta x \to 0} \dfrac{f(x_0 + \Delta x) - f(x_0 - \Delta x)}{2\Delta x} = f'(x_0)$；

(6) $\lim\limits_{x \to 0} \dfrac{f(x)}{x} = f'(0)$，其中 $f(0) = 0$，且 $f'(0)$ 存在．

答案：(1)、(2)、(3)、(5)、(6)．

解 (4) $\lim\limits_{\Delta x \to 0} \dfrac{f(x_0 - \Delta x) - f(x_0)}{\Delta x} = -\lim\limits_{\Delta x \to 0} \dfrac{f(x_0 - \Delta x) - f(x_0)}{-\Delta x} = -f'(x_0)$．

2. 设 (1) $y = ax + b$；(2) $y = x^3$；(3) $y = \sqrt{x}$．若自变量 x 有增量 Δx，相应的函数的增量为 Δy，求 $\dfrac{\Delta y}{\Delta x}$．

解 (1) $\Delta y = a(x + \Delta x) + b - (ax + b) = a\Delta x$，

所以
$$\dfrac{\Delta y}{\Delta x} = \dfrac{a \Delta x}{\Delta x} = a.$$

(2) $\Delta y = (x + \Delta x)^3 - x^3 = 3x^2 \Delta x + 3x(\Delta x)^2 + (\Delta x)^3$，

所以
$$\dfrac{\Delta y}{\Delta x} = \dfrac{3x^2 \Delta x + 3x(\Delta x)^2 + (\Delta x)^3}{\Delta x} = 3x^2 + 3x\Delta x + (\Delta x)^2.$$

(3) $\Delta y = \sqrt{x + \Delta x} - \sqrt{x}$，

所以
$$\dfrac{\Delta y}{\Delta x} = \dfrac{\sqrt{x + \Delta x} - \sqrt{x}}{\Delta x} = \dfrac{\Delta x}{\Delta x(\sqrt{x + \Delta x} + \sqrt{x})} = \dfrac{1}{\sqrt{x + \Delta x} + \sqrt{x}}.$$

3. 用导数定义求下列函数的导数.

(1) $y=ax+b$；　　　　(2) $y=\dfrac{1}{x}$；　　　　(3) $y=ax^2+bx+c$.

解　(1) $y'=\lim\limits_{\Delta x\to 0}\dfrac{\Delta y}{\Delta x}=\lim\limits_{\Delta x\to 0}\dfrac{a(x+\Delta x)+b-(ax+b)}{\Delta x}=\lim\limits_{\Delta x\to 0}\dfrac{a\Delta x}{\Delta x}=a$；

(2) $y'=\lim\limits_{\Delta x\to 0}\dfrac{\Delta y}{\Delta x}=\lim\limits_{\Delta x\to 0}\dfrac{\dfrac{1}{x+\Delta x}-\dfrac{1}{x}}{\Delta x}=\lim\limits_{\Delta x\to 0}\dfrac{\dfrac{-\Delta x}{x(x+\Delta x)}}{\Delta x}=\lim\limits_{\Delta x\to 0}\left[-\dfrac{1}{x(x+\Delta x)}\right]=-\dfrac{1}{x^2}$；

(3) $y'=\lim\limits_{\Delta x\to 0}\dfrac{\Delta y}{\Delta x}=\lim\limits_{\Delta x\to 0}\dfrac{a(x+\Delta x)^2+b(x+\Delta x)+c-(ax^2+bx+c)}{\Delta x}$

$=\lim\limits_{\Delta x\to 0}\dfrac{2ax\Delta x+a(\Delta x)^2+b\Delta x}{\Delta x}=2ax+b.$

4. 求下列函数在指定点处的导数值.

(1) 已知 $f(x)=\dfrac{1}{x}$，求 $f'(1)$，$f'(2)$；

(2) 已知 $f(x)=\cos x$，求 $f'\left(\dfrac{\pi}{2}\right)$，$f'\left(\dfrac{\pi}{6}\right)$.

解　(1) 由 3 题(2)的结论 $f'(x)=-\dfrac{1}{x^2}$，$f'(1)=-1$，$f'(2)=-\dfrac{1}{4}$；

(2) $y'=\lim\limits_{\Delta x\to 0}\dfrac{\Delta y}{\Delta x}=\lim\limits_{\Delta x\to 0}\dfrac{\cos(x+\Delta x)-\cos x}{\Delta x}$

$\xrightarrow{\text{和差化积}}\lim\limits_{\Delta x\to 0}\left[-\dfrac{2\sin\left(x+\dfrac{\Delta x}{2}\right)\sin\dfrac{\Delta x}{2}}{\Delta x}\right]$

$=\lim\limits_{\Delta x\to 0}\left[-\sin\left(x+\dfrac{\Delta x}{2}\right)\cdot\dfrac{2\cdot\dfrac{\Delta x}{2}}{\Delta x}\right]$

$=-\sin x\cdot 1=-\sin x,$

所以 $f'\left(\dfrac{\pi}{2}\right)=-1$，$f'\left(\dfrac{\pi}{6}\right)=-\dfrac{1}{2}.$

5. 求曲线 $y=\sin x$ 在 $x=\dfrac{2\pi}{3}$ 和 $x=\pi$ 处的切线斜率.

解　因为 $y'=(\sin x)'=\cos x$，所以 $f'\left(\dfrac{2\pi}{3}\right)=-\dfrac{1}{2}$，$f'(\pi)=-1$，所以在这两点的切线斜率分别为

$$k_1=\cos\dfrac{2\pi}{3}=-\dfrac{1}{2},\ k_2=\cos\pi=-1.$$

6. 求曲线 $y=x^3$ 在 $x=2$ 处的切线方程和法线方程.

解　因为 $y'=(x^3)'=3x^2$，所以 $y=x^3$ 在 $x=2$ 处的切线斜率 $k=3\times 4=12$，所以 $y=x^3$ 在 $x=2$ 处的切线方程为

$$y-2^3=12(x-2),\ 即\ y-12x+16=0;$$

法线方程为

$$y-2^3=-\dfrac{1}{12}(x-2),\ 即\ x+12y-98=0.$$

7. 讨论下列函数在 $x=0$ 处的连续性与可导性.

(1) $y=|\sin x|$； (2) $y=\begin{cases} x\sin\dfrac{1}{x}, & x\neq 0, \\ 0, & x=0; \end{cases}$ (3) $y=\begin{cases} x^2\sin\dfrac{1}{x}, & x\neq 0, \\ 0, & x=0. \end{cases}$

解 (1) 因为 $\lim\limits_{x\to 0}y=\lim\limits_{x\to 0}|\sin x|=|\sin 0|=0=f(0)$，

所以 $y=|\sin x|$ 在 $x=0$ 处连续．

又 $\lim\limits_{x\to 0^+}\dfrac{f(x)-f(0)}{x-0}=\lim\limits_{x\to 0^+}\dfrac{|\sin x|-|\sin 0|}{x-0}=\lim\limits_{x\to 0^+}\dfrac{|\sin x|}{x}=\lim\limits_{x\to 0^+}\dfrac{\sin x}{x}=1$，

$\lim\limits_{x\to 0^-}\dfrac{f(x)-f(0)}{x-0}=\lim\limits_{x\to 0^-}\dfrac{|\sin x|-|\sin 0|}{x-0}=\lim\limits_{x\to 0^-}\dfrac{|\sin x|}{x}=\lim\limits_{x\to 0^-}\dfrac{-\sin x}{x}=-1$，

因为 $f'_+(0)\neq f'_-(0)$，所以 $y=|\sin x|$ 在 $x=0$ 处不可导．

(2) 因为 $\lim\limits_{x\to 0}y=\lim\limits_{x\to 0}x\sin\dfrac{1}{x}=0=f(0)$，所以函数 $y=f(x)$ 在 $x=0$ 处连续．

又 $\lim\limits_{x\to 0}\dfrac{f(x)-f(0)}{x-0}=\lim\limits_{x\to 0}\dfrac{x\sin\dfrac{1}{x}-0}{x-0}=\lim\limits_{x\to 0}\dfrac{x\sin\dfrac{1}{x}}{x}=\lim\limits_{x\to 0}\sin\dfrac{1}{x}$ 不存在（非 ∞ 型），所以函数 $y=f(x)$ 在 $x=0$ 处不可导．

(3) 因为 $\lim\limits_{x\to 0}y=\lim\limits_{x\to 0}x^2\sin\dfrac{1}{x}=0=f(0)$，所以函数 $y=f(x)$ 在 $x=0$ 处连续．

又因为 $\lim\limits_{x\to 0}\dfrac{f(x)-f(0)}{x-0}=\lim\limits_{x\to 0}\dfrac{x^2\sin\dfrac{1}{x}-0}{x-0}=\lim\limits_{x\to 0}\dfrac{x^2\sin\dfrac{1}{x}}{x}=\lim\limits_{x\to 0}x\sin\dfrac{1}{x}=0$，

所以函数 $y=f(x)$ 在 $x=0$ 处可导，且 $f'(0)=0$.

8. 如果 $y=f(x)$ 为偶函数，且 $f'(0)$ 存在，证明 $f'(0)=0$.

证 因为 $y=f(x)$ 为偶函数，所以 $f(-x)=f(x)$.

$$f'(0)=\lim\limits_{x\to 0}\dfrac{f(x)-f(0)}{x-0}=\lim\limits_{x\to 0}\dfrac{f(-x)-f(0)}{x-0}=-\lim\limits_{x\to 0}\dfrac{f(-x)-f(0)}{-x-0}=-f'(0),$$

所以 $f'(0)=0$.

9. 已知 $f(x)=\begin{cases} \sin x, & x<0, \\ x, & x\geq 0, \end{cases}$ 求 $f'(x)$.

解 当 $x<0$ 时，$f(x)=\sin x$，所以 $f'(x)=\cos x$；

当 $x>0$ 时，$f(x)=x$，所以 $f'(x)=1$；

当 $x=0$ 时，

$$f'_-(0)=\lim\limits_{x\to 0^-}\dfrac{f(x)-f(0)}{x-0}=\lim\limits_{x\to 0^-}\dfrac{\sin x-0}{x-0}=1,$$

$$f'_+(0)=\lim\limits_{x\to 0^+}\dfrac{f(x)-f(0)}{x-0}=\lim\limits_{x\to 0^+}\dfrac{x-0}{x-0}=1,$$

所以 $f'(0)=1$.

综上所述，$f'(x)=\begin{cases} \cos x, & x<0, \\ 1, & x\geq 0. \end{cases}$

10. 设函数 $f(x)=\begin{cases} x^2, & x\leq 1, \\ ax+b, & x>1 \end{cases}$ 在 $x=1$ 处连续且可导，问 a,b 应取什么值？

解 $\lim\limits_{x \to 1^+} f(x) = \lim\limits_{x \to 1^+}(ax+b) = a+b$，$\lim\limits_{x \to 1^-} f(x) = \lim\limits_{x \to 1^-} x^2 = 1$，$f(1) = 1$.

因为函数 $f(x)$ 在 $x=1$ 连续，则 $\lim\limits_{x \to 1^+} f(x) = \lim\limits_{x \to 1^-} f(x) = f(1)$，所以
$$a+b=1. \tag{1}$$

而 $f'_+(1) = \lim\limits_{x \to 1^+} \dfrac{f(x)-f(1)}{x-1} = \lim\limits_{x \to 1^+} \dfrac{ax+b-1}{x-1} \xlongequal{a+b=1} \lim\limits_{x \to 1^+} \dfrac{ax-a}{x-1} = a$，

$f'_-(1) = \lim\limits_{x \to 1^-} \dfrac{f(x)-f(1)}{x-1} = \lim\limits_{x \to 1^-} \dfrac{x^2-1}{x-1} = \lim\limits_{x \to 1^-}(x+1) = 2$，

要使函数 $f(x)$ 在 $x=1$ 可导，须 $f'_+(1) = f'_-(1)$，所以
$$a=2. \tag{2}$$

由(1)式和(2)式解得，当 $a=2$，$b=-1$ 时，函数 $f(x)$ 在 $x=1$ 处连续且可导.

(B)

1. 已知 $f(x)$ 在 $x=2$ 处连续，且 $\lim\limits_{x \to 2} \dfrac{f(x)}{x-2} = 2$，则 $f'(2) = $ _____ .

解 由 $f(x)$ 在 $x=2$ 处连续，则 $\lim\limits_{x \to 2} f(x) = f(2)$. 又 $\lim\limits_{x \to 2} \dfrac{f(x)}{x-2} = 2$，则 $\lim\limits_{x \to 2} f(x) = 0 = f(2)$，所以
$$f'(2) = \lim\limits_{x \to 2} \dfrac{f(x)-f(2)}{x-2} = \lim\limits_{x \to 2} \dfrac{f(x)-0}{x-2} = 2.$$

2. 已知 $f(x) = x\ln 2x$ 在 x_0 处可导，且 $f'(x_0) = 2$，则 $f(x_0) = $ _____ .

解 由 $f'(x) = \ln 2x + 1$，$f'(x_0) = \ln 2x_0 + 1 = 2$，则 $x_0 = \dfrac{e}{2}$，$f(x_0) = \dfrac{e}{2} \cdot \ln 2 \cdot \dfrac{e}{2} = \dfrac{e}{2}$.

3. 已知 $f(x)$ 在点 $x=0$ 处可导，且 $f(0)=0$，则 $\lim\limits_{x \to 0} \dfrac{x^2 f(x) - 2f(x^3)}{x^3} = ($ $)$.

(A) $-2f'(0)$;   (B) $-f'(0)$;   (C) $f'(0)$;   (D) 0.

答案：B.

解 $\lim\limits_{x \to 0} \dfrac{x^2 f(x) - 2f(x^3)}{x^3} = \lim\limits_{x \to 0} \left[\dfrac{f(x)-f(0)}{x} - 2 \dfrac{f(x^3)-f(0)}{x^3} \right]$
$= f'(0) - 2f'(0) = -f'(0)$，

故选 B.

4. 设函数 $\varphi(x)$ 在 $x=a$ 处连续，讨论下列函数在 $x=a$ 处的可导性. 若可导，求出相应的导数值.

(1) $f(x) = (x-a)\varphi(x)$;   (2) $g(x) = |x-a|\varphi(x)$.

解 (1) 因为 $\lim\limits_{x \to a} \dfrac{f(x)-f(a)}{x-a} = \lim\limits_{x \to a} \dfrac{(x-a)\varphi(x)-f(a)}{x-a} = \lim\limits_{x \to a} \varphi(x) = \varphi(a)$，

所以 $f(x)$ 在 $x=a$ 处可导，且 $f'(a) = \varphi(a)$.

(2) 因为 $\dfrac{g(x)-g(a)}{x-a} = \dfrac{|x-a|\varphi(x)-g(a)}{x-a} = \dfrac{|x-a|\varphi(x)}{x-a}$，

由于 $g'_+(a) = \lim\limits_{x \to a^+} \dfrac{g(x)-g(a)}{x-a} = \lim\limits_{x \to a^+} \dfrac{|x-a|\varphi(x)}{x-a} = \lim\limits_{x \to a^+} \varphi(x) = \varphi(a)$，

$g'_-(a) = \lim\limits_{x \to a^-} \dfrac{g(x)-g(a)}{x-a} = \lim\limits_{x \to a^-} \dfrac{|x-a|\varphi(x)}{x-a} = \lim\limits_{x \to a^+} [-\varphi(x)] = -\varphi(a)$，

所以只有当 $g'_+(a) = g'_-(a)$，即 $\varphi(a) = 0$ 时，$g(x)$ 在 $x=a$ 处可导，此时 $g'(a) = 0$.

习 题 2-2

1. 求下列函数的导数.

(1) $y = x \cdot \sqrt[5]{x}$；　　　(2) $y = 3^x$；　　　(3) $y = \cos x$ 在 $x = \dfrac{\pi}{4}$ 处；

(4) $y = \operatorname{arccot} x$ 在 $x = 0$ 处；　　　(5) $y = \log_5 x$.

解 (1) $y = x \cdot \sqrt[5]{x} = x^{\frac{6}{5}}$，所以 $y' = \dfrac{6}{5} x^{\frac{1}{5}}$；

(2) $y = 3^x$，所以 $y' = 3^x \ln 3$；

(3) $y' = -\sin x$，所以 $y'|_{x=\frac{\pi}{4}} = -\sin \dfrac{\pi}{4} = -\dfrac{\sqrt{2}}{2}$；

(4) $y' = -\dfrac{1}{1+x^2}$，所以 $y'|_{x=0} = -\dfrac{1}{1+0^2} = -1$；

(5) $y = \log_5 x$，所以 $y' = \dfrac{1}{x \ln 5}$.

2. 证明：(1) $(\tan x)' = \dfrac{1}{\cos^2 x}$；(2) $(\arctan x)' = \dfrac{1}{1+x^2}$.

证 (1) 因为
$$\dfrac{\Delta y}{\Delta x} = \dfrac{\tan(x+\Delta x) - \tan x}{\Delta x}$$
$$= \dfrac{\sin(x+\Delta x)\cos x - \sin x \cos(x+\Delta x)}{\Delta x \cdot \cos(x+\Delta x) \cdot \cos x}$$
$$= \dfrac{\sin \Delta x}{\Delta x \cdot \cos(x+\Delta x) \cdot \cos x},$$

所以
$$(\tan x)' = \lim_{\Delta x \to 0} \dfrac{\Delta y}{\Delta x} = \lim_{\Delta x \to 0} \dfrac{\sin \Delta x}{\Delta x \cdot \cos(x+\Delta x) \cdot \cos x}$$
$$= \lim_{\Delta x \to 0} \left[\dfrac{\sin \Delta x}{\Delta x} \cdot \dfrac{1}{\cos(x+\Delta x) \cdot \cos x} \right] = \dfrac{1}{\cos^2 x}.$$

(2) 令 $y = \arctan x$，所以 $x = \tan y$，所以
$$y'_x = \dfrac{1}{x'_y} = \dfrac{1}{(\tan y)'} = \dfrac{1}{\dfrac{1}{\cos^2 y}} = \cos^2 y = \dfrac{1}{\sec^2 y} = \dfrac{1}{1+\tan^2 y} = \dfrac{1}{1+x^2}.$$

3. 函数 $y = \cos x (0 < x < 2\pi)$，当 x 为何值时，函数曲线有水平切线？当 x 为何值时，切线的倾角为锐角？当 x 为何值时，切线的倾角为钝角？

解 $y = \cos x$，所以 $y' = -\sin x$.

$y' = 0$，即 $-\sin x = 0$，此时 $x = \pi$，所以当 $x = \pi$ 时，函数曲线有水平切线；

$y' > 0$，即 $-\sin x > 0$，此时 $\pi < x < 2\pi$，所以当 $\pi < x < 2\pi$ 时，切线的倾角为锐角；

$y' < 0$，即 $-\sin x < 0$，此时 $0 < x < \pi$，所以当 $0 < x < \pi$ 时，切线的倾角为钝角.

4. 在抛物线 $y = x^2$ 上，取横坐标为 $x_1 = 1, x_2 = 3$ 的两点引割线，则抛物线上哪一点的切线平行于所引割线？

解 在抛物线上当 $x_1 = 1$ 时，$y_1 = 1$；当 $x_2 = 3$ 时，$y_2 = 9$.

曲线过 $(1,1), (3,9)$ 两点所引割线的斜率为
$$k = \dfrac{9-1}{3-1} = 4.$$

又因为 $y'=2x$，所以 $k=y'|_{x=x_0}=2x_0=4$，当 $x_0=2$ 时，$y|_{x=2}=4$，所以所求的点为 $(2，4)$．

5. 求曲线 $y=\ln x$ 在点 $M(e，1)$ 处的切线方程和法线方程．

解 因为 $y'=\dfrac{1}{x}$，所以 $y'|_{x=e}=\dfrac{1}{e}$，所以所求切线方程为

$$y-1=\dfrac{1}{e}(x-e)，\text{即 } x-ey=0;$$

所求法线方程为

$$y-1=-e(x-e)，\text{即 } y=-ex+e^2+1.$$

6. 证明：(1) $(\arccos x)'=-\dfrac{1}{\sqrt{1-x^2}}$；(2) $(\operatorname{arccot} x)'=-\dfrac{1}{1+x^2}$．

证 (1) 令 $y=\arccos x$，$x=\cos y$，所以

$$y'_x=\dfrac{1}{(\cos y)'}=\dfrac{1}{-\sin y}=\dfrac{1}{-\sqrt{1-\cos^2 y}}=-\dfrac{1}{\sqrt{1-x^2}}.$$

(2) 令 $y=\operatorname{arccot} x$，$x=\cot y$，所以

$$y'_x=\dfrac{1}{(\cot y)'}=\dfrac{1}{-\csc^2 y}=\dfrac{1}{-(1+\cot^2 y)}=-\dfrac{1}{1+x^2}.$$

习 题 2-3

(A)

1. 求下列函数的导数．

(1) $y=\dfrac{x-1}{x+1}$； (2) $y=\dfrac{1+\sin x}{1+\cos x}$；

(3) $y=\dfrac{3\tan x}{1+x^2}$； (4) $y=\dfrac{3\sin x}{1+\sqrt{x}}$；

(5) $y=x\log_3 x+\ln 2$； (6) $y=\dfrac{a^x}{x^2+1}-5\arcsin x(a>0，\text{且 } a\neq 1)$；

(7) $y=x\cdot\arctan x+\dfrac{1-\ln x}{1+\ln x}$； (8) $y=\sqrt{x}(x-\cot x)\log_5 x$．

解 (1) $y'=\dfrac{(x-1)'\cdot(x+1)-(x-1)\cdot(x+1)'}{(x+1)^2}=\dfrac{(x+1)-(x-1)}{(x+1)^2}=\dfrac{2}{(x+1)^2}$；

(2) $y'=\dfrac{\cos x(1+\cos x)+\sin x(1+\sin x)}{(1+\cos x)^2}=\dfrac{\cos x+\sin x+1}{(1+\cos x)^2}$；

(3) $y'=\dfrac{3\sec^2 x\cdot(1+x^2)-2x\cdot 3\tan x}{(1+x^2)^2}=\dfrac{3(1+x^2)-3x\sin 2x}{(1+x^2)^2\cos^2 x}$；

(4) $y'=3\cdot\dfrac{\cos x\cdot(1+\sqrt{x})-\dfrac{1}{2\sqrt{x}}\sin x}{(1+\sqrt{x})^2}=\dfrac{6\sqrt{x}\cos x(1+\sqrt{x})-3\sin x}{2\sqrt{x}(1+\sqrt{x})^2}$；

(5) $y'=\log_3 x+x\cdot\dfrac{1}{x\ln 3}+0=\log_3 x+\dfrac{1}{\ln 3}$；

(6) $y'=\dfrac{a^x\ln a\cdot(x^2+1)-2xa^x}{(x^2+1)^2}-\dfrac{5}{\sqrt{1-x^2}}$；

(7) $y' = \arctan x + \dfrac{x}{1+x^2} + \dfrac{-\dfrac{1}{x}(1+\ln x) - \dfrac{1}{x}(1-\ln x)}{(1+\ln x)^2}$

$= \arctan x + \dfrac{x}{1+x^2} - \dfrac{2}{x(1+\ln x)^2}$；

(8) $y' = \dfrac{1}{2\sqrt{x}}(x-\cot x)\log_5 x + \sqrt{x}(1+\csc^2 x)\log_5 x + \sqrt{x}(x-\cot x)\dfrac{1}{x\ln 5}$.

2. 求下列函数在给定点处的导数值．

(1) $y = e^x \cos x$，求 $y'|_{x=\frac{\pi}{2}}$，$y'|_{x=\pi}$；

(2) $y = \dfrac{1-\cos x}{1+\cos x}$，求 $y'|_{x=\frac{\pi}{2}}$，$y'|_{x=0}$；

(3) $f(t) = \dfrac{1-\sqrt{t}}{1+\sqrt{t}}$，求 $f'(4)$；

(4) $f(x) = \ln x - \cos x + x^2 \sin x$，求 $f'\left(\dfrac{\pi}{2}\right)$，$f'(\pi)$.

解 (1) 因为 $y' = e^x (\cos x - \sin x)$，所以

$$y'|_{x=\frac{\pi}{2}} = e^{\frac{\pi}{2}}\left(\cos\dfrac{\pi}{2} - \sin\dfrac{\pi}{2}\right) = -e^{\frac{\pi}{2}},$$

$$y'|_{x=\pi} = e^\pi (\cos\pi - \sin\pi) = -e^\pi.$$

(2) 因为 $y' = \dfrac{\sin x(1+\cos x) + \sin x(1-\cos x)}{(1+\cos x)^2} = \dfrac{2\sin x}{(1+\cos x)^2}$，所以

$$y'|_{x=\frac{\pi}{2}} = \dfrac{2\sin\dfrac{\pi}{2}}{\left(1+\cos\dfrac{\pi}{2}\right)^2} = 2,\quad y'|_{x=0} = 0.$$

(3) 因为 $f'(t) = \dfrac{-\dfrac{1}{2\sqrt{t}}(1+\sqrt{t}) - \dfrac{1}{2\sqrt{t}}(1-\sqrt{t})}{(1+\sqrt{t})^2} = -\dfrac{1}{\sqrt{t}(1+\sqrt{t})^2}$，所以

$$f'(4) = -\dfrac{1}{\sqrt{4}(1+\sqrt{4})^2} = -\dfrac{1}{18}.$$

(4) 因为 $f'(x) = \dfrac{1}{x} + \sin x + 2x\sin x + x^2\cos x$，所以

$$f'\left(\dfrac{\pi}{2}\right) = \dfrac{2}{\pi} + 1 + \pi,\quad f'(\pi) = \dfrac{1}{\pi} - \pi^2.$$

3. 求曲线 $y = 2\sin x + x^2$ 在 $x = 0$ 处的切线方程和法线方程．

解 因为 $y' = 2\cos x + 2x$，切线斜率 $k = y'|_{x=0} = 2$. 又因为当 $x=0$ 时，$y=0$，故曲线的切线方程为

$$y = 2x;$$

法线方程为

$$y = -\dfrac{1}{2}x.$$

4. 以初速度 v_0 上抛的物体，其上升的高度 s 与时间 t 的关系是 $s(t) = v_0 t - \dfrac{1}{2}gt^2$，求：

(1)上抛物体的速度 $v(t)$；(2)经过多少时间，它的速度为零？

解 (1) $v(t) = s'(t) = v_0 - gt$；

(2)当 $v(t) = 0$，即 $v_0 - gt = 0$ 时，$t = \dfrac{v_0}{g}$.

5. 一球沿斜面向上滚，其运动的距离与时间的关系为 $s = 3t - t^2$，问何时开始下滚？

解 $v(t) = s'(t) = 3 - 2t$，当 $v(t) = 0$，即 $3 - 2t = 0$ 时，球开始下滚，此时 $t = \dfrac{3}{2}$.

6. 求曲线 $y = x^3 - 3x$ 上切线平行 x 轴的点.

解 因为 $y' = 3x^2 - 3$，令 $3x^2 - 3 = 0$，得 $x = \pm 1$.

又因为 $y|_{x=-1} = 2$，$y|_{x=1} = -2$，故曲线上切线平行于 x 轴的点为 $(-1, 2)$，$(1, -2)$.

(B)

1. 曲线 $y = x^3 + x + 1$ 上哪一点的切线与直线 $y = 4x + 1$ 平行？

解 因为 $y' = 3x^2 + 1$，由 $3x^2 + 1 = 4$，得 $x = \pm 1$.

又因为 $y|_{x=-1} = -1$，$y|_{x=1} = 3$，故曲线在点 $(-1, -1)$ 和 $(1, 3)$ 处的切线均与直线 $y = 4x + 1$ 平行.

2. 求抛物线方程 $y = x^2 + bx + c$，使它在点 $(1, 1)$ 处的切线垂直于直线 $y + x + 1 = 0$.

解 因为 $y' = 2x + b$，在该点的函数值等于直线 $y + x + 1 = 0$ 的斜率的负倒数，所以 $y'|_{x=1} = 2 + b = 1$，所以 $b = -1$；

又因为点 $(1, 1)$ 在曲线上，所以 $y|_{x=1} = 1 + b + c = 1$，所以 $b + c = 0$，解得 $c = 1$.

所以抛物线方程为 $y = x^2 - x + 1$.

3. 求函数 $f(x) = \begin{cases} \dfrac{1}{x}\sin^2 x, & x < 0, \\ xe^x, & x \geq 0 \end{cases}$ 的导数.

解 当 $x < 0$ 时，$f'(x) = \left(\dfrac{1}{x}\sin^2 x\right)' = -\dfrac{1}{x^2}\sin^2 x + \dfrac{1}{x}\sin 2x$；

当 $x > 0$ 时，$f'(x) = (xe^x)' = e^x + xe^x$；

当 $x = 0$ 时，

$$f'_-(0) = \lim_{x \to 0^-}\dfrac{f(x) - f(0)}{x - 0} = \lim_{x \to 0^-}\dfrac{\dfrac{1}{x}\sin^2 x - 0}{x} = \lim_{x \to 0^-}\dfrac{\sin^2 x}{x^2} = 1,$$

$$f'_+(0) = \lim_{x \to 0^+}\dfrac{f(x) - f(0)}{x - 0} = \lim_{x \to 0^+}\dfrac{xe^x - 0}{x} = \lim_{x \to 0^+} e^x = 1,$$

所以 $f'(0) = 1$，于是

$$f'(x) = \begin{cases} -\dfrac{1}{x^2}\sin^2 x + \dfrac{1}{x}\sin 2x, & x < 0, \\ e^x + xe^x, & x \geq 0. \end{cases}$$

习 题 2-4

(A)

1. 求下列函数的导数.

(1) $y = (1 + 6x)^6$；　　　　　　　　(2) $y = \ln[\ln(x^2 + 1)]$；

(3) $y = \cos[\ln(x+\sqrt{1+x^2})]$;

(4) $y = xe^x[\ln(2x+1)+\sin x]$;

(5) $y = \sec^2 \dfrac{x}{2} - \csc^2 \dfrac{x}{2}$;

(6) $y = e^{\arctan x^2}$;

(7) $y = \ln\sqrt{\dfrac{1+t}{1-t}}$;

(8) $y = \arccos\left(\dfrac{1}{x}+e^x\right)$;

(9) $y = \sqrt{x+\sqrt{x+\sqrt{x}}}$;

(10) $y = \sin^n x \cos nx$;

(11) $y = \dfrac{t^3+1}{(1-2t)^3}$;

(12) $y = \dfrac{\text{arccot}\, x}{\sqrt{1+x^2}}$;

(13) $y = \dfrac{1}{\arcsin x}$;

(14) $y = \sqrt{x}\ln(a^x+e^{2x})$ $(a>0,$ 且 $a\ne 1)$;

(15) $y = \ln[\ln(\ln x^2)]$;

(16) $y = \log_a(x^2+\sqrt{x})$ $(a>0,$ 且 $a\ne 1)$;

(17) $y = \dfrac{t^3+t}{\sin t}$;

(18) $y = \sin 2^x$;

(19) $y = \arctan\sqrt{x^2-1} - \dfrac{\ln x}{\sqrt{x^2-1}}$;

(20) $y = x^{a^a} + a^{x^a} + a^{a^x}$ $(a>0,$ 且 $a\ne 1)$;

(21) $y = 2^{\sin x} + \log_5 x^2$;

(22) $y = \left(\arcsin\dfrac{x}{3}\right)^2$;

(23) $y = e^{3-2x}\cos 5x$;

(24) $y = \ln(\csc x - \cot x)$;

(25) $y = \sqrt[3]{1+\cos 6x}$;

(26) $y = \ln(x+\sqrt{x^2+a^2})$;

(27) $y = \sec^3(e^{2x})$;

(28) $y = \dfrac{\sqrt{1+x}-\sqrt{1-x}}{\sqrt{1+x}+\sqrt{1-x}}$;

(29) $y = \sin\dfrac{1}{x} \cdot e^{\tan\frac{1}{x}}$;

(30) $y = e^x \cdot \sqrt{1-e^{2x}} + \arcsin e^x$.

解 (1) $y' = 6(1+6x)^5 (6x)' = 36(1+6x)^5$;

(2) $y' = \dfrac{1}{\ln(x^2+1)} \cdot [\ln(x^2+1)]' = \dfrac{1}{\ln(x^2+1)} \cdot \dfrac{1}{x^2+1} \cdot (x^2+1)'$

$= \dfrac{2x}{(x^2+1)\ln(x^2+1)}$;

(3) $y' = -\sin[\ln(x+\sqrt{1+x^2})] \cdot \dfrac{1}{x+\sqrt{1+x^2}} \cdot \left(1+\dfrac{2x}{2\sqrt{1+x^2}}\right)$

$= -\sin[\ln(x+\sqrt{1+x^2})] \cdot \dfrac{1}{\sqrt{1+x^2}}$;

(4) $y' = e^x[\ln(2x+1)+\sin x] + xe^x[\ln(2x+1)+\sin x] + xe^x\left(\dfrac{2}{2x+1}+\cos x\right)$

$= e^x(x+1)[\ln(2x+1)+\sin x] + xe^x\left(\dfrac{2}{2x+1}+\cos x\right)$;

(5) $y' = 2\sec\dfrac{x}{2} \cdot \sec\dfrac{x}{2} \cdot \tan\dfrac{x}{2} \cdot \dfrac{1}{2} - 2\csc\dfrac{x}{2}\left(-\csc\dfrac{x}{2} \cdot \cot\dfrac{x}{2} \cdot \dfrac{1}{2}\right)$

$$= \sec^2 \frac{x}{2} \tan \frac{x}{2} + \csc^2 \frac{x}{2} \cot \frac{x}{2};$$

(6) $y' = e^{\arctan x^2} \dfrac{2x}{1+x^4};$

(7) $y' = \dfrac{1}{\sqrt{\dfrac{1+t}{1-t}}} \cdot \dfrac{1}{2} \cdot \dfrac{1}{\sqrt{\dfrac{1+t}{1-t}}} \cdot \dfrac{(1-t)+(1+t)}{(1-t)^2} = \dfrac{1}{1-t^2};$

(8) $y' = -\dfrac{1}{\sqrt{1-\left(\dfrac{1}{x}+e^x\right)^2}} \cdot \left(-\dfrac{1}{x^2}+e^x\right) = \dfrac{\dfrac{1}{x^2}-e^x}{\sqrt{1-\left(\dfrac{1}{x}+e^x\right)^2}};$

(9) $y' = \dfrac{1}{2} \cdot \dfrac{1}{\sqrt{x+\sqrt{x+\sqrt{x}}}} \cdot (x+\sqrt{x+\sqrt{x}})'$

$\quad = \dfrac{1}{2} \dfrac{1}{\sqrt{x+\sqrt{x+\sqrt{x}}}} \cdot \left[1+(\sqrt{x+\sqrt{x}})'\right]$

$\quad = \dfrac{1}{2} \dfrac{1}{\sqrt{x+\sqrt{x+\sqrt{x}}}} \left[1+\dfrac{1}{2}\dfrac{1}{\sqrt{x+\sqrt{x}}}\left(1+\dfrac{1}{2\sqrt{x}}\right)\right];$

(10) $y' = n\sin^{n-1}x\cos x\cos nx - \sin^n x \cdot n\sin nx$

$\quad = n\sin^{n-1}x(\cos x\cos nx - \sin x\sin nx)$

$\quad = n\sin^{n-1}x\cos(n+1)x;$

(11) $y' = \dfrac{3t^2(1-2t)^3 - 3(1-2t)^2(-2)(t^3+1)}{(1-2t)^6} = \dfrac{3(t^2+2)}{(1-2t)^4};$

(12) $y' = \dfrac{-\dfrac{1}{1+x^2}\cdot\sqrt{1+x^2} - \dfrac{2x}{2\sqrt{1+x^2}}\cdot\text{arccot}\,x}{1+x^2} = -\dfrac{1+x\,\text{arccot}\,x}{(1+x^2)^{\frac{3}{2}}};$

(13) $y' = \dfrac{-1}{(\arcsin x)^2} \cdot \dfrac{1}{\sqrt{1-x^2}} = \dfrac{-1}{\sqrt{1-x^2}(\arcsin x)^2};$

(14) $y' = \dfrac{1}{2\sqrt{x}}\ln(a^x+e^{2x}) + \dfrac{\sqrt{x}(a^x\ln a+2e^{2x})}{a^x+e^{2x}};$

(15) $y' = \dfrac{1}{\ln(\ln x^2)} \cdot \dfrac{1}{\ln x^2} \cdot \dfrac{2}{x} = \dfrac{2}{x\ln x^2 \ln(\ln x^2)};$

(16) $y' = \dfrac{1}{(x^2+\sqrt{x})\ln a}\left(2x+\dfrac{1}{2\sqrt{x}}\right) = \dfrac{4x^{\frac{3}{2}}+1}{2\ln a \cdot \sqrt{x}(x^2+\sqrt{x})};$

(17) $y' = \dfrac{(3t^2+1)\sin t - (t^3+t)\cos t}{(\sin t)^2};$

(18) $y' = \cos 2^x \cdot 2^x \ln 2 = \ln 2 \cdot 2^x \cos 2^x;$

(19) $y' = \dfrac{1}{1+(\sqrt{x^2-1})^2} \cdot \dfrac{2x}{2\sqrt{x^2-1}} - \dfrac{\dfrac{1}{x}\sqrt{x^2-1} - \dfrac{2x}{2\sqrt{x^2-1}}\ln x}{(\sqrt{x^2-1})^2} = \dfrac{x\ln x}{(\sqrt{x^2-1})^3};$

(20) $y' = a^a x^{a^a-1} + a\ln a a^{x^a} x^{a-1} + a^x a^{a^x} (\ln a)^2$;

(21) $y' = 2^{\sin x}\ln 2 \cdot \cos x + \dfrac{2x}{x^2 \ln 5} = 2^{\sin x}\cos x \ln 2 + \dfrac{2}{x\ln 5}$;

(22) $y' = 2\arcsin\dfrac{x}{3} \cdot \dfrac{1}{\sqrt{1-\left(\dfrac{x}{3}\right)^2}} \cdot \dfrac{1}{3} = \dfrac{2}{\sqrt{9-x^2}}\arcsin\dfrac{x}{3}$;

(23) $y' = -2e^{3-2x}\cos 5x - 5e^{3-2x}\sin 5x$;

(24) $y' = \dfrac{1}{\csc x - \cot x}(-\csc x\cot x + \csc^2 x) = \csc x$;

(25) $y' = \dfrac{1}{3}(1+\cos 6x)^{-\frac{2}{3}} \cdot (-\sin 6x) \cdot 6 = -2(1+\cos 6x)^{-\frac{2}{3}}\sin 6x$;

(26) $y' = \dfrac{1}{x+\sqrt{x^2+a^2}}\left(1+\dfrac{2x}{2\sqrt{x^2+a^2}}\right) = \dfrac{1}{\sqrt{x^2+a^2}}$;

(27) $y' = 3\sec^2(e^{2x}) \cdot \sec(e^{2x})\tan(e^{2x}) \cdot e^{2x} \cdot 2$
$= 6e^{2x}\sec^3(e^{2x})\tan(e^{2x})$;

(28) 因为
$$y = \dfrac{\sqrt{1+x}-\sqrt{1-x}}{\sqrt{1+x}+\sqrt{1-x}} = \dfrac{x}{1+\sqrt{1-x^2}},$$

所以
$$y' = \dfrac{(1+\sqrt{1-x^2}) - \dfrac{-2x}{2\sqrt{1-x^2}} \cdot x}{(1+\sqrt{1-x^2})^2} = \dfrac{1}{(1+\sqrt{1-x^2})\sqrt{1-x^2}};$$

(29) $y' = \cos\dfrac{1}{x} \cdot \dfrac{-1}{x^2} \cdot e^{\tan\frac{1}{x}} + e^{\tan\frac{1}{x}} \cdot \sec^2\dfrac{1}{x} \cdot \dfrac{-1}{x^2} \cdot \sin\dfrac{1}{x}$
$= -\dfrac{1}{x^2}e^{\tan\frac{1}{x}}\left(\cos\dfrac{1}{x} + \sin\dfrac{1}{x}\sec^2\dfrac{1}{x}\right)$;

(30) $y' = e^x \cdot \sqrt{1-e^{2x}} + \dfrac{-2e^{2x}}{2\sqrt{1-e^{2x}}} \cdot e^x + \dfrac{e^x}{\sqrt{1-(e^x)^2}} = 2e^x\sqrt{1-e^{2x}}$.

2. 如果 $f(x) = e^{-x}$,求 $f(0)+xf'(0)$.

解 因为 $f'(x) = -e^x$, $f'(0) = -1$, $f(0) = 1$,所以 $f(0)+xf'(0) = 1-x$.

3. 已知函数 $f(x) = x(x-1)^3(x-2)^2$,求 $f'(0)$, $f'(1)$, $f'(2)$.

解 因为 $f'(x) = (x-1)^3(x-2)^2 + 3x(x-1)^2(x-2)^2 + 2x(x-1)^3(x-2)$,

所以 $f'(0) = -4$, $f'(1) = 0$, $f'(2) = 0$.

4. 已知函数 $f(x) = e^x \sin x$,求 $f(0)+2f'(0)$.

解 因为 $f'(x) = e^x\sin x + e^x\cos x$, $f'(0) = 1$,且 $f(0) = 0$,所以
$$f(0)+2f'(0) = 2.$$

5. 已知 $y = e^{f(x)}$,求 y'.

解 $y' = e^{f(x)}f'(x)$.

（B）

1. 设函数 $g(x)$ 可导，$h(x)=e^{1+g(x)}$，$h'(1)=1$，$g'(1)=2$，则 $g(1)=($ 　　$)$.
(A) $\ln 3-1$;　　　　(B) $-\ln 3-1$;　　　　(C) $-\ln 2-1$;　　　　(D) $\ln 2-1$.

答案：C.

解 在 $h(x)=e^{1+g(x)}$ 两端关于 x 求导得
$$h'(x)=e^{1+g(x)} \cdot g'(x),$$
将 $x=1$ 代入上式得
$$h'(1)=e^{1+g(1)} \cdot g'(1).$$
因为 $h'(1)=1$，$g'(1)=2$，所以 $e^{1+g(1)}=\dfrac{1}{2}$，则 $g(1)=-\ln 2-1$，故选 C.

2. 已知 $y=f\left(\dfrac{3x-2}{3x+2}\right)$，$f'(x)=\arctan x^2$，求 $\dfrac{dy}{dx}\bigg|_{x=0}$.

解 令 $u=\dfrac{3x-2}{3x+2}$，则 $y=f[u(x)]$，由链锁法则，
$$\frac{dy}{dx}=\frac{dy}{du} \cdot \frac{du}{dx}=\arctan u^2 \cdot \frac{12}{(3x+2)^2},$$
根据 $f'(x)=\arctan x^2$，得 $\dfrac{dy}{du}=\arctan u^2$，所以
$$\frac{dy}{dx}\bigg|_{x=0}=\arctan 1 \cdot \frac{12}{(0+2)^2}=\frac{3\pi}{4}.$$

3. 设函数 $f(x)$ 在 $(-\infty,+\infty)$ 上满足 $2f(1+x)+f(1-x)=e^x$，求 $f'(x)$.

解 先求 $f(x)$ 的表达式，在等式
$$2f(1+x)+f(1-x)=e^x \tag{1}$$
中，令自变量为 $-x$，则有
$$2f(1-x)+f(1+x)=e^{-x}. \tag{2}$$
由(1)式和(2)式可解得
$$3f(1+x)=2e^x-e^{-x},$$
令 $t=x+1$，可得
$$f(t)=\frac{2e^{t-1}-e^{1-t}}{3}, \quad 即\ f(x)=\frac{2e^{x-1}-e^{1-x}}{3},$$
从而
$$f'(x)=\frac{2e^{x-1}+e^{1-x}}{3}.$$

习　题　2-5

（A）

1. 求下列隐函数的导数 $\dfrac{dy}{dx}$.

(1) $y^2-2xy+9=0$;　　　　　　(2) $x^3+y^3-3axy=0$;

(3) $x^y=y^x$;　　　　　　　　　(4) $xy=e^{x+y}$.

解 (1)等式两端对 x 求导(注意此时 y 是 x 的函数)得
$$2yy'-2(y+xy')+0=0,$$
所以
$$y'=\frac{y}{y-x}.$$

(2)等式两端对 x 求导得
$$3x^2+3y^2y'-3a(y+xy')=0,$$
所以
$$y'=\frac{ay-x^2}{y^2-ax}.$$

(3)等式两端取自然对数得
$$y\ln x=x\ln y,$$
再两端对 x 求导得
$$y'\ln x+\frac{y}{x}=\ln y+\frac{x}{y}\cdot y',$$
所以
$$y'=\frac{xy\ln y-y^2}{xy\ln x-x^2}.$$

(4)等式两端对 x 求导得
$$y+xy'=e^{x+y}(1+y'),$$
所以
$$y'=\frac{e^{x+y}-y}{x-e^{x+y}}.$$

2. 求曲线 $x^{\frac{2}{3}}+y^{\frac{2}{3}}=a^{\frac{2}{3}}$ 在点 $\left(\frac{\sqrt{2}}{4}a,\frac{\sqrt{2}}{4}a\right)$ 处的切线方程和法线方程.

解 等式两端对 x 求导得
$$\frac{2}{3}x^{-\frac{1}{3}}+\frac{2}{3}y^{-\frac{1}{3}}\cdot y'=0,$$
所以
$$y'=-\sqrt[3]{\frac{y}{x}},$$
故切线斜率为
$$k=y'\Big|_{\left(\frac{\sqrt{2}}{4}a,\frac{\sqrt{2}}{4}a\right)}=-1,$$
所以切线方程为
$$y-\frac{\sqrt{2}}{4}a=-\left(x-\frac{\sqrt{2}}{4}a\right),\text{ 即 } x+y-\frac{\sqrt{2}}{2}a=0;$$
法线方程为
$$y-\frac{\sqrt{2}}{4}a=\left(x-\frac{\sqrt{2}}{4}a\right),\text{ 即 } x-y=0.$$

3. 求下列函数的导数.

(1) $y=\left(\frac{x}{1+x}\right)^x$;　　(2) $y=(\sin x)^{\cos x}+(\cos x)^{\sin x}$;

(3) $y=\frac{\sqrt{x+2}(3-x)^4}{(x+1)^5}$;　　(4) $y=\sqrt{x\sin x\sqrt{1-e^x}}$.

解 (1)等式两端取自然对数得

$$\ln y = x[\ln x - \ln(1+x)],$$

再两端对 x 求导得

$$\frac{1}{y} \cdot y' = [\ln x - \ln(1+x)] + x\left(\frac{1}{x} - \frac{1}{1+x}\right),$$

所以

$$\frac{1}{y} \cdot y' = \ln\frac{x}{1+x} + \frac{1}{1+x},$$

即

$$y' = \left(\frac{x}{1+x}\right)^x \left(\ln\frac{x}{1+x} + \frac{1}{1+x}\right).$$

(2) $y' = (e^{\cos x \ln \sin x} + e^{\sin x \ln \cos x})'$
$= e^{\cos x \ln \sin x}(\cos x \ln \sin x)' + e^{\sin x \ln \cos x}(\sin x \ln \cos x)'$
$= e^{\cos x \ln \sin x}\left(-\sin x \ln \sin x + \frac{\cos x}{\sin x} \cdot \cos x\right) + e^{\sin x \ln \cos x}\left(\cos x \ln \cos x + \frac{-\sin x}{\cos x} \cdot \sin x\right)$
$= (\sin x)^{\cos x}(-\sin x \ln \sin x + \cot x \cos x) + (\cos x)^{\sin x}(\cos x \ln \cos x - \tan x \sin x)$
$= (\sin x)^{1+\cos x}(\cot^2 x - \ln \sin x) - (\cos x)^{\sin x + 1}(\tan^2 x - \ln \cos x).$

(3) 等式两端取自然对数得

$$\ln y = \frac{1}{2}\ln(x+2) + 4\ln(3-x) - 5\ln(x+1),$$

两端对 x 求导得

$$\frac{1}{y} \cdot y' = \frac{1}{2(x+2)} + \frac{-4}{3-x} - \frac{5}{x+1},$$

所以

$$y' = \frac{\sqrt{x+2}(3-x)^4}{(x+1)^5}\left[\frac{1}{2(x+2)} - \frac{4}{3-x} - \frac{5}{x+1}\right].$$

(4) 等式两端取自然对数得

$$\ln y = \frac{1}{2}\left[\ln x + \ln \sin x + \frac{1}{2}\ln(1-e^x)\right],$$

两端对 x 求导得

$$\frac{1}{y} \cdot y' = \frac{1}{2}\left(\frac{1}{x} + \frac{\cos x}{\sin x} + \frac{1}{2} \cdot \frac{-e^x}{1-e^x}\right),$$

所以

$$y' = \sqrt{x \sin x \sqrt{1-e^x}}\left[\frac{1}{2x} + \frac{1}{2}\cot x - \frac{e^x}{4(1-e^x)}\right].$$

4. 求下列参数方程所确定的函数的导数 $\frac{dy}{dx}$.

(1) $\begin{cases} x = at^2, \\ y = bt^3; \end{cases}$ 　　　(2) $\begin{cases} x = e^t \sin t, \\ y = e^t \cos t; \end{cases}$

(3) $\begin{cases} x = a(t - \sin t), \\ y = a(1 - \cos t); \end{cases}$ 　　　(4) $\begin{cases} x = \theta(1 - \sin\theta), \\ y = \theta\cos\theta; \end{cases}$

(5) $\begin{cases} x = a\cos^3\theta, \\ y = a\sin^3\theta, \end{cases}$ 在 $\theta = \frac{\pi}{4}$ 处; 　　(6) $\begin{cases} x = \dfrac{3at}{1+t^2}, \\ y = \dfrac{3at^2}{1+t^2}, \end{cases}$ 在 $t = 2$ 处.

解 (1) $\dfrac{dy}{dx} = \dfrac{y'_t}{x'_t} = \dfrac{3bt^2}{2at} = \dfrac{3bt}{2a};$

(2) $\dfrac{dy}{dx} = \dfrac{y'_t}{x'_t} = \dfrac{e^t\cos t - e^t\sin t}{e^t\sin t + e^t\cos t} = \dfrac{\cos t - \sin t}{\sin t + \cos t}$;

(3) $\dfrac{dy}{dx} = \dfrac{y'_t}{x'_t} = \dfrac{a\sin t}{a(1-\cos t)} = \dfrac{\sin t}{1-\cos t}$;

(4) $\dfrac{dy}{dx} = \dfrac{y'_\theta}{x'_\theta} = \dfrac{\cos\theta - \theta\sin\theta}{1 - \sin\theta - \theta\cos\theta}$;

(5) 因为 $\dfrac{dy}{dx} = \dfrac{y'_\theta}{x'_\theta} = \dfrac{3a\sin^2\theta\cos\theta}{3a\cos^2\theta(-\sin\theta)} = -\tan\theta$, 所以

$$\left.\dfrac{dy}{dx}\right|_{\theta=\frac{\pi}{4}} = -\tan\theta\Big|_{\theta=\frac{\pi}{4}} = -1;$$

(6) $\dfrac{dy}{dx} = \dfrac{y'_t}{x'_t} = \dfrac{3a\cdot\dfrac{2t(1+t^2)-2t\cdot t^2}{(1+t^2)^2}}{3a\cdot\dfrac{(1+t^2)-2t\cdot t}{(1+t^2)^2}} = \dfrac{2t}{1-t^2}$, 所以

$$\left.\dfrac{dy}{dx}\right|_{t=2} = \left.\dfrac{2t}{1-t^2}\right|_{t=2} = -\dfrac{4}{3}.$$

(B)

1. 证明：抛物线 $x^{\frac{1}{2}} + y^{\frac{1}{2}} = a^{\frac{1}{2}}$ 上任一点的切线所截两坐标轴截距之和等于 a.

证 设 (x_0, y_0) 为抛物线上任意一点，对 $x^{\frac{1}{2}} + y^{\frac{1}{2}} = a^{\frac{1}{2}}$ 两端求关于 x 的导数得

$$y' = -\sqrt{\dfrac{y}{x}},$$

所以抛物线在 (x_0, y_0) 处切线的斜率为

$$k = y'|_{(x_0, y_0)} = -\sqrt{\dfrac{y_0}{x_0}},$$

其切线方程为

$$y - y_0 = -\sqrt{\dfrac{y_0}{x_0}}(x - x_0).$$

令 $x=0$，得切线在 y 轴上的截距为 $y = y_0 + x_0\sqrt{\dfrac{y_0}{x_0}}$；

令 $y=0$，得切线在 x 轴上的截距为 $x = x_0 + y_0\sqrt{\dfrac{x_0}{y_0}}$.

切线所截两坐标轴截距之和为

$$\begin{aligned}
x + y &= y_0 + x_0\sqrt{\dfrac{y_0}{x_0}} + x_0 + y_0\sqrt{\dfrac{x_0}{y_0}} \\
&= (y_0 + \sqrt{x_0}\sqrt{y_0}) + (x_0 + \sqrt{y_0}\sqrt{x_0}) \\
&= \sqrt{y_0}(\sqrt{y_0} + \sqrt{x_0}) + \sqrt{x_0}(\sqrt{x_0} + \sqrt{y_0}) \\
&= \sqrt{y_0}\cdot a^{\frac{1}{2}} + \sqrt{x_0}\cdot a^{\frac{1}{2}} \\
&= a^{\frac{1}{2}}(\sqrt{x_0} + \sqrt{y_0}) \\
&= a,
\end{aligned}$$

故结论成立.

2. 设 $\begin{cases} x=f(t)-\pi, \\ y=f(e^{3t}-1), \end{cases}$ 其中 f 可导，且 $f'(0)\neq 0$，求 $\dfrac{dy}{dx}\Big|_{t=0}$.

解 这是一道参数方程所确定的函数的求导问题，其中 y 又是关于 t 的复合函数.
令 $u=e^{3t}-1$，则
$$\frac{dy}{dx}=\frac{\dfrac{dy}{dt}}{\dfrac{dx}{dt}}=\frac{\dfrac{dy}{du}\cdot\dfrac{du}{dt}}{\dfrac{dx}{dt}}=\frac{f'(u)\cdot 3e^{3t}}{f'(t)}.$$

当 $t=0$ 时，$u=0$，因此
$$\frac{dy}{dx}\Big|_{t=0}=\frac{f'(0)\cdot 3}{f'(0)}=3.$$

3. 设 $y=f(x)$ 由 $y-x=e^{x(1-y)}$ 所确定，求 $\lim\limits_{n\to\infty}n\left[f\left(\dfrac{1}{n}\right)-1\right]$.

解 对于 $y-x=e^{x(1-y)}$，令 $x=0$，得 $y(0)=f(0)=e^0=1$，则
$$\lim_{n\to\infty}n\left[f\left(\frac{1}{n}\right)-1\right]=\lim_{n\to\infty}\frac{f\left(\dfrac{1}{n}\right)-f(0)}{\dfrac{1}{n}-0}\xlongequal{h=\frac{1}{n}}\lim_{h\to 0}\frac{f(h)-f(0)}{h-0}=f'(0).$$

对 $y-x=e^{x(1-y)}$ 两边关于 x 求导得
$$y'-1=e^{x(1-y)}(1-y-xy'),$$
在上式中令 $x=0$，又 $y(0)=1$，可得 $y'(0)=f'(0)=1$，故
$$\lim_{n\to\infty}n\left[f\left(\frac{1}{n}\right)-1\right]=f'(0)=1.$$

习 题 2-6

(A)

1. 已知 $y=x^2-x$，计算在 $x=2$ 处当 Δx 分别等于 $1,0.1,0.01$ 时的 Δy 及 dy.

解 因为
$$\Delta y=[(x+\Delta x)^2-(x+\Delta x)]-(x^2-x)$$
$$=2x\Delta x+(\Delta x)^2-\Delta x,$$

所以
$$\Delta y\Big|_{\substack{x=2\\\Delta x=1}}=4+1-1=4,$$
$$\Delta y\Big|_{\substack{x=2\\\Delta x=0.1}}=0.4+0.01-0.1=0.31,$$
$$\Delta y\Big|_{\substack{x=2\\\Delta x=0.01}}=0.04+0.0001-0.01=0.0301.$$

又因为 $dy=(2x-1)dx=(2x-1)\Delta x$，所以
$$dy\Big|_{\substack{x=2\\\Delta x=1}}=(2\times 2-1)\times 1=3,$$
$$dy\Big|_{\substack{x=2\\\Delta x=0.1}}=(2\times 2-1)\times 0.1=0.3,$$
$$dy\Big|_{\substack{x=2\\\Delta x=0.01}}=(2\times 2-1)\times 0.01=0.03.$$

2. 求下列函数的微分.

(1) $y=\dfrac{1}{x}+2\sqrt{x}$； (2) $y=x\sin 2x$；

(3) $y = x^2 e^{2x}$; (4) $y = e^{-x}\cos(3-x)$;

(5) $y = \dfrac{x}{\sqrt{x^2+1}}$; (6) $y = [\ln(1-x)]^2$;

(7) $y = \tan^2(1+2x^2)$; (8) $y = \arctan\dfrac{1-x^2}{1+x^2}$.

解 (1) $dy = y'dx = \left(-\dfrac{1}{x^2} + \dfrac{1}{\sqrt{x}}\right)dx$;

(2) $dy = y'dx = (\sin 2x + 2x\cos 2x)dx$;

(3) $dy = y'dx = (2xe^{2x} + 2x^2 e^{2x})dx$;

(4) $dy = y'dx = e^{-x}[\sin(3-x) - \cos(3-x)]dx$;

(5) $dy = y'dx = \dfrac{\sqrt{x^2+1} - \dfrac{x^2}{\sqrt{x^2+1}}}{x^2+1}dx = \dfrac{1}{(x^2+1)^{\frac{3}{2}}}dx$;

(6) $dy = y'dx = 2\ln(1-x) \cdot \dfrac{-1}{1-x}dx = \dfrac{2\ln(1-x)}{x-1}dx$;

(7) $dy = 2\tan(1+2x^2) \cdot \sec^2(1+2x^2) \cdot 4x\,dx$
$= 8x\tan(1+2x^2)\sec^2(1+2x^2)dx$;

(8) $dy = \dfrac{1}{1+\left(\dfrac{1-x^2}{1+x^2}\right)^2} \cdot \dfrac{-2x(1+x^2) - 2x(1-x^2)}{(1+x^2)^2}dx$

$= \dfrac{(1+x^2)^2}{(1+x^2)^2 + (1-x^2)^2} \cdot \dfrac{-4x}{(1+x^2)^2}dx$

$= \dfrac{-2x}{1+x^4}dx$.

3. 将适当的函数填入下列括号内，使等式成立.

(1) $d(\quad) = 2dx$; (2) $d(\quad) = \cos t\,dt$;

(3) $d(\quad) = 3x\,dx$; (4) $d(\quad) = \dfrac{1}{1+x}dx$.

(5) $d(\quad) = e^{-2x}dx$; (6) $d(\quad) = \dfrac{1}{\sqrt{x}}dx$.

(7) $d(\quad) = \sec^2 3x\,dx$; (8) $d(\quad) = \sin\omega x\,dx$.

解 (1) $d(2x) = 2dx$; (2) $d(\sin t) = \cos t\,dt$;

(3) $d\left(\dfrac{3}{2}x^2\right) = 3x\,dx$; (4) $d[\ln(1+x)] = \dfrac{1}{1+x}dx$;

(5) $d\left(-\dfrac{1}{2}e^{-2x}\right) = e^{-2x}dx$; (6) $d(2\sqrt{x}) = \dfrac{1}{\sqrt{x}}dx$;

(7) $d\left(\dfrac{1}{3}\tan 3x\right) = \sec^2 3x\,dx$; (8) $d\left(-\dfrac{1}{\omega}\cos\omega x\right) = \sin\omega x\,dx$.

4. 求下列函数的微分值.

(1) $y = \dfrac{1}{(\tan x + 1)^2}$ 当自变量 x 由 $\dfrac{\pi}{6}$ 变到 $\dfrac{61\pi}{360}$ 时;

(2) $y = \cos^2\varphi$ 当自变量 φ 由 $60°$ 变到 $60°30'$ 时.

解 (1)因为 $dy=-2(\tan x+1)^{-3}\sec^2 x dx$，所以

$$dy\Big|_{\substack{x=\frac{\pi}{6}\\ \Delta x=\frac{\pi}{360}}}=-2\left(\tan\frac{\pi}{6}+1\right)^{-3}\cdot\sec^2\frac{\pi}{6}\cdot\frac{\pi}{360}\approx-0.0059.$$

(2)因为 $dy=-2\cos\varphi\sin\varphi d\varphi=-\sin 2\varphi d\varphi$，所以

$$dy\Big|_{\substack{\varphi=\frac{\pi}{3}\\ \Delta\varphi=\frac{\pi}{360}}}=-\sin\frac{2\pi}{3}\cdot\frac{\pi}{360}=-\frac{\sqrt{3}}{2}\cdot\frac{\pi}{360}\approx-0.0076.$$

5. 计算(1)$e^{1.01}$；(2)$\sin 29°$ 的近似值．

解 (1)设 $f(x)=e^x$，$x_0=1$，$\Delta x=0.01$，所以 $f'(x)=e^x$．

因为 $f(x_0+\Delta x)\approx f(x_0)+f'(x_0)\Delta x$，所以

$$e^{1.01}\approx f(1)+f'(1)\cdot 0.01=e+e\cdot 0.01\approx 2.7455.$$

(2)设 $f(x)=\sin x$，所以 $f'(x)=\cos x$，$x_0=\frac{\pi}{6}$，$\Delta x=-\frac{\pi}{180}$．

因为 $f(x_0+\Delta x)\approx f(x_0)+f'(x_0)\Delta x$，所以

$$\sin 29°\approx f\left(\frac{\pi}{6}\right)+f'\left(\frac{\pi}{6}\right)\cdot\left(-\frac{\pi}{180}\right)=\frac{1}{2}+\frac{\sqrt{3}}{2}\cdot\left(-\frac{\pi}{180}\right)\approx 0.4849.$$

6. 一金属圆板的直径为 100mm，受热膨胀后，直径增长了 1mm，试用微分计算圆板面积约增大了多少？

解 设金属圆板的面积为 S，直径为 d，则

$$S(d)=\pi\left(\frac{d}{2}\right)^2=\frac{\pi}{4}d^2,\ S'(d)=\frac{\pi}{2}d,\ d_0=100,\ \Delta d=1,$$

所以

$$\Delta S\approx dS=S'(d_0)\cdot\Delta d=\frac{\pi}{2}\cdot 100\cdot 1=50\pi\approx 157.08.$$

（B）

1. 测量一正方形时，测得边长为 2m，已知测量时的绝对误差限为 0.01m，求面积的绝对误差限及相对误差限．

解 设正方形的面积为 S，边长为 x．

把测量边长为 x 时所产生的误差当作自变量 x 的增量 Δx，则 $\Delta x \leqslant 0.01$．

利用 $S(x)=x^2$ 来计算 S 时所产生的误差就是函数 S 的增量 ΔS，当 Δx 很小时，

$$|\Delta S|\approx|dS|=2x|\Delta x|\leqslant 2x\delta_x.$$

因为 $x=2$，$\delta_x=0.01$，所以 S 的绝对误差限为

$$\delta_S\approx 2x\delta_x=2\times 2\times 0.01=0.04,$$

S 的相对误差限为

$$\frac{\delta_S}{S}\approx\frac{2x\delta_x}{x^2}=\frac{0.04}{4}=0.01.$$

2. 计算球体体积时，要求相对误差在 2% 以内，问这时测量直径 D 的相对误差限应为多少？

解 设球体体积为 V，因为

$$V=\frac{4}{3}\pi\left(\frac{D}{2}\right)^3=\frac{\pi}{6}D^3,$$

所以
$$\frac{\delta_V}{V}=\frac{V'_D\cdot\Delta D}{V}=\frac{\frac{\pi}{2}\cdot D^2}{\frac{\pi}{6}\cdot D^3}\cdot\delta_D=3\cdot\frac{\delta_D}{D}<2\%,$$

所以
$$\frac{\delta_D}{D}<0.67\%.$$

3. 设 $(2y)^{x-1}=\left(\frac{x}{2}\right)^{y-1}$ 确定隐函数 $y=f(x)$，求 $dy|_{x=1}$.

解 对于 $(2y)^{x-1}=\left(\frac{x}{2}\right)^{y-1}$，令 $x=1$，得 $y=1$.

在 $(2y)^{x-1}=\left(\frac{x}{2}\right)^{y-1}$ 两端取自然对数，得
$$(x-1)\ln(2y)=(y-1)\ln\frac{x}{2},$$
即
$$(x-1)(\ln 2+\ln y)=(y-1)(\ln x-\ln 2),$$
对上式两端关于 x 求导得
$$\ln 2+\ln y+(x-1)\cdot\frac{y'}{y}=y'(\ln x-\ln 2)+(y-1)\cdot\frac{1}{x}.$$

代入 $x=1$ 和 $y=1$，可得 $\ln 2=-\ln 2\cdot y'(1)$，进而可得 $y'(1)=-1$，所以
$$dy|_{x=1}=y'(1)dx=-dx.$$

习 题 2-7

(A)

1. 求下列函数的二阶导数与二阶微分.

(1) $y=2x^2+\ln x$； (2) $y=e^{3x-1}$；

(3) $y=e^{-t}\sin t$； (4) $y=\sqrt{a^2-x^2}$；

(5) $y=\frac{2x^3+\sqrt{x}+4}{x}$； (6) $y=x\cos x$；

(7) $y=\ln(1-x^2)$； (8) $y=\frac{1}{x^3+1}$；

(9) $y=\tan x$； (10) $y=\cos^2 x\ln x$；

(11) $y=(1+x^2)\arctan x$； (12) $y=xe^{x^2}$.

解 (1) $y'=4x+\frac{1}{x}$，$y''=4-\frac{1}{x^2}$，$d^2y=y''dx^2=\left(4-\frac{1}{x^2}\right)dx^2$.

(2) $y'=3e^{3x-1}$，$y''=9e^{3x-1}$，$d^2y=y''dx^2=9e^{3x-1}dx^2$.

(3) $y'=-e^{-t}\sin t+e^{-t}\cos t$，
  $y''=e^{-t}\sin t-e^{-t}\cos t-e^{-t}\cos t-e^{-t}\sin t=-2e^{-t}\cos t$，
  $d^2y=y''dt^2=-2e^{-t}\cos t\,dt^2$.

(4) $y'=\frac{-x}{\sqrt{a^2-x^2}}$，$y''=\frac{-a^2}{(\sqrt{a^2-x^2})^3}$，$d^2y=\frac{-a^2}{(\sqrt{a^2-x^2})^3}dx^2$.

(5) $y=\frac{2x^3+\sqrt{x}+4}{x}=2x^2+\frac{1}{\sqrt{x}}+\frac{4}{x}$，

$$y' = 4x - \frac{1}{2}x^{-\frac{3}{2}} - 4x^{-2}, \quad y'' = 4 + \frac{3}{4}x^{-\frac{5}{2}} + 8x^{-3},$$

$$d^2y = \left(4 + \frac{3}{4}x^{-\frac{5}{2}} + 8x^{-3}\right)dx^2.$$

(6) $y' = \cos x - x\sin x,$

$y'' = -\sin x - \sin x - x\cos x = -2\sin x - x\cos x,$

$d^2y = (-2\sin x - x\cos x)dx^2.$

(7) $y' = \dfrac{-2x}{1-x^2},$

$y'' = -2 \cdot \dfrac{1-x^2+2x^2}{(1-x^2)^2} = -\dfrac{2(1+x^2)}{(1-x^2)^2},$

$d^2y = -\dfrac{2(1+x^2)}{(1-x^2)^2}dx^2.$

(8) $y = \dfrac{1}{x^3+1} = (x^3+1)^{-1},$

$y' = -3x^2(x^3+1)^{-2},$

$y'' = -3[2x(x^3+1)^{-2} - 2(x^3+1)^{-3} 3x^2 \cdot x^2]$

$\quad = 6x(x^3+1)^{-3}(2x^3-1),$

$d^2y = 6x(x^3+1)^{-3}(2x^3-1)dx^2.$

(9) $y' = \sec^2 x, \quad y'' = 2\sec x(\sec x \tan x) = 2\sec^2 x \tan x,$

$d^2y = 2\sec^2 x \tan x \, dx^2.$

(10) $y' = 2\cos x(-\sin x)\ln x + \dfrac{1}{x}\cos^2 x = -\sin 2x \ln x + \dfrac{1}{x}\cos^2 x,$

$y'' = -2\cos 2x \ln x - \dfrac{1}{x}\sin 2x - \dfrac{1}{x^2}\cos^2 x - \dfrac{1}{x}2\cos x \sin x$

$\quad = -2\cos 2x \ln x - \dfrac{2\sin 2x}{x} - \dfrac{\cos^2 x}{x^2},$

$d^2y = \left(-2\cos 2x \ln x - \dfrac{2\sin 2x}{x} - \dfrac{\cos^2 x}{x^2}\right)dx^2.$

(11) $y' = 2x \arctan x + \dfrac{1}{1+x^2}(1+x^2) = 2x\arctan x + 1,$

$y'' = 2\arctan x + \dfrac{2x}{1+x^2},$

$d^2y = \left(2\arctan x + \dfrac{2x}{1+x^2}\right)dx^2.$

(12) $y' = e^{x^2} + 2x^2 e^{x^2}, \quad y'' = 2xe^{x^2} + 4xe^{x^2} + 4x^3 e^{x^2} = 6xe^{x^2} + 4x^3 e^{x^2},$

$d^2y = (6xe^{x^2} + 4x^3 e^{x^2})dx^2.$

2. 设 $f(x) = (x+10)^6$, 求 $f'''(2)$.

解 $f'(x) = 6(x+10)^5, \quad f''(x) = 30(x+10)^4, \quad f'''(x) = 120(x+10)^3,$

$f'''(2) = 120 \times 12^3 = 207360.$

3. 若 $f''(x)$ 存在，求下列函数 y 的二阶导数 $\dfrac{d^2 y}{d x^2}$.

(1) $y = f(x^2)$;　　　　　　　　(2) $y = \ln[f(x)]$.

解　(1) $y' = 2x f'(x^2)$, $y'' = 2f'(x^2) + 4x^2 f''(x^2)$.

(2) $y' = \dfrac{f'(x)}{f(x)}$, $y'' = \dfrac{f''(x) f(x) - [f'(x)]^2}{[f(x)]^2}$.

4. 求下列函数的 n 阶导数.

(1) $y = e^{-x}$;　　　　　　　　(2) $y = \ln(x+1)$;

(3) $y = \cos x$;　　　　　　　　(4) $y = \sin^2 x$;

(5) $y = \dfrac{1}{x^2 - 3x + 2}$.

解　(1) $y' = -e^{-x}$, $y'' = e^{-x}$, $y''' = -e^{-x}$, $\cdots$, $y^{(n)} = (-1)^n e^{-x}$.

(2) $y' = \dfrac{1}{x+1} = (x+1)^{-1}$, $y'' = (-1)(x+1)^{-2}$, $y''' = (-1)(-2)(x+1)^{-3}$, $\cdots$,

$y^{(n)} = (-1)^{n-1}(n-1)!\,(x+1)^{-n}$.

(3) $y' = -\sin x = \cos\left(x + \dfrac{\pi}{2}\right)$, $y'' = -\cos x = \cos\left(x + 2\cdot\dfrac{\pi}{2}\right)$,

$y''' = \sin x = \cos\left(x + 3\cdot\dfrac{\pi}{2}\right)$, $\cdots$, $y^{(n)} = \cos\left(x + n\cdot\dfrac{\pi}{2}\right)$.

(4) $y' = 2\sin x \cos x = \sin 2x$, $y'' = 2\cos 2x = 2\sin\left(2x + \dfrac{\pi}{2}\right)$,

$y''' = -4\sin 2x = 2^2 \sin\left(2x + 2\cdot\dfrac{\pi}{2}\right)$, $y^{(4)} = -8\cos 2x = 2^3 \sin\left(2x + 3\cdot\dfrac{\pi}{2}\right)$,

$y^{(5)} = 16\sin 2x = 2^4 \sin\left(2x + 4\cdot\dfrac{\pi}{2}\right)$, $\cdots$,

$y^{(n)} = 2^{n-1} \sin\left[2x + (n-1)\cdot\dfrac{\pi}{2}\right]$.

(5) $y = \dfrac{1}{x^2 - 3x + 2} = \dfrac{1}{(x-1)(x-2)} = \dfrac{1}{x-2} - \dfrac{1}{x-1}$,

$y' = (-1)(x-2)^{-2} - (-1)(x-1)^{-2}$,

$y'' = (-1)(-2)(x-2)^{-3} - (-1)(-2)(x-1)^{-3}$,

$y''' = (-1)(-2)(-3)(x-2)^{-4} - (-1)(-2)(-3)(x-1)^{-4}$,

$\cdots\cdots$

$y^{(n)} = (-1)^n n!\,[(x-2)^{-n-1} - (x-1)^{-n-1}]$.

5. 验证函数 $y = e^x \sin x$ 满足关系式 $y'' - 2y' + 2y = 0$.

解　因为 $y' = e^x(\sin x + \cos x)$, $y'' = 2e^x \cos x$, 所以

$$y'' - 2y' + 2y = 2e^x \cos x - 2e^x(\sin x + \cos x) + 2e^x \sin x = 0,$$

所以函数 $y = e^x \sin x$ 满足关系式 $y'' - 2y' + 2y = 0$.

6. 如果 $f(x) = x^3 + x^2 + x + 1$, 求 $f'(0)$, $f''(0)$, $f'''(0)$, $f^{(4)}(0)$.

解　因为

$$f'(x) = 3x^2 + 2x + 1,\ f''(x) = 6x + 2,\ f'''(x) = 6,\ f^{(4)}(x) = 0,$$

所以　　　　　$f'(0) = 1,\ f''(0) = 2,\ f'''(0) = 6,\ f^{(4)}(0) = 0$.

7. 求下列函数的高阶微分.

(1) $y = x^3 \ln x$, 求 $d^4 y$; (2) $y = \arctan x$, 求 $d^2 y$;

(3) $f(x) = e^{2x-1}$, 求 $d^2 f(0)$; (4) $f(x) = x \cos x$, 求 $d^2 f\left(\dfrac{\pi}{2}\right)$.

解 (1) $y' = 3x^2 \ln x + x^2$, $y'' = 6x \ln x + 5x$, $y''' = 6 \ln x + 11$, $y^{(4)} = \dfrac{6}{x}$, 所以
$$d^4 y = y^{(4)} dx^4 = \dfrac{6}{x} dx^4.$$

(2) $y' = \dfrac{1}{1+x^2}$, $y'' = \dfrac{-2x}{(1+x^2)^2}$, 所以
$$d^2 y = \dfrac{-2x}{(1+x^2)^2} dx^2.$$

(3) $f'(x) = 2e^{2x-1}$, $f''(x) = 4e^{2x-1}$, $d^2 f(x) = 4e^{2x-1} dx^2$, 所以
$$d^2 f(0) = 4e^{-1} dx^2.$$

(4) $f'(x) = \cos x - x \sin x$, $f''(x) = -2\sin x - x\cos x$, $d^2 f(x) = (-2\sin x - x\cos x) dx^2$, 所以
$$d^2 f\left(\dfrac{\pi}{2}\right) = \left(-2\sin\dfrac{\pi}{2} - \dfrac{\pi}{2}\cos\dfrac{\pi}{2}\right) dx^2 = -2 dx^2.$$

8. 求由下列方程所确定的隐函数的二阶导数 $\dfrac{d^2 y}{dx^2}$：

(1) $x e^y - y + 1 = 0$; (2) $e^y = xy$.

解 (1) 方程左右两边对 x 求导(注意 y 是 x 的函数)得
$$e^y + x e^y \cdot y' - y' = 0,$$
解得
$$y' = \dfrac{e^y}{1 - x e^y} = \dfrac{e^y}{2-y},$$
所以
$$\dfrac{d^2 y}{dx^2} = \left(\dfrac{e^y}{2-y}\right)'_x = \dfrac{e^y \cdot y' \cdot (2-y) - e^y \cdot (-y')}{(2-y)^2}$$
$$= \dfrac{e^y \cdot (2-y) + e^y}{(2-y)^2} \cdot \dfrac{e^y}{2-y} = \dfrac{e^{2y}(3-y)}{(2-y)^3}.$$

(2) 方程左右两边对 x 求导得
$$e^y \cdot y' = y + xy',$$
解得 $y' = \dfrac{y}{e^y - x}$, 所以
$$\dfrac{d^2 y}{dx^2} = \left(\dfrac{y}{e^y - x}\right)'_x = \dfrac{(e^y - x) \cdot y' - y(e^y \cdot y' - 1)}{(e^y - x)^2}$$
$$= \dfrac{2(e^y - x) \cdot y - y^2 e^y}{(e^y - x)^3}.$$

9. 求由下列参数方程所确定函数的二阶导数.

(1) $\begin{cases} x = at^2, \\ y = bt^3; \end{cases}$ (2) $\begin{cases} x = te^{-t}, \\ y = e^t. \end{cases}$

解 (1) $\dfrac{dy}{dx} = \dfrac{y'_t}{x'_t} = \dfrac{3bt^2}{2at} = \dfrac{3bt}{2a}$,

$$\frac{d^2 y}{dx^2} = \frac{(y')'_t}{x'_t} = \frac{\frac{3b}{2a}}{2at} = \frac{3b}{4a^2 t}.$$

(2) $\dfrac{dy}{dx} = \dfrac{y'_t}{x'_t} = \dfrac{e^t}{e^{-t} - te^{-t}} = \dfrac{e^{2t}}{1-t},$

$$\frac{d^2 y}{dx^2} = \frac{(y')'_t}{x'_t} = \frac{\frac{2e^{2t}(1-t) + e^{2t}}{(1-t)^2}}{e^{-t} - te^{-t}} = \frac{e^{3t}(3-2t)}{(1-t)^3}.$$

(B)

1. 试从 $\dfrac{dx}{dy} = \dfrac{1}{y'}$ 导出：

   (1) $\dfrac{d^2 x}{dy^2} = -\dfrac{y''}{(y')^3};$ (2) $\dfrac{d^3 x}{dy^3} = \dfrac{3(y'')^2 - y'y'''}{(y')^5}.$

解 (1) $\dfrac{d^2 x}{dy^2} = [(y')^{-1}]'_y = -(y')^{-2} \cdot y'' \cdot \dfrac{1}{y'} = -\dfrac{y''}{(y')^3};$

(2) $\dfrac{d^3 x}{dy^3} = \left[-\dfrac{y''}{(y')^3}\right]'_y = -\dfrac{y''' \cdot \frac{1}{y'} \cdot (y')^3 - 3(y')^2 \cdot y'' \cdot \frac{1}{y'} \cdot y''}{(y')^6} = \dfrac{3(y'')^2 - y'y'''}{(y')^5}.$

2. 证明 $(\sin^4 x + \cos^4 x)^{(n)} = 4^{n-1} \cos\left(4x + \dfrac{n\pi}{2}\right).$

证 用数学归纳法证明：当 $n=1$ 时，

$$(\sin^4 x + \cos^4 x)' = 4\sin^3 x \cos x - 4\cos^3 x \sin x$$
$$= 4\sin x \cos x (\sin^2 x - \cos^2 x)$$
$$= -2\sin 2x \cos 2x = -\sin 4x,$$

即 $(\sin^4 x + \cos^4 x)' = 4^{1-1} \cos\left(4x + \dfrac{\pi}{2}\right),$

所以等式成立.

假设等式对 $n=k$ 时成立，即

$$(\sin^4 x + \cos^4 x)^{(k)} = 4^{k-1} \cos\left(4x + \dfrac{k\pi}{2}\right),$$

则当 $n = k+1$ 时，

$$(\sin^4 x + \cos^4 x)^{(k+1)} = \left[4^{k-1} \cos\left(4x + \dfrac{k\pi}{2}\right)\right]' = 4^{k-1}\left[-\sin\left(4x + \dfrac{k\pi}{2}\right)\right] \cdot 4$$
$$= 4^k \cos\left(4x + \dfrac{k\pi}{2} + \dfrac{\pi}{2}\right) = 4^{(k+1)-1} \cos\left[4x + \dfrac{(k+1)\pi}{2}\right].$$

所以由数学归纳法知，原等式成立.

3. 设 $y = x^2 \sin 2x$，求 $y^{(50)}.$

解 设 $u = \sin 2x,\ v = x^2$，则 $v' = 2x,\ v'' = 2,\ v^{(k)} = 0 (k \geq 3),\ u^{(n)} = 2^n \sin\left(2x + \dfrac{n}{2}\pi\right)$，则

$$y^{(50)} = C_{50}^0 u^{(50)} v + C_{50}^1 u^{(49)} v' + C_{50}^2 u^{(48)} v''$$
$$= 2^{50} \sin\left(2x + \dfrac{50}{2}\pi\right) \cdot x^2 + 50 \cdot 2^{49} \sin\left(2x + \dfrac{49}{2}\pi\right) \cdot 2x + \dfrac{50 \cdot 49}{2} \cdot 2^{48} \sin\left(2x + \dfrac{48}{2}\pi\right) \cdot 2$$
$$= -2^{50} x^2 \sin 2x + 50 \cdot 2^{49} x \cos 2x + 2450 \cdot 2^{48} \sin 2x.$$

4. 已知函数 $f(u)$ 具有二阶导数，且 $f'(0)=1$，函数 $y=y(x)$ 由方程 $y-xe^{y-1}=1$ 所确定．设 $z=f(\ln y-\sin x)$，求 $\dfrac{dz}{dx}\Big|_{x=0}$，$\dfrac{d^2z}{dx^2}\Big|_{x=0}$．

解 在 $y-xe^{y-1}=1$ 中，令 $x=0$，得 $y=1$．

等式 $y-xe^{y-1}=1$ 两边对 x 求导得
$$y'-e^{y-1}-xy'e^{y-1}=0,$$
由 $y-xe^{y-1}=1$，可得 $xe^{y-1}=y-1$，代入上式得
$$(2-y)y'-e^{y-1}=0. \tag{1}$$

由 $x=0$，$y=1$，得 $y'|_{x=0}=1$．

在(1)式两边对 x 求导得
$$(2-y)y''-(y')^2-e^{y-1}y'=0.$$

由 $x=0$，$y=1$，$y'|_{x=0}=1$，得 $y''|_{x=0}=2$．

因为 $\dfrac{dz}{dx}=f'(\ln y-\sin x)\left(\dfrac{y'}{y}-\cos x\right)$，故 $\dfrac{dz}{dx}\Big|_{x=0}=0$．

又 $\dfrac{d^2z}{dx^2}=f''(\ln y-\sin x)\left(\dfrac{y'}{y}-\cos x\right)^2+f'(\ln y-\sin x)\left(\dfrac{y''}{y}-\dfrac{(y')^2}{y^2}+\sin x\right),$

所以
$$\dfrac{d^2z}{dx^2}\Big|_{x=0}=f'(0)(2-1)=1.$$

自测题二

一、选择题

1. 设 $f(x)$ 可导，$F(x)=f(x)(1+|\sin x|)$，若使 $F(x)$ 在 $x=0$ 处可导，则必有（　）．

(A) $f(0)=0$；　　　　　　　　　(B) $f'(0)=0$；
(C) $f(0)+f'(0)=0$；　　　　　　(D) $f(0)-f'(0)=0$．

解 选 A．
$$\lim_{x\to 0}\frac{F(x)-F(0)}{x-0}=\lim_{x\to 0}\frac{f(x)(1+|\sin x|)-f(0)}{x}=\lim_{x\to 0}\left[\frac{f(x)-f(0)}{x}+\frac{f(x)|\sin x|}{x}\right],$$
且 $f(x)$ 可导，要使 $F(x)$ 在 $x=0$ 处可导，需 $\lim\limits_{x\to 0}\dfrac{f(x)|\sin x|}{x}$ 存在．

然而 $\lim\limits_{x\to 0^-}\dfrac{|\sin x|}{x}=-1$，$\lim\limits_{x\to 0^+}\dfrac{|\sin x|}{x}=1$，要使 $\lim\limits_{x\to 0}\left[f(x)\cdot\dfrac{|\sin x|}{x}\right]$ 存在，则必有 $f(0)=0$．

2. 设 $f(x)=3x^3+x^2|x|$，则使 $f^{(n)}(0)$ 存在的最高阶数 n 为（　）．
(A) 0；　　　(B) 1；　　　(C) 2；　　　(D) 3．

解 选 C．
$$f(x)=3x^3+x^2|x|=\begin{cases}3x^3+x^3, & x\geq 0,\\ 3x^3-x^3, & x<0,\end{cases}=\begin{cases}4x^3, & x\geq 0,\\ 2x^3, & x<0.\end{cases}$$
$$f'_-(0)=\lim_{x\to 0^-}\frac{f(x)-f(0)}{x-0}=\lim_{x\to 0^-}\frac{2x^3}{x}=\lim_{x\to 0^-}2x^2=0,$$
$$f'_+(0)=\lim_{x\to 0^+}\frac{f(x)-f(0)}{x-0}=\lim_{x\to 0^+}\frac{4x^3}{x}=\lim_{x\to 0^+}4x^2=0,$$

所以 $f'(x)=\begin{cases}12x^2, & x\geqslant 0,\\ 6x^2, & x<0.\end{cases}$ 同理, $f''(x)=\begin{cases}24x, & x\geqslant 0,\\ 12x, & x<0.\end{cases}$

$$f'''_-(0)=\lim_{x\to 0^-}\frac{f''(x)-f''(0)}{x-0}=\lim_{x\to 0^-}\frac{12x}{x}=12,$$

$$f'''_+(0)=\lim_{x\to 0^+}\frac{f''(x)-f''(0)}{x-0}=\lim_{x\to 0^+}\frac{24x}{x}=24,$$

因为 $f'''_-(0)\neq f'''_+(0)$, 所以 $f(x)$ 在 $x=0$ 处的三阶导数不存在, 所以 $f^{(n)}(0)$ 存在的最高阶数为 2.

3. 已知函数 $f(x)$ 具有任意阶导数, 且 $f'(x)=[f(x)]^2$ 为偶函数, 则当 n 为大于 2 的正数时, $f(x)$ 的 n 阶导数 $f^{(n)}(x)$ 是( ).

(A) $n![f(x)]^{n+1}$; (B) $n[f(x)]^{n+1}$;
(C) $[f(x)]^{2n}$; (D) $n![f(x)]^{2n}$.

解 选 A.

因为 $f'(x)=[f(x)]^2$, 所以

$f''(x)=2f(x)f'(x)=2f(x)[f(x)]^2=2[f(x)]^3$,

$f'''(x)=2\cdot 3[f(x)]^2 f'(x)=2\cdot 3[f(x)]^2[f(x)]^2=2\cdot 3[f(x)]^4$,

$f^{(4)}(x)=2\cdot 3\cdot 4[f(x)]^3 f'(x)=2\cdot 3\cdot 4[f(x)]^3[f(x)]^2=2\cdot 3\cdot 4[f(x)]^5$, …,

所以 $f^{(n)}(x)=n![f(x)]^{n+1}$.

4. 若函数 $y=f(x)$, 有 $f'(x_0)=\frac{1}{2}$, 则当 $\Delta x\to 0$ 时, 该函数在 $x=x_0$ 处的微分 dy 是( ).

(A) 与 Δx 等价的无穷小; (B) 与 Δx 同阶的无穷小;
(C) 比 Δx 低阶的无穷小; (D) 比 Δx 高阶的无穷小.

解 选 B.

因为 $dy=f'(x)\Delta x$, 所以 $dy|_{x=x_0}=f'(x_0)\Delta x=\frac{1}{2}\Delta x$. 而 $\lim\limits_{\Delta x\to 0}\frac{\frac{1}{2}\Delta x}{\Delta x}=\frac{1}{2}$, 故该函数在 $x=x_0$ 处的微分 dy 是与 Δx 同阶的无穷小.

5. 函数 $f(x)=(x^2-x-2)|x^3-x|$, 不可导点的个数是( ).

(A) 3; (B) 2; (C) 1; (D) 0.

解 选 B.

因为 $f(x)=(x^2-x-2)|x^3-x|=(x-2)(x+1)|x||x-1||x+1|$, 而

$\lim\limits_{x\to 0}\frac{f(x)-f(0)}{x-0}=\lim\limits_{x\to 0}\frac{(x-2)(x+1)|x||x-1||x+1|}{x}$ 不存在,

$\lim\limits_{x\to 1}\frac{f(x)-f(1)}{x-1}=\lim\limits_{x\to 1}\frac{(x-2)(x+1)|x||x-1||x+1|}{x-1}$ 不存在,

$\lim\limits_{x\to -1}\frac{f(x)-f(-1)}{x+1}=\lim\limits_{x\to -1}\frac{(x-2)(x+1)|x||x-1||x+1|}{x+1}=0$,

故函数不可导点的个数是 2.

二、填空题

1. 若 $f(t)=\lim\limits_{x\to\infty}\left[t\left(1+\dfrac{1}{x}\right)^{2tx}\right]$，则 $f'(t)=$ _____.

解 $f(t)=\lim\limits_{x\to\infty}\left[t\left(1+\dfrac{1}{x}\right)^{2tx}\right]=t\lim\limits_{x\to\infty}\left[\left(1+\dfrac{1}{x}\right)^{x}\right]^{2t}=t\mathrm{e}^{2t}$，则 $f'(t)=\mathrm{e}^{2t}+2t\mathrm{e}^{2t}$.

2. 若 $f'(a)=k$ 存在，则 $\lim\limits_{h\to+\infty}h\left[f\left(a-\dfrac{1}{h}\right)-f(a)\right]=$ _____.

解 $\lim\limits_{h\to+\infty}h\left[f\left(a-\dfrac{1}{h}\right)-f(a)\right]=-\lim\limits_{h\to+\infty}\dfrac{\left[f\left(a-\dfrac{1}{h}\right)-f(a)\right]}{-\dfrac{1}{h}}=-f'(a)=-k.$

3. 设 $f(x)$ 为可导函数，$y=f\left[\cos\left(\dfrac{1}{\sqrt{x}}\right)\right]$，则 $\mathrm{d}y=$ _____.

解 复合函数 $y=f(u)$，$u=\cos v$，$v=\dfrac{1}{\sqrt{x}}$，所以

$$\mathrm{d}y=y'_x\mathrm{d}x=f'(u)\cdot u'_v\cdot v'_x\mathrm{d}x=\dfrac{1}{2}x^{-\frac{3}{2}}\sin\dfrac{1}{\sqrt{x}}f'\left(\cos\dfrac{1}{\sqrt{x}}\right)\mathrm{d}x.$$

4. 设 $y=y(x)$ 由方程 $xy+\ln y=1$ 确定，则曲线 $y=y(x)$ 在 $x=1$ 处的法线方程为 _____.

解 方程两边对 x 求导，得 $y+xy'+\dfrac{1}{y}y'=0$，解出 $y'=-\dfrac{y^2}{xy+1}$.

曲线在 $x=1$ 处的切线斜率为 $y'|_{x=1}=y'|_{\substack{x=1\\y=1}}=-\dfrac{1}{2}$，法线方程为

$$y-1=2(x-1)，\text{即 } y=2x-1.$$

5. 曲线 $\begin{cases}x=\mathrm{e}^t\sin 2t,\\ y=\mathrm{e}^t\cos t\end{cases}$ 在点 $(0,1)$ 处的切线方程为 _____.

解 因为 $\dfrac{\mathrm{d}y}{\mathrm{d}x}=\dfrac{y'_t}{x'_t}=\dfrac{\mathrm{e}^t\cos t-\mathrm{e}^t\sin t}{\mathrm{e}^t\sin 2t+2\mathrm{e}^t\cos 2t}$，在点 $(0,1)$ 处满足 $\begin{cases}\mathrm{e}^t\sin 2t=0,\\ \mathrm{e}^t\cos 2t=1,\end{cases}$ 此时 $t=0$，所以

$$\left.\dfrac{\mathrm{d}y}{\mathrm{d}x}\right|_{x=0}=\left.\dfrac{\mathrm{d}y}{\mathrm{d}x}\right|_{t=0}=\left.\dfrac{\mathrm{e}^t\cos t-\mathrm{e}^t\sin t}{\mathrm{e}^t\sin 2t+2\mathrm{e}^t\cos 2t}\right|_{t=0}=\dfrac{1}{2},$$

所以切线方程为

$$y-1=\dfrac{1}{2}(x-0)，\text{即 } y=\dfrac{1}{2}x+1.$$

6. 设 $y=\mathrm{e}^{\tan\frac{1}{x}}\sin\dfrac{1}{x}$，则 $y'=$ _____.

解 $y'=\mathrm{e}^{\tan\frac{1}{x}}\cdot\sec^2\dfrac{1}{x}\cdot\dfrac{-1}{x^2}\cdot\sin\dfrac{1}{x}+\cos\dfrac{1}{x}\cdot\dfrac{-1}{x^2}\cdot\mathrm{e}^{\tan\frac{1}{x}}$

$$=-\dfrac{1}{x^2}\mathrm{e}^{\tan\frac{1}{x}}\left(\tan\dfrac{1}{x}\sec\dfrac{1}{x}+\cos\dfrac{1}{x}\right).$$

三、计算题

1. 设 $y=y(x)$ 由 $\begin{cases}x=\arctan t,\\ 2y-ty^2+\mathrm{e}^t=5\end{cases}$ 确定，求 $\dfrac{\mathrm{d}y}{\mathrm{d}x}$.

解 因为 $\dfrac{\mathrm{d}y}{\mathrm{d}x}=\dfrac{y'_t}{x'_t}$，对方程 $2y-ty^2+\mathrm{e}^t=5$ 两边关于 t 求导得

$$2y'_t-y^2-2tyy'_t+\mathrm{e}^t=0,$$

解得

$$y'_t=\dfrac{y^2-\mathrm{e}^t}{2(1-ty)},$$

所以

$$\dfrac{\mathrm{d}y}{\mathrm{d}x}=\dfrac{y'_t}{x'_t}=\dfrac{\dfrac{y^2-\mathrm{e}^t}{2(1-ty)}}{\dfrac{1}{1+t^2}}=\dfrac{(y^2-\mathrm{e}^t)(1+t^2)}{2(1-ty)}.$$

2. 设函数 $y=y(x)$ 由方程 $x\mathrm{e}^{f(y)}=\mathrm{e}^y$ 确定，其中 f 具有二阶导数，且 $f'\neq 1$，求 $\dfrac{\mathrm{d}^2 y}{\mathrm{d}x^2}$.

解 方程两边取对数得 $\ln x+f(y)=y$，方程两边对 x 求导得

$$\dfrac{1}{x}+f'(y)y'=y',$$

解得

$$y'=\dfrac{1}{x[1-f'(y)]},$$

$$\dfrac{\mathrm{d}^2 y}{\mathrm{d}x^2}=\dfrac{0-\{x[1-f'(y)]\}'}{x^2[1-f'(y)]^2}=-\dfrac{1}{x^2[1-f'(y)]^2}\{[1-f'(y)]-xf''(y)y'\}$$

$$=-\dfrac{1}{x^2[1-f'(y)]^2}\left\{[1-f'(y)]-xf''(y)\dfrac{1}{x[1-f'(y)]}\right\}$$

$$=-\dfrac{[1-f'(y)]^2-f''(y)}{x^2[1-f'(y)]^3}.$$

3. 设 $f(x)=\begin{cases} x\arctan\dfrac{1}{x^2}, & x\neq 0, \\ 0, & x=0, \end{cases}$ 试讨论 $f'(x)$ 在 $x=0$ 处的连续性.

解 当 $x=0$ 时，$f'(0)=\lim\limits_{x\to 0}\dfrac{f(x)-f(0)}{x-0}=\lim\limits_{x\to 0}\dfrac{x\arctan\dfrac{1}{x^2}}{x}=\lim\limits_{x\to 0}\arctan\dfrac{1}{x^2}=\dfrac{\pi}{2};$

当 $x\neq 0$ 时，$f'(x)=\arctan\dfrac{1}{x^2}+x\cdot\dfrac{1}{1+\dfrac{1}{x^4}}\cdot\dfrac{-2}{x^3}=\arctan\dfrac{1}{x^2}-\dfrac{2x^2}{1+x^4}.$

所以

$$f'(x)=\begin{cases} \arctan\dfrac{1}{x^2}-\dfrac{2x^2}{1+x^4}, & x\neq 0, \\ \dfrac{\pi}{2}, & x=0. \end{cases}$$

又因为 $\lim\limits_{x\to 0}f'(x)=\lim\limits_{x\to 0}\left(\arctan\dfrac{1}{x^2}+\dfrac{-2x^2}{1+x^4}\right)=\dfrac{\pi}{2}=f'(0)$，所以 $f'(x)$ 在 $x=0$ 处连续.

中值定理与导数的应用

一、基本内容

1. 中值定理

(1)罗尔定理：如果函数 $f(x)$ 在闭区间 $[a,b]$ 上连续；在开区间 (a,b) 内可导；且 $f(a)=f(b)$，则在开区间 (a,b) 内至少存在一点 $\xi(a<\xi<b)$，使得 $f'(\xi)=0$.

罗尔定理的几何意义：如果连续曲线 $y=f(x)$ 的两个端点 A,B 的纵坐标相等，除端点外处处具有不垂直于 x 轴的切线，则在曲线弧 AB 上至少存在一点 C，在该点处曲线的切线是水平的(图 3-1).

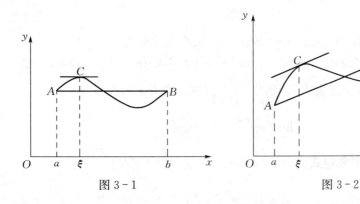

图 3-1   图 3-2

(2)拉格朗日中值定理：如果函数 $f(x)$ 在闭区间 $[a,b]$ 上连续；在开区间 (a,b) 内可导，则在开区间 (a,b) 内至少存在一点 $\xi(a<\xi<b)$，使等式
$$f(b)-f(a)=f'(\xi)(b-a)$$
成立．

拉格朗日中值定理的几何意义：如果连续曲线 $y=f(x)$ 的弧 AB 上除端点外处处具有不垂直于 x 轴的切线，则在曲线弧 AB 上至少存在一点 C，使曲线在点 C 处的切线平行于弦 AB(图 3-2).

推论 如果在区间 (a,b) 内 $f'(x)=0$，则函数 $f(x)$ 在该区间内是一个常数．

(3)柯西中值定理：如果函数 $f(x)$ 与 $g(x)$ 在闭区间 $[a,b]$ 上连续；在开区间 (a,b) 内可导；且 $g'(x)$ 在区间 (a,b) 的每一点处均不为零，则在开区间 (a,b) 内至少存在一点 $\xi(a<\xi<b)$，使得
$$\frac{f(b)-f(a)}{g(b)-g(a)}=\frac{f'(\xi)}{g'(\xi)}$$

成立.

柯西中值定理的几何意义：如果连续曲线 $\begin{cases} x=g(t), \\ y=f(t) \end{cases}$ (t 为参数，$a \leq t \leq b$) 的弧 AB 上除端点外处处有不垂直于 x 轴的切线，那么这弧上至少存在一点 C，使曲线在点 C 处的切线平行于弦 AB (图 3-3).

2. 洛必达法则

(1) 当 $x \to a$ 时，$\dfrac{0}{0}$ 型未定式：

定理 1 如果

① 当 $x \to a$ 时，函数 $f(x)$ 及 $g(x)$ 都趋于零；

② 在点 a 的邻域内 (点 a 本身可以除外)，$f'(x)$ 及 $g'(x)$ 都存在，且 $g'(x) \neq 0$；

③ $\lim\limits_{x \to a} \dfrac{f'(x)}{g'(x)}$ 存在 (或为无穷大)，则 $\lim\limits_{x \to a} \dfrac{f(x)}{g(x)}$ 存在 (或为无穷大)，且

$$\lim_{x \to a} \frac{f'(x)}{g'(x)} = \lim_{x \to a} \frac{f(x)}{g(x)}.$$

(2) 当 $x \to \infty$ 时，$\dfrac{0}{0}\left(\text{或} \dfrac{\infty}{\infty}\right)$ 型未定式：

定理 2 如果

① 当 $x \to \infty$ 时，函数 $f(x)$ 及 $g(x)$ 都趋于零 (或都为无穷大)；

② 若存在正数 M，当 $|x| > M$ 时，$f'(x)$ 及 $g'(x)$ 都存在，且 $g'(x) \neq 0$；

③ $\lim\limits_{x \to \infty} \dfrac{f'(x)}{g'(x)}$ 存在 (或为无穷大)，则 $\lim\limits_{x \to \infty} \dfrac{f(x)}{g(x)}$ 存在 (或为无穷大)，且

$$\lim_{x \to \infty} \frac{f'(x)}{g'(x)} = \lim_{x \to \infty} \frac{f(x)}{g(x)}.$$

(3) 当 $x \to a$ 时，$\dfrac{\infty}{\infty}$ 型未定式：

定理 3 如果

① 当 $x \to a$ 时，函数 $f(x)$ 及 $g(x)$ 都为无穷大；

② 在点 a 的邻域内 (点 a 本身可以除外)，$f'(x)$ 及 $g'(x)$ 都存在，且 $g'(x) \neq 0$；

③ $\lim\limits_{x \to a} \dfrac{f'(x)}{g'(x)}$ 存在 (或为无穷大)，则 $\lim\limits_{x \to a} \dfrac{f(x)}{g(x)}$ 存在 (或为无穷大)，且 $\lim\limits_{x \to a} \dfrac{f'(x)}{g'(x)} = \lim\limits_{x \to a} \dfrac{f(x)}{g(x)}$.

(4) 其他一些未定式：对于 $0 \cdot \infty$, $\infty - \infty$, 0^0, 1^∞, ∞^0 型的未定式，也可转化为 $\dfrac{0}{0}$ 或 $\dfrac{\infty}{\infty}$ 型的未定式来计算.

3. 泰勒公式

(1) 泰勒中值定理：设函数 $f(x)$ 在含有 x_0 的区间 I 内具有直到 $n+1$ 阶导数，$x \neq x_0$ 为区间 I 上任意一点，则在点 x_0 与 x 之间必可找到这样的点 ξ，使下式成立：

$$f(x) = f(x_0) + f'(x_0)(x - x_0) + \frac{f''(x_0)}{2!}(x - x_0)^2 + \cdots + \frac{f^{(n)}(x_0)}{n!}(x - x_0)^n + R_n(x),$$

(1)

其中
$$R_n(x) = \frac{f^{(n+1)}(\xi)}{(n+1)!}(x-x_0)^{n+1}. \tag{2}$$

公式(1)称为 $f(x)$ 按 $x-x_0$ 的幂展开到 n 阶的泰勒公式,而 $R_n(x)$ 的表达式(2)称为拉格朗日型余项. 若 $R_n(x) = o[(x-x_0)^n]$,则称为皮亚诺型余项.

(2)麦克劳林公式:当 $x_0 = 0$ 时,泰勒公式变为较简单的形式,即麦克劳林公式

$$f(x) = f(0) + f'(0)x + \frac{f''(0)}{2!}x^2 + \cdots + \frac{f^{(n)}(0)}{n!}x^n + \frac{f^{(n+1)}(\theta x)}{(n+1)!}x^{n+1} \quad (0<\theta<1).$$

4. 函数单调性的判定法

定理 4 设函数 $f(x)$ 在 $[a,b]$ 上连续,在 (a,b) 内可导,
(1)如果在 (a,b) 内 $f'(x) > 0$,那么函数 $f(x)$ 在 $[a,b]$ 上是单调增加的;
(2)如果在 (a,b) 内 $f'(x) < 0$,那么函数 $f(x)$ 在 $[a,b]$ 上是单调减少的.

5. 函数的极值及其求法

(1)极值的定义:设函数 $f(x)$ 在区间 (a,b) 内有定义,x_0 是 (a,b) 内的一个点,在区间 (a,b) 内如果存在点 x_0 的一个邻域,对于这个邻域内的任何点 $x(x \neq x_0)$,$f(x) < f(x_0)$ 均成立,就称 $f(x_0)$ 是函数 $f(x)$ 的一个极大值;如果存在点 x_0 的一个邻域,对于这个邻域内的任何点 $x(x \neq x_0)$,$f(x) > f(x_0)$ 均成立,就称 $f(x_0)$ 是函数 $f(x)$ 的一个极小值.

函数的极大值与极小值统称为函数的极值,使函数取得极值的点称为极值点.

(2)函数取得极值的条件:

定理 5(必要条件) 设函数 $f(x)$ 在点 x_0 可导,且在点 x_0 处取得极值,那么函数在 x_0 处的导数 $f'(x_0) = 0$.

一阶导数等于零的点,即 $f'(x) = 0$ 的实根,叫作函数 $f(x)$ 的驻点.

定理 6(第一充分条件) 设函数 $f(x)$ 在点 x_0 的某邻域 $(x_0-\delta, x_0+\delta)$ 内可导,且 $f'(x_0) = 0$,
① 如果在 $(x_0-\delta, x_0)$ 内 $f'(x) > 0$,而在 $(x_0, x_0+\delta)$ 内 $f'(x) < 0$,则函数 $f(x)$ 在 x_0 处取得极大值;
② 如果在 $(x_0-\delta, x_0)$ 内 $f'(x) < 0$,而在 $(x_0, x_0+\delta)$ 内 $f'(x) > 0$,则函数 $f(x)$ 在 x_0 处取得极小值;
③ 如果在 $(x_0-\delta, x_0)$ 及 $(x_0, x_0+\delta)$ 内 $f'(x)$ 都恒为正(或恒为负),则函数在点 x_0 处没有极值.

定理 7(第二充分条件) 设函数 $f(x)$ 在点 x_0 处具有二阶导数,且 $f'(x_0) = 0$,$f''(x_0) \neq 0$,那么
① 当 $f''(x_0) < 0$ 时,函数 $f(x)$ 在点 x_0 处取得极大值;
② 当 $f''(x_0) > 0$ 时,函数 $f(x)$ 在点 x_0 处取得极小值.

6. 最大值、最小值问题

(1)在闭区间上的最大值和最小值:若函数 $f(x)$ 在闭区间 $[a,b]$ 上连续,且在开区间 (a,b) 内有有限个驻点 $x_1, x_2, \cdots, x_n$,则比较 $f(a), f(x_1), f(x_2), \cdots, f(x_n), f(b)$ 的大小,其中最大的就是函数 $f(x)$ 在区间 $[a,b]$ 上的最大值,最小的就是函数 $f(x)$ 在区间 $[a,b]$ 上的最小值.

(2)在任意区间上的最大值和最小值：若函数 $f(x)$ 在一个区间(有限或无限，开或闭)内可导，且只有一个驻点 x_0，并且在这个驻点处函数 $f(x)$ 取得极值，则当 $f(x_0)$ 是极大值时，$f(x_0)$ 也是该区间上的最大值；当 $f(x_0)$ 是极小值时，$f(x_0)$ 也是该区间上的最小值．

7. 曲线的凹凸性与拐点

(1)曲线凹凸性的定义：若函数 $f(x)$ 在区间 (a,b) 内可导，于是曲线 $y=f(x)$ 在区间 (a,b) 内每一点都有切线，如果所有这些切线都位于曲线的下方(上方)，则称曲线在该区间内是凹的(凸的)．

(2)曲线凹凸性的判别：

定理 8　设函数 $y=f(x)$ 在 (a,b) 内具有二阶导数，

① 若在 (a,b) 内 $f''(x)<0$，则在这个区间内曲线 $y=f(x)$ 是凸的；

② 若在 (a,b) 内 $f''(x)>0$，则在这个区间内曲线 $y=f(x)$ 是凹的．

(3)拐点：若连续曲线 $y=f(x)$ 在某点 $(x_0,f(x_0))$ 的两侧凹凸性改变，则点 $(x_0,f(x_0))$ 叫作曲线 $y=f(x)$ 的拐点．

8. 函数图形的描绘

(1)作函数 $y=f(x)$ 的图形的步骤：

① 确定函数的定义域，注意函数的一些特性(如奇偶性、周期性等)；

② 求出函数的一阶导数、二阶导数和使函数的一阶导数、二阶导数为零及不存在的点；

③ 确定函数的单调性、凹凸性、极值点和拐点，这一步骤一般列表讨论，直观简洁；

④ 确定函数的渐近线及其他变化趋势；

⑤ 描出已求得的各点，必要时再补充一些点，按讨论结果，用光滑曲线连接起来，就得到函数较准确的图形．

(2)渐近线：

若 $\lim\limits_{x\to\infty}f(x)=C$，则 $y=C$ 为曲线 $y=f(x)$ 的一条水平渐近线；

若 $\lim\limits_{x\to a}f(x)=\infty$，则 $x=a$ 为曲线 $y=f(x)$ 的一条垂直渐近线；

若 $\lim\limits_{x\to\infty}[f(x)-(kx+b)]=0$，则 $y=kx+b$ 为曲线 $y=f(x)$ 的斜渐近线．

9. 导数在经济分析中的应用

(1)边际分析：

① 成本函数 $C=C(Q)$(Q 是产量)的导数 $C'(Q)$ 称为产量为 Q 时的边际成本；

② 设产品的总收益函数为 $R=R(Q)$(Q 是产量或销售量)，则 $R'=R'(Q)$ 称为边际收益；

③ 设产品的总利润函数为 $L=L(Q)$(Q 是产量或销售量)，则 $L'=L'(Q)$ 称为边际利润．

(2)弹性分析：

① 函数弹性的定义：设函数 $y=f(x)$ 可导，函数的相对改变量

$$\frac{\Delta y}{y}=\frac{f(x+\Delta x)-f(x)}{f(x)}$$

与自变量的相对改变量 $\dfrac{\Delta x}{x}$ 之比 $\dfrac{\Delta y/y}{\Delta x/x}$，称为函数 $f(x)$ 从 x 到 $x+\Delta x$ **两点间的弹性**(或相对变化率)．而极限

$$\lim_{\Delta x\to 0}\frac{\Delta y/y}{\Delta x/x}$$

称为函数 $f(x)$ 在点 x 的**弹性**(或相对变化率)，记为

$$\eta(x)=\lim_{\Delta x \to 0}\frac{\Delta y/y}{\Delta x/x}=\lim_{\Delta x \to 0}\frac{\Delta y}{\Delta x}\cdot\frac{x}{y}=f'(x)\cdot\frac{x}{y}.$$

② 需求弹性的定义：设需求函数 $Q=f(P)$（P 表示产品的价格）在点 P 可导，则称

$$\eta=\eta(P)=\lim_{\Delta P \to 0}\frac{\Delta Q/Q}{\Delta P/P}=\lim_{\Delta P \to 0}\frac{\Delta Q}{\Delta P}\cdot\frac{P}{Q}=P\cdot\frac{f'(P)}{f(P)}$$

为该商品的需求量 Q 对价格 P 的弹性，简称为**需求弹性**.

③ 需求弹性的弹性分析：

(a) 若 $|\eta|<1$，需求变动的幅度小于价格变动的幅度. $R'>0$，R 递增，即价格上涨，总收益增加；价格下跌，总收益减少.

(b) 若 $|\eta|>1$，需求变动的幅度大于价格变动的幅度. $R'<0$，R 递减，即价格上涨，总收益减少；价格下跌，总收益增加.

(c) 若 $|\eta|=1$，需求变动的幅度等于价格变动的幅度. $R'=0$，R 取得最大值.

综上所述，总收益的变化受需求弹性的制约，随商品需求弹性的变化而变化.

二、基本要求

1. 理解罗尔定理、拉格朗日中值定理、柯西中值定理，会用中值定理解决一些简单的有关问题.

2. 了解泰勒定理，掌握 e^x，$\sin x$ 的麦克劳林公式.

3. 熟练掌握用洛必达法则求极限的方法.

4. 理解函数极值的概念，熟练掌握利用导数求函数的极值，会判断函数的单调性与函数图形的凹凸性，会求拐点，并能作出函数的图形，能够解决较简单的最大值与最小值问题.

5. 了解导数在经济分析中的应用.

三、习题解答

习 题 3-1

(A)

1. 验证拉格朗日中值定理对函数 $y=x-x^3$ 在区间 $[-2,1]$ 上的正确性.

证 设 $y=f(x)=x-x^3$，则 $f(x)$ 在闭区间 $[-2,1]$ 上连续，在开区间 $(-2,1)$ 内可导，且 $f'(x)=1-3x^2$.

解方程

$$f(1)-f(-2)=f'(x)[1-(-2)],$$

即

$$(1-1^3)-[(-2)-(-2)^3]=(1-3x^2)[1-(-2)],$$

得

$$x=\pm 1.$$

即存在 $\xi=-1\in(-2,1)$，使下式成立

$$f(1)-f(-2)=f'(\xi)[1-(-2)],$$

因而 $f(x)$ 在区间 $[-2,1]$ 上满足拉格朗日中值定理的条件和结论.

2. 证明对于函数 $y=px^2+qx+r$，应用拉格朗日中值定理时所求得的 ξ 总是位于区间的中点.

证 设 $y=f(x)=px^2+qx+r$，则 $f(x)$ 在任一确定的闭区间 $[a,b]$ 上连续，在开区间 (a,b) 内可导，且 $f'(x)=2px+q$. 由拉格朗日中值定理，在 (a,b) 内至少存在一点 ξ，使下式成立
$$f(b)-f(a)=f'(\xi)(b-a),$$
即
$$(pb^2+qb+r)-(pa^2+qa+r)=(2p\xi+q)(b-a).$$
解上述关于 ξ 的一元方程得
$$\xi=\frac{a+b}{2},$$
即 ξ 位于区间 $[a,b]$ 的中点，由区间的任意性知，对于函数 $y=px^2+qx+r$，应用拉格朗日中值定理所求得的 ξ 总是位于区间的中点.

3. 证明恒等式：

(1) $\arcsin x+\arccos x=\dfrac{\pi}{2}(-1\leqslant x\leqslant 1)$；

(2) $\arctan x=\arcsin \dfrac{x}{\sqrt{1+x^2}}(-\infty<x<+\infty)$.

证 (1) 设 $f(x)=\arcsin x+\arccos x(-1<x<1)$，则
$$f'(x)=\frac{1}{\sqrt{1-x^2}}-\frac{1}{\sqrt{1-x^2}}=0,$$
于是 $f(x)$ 在区间 $(-1,1)$ 上为常数，所以 $f(x)=f(0)$，即
$$\arcsin x+\arccos x=\frac{\pi}{2}(-1<x<1).$$
又因为 $f(-1)=f(1)=\dfrac{\pi}{2}$，所以等式成立.

(2) 设 $f(x)=\arctan x-\arcsin \dfrac{x}{\sqrt{1+x^2}}$，则
$$f'(x)=\frac{1}{1+x^2}-\frac{\sqrt{1+x^2}-x\cdot\dfrac{2x}{2\sqrt{1+x^2}}}{(\sqrt{1+x^2})^2\cdot\sqrt{1-\left(\dfrac{x}{\sqrt{1+x^2}}\right)^2}}=0,$$
于是 $f(x)$ 在 $(-\infty,+\infty)$ 上为常数，所以 $f(x)=f(0)$，即
$$\arctan x=\arcsin \frac{x}{\sqrt{1+x^2}}.$$

4. 不用求出函数 $f(x)=(x-1)(x-2)(x-3)(x-4)$ 的导数，说明方程 $f'(x)=0$ 有几个实根，并指出它们所在的区间.

解 因为 $f(x)$ 为四次多项式，所以 $f'(x)$ 为三次多项式，因而 $f'(x)=0$ 至多有三个实根.

又因为 $f(x)$ 在闭区间 $[1,2]$ 上连续，在开区间 $(1,2)$ 内可导，且 $f(1)=f(2)=0$，由罗尔定理知，至少存在一点 $\xi_1\in(1,2)$ 使 $f'(\xi_1)=0$，即 ξ_1 为 $f'(x)=0$ 的一个根.

同理，$f(x)$ 在闭区间 $[2,3]$ 及 $[3,4]$ 上也满足罗尔定理，所以至少存在一点 $\xi_2\in(2,3)$

及 $\xi_3\in(3,4)$ 使 $f'(\xi_2)=0$ 及 $f'(\xi_3)=0$，即 ξ_2，ξ_3 都是 $f'(x)=0$ 的根．

综上所述，方程 $f'(x)=0$ 有且只有三个实根，且分别在区间 $(1,2)$，$(2,3)$ 及 $(3,4)$ 内．

5. 证明：

(1) $nb^{n-1}(a-b)<a^n-b^n<na^{n-1}(a-b)$ $(a>b>0,n>1)$；

(2) $\dfrac{x}{1+x}<\ln(1+x)<x(x>0)$.

证 (1) 设 $f(x)=x^n$，则 $f'(x)=nx^{n-1}$，因为 $f(x)=x^n$ 在闭区间 $[b,a]$ 上连续，在开区间 (b,a) 内可导，由拉格朗日中值定理，至少存在一点 $\xi\in(b,a)$，使下式成立

$$f(a)-f(b)=f'(\xi)(a-b),$$

即
$$a^n-b^n=n\xi^{n-1}(a-b).$$

因为 $b<\xi<a$，所以
$$nb^{n-1}(a-b)<a^n-b^n<na^{n-1}(a-b).$$

(2) 设 $f(x)=\ln(1+x)(x>0)$，则 $f'(x)=\dfrac{1}{1+x}$. 因为 $f(x)$ 在闭区间 $[0,x]$ 上连续，在开区间 $(0,x)$ 内可导，由拉格朗日中值定理，至少存在一点 $\xi\in(0,x)$，使下式成立

$$f(x)-f(0)=f'(\xi)(x-0),$$

即
$$\ln(1+x)=\dfrac{1}{1+\xi}\cdot x.$$

因为 $0<\xi<x$，所以
$$\dfrac{x}{1+x}<\ln(1+x)<x.$$

6. 设函数 $f(x)$ 在 $[a,b]$ 上连续，在 (a,b) 内可导，且 $f'(x)>0$，试证明：若 $f(a)\cdot f(b)<0$，则方程 $f(x)=0$ 在 (a,b) 内恰有一个根．

证 因为 $f(x)$ 在 $[a,b]$ 上连续，$f(a)\cdot f(b)<0$，由介值定理，至少存在一点 $\xi\in(a,b)$，使 $f(\xi)=0$，即 $f(x)=0$ 至少有一个实根．

下面证明 $f(x)=0$ 在 (a,b) 内恰有一个根，用反证法．

若方程 $f(x)=0$ 在 (a,b) 内不止一个根，不妨设 x_1，$x_2(x_1<x_2)$ 为方程在 (a,b) 内的根，则 $f(x)$ 在闭区间 $[x_1,x_2]$ 上连续，在开区间 (x_1,x_2) 内可导，且 $f(x_1)=f(x_2)=0$，由罗尔定理，至少存在一点 η 使 $f'(\eta)=0$，这与 $f'(x)>0$ 矛盾，因而方程 $f(x)=0$ 在 (a,b) 内恰有一个根．

(B)

1. 设函数 $f(x)$ 在 $[a,b](0<a<b)$ 上有定义，在 (a,b) 内可导，则（　　）．

(A) 当 $f(a)f(b)<0$ 时，存在 $\xi\in(a,b)$，使得 $f(\xi)=0$；

(B) 对任何 $\xi\in(a,b)$，有 $\lim\limits_{x\to\xi}[f(x)-f(\xi)]=0$；

(C) 当 $f(a)=f(b)$ 时，存在 $\xi\in(a,b)$，使得 $f'(\xi)=0$；

(D) 存在 $\xi\in(a,b)$，使 $f(b)-f(a)=f'(\xi)(b-a)$.

答案：B.

解 由条件知，$f(x)$ 在 (a,b) 内连续，但在端点处仅有定义，不一定连续，因此只有 B 选项正确．

2. 设函数 $f(x)$ 在 (a,b) 内二阶可导，$a<x_1<x_2<x_3<b$，且 $f(x_1)=f(x_2)=f(x_3)$，证明：存在 $\xi\in(a,b)$，使得 $f''(\xi)=0$．

证 因为 $f(x)$ 在区间 $[x_1,x_2]$ 上连续，在 (x_1,x_2) 内可导，又 $f(x_1)=f(x_2)$，所以由罗尔定理知，存在 $\xi_1\in(x_1,x_2)$，使得 $f'(\xi_1)=0$．同理可得，存在 $\xi_2\in(x_2,x_3)$，使得 $f'(\xi_2)=0$．由条件 $f(x)$ 在 (a,b) 内二阶可导知，$f'(x)$ 在区间 $[\xi_1,\xi_2]$ 上连续，在 (ξ_1,ξ_2) 内可导，且 $f'(\xi_1)=f'(\xi_2)$，由罗尔定理得，存在 $\xi\in(\xi_1,\xi_2)\subset(a,b)$，使得 $f''(\xi)=0$．

3. 设函数 $f(x)$ 在 $[0,1]$ 上连续，在 $(0,1)$ 内可导，$f(1)=0$，证明：函数 $2f(x)+xf'(x)$ 在 $(0,1)$ 内至少有一个零点．

证 令 $F(x)=x^2f(x)$，则函数 $F(x)$ 在 $[0,1]$ 上连续，在 $(0,1)$ 内可导，且 $F(0)=F(1)=0$，由罗尔定理知，至少存在一点 $\xi\in(0,1)$，使得 $F'(\xi)=0$，即 $2f(\xi)+\xi f'(\xi)=0$，亦即函数 $2f(x)+xf'(x)$ 在 $(0,1)$ 内至少有一个零点．

4. 设函数 $f(x)$ 在 $[0,1]$ 上连续，在 $(0,1)$ 内可导，$f(0)=0$，$f(1)=1$，证明：至少存在一点 $\xi\in(0,1)$，使得 $e^{\xi}[f(\xi)+f'(\xi)]=e$．

证 令 $F(x)=e^x f(x)$，显然 $F(x)$ 在 $[0,1]$ 上连续，在 $(0,1)$ 内可导，由拉格朗日中值定理得

$$F(1)-F(0)=F'(\xi)(1-0),\ 0<\xi<1,$$

即

$$e=F'(\xi)=e^{\xi}[f(\xi)+f'(\xi)].$$

习 题 3-2

(A)

1. 判断下列说法是否正确．

(1) 设 $\lim\limits_{x\to x_0}\dfrac{f'(x)}{g'(x)}=A$，则 $\lim\limits_{x\to x_0}\dfrac{f(x)}{g(x)}=A$；

(2) 所有的 $\dfrac{0}{0}$ 或 $\dfrac{\infty}{\infty}$ 型函数极限均可用洛必达法则求出；

(3) 若 $\lim\limits_{x\to x_0}\dfrac{f(x)}{g(x)}$ 为 $\dfrac{0}{0}$ 型，且 $\lim\limits_{x\to x_0}\dfrac{f'(x)}{g'(x)}$ 不存在，也不是无穷大，则 $\lim\limits_{x\to x_0}\dfrac{f(x)}{g(x)}$ 一定也不存在．

答 (1) 不正确．只有当极限是 $\dfrac{0}{0}$ 或 $\dfrac{\infty}{\infty}$ 型，且在 x_0 的某一去心邻域内 $g'(x)\neq 0$ 时，该结论才能成立．

(2) 不正确．例如，$\lim\limits_{x\to 0}\dfrac{x^2\sin\dfrac{1}{x}}{\sin x}$ 就不能用洛必达法则来计算．

(3) 不正确．例如，$\lim\limits_{x\to 0}\dfrac{x^2\sin\dfrac{1}{x}}{\sin x}=0$，但 $\lim\limits_{x\to 0}\dfrac{\left(x^2\sin\dfrac{1}{x}\right)'}{(\sin x)'}=\lim\limits_{x\to 0}\dfrac{2x\sin\dfrac{1}{x}-\cos\dfrac{1}{x}}{\cos x}$ 不存在．

2. 求下列极限．

(1) $\lim\limits_{x\to 0}\dfrac{\sin ax}{x}$；

(2) $\lim\limits_{x\to 1}\dfrac{\ln x}{x(x-1)}$；

(3) $\lim\limits_{x\to 0}\dfrac{1-\cos x}{x^2}$；

(4) $\lim\limits_{x\to 1}\dfrac{x^3-3x+2}{x^3+x^2-5x+3}$；

(5) $\lim\limits_{x\to 0}\dfrac{e^x-e^{-x}-2x}{x-\sin x}$;

(6) $\lim\limits_{x\to +\infty}\dfrac{\ln x}{x^2}$;

(7) $\lim\limits_{x\to 0^+}\sin x \cdot \ln x$;

(8) $\lim\limits_{x\to 0}x \cdot \cot 2x$;

(9) $\lim\limits_{x\to 0}\left(\dfrac{1}{\sin x}-\dfrac{1}{x}\right)$;

(10) $\lim\limits_{x\to 0^+}\left(\dfrac{1}{x}\right)^{\sin x}$;

(11) $\lim\limits_{x\to 0}\left(\dfrac{\sin x}{x}\right)^{\frac{1}{x^2}}$;

(12) $\lim\limits_{x\to 0^+}x^x$.

解 (1) $\lim\limits_{x\to 0}\dfrac{\sin ax}{x}\left(\dfrac{0}{0}\text{型}\right)=\lim\limits_{x\to 0}\dfrac{a\cos ax}{1}=a$.

(2) $\lim\limits_{x\to 1}\dfrac{\ln x}{x(x-1)}\left(\dfrac{0}{0}\text{型}\right)=\lim\limits_{x\to 1}\dfrac{\ln x}{x-1}=\lim\limits_{x\to 1}\dfrac{\frac{1}{x}}{1}=1$.

(3) $\lim\limits_{x\to 0}\dfrac{1-\cos x}{x^2}\left(\dfrac{0}{0}\text{型}\right)=\lim\limits_{x\to 0}\dfrac{\sin x}{2x}=\dfrac{1}{2}$.

(4) $\lim\limits_{x\to 1}\dfrac{x^3-3x+2}{x^3+x^2-5x+3}\left(\dfrac{0}{0}\text{型}\right)=\lim\limits_{x\to 1}\dfrac{3x^2-3}{3x^2+2x-5}\left(\dfrac{0}{0}\text{型}\right)=\lim\limits_{x\to 1}\dfrac{6x}{6x+2}=\dfrac{3}{4}$.

(5) $\lim\limits_{x\to 0}\dfrac{e^x-e^{-x}-2x}{x-\sin x}\left(\dfrac{0}{0}\text{型}\right)=\lim\limits_{x\to 0}\dfrac{e^x+e^{-x}-2}{1-\cos x}\left(\dfrac{0}{0}\text{型}\right)=\lim\limits_{x\to 0}\dfrac{e^x-e^{-x}}{\sin x}\left(\dfrac{0}{0}\text{型}\right)$

$=\lim\limits_{x\to 0}\dfrac{e^x+e^{-x}}{\cos x}=2$.

(6) $\lim\limits_{x\to +\infty}\dfrac{\ln x}{x^2}\left(\dfrac{\infty}{\infty}\text{型}\right)=\lim\limits_{x\to +\infty}\dfrac{\frac{1}{x}}{2x}=0$.

(7) $\lim\limits_{x\to 0^+}\sin x \cdot \ln x\,(0\cdot\infty\text{型})=\lim\limits_{x\to 0^+}\dfrac{\ln x}{\frac{1}{\sin x}}\left(\dfrac{\infty}{\infty}\text{型}\right)=\lim\limits_{x\to 0^+}\dfrac{\frac{1}{x}}{-\frac{\cos x}{\sin^2 x}}$

$=\lim\limits_{x\to 0^+}\left(-\dfrac{\sin x}{x}\cdot\dfrac{\sin x}{\cos x}\right)=0$.

(8) $\lim\limits_{x\to 0}x\cdot\cot 2x\,(0\cdot\infty\text{型})=\lim\limits_{x\to 0}\dfrac{x}{\tan 2x}\left(\dfrac{0}{0}\text{型}\right)=\lim\limits_{x\to 0}\dfrac{1}{2\sec^2 2x}=\dfrac{1}{2}$.

(9) $\lim\limits_{x\to 0}\left(\dfrac{1}{\sin x}-\dfrac{1}{x}\right)(\infty-\infty\text{型})=\lim\limits_{x\to 0}\dfrac{x-\sin x}{x\sin x}\left(\dfrac{0}{0}\text{型}\right)=\lim\limits_{x\to 0}\dfrac{x-\sin x}{x^2}\left(\dfrac{0}{0}\text{型}\right)$

$=\lim\limits_{x\to 0}\dfrac{1-\cos x}{2x}\left(\dfrac{0}{0}\text{型}\right)=\lim\limits_{x\to 0}\dfrac{\sin x}{2}=0$.

(10) $\lim\limits_{x\to 0^+}\left(\dfrac{1}{x}\right)^{\sin x}(\infty^0\text{型})=\lim\limits_{x\to 0^+}e^{\ln\left(\frac{1}{x}\right)^{\sin x}}=\lim\limits_{x\to 0^+}e^{\sin x\cdot\ln\left(\frac{1}{x}\right)}=e^{\lim\limits_{x\to 0^+}\sin x\cdot\ln\left(\frac{1}{x}\right)}\,(0\cdot\infty\text{型})$

$=e^{\lim\limits_{x\to 0^+}\frac{\ln\left(\frac{1}{x}\right)}{\frac{1}{\sin x}}}\left(\dfrac{\infty}{\infty}\text{型}\right)=e^{\lim\limits_{x\to 0^+}\frac{-\frac{1}{x}}{-\frac{\cos x}{\sin^2 x}}}=e^{\lim\limits_{x\to 0^+}\frac{\sin x}{x}\cdot\frac{\sin x}{\cos x}}=e^0=1$.

(11) $\lim\limits_{x\to 0}\left(\dfrac{\sin x}{x}\right)^{\frac{1}{x^2}}(1^\infty\text{型})=\lim\limits_{x\to 0}e^{\ln\left(\frac{\sin x}{x}\right)^{\frac{1}{x^2}}}=e^{\lim\limits_{x\to 0}\frac{\ln\left(\frac{\sin x}{x}\right)}{x^2}}\left(\dfrac{0}{0}\text{型}\right)$

$=e^{\lim\limits_{x\to 0}\frac{\frac{\cos x}{\sin x}-\frac{1}{x}}{2x}}=e^{\lim\limits_{x\to 0}\frac{x\cos x-\sin x}{2x^3}}\left(\dfrac{0}{0}\text{型}\right)=e^{\lim\limits_{x\to 0}\frac{-x\sin x}{6x^2}}$

$$= e^{\lim\limits_{x\to 0}\frac{-x^2}{6x^2}} = e^{-\frac{1}{6}}.$$

(12) $\lim\limits_{x\to 0^+} x^x$ (0^0 型) $= \lim\limits_{x\to 0^+} e^{x\ln x} = e^{\lim\limits_{x\to 0^+} x\ln x} = e^{\lim\limits_{x\to 0^+} \frac{\ln x}{\frac{1}{x}}} = e^{\lim\limits_{x\to 0^+} \frac{\frac{1}{x}}{-\frac{1}{x^2}}} = e^{-\lim\limits_{x\to 0^+} x} = 1.$

(B)

1. 设函数 $f(x) = \arctan x$, 若 $f(x) = xf'(\xi)$, 则 $\lim\limits_{x\to 0} \frac{\xi^2}{x^2} = (\quad)$.

(A) 1;   (B) $\frac{2}{3}$;   (C) $\frac{1}{2}$;   (D) $\frac{1}{3}$.

答案: D.

解 由已知 $f(x) = xf'(\xi)$, 即 $\arctan x = x \cdot \frac{1}{1+\xi^2}$, 得 $\xi^2 = \frac{x - \arctan x}{\arctan x}$, 所以

$$\lim\limits_{x\to 0} \frac{\xi^2}{x^2} = \lim\limits_{x\to 0} \frac{x - \arctan x}{x^2 \arctan x} = \lim\limits_{x\to 0} \frac{x - \arctan x}{x^3} = \lim\limits_{x\to 0} \frac{1 - \frac{1}{1+x^2}}{3x^2} = \frac{1}{3}.$$

2. 填空题.

(1) $\lim\limits_{x\to 0} \left(\frac{1+2^x}{2}\right)^{\frac{1}{x}} = \underline{\qquad}$;   (2) $\lim\limits_{x\to 0} \frac{\arctan x - \sin x}{x^3} = \underline{\qquad}$.

解 (1) $\lim\limits_{x\to 0}\left(\frac{1+2^x}{2}\right)^{\frac{1}{x}} = \lim\limits_{x\to 0} e^{\frac{1}{x}\ln\left(\frac{1+2^x}{2}\right)} = e^{\lim\limits_{x\to 0}\frac{\ln\left(\frac{1+2^x}{2}\right)}{x}} = e^{\lim\limits_{x\to 0}\frac{\frac{2}{1+2^x}\cdot\frac{2^x\ln 2}{2}}{1}}$

$$= e^{\lim\limits_{x\to 0}\frac{2^x\ln 2}{1+2^x}} = e^{\frac{\ln 2}{2}} = \sqrt{2};$$

(2) $\lim\limits_{x\to 0}\frac{\arctan x - \sin x}{x^3} = \lim\limits_{x\to 0}\frac{\frac{1}{1+x^2} - \cos x}{3x^2} = \lim\limits_{x\to 0}\frac{1 - (1+x^2)\cos x}{3x^2(1+x^2)}$

$$= \lim\limits_{x\to 0}\frac{1 - (1+x^2)\cos x}{3x^2} = \lim\limits_{x\to 0}\frac{-2x\cos x + (1+x^2)\sin x}{6x}$$

$$= \lim\limits_{x\to 0}\left(-\frac{1}{3}\cos x\right) + \lim\limits_{x\to 0}\frac{(1+x^2)\sin x}{6x}$$

$$= -\frac{1}{3} + \frac{1}{6} = -\frac{1}{6}.$$

3. 求下列极限.

(1) $\lim\limits_{n\to\infty}\frac{\ln\left(1+\frac{1}{n}\right)}{\operatorname{arccot} n}$;   (2) $\lim\limits_{x\to 0}\frac{x - \sin x}{x(e^{x^2}-1)}$;   (3) $\lim\limits_{x\to\frac{\pi}{2}^+}\frac{\ln\left(x-\frac{\pi}{2}\right)}{\tan x}$;

(4) $\lim\limits_{x\to 0}\left(\frac{1+x}{\sin x} - \frac{1}{x}\right)$;   (5) $\lim\limits_{x\to 0}\frac{(1-\cos x)[x - \ln(1+\tan x)]}{\sin^4 x}$;

(6) $\lim\limits_{x\to\infty}\left(\frac{a_1^{\frac{1}{x}} + a_2^{\frac{1}{x}} + \cdots + a_n^{\frac{1}{x}}}{n}\right)^{nx}$ (其中 $a_i > 0$, $i = 1, 2, \cdots, n$).

解 (1) 因为

$$\lim\limits_{x\to\infty}\frac{\ln\left(1+\frac{1}{x}\right)}{\operatorname{arccot} x} = \lim\limits_{x\to\infty}\frac{\ln(1+x) - \ln x}{\operatorname{arccot} x} = \lim\limits_{x\to\infty}\frac{\frac{1}{1+x} - \frac{1}{x}}{-\frac{1}{1+x^2}} = \lim\limits_{x\to\infty}\frac{1+x^2}{x+x^2} = 1,$$

故
$$\lim_{n\to\infty}\frac{\ln\left(1+\frac{1}{n}\right)}{\text{arccot}\,n}=1.$$

(2) $\lim\limits_{x\to 0}\dfrac{x-\sin x}{x(\mathrm{e}^{x^2}-1)}=\lim\limits_{x\to 0}\dfrac{x-\sin x}{x^3}=\lim\limits_{x\to 0}\dfrac{1-\cos x}{3x^2}=\lim\limits_{x\to 0}\dfrac{\dfrac{x^2}{2}}{3x^2}=\dfrac{1}{6}.$

(3) $\lim\limits_{x\to\frac{\pi}{2}^+}\dfrac{\ln\left(x-\dfrac{\pi}{2}\right)}{\tan x}=\lim\limits_{x\to\frac{\pi}{2}^+}\dfrac{\dfrac{1}{x-\dfrac{\pi}{2}}}{\sec^2 x}=\lim\limits_{x\to\frac{\pi}{2}^+}\dfrac{\cos^2 x}{x-\dfrac{\pi}{2}}=\lim\limits_{x\to\frac{\pi}{2}^+}\dfrac{-2\cos x\sin x}{1}=0.$

(4) $\lim\limits_{x\to 0}\left(\dfrac{1+x}{\sin x}-\dfrac{1}{x}\right)=\lim\limits_{x\to 0}\dfrac{x(1+x)-\sin x}{x\sin x}=\lim\limits_{x\to 0}\dfrac{x+x^2-\sin x}{x^2}=\lim\limits_{x\to 0}\left(1+\dfrac{x-\sin x}{x^2}\right)$

$$=1+\lim_{x\to 0}\dfrac{1-\cos x}{2x}=1+\lim_{x\to 0}\dfrac{\dfrac{x^2}{2}}{2x}=1.$$

(5) $\lim\limits_{x\to 0}\dfrac{(1-\cos x)[x-\ln(1+\tan x)]}{\sin^4 x}=\lim\limits_{x\to 0}\dfrac{\dfrac{x^2}{2}[x-\ln(1+\tan x)]}{x^4}=\lim\limits_{x\to 0}\dfrac{x-\ln(1+\tan x)}{2x^2}$

$$=\lim_{x\to 0}\dfrac{1-\dfrac{\sec^2 x}{1+\tan x}}{4x}=\lim_{x\to 0}\dfrac{1+\tan x-\sec^2 x}{4x(1+\tan x)}$$

$$=\lim_{x\to 0}\dfrac{\tan x-\tan^2 x}{4x}=\lim_{x\to 0}\dfrac{\tan x(1-\tan x)}{4x}$$

$$=\lim_{x\to 0}\dfrac{x}{4x}=\dfrac{1}{4}.$$

(6) 因为 $\lim\limits_{x\to\infty}a_i^{\frac{1}{x}}=a_i^{\lim\limits_{x\to\infty}\frac{1}{x}}=a_i^0=1\,(i=1,\,2,\,\cdots,\,n)$，因而所求极限为 1^∞ 型，于是

$$\lim_{x\to\infty}\left(\dfrac{a_1^{\frac{1}{x}}+a_2^{\frac{1}{x}}+\cdots+a_n^{\frac{1}{x}}}{n}\right)^{nx}\ (1^\infty\text{型})=\lim_{x\to\infty}\mathrm{e}^{\ln\left(\dfrac{a_1^{\frac{1}{x}}+a_2^{\frac{1}{x}}+\cdots+a_n^{\frac{1}{x}}}{n}\right)^{nx}}=\lim_{x\to\infty}\mathrm{e}^{nx\ln\left(\dfrac{a_1^{\frac{1}{x}}+a_2^{\frac{1}{x}}+\cdots+a_n^{\frac{1}{x}}}{n}\right)}$$

$$=\mathrm{e}^{\lim\limits_{x\to\infty}nx\ln\left(\dfrac{a_1^{\frac{1}{x}}+a_2^{\frac{1}{x}}+\cdots+a_n^{\frac{1}{x}}}{n}\right)}\ (0\cdot\infty\text{型})$$

$$=\mathrm{e}^{\lim\limits_{x\to\infty}\dfrac{\ln\left(\dfrac{a_1^{\frac{1}{x}}+a_2^{\frac{1}{x}}+\cdots+a_n^{\frac{1}{x}}}{n}\right)}{\dfrac{1}{nx}}}\ \left(\dfrac{0}{0}\text{型}\right)$$

$$=\mathrm{e}^{\lim\limits_{x\to\infty}\dfrac{\dfrac{1}{a_1^{\frac{1}{x}}+a_2^{\frac{1}{x}}+\cdots+a_n^{\frac{1}{x}}}\left(-\frac{1}{x^2}a_1^{\frac{1}{x}}\ln a_1-\frac{1}{x^2}a_2^{\frac{1}{x}}\ln a_2-\cdots-\frac{1}{x^2}a_n^{\frac{1}{x}}\ln a_n\right)}{-\dfrac{1}{nx^2}}}$$

$$=\mathrm{e}^{\lim\limits_{x\to\infty}\dfrac{n}{a_1^{\frac{1}{x}}+a_2^{\frac{1}{x}}+\cdots+a_n^{\frac{1}{x}}}(a_1^{\frac{1}{x}}\ln a_1+a_2^{\frac{1}{x}}\ln a_2+\cdots+a_n^{\frac{1}{x}}\ln a_n)}$$

$$=\mathrm{e}^{(\ln a_1+\ln a_2+\cdots+\ln a_n)}=a_1\cdot a_2\cdot\cdots\cdot a_n.$$

4. 讨论函数

$$f(x)=\begin{cases}\left(2-\dfrac{\ln(1+x)}{x}\right)^{\frac{1}{x}}, & x>0,\\ e^{\frac{1}{2}}, & x\leqslant 0\end{cases}$$

在 $x=0$ 处的连续性.

解 左极限：$\lim\limits_{x\to 0^-}f(x)=\lim\limits_{x\to 0^-}e^{\frac{1}{2}}=e^{\frac{1}{2}}$；

右极限：$\lim\limits_{x\to 0^+}f(x)=\lim\limits_{x\to 0^+}\left[2-\dfrac{\ln(1+x)}{x}\right]^{\frac{1}{x}}=e^{\lim\limits_{x\to 0^+}\frac{1}{x}\ln\left[2-\frac{\ln(1+x)}{x}\right]}=e^{\lim\limits_{x\to 0^+}\frac{\ln\left[2-\frac{\ln(1+x)}{x}\right]}{x}}$

$=e^{\lim\limits_{x\to 0^+}\frac{\ln\left[1+1-\frac{\ln(1+x)}{x}\right]}{x}}=e^{\lim\limits_{x\to 0^+}\frac{1-\frac{\ln(1+x)}{x}}{x}}=e^{\lim\limits_{x\to 0^+}\frac{x-\ln(1+x)}{x^2}}$

$=e^{\lim\limits_{x\to 0^+}\frac{1-\frac{1}{1+x}}{2x}}=e^{\lim\limits_{x\to 0^+}\frac{1}{2(1+x)}}=e^{\frac{1}{2}}$,

显然有 $f(0-0)=f(0+0)=f(0)=e^{\frac{1}{2}}$，所以 $f(x)$ 在 $x=0$ 处连续.

5. 设函数 $f(x)$ 在 $x=0$ 的某邻域内具有一阶连续导数，且 $f(0)\neq 0$，$f'(0)\neq 0$，若 $af(h)+bf(2h)-f(0)$ 在 $h\to 0$ 时是比 h 高阶的无穷小，试确定 a,b 的值.

解 由题意知

$$\lim_{h\to 0}\frac{af(h)+bf(2h)-f(0)}{h}=0,$$

由此可得 $a+b=1$. 应用一次洛必达法则

$$\lim_{h\to 0}[af'(h)+2bf'(2h)]=0,$$

由此可得 $a+2b=0$，所以 $a=2$，$b=-1$.

习 题 3-3

(A)

1. 下列说法是否正确？

(1) 设 $f(x)$ 在 x_0 处的 n 阶泰勒多项式存在，则该多项式是唯一的；

(2) 在函数 $f(x)$ 的泰勒公式中，只要 n 适当大，总可用 n 阶泰勒多项式代替函数 $f(x)$，使误差达到所要求的程度；

(3) 奇(偶)函数的麦克劳林多项式中只含有 x 的奇数(偶数)次项.

答 (1) 正确. 因为它在 x_0 处的 n 阶泰勒多项式的 $(x-x_0)^k$ 项系数为 $a_k=\dfrac{1}{k!}f^{(k)}(x_0)$，取值唯一.

(2) 不正确. 例如，$f(x)=\begin{cases}e^{-\frac{1}{x^2}}, & x\neq 0,\\ 0, & x=0,\end{cases}$ 则 $f^{(k)}(0)=0\ (k=1,2,\cdots)$，因为在 $x=0$ 处，对于任意正整数 n，它的 n 阶泰勒多项式恒为零，即不论阶数 n 如何提高，都不能减小误差.

(3) 正确. 因为若 $f(x)$ 为奇函数，且 $f^{(2k)}(x)\ (k=1,2,\cdots)$ 存在，则 $f^{(2k)}(x)$ 必然也为奇函数，所以有 $f^{(2k)}(0)=0\ (k=1,2,\cdots)$，即它的麦克劳林多项式中只含有 x 的奇数次

项，同理可得，偶函数的麦克劳林多项式中只含有 x 的偶数次项.

2. 按 $x+1$ 的乘幂展开多项式 $1+3x+5x^2-2x^3$.

解 设 $f(x)=1+3x+5x^2-2x^3$，因为
$$f'(x)=3+10x-6x^2,\ f''(x)=10-12x,\ f'''(x)=-12,\ f^{(4)}(x)=0,$$
所以 $f(-1)=5,\ f'(-1)=-13,\ f''(-1)=22,\ f'''(-1)=-12.$

当 $x_0=-1$ 时，由泰勒公式得
$$f(x)=f(-1)+f'(-1)(x+1)+\frac{f''(-1)}{2!}(x+1)^2+\frac{f'''(-1)}{3!}(x+1)^3+\frac{f^{(4)}(\xi)}{4!}(x+1)^4$$
$$=5-13(x+1)+11(x+1)^2-2(x+1)^3,$$
其中 ξ 介于 -1 与 x 之间.

3. 求函数 $f(x)=\sin(\sin x)$ 的三阶麦克劳林公式.

解 因为 $f(x)=\sin(\sin x)$,
$$f'(x)=\cos(\sin x)\cos x,$$
$$f''(x)=-\sin(\sin x)\cos^2 x-\cos(\sin x)\sin x,$$
$$f'''(x)=-\cos(\sin x)\cos^3 x+2\sin(\sin x)\cos x\sin x+$$
$$\sin(\sin x)\cos x\sin x-\cos(\sin x)\cos x$$
$$=-\cos(\sin x)\cos x(\cos^2 x+1)+3\sin(\sin x)\cos x\sin x,$$
所以 $f(0)=0,\ f'(0)=1,\ f''(0)=0,\ f'''(0)=-2$，由三阶麦克劳林公式得
$$f(x)=f(0)+f'(0)\cdot x+\frac{f''(0)}{2!}\cdot x^2+\frac{f'''(0)}{3!}\cdot x^3+\frac{f^{(4)}(\xi)}{4!}x^4$$
$$=x-\frac{2}{3!}\cdot x^3+\frac{f^{(4)}(\xi)}{4!}x^4=x-\frac{1}{3}\cdot x^3+\frac{f^{(4)}(\xi)}{24}x^4,$$
其中 ξ 介于 0 与 x 之间.

4. 当 $x_0=-1$ 时，求函数 $f(x)=\dfrac{1}{x}$ 的 n 阶泰勒公式.

解 因为 $f(x)=\dfrac{1}{x}$,
$$f'(x)=(-1)x^{-2},\ f''(x)=(-1)(-2)x^{-3},$$
$$f'''(x)=(-1)(-2)(-3)x^{-4},$$
$$\cdots\cdots$$
$$f^{(n)}(x)=(-1)^n n!\ x^{-(n+1)},$$
所以
$f(-1)=-1,\ f'(-1)=-1,\ f''(-1)=-2!,\ f'''(-1)=-3!,\ \cdots,\ f^{(n)}(-1)=-n!,$
由泰勒公式得
$$f(x)=f(-1)+f'(-1)\cdot(x+1)+\frac{f''(-1)}{2!}\cdot(x+1)^2+\frac{f'''(-1)}{3!}\cdot(x+1)^3+\cdots+$$
$$\frac{f^{(n)}(-1)}{n!}\cdot(x+1)^n+\frac{f^{(n+1)}(\xi)}{(n+1)!}(x+1)^{n+1}$$
$$=-[1+(x+1)+(x+1)^2+(x+1)^3+\cdots+(x+1)^n]+(-1)^{n+1}\xi^{-(n+2)}(x+1)^{n+1},$$
其中 ξ 介于 -1 与 x 之间.

5. 求函数 $f(x)=xe^x$ 的 n 阶麦克劳林公式.

解 因为 $f(x) = xe^x$,
$$f'(x) = (x+1)e^x,$$
$$f''(x) = (x+2)e^x,$$
$$\cdots\cdots$$
$$f^{(n)}(x) = (x+n)e^x,$$

所以 $f(0)=0$,$f'(0)=1$,$f''(0)=2$,$\cdots$,$f^{(n)}(0)=n$,

由麦克劳林公式得

$$f(x) = f(0) + f'(0)x + \frac{f''(0)}{2!}x^2 + \cdots + \frac{f^{(n)}(0)}{n!}x^n + \frac{f^{(n+1)}(\xi)}{(n+1)!}x^{n+1}$$

$$= x + x^2 + \frac{1}{2!}x^3 + \cdots + \frac{1}{(n-1)!}x^n + \frac{(\xi+n+1)e^\xi}{(n+1)!}x^{n+1},$$

其中 ξ 介于 0 与 x 之间.

(B)

1. 利用泰勒公式求极限:$\lim\limits_{x \to 0} \dfrac{\ln(1+x) - \sin x}{x^2}$.

解 因为 $\ln(1+x) = x - \dfrac{1}{2}x^2 + o(x^2)$,$\sin x = x + o(x^2)$,所以

$$\lim_{x \to 0} \frac{\ln(1+x) - \sin x}{x^2} = \lim_{x \to 0} \frac{-\frac{1}{2}x^2 + o(x^2)}{x^2} = -\frac{1}{2}.$$

2. 若 $\lim\limits_{x \to 0}(e^x + ax^2 + bx)^{\frac{1}{x^2}} = 1$,则( ).

(A) $a = \dfrac{1}{2}$,$b = -1$; (B) $a = -\dfrac{1}{2}$,$b = -1$;

(C) $a = \dfrac{1}{2}$,$b = 1$; (D) $a = -\dfrac{1}{2}$,$b = 1$.

答案:B.

解 将题设条件变形

$$\lim_{x \to 0}(e^x + ax^2 + bx)^{\frac{1}{x^2}} = \lim_{x \to 0}(1 + e^x + ax^2 + bx - 1)^{\frac{1}{e^x+ax^2+bx-1} \cdot \frac{e^x+ax^2+bx-1}{x^2}} = 1,$$

从而有 $\lim\limits_{x \to 0} \dfrac{e^x + ax^2 + bx - 1}{x^2} = 0$,

即 $\lim\limits_{x \to 0} \dfrac{e^x + ax^2 + bx - 1}{x^2} = \lim\limits_{x \to 0} \dfrac{1 + x + \frac{1}{2}x^2 + o(x^2) + ax^2 + bx - 1}{x^2} = 0$,

故有 $a = -\dfrac{1}{2}$,$b = -1$.

3. 若 $\lim\limits_{x \to 0} \dfrac{\sin 6x + xf(x)}{x^3} = 0$,则 $\lim\limits_{x \to 0} \dfrac{6 + f(x)}{x^2} = ($ $)$.

(A) 0; (B) 6; (C) 36; (D) ∞.

答案:C.

解 $\lim\limits_{x \to 0} \dfrac{\sin 6x + xf(x)}{x^3} = \lim\limits_{x \to 0} \dfrac{6x - \frac{1}{3!}(6x)^3 + o(x^3) + xf(x)}{x^3}$

$$=\lim_{x\to 0}\frac{6x-36x^3+xf(x)+o(x^3)}{x^3}$$

$$=\lim_{x\to 0}\left(\frac{6+f(x)}{x^2}-36+\frac{o(x^3)}{x^3}\right)=0,$$

故有
$$\lim_{x\to 0}\frac{6+f(x)}{x^2}=36.$$

4. 函数 $f(x)=x^2 2^x$ 在 $x=0$ 处的 n 阶导数 $f^{(n)}(0)=$ _____.

解 $f(x)=x^2 2^x=x^2 e^{x\ln 2}$

$$=x^2\left(1+x\ln 2+\cdots+\frac{(\ln 2)^n x^n}{n!}+\cdots\right)$$

$$=x^2+\ln 2\cdot x^3+\cdots+\frac{(\ln 2)^n x^{n+2}}{n!}+\cdots,$$

则右端 x^n 项的系数 $a_n=\frac{(\ln 2)^{n-2}}{(n-2)!}$. 又 $a_n=\frac{f^{(n)}(0)}{n!}$, 故

$$f^{(n)}(0)=n!\ a_n=\frac{n!(\ln 2)^{n-2}}{(n-2)!}=n(n-1)(\ln 2)^{n-2}.$$

5. 设 $f(x)$ 在 $[0,1]$ 上二阶可导, $f(0)=0$, $f(1)=1$, $f'(0)=f'(1)=0$, 证明: $\exists \xi\in(0,1)$ 使得 $|f''(\xi)|\geqslant 4$.

证 将 $f\left(\frac{1}{2}\right)$ 分别在 $0,1$ 两点按泰勒公式展开 (展开至二阶导数)

$$f\left(\frac{1}{2}\right)=f(0)+\frac{1}{2}f'(0)+\left(\frac{1}{2}\right)^2\frac{f''(\xi_1)}{2!},\ \xi_1\in\left(0,\frac{1}{2}\right),$$

$$f\left(\frac{1}{2}\right)=f(1)+\left(-\frac{1}{2}\right)f'(1)+\left(-\frac{1}{2}\right)^2\frac{f''(\xi_2)}{2!},\ \xi_2\in\left(\frac{1}{2},1\right),$$

又因为 $f(0)=0$, $f(1)=1$, $f'(0)=f'(1)=0$, 所以

$$|0-1|\leqslant\frac{1}{8}|f''(\xi_1)+f''(\xi_2)|\leqslant\frac{1}{8}(|f''(\xi_1)|+|f''(\xi_2)|)\leqslant\frac{1}{4}|f''(\xi)|,$$

即 $|f''(\xi)|\geqslant 4$, 其中 $|f''(\xi)|=\max\{|f''(\xi_1)|,|f''(\xi_2)|\}$, 显然, $\xi\in(0,1)$.

6. 计算 $\sin 1$, 准确到四位小数.

解 设 $f(x)=\sin x$, 则 $f(x)$ 的 $2n$ 阶麦克劳林公式为

$$\sin x=x-\frac{x^3}{3!}+\frac{x^5}{5!}-\cdots+(-1)^{n-1}\frac{x^{2n-1}}{(2n-1)!}+R_{2n}(x),$$

其中
$$R_{2n}(x)=\frac{\sin\left[\theta x+(2n+1)\frac{\pi}{2}\right]}{(2n+1)!}\cdot x^{2n+1}\ (0<\theta<1).$$

令 $x=1$, 得

$$\sin 1=1-\frac{1}{3!}+\frac{1}{5!}-\cdots+(-1)^{n-1}\frac{1}{(2n-1)!}+\frac{\sin\left[\theta+(2n+1)\frac{\pi}{2}\right]}{(2n+1)!}\ (0<\theta<1).$$

为了计算 $\sin 1$ 准确到四位小数, 应适当选取 n, 使得上式余项足够小, 故得

$$\left|\frac{\sin\left[\theta+(2n+1)\frac{\pi}{2}\right]}{(2n+1)!}\right|\leqslant\frac{1}{(2n+1)!}.$$

当 $n=4$ 时，$\dfrac{1}{9!}<0.000003$，因此根据下式计算，就能得到所需要的结果，

$$\sin1\approx 1-\dfrac{1}{3!}+\dfrac{1}{5!}-\dfrac{1}{7!}$$
$$\approx 1.00000-0.16667+0.00833-0.00020$$
$$=0.84146,$$

其中小数点后前四位数字完全精确．

习 题 3-4

(A)

1. 确定下列函数的单调区间．

(1) $y=x^3-3x^2+7$； (2) $y=\ln(x+\sqrt{1+x^2})$；
(3) $y=\mathrm{e}^{-x^2}$； (4) $y=x+|\sin 2x|$．

解 (1) 函数的定义域为 $(-\infty,+\infty)$，求一阶导数得
$$y'=3x^2-6x=3x(x-2).$$

令 $y'=0$，得 $x_1=0$，$x_2=2$．

当 $0<x<2$ 时，$y'<0$，所以函数 $y=x^3-3x^2+7$ 在 $[0,2]$ 上是单调减少的；

当 $x<0$ 或 $x>2$ 时，$y'>0$，所以函数 $y=x^3-3x^2+7$ 在 $(-\infty,0]$ 和 $[2,+\infty)$ 上是单调增加的．

(2) 函数的定义域为 $(-\infty,+\infty)$，求一阶导数得
$$y'=\dfrac{1+\dfrac{2x}{2\sqrt{1+x^2}}}{x+\sqrt{1+x^2}}=\dfrac{1}{\sqrt{1+x^2}}.$$

因为对任意实数 x，都有 $y'>0$，所以 $y=\ln(x+\sqrt{1+x^2})$ 在整个定义域上是单调增加的．

(3) 函数的定义域为 $(-\infty,+\infty)$，求一阶导数得
$$y'=-2x\mathrm{e}^{-x^2}.$$

当 $x>0$ 时，$y'<0$，所以函数 $y=\mathrm{e}^{-x^2}$ 在 $[0,+\infty)$ 上是单调减少的；

当 $x<0$ 时，$y'>0$，所以函数 $y=\mathrm{e}^{-x^2}$ 在 $(-\infty,0]$ 上是单调增加的．

(4) 函数的定义域为 $(-\infty,+\infty)$．

① 当 $2k\pi<2x<2k\pi+\pi$，即 $k\pi<x<k\pi+\dfrac{\pi}{2}$ 时，$y=x+\sin 2x$，求一阶导数得
$$y'=1+2\cos 2x.$$

令 $y'=0$，得 $2x=2k\pi+\dfrac{2\pi}{3}$，即 $x=k\pi+\dfrac{\pi}{3}$．

当 $2k\pi<2x<2k\pi+\dfrac{2\pi}{3}$，即 $k\pi<x<k\pi+\dfrac{\pi}{3}$ 时，$y'>0$，所以 $y=x+\sin 2x$ 在 $\left[k\pi,k\pi+\dfrac{\pi}{3}\right]$ 上是单调增加的；

当 $2k\pi+\dfrac{2\pi}{3}<2x<2k\pi+\pi$，即 $k\pi+\dfrac{\pi}{3}<x<k\pi+\dfrac{\pi}{2}$ 时，$y'<0$，所以 $y=x+\sin 2x$ 在

$\left[k\pi+\dfrac{\pi}{3}, k\pi+\dfrac{\pi}{2}\right]$ 上是单调减少的.

② 当 $2k\pi+\pi<2x<2k\pi+2\pi$，即 $k\pi+\dfrac{\pi}{2}<x<k\pi+\pi$ 时，$y=x-\sin2x$，求一阶导数得
$$y'=1-2\cos2x.$$

令 $y'=0$，得 $2x=2k\pi+\dfrac{5\pi}{3}$，即 $x=k\pi+\dfrac{5\pi}{6}$.

当 $2k\pi+\pi<2x<2k\pi+\dfrac{5\pi}{3}$，即 $k\pi+\dfrac{\pi}{2}<x<k\pi+\dfrac{5\pi}{6}$ 时，$y'>0$，所以 $y=x-\sin2x$ 在 $\left[k\pi+\dfrac{\pi}{2}, k\pi+\dfrac{5\pi}{6}\right]$ 上是单调增加的；

当 $2k\pi+\dfrac{5\pi}{3}<2x<2k\pi+2\pi$，即 $k\pi+\dfrac{5\pi}{6}<x<k\pi+\pi$ 时，$y'<0$，所以 $y=x-\sin2x$ 在 $\left[k\pi+\dfrac{5\pi}{6}, k\pi+\pi\right]$ 上是单调减少的.

综合以上得

$y=x+|\sin2x|$ 在 $\left[k\pi, k\pi+\dfrac{\pi}{3}\right]$ 和 $\left[k\pi+\dfrac{\pi}{2}, k\pi+\dfrac{5\pi}{6}\right]$ 上，即在 $\left[\dfrac{k\pi}{2}, \dfrac{k\pi}{2}+\dfrac{\pi}{3}\right]$ 上是单调增加的；

$y=x+|\sin2x|$ 在 $\left[k\pi+\dfrac{\pi}{3}, k\pi+\dfrac{\pi}{2}\right]$ 及 $\left[k\pi+\dfrac{5\pi}{6}, k\pi+\pi\right]$ 上，即在 $\left[\dfrac{k\pi}{2}+\dfrac{\pi}{3}, \dfrac{k\pi}{2}+\dfrac{\pi}{2}\right]$ 上是单调减少的.

2. 证明方程 $2x-\sin x=0$ 有唯一实根.

证 设 $f(x)=2x-\sin x$，

(1) 证明有实根，显然 $x=0$ 为方程的实根；

(2) 证明有唯一实根，用反证法，若方程多于一个实根，不妨设 $x_1, x_2(x_1<x_2)$ 为方程的两个根，即 $f(x_1)=f(x_2)=0$.

因为 $f'(x)=2-\cos x>0$，所以 $f(x)$ 在 $(-\infty, +\infty)$ 上是单调增加的，所以 $f(x_1)<f(x_2)$，与 x_1 和 x_2 为方程的根矛盾.

综合以上得，方程 $2x-\sin x=0$ 有唯一实根.

3. 证明下列不等式.

(1) $\sin x<x(x>0)$； (2) $\cos x>1-\dfrac{1}{2}x^2(x>0)$；

(3) $2\sqrt{x}>3-\dfrac{1}{x}(x>1)$； (4) $e^x>1+x(x\neq 0)$.

证 (1) 设 $f(x)=\sin x-x$，则 $f'(x)=\cos x-1\leqslant 0$.

当 $x=2k\pi$ 时，$f'(x)=0$，当 $x\neq 2k\pi$ 时，$f'(x)<0$，所以 $f(x)$ 在 $(0, +\infty)$ 上是单调减少的. 又因为 $f(0)=0$，所以当 $x>0$ 时，$f(x)<f(0)=0$，即 $\sin x<x$.

(2) 设 $f(x)=\cos x-\left(1-\dfrac{1}{2}x^2\right)$，则 $f'(x)=-\sin x+x$.

因为当 $x>0$ 时，$x>\sin x$，所以 $f'(x)>0$，所以 $f(x)$ 在 $(0, +\infty)$ 上是单调增加的. 又因为 $f(0)=0$，所以当 $x>0$ 时，$f(x)>f(0)=0$，即

$$\cos x > 1 - \frac{1}{2}x^2.$$

(3) 设 $f(x) = 2\sqrt{x} - \left(3 - \frac{1}{x}\right)$，则

$$f'(x) = \frac{1}{\sqrt{x}} - \frac{1}{x^2} = \frac{x^2 - \sqrt{x}}{x^2\sqrt{x}}.$$

当 $x > 1$ 时，$f'(x) > 0$，于是 $f(x)$ 在 $(1, +\infty)$ 上是单调增加的．又因为 $f(1) = 0$，所以当 $x > 1$ 时，$f(x) > f(1) = 0$，即

$$2\sqrt{x} > 3 - \frac{1}{x}.$$

(4) 设 $f(x) = e^x - (1+x)$，则

$$f'(x) = e^x - 1.$$

当 $x > 0$ 时，$f'(x) > 0$，所以 $f(x)$ 在 $(0, +\infty)$ 上是单调增加的，又因为 $f(0) = 0$，所以当 $x > 0$ 时，$f(x) > f(0) = 0$，即

$$e^x > 1 + x;$$

当 $x < 0$ 时，$f'(x) < 0$，所以 $f(x)$ 在 $(-\infty, 0)$ 上是单调减少的，又因为 $f(0) = 0$，所以当 $x < 0$ 时，$f(x) > f(0) = 0$，即

$$e^x > 1 + x.$$

综合以上知，当 $x \neq 0$ 时，

$$e^x > 1 + x.$$

(B)

1. 判断下列命题是否正确．
(1) 若函数 $f(x)$ 单调递减，则恒有 $f'(x) < 0$；
(2) 若函数 $f'(x)$ 在 $[a, b]$ 上单调递增，则 $f(x)$ 在 $[a, b]$ 上也单调递增．

答 (1) 否．例如，$f(x) = -x^3$，$x \in (-1, 1)$．
(2) 否．例如，$f(x) = x^2$，$x \in (-1, 1)$．

2. 设函数 $f(x)$ 连续，且 $f'(0) > 0$，则存在 $\delta > 0$，使得（　　）．
(A) $f(x)$ 在 $(0, \delta)$ 内单调递增；　　(B) $f(x)$ 在 $(-\delta, 0)$ 内单调递减；
(C) $\forall x \in (0, \delta)$，有 $f(x) > f(0)$；　　(D) $\forall x \in (-\delta, 0)$，有 $f(x) > f(0)$．

答案：C．

解 由导数的定义知

$$f'(0) = \lim_{x \to 0} \frac{f(x) - f(0)}{x - 0} > 0.$$

由极限的保号性知，存在 $\delta > 0$，当 $0 < |x| < \delta$ 时，有 $\frac{f(x) - f(0)}{x} > 0$，即当 $0 < x < \delta$ 时，$f(x) > f(0)$；当 $-\delta < x < 0$ 时，$f(x) < f(0)$，故选 C．

3. 设 $f(x)$ 二阶可导，$f'(x) > 0$，$f''(x) > 0$，$\Delta y = f(x_0 + \Delta x) - f(x_0)$，$dy = f'(x_0)\Delta x$，其中 $\Delta x > 0$，下列选项正确的是（　　）．
(A) $dy > \Delta y > 0$；　　(B) $\Delta y > dy > 0$；
(C) $dy < \Delta y < 0$；　　(D) $\Delta y < dy < 0$．

答案：B.

解 因为 $\Delta x>0$，$f'(x)>0$，所以 $dy=f'(x_0)\Delta x>0$，故排除选项 C、D.
$$\Delta y=f(x_0+\Delta x)-f(x_0)=f'(\xi)\Delta x \ (x_0<\xi<x_0+\Delta x),$$
因为 $f''(x)>0$，即 $f'(x)$ 单调递增，所以 $f'(\xi)\Delta x>f'(x_0)\Delta x$，即 $\Delta y>dy>0$，故选 B.

4. 证明下列不等式.

(1) 设 $e<a<b$，证明：$b^a<a^b$；

(2) 证明：当 $x>0$ 时，$e^x-1>(1+x)\ln(1+x)$.

证 (1) $b^a<a^b$ 等价于 $b\ln a-a\ln b>0$.

令 $f(x)=x\ln a-a\ln x$，显然 $f(a)=0$.

因为当 $x>a$ 时，$f'(x)=\ln a-\dfrac{a}{x}>0$，所以当 $x>a$ 时，$f(x)$ 单调递增，而 $f(a)=0$，所以当 $x>a$ 时，$f(x)>0$. 又 $b>a$，所以 $f(b)>0$，故 $b^a<a^b$.

(2) 令 $f(x)=e^x-1-(1+x)\ln(1+x)$，$f(0)=0$.
$$f'(x)=e^x-1-\ln(1+x), \ f'(0)=0.$$

当 $x>0$ 时，$f''(x)=e^x-\dfrac{1}{1+x}>0$，则 $f'(x)$ 单调递增，而 $f'(0)=0$，所以当 $x>0$ 时，$f'(x)>f'(0)=0$，即当 $x>0$ 时，$f(x)$ 单调递增. 又 $f(0)=0$，所以当 $x>0$ 时，$f(x)>0$，即 $e^x-1>(1+x)\ln(1+x)$.

习 题 3-5

(A)

1. 判断下列命题是否正确.

(1) 函数 $f(x)$ 的极值点必含在使等式 $f'(x)=0$ 或 $f'(x)=\infty$ 成立的点中；

(2) 若点 x_0 为 $f(x)$ 的极值点，则点 x_0 必为 $f(x)$ 的驻点；

(3) 函数 $f(x)$ 的极大值一定不小于其极小值；

(4) 若点 x_0 为 $f(x)$ 和 $g(x)$ 的极值点，则点 x_0 必为 $f(x)+g(x)$ 的极值点.

解 (1) 否. 例如，$f(x)=|x|$，$x_0=0$.

(2) 否. 例如，$f(x)=|x|$，$x_0=0$.

(3) 否. 例如，令 $f(x)=\begin{cases}-\sin x, & -\pi\leqslant x\leqslant 0,\\ -x+4, & 0<x<1,\\ x+2, & 1\leqslant x\leqslant 2,\end{cases}$ 则 $x=-\dfrac{\pi}{2}$ 是函数的极大值点，$x=1$ 是函数的极小值点，但 $f\left(-\dfrac{\pi}{2}\right)=1<f(1)=3$.

(4) 否. 例如，$f(x)=x^2$，$g(x)=\begin{cases}-\dfrac{1}{2}x^2, & x\leqslant 0,\\ -2x^2, & x>0,\end{cases}$ $x_0=0$.

2. 求下列函数的极值.

(1) $y=x^2+x^{-2}$；　　　　　　　(2) $y=x^3+4x$；

(3) $y = \dfrac{x}{x^2+1}$; (4) $y = (2x-5)\sqrt[3]{x^2}$;

(5) $y = x + \sqrt{1-x}$; (6) $y = \dfrac{3x^2+4x+4}{x^2+x+1}$;

(7) $y = 2 - (x-1)^{\frac{2}{3}}$; (8) $y = \sin x + \cos x \ (0 \leqslant x \leqslant 2\pi)$.

解 (1) 函数的定义域为 $\{x \mid x \in \mathbf{R}, x \neq 0\}$，求一阶及二阶导数得
$$y' = 2x - 2x^{-3} = \dfrac{2(x^4-1)}{x^3}, \quad y'' = 2 + 6x^{-4} = \dfrac{2x^4+6}{x^4}.$$

令 $y' = 0$，得驻点 $x_1 = 1$ 及 $x_2 = -1$.

因为 $y''|_{x_1=1} = y''|_{x_2=-1} = 8 > 0$，所以当 $x_1 = 1$ 及 $x_2 = -1$ 时，函数取得极小值，且 $y|_{x=\pm 1} = 2$.

(2) 函数的定义域为 $\mathbf{R}$，求一阶导数得
$$y' = 3x^2 + 4 > 0,$$
所以函数在定义域上是单调增加的，因而函数没有极值.

(3) 函数的定义域为 $\mathbf{R}$，求一阶及二阶导数得
$$y' = \dfrac{1-x^2}{(x^2+1)^2}, \quad y'' = \dfrac{2x(x^2-3)}{(x^2+1)^3}.$$

令 $y' = 0$，得驻点 $x_1 = 1$ 及 $x_2 = -1$.

当 $x_1 = 1$ 时，$y'' = -\dfrac{1}{2} < 0$，所以函数取得极大值，且 $y|_{x_1=1} = \dfrac{1}{2}$；

当 $x_2 = -1$ 时，$y'' = \dfrac{1}{2} > 0$，所以函数取得极小值，且 $y|_{x_2=-1} = -\dfrac{1}{2}$.

(4) 函数的定义域为 $\mathbf{R}$，当 $x \neq 0$ 时，
$$y' = 2\sqrt[3]{x^2} + (2x-5) \cdot \dfrac{2}{3\sqrt[3]{x}} = \dfrac{10}{3\sqrt[3]{x}}(x-1).$$

令 $y' = 0$，得驻点 $x = 1$.

下面讨论驻点 $x = 1$ 处及导数不存在的点 $x = 0$ 处是否取得极值.

因为当 $x < 0$ 时，$y' > 0$；当 $0 < x < 1$ 时，$y' < 0$，所以当 $x = 0$ 时，函数取得极大值，且 $y|_{x=0} = 0$；

因为当 $0 < x < 1$ 时，$y' < 0$；当 $x > 1$ 时，$y' > 0$，所以当 $x = 1$ 时，函数取得极小值，且 $y|_{x=1} = -3$.

(5) 函数的定义域为 $(-\infty, 1]$，当 $x \neq 1$ 时，
$$y' = \dfrac{2\sqrt{1-x}-1}{2\sqrt{1-x}}, \quad y'' = -\dfrac{1}{4}(1-x)^{-\frac{3}{2}}.$$

令 $y' = 0$，得驻点 $x = \dfrac{3}{4}$.

当 $x = \dfrac{3}{4}$ 时，$y'' = -2 < 0$，函数取得极大值，且 $y|_{x=\frac{3}{4}} = \dfrac{5}{4}$.

(6) 函数的定义域为 $\mathbf{R}$，求一阶及二阶导数得
$$y' = \dfrac{-x(x+2)}{(x^2+x+1)^2}, \quad y'' = \dfrac{2(x^3+3x^2-1)}{(x^2+x+1)^3}.$$

令 $y'=0$，得驻点 $x_1=0$，$x_2=-2$.

当 $x_1=0$ 时，$y''=-2<0$，函数取得极大值，且 $y|_{x_1=0}=4$；

当 $x_2=-2$ 时，$y''=\dfrac{2}{9}>0$，函数取得极小值，且 $y|_{x_2=-2}=\dfrac{8}{3}$.

(7) 函数的定义域为 **R**，当 $x\neq 1$ 时，
$$y'=-\dfrac{2}{3\sqrt[3]{x-1}},$$

在 $x=1$ 处，导数不存在，当 $x>1$ 时，$y'<0$；当 $x<1$ 时，$y'>0$，所以当 $x=1$ 时，函数取得极大值，且 $y|_{x=1}=2$.

(8) 求一阶及二阶导数得
$$y'=\cos x-\sin x,\quad y''=-\sin x-\cos x.$$

令 $y'=0$，得驻点 $x_1=\dfrac{\pi}{4}$，$x_2=\dfrac{5\pi}{4}$.

当 $x_1=\dfrac{\pi}{4}$ 时，$y''=-\sqrt{2}<0$，函数取得极大值，且 $y|_{x_1=\frac{\pi}{4}}=\sqrt{2}$；

当 $x_2=\dfrac{5\pi}{4}$ 时，$y''=\sqrt{2}>0$，函数取得极小值，且 $y|_{x_2=\frac{5\pi}{4}}=-\sqrt{2}$.

3. 已知函数 $f(x)=x^3+ax^2+bx$ 在点 $x=1$ 处有极值 -2，试确定常数 a,b 的值，并求出 $f(x)$ 的所有极值点和极值.

解 由条件知 $f(1)=-2$，$f'(1)=0$，所以有
$$\begin{cases}1+a+b=-2,\\3+2a+b=0,\end{cases}$$

由此可得 $a=0$，$b=-3$，所以 $f(x)=x^3-3x$.
$$f'(x)=3x^2-3,\quad f''(x)=6x.$$

令 $f'(x)=0$，得 $x_1=-1$，$x_2=1$，将 x_1，x_2 代入 $f''(x)$，有

$f''(-1)=-6<0$，所以 $f(x)$ 在点 $x_1=-1$ 处取极大值 $f(-1)=2$；

$f''(1)=6>0$，所以 $f(x)$ 在点 $x_2=1$ 处取极小值 $f(1)=-2$.

(**B**)

1. 选择题.

(1) 函数 $f(x)=\ln|(x-1)(x-2)(x-3)|$ 的驻点个数为（　　）.

(A) 0； (B) 1； (C) 2； (D) 3.

答案：C.

解 由于 $(\ln|x|)'=\dfrac{1}{x}$，所以
$$f'(x)=[\ln|(x-1)(x-2)(x-3)|]'=\dfrac{[(x-1)(x-2)(x-3)]'}{(x-1)(x-2)(x-3)},\quad x\neq 1,2,3.$$

令 $g(x)=(x-1)(x-2)(x-3)$，由罗尔定理，存在 $\xi_1\in(1,2)$，$\xi_2\in(2,3)$ 使得 $g'(\xi_1)=0$，$g'(\xi_2)=0$. 又因为 $g'(x)$ 为二次多项式，至多有两个零点，从而 $f(x)$ 有两个驻点，故选 C.

(2)设函数 $f(x)$ 在 $(-\infty,+\infty)$ 内连续,其导函数的图形如图 3-4 所示,则 $f(x)$ 有(　　).

(A)一个极小值点和两个极大值点;
(B)两个极小值点和一个极大值点;
(C)两个极小值点和两个极大值点;
(D)三个极小值点和一个极大值点.

答案:C.

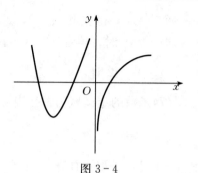

图 3-4

解　根据 $f(x)$ 的导函数图形可知,$f(x)$ 的一阶导数为零的点,即 $f(x)$ 的驻点有 3 个,而点 $x=0$ 是 $f(x)$ 的不可导点.由于三个驻点处左、右两侧附近导数符号相反,所以其必为 $f(x)$ 的极值点,且其中两个为极小值点,一个为极大值点;在点 $x=0$ 处左侧附近一阶导数为正,右侧附近一阶导数为负,可见 $x=0$ 为 $f(x)$ 的极大值点,故 $f(x)$ 有两个极小值点和两个极大值点,应选 C.

(3)设 $f(x)$,$g(x)$ 在点 x_0 处二阶可导,且 $f(x_0)=g(x_0)=0$,$f'(x_0)g'(x_0)<0$,则(　　).

(A)点 x_0 不是 $f(x)g(x)$ 的驻点;
(B)点 x_0 是 $f(x)g(x)$ 的驻点,但不是极值点;
(C)点 x_0 是 $f(x)g(x)$ 的驻点,且是它的极小值点;
(D)点 x_0 是 $f(x)g(x)$ 的驻点,且是它的极大值点.

答案:D.

解　令 $F(x)=f(x)g(x)$,则
$$F'(x)=f'(x)g(x)+f(x)g'(x),$$
$$F''(x)=f''(x)g(x)+2f'(x)g'(x)+f(x)g''(x),$$
由条件知 $F'(x_0)=0$,$F''(x_0)=2f'(x_0)g'(x_0)<0$,所以点 x_0 是 $F(x)=f(x)g(x)$ 的驻点,并在点 x_0 处取得极大值,故选 D.

(4)设 $f(x)$ 在 $x=0$ 处连续,且 $\lim\limits_{x\to 0}\dfrac{f(x)}{1-\cos x}=-1$,则在点 $x=0$ 处(　　).

(A)$f'(0)$ 不存在;
(B)$f'(0)=0$,且 $f(0)$ 为 $f(x)$ 的极小值;
(C)$f'(0)$ 存在,且 $f'(0)\neq 0$;
(D)$f'(0)=0$,且 $f(0)$ 为 $f(x)$ 的极大值.

答案:D.

解　因为极限 $\lim\limits_{x\to 0}\dfrac{f(x)}{1-\cos x}=-1$ 存在,所以 $f(0)=0$,故
$$\lim_{x\to 0}\dfrac{f(x)}{1-\cos x}=2\lim_{x\to 0}\dfrac{f(x)}{x^2}=2\lim_{x\to 0}\dfrac{\dfrac{f(x)-f(0)}{x-0}}{x}=-1,$$
所以 $f'(0)=\lim\limits_{x\to 0}\dfrac{f(x)-f(0)}{x-0}=0$.由极限的保号性,存在 $x=0$ 的某一去心邻域 $\mathring{U}(x_0)$,使得 $\dfrac{f(x)}{1-\cos x}<0$,因为对于 $\forall x\in \mathring{U}(x_0)$,$1-\cos x>0$,所以 $f(x)<0=f(0)$,故 $f(0)$ 为

$f(x)$ 的极大值,应选 D.

2. 求函数 $f(x)=\left(1+x+\dfrac{x^2}{2}+\cdots+\dfrac{x^n}{n!}\right)\mathrm{e}^{-x}$ 的极值,其中 n 为大于等于 2 的正整数.

解 显然函数的定义域为 **R**.
$$f'(x)=\left(1+x+\cdots+\dfrac{x^{n-1}}{(n-1)!}\right)\mathrm{e}^{-x}-\left(1+x+\cdots+\dfrac{x^{n-1}}{(n-1)!}+\dfrac{x^n}{n!}\right)\mathrm{e}^{-x}=-\dfrac{x^n}{n!}\mathrm{e}^{-x},$$
$$f''(x)=-\dfrac{x^{n-1}}{(n-1)!}\mathrm{e}^{-x}+\dfrac{x^n}{n!}\mathrm{e}^{-x}=\left(\dfrac{x^n}{n!}-\dfrac{x^{n-1}}{(n-1)!}\right)\mathrm{e}^{-x}.$$

令 $f'(x)=0$,得驻点 $x=0$. 因为 $f''(0)=0$,所以用极值的第一充分条件判断:当 n 为偶数时,不管 $x>0$ 或 $x<0$,始终有 $f'(x)<0$,此时在 $x=0$ 处取不到极值;当 n 为奇数时,$x>0$,有 $f'(x)<0$;$x<0$,有 $f'(x)>0$,此时在 $x=0$ 处取到极大值 $f(0)=1$.

3. 已知函数 $y(x)$ 由方程 $x^3+y^3-3x+3y-2=0$ 确定,求 $y(x)$ 的极值.

解 在方程 $x^3+y^3-3x+3y-2=0$ 两端关于 x 求导,得
$$3x^2+3y^2y'-3+3y'=0. \qquad (1)$$

令 $y'=0$,得 $x=\pm 1$,将 $x=\pm 1$ 代入原方程,得
$$\begin{cases} x=1, \\ y=1, \end{cases} \begin{cases} x=-1, \\ y=0. \end{cases}$$

(1)式两端再对 x 求导,得
$$6x+6y(y')^2+3y^2y''+3y''=0. \qquad (2)$$

将 $\begin{cases} x=1, \\ y=1, \end{cases} \begin{cases} x=-1, \\ y=0, \end{cases}$ 及 $y'=0$ 代入(2)式,得 $y''(1)=-1<0$,$y''(-1)=2>0$,所以 $y(x)$ 在 $x=1$ 处取极大值,极大值为 $y(1)=1$;在 $x=-1$ 处取极小值,极小值为 $y(-1)=0$.

习 题 3-6

(A)

1. 求下列函数的最大值和最小值.

(1) $y=x+2\sqrt{x}$,$0 \leqslant x \leqslant 4$;

(2) $y=x^3-3x+2$,$-2 \leqslant x \leqslant 3$;

(3) $y=2x^3+3x^2-12x+14$,$-3 \leqslant x \leqslant 4$;

(4) $y=x+\cos x$,$0 \leqslant x \leqslant 2\pi$.

解 (1) 求导得
$$y'=1+\dfrac{1}{\sqrt{x}}=\dfrac{\sqrt{x}+1}{\sqrt{x}}.$$

当 $0 \leqslant x \leqslant 4$ 时,$y'>0$,所以函数 $y=x+2\sqrt{x}$ 在区间 $[0,4]$ 上是单调增加的,因此当 $x=0$ 时,函数取得最小值,且 $y|_{x=0}=0$;当 $x=4$ 时,函数取得最大值,且 $y|_{x=4}=8$.

(2) 求导得
$$y'=3x^2-3=3(x^2-1).$$

令 $y'=0$,得驻点 $x_1=-1$,$x_2=1$,由于 $y|_{x_1=-1}=4$,$y|_{x_2=1}=0$,$y|_{x=-2}=0$,$y|_{x=3}=20$,所以函数在区间 $[-2,3]$ 上的最大值是 20,最小值是 0.

(3) 求导得
$$y'=6x^2+6x-12=6(x-1)(x+2).$$

令 $y'=0$，得驻点 $x_1=-2$，$x_2=1$，由于 $y|_{x_1=1}=7$，$y|_{x_2=-2}=34$，$y|_{x=-3}=23$，$y|_{x=4}=142$，所以函数在区间 $[-3,4]$ 上的最小值是 7，最大值是 142．

(4) 求导得
$$y'=1-\sin x.$$

令 $y'=0$，得驻点 $x=\dfrac{\pi}{2}$，由于 $y|_{x=0}=1$，$y|_{x=2\pi}=2\pi+1$，$y|_{x=\frac{\pi}{2}}=\dfrac{\pi}{2}$，所以函数在区间 $[0,2\pi]$ 上的最大值是 $2\pi+1$，最小值是 1．

2. 证明在给定周长的一切矩形中，正方形的面积最大．

解 设矩形的长为 x，若矩形的周长为 c，则矩形的宽为 $\dfrac{c}{2}-x$，所以矩形的面积为
$$y=x\left(\dfrac{c}{2}-x\right)\left(0<x<\dfrac{c}{2}\right),$$

求导得
$$y'=\dfrac{c}{2}-2x.$$

令 $y'=0$，得驻点 $x=\dfrac{c}{4}$，因为 $y''=-2<0$，于是 $x=\dfrac{c}{4}$ 为函数的极大值点，即函数在 $x=\dfrac{c}{4}$ 处取得极大值，因而此极大值就是我们所求的最大值，而当 $x=\dfrac{c}{4}$ 时，矩形的宽为 $\dfrac{c}{2}-x=\dfrac{c}{4}$，即矩形为正方形时，其面积最大．

3. 某单位要建造一个体积为 V 的有盖圆柱形水池，怎样选取圆柱形水池的半径和高才能使用料最省？

解 要使用料最省，水池的表面积最小，设水池底面半径为 x，则高为 $h=\dfrac{V}{\pi x^2}$，于是水池的表面积为
$$y=2\pi x^2+2\pi x\dfrac{V}{\pi x^2}=2\pi x^2+\dfrac{2V}{x}(x>0),$$

求导得
$$y'=4\pi x-\dfrac{2V}{x^2}=\dfrac{4\pi x^3-2V}{x^2},\quad y''=4\pi+\dfrac{4V}{x^3}.$$

令 $y'=0$，得驻点 $x=\sqrt[3]{\dfrac{V}{2\pi}}$，因为 $y''|_{x=\sqrt[3]{\frac{V}{2\pi}}}>0$，所以当 $x=\sqrt[3]{\dfrac{V}{2\pi}}$ 时，函数 $y=2\pi x^2+\dfrac{2V}{x}$ 取得极小值，此极小值就是函数的最小值，此时水池的高 $h=2\sqrt[3]{\dfrac{V}{2\pi}}$，即圆柱形水池的底面直径与高相等时才能用料最省．

4. 对量 A 做了 n 次测量，得到了 n 个数值 x_1，x_2，$\cdots$，x_n，通常把与这 n 个数的差的平方和为最小的那个数 x 作为 A 的近似值，试求 A 的近似值 x．

解 设 y 是 x 与这 n 个数的差的平方和，即
$$y=\sum_{i=1}^{n}(x-x_i)^2,$$

求导得
$$y' = 2\sum_{i=1}^{n}(x-x_i) = 2\left(nx - \sum_{i=1}^{n}x_i\right).$$

令 $y'=0$，得驻点 $x = \frac{1}{n}\sum_{i=1}^{n}x_i$，因为 $y''=2n>0$，所以当 $x = \frac{1}{n}\sum_{i=1}^{n}x_i$ 时，函数取得极小值，此极小值就是要求的最小值，即 A 的近似值为 $\frac{1}{n}\sum_{i=1}^{n}x_i$.

5. 某加工厂每批生产某种产品 x 个单位的费用为
$$C(x) = 5x + 200 (元),$$
得到的总收入是
$$R(x) = 10x - 0.01x^2 (元),$$
问每批生产多少个单位才能使利润最大？

解 设利润为 y，则
$$y = R(x) - C(x) = -0.01x^2 + 5x - 200,$$
求导得
$$y' = -0.02x + 5.$$

令 $y'=0$，得驻点 $x=250$. 因为 $y''=-0.02<0$，所以当 $x=250$ 时，函数 $y=-0.01x^2+5x-200$ 取得极大值，此极大值就是要求的最大值，即每批生产 250 个单位时利润最大.

(B)

1. 函数 $y=x^{3x}$ 在区间 $(0,1]$ 上的最小值为 _____ .

解 $y' = (e^{3x\ln x})' = 3x^{3x}(\ln x + 1) \begin{cases} <0, & 0<x<\frac{1}{e}, \\ =0, & x=\frac{1}{e}, \\ >0, & x>\frac{1}{e}, \end{cases}$

所以 $y=x^{3x}$ 在 $(0,1]$ 上的最小值为
$$y\left(\frac{1}{e}\right) = e^{-\frac{3}{e}}.$$

2. 在某一水利建设中，需要修一水渠道，渠道的断面是高度和面积已确定的等腰梯形（较短底边在下面），渠道的侧面和底面要涂抹水泥，问怎样选择渠道断面，使用掉的水泥最少？

解 设梯形的下底边与腰所夹内角为 $\pi - \alpha \left(0<\alpha<\frac{\pi}{2}\right)$（图 3-5），若梯形的高为 h，面积为 S，则梯形的腰为 $\frac{h}{\sin\alpha}$，下底边长为 $\frac{S}{h} - h\cot\alpha$，要使用掉的水泥最少，需要下底边与两腰的长度之和最小，而下底边与两腰之和为
$$y = \frac{S}{h} - h\cot\alpha + 2\frac{h}{\sin\alpha} = \frac{S}{h} + h\frac{2-\cos\alpha}{\sin\alpha},$$
求导得 $y' = h\frac{1-2\cos\alpha}{\sin^2\alpha},\quad y'' = 2h\frac{1-\cos\alpha+\cos^2\alpha}{\sin^3\alpha}.$

令 $y'=0$，得驻点 $\alpha=\frac{\pi}{3}$，因为 $y''|_{\alpha=\frac{\pi}{3}}>0$，所以当 $\alpha=\frac{\pi}{3}$ 时，函数 $y=\frac{S}{h}+h\frac{2-\cos\alpha}{\sin\alpha}$ 取

得极小值,此极小值就是函数的最小值,此时下底边长为 $\dfrac{S}{h}-\dfrac{h}{\sqrt{3}}$,上底边长为 $\dfrac{S}{h}+\dfrac{h}{\sqrt{3}}$,下底边与腰所夹内角为 $\dfrac{2\pi}{3}$.

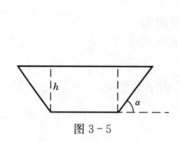

图 3-5

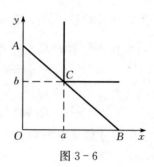

图 3-6

3. 要使船能由宽度为 a 的河道驶入与其垂直的宽度为 b 的河道,如果忽略船的宽度,问船的最大长度是多少?

解 建立如图 3-6 所示的平面直角坐标系,O 和 C 两点为河道的两岸交点,过点 $C(a,b)$ 与两坐标轴相交的线段 AB 的最小值就是所求的船的最大长度.

设 AB 的斜率为 $k(k<0)$,则 AB 的方程为
$$y-b=k(x-a).$$

点 A 的坐标为 $(0,b-ka)$,点 B 的坐标为 $\left(a-\dfrac{b}{k},0\right)$,于是线段 AB 的长度为
$$l=\sqrt{\left(a-\dfrac{b}{k}\right)^2+(b-ka)^2},$$

求导得
$$l'=\dfrac{(ak-b)(ak^3+b)}{\sqrt{\left(a-\dfrac{b}{k}\right)^2+(b-ka)^2}\,k^3}.$$

令 $l'=0$,得 $k=-\sqrt[3]{\dfrac{b}{a}}$ 及 $k=\dfrac{b}{a}$(舍去),因为当 $k<-\sqrt[3]{\dfrac{b}{a}}$ 时,$l'<0$;当 $-\sqrt[3]{\dfrac{b}{a}}<k<0$ 时,$l'>0$,所以当 $k=-\sqrt[3]{\dfrac{b}{a}}$ 时,函数取得极小值,此极小值就是要求的最小值,即当 $k=-\sqrt[3]{\dfrac{b}{a}}$ 时,线段 AB 的长度最小,此值即为所求的船的最大长度,其值为
$$\sqrt{\left(a+b\sqrt[3]{\dfrac{b}{a}}\right)^2+\left(b+a\sqrt[3]{\dfrac{b}{a}}\right)^2}=\sqrt{(a^{\frac{2}{3}}+b^{\frac{2}{3}})^3}=(a^{\frac{2}{3}}+b^{\frac{2}{3}})^{\frac{3}{2}}.$$

4. 炮弹以初速 v_0 和仰角 α 射出,如果不计空气阻力,问 α 取什么值时,炮弹的水平射程最远?

解 先求炮弹的运行时间,因为
$$0=v_0\sin\alpha\cdot t-\dfrac{1}{2}gt^2,$$

所以 $t_1=\dfrac{2v_0}{g}\sin\alpha$，$t_2=0$（舍去）．

设炮弹的水平射程为 y，则
$$y=v_0\cos\alpha\cdot t_1=\dfrac{v_0^2}{g}\sin 2\alpha,$$

求导得
$$y'=\dfrac{2v_0^2}{g}\cos 2\alpha,\ y''=-\dfrac{4v_0^2}{g}\sin 2\alpha.$$

令 $y'=0$，因为 $0<\alpha<\dfrac{\pi}{2}$，于是 $0<2\alpha<\pi$，得驻点 $\alpha=\dfrac{\pi}{4}$，又因为 $y''|_{\alpha=\frac{\pi}{4}}=-\dfrac{4v_0^2}{g}<0$，所以当 $\alpha=\dfrac{\pi}{4}$ 时，函数取得极大值，此极大值就是要求的最大值，即当 $\alpha=\dfrac{\pi}{4}$ 时，水平射程最远，其值为 $\dfrac{v_0^2}{g}$．

5. 设常数 $a>0$，函数 $f(x)=\dfrac{1}{3}ax^3-x$，讨论并求出函数 $f(x)$ 在闭区间 $\left[0,\dfrac{1}{a}\right]$ 上的最大值与最小值．

解 题中含有参数，需对参数进行讨论．
$$f'(x)=ax^2-1,\ f''(x)=2ax.$$

令 $f'(x)=0$，解得 $x=\pm\sqrt{\dfrac{1}{a}}$，弃去负值，得驻点 $x_0=\sqrt{\dfrac{1}{a}}$．

当 $x\in\left(0,\dfrac{1}{a}\right)$ 时，$f''(x)>0$，曲线 $f(x)$ 在区间 $\left[0,\dfrac{1}{a}\right]$ 上是凹的．

(1) 当 $0<a<1$ 时，$x_0=\sqrt{\dfrac{1}{a}}\in\left(0,\dfrac{1}{a}\right)$，$f(x_0)=-\dfrac{2}{3}a^{-\frac{1}{2}}$ 为 $f(x)$ 的最小值．以下讨论 $f(x)$ 的最大值．最大值必在区间 $\left[0,\dfrac{1}{a}\right]$ 的端点处．$f(0)=0$，$f\left(\dfrac{1}{a}\right)=\dfrac{1-3a}{3a^2}$．

若 $0<a<\dfrac{1}{3}$，则 $f\left(\dfrac{1}{a}\right)>0=f(0)$，最大值为 $f\left(\dfrac{1}{a}\right)=\dfrac{1-3a}{3a^2}$；

若 $\dfrac{1}{3}\leqslant a<1$，则 $f\left(\dfrac{1}{a}\right)\leqslant 0=f(0)$，最大值为 $f(0)=0$．

(2) 当 $a\geqslant 1$ 时，$x_0=\sqrt{\dfrac{1}{a}}\geqslant\dfrac{1}{a}$，$f(x)$ 在 $\left[0,\dfrac{1}{a}\right]$ 内单调减少，$f(0)=0$ 为最大值，$f\left(\dfrac{1}{a}\right)=\dfrac{1-3a}{3a^2}$ 为最小值．

6. 设 $a>1$，$f(t)=a^t-at$ 在 $(-\infty,+\infty)$ 内的驻点为 $t(a)$，问 a 为何值时，$t(a)$ 最小？并求出最小值．

解 由 $f'(t)=a^t\ln a-a=0$，得唯一驻点
$$t(a)=1-\dfrac{\ln\ln a}{\ln a}.$$

考察函数 $t(a)=1-\dfrac{\ln\ln a}{\ln a}$ 在 $a>1$ 时的最小值．令
$$t'(a)=-\dfrac{\dfrac{1}{a}-\dfrac{1}{a}\ln\ln a}{(\ln a)^2}=-\dfrac{1}{a}\dfrac{1-\ln\ln a}{(\ln a)^2}=0,$$

得唯一驻点 $a=e^e$. 当 $a>e^e$ 时，$t'(a)>0$；当 $a<e^e$ 时，$t'(a)<0$，因此 $t(e^e)=1-\dfrac{1}{e}$ 为极小值，从而是最小值.

习 题 3-7

(A)

确定下列函数的凹凸性及拐点.

(1) $y=2x^3+3x^2-12x+14$；

(2) $y=x^4-2x^3+1$；

(3) $y=\dfrac{(x-3)^2}{4(x-1)}$；

(4) $y=x^3-3x+2$；

(5) $y=\dfrac{4x}{x^2+1}$.

解 (1) 函数的定义域为 $(-\infty,+\infty)$，求导得
$$y'=6x^2+6x-12, \quad y''=12x+6.$$

令 $y''=0$，得 $x=-\dfrac{1}{2}$.

当 $x<-\dfrac{1}{2}$ 时，$y''<0$；当 $x>-\dfrac{1}{2}$ 时，$y''>0$，因而当 $x<-\dfrac{1}{2}$ 时，曲线是凸的；当 $x>-\dfrac{1}{2}$ 时，曲线是凹的.

当 $x=-\dfrac{1}{2}$ 时，$y=\dfrac{41}{2}$，因而点 $\left(-\dfrac{1}{2},\dfrac{41}{2}\right)$ 是拐点.

列表讨论：

x	$\left(-\infty,-\dfrac{1}{2}\right)$	$-\dfrac{1}{2}$	$\left(-\dfrac{1}{2},+\infty\right)$
y''	−	0	+
$y=f(x)$ 的图形	凸	$\left(-\dfrac{1}{2},\dfrac{41}{2}\right)$ 拐点	凹

(2) 函数的定义域为 $(-\infty,+\infty)$，求导得
$$y'=4x^3-6x^2, \quad y''=12x^2-12x=12x(x-1).$$

令 $y''=0$，得 $x_1=0$，$x_2=1$.

当 $x<0$ 时，$y''>0$；当 $0<x<1$ 时，$y''<0$；当 $x>1$ 时，$y''>0$，因而当 $x<0$ 或 $x>1$ 时，曲线是凹的；当 $0<x<1$ 时，曲线是凸的.

当 $x=0$ 时，$y=1$；当 $x=1$ 时，$y=0$，因而点 $(0,1)$ 及 $(1,0)$ 是拐点.

列表讨论：

x	$(-\infty,0)$	0	$(0,1)$	1	$(1,+\infty)$
y''	+	0	−	0	+
$y=f(x)$ 的图形	凹	$(0,1)$ 拐点	凸	$(1,0)$ 拐点	凹

(3) 函数的定义域为 $(-\infty, 1) \cup (1, +\infty)$，求导得
$$y' = \frac{(x-3)(x+1)}{4(x-1)^2}, \quad y'' = \frac{2}{(x-1)^3}.$$

当 $x<1$ 时，$y''<0$；当 $x>1$ 时，$y''>0$，所以当 $x<1$ 时，曲线是凸的；当 $x>1$ 时，曲线是凹的．曲线没有拐点．

列表讨论：

x	$(-\infty, 1)$	$(1, +\infty)$
y''	$-$	$+$
$y=f(x)$ 的图形	凸	凹

(4) 函数的定义域为 $(-\infty, +\infty)$，求导得
$$y' = 3x^2 - 3, \quad y'' = 6x.$$

令 $y''=0$，得 $x=0$．

当 $x<0$ 时，$y''<0$；当 $x>0$ 时，$y''>0$，因而当 $x<0$ 时，曲线是凸的；当 $x>0$ 时，曲线是凹的．

当 $x=0$ 时，$y=2$，因而点 $(0, 2)$ 是拐点．

列表讨论：

x	$(-\infty, 0)$	0	$(0, +\infty)$
y''	$-$	0	$+$
$y=f(x)$ 的图形	凸	$(0, 2)$ 拐点	凹

(5) 函数的定义域为 $(-\infty, +\infty)$，求导得
$$y' = \frac{4(x^2+1) - 4x \cdot 2x}{(x^2+1)^2} = \frac{4(1-x^2)}{(x^2+1)^2},$$
$$y'' = 4 \cdot \frac{-2x(x^2+1)^2 - (1-x^2) \cdot 2(x^2+1) \cdot 2x}{(x^2+1)^4} = \frac{8x(x^2-3)}{(x^2+1)^3}.$$

令 $y''=0$ 得，$x_1=0$, $x_2=\sqrt{3}$, $x_3=-\sqrt{3}$．

当 $x<-\sqrt{3}$ 时，$y''<0$；当 $-\sqrt{3}<x<0$ 时，$y''>0$；当 $0<x<\sqrt{3}$ 时，$y''<0$；当 $x>\sqrt{3}$ 时，$y''>0$，因而当 $x<-\sqrt{3}$ 及 $0<x<\sqrt{3}$ 时，曲线是凸的；当 $-\sqrt{3}<x<0$ 及 $x>\sqrt{3}$ 时，曲线是凹的．

当 $x=0$ 时，$y=0$；当 $x=-\sqrt{3}$ 时，$y=-\sqrt{3}$；当 $x=\sqrt{3}$ 时，$y=\sqrt{3}$，因而点 $(0, 0)$，$(-\sqrt{3}, -\sqrt{3})$，$(\sqrt{3}, \sqrt{3})$ 都是拐点．

列表讨论：

x	$(-\infty, -\sqrt{3})$	$-\sqrt{3}$	$(-\sqrt{3}, 0)$	0	$(0, \sqrt{3})$	$\sqrt{3}$	$(\sqrt{3}, +\infty)$
y''	$-$	0	$+$	0	$-$	0	$+$
$y=f(x)$ 的图形	凸	$(-\sqrt{3}, -\sqrt{3})$ 拐点	凹	$(0, 0)$ 拐点	凸	$(\sqrt{3}, \sqrt{3})$ 拐点	凹

(B)

1. 曲线 $y=(x-5)x^{\frac{2}{3}}$ 的拐点坐标为_____.

解 函数的定义域为 $(-\infty, +\infty)$,

$$y=x^{\frac{5}{3}}-5x^{\frac{2}{3}},\quad y'=\frac{5}{3}x^{\frac{2}{3}}-\frac{10}{3}x^{-\frac{1}{3}},\quad y''=\frac{10}{9}x^{-\frac{1}{3}}+\frac{10}{9}x^{-\frac{4}{3}}=\frac{10}{9}\frac{x+1}{\sqrt[3]{x^4}}.$$

令 $y''=0$，得 $x=-1$，当 $x=0$ 时，y'' 不存在，
列表讨论：

x	$(-\infty, -1)$	-1	$(-1, 0)$	0	$(0, +\infty)$
y''	$-$	0	$+$	不存在	$+$
$y=f(x)$ 的图形	凸	$(-1, -6)$ 拐点	凹	不是拐点	凹

所以拐点坐标为 $(-1, -6)$.

2. 曲线 $y=x^2+2\ln x$ 在其拐点处的切线方程为_____.

解 函数的定义域为 $x\in(0, +\infty)$,

$$y'=2x+\frac{2}{x},\quad y''=2-\frac{2}{x^2}.$$

令 $y''=0$，得 $x=1$，$x=-1$（舍去）.
列表讨论：

x	$(0, 1)$	1	$(1, +\infty)$
y''	$-$	0	$+$
$y=f(x)$ 的图形	凸	$(1, 1)$ 拐点	凹

所以拐点为 $(1, 1)$，拐点处的斜率为 $y'|_{x=1}=2+2=4$，所以拐点处的切线方程为

$$y-1=4(x-1),\quad 即\ y=4x-3.$$

3. 设函数 $y=y(x)$ 由参数方程 $\begin{cases}x=t^2+2t-1,\\ y=t^2-2t+1\end{cases}$ 确定，则函数 $y=y(x)$ 向上凸的 t 的取值范围为_____.

解 $\dfrac{\mathrm{d}y}{\mathrm{d}x}=\dfrac{\mathrm{d}y/\mathrm{d}t}{\mathrm{d}x/\mathrm{d}t}=\dfrac{2t-2}{2t+2}=\dfrac{t-1}{t+1}$,

$$\frac{\mathrm{d}^2y}{\mathrm{d}x^2}=\frac{\mathrm{d}\left(\frac{\mathrm{d}y}{\mathrm{d}x}\right)}{\mathrm{d}x}=\frac{\mathrm{d}\left(\frac{\mathrm{d}y}{\mathrm{d}x}\right)/\mathrm{d}t}{\mathrm{d}x/\mathrm{d}t}=\frac{\left(\frac{t-1}{t+1}\right)'}{(t^2+2t-1)'}=\frac{1}{(t+1)^3},$$

由题设知 $\dfrac{\mathrm{d}^2y}{\mathrm{d}x^2}=\dfrac{1}{(t+1)^3}<0$，则 $t<-1$.

4. 设函数 $y=y(x)$ 由参数方程 $\begin{cases}x=\dfrac{1}{3}t^3+t+\dfrac{1}{3},\\ y=\dfrac{1}{3}t^3-t+\dfrac{1}{3}\end{cases}$ 确定，求函数 $y=y(x)$ 的凹凸区间及

拐点.

解 $\dfrac{dy}{dx}=\dfrac{dy/dt}{dx/dt}=\dfrac{t^2-1}{t^2+1}$,

$$\dfrac{d^2y}{dx^2}=\dfrac{d\left(\dfrac{dy}{dx}\right)}{dx}=\dfrac{d\left(\dfrac{dy}{dx}\right)/dt}{dx/dt}=\dfrac{\left(\dfrac{t^2-1}{t^2+1}\right)'}{\left(\dfrac{1}{3}t^3+t+\dfrac{1}{3}\right)'}=\dfrac{4t}{(t^2+1)^3}.$$

令 $\dfrac{d^2y}{dx^2}=\dfrac{4t}{(t^2+1)^3}=0$，得 $t=0$.

列表讨论：

t	$(-\infty, 0)$	0	$(0, +\infty)$
x	$\left(-\infty, \dfrac{1}{3}\right)$	$\dfrac{1}{3}$	$\left(\dfrac{1}{3}, +\infty\right)$
y''	$-$	0	$+$
$y=f(x)$的图形	凸	$\left(\dfrac{1}{3}, \dfrac{1}{3}\right)$ 拐点	凹

则函数 $y=y(x)$ 的凸区间为 $\left(-\infty, \dfrac{1}{3}\right)$，凹区间为 $\left(\dfrac{1}{3}, +\infty\right)$，点 $\left(\dfrac{1}{3}, \dfrac{1}{3}\right)$ 为函数的拐点.

习 题 3-8

（A）

作下列函数的图形.

(1) $y=x^3-x^2-x+1$.

解 ①函数的定义域为 $(-\infty, +\infty)$，而
$$y'=3x^2-2x-1=(3x+1)(x-1),$$
$$y''=6x-2=2(3x-1).$$

②令 $y'=0$，得驻点为 $x_1=-\dfrac{1}{3}$，$x_2=1$；令 $y''=0$，得 $x_3=\dfrac{1}{3}$.

③列表讨论如下：

x	$\left(-\infty, -\dfrac{1}{3}\right)$	$-\dfrac{1}{3}$	$\left(-\dfrac{1}{3}, \dfrac{1}{3}\right)$	$\dfrac{1}{3}$	$\left(\dfrac{1}{3}, 1\right)$	1	$(1, +\infty)$
y'	$+$	0	$-$	$-$	$-$	0	$+$
y''	$-$	$-$	$-$	0	$+$	$+$	$+$
函数图形	↗	极大值	↘	拐点	↘	极小值	↗

④当 $x\to+\infty$ 时，$y\to+\infty$；当 $x\to-\infty$ 时，$y\to-\infty$.

⑤求出 $x=-\frac{1}{3}$,$\frac{1}{3}$,1 处的函数值:

$$y|_{x=-\frac{1}{3}}=\frac{32}{27},\ y|_{x=\frac{1}{3}}=\frac{16}{27},\ y|_{x=1}=0,$$

得到函数的图形上的三个点:

$$\left(-\frac{1}{3},\frac{32}{27}\right),\ \left(\frac{1}{3},\frac{16}{27}\right),\ (1,0).$$

适当补充一些点,如当 $x=-1,0,\frac{3}{2}$ 时,相应的 y 依次为 $0,1,\frac{5}{8}$,就可以补充描出点 $(-1,0)$,$(0,1)$,$\left(\frac{3}{2},\frac{5}{8}\right)$.

综合以上得到的结果,就可画出 $y=x^3-x^2-x+1$ 的图形(图 3-7).

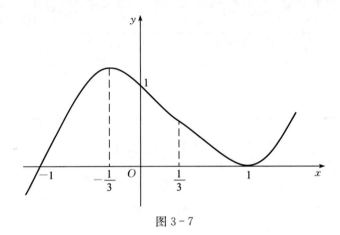

图 3-7

(2) $y^2=x(x-1)^2$.

解 ①函数的定义域为 $[0,+\infty)$,其图形关于 x 轴对称,只需画出 $y\geqslant 0$ 的图形,$y<0$ 的部分利用对称性即可得出,当 $y\geqslant 0$ 时,$y=\sqrt{x(x-1)^2}$.

$$y'=\frac{(3x-1)(x-1)}{2\sqrt{x(x-1)^2}},\ y''=\frac{(3x+1)(x-1)}{4x\sqrt{x(x-1)^2}}.$$

②令 $y'=0$,得驻点为 $x=\frac{1}{3}$;当 $x=0$ 及 1 时,y' 不存在;

令 $y''=0$,得 $x=-\frac{1}{3}$(舍去);当 $x=0$ 及 1 时,y'' 不存在.

③列表讨论如下:

x	0	$\left(0,\frac{1}{3}\right)$	$\frac{1}{3}$	$\left(\frac{1}{3},1\right)$	1	$(1,+\infty)$
y'	不存在	+	0	−	不存在	+
y''	不存在	−	−	−	不存在	+
函数图形		↗	极大值	↘	拐点	↗

④当 $x \to +\infty$ 时，$y \to +\infty$.

⑤求出点 $x=0, \frac{1}{3}, 1$ 处的函数值：

$$y|_{x=0}=0, \quad y|_{x=\frac{1}{3}}=\frac{2\sqrt{3}}{9}, \quad y|_{x=1}=0,$$

得到函数图形上的三个点：

$$(0, 0), \quad \left(\frac{1}{3}, \frac{2\sqrt{3}}{9}\right), \quad (1, 0),$$

补充点
$$\left(\frac{2}{3}, \frac{\sqrt{6}}{9}\right), \quad \left(\frac{4}{3}, \frac{2\sqrt{3}}{9}\right).$$

综合以上得到的结果，就可画出 $y^2=x(x-1)^2$ 的图形(图 3-8).

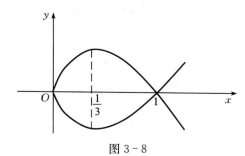

图 3-8

(3) $y=\frac{1}{x}+\frac{1}{x-1}$.

解 ①函数的定义域为 $\{x | x \in \mathbf{R} \text{ 且 } x \neq 0, 1\}$，当 $x \neq 0, 1$ 时，

$$y'=-x^{-2}-(x-1)^{-2}=-\frac{(2x-1)^2+1}{2x^2(x-1)^2},$$

$$y''=2x^{-3}+2(x-1)^{-3}=\frac{2(2x-1)\left[\left(x-\frac{1}{2}\right)^2+\frac{3}{4}\right]}{x^3(x-1)^3}.$$

②令 $y''=0$，得 $x=\frac{1}{2}$.

③列表讨论如下：

x	$(-\infty, 0)$	0	$\left(0, \frac{1}{2}\right)$	$\frac{1}{2}$	$\left(\frac{1}{2}, 1\right)$	1	$(1, +\infty)$
y'	−		−		−		−
y''	−		+	0	−		+
函数图形	↘		↘	拐点	↘		↘

④因为 $\lim\limits_{x \to 0} y = \infty$，$\lim\limits_{x \to 1} y = \infty$，$\lim\limits_{x \to \infty} y = 0$，所以 $x=0$ 及 $x=1$ 为曲线的垂直渐近线；$y=0$

为曲线的水平渐近线.

⑤求出 $x=\frac{1}{2}$ 处的函数值：$y|_{x=\frac{1}{2}}=0$，得到曲线上的点 $\left(\frac{1}{2}, 0\right)$.

补充一些点：
$$\left(-1, -\frac{3}{2}\right), \left(-\frac{2}{3}, -\frac{21}{10}\right), \left(\frac{1}{3}, \frac{3}{2}\right), \left(\frac{2}{3}, -\frac{3}{2}\right), \left(2, \frac{3}{2}\right).$$

综合以上结果，就可以画出 $y=\frac{1}{x}+\frac{1}{x-1}$ 的图形(图 3-9).

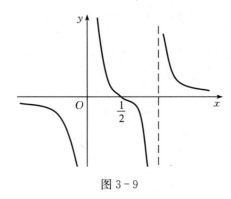

图 3-9

(4) $y=1+\dfrac{36x}{(x+3)^2}$.

解 ①函数的定义域为 $(-\infty, -3) \cup (-3, +\infty)$，当 $x \neq -3$ 时，
$$y'=\frac{36(3-x)}{(x+3)^3}, \quad y''=\frac{72(x-6)}{(x+3)^4}.$$

②令 $y'=0$，得驻点为 $x=3$；令 $y''=0$，得 $x=6$. 导数不存在的点为 $x=-3$（舍去）.

③列表讨论如下：

x	$(-\infty, -3)$	-3	$(-3, 3)$	3	$(3, 6)$	6	$(6, +\infty)$
y'	$-$		$+$	0	$-$		$-$
y''	$-$		$-$		$-$	0	$+$
函数图形	↘		↗	极大值	↘	拐点	↘

④因为 $\lim\limits_{x \to \infty} y=1$，$\lim\limits_{x \to -3} y=-\infty$，所以图形有一条水平渐近线 $y=1$ 和一条垂直渐近线 $x=-3$.

⑤求出 $x=3, 6$ 处的函数值：$y|_{x=3}=4$，$y|_{x=6}=\dfrac{11}{3}$，得到图形上的两个点：$(3, 4)$，$\left(6, \dfrac{11}{3}\right)$.

补充几个点：$(0, 1)$，$(-1, -8)$，$(-9, -8)$，$\left(-15, -\dfrac{11}{4}\right)$.

综合以上结果，就可以画出 $y=1+\dfrac{36x}{(x+3)^2}$ 的图形(图 3 - 10).

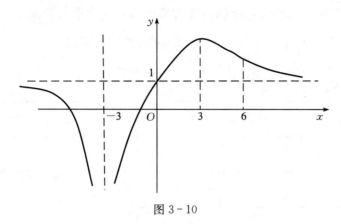

图 3 - 10

(5) $y=xe^x$ (注 $\lim\limits_{x\to-\infty} xe^x=0$).

解 ① 函数的定义域为 $(-\infty,+\infty)$，求导得
$$y'=(x+1)e^x,\quad y''=(x+2)e^x.$$
② 令 $y'=0$，得驻点为 $x=-1$；令 $y''=0$，得 $x=-2$.
③ 列表讨论如下：

x	$(-\infty,-2)$	-2	$(-2,-1)$	-1	$(-1,+\infty)$
y'	−	−	−	0	+
y''	−	0	+	+	+
函数图形	⤵	拐点	⤵	极小值	⤴

④ 当 $x\to+\infty$ 时，$y\to+\infty$；因为 $\lim\limits_{x\to-\infty} y=0$，所以 $y=0$ 为曲线的水平渐近线.
⑤ 求出 $x=-2,-1$ 处的函数值：
$$y|_{x=-2}=-2e^{-2}\approx -0.27,\ y|_{x=-1}=-e^{-1}\approx -0.37,$$
得到图形上的两个点：
$$(-2,-0.27),\ (-1,-0.37).$$
又因为 $y|_{x=0}=0$，$y|_{x=1}=e^1\approx 2.72$，
因而又得到图形上的两个点：$(0,0)$，$(1,2.72)$.
综合以上结果，就可以画出 $y=xe^x$ 的图形(图 3 - 11).

(6) $y=\dfrac{x}{1+x^2}$.

解 ① 函数的定义域为 $(-\infty,+\infty)$，求导得

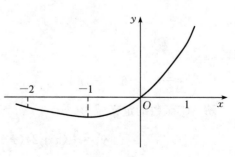

图 3 - 11

$$y' = \frac{1-x^2}{(1+x^2)^2}, \quad y'' = \frac{2x(x^2-3)}{(1+x^2)^3}.$$

②因为 $\frac{(-x)}{1+(-x)^2} = -\frac{x}{1+x^2}$，所以函数为奇函数，其图形关于原点成中心对称，因而只要作出 $x \geq 0$ 的图形就行了，$x < 0$ 的部分利用对称性即可得出.

③令 $y'=0$，得驻点为 $x=-1, 1$；令 $y''=0$，得 $x=0, -\sqrt{3}, \sqrt{3}$.

④列表讨论如下：

x	0	(0, 1)	1	(1, $\sqrt{3}$)	$\sqrt{3}$	($\sqrt{3}$, $+\infty$)
y'	+	+	0	−	−	−
y''	0	−	−	−	0	+
函数图形	拐点	↗	极大值	↘	拐点	↘

⑤由 $\lim\limits_{x \to \infty} y = 0$ 知，$y=0$ 为曲线的一条水平渐近线，求出 $x=0, 1, \sqrt{3}$ 处的函数值

$$y|_{x=0} = 0, \quad y|_{x=1} = \frac{1}{2}, \quad y|_{x=\sqrt{3}} = \frac{\sqrt{3}}{4},$$

得到图形上的三个点：

$$(0, 0), \left(1, \frac{1}{2}\right), \left(\sqrt{3}, \frac{\sqrt{3}}{4}\right).$$

综合以上结果，就可以画出 $y = \frac{x}{1+x^2}$ 的图形(图 3-12).

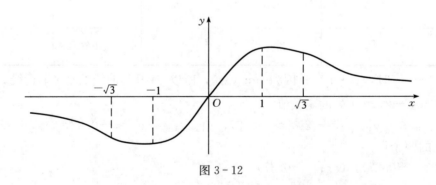

图 3-12

(7) $y = \frac{1}{5}(x^4 - 6x^2 + 8x + 7)$.

解 ①函数的定义域为 $(-\infty, +\infty)$，求导得

$$y' = \frac{4}{5}(x+2)(x-1)^2, \quad y'' = \frac{12}{5}(x+1)(x-1).$$

②令 $y'=0$，得驻点为 $x=-2, 1$；令 $y''=0$，得 $x=-1, 1$.

③列表讨论如下：

x	$(-\infty, -2)$	-2	$(-2, -1)$	-1	$(-1, 1)$	1	$(1, +\infty)$
y'	$-$	0	$+$	$+$	$+$	0	$+$
y''	$+$	$+$	$+$	0	$-$	0	$+$
函数图形	↘	极小值	↗	拐点	↗	拐点	↗

④当 $x \to +\infty$ 时，$y \to +\infty$.

⑤求出 $x=-2, -1, 1$ 处的函数值

$$y|_{x=-2}=-\frac{17}{5}, \quad y|_{x=1}=2, \quad y|_{x=-1}=-\frac{6}{5},$$

得到图形上的三个点：

$$\left(-2, -\frac{17}{5}\right), \quad (1, 2), \quad \left(-1, -\frac{6}{5}\right).$$

补充三个点：$(-3, 2)$, $\left(0, \frac{7}{5}\right)$, $(2, 3)$.

综合以上结果，就可以画出 $y=\frac{1}{5}(x^4-6x^2+8x+7)$ 的图形(图 3-13).

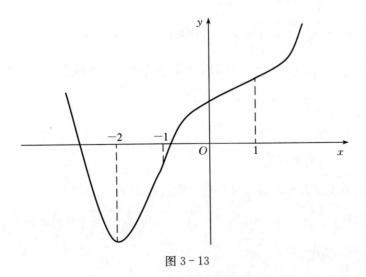

图 3-13

(8) $y=\ln(x^2+1)$.

解 ①函数的定义域为 $(-\infty, +\infty)$，求导得

$$y'=\frac{2x}{x^2+1}, \quad y''=\frac{2(1-x)(1+x)}{(x^2+1)^2}.$$

②因为 $\ln[(-x)^2+1]=\ln(x^2+1)$，所以函数为偶函数，其图形关于 y 轴对称，因而我们只需要作出 $x \geq 0$ 的图形就行了，$x<0$ 的部分利用对称性即可得出.

③令 $y'=0$，得驻点为 $x=0$；令 $y''=0$，得 $x=-1, 1$.

④列表讨论如下：

x	0	(0, 1)	1	(1, +∞)
y'	0	+	+	+
y''	+	+	0	−
函数图形	极小值	↗	拐点	↗

⑤当 $x \to \infty$ 时，$y \to +\infty$；

当 $x=0$ 和 1 时，相应地 $y=0$ 和 $\ln 2$ ($\ln 2 \approx 0.69$)，得到图形上的两个点 $(0, 0)$，$(1, 0.69)$；

当 $x=\dfrac{1}{2}$ 时，$y = \ln \dfrac{5}{4} \approx 0.22$；当 $x=\dfrac{3}{2}$ 时，$y = \ln \dfrac{13}{4} \approx 1.18$，得到图形上的两个点 $\left(\dfrac{1}{2}, 0.22\right)$，$\left(\dfrac{3}{2}, 1.18\right)$.

综合以上结果，就可以画出 $y = \ln(x^2+1)$ 的图形 (图 3-14).

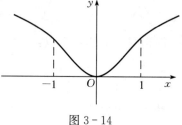

图 3-14

(B)

1. 求曲线 $y = \dfrac{x^2+x}{x^2-1}$ 的渐近线.

解 $\lim\limits_{x \to \infty} y = \lim\limits_{x \to \infty} \dfrac{x^2+x}{x^2-1} = 1$，所以 $y=1$ 是曲线的一条水平渐近线.

$\lim\limits_{x \to 1} y = \lim\limits_{x \to 1} \dfrac{x^2+x}{x^2-1} = \lim\limits_{x \to 1} \dfrac{x}{x-1} = \infty$，所以 $x=1$ 是曲线的一条垂直渐近线.

$\lim\limits_{x \to -1} y = \lim\limits_{x \to -1} \dfrac{x^2+x}{x^2-1} = \lim\limits_{x \to -1} \dfrac{x}{x-1} = \dfrac{1}{2}$，所以 $x=-1$ 不是曲线的渐近线.

该曲线没有斜渐近线.

2. 求曲线 $y = \dfrac{2x^3}{x^2+1}$ 的渐近线.

解 显然，该曲线没有水平渐近线和垂直渐近线. 又

$a = \lim\limits_{x \to \infty} \dfrac{y}{x} = \lim\limits_{x \to \infty} \dfrac{2x^3}{x^3+x} = 2$, $b = \lim\limits_{x \to \infty}(y-ax) = \lim\limits_{x \to \infty}\left(\dfrac{2x^3}{x^2+1} - 2x\right) = \lim\limits_{x \to \infty} \dfrac{-2x}{x^2+1} = 0$,

所以 $y=2x$ 是曲线的一条斜渐近线.

3. 求曲线 $y = \dfrac{1}{x} + \ln(1+e^x)$ 的渐近线.

解 $\lim\limits_{x \to 0} y = \lim\limits_{x \to 0}\left[\dfrac{1}{x} + \ln(1+e^x)\right] = \infty$，所以 $x=0$ 是曲线的一条垂直渐近线.

$\lim\limits_{x \to -\infty} y = \lim\limits_{x \to -\infty}\left[\dfrac{1}{x} + \ln(1+e^x)\right] = 0$，而 $\lim\limits_{x \to +\infty} y = \lim\limits_{x \to +\infty}\left[\dfrac{1}{x} + \ln(1+e^x)\right] = +\infty$，所以 $y=0$ 是曲线的一条水平渐近线.

由于左侧已有水平渐近线，则斜渐近线只可能出现在右侧，又

$a = \lim\limits_{x \to +\infty} \dfrac{y}{x} = \lim\limits_{x \to +\infty} \dfrac{\dfrac{1}{x}+\ln(1+e^x)}{x} = \lim\limits_{x \to +\infty} \dfrac{1}{x^2} + \lim\limits_{x \to +\infty} \dfrac{\ln(1+e^x)}{x}$

$$= \lim_{x \to +\infty} \frac{1}{x^2} + \lim_{x \to +\infty} \frac{e^x}{1+e^x} = 1,$$

$$b = \lim_{x \to +\infty}(y-ax) = \lim_{x \to +\infty}\left[\frac{1}{x} + \ln(1+e^x) - x\right]$$

$$= \lim_{x \to +\infty}\left[\frac{1}{x} + \ln(1+e^x) - \ln e^x\right] = \lim_{x \to +\infty}\left(\frac{1}{x} + \ln\frac{1+e^x}{e^x}\right)$$

$$= \lim_{x \to +\infty}\frac{1}{x} + \lim_{x \to +\infty}\ln\left(1+\frac{1}{e^x}\right) = 0,$$

所以 $y=x$ 是曲线的一条斜渐近线.

习 题 3-9

1. 设某产品的价格 P(单位：元)是产量 Q(单位：件)的函数 $P=P(Q)=10-0.001Q$, 总成本函数 $C=C(Q)=100+7Q+0.002Q^2$，试求：

(1) 当产品 Q 为多少件时，可获得最大利润？最大利润是多少？

(2) 获得最大利润时，销售价格 P 是多少元？

解 (1) 设产品的利润函数为 $L(Q)$，则
$$L(Q)=Q \cdot P(Q)-C(Q)=-0.003Q^2+3Q-100,$$
从而
$$L'(Q)=-0.006Q+3,\ L''(Q)=-0.006.$$

设 $L'(Q)=0$，得 $Q=500$. 故当 $Q=500$ 件时，可获得最大利润，最大利润为
$$L(Q)=-0.003 \times 500^2+3 \times 500-100=650(\text{元}).$$

(2) 当获得最大利润时，销售价格
$$P=10-0.001 \times 500=9.5(\text{元}).$$

2. 某商店以每件 10 元的进价购进一批商品，已知此种商品的需求函数(每天的需求量)为 $Q=40-2P$，其中 P 为销售价格，试求：

(1) 当每件商品销售价格 P 为多少元时，才能获得最大利润？最大利润是多少？

(2) 获得最大利润时，每天销售商品多少件？

解 (1) 设产品的利润函数为 $L(P)$，则
$$L(P)=(P-10)(40-2P)=-2P^2+60P-400,$$
从而
$$L'(P)=-4P+60,\ L''(P)=-4.$$

设 $L'(P)=0$，得
$$P=15(\text{元}),$$
故当 $P=15$ 元时，可获得最大利润，最大利润为
$$L(P)=(P-10)(40-2P)=5 \times 10=50(\text{元}).$$

(2) 当获得最大利润时，每天销售商品
$$Q=40-2P=10(\text{件}).$$

3. 某种商品的需求量 Q 是价格 P 的函数 $Q=\frac{1}{5}(28-P)$，总成本函数 $C=Q^2+4Q$，试求：

(1) 生产多少单位产品时，总利润最大？最大利润是多少？

(2) 获得最大利润时，单位商品的价格是多少？

解 (1)设总利润函数为 $L(Q)$，则
$$L(Q)=Q \cdot P(Q)-C(Q)=(28-5Q)Q-Q^2-4Q$$
$$=-6Q^2+24Q,$$
从而
$$L'(Q)=-12Q+24, \quad L''(Q)=-12.$$
设 $L'(Q)=0$，得 $Q=2$.

故当 $Q=2$ 时，可获得最大利润，最大利润为
$$L(Q)=-6Q^2+24Q=24.$$

(2)当获得最大利润时，单位商品的价格为
$$P=28-5Q=18.$$

4. 某产品生产 Q 个单位的总成本函数为
$$C=C(Q)=1170+Q^2/1000.$$
(1)求生产 900 个单位产品时的平均成本；
(2)求生产 900 个单位产品时的边际成本.

解 (1) $C(900)=1170+900^2/1000=1980$，即生产 900 个单位产品的总成本为 1980.
平均成本函数 $\bar{C}(Q)=\dfrac{C(Q)}{Q}$，故
$$\bar{C}(900)=\frac{1980}{900}=2.2,$$
即生产 900 个单位产品的平均成本为 2.2.

(2)因为边际成本函数 $C'(Q)=\dfrac{Q}{500}$，所以
$$C'(Q)=\frac{900}{500}=1.8.$$

5. 某产品生产 Q 个单位的总收益函数为
$$R=R(Q)=200Q-0.01Q^2.$$
(1)求生产 50 个单位产品时的总收益、平均收益；
(2)求生产 50 个单位产品时的边际收益.

解 (1)总收益函数
$$R(Q)=QP(Q)=200Q-0.01Q^2,$$
故生产 50 个单位产品时的总收益为
$$R(50)=QP(Q)=200\times 50-0.01\times 50^2=9975.$$
平均收益函数为
$$\bar{R}(Q)=P(Q)=200-0.01Q,$$
故生产 50 个单位产品时的平均收益为
$$\bar{R}(Q)=P(Q)=200-0.5=199.5.$$

(2)边际收益函数
$$R'(Q)=200-0.02Q,$$
故生产 50 个单位产品时的边际收益为
$$R'(50)=200-0.02\times 50=199.$$

6. 设某种产品的需求量 Q 与价格 P 的函数关系为

$$Q = 16000\left(\frac{1}{4}\right)^P.$$

(1)求需求量 Q 对价格 P 的弹性;

(2)求价格 $P=2$ 的需求弹性.

解 (1) $\eta(P) = P\dfrac{Q'}{Q} = \dfrac{P\left[16000\left(\frac{1}{4}\right)^P\right]'}{16000\left(\frac{1}{4}\right)^P} = -P\ln 4.$

(2)当价格 $P=2$ 时,需求弹性 $\eta(2) = -2\ln 4.$

7. 设某种产品的需求量 Q(单位:件)与价格 P(单位:元)的函数关系为

$$Q = \frac{1-P}{P}.$$

(1)求需求量 Q 对价格 P 的弹性;

(2)求价格 $P=\dfrac{1}{2}$ 的需求弹性.

解 (1) $\eta(P) = P\dfrac{Q'}{Q} = P\dfrac{\left(\frac{1-P}{P}\right)'}{\frac{1-P}{P}} = \dfrac{1}{P-1}.$

(2)当价格 $P=\dfrac{1}{2}$ 时,需求弹性 $\eta\left(\dfrac{1}{2}\right) = \dfrac{1}{\frac{1}{2}-1} = -2.$

自测题三

一、填空题

1. 当 $x \to 0$ 时,$x - \sin x \sim ax^b$,则常数 $a =$ _____,$b =$ _____.

解 因为 $x - \sin x \sim ax^b$,故

$$\lim_{x \to 0}\frac{x-\sin x}{ax^b} = \lim_{x \to 0}\frac{1-\cos x}{abx^{b-1}} = \lim_{x \to 0}\frac{\frac{1}{2}x^2}{abx^{b-1}} = \frac{1}{2ab}\lim_{x \to 0}x^{3-b} = 1,$$

从而 $a = \dfrac{1}{6}$,$b = 3$.

2. 函数 $f(x) = e^{-x}\sin x$ 在 $[0, 2\pi]$ 上满足罗尔定理,当 $\xi =$ _____ 时,$f'(\xi) = 0.$

解 因为 $f'(x) = -e^{-x}\sin x + e^{-x}\cos x$,且 $f(x) = e^{-x}\sin x$ 在 $[0, 2\pi]$ 上满足罗尔定理,故至少存在一点 ξ 使

$$f'(\xi) = -e^{-\xi}\sin\xi + e^{-\xi}\cos\xi = 0,$$

解得 $\xi = \dfrac{\pi}{4}$ 或 $\dfrac{5\pi}{4}.$

3. 在 $[0, 1]$ 上 $f''(x) > 0$,则 $f'(0)$,$f'(1)$,$f(1) - f(0)$ 三者的大小关系为 _____.

解 因为在 $[0, 1]$ 上 $f''(x)$ 存在,故由拉格朗日中值定理可知,至少存在一点 $\xi \in (0, 1)$ 使

$$f(1) - f(0) = f'(\xi)(1-0) = f'(\xi),$$

而又由 $f''(x)>0$ 知，$f'(x)$ 单调递增，从而有
$$f'(1)>f(1)-f(0)>f'(0).$$

4. $F(x)=C(x^2+1)^2(C>0)$ 在点 $x=$ _____ 处取得极小值，其值为 _____ .

解 求导数得
$$F'(x)=4Cx(x^2+1),\quad F''(x)=4C(x^2+1)+8Cx^2,$$
设
$$F'(x)=4Cx(x^2+1)=0,$$
解得唯一驻点 $x=0$，而当 $x=0$ 时，$F''(x)>0$，从而函数 $F(x)=C(x^2+1)^2$ 在 $x=0$ 处取得极小值，其值为 C.

二、选择题

1. $f(x)$ 为 $(-\infty,+\infty)$ 上的偶函数，在 $(-\infty,0)$ 内 $f'(x)>0$ 且 $f''(x)<0$，则在 $(0,+\infty)$ 内（　　）.

(A) $f'(x)>0$ 且 $f''(x)<0$；　　　　(B) $f'(x)>0$ 且 $f''(x)>0$；
(C) $f'(x)<0$ 且 $f''(x)<0$；　　　　(D) $f'(x)<0$ 且 $f''(x)>0$.

解 选 C.

任取 $x\in(0,+\infty)$，则 $-x\in(-\infty,0)$，故
$$f'(x)=[f(-x)]'=-f'(-x).$$
又因为当 $-x\in(-\infty,0)$ 时 $f'(-x)>0$，故 $f'(x)<0$.
同理可知 $f''(x)<0$.

2. 设 $f(x)$ 在 $[0,1]$ 上可导，且 $0<f(x)<1$，$f'(x)\neq 1$，则在 $(0,1)$ 内存在（　　）个 ξ，使得 $f(\xi)=\xi$.

(A) 1；　　　　(B) 2；　　　　(C) 3；　　　　(D) 0.

解 选 A.

设 $F(x)=f(x)-x$，则由 $0<f(x)<1$ 知
$$F(0)=f(0)>0,\quad F(1)=f(1)-1<0.$$
又因为 $f'(x)\neq 1$，故
$$f'(x)>1（\text{或 } f'(x)<1),$$
于是 $F'(x)=f'(x)-1>0$（或 $F'(x)=f'(x)-1<0$），故 $F(x)=f(x)-x$ 在 $[0,1]$ 上单调递增（或单调递减），由根的存在定理可知，存在唯一的 ξ 使 $F(\xi)=0$，故选 A.

3. 设 $f''(x_0)$ 存在，则 $\lim\limits_{h\to 0}\dfrac{f(x_0+h)+f(x_0-h)-2f(x_0)}{h^2}=$（　　）.

(A) $f''(x_0)$；　　(B) $-f''(x_0)$；　　(C) $\dfrac{1}{2}f''(x_0)$；　　(D) $2f''(x_0)$.

解 选 A.

因为 $f''(x_0)$ 存在，所以存在 x_0 的某个邻域，使得 $f'(x)$ 连续，所以
$$\lim_{h\to 0}\frac{f(x_0+h)+f(x_0-h)-2f(x_0)}{h^2}\left(\frac{0}{0}\text{型}\right)$$
$$=\lim_{h\to 0}\frac{f'(x_0+h)-f'(x_0-h)}{2h}\text{（洛必达法则）}$$
$$=\lim_{h\to 0}\left[\frac{f'(x_0+h)-f'(x_0)}{2h}+\frac{f'(x_0-h)-f'(x_0)}{-2h}\right]$$

$$=\frac{1}{2}[f''(x_0)+f''(x_0)] \text{（导数的定义）}$$
$$=f''(x_0).$$

故选 A.

4. $f''(x_0)=0$ 是 $y=f(x)$ 的图形在 x_0 处有拐点的（   ）.

(A) 充分条件； (B) 必要条件；
(C) 充分必要条件； (D) 以上说法都不对．

解 选 D.

非必要条件，例如，$y=\sqrt[3]{x^5}$ 在 $x_0=0$ 处；非充分条件，例如，$y=x^4$ 在 $x_0=0$ 处．

5. $f(x)=x-\frac{3}{2}x^{\frac{2}{3}}$ 的极值点的个数是（   ）.

(A) 0 个； (B) 1 个； (C) 2 个； (D) 3 个．

解 选 C.

$x=0$ 为不可导点，而当 $x\neq 0$ 时，
$$f'(x)=1-x^{-\frac{1}{3}}.$$

设 $f'(x)=1-x^{-\frac{1}{3}}=0$，得 $x=1$，

当 $x<0$ 时，$f'(x)>0$；当 $0<x<1$ 时，$f'(x)<0$；当 $x>1$ 时，$f'(x)>0$.

综上可知，$x=0$ 为极大值点，$x=1$ 为极小值点，故选 C.

三、求下列极限

1. $\lim\limits_{x\to 0}\frac{1}{x}\left(\frac{1}{x}-\cot x\right)$；
2. $\lim\limits_{x\to +\infty}\frac{e^x-e^{-x}}{e^x+e^{-x}}$；
3. $\lim\limits_{x\to 0}\left(\frac{3^x+5^x}{2}\right)^{\frac{2}{x}}$.

解 1. $\lim\limits_{x\to 0}\frac{1}{x}\left(\frac{1}{x}-\cot x\right)=\lim\limits_{x\to 0}\frac{\sin x-x\cos x}{x^2\sin x}$

$$=\lim_{x\to 0}\frac{\sin x-x\cos x}{x^3}\left(\frac{0}{0}\text{型}\right)$$
$$=\lim_{x\to 0}\frac{\cos x-\cos x+x\sin x}{3x^2}$$
$$=\frac{1}{3}\lim_{x\to 0}\frac{x\sin x}{x^2}$$
$$=\frac{1}{3}.$$

2. $\lim\limits_{x\to +\infty}\frac{e^x-e^{-x}}{e^x+e^{-x}}=\lim\limits_{x\to +\infty}\frac{e^{2x}-1}{e^{2x}+1}\left(\frac{\infty}{\infty}\text{型}\right)=\lim\limits_{x\to +\infty}\frac{2e^{2x}}{2e^{2x}}=1.$

3. 因为

$$\lim_{x\to 0}\frac{2}{x}\ln\frac{3^x+5^x}{2}=2\lim_{x\to 0}\frac{\ln\frac{3^x+5^x}{2}}{x}\left(\frac{0}{0}\text{型}\right)$$
$$=2\lim_{x\to 0}\frac{1}{\frac{3^x+5^x}{2}}\cdot\frac{3^x\ln 3+5^x\ln 5}{2}=\ln 15,$$

故

$$\lim_{x\to 0}\left(\frac{3^x+5^x}{2}\right)^{\frac{2}{x}}=\lim_{x\to 0}e^{\frac{2}{x}\ln\frac{3^x+5^x}{2}}=e^{\lim\limits_{x\to 0}\frac{2}{x}\ln\frac{3^x+5^x}{2}}=e^{\ln 15}=15.$$

四、证明题

1. 当 $0<x<\dfrac{\pi}{2}$ 时,证明:$\sin x > x - \dfrac{x^3}{6}$.

证 设 $f(x)=\sin x - x + \dfrac{x^3}{6}$,则
$$f'(x)=\cos x-1+\dfrac{x^2}{2},$$

当 $0<x<\dfrac{\pi}{2}$ 时,$f'(x)>0$,所以 $f(x)$ 在 $\left(0,\dfrac{\pi}{2}\right)$ 上是单调增加的. 又因为 $f(0)=0$,所以当 $0<x<\dfrac{\pi}{2}$ 时,$f(x)>f(0)=0$,即
$$\sin x > x - \dfrac{x^3}{6}.$$

2. 设函数 $f(x)$ 在闭区间 $[a,b]$ 上连续,在开区间 (a,b) 内二次可导,且连接点 $(a,f(a))$ 和 $(b,f(b))$ 的直线段与曲线 $y=f(x)$ 相交于 $(c,f(c))$,其中 $a<c<b$,证明:开区间 (a,b) 内至少有一点 ξ,使 $f''(\xi)=0$.

证 因为 $f(x)$ 在区间 $[a,c]$ 上连续,在 (a,c) 内可导,由拉格朗日中值定理知,至少存在一点 $\xi_1\in(a,c)$,使
$$f'(\xi_1)=\dfrac{f(c)-f(a)}{c-a}. \tag{1}$$

同理,至少存在一点 $\xi_2\in(c,b)$,使
$$f'(\xi_2)=\dfrac{f(b)-f(c)}{b-c}. \tag{2}$$

又因为点 $(a,f(a))$,$(c,f(c))$,$(b,f(b))$ 在一条直线上,故由(1)、(2)知 $f'(\xi_1)=f'(\xi_2)$,从而由罗尔定理知,至少存在一点 $\xi\in(\xi_1,\xi_2)$,使 $f''(\xi)=0$. 即在开区间 (a,b) 内至少有一点 ξ,使 $f''(\xi)=0$.

五、写出多项式 $f(x)=1+3x+5x^2-2x^3$ 在 $x_0=-1$ 处的一阶、二阶和三阶泰勒公式.

解 因为
$$f(x)=1+3x+5x^2-2x^3,$$
$$f'(x)=3+10x-6x^2,$$
$$f''(x)=10-12x,$$
$$f'''(x)=-12,$$

所以 $f(-1)=5$,$f'(-1)=-13$,$f''(-1)=22$,$f'''(-1)=-12$,由泰勒公式得

一阶:$f(x)=5-13(x+1)+(5-6\xi)(x+1)^2$($\xi$ 在 -1 与 x 之间);

二阶:$f(x)=5-13(x+1)+11(x+1)^2-2(x+1)^3$($\xi$ 在 -1 与 x 之间);

三阶:$f(x)=5-13(x+1)+11(x+1)^2-2(x+1)^3$($\xi$ 在 -1 与 x 之间).

六、设 $f(x)=\dfrac{12x}{(1+x)^2}$,求此函数的单调区间、凹凸区间、极值、拐点及渐近线.

解 (1)函数的定义域为 $(-\infty,-1)\cup(-1,+\infty)$,当 $x\neq-1$ 时,
$$f'(x)=\dfrac{12(1-x)}{(x+1)^3},\quad f''(x)=\dfrac{24(x-2)}{(x+1)^4}.$$

(2)$f'(x)=0$ 的根为 $x=1$;$f''(x)=0$ 的根为 $x=2$;当 $x=-1$ 时函数无意义.

(3) 列表讨论如下：

x	$(-\infty, -1)$	-1	$(-1, 1)$	1	$(1, 2)$	2	$(2, +\infty)$
$f'(x)$	$-$		$+$	0	$-$	$-$	$-$
$f''(x)$	$-$		$-$	$-$	$-$	0	$+$
函数图形	↘		↗	极大值	↘	拐点	↘

(4) 因为 $\lim\limits_{x \to \infty} f(x) = 0$，$\lim\limits_{x \to -1} f(x) = -\infty$，所以图形有一条水平渐近线 $y = 0$ 和一条垂直渐近线 $x = -1$.

(5) 求出 $x = 1, 2$ 处的函数值 $y|_{x=1} = 3$，$y|_{x=2} = \dfrac{8}{3}$，得到图形上的两个点：$(1, 3)$，$\left(2, \dfrac{8}{3}\right)$. 故单调增区间为 $(-1, 1)$，单调减区间为 $(-\infty, -1)$，$(1, 2)$，$(2, +\infty)$. 凹区间为 $(2, +\infty)$，凸区间为 $(-\infty, -1)$，$(-1, 2)$，极大值 $y|_{x=1} = 3$，拐点 $\left(2, \dfrac{8}{3}\right)$.

水平渐近线 $y = 0$，垂直渐近线 $x = -1$.

不定积分

一、基本内容

1. 不定积分的概念与性质

(1) 原函数的定义：在某区间上，已知函数 $f(x)$，如果存在函数 $F(x)$，在此区间上使得

$$F'(x)=f(x) \text{ 或 } \mathrm{d}F(x)=f(x)\mathrm{d}x,$$

则称函数 $F(x)$ 为 $f(x)$ 在此区间上的原函数.

(2) 原函数存在定理：如果函数 $f(x)$ 在某区间上连续，则在该区间上 $f(x)$ 必有原函数.

(3) 不定积分的定义：函数 $f(x)$ 的全体原函数的集合称为函数 $f(x)$ 的不定积分，记作

$$\int f(x)\mathrm{d}x,$$

其中"$\int$"称为积分号，$f(x)$ 称为被积函数，$f(x)\mathrm{d}x$ 称为被积表达式，x 称为积分变量.

如果函数 $F(x)$ 是 $f(x)$ 的一个原函数，则

$$\int f(x)\mathrm{d}x = F(x)+C(C \text{ 为任意常数}).$$

(4) 求导或微分运算与不定积分运算的关系：

① $\left(\int f(x)\mathrm{d}x\right)' = f(x)$ 或 $\mathrm{d}\left(\int f(x)\mathrm{d}x\right) = f(x)\mathrm{d}x.$

② $\int F'(x)\mathrm{d}x = F(x)+C$ 或 $\int \mathrm{d}F(x) = F(x)+C.$

(5) 基本积分表：

① $\int 1 \cdot \mathrm{d}x = x+C;$

② $\int x^{\mu}\mathrm{d}x = \dfrac{x^{\mu+1}}{\mu+1}+C(\mu \neq -1);$

③ $\int \dfrac{1}{x}\mathrm{d}x = \ln|x|+C(x \neq 0);$

④ $\int a^x\mathrm{d}x = \dfrac{a^x}{\ln a}+C(a>0,\text{ 且 }a \neq 1);$

当 $a=\mathrm{e}$ 时，$\int \mathrm{e}^x\mathrm{d}x = \mathrm{e}^x+C.$

⑤ $\int \sin x\mathrm{d}x = -\cos x+C;$

⑥ $\int \cos x \, dx = \sin x + C$;

⑦ $\int \sec^2 x \, dx = \tan x + C$;

⑧ $\int \csc^2 x \, dx = -\cot x + C$;

⑨ $\int \sec x \cdot \tan x \, dx = \sec x + C$;

⑩ $\int \csc x \cdot \cot x \, dx = -\csc x + C$;

⑪ $\int \dfrac{dx}{\sqrt{1-x^2}} = \arcsin x + C$;

⑫ $\int \dfrac{dx}{1+x^2} = \arctan x + C$.

(6) 不定积分的基本性质：

① 被积函数中不为零的常数因子可以提到积分号外面，即
$$\int k f(x) dx = k \int f(x) dx;$$

② 两个函数和(或差)的不定积分等于各个函数的不定积分的和(或差)，即
$$\int [f(x) \pm g(x)] dx = \int f(x) dx \pm \int g(x) dx.$$

②可以推广到有限个函数的情形.

2. 积分法

(1) 第一类换元积分法：

定理 1 如果函数 $f(u)$ 具有原函数 $F(u)$，$u = \varphi(x)$ 有连续的导函数，则
$$\int f[\varphi(x)] \varphi'(x) dx = F[\varphi(x)] + C,$$

即
$$\int f[\varphi(x)] \varphi'(x) dx = \left[\int f(u) du \right]_{u=\varphi(x)}.$$

(2) 第二类换元积分法：

定理 2 设 $x = \psi(x)$ 是单调的、可导的函数，并且 $\psi'(x) \neq 0$，又设 $f[\psi(x)]\psi'(x)$ 具有原函数 $\Phi(t)$，则
$$\int f(x) dx = \Phi[\bar{\psi}(x)] + C,$$

即
$$\int f(x) dx = \left\{ \int f[\psi(t)] \psi'(t) dt \right\}_{t=\bar{\psi}(x)},$$

其中 $t = \bar{\psi}(x)$ 是 $x = \psi(t)$ 的反函数.

(3) 分部积分法：设函数 $u = u(x)$ 及 $v = v(x)$ 具有连续的导函数，则
$$\int u v' dx = uv - \int u' v \, dx,$$

或
$$\int u \, dv = uv - \int v \, du. \tag{1}$$

公式(1)叫作分部积分公式. 除了基本积分表中的积分公式外，下面几个积分通常也被

当作公式使用.

⑬ $\int \tan x \, dx = -\ln|\cos x| + C$;

⑭ $\int \cot x \, dx = \ln|\sin x| + C$;

⑮ $\int \sec x \, dx = \ln|\sec x + \tan x| + C$;

⑯ $\int \csc x \, dx = \ln|\csc x - \cot x| + C$;

⑰ $\int \dfrac{1}{a^2 + x^2} dx = \dfrac{1}{a} \arctan \dfrac{x}{a} + C$;

⑱ $\int \dfrac{1}{a^2 - x^2} dx = \dfrac{1}{2a} \ln \left| \dfrac{x+a}{x-a} \right| + C$;

⑲ $\int \dfrac{1}{x^2 - a^2} dx = \dfrac{1}{2a} \ln \left| \dfrac{x-a}{x+a} \right| + C$;

⑳ $\int \dfrac{1}{\sqrt{a^2 - x^2}} dx = \arcsin \dfrac{x}{a} + C \,(a > 0)$;

㉑ $\int \dfrac{1}{\sqrt{x^2 - a^2}} dx = \ln|x + \sqrt{x^2 - a^2}| + C$;

㉒ $\int \dfrac{1}{\sqrt{x^2 + a^2}} dx = \ln(x + \sqrt{x^2 + a^2}) + C$.

3. 几种特殊类型函数的积分

(1) 有理函数的积分：分式函数 $\dfrac{P_n(x)}{P_m(x)}$（其中 $P_n(x)$，$P_m(x)$ 分别为 n 次、m 次多项式）称为有理函数. 当 $n < m$ 时，称为真分式；当 $n \geqslant m$ 时，称为假分式. 利用多项式的除法，假分式可化为一个多项式与一个真分式之和的形式.

真分式可按下述方法化为若干个部分分式之和的形式.

① 将多项式 $P_m(x)$ 在实数范围内分解成一次因式和二次因式的乘积.

$$P_m(x) = b_0(x-a)^\alpha \cdots (x-b)^\beta (x^2+px+q)^\lambda \cdots (x^2+rx+s)^\mu,$$

其中 b_0 为 x^m 项的系数，$p^2 - 4q < 0$，…，$r^2 - 4s < 0$，$\alpha + \cdots + \beta + 2\lambda + \cdots + 2\mu = m$.

② 真分式 $\dfrac{P_n(x)}{P_m(x)}$ 可化为如下部分分式之和：

$$\dfrac{P_n(x)}{P_m(x)} = \left[\dfrac{A_1}{x-a} + \dfrac{A_2}{(x-a)^2} + \cdots + \dfrac{A_\alpha}{(x-a)^\alpha} \right] + \cdots +$$

$$\left[\dfrac{B_1}{x-b} + \dfrac{B_2}{(x-b)^2} + \cdots + \dfrac{B_\beta}{(x-b)^\beta} \right] + \cdots +$$

$$\left[\dfrac{M_1 x + N_1}{x^2 + px + q} + \dfrac{M_2 x + N_2}{(x^2 + px + q)^2} + \cdots + \dfrac{M_\lambda x + N_\lambda}{(x^2 + px + q)^\lambda} \right] + \cdots +$$

$$\left[\dfrac{E_1 x + F_1}{x^2 + rx + s} + \dfrac{E_2 x + F_2}{(x^2 + rx + s)^2} + \cdots + \dfrac{E_\mu x + F_\mu}{(x^2 + rx + s)^\mu} \right],$$

其中部分分式的个数为 $\alpha + \cdots + \beta + \lambda + \cdots + \mu$；$A_1$, A_2, …, A_α, B_1, B_2, …, B_β, M_1, N_1, M_2, N_2, …, M_λ, N_λ, E_1, F_1, E_2, F_2, …, E_μ, F_μ 为待定常数.

第四章 不定积分

由以上可知，有理函数的积分可化为多项式函数（有理函数为假分式）及形如 $\dfrac{A}{(x-a)^k}$ 与 $\dfrac{Mx+N}{(x^2+px+q)^i}$（$k$，$i$ 为正整数，$p^2-4q<0$）的积分.

(2) 三角函数有理式的积分：所谓三角函数有理式是指由三角函数和常数经过有限次四则运算而成的函数，可作代换 $t=\tan\dfrac{x}{2}$，这时，

$$\sin x = \dfrac{1}{\csc x} = \dfrac{2t}{1+t^2},\quad \cos x = \dfrac{1}{\sec x} = \dfrac{1-t^2}{1+t^2},$$

$$\tan x = \dfrac{1}{\cot x} = \dfrac{2t}{1-t^2},\quad dx = \dfrac{2}{1+t^2}dt,$$

于是所求积分可化为有理函数的积分.

(3) 简单无理函数的积分：有些简单无理函数的积分，通过作适当的代换，去掉根号，可化为有理函数的积分.

二、基本要求

1. 理解原函数与不定积分的概念与性质.
2. 熟练掌握不定积分基本公式、换元积分法和分部积分法.
3. 会求简单的有理函数、三角函数有理式及无理函数的积分.

三、习题解答

习 题 4-1

(A)

求下列不定积分.

(1) $\displaystyle\int x^{\frac{m}{n}}\,dx\,(m\neq -n)$； (2) $\displaystyle\int x\sqrt{x}\,dx$；

(3) $\displaystyle\int \left(\dfrac{1-x}{x}\right)^2 dx$； (4) $\displaystyle\int 3^x e^x\,dx$；

(5) $\displaystyle\int \dfrac{1+2x^2}{x^2(1+x^2)}\,dx$； (6) $\displaystyle\int \left(2e^x+\dfrac{3}{x}\right)dx$；

(7) $\displaystyle\int \dfrac{\sqrt{1+x^2}}{\sqrt{1-x^4}}\,dx$； (8) $\displaystyle\int e^x\left(1-\dfrac{e^{-x}}{\sqrt{x}}\right)dx$；

(9) $\displaystyle\int \dfrac{\cos 2x}{\cos x-\sin x}\,dx$； (10) $\displaystyle\int \dfrac{1}{\sin^2 x\cos^2 x}\,dx$；

(11) $\displaystyle\int \sec x(\sec x-\tan x)\,dx$； (12) $\displaystyle\int \dfrac{1}{\sin^2\dfrac{x}{2}\cos^2\dfrac{x}{2}}\,dx$；

(13) $\displaystyle\int \dfrac{1}{1+\cos 2x}\,dx$； (14) $\displaystyle\int \dfrac{\cos 2x}{\sin^2 x\cos^2 x}\,dx$；

$(15) \int \dfrac{1+x+x^2}{x(1+x^2)}\mathrm{d}x$; $\qquad$ $(16) \int \dfrac{x^4}{1+x^2}\mathrm{d}x.$

解 $(1)\ \int x^{\frac{m}{n}}\mathrm{d}x = \dfrac{1}{\dfrac{m}{n}+1} x^{\frac{m}{n}+1}+C = \dfrac{n}{m+n} x^{\frac{m+n}{n}}+C.$

$(2)\ \int x\sqrt{x}\,\mathrm{d}x = \int x^{\frac{3}{2}}\mathrm{d}x = \dfrac{1}{\dfrac{3}{2}+1} x^{\frac{3}{2}+1}+C = \dfrac{2}{5} x^{\frac{5}{2}}+C.$

$(3)\ \int \left(\dfrac{1-x}{x}\right)^2 \mathrm{d}x = \int \dfrac{1-2x+x^2}{x^2}\mathrm{d}x = \int (x^{-2}-2x^{-1}+1)\mathrm{d}x$
$\qquad = \dfrac{1}{-2+1} x^{-2+1} - 2\ln|x| + x + C = -\dfrac{1}{x} - 2\ln|x| + x + C.$

$(4)\ \int 3^x \mathrm{e}^x \mathrm{d}x = \int (3\mathrm{e})^x \mathrm{d}x = \dfrac{1}{\ln(3\mathrm{e})}(3\mathrm{e})^x + C = \dfrac{3^x \mathrm{e}^x}{\ln 3 + 1} + C.$

$(5)\ \int \dfrac{1+2x^2}{x^2(1+x^2)}\mathrm{d}x = \int \dfrac{(1+x^2)+x^2}{x^2(1+x^2)}\mathrm{d}x = \int \left(\dfrac{1}{x^2}+\dfrac{1}{1+x^2}\right)\mathrm{d}x$
$\qquad = \dfrac{1}{-2+1} x^{-2+1} + \arctan x + C = -\dfrac{1}{x} + \arctan x + C.$

$(6)\ \int \left(2\mathrm{e}^x + \dfrac{3}{x}\right)\mathrm{d}x = 2\int \mathrm{e}^x \mathrm{d}x + 3\int \dfrac{1}{x}\mathrm{d}x = 2\mathrm{e}^x + 3\ln|x| + C.$

$(7)\ \int \dfrac{\sqrt{1+x^2}}{\sqrt{1-x^4}}\mathrm{d}x = \int \dfrac{\sqrt{1+x^2}}{\sqrt{(1+x^2)(1-x^2)}}\mathrm{d}x = \int \dfrac{1}{\sqrt{1-x^2}}\mathrm{d}x = \arcsin x + C.$

$(8)\ \int \mathrm{e}^x\left(1 - \dfrac{\mathrm{e}^{-x}}{\sqrt{x}}\right)\mathrm{d}x = \int \mathrm{e}^x \mathrm{d}x - \int x^{-\frac{1}{2}}\mathrm{d}x = \mathrm{e}^x - \dfrac{1}{\dfrac{1}{2}+1} x^{-\frac{1}{2}+1} + C = \mathrm{e}^x - 2\sqrt{x} + C.$

$(9)\ \int \dfrac{\cos 2x}{\cos x - \sin x}\mathrm{d}x = \int \dfrac{\cos^2 x - \sin^2 x}{\cos x - \sin x}\mathrm{d}x = \int (\cos x + \sin x)\mathrm{d}x$
$\qquad = \int \cos x\,\mathrm{d}x + \int \sin x\,\mathrm{d}x = \sin x - \cos x + C.$

$(10)\ \int \dfrac{1}{\sin^2 x \cos^2 x}\mathrm{d}x = \int \dfrac{\sin^2 x + \cos^2 x}{\sin^2 x \cos^2 x}\mathrm{d}x = \int \dfrac{1}{\cos^2 x}\mathrm{d}x + \int \dfrac{1}{\sin^2 x}\mathrm{d}x$
$\qquad = \int \sec^2 x\,\mathrm{d}x + \int \csc^2 x\,\mathrm{d}x = \tan x - \cot x + C.$

$(11)\ \int \sec x(\sec x - \tan x)\mathrm{d}x = \int (\sec^2 x - \sec x \tan x)\mathrm{d}x$
$\qquad = \int \sec^2 x\,\mathrm{d}x - \int \sec x \tan x\,\mathrm{d}x = \tan x - \sec x + C.$

$(12)\ \int \dfrac{1}{\sin^2 \dfrac{x}{2} \cos^2 \dfrac{x}{2}}\mathrm{d}x = \int \dfrac{4}{\left(2\sin \dfrac{x}{2} \cos \dfrac{x}{2}\right)^2}\mathrm{d}x = 4\int \dfrac{1}{\sin^2 x}\mathrm{d}x$
$\qquad = 4\int \csc^2 x\,\mathrm{d}x = -4\cot x + C.$

$(13)\ \int \dfrac{1}{1+\cos 2x}\mathrm{d}x = \int \dfrac{1}{2\cos^2 x}\mathrm{d}x = \dfrac{1}{2}\int \sec^2 x\,\mathrm{d}x = \dfrac{1}{2}\tan x + C.$

(14) $\int \dfrac{\cos 2x}{\sin^2 x \cos^2 x} dx = \int \dfrac{\cos^2 x - \sin^2 x}{\sin^2 x \cos^2 x} dx = \int \dfrac{1}{\sin^2 x} dx - \int \dfrac{1}{\cos^2 x} dx$

$\qquad = \int \csc^2 x \, dx - \int \sec^2 x \, dx = -\cot x - \tan x + C$

$\qquad = -(\cot x + \tan x) + C.$

(15) $\int \dfrac{1+x+x^2}{x(1+x^2)} dx = \int \dfrac{x+(1+x^2)}{x(1+x^2)} dx = \int \dfrac{1}{1+x^2} dx + \int \dfrac{1}{x} dx$

$\qquad = \arctan x + \ln|x| + C.$

(16) $\int \dfrac{x^4}{1+x^2} dx = \int \dfrac{(x^4-1)+1}{1+x^2} dx = \int \left(x^2 - 1 + \dfrac{1}{1+x^2}\right) dx$

$\qquad = \dfrac{1}{3} x^3 - x + \arctan x + C.$

(B)

1. 若 $f(x)$ 的导函数为 $\sin x$,则 $f(x)$ 的一个原函数是( ).

(A) $1 + \sin x$; (B) $1 - \sin x$; (C) $1 + \cos x$; (D) $1 - \cos x$.

答案：B.

解 因为 $f'(x) = \sin x$,所以 $f(x) = \int \sin x \, dx = -\cos x + C_1$,而

$$\int f(x) dx = \int (-\cos x + C_1) dx = -\sin x + C_1 x + C_2,$$

取 $C_1 = 0$,$C_2 = 1$,得 $f(x)$ 的一个原函数为 $1 - \sin x$,应选 B.

2. 若 $\int f(x) dx = x e^x + C$,则 $f(x) = $ _____.

解 根据 $\left(\int f(x) dx\right)' = f(x)$,所以对 $\int f(x) dx = x e^x + C$ 两边分别求导,得

$$f(x) = (x e^x + C)' = (1+x) e^x.$$

3. 若 $f'(x) = \dfrac{1}{\sqrt{1-x^2}}$,且 $f(1) = \dfrac{3}{2} \pi$,则 $f(x) = $ _____.

解 由题意知

$$f(x) = \int \dfrac{1}{\sqrt{1-x^2}} dx = \arcsin x + C.$$

又 $f(1) = \dfrac{3}{2} \pi$,则 $\arcsin 1 + C = \dfrac{3}{2} \pi$,所以 $C = \pi$,因此

$$f(x) = \arcsin x + \pi.$$

习 题 4-2

(A)

1. 在下列各式中,填入适当的系数.

(1) $dx = $ _____ $d(2x)$;   (2) $dx = $ _____ $d(ax)$;

(3) $dx = $ _____ $d(-x+1)$;   (4) $dx = $ _____ $d(ax+b)$;

(5) $x \, dx = $ _____ $d(x^2+1)$;   (6) $x \, dx = $ _____ $d(ax^2+b)$;

(7) $x^3 \, dx = $ _____ $d(1-2x^4)$;   (8) $e^{2x} dx = $ _____ $d(e^{2x})$;

(9) $\sin 3x\,dx =$ _____ $d(\cos 3x)$; (10) $\dfrac{1}{x}dx =$ _____ $d(\ln 2x)$;

(11) $\dfrac{1}{\sqrt{x}}dx =$ _____ $d(\sqrt{x})$; (12) $\dfrac{1}{x^2}dx =$ _____ $d\left(\dfrac{1}{x}\right)$;

(13) $\dfrac{1}{1+4x^2}dx =$ _____ $d(\arctan 2x)$; (14) $\dfrac{x}{\sqrt{1-x^2}}dx =$ _____ $d(\sqrt{1-x^2})$.

解 (1) 因为 $d(2x) = 2dx$，所以 $dx = \dfrac{1}{2}d(2x)$.

(2) 因为 $d(ax) = adx$，所以 $dx = \dfrac{1}{a}d(ax)$.

(3) 因为 $d(-x+1) = -dx$，所以 $dx = -1 \cdot d(-x+1)$.

(4) 因为 $d(ax+b) = adx$，所以 $dx = \dfrac{1}{a}d(ax+b)$.

(5) 因为 $d(x^2+1) = 2xdx$，所以 $xdx = \dfrac{1}{2}d(x^2+1)$.

(6) 因为 $d(ax^2+b) = 2axdx$，所以 $xdx = \dfrac{1}{2a}d(ax^2+b)$.

(7) 因为 $d(1-2x^4) = -8x^3dx$，所以 $x^3dx = -\dfrac{1}{8}d(1-2x^4)$.

(8) 因为 $d(e^{2x}) = 2e^{2x}dx$，所以 $e^{2x}dx = \dfrac{1}{2}d(e^{2x})$.

(9) 因为 $d(\cos 3x) = -3\sin 3xdx$，所以 $\sin 3xdx = -\dfrac{1}{3}d(\cos 3x)$.

(10) 因为 $d(\ln 2x) = \dfrac{1}{x}dx$，所以 $\dfrac{1}{x}dx = d(\ln 2x)$.

(11) 因为 $d(\sqrt{x}) = \dfrac{1}{2\sqrt{x}}dx$，所以 $\dfrac{1}{\sqrt{x}}dx = 2d(\sqrt{x})$.

(12) 因为 $d\left(\dfrac{1}{x}\right) = -\dfrac{1}{x^2}dx$，所以 $\dfrac{1}{x^2}dx = -1 \cdot d\left(\dfrac{1}{x}\right)$.

(13) 因为 $d(\arctan 2x) = \dfrac{2}{1+4x^2}dx$，所以 $\dfrac{1}{1+4x^2}dx = \dfrac{1}{2}d(\arctan 2x)$.

(14) 因为 $d(\sqrt{1-x^2}) = \dfrac{-2x}{2\sqrt{1-x^2}}dx$，所以 $\dfrac{x}{\sqrt{1-x^2}}dx = -1 \cdot d(\sqrt{1-x^2})$.

2. 求下列不定积分.

(1) $\displaystyle\int (1-2x)^3 dx$; (2) $\displaystyle\int xe^{x^2}dx$;

(3) $\displaystyle\int \dfrac{1}{1-x}dx$; (4) $\displaystyle\int \dfrac{1}{(1-x)^2}dx$;

(5) $\displaystyle\int \dfrac{x^3}{\sqrt[3]{x^4+2}}dx$; (6) $\displaystyle\int \dfrac{1}{x\ln x}dx$;

(7) $\displaystyle\int \dfrac{1}{x\ln x \ln(\ln x)}dx$; (8) $\displaystyle\int \dfrac{\sin\sqrt{x}}{\sqrt{x}}dx$;

(9) $\int \sin^3 x \, dx$;

(10) $\int \cos^2 3x \, dx$;

(11) $\int \dfrac{1}{x^2} e^{\frac{1}{x}} \, dx$;

(12) $\int x^2 \sqrt{1+x^3} \, dx$;

(13) $\int \dfrac{dx}{\sqrt{x(1-x)}}$;

(14) $\int \dfrac{e^x}{1+e^{2x}} \, dx$;

(15) $\int \dfrac{1}{1-\cos x} \, dx$;

(16) $\int \dfrac{1}{1+\cos x} \, dx$;

(17) $\int \dfrac{1}{16-9x^2} \, dx$;

(18) $\int \dfrac{1-x}{\sqrt{9-4x^2}} \, dx$;

(19) $\int \dfrac{\sin x + \cos x}{\sqrt[3]{\sin x - \cos x}} \, dx$;

(20) $\int \dfrac{\sin x \cos x}{1+\sin^4 x} \, dx$;

(21) $\int \dfrac{x^3}{9+x^2} \, dx$;

(22) $\int \tan x \sec^2 x \, dx$;

(23) $\int \dfrac{\cos^3 x}{\sin^4 x} \, dx$;

(24) $\int \tan^4 x \, dx$;

(25) $\int \dfrac{\tan x}{\cos^4 x} \, dx$;

(26) $\int \sec^4 x \, dx$;

(27) $\int \dfrac{1+\ln x}{(x \ln x)^2} \, dx$;

(28) $\int \dfrac{\sin x + x \cos x}{(x \sin x)^2} \, dx$;

(29) $\int \dfrac{10^{2\arccos x}}{\sqrt{1-x^2}} \, dx$;

(30) $\int \dfrac{1}{e^x + e^{-x}} \, dx$;

(31) $\int \dfrac{x^2}{\sqrt{a^2-x^2}} \, dx$;

(32) $\int \dfrac{1}{x^2 \sqrt{1-x^2}} \, dx$;

(33) $\int \dfrac{\sqrt{x^2-4}}{x} \, dx$;

(34) $\int \dfrac{1}{x\sqrt{x^2-1}} \, dx$;

(35) $\int \dfrac{1}{1+\sqrt{2x}} \, dx$;

(36) $\int \dfrac{x}{1+\sqrt{1+x^2}} \, dx$;

(37) $\int \dfrac{1}{\sqrt{1-x^2}+1} \, dx$;

(38) $\int \dfrac{1}{\sqrt{1-x^2}+x} \, dx$;

(39) $\int \dfrac{1}{\sqrt{1+e^x}} \, dx$;

(40) $\int \dfrac{\sqrt{a^2-x^2}}{x^4} \, dx$.

解 (1) $\int (1-2x)^3 \, dx = -\dfrac{1}{2} \int (1-2x)^3 \, d(-2x) = -\dfrac{1}{2} \int (1-2x)^3 \, d(1-2x)$

$= -\dfrac{1}{2} \cdot \dfrac{1}{4} \cdot (1-2x)^4 + C = -\dfrac{1}{8}(1-2x)^4 + C.$

(2) $\int x e^{x^2} \, dx = \dfrac{1}{2} \int e^{x^2} (2x \, dx) = \dfrac{1}{2} \int e^{x^2} \, d(x^2) = \dfrac{1}{2} e^{x^2} + C.$

(3) $\int \dfrac{1}{1-x} \, dx = -\int \dfrac{1}{1-x} (-1 \cdot dx) = -\int \dfrac{1}{1-x} \, d(1-x) = -\ln|1-x| + C.$

(4) $\int \dfrac{1}{(1-x)^2} \, dx = -\int \dfrac{1}{(1-x)^2} \, d(1-x) = -\dfrac{1}{-2+1}(1-x)^{-2+1} + C = \dfrac{1}{1-x} + C.$

(5) $\int \dfrac{x^3}{\sqrt[3]{x^4+2}}\mathrm{d}x = \dfrac{1}{4}\int \dfrac{1}{\sqrt[3]{x^4+2}}(4x^3\mathrm{d}x) = \dfrac{1}{4}\int (x^4+2)^{-\frac{1}{3}}\mathrm{d}(x^4+2)$

$= \dfrac{1}{4}\dfrac{1}{-\dfrac{1}{3}+1}(x^4+2)^{-\frac{1}{3}+1}+C = \dfrac{3}{8}(x^4+2)^{\frac{2}{3}}+C.$

(6) $\int \dfrac{1}{x\ln x}\mathrm{d}x = \int \dfrac{1}{\ln x}\left(\dfrac{1}{x}\mathrm{d}x\right) = \int \dfrac{1}{\ln x}\mathrm{d}(\ln x) = \ln|\ln x|+C.$

(7) $\int \dfrac{1}{x\ln x \ln(\ln x)}\mathrm{d}x = \int \dfrac{1}{\ln x \ln(\ln x)}\left(\dfrac{1}{x}\mathrm{d}x\right) = \int \dfrac{1}{\ln x \ln(\ln x)}\mathrm{d}\ln x$

$= \int \dfrac{1}{\ln(\ln x)}\left(\dfrac{1}{\ln x}\mathrm{d}\ln x\right) = \int \dfrac{1}{\ln(\ln x)}\mathrm{d}[\ln(\ln x)]$

$= \ln|\ln(\ln x)|+C.$

(8) $\int \dfrac{\sin\sqrt{x}}{\sqrt{x}}\mathrm{d}x = 2\int \sin\sqrt{x}\left(\dfrac{1}{2\sqrt{x}}\mathrm{d}x\right) = 2\int \sin\sqrt{x}\,\mathrm{d}(\sqrt{x}) = -2\cos\sqrt{x}+C.$

(9) $\int \sin^3 x\,\mathrm{d}x = \int \sin^2 x \cdot \sin x\,\mathrm{d}x = -\int (1-\cos^2 x)\cdot(\cos x)'\mathrm{d}x = -\int (1-\cos^2 x)\mathrm{d}\cos x$

$= -\int 1\mathrm{d}\cos x + \int \cos^2 x\,\mathrm{d}\cos x = -\cos x + \dfrac{1}{3}\cos^3 x + C.$

(10) $\int \cos^2 3x\,\mathrm{d}x = \int \dfrac{1+\cos 6x}{2}\mathrm{d}x = \dfrac{1}{2}\int (1+\cos 6x)\mathrm{d}x = \dfrac{1}{2}\int 1\mathrm{d}x + \dfrac{1}{2}\int \cos 6x\,\mathrm{d}x$

$= \dfrac{1}{2}x + \dfrac{1}{12}\int \cos 6x\,\mathrm{d}(6x) = \dfrac{1}{2}x + \dfrac{1}{12}\sin 6x + C.$

(11) $\int \dfrac{1}{x^2}\mathrm{e}^{\frac{1}{x}}\mathrm{d}x = -\int \mathrm{e}^{\frac{1}{x}}\left(-\dfrac{1}{x^2}\mathrm{d}x\right) = -\int \mathrm{e}^{\frac{1}{x}}\mathrm{d}\left(\dfrac{1}{x}\right) = -\mathrm{e}^{\frac{1}{x}}+C.$

(12) $\int x^2\sqrt{1+x^3}\,\mathrm{d}x = \dfrac{1}{3}\int \sqrt{1+x^3}(3x^2\mathrm{d}x) = \dfrac{1}{3}\int (1+x^3)^{\frac{1}{2}}\mathrm{d}x^3$

$= \dfrac{1}{3}\int (1+x^3)^{\frac{1}{2}}\mathrm{d}(1+x^3)$

$= \dfrac{1}{3}\cdot\dfrac{2}{3}(1+x^3)^{\frac{3}{2}}+C = \dfrac{2}{9}(1+x^3)^{\frac{3}{2}}+C.$

(13) $\int \dfrac{\mathrm{d}x}{\sqrt{x(1-x)}} = \int \dfrac{\mathrm{d}x}{\sqrt{x-x^2}} = \int \dfrac{2\mathrm{d}x}{\sqrt{4x-4x^2}} = \int \dfrac{2\mathrm{d}x}{\sqrt{1-(1-4x+4x^2)}}$

$= \int \dfrac{\mathrm{d}(2x)}{\sqrt{1-(1-4x+4x^2)}} = \int \dfrac{\mathrm{d}(2x-1)}{\sqrt{1-(2x-1)^2}}$

$= \arcsin(2x-1)+C.$

另解 因为要使 $x(1-x)>0$ 成立,则有 $0<x<1$,所以

$\int \dfrac{\mathrm{d}x}{\sqrt{x(1-x)}} = \int \dfrac{1}{\sqrt{1-x}}\dfrac{1}{\sqrt{x}}\mathrm{d}x = 2\int \dfrac{1}{\sqrt{1-x}}(\sqrt{x})'\mathrm{d}x$

$= 2\int \dfrac{1}{\sqrt{1-(\sqrt{x})^2}}\mathrm{d}\sqrt{x} = 2\arcsin\sqrt{x}+C.$

(14) $\int \dfrac{\mathrm{e}^x}{1+\mathrm{e}^{2x}}\mathrm{d}x = \int \dfrac{1}{1+\mathrm{e}^{2x}}(\mathrm{e}^x\mathrm{d}x) = \int \dfrac{1}{1+(\mathrm{e}^x)^2}\mathrm{d}(\mathrm{e}^x) = \arctan\mathrm{e}^x+C.$

(15) $\int \dfrac{1}{1-\cos x}\mathrm{d}x = \int \dfrac{1}{2\sin^2 \dfrac{x}{2}}\mathrm{d}x = -\int \left(-\csc^2 \dfrac{x}{2}\right)\mathrm{d}\left(\dfrac{x}{2}\right) = -\cot \dfrac{x}{2} + C.$

(16) $\int \dfrac{1}{1+\cos x}\mathrm{d}x = \int \dfrac{1}{2\cos^2 \dfrac{x}{2}}\mathrm{d}x = \int \sec^2 \dfrac{x}{2}\mathrm{d}\left(\dfrac{x}{2}\right) = \tan \dfrac{x}{2} + C.$

(17) $\int \dfrac{1}{16-9x^2}\mathrm{d}x = \int \dfrac{1}{(4-3x)(4+3x)}\mathrm{d}x = \dfrac{1}{8}\int \left(\dfrac{1}{4-3x} + \dfrac{1}{4+3x}\right)\mathrm{d}x$

$\quad = \dfrac{1}{8}\left(\int \dfrac{1}{4-3x}\mathrm{d}x + \int \dfrac{1}{4+3x}\mathrm{d}x\right)$

$\quad = \dfrac{1}{8}\left(-\dfrac{1}{3}\int \dfrac{1}{4-3x}\mathrm{d}(4-3x) + \dfrac{1}{3}\int \dfrac{1}{4+3x}\mathrm{d}(4+3x)\right)$

$\quad = -\dfrac{1}{24}\ln|4-3x| + \dfrac{1}{24}\ln|4+3x| + C = \dfrac{1}{24}\ln\left|\dfrac{4+3x}{4-3x}\right| + C.$

(18) $\int \dfrac{1-x}{\sqrt{9-4x^2}}\mathrm{d}x = \int \dfrac{1}{\sqrt{9-4x^2}}\mathrm{d}x + \int \dfrac{-x}{\sqrt{9-4x^2}}\mathrm{d}x$

$\quad = \int \dfrac{\mathrm{d}x}{3\sqrt{1-\left(\dfrac{2}{3}x\right)^2}} + \dfrac{1}{8}\int \dfrac{(-8x\mathrm{d}x)}{\sqrt{9-4x^2}}$

$\quad = \dfrac{1}{2}\int \dfrac{1}{\sqrt{1-\left(\dfrac{2}{3}x\right)^2}}\mathrm{d}\left(\dfrac{2}{3}x\right) + \dfrac{1}{8}\int \dfrac{\mathrm{d}(9-4x^2)}{\sqrt{9-4x^2}}$

$\quad = \dfrac{1}{2}\arcsin\left(\dfrac{2}{3}x\right) + \dfrac{1}{8}\cdot \dfrac{1}{-\dfrac{1}{2}+1}(9-4x^2)^{-\dfrac{1}{2}+1}$

$\quad = \dfrac{1}{2}\arcsin\left(\dfrac{2}{3}x\right) + \dfrac{1}{4}\sqrt{9-4x^2} + C.$

(19) $\int \dfrac{\sin x + \cos x}{\sqrt[3]{\sin x - \cos x}}\mathrm{d}x = \int (\sin x - \cos x)^{-\frac{1}{3}}\mathrm{d}(\sin x - \cos x)$

$\quad = \dfrac{1}{-\dfrac{1}{3}+1}(\sin x - \cos x)^{-\frac{1}{3}+1} + C$

$\quad = \dfrac{3}{2}(\sin x - \cos x)^{\frac{2}{3}} + C.$

(20) $\int \dfrac{\sin x \cos x}{1+\sin^4 x}\mathrm{d}x = \dfrac{1}{2}\int \dfrac{2\sin x \cos x}{1+(\sin^2 x)^2}\mathrm{d}x = \dfrac{1}{2}\int \dfrac{\mathrm{d}(\sin^2 x)}{1+(\sin^2 x)^2}$

$\quad = \dfrac{1}{2}\arctan(\sin^2 x) + C.$

(21) $\int \dfrac{x^3}{9+x^2}\mathrm{d}x = \int \dfrac{(x^3+9x)-9x}{9+x^2}\mathrm{d}x = \int \left(x - \dfrac{9x}{9+x^2}\right)\mathrm{d}x$

$\quad = \int x\mathrm{d}x - 9\cdot\dfrac{1}{2}\int \dfrac{2x\mathrm{d}x}{9+x^2} = \dfrac{1}{2}x^2 - \dfrac{9}{2}\int \dfrac{1}{9+x^2}\mathrm{d}(9+x^2)$

$\quad = \dfrac{1}{2}x^2 - \dfrac{9}{2}\ln(9+x^2) + C.$

(22) $\int \tan x \sec^2 x \, dx = \int \tan x (\tan x)' \, dx = \int \tan x \, d\tan x = \frac{1}{2}\tan^2 x + C.$

另解 $\int \tan x \sec^2 x \, dx = \int \sec x (\sec x)' \, dx = \int \sec x \, d\sec x = \frac{1}{2}\sec^2 x + C.$

(23) $\int \dfrac{\cos^3 x}{\sin^4 x} \, dx = \int \dfrac{\cos^2 x}{\sin^4 x}(\sin x)' \, dx = \int \dfrac{1-\sin^2 x}{\sin^4 x} \, d\sin x$

$\qquad = \int \sin^{-4} x \, d\sin x - \int \sin^{-2} x \, d\sin x$

$\qquad = -\dfrac{1}{3}\sin^{-3} x + \sin^{-1} x + C.$

(24) $\int \tan^4 x \, dx = \int \tan^2 x(\sec^2 x - 1) \, dx$

$\qquad = \int \tan^2 x \, d(\tan x) - \int \tan^2 x \, dx$

$\qquad = \dfrac{1}{3}\tan^3 x - \int (\sec^2 x - 1) \, dx$

$\qquad = \dfrac{1}{3}\tan^3 x - \tan x + x + C.$

(25) $\int \dfrac{\tan x}{\cos^4 x} \, dx = \int \dfrac{\sin x}{\cos^5 x} \, dx = -\int \dfrac{1}{\cos^5 x} \, d\cos x$

$\qquad = -\dfrac{1}{-5+1}(\cos x)^{-5+1} + C = \dfrac{1}{4}(\cos x)^{-4} + C.$

(26) $\int \sec^4 x \, dx = \int \sec^2 x \cdot (\tan x)' \, dx = \int (1 + \tan^2 x) \, d\tan x$

$\qquad = \int 1 \, d\tan x + \int \tan^2 x \, d\tan x = \tan x + \dfrac{1}{3}\tan^3 x + C.$

(27) $\int \dfrac{1+\ln x}{(x\ln x)^2} \, dx = \int \dfrac{d(x\ln x)}{(x\ln x)^2} = \dfrac{1}{-2+1}(x\ln x)^{-2+1} + C = -\dfrac{1}{x\ln x} + C.$

(28) $\int \dfrac{\sin x + x\cos x}{(x\sin x)^2} \, dx = \int \dfrac{d(x\sin x)}{(x\sin x)^2} = \dfrac{1}{-2+1}(x\sin x)^{-2+1} + C = -\dfrac{1}{x\sin x} + C.$

(29) $\int \dfrac{10^{2\arccos x}}{\sqrt{1-x^2}} \, dx = -\int 10^{2\arccos x} \left(\dfrac{-1}{\sqrt{1-x^2}} \, dx \right) = -\int 10^{2\arccos x} \, d(\arccos x)$

$\qquad = -\dfrac{1}{2} \int 10^{2\arccos x} \, d(2\arccos x) = -\dfrac{1}{2} \cdot \dfrac{1}{\ln 10} \cdot 10^{2\arccos x} + C$

$\qquad = -\dfrac{10^{2\arccos x}}{2\ln 10} + C.$

(30) $\int \dfrac{1}{e^x + e^{-x}} \, dx = \int \dfrac{e^x}{(e^x)^2 + 1} \, dx = \int \dfrac{de^x}{1+(e^x)^2} = \arctan(e^x) + C.$

(31) 令 $x = a\sin t \left(-\dfrac{\pi}{2} < t < \dfrac{\pi}{2} \right)$,则

$\qquad \int \dfrac{x^2}{\sqrt{a^2 - x^2}} \, dx = \int \dfrac{a^2 \sin^2 t}{a\cos t} a\cos t \, dt = a^2 \int \sin^2 t \, dt$

$\qquad = \dfrac{a^2}{2} \int (1 - \cos 2t) \, dt = \dfrac{a^2}{2}\left(t - \dfrac{1}{2}\sin 2t \right) + C.$

因为 $x = a\sin t$，所以

$$\sin t = \frac{x}{a}, \quad t = \arcsin\frac{x}{a}, \quad \cos t = \sqrt{1-\sin^2 t} = \frac{\sqrt{a^2-x^2}}{a},$$

$$\sin 2t = 2\sin t \cos t = \frac{2x}{a^2}\sqrt{a^2-x^2},$$

于是
$$\int \frac{x^2}{\sqrt{a^2-x^2}}\mathrm{d}x = \frac{a^2}{2}\left(\arcsin\frac{x}{a} - \frac{x}{a^2}\sqrt{a^2-x^2}\right) + C.$$

(32) 令 $x = \sin t \left(-\frac{\pi}{2} < t < \frac{\pi}{2}\right)$，则

$$\int \frac{1}{x^2\sqrt{1-x^2}}\mathrm{d}x = \int \frac{\cos t}{\sin^2 t \cos t}\mathrm{d}t = \int \frac{1}{\sin^2 t}\mathrm{d}t = -\cot t + C.$$

因为 $x = \sin t$，所以

$$\cos t = \sqrt{1-\sin^2 t} = \sqrt{1-x^2}, \quad \cot t = \frac{\cos t}{\sin t} = \frac{\sqrt{1-x^2}}{x},$$

于是
$$\int \frac{1}{x^2\sqrt{1-x^2}}\mathrm{d}x = -\frac{\sqrt{1-x^2}}{x} + C.$$

(33) 令 $x = 2\sec t$，则

$$\int \frac{\sqrt{x^2-4}}{x}\mathrm{d}x = \int \frac{2\tan t}{2\sec t} \cdot 2\sec t \tan t \mathrm{d}t = \int 2\tan^2 t \mathrm{d}t$$

$$= 2\int(\sec^2 t - 1)\mathrm{d}t = 2(\tan t - t) + C.$$

因为 $x = 2\sec t$，所以

$$\cos t = \frac{2}{x}, \quad t = \arccos\frac{2}{x}, \quad \sin t = \sqrt{1-\cos^2 t} = \frac{\sqrt{x^2-4}}{x}, \quad \tan t = \frac{\sin t}{\cos t} = \frac{\sqrt{x^2-4}}{2},$$

于是
$$\int \frac{\sqrt{x^2-4}}{x}\mathrm{d}x = \sqrt{x^2-4} - 2\arccos\frac{2}{x} + C.$$

(34) 令 $x = \sec t$，则

$$\int \frac{1}{x\sqrt{x^2-1}}\mathrm{d}x = \int \frac{1}{\sec t \tan t} \cdot \sec t \tan t \mathrm{d}t = \int 1\mathrm{d}t = t + C.$$

因为 $x = \sec t$，所以

$$\cos t = \frac{1}{x}, \quad t = \arccos\frac{1}{x},$$

于是
$$\int \frac{1}{x\sqrt{x^2-1}}\mathrm{d}x = \arccos\frac{1}{x} + C.$$

(35) 令 $t = \sqrt{2x}$，即 $x = \frac{1}{2}t^2$，则

$$\int \frac{1}{1+\sqrt{2x}}\mathrm{d}x = \int \frac{1}{1+t}t\mathrm{d}t = \int \frac{(1+t)-1}{1+t}\mathrm{d}t = \int\left(1 - \frac{1}{1+t}\right)\mathrm{d}t$$

$$= t - \ln(1+t) + C = \sqrt{2x} - \ln(1+\sqrt{2x}) + C.$$

(36) 令 $x = \tan t \left(-\frac{\pi}{2} < t < \frac{\pi}{2}\right)$，则

$$\int \frac{x}{1+\sqrt{1+x^2}}dx = \int \frac{\tan t}{1+\sec t} \cdot \sec^2 t\,dt = \int \frac{\sin t}{(1+\cos t)\cos^2 t}dt$$

$$= -\int \frac{d(\cos t)}{(1+\cos t)\cos^2 t} = -\int \frac{(1-\cos^2 t)+\cos^2 t}{(1+\cos t)\cos^2 t}d(\cos t)$$

$$= -\int \left(\frac{1-\cos t}{\cos^2 t} + \frac{1}{1+\cos t}\right)d(\cos t)$$

$$= -\int \left(\cos^{-2} t - \frac{1}{\cos t}\right)d(\cos t) - \int \frac{d(1+\cos t)}{1+\cos t}$$

$$= \frac{1}{\cos t} + \ln\cos t - \ln(1+\cos t) + C.$$

因为 $x = \tan t$，所以

$$\sec t = \sqrt{1+\tan^2 t} = \sqrt{1+x^2}, \quad \cos t = \frac{1}{\sqrt{1+x^2}},$$

$$\int \frac{x}{1+\sqrt{1+x^2}}dx = \sqrt{1+x^2} + \ln \frac{1}{\sqrt{1+x^2}} - \ln\left(1+\frac{1}{\sqrt{1+x^2}}\right) + C$$

$$= \sqrt{1+x^2} - \ln\sqrt{1+x^2} - \ln\left[\frac{1+\sqrt{1+x^2}}{\sqrt{1+x^2}}\right] + C$$

$$= \sqrt{1+x^2} - \ln(1+\sqrt{1+x^2}) + C.$$

另解 令 $x = \tan t\left(-\frac{\pi}{2} < t < \frac{\pi}{2}\right)$，则

$$\int \frac{x}{1+\sqrt{1+x^2}}dx = \int \frac{\tan t}{1+\sec t} \cdot \sec^2 t\,dt = \int \frac{\sec t}{1+\sec t} \cdot \tan t \sec t\,dt$$

$$= \int \frac{\sec t}{1+\sec t} \cdot (\sec t)'\,dt = \int \frac{\sec t}{1+\sec t}d\sec t$$

$$= \int \frac{(1+\sec t)-1}{1+\sec t}d\sec t = \int \left(1 - \frac{1}{1+\sec t}\right)d\sec t$$

$$= \int 1\,d\sec t - \int \frac{1}{1+\sec t}d\sec t$$

$$= \sec t - \int \frac{1}{1+\sec t}d(1+\sec t)$$

$$= \sec t - \ln(1+\sec t) + C.$$

因为 $x = \tan t$，所以

$$\sec t = \sqrt{1+\tan^2 t} = \sqrt{1+x^2},$$

于是

$$\int \frac{x}{1+\sqrt{1+x^2}}dx = \sqrt{1+x^2} - \ln(1+\sqrt{1+x^2}) + C.$$

(37) 令 $x = \sin t\left(-\frac{\pi}{2} < t < \frac{\pi}{2}\right)$，则

$$\int \frac{1}{\sqrt{1-x^2}+1}dx = \int \frac{\cos t}{\cos t + 1}dt = \int \frac{\cos t(1-\cos t)}{(\cos t+1)(1-\cos t)}dt$$

$$= \int \frac{\cos t - \cos^2 t}{\sin^2 t}dt = \int \frac{\cos t}{\sin^2 t}dt - \int \cot^2 t\,dt$$

$$= \int \frac{d(\sin t)}{\sin^2 t} - \int (\csc^2 t - 1) dt$$

$$= -\frac{1}{\sin t} + \cot t + t + C.$$

因为 $x = \sin t$，所以

$$\cos t = \sqrt{1 - \sin^2 t} = \sqrt{1 - x^2}, \quad \cot t = \frac{\cos t}{\sin t} = \frac{\sqrt{1 - x^2}}{x}, \quad t = \arcsin x,$$

于是

$$\int \frac{1}{\sqrt{1 - x^2} + 1} dx = -\frac{1}{x} + \frac{\sqrt{1 - x^2}}{x} + \arcsin x + C$$

$$= \arcsin x + \frac{\sqrt{1 - x^2} - 1}{x} + C.$$

(38) 令 $x = \sin t \left(-\frac{\pi}{2} < t < \frac{\pi}{2} \right)$，则

$$\int \frac{1}{\sqrt{1 - x^2} + x} dx = \int \frac{\cos t}{\cos t + \sin t} dt = \int \frac{\cos t (\cos t + \sin t)}{(\cos t + \sin t)^2} dt$$

$$= \frac{1}{2} \int \frac{2 \cos^2 t + 2 \cos t \sin t}{1 + 2 \cos t \sin t} dt = \frac{1}{2} \int \frac{\cos 2t + 1 + \sin 2t}{1 + \sin 2t} dt$$

$$= \frac{1}{2} \int \frac{\cos 2t}{1 + \sin 2t} dt + \frac{1}{2} \int 1 dt = \frac{1}{2} \cdot \frac{1}{2} \int \frac{1}{1 + \sin 2t} d\sin 2t + \frac{1}{2} t$$

$$= \frac{1}{2} \cdot \frac{1}{2} \int \frac{1}{1 + \sin 2t} d(1 + \sin 2t) + \frac{1}{2} t = \frac{1}{4} \ln|1 + \sin 2t| + \frac{1}{2} t + C.$$

因为 $x = \sin t$，所以

$$t = \arcsin x, \quad \cos t = \sqrt{1 - \sin^2 t} = \sqrt{1 - x^2},$$

$$1 + \sin 2t = (\cos t + \sin t)^2 = (x + \sqrt{1 - x^2})^2,$$

于是

$$\int \frac{1}{\sqrt{1 - x^2} + x} dx = \frac{1}{4} \ln(x + \sqrt{1 - x^2})^2 + \frac{1}{2} \arcsin x + C$$

$$= \frac{1}{2} \ln|x + \sqrt{1 - x^2}| + \frac{1}{2} \arcsin x + C.$$

(39) 设 $t = \sqrt{1 + e^x}$，即 $x = \ln(t^2 - 1)$，则

$$\int \frac{1}{\sqrt{1 + e^x}} dx = \int \frac{1}{t} \cdot \frac{2t}{t^2 - 1} dt = 2 \int \frac{1}{t^2 - 1} dt = \int \left(\frac{1}{t - 1} - \frac{1}{t + 1} \right) dt$$

$$= \ln|t - 1| - \ln|t + 1| + C = \ln \left| \frac{t - 1}{t + 1} \right| + C$$

$$= \ln \left| \frac{\sqrt{1 + e^x} - 1}{\sqrt{1 + e^x} + 1} \right| + C.$$

(40) 设 $x = a \sin t \left(a > 0, -\frac{\pi}{2} < t < \frac{\pi}{2} \right)$，则

$$\int \frac{\sqrt{a^2 - x^2}}{x^4} dx = \int \frac{a \cos t}{a^4 \sin^4 t} \cdot a \cos t \, dt = \frac{1}{a^2} \int \cot^2 t \csc^2 t \, dt$$

$$= \frac{1}{a^2} \int \cot^2 t (-d \cot t) = -\frac{1}{a^2} \cdot \frac{1}{3} \cot^3 t + C.$$

因为 $x = a\sin t$,所以

$$\sin t = \frac{x}{a}, \quad \cos t = \sqrt{1-\sin^2 t} = \frac{\sqrt{a^2-x^2}}{a}, \quad \cot t = \frac{\cos t}{\sin t} = \frac{\sqrt{a^2-x^2}}{x},$$

于是 $$\int \frac{\sqrt{a^2-x^2}}{x^4} dx = -\frac{1}{3a^2}\left(\frac{\sqrt{a^2-x^2}}{x}\right)^3 + C.$$

(B)

1. 设 $\int xf(x)dx = \arcsin x + C$,求 $\int \frac{1}{f(x)} dx$.

解 对等式两边求导,得

$$\left(\int xf(x)dx\right)' = (\arcsin x + C)', \quad 即 \quad xf(x) = \frac{1}{\sqrt{1-x^2}},$$

从而 $f(x) = \frac{1}{x\sqrt{1-x^2}}$,因而

$$\int \frac{1}{f(x)}dx = \int x\sqrt{1-x^2}dx = \frac{1}{2}\int \sqrt{1-x^2}dx^2$$

$$= -\frac{1}{2}\int \sqrt{1-x^2}d(1-x^2)$$

$$= -\frac{1}{3}(1-x^2)^{\frac{3}{2}} + C.$$

2. 求下列不定积分:

(1) $\int \frac{1}{x(x^6+4)}dx$;   (2) $\int \sin^2 x \cos^3 x dx$;

(3) $\int \sec^6 x dx$;   (4) $\int \frac{1}{\sqrt{x(x-1)}}dx$;

(5) $\int \frac{\arctan \sqrt{x}}{\sqrt{x}(1+x)}dx$;   (6) $\int \frac{1}{1+\sqrt[3]{x+2}}dx$.

解 (1) $\int \frac{1}{x(x^6+4)}dx = \int \frac{1}{4}\left(\frac{1}{x} - \frac{x^5}{x^6+4}\right)dx$

$$= \frac{1}{4}\int \frac{1}{x}dx - \frac{1}{4}\cdot\frac{1}{6}\int \frac{1}{x^6+4}(6x^5 dx)$$

$$= \frac{1}{4}\ln|x| - \frac{1}{24}\int \frac{1}{x^6+4}d(x^6+4)$$

$$= \frac{1}{4}\ln|x| - \frac{1}{24}\ln(x^6+4) + C$$

$$= \frac{1}{24}\ln\left(\frac{x^6}{x^6+4}\right) + C.$$

(2) $\int \sin^2 x \cos^3 x dx = \int \sin^2 x \cos^2 x (\sin x)' dx$

$$= \int \sin^2 x (1-\sin^2 x) d\sin x$$

$$= \int \sin^2 x d\sin x - \int \sin^4 x d\sin x$$

$$= \frac{1}{3}\sin^3 x - \frac{1}{5}\sin^5 x + C.$$

(3) $\int \sec^6 x \, dx = \int \sec^4 x \cdot \sec^2 x \, dx = \int (\tan^2 x + 1)^2 \, d(\tan x)$

$$= \int (\tan^4 x + 2\tan^2 x + 1) \, d(\tan x)$$

$$= \frac{1}{5}\tan^5 x + \frac{2}{3}\tan^3 x + \tan x + C.$$

(4) $\displaystyle\int \frac{1}{\sqrt{x(x-1)}} dx = \int \frac{1}{\sqrt{x^2 - x + \frac{1}{4} - \frac{1}{4}}} dx$

$$= \int \frac{1}{\sqrt{\left(x - \frac{1}{2}\right)^2 - \frac{1}{4}}} d\left(x - \frac{1}{2}\right)$$

$$= \ln\left|x - \frac{1}{2} + \sqrt{x^2 - x}\right| + C.$$

(5) $\displaystyle\int \frac{\arctan\sqrt{x}}{\sqrt{x}(1+x)} dx = 2\int \frac{\arctan\sqrt{x}}{1+x} \cdot \frac{1}{2\sqrt{x}} dx$

$$= 2\int \frac{\arctan\sqrt{x}}{1+x} d(\sqrt{x})$$

$$= 2\int \arctan\sqrt{x} \, \frac{1}{1 + (\sqrt{x})^2} d(\sqrt{x})$$

$$= 2\int \arctan\sqrt{x} \, d(\arctan\sqrt{x})$$

$$= (\arctan\sqrt{x})^2 + C.$$

(6) 令 $t = \sqrt[3]{x+2}$，则 $dx = 3t^2 dt$，因而有

$$\int \frac{1}{1+\sqrt[3]{x+2}} dx = \int \frac{1}{1+t} 3t^2 dt = 3\int \frac{(t^2+t)-(t+1)+1}{1+t} dt$$

$$= 3\int \left(t - 1 + \frac{1}{1+t}\right) dt = 3\left(\frac{1}{2}t^2 - t + \ln|1+t|\right) + C$$

$$= 3\left(\frac{1}{2}\sqrt[3]{(x+2)^2} - \sqrt[3]{x+2} + \ln\left|1+\sqrt[3]{x+2}\right|\right) + C$$

$$= \frac{3}{2}\sqrt[3]{(x+2)^2} - 3\sqrt[3]{x+2} + 3\ln\left|1+\sqrt[3]{x+2}\right| + C.$$

习 题 4-3

(A)

求下列不定积分．

(1) $\int (\ln x)^2 dx$；

(2) $\int x^2 \ln x \, dx$；

(3) $\int x^2 e^{-x} dx$；

(4) $\int x \sin x \, dx$；

(5) $\int x^2\cos x\,dx$; (6) $\int \dfrac{x}{\cos^2 x}dx$;

(7) $\int x\tan^2 x\,dx$; (8) $\int \arctan\sqrt{x}\,dx$;

(9) $\int e^{\sqrt{x}}\,dx$; (10) $\int \cos(\ln x)\,dx$;

(11) $\int \csc^3 x\,dx$; (12) $\int x\cos^2 x\,dx$.

解 (1) $\int(\ln x)^2 dx = x(\ln x)^2 - \int x\,d[(\ln x)^2] = x(\ln x)^2 - 2\int \ln x\,dx$

$$= x(\ln x)^2 - 2\left(x\ln x - \int x\,d\ln x\right)$$

$$= x(\ln x)^2 - 2\left(x\ln x - \int dx\right)$$

$$= x(\ln x)^2 - 2x\ln x + 2x + C.$$

(2) $\int x^2 \ln x\,dx = \dfrac{1}{3}\int \ln x\,d(x^3) = \dfrac{1}{3}\left(x^3 \ln x - \int x^3\,d\ln x\right)$

$$= \dfrac{1}{3}x^3 \ln x - \dfrac{1}{3}\int x^2\,dx = \dfrac{1}{3}x^3 \ln x - \dfrac{1}{9}x^3 + C.$$

(3) $\int x^2 e^{-x}\,dx = -\int x^2\,de^{-x} = -\left[x^2 e^{-x} - \int e^{-x}\,d(x^2)\right]$

$$= -x^2 e^{-x} + 2\int xe^{-x}\,dx = -x^2 e^{-x} - 2\int x\,de^{-x}$$

$$= -x^2 e^{-x} - 2\left(xe^{-x} - \int e^{-x}\,dx\right)$$

$$= -x^2 e^{-x} - 2(xe^{-x} + e^{-x}) + C$$

$$= -e^{-x}(x^2 + 2x + 2) + C.$$

(4) $\int x\sin x\,dx = -\int x\,d(\cos x) = -\left(x\cos x - \int \cos x\,dx\right)$

$$= -x\cos x + \sin x + C.$$

(5) $\int x^2 \cos x\,dx = \int x^2\,d(\sin x) = x^2 \sin x - \int \sin x\,d(x^2)$

$$= x^2 \sin x - 2\int x\sin x\,dx,$$

利用上题结果得

$$\int x^2 \cos x\,dx = x^2 \sin x + 2x\cos x - 2\sin x + C.$$

(6) $\int \dfrac{x}{\cos^2 x}dx = \int x\,d\tan x = x\tan x - \int \tan x\,dx$

$$= x\tan x + \ln|\cos x| + C.$$

(7) $\int x\tan^2 x\,dx = \int x(\sec^2 x - 1)dx = \int x\,d\tan x - \int x\,dx$

$$= x\tan x - \int \tan x\,dx - \dfrac{x^2}{2}$$

$$= x\tan x + \ln|\cos x| - \frac{x^2}{2} + C.$$

(8) 令 $t=\sqrt{x}$，即 $x=t^2$，则

$$\int \arctan\sqrt{x}\,dx = \int \arctan t\,d(t^2) = t^2\arctan t - \int t^2\,d(\arctan t)$$

$$= t^2\arctan t - \int \frac{(t^2+1)-1}{1+t^2}dt = t^2\arctan t - \int\left(1-\frac{1}{1+t^2}\right)dt$$

$$= t^2\arctan t - t + \arctan t + C$$

$$= x\arctan\sqrt{x} - \sqrt{x} + \arctan\sqrt{x} + C$$

$$= (x+1)\arctan\sqrt{x} - \sqrt{x} + C.$$

(9) 令 $t=\sqrt{x}$，即 $x=t^2$，则

$$\int e^{\sqrt{x}}\,dx = \int e^t\,d(t^2) = 2\int te^t\,dt = 2\int t\,d(e^t)$$

$$= 2\left(te^t - \int e^t\,dt\right) = 2(te^t - e^t) + C$$

$$= 2e^{\sqrt{x}}(\sqrt{x} - 1) + C.$$

(10) $\int \cos(\ln x)\,dx = x\cos(\ln x) - \int x\,d[\cos(\ln x)]$

$$= x\cos(\ln x) + \int \sin(\ln x)\,dx$$

$$= x\cos(\ln x) + \left\{x\sin(\ln x) - \int x\,d[\sin(\ln x)]\right\}$$

$$= x\cos(\ln x) + x\sin(\ln x) - \int \cos(\ln x)\,dx,$$

移项整理得

$$\int \cos(\ln x)\,dx = \frac{1}{2}x[\cos(\ln x) + \sin(\ln x)] + C.$$

(11) $\int \csc^3 x = \int \csc x(\csc^2 x)\,dx = -\int \csc x\,d(\cot x) = -\left(\csc x\cot x - \int \cot x\,d\csc x\right)$

$$= -\csc x\cot x - \int \csc x\cot^2 x\,dx$$

$$= -\csc x\cot x - \int \csc x(\csc^2 x - 1)\,dx$$

$$= -\csc x\cot x - \int \csc^3 x\,dx + \int \csc x\,dx$$

$$= -\csc x\cot x + \ln|\csc x - \cot x| - \int \csc^3 x\,dx,$$

移项整理得

$$\int \csc^3 x\,dx = \frac{1}{2}\ln|\csc x - \cot x| - \frac{1}{2}\csc x\cot x + C.$$

(12) $\int x\cos^2 x\,dx = \int x\dfrac{1+\cos 2x}{2}\,dx = \dfrac{1}{2}\int (x+x\cos 2x)\,dx$

$\qquad = \dfrac{1}{4}x^2 + \dfrac{1}{4}\int x\,d(\sin 2x) = \dfrac{1}{4}x^2 + \dfrac{1}{4}\left(x\sin 2x - \int \sin 2x\,dx\right)$

$\qquad = \dfrac{1}{4}x^2 + \dfrac{x}{4}\sin 2x + \dfrac{1}{8}\cos 2x + C.$

(B)

求下列不定积分(其中 a, b 为常数).

(1) $\int x^2 \arctan x\,dx$； (2) $\int x\arcsin x\,dx$；

(3) $\int e^{ax}\cos bx\,dx$； (4) $\int \dfrac{x\arctan x}{\sqrt{1+x^2}}\,dx$；

(5) $\int (\arcsin x)^2\,dx$； (6) $\int \dfrac{dx}{(x^2+a^2)^2}$.

解 (1) $\int x^2\arctan x\,dx = \dfrac{1}{3}\int \arctan x\,d(x^3) = \dfrac{1}{3}\left(x^3\arctan x - \int x^3\,d\arctan x\right)$

$\qquad = \dfrac{1}{3}x^3\arctan x - \dfrac{1}{3}\int \dfrac{(x^3+x)-x}{1+x^2}\,dx$

$\qquad = \dfrac{1}{3}x^3\arctan x - \dfrac{1}{3}\int \left(x - \dfrac{x}{1+x^2}\right)dx$

$\qquad = \dfrac{1}{3}x^3\arctan x - \dfrac{1}{3}\int x\,dx + \dfrac{1}{3}\int \dfrac{x}{1+x^2}\,dx$

$\qquad = \dfrac{1}{3}x^3\arctan x - \dfrac{1}{6}x^2 + \dfrac{1}{6}\int \dfrac{1}{1+x^2}\,d(1+x^2)$

$\qquad = \dfrac{1}{3}x^3\arctan x - \dfrac{1}{6}x^2 + \dfrac{1}{6}\ln(1+x^2) + C.$

(2) $\int x\arcsin x\,dx = \dfrac{1}{2}\int \arcsin x\,d(x^2) = \dfrac{1}{2}\left[x^2\arcsin x - \int x^2\,d(\arcsin x)\right]$

$\qquad = \dfrac{1}{2}x^2\arcsin x - \dfrac{1}{2}\int x^2\,d(\arcsin x) = \dfrac{1}{2}x^2\arcsin x - \dfrac{1}{2}\int \dfrac{x^2}{\sqrt{1-x^2}}\,dx.$

下面求 $\int \dfrac{x^2}{\sqrt{1-x^2}}\,dx$. 令 $x=\sin t\left(-\dfrac{\pi}{2}<t<\dfrac{\pi}{2}\right)$，则

$\qquad \int \dfrac{x^2}{\sqrt{1-x^2}}\,dx = \int \dfrac{\sin^2 t}{\cos t}\cos t\,dt = \int \sin^2 t\,dt = \dfrac{1}{2}\int (1-\cos 2t)\,dt$

$\qquad = \dfrac{1}{2}\left(t - \dfrac{1}{2}\sin 2t\right) + C = \dfrac{1}{2}t - \dfrac{1}{2}\sin t\cos t + C.$

因为 $x=\sin t$，所以

$\qquad t = \arcsin x,\ \cos t = \sqrt{1-\sin^2 t} = \sqrt{1-x^2}$，

于是 $\qquad \int \dfrac{x^2}{\sqrt{1-x^2}}\,dx = \dfrac{1}{2}\arcsin x - \dfrac{1}{2}x\sqrt{1-x^2} + C.$

因此 $\qquad \int x\arcsin x\,dx = \dfrac{1}{2}x^2\arcsin x - \dfrac{1}{4}\arcsin x + \dfrac{1}{4}x\sqrt{1-x^2} + C.$

(3) $\int e^{ax}\cos bx\,dx = \frac{1}{b}\int e^{ax}d\sin bx = \frac{1}{b}\left[e^{ax}\sin(bx) - \int \sin(bx)de^{ax}\right]$

$= \frac{1}{b}e^{ax}\sin(bx) - \frac{a}{b}\int e^{ax}\sin(bx)dx$

$= \frac{1}{b}e^{ax}\sin(bx) + \frac{a}{b^2}\int e^{ax}d\cos(bx)$

$= \frac{1}{b}e^{ax}\sin(bx) + \frac{a}{b^2}\left[e^{ax}\cos(bx) - \int \cos(bx)de^{ax}\right]$

$= \frac{1}{b}e^{ax}\sin(bx) + \frac{a}{b^2}e^{ax}\cos(bx) - \frac{a^2}{b^2}\int e^{ax}\cos(bx)dx,$

由于上式右端的第三项就是所求的积分，移项整理得

$$\int e^{ax}\cos bx\,dx = \frac{1}{a^2+b^2}e^{ax}(b\sin bx + a\cos bx) + C.$$

(4) $\int \frac{x\arctan x}{\sqrt{1+x^2}}dx = \int \arctan x\,d(\sqrt{1+x^2})$

$= \sqrt{1+x^2}\arctan x - \int \sqrt{1+x^2}\,d\arctan x$

$= \sqrt{1+x^2}\arctan x - \int \frac{1}{\sqrt{1+x^2}}dx.$

下面求 $\int \frac{1}{\sqrt{1+x^2}}dx$. 令 $x=\tan t\left(-\frac{\pi}{2}<t<\frac{\pi}{2}\right)$，则

$\int \frac{1}{\sqrt{1+x^2}}dx = \int \frac{1}{\sqrt{1+\tan^2 t}}d\tan t = \int \frac{1}{\sec t}\sec^2 t\,dt = \int \sec t\,dt$

$= \ln|\tan t + \sec t| + C_0$

$= \ln(x + \sqrt{1+x^2}) + C_0,$

因此 $\int x\arctan x\,dx = \sqrt{1+x^2}\arctan x - \ln(x+\sqrt{1+x^2}) + C.$

(5) 令 $t=\arcsin x$，则

$\int (\arcsin x)^2 dx = \int t^2 d\sin t = t^2\sin t - \int \sin t\,dt^2 = t^2\sin t - 2\int t\sin t\,dt$

$= t^2\sin t + 2\int t\,d\cos t = t^2\sin t + 2\left(t\cos t - \int \cos t\,dt\right)$

$= t^2\sin t + 2t\cos t - 2\sin t + C$

$= x(\arcsin x)^2 + 2\sqrt{1-x^2}\arcsin x - 2x + C.$

(6) 令 $x=a\tan t$，则

$\int \frac{dx}{(x^2+a^2)^2} = \int \frac{a\sec^2 t}{a^4\sec^4 t}dt = \frac{1}{a^3}\int \cos^2 t\,dt = \frac{1}{2a^3}\int(1+\cos 2t)dt$

$= \frac{t}{2a^3} + \frac{\sin 2t}{4a^3} + C$

$= \frac{1}{2a^3}\arctan\frac{x}{a} + \frac{x}{2a^2(x^2+a^2)} + C.$

习 题 4-4

(A)

1. 求下列不定积分.

(1) $\int \dfrac{x}{(x+2)(x+3)}\mathrm{d}x$;

(2) $\int \dfrac{1}{(1+2x)(1+x^2)}\mathrm{d}x$;

(3) $\int \dfrac{x-3}{x^3-x}\mathrm{d}x$;

(4) $\int \dfrac{3x^2+1}{(x^2-1)^3}\mathrm{d}x$;

(5) $\int \dfrac{\mathrm{d}x}{2+\cos x}$;

(6) $\int \dfrac{1}{1+\sin x+\cos x}\mathrm{d}x$;

(7) $\int \dfrac{\sin x}{1+\sin x}\mathrm{d}x$;

(8) $\int \dfrac{\mathrm{d}x}{3+\sin^2 x}$;

(9) $\int \dfrac{\mathrm{d}x}{2\sin x-\cos x+5}$;

(10) $\int \dfrac{\mathrm{d}x}{2+\sin x}$;

(11) $\int x^2\sqrt[3]{1+x^3}\,\mathrm{d}x$;

(12) $\int \dfrac{x^3}{\sqrt{x^8-4}}\mathrm{d}x$;

(13) $\int x^2\sqrt{1+x}\,\mathrm{d}x$;

(14) $\int \dfrac{\mathrm{d}x}{\sqrt{x}+\sqrt[4]{x}}$;

(15) $\int \dfrac{\sqrt{x+1}-1}{\sqrt{x+1}+1}\mathrm{d}x$;

(16) $\int \dfrac{\mathrm{d}x}{\sqrt[3]{(x+1)^2(x-1)^4}}$.

解 (1) 设
$$\dfrac{x}{(x+2)(x+3)}=\dfrac{A}{x+2}+\dfrac{B}{x+3},$$
去分母得恒等式
$$x=A(x+3)+B(x+2).$$
取 $x=-3$，得 $B=3$；取 $x=-2$，得 $A=-2$，因此
$$\dfrac{x}{(x+2)(x+3)}=\dfrac{-2}{x+2}+\dfrac{3}{x+3},$$
于是 $\int \dfrac{x}{(x+2)(x+3)}\mathrm{d}x=\int\left(\dfrac{-2}{x+2}+\dfrac{3}{x+3}\right)\mathrm{d}x=-2\ln|x+2|+3\ln|x+3|+C.$

(2) 设
$$\dfrac{1}{(1+2x)(1+x^2)}=\dfrac{A}{1+2x}+\dfrac{Bx+C}{1+x^2},$$
去分母得恒等式
$$1=A(1+x^2)+(1+2x)(Bx+C).$$
取 $x=-\dfrac{1}{2}$，得 $A=\dfrac{4}{5}$；取 $x=0$，得 $C=\dfrac{1}{5}$；取 $x=1$，得 $B=-\dfrac{2}{5}$，因此
$$\dfrac{1}{(1+2x)(1+x^2)}=\dfrac{\dfrac{4}{5}}{1+2x}+\dfrac{-\dfrac{2}{5}x+\dfrac{1}{5}}{1+x^2},$$
于是 $\int \dfrac{1}{(1+2x)(1+x^2)}\mathrm{d}x=\dfrac{1}{5}\int\left(\dfrac{4}{1+2x}+\dfrac{-2x+1}{1+x^2}\right)\mathrm{d}x$
$$=\dfrac{2}{5}\int\dfrac{\mathrm{d}(1+2x)}{1+2x}-\dfrac{1}{5}\int\dfrac{\mathrm{d}(1+x^2)}{1+x^2}+\dfrac{1}{5}\int\dfrac{1}{1+x^2}\mathrm{d}x$$

$$= \frac{2}{5}\ln|1+2x| - \frac{1}{5}\ln(1+x^2) + \frac{1}{5}\arctan x + C.$$

(3) 因为 $x^3 - x = x(x+1)(x-1)$，所以设
$$\frac{x-3}{x^3-x} = \frac{A}{x} + \frac{B}{x+1} + \frac{C}{x-1},$$

去分母得恒等式
$$x - 3 = A(x+1)(x-1) + Bx(x-1) + Cx(x+1).$$

取 $x=0$，得 $A=3$；取 $x=-1$，得 $B=-2$；取 $x=1$，得 $C=-1$，因此
$$\frac{x-3}{x^3-x} = \frac{3}{x} + \frac{-2}{x+1} + \frac{-1}{x-1},$$

$$\int \frac{x-3}{x^3-x}\mathrm{d}x = \int \left(\frac{3}{x} + \frac{-2}{x+1} + \frac{-1}{x-1}\right)\mathrm{d}x$$
$$= 3\ln|x| - 2\ln|x+1| - \ln|x-1| + C.$$

(4) 因为 $(x^2-1)^3 = (x-1)^3(x+1)^3$，所以设
$$\frac{3x^2+1}{(x^2-1)^3} = \frac{A_1}{x-1} + \frac{A_2}{(x-1)^2} + \frac{A_3}{(x-1)^3} + \frac{B_1}{x+1} + \frac{B_2}{(x+1)^2} + \frac{B_3}{(x+1)^3},$$

去分母得恒等式
$$3x^2 + 1 = A_1(x-1)^2(x+1)^3 + A_2(x-1)(x+1)^3 + A_3(x+1)^3 +$$
$$B_1(x+1)^2(x-1)^3 + B_2(x+1)(x-1)^3 + B_3(x-1)^3.$$

取 $x=1$，得 $A_3 = \frac{1}{2}$；取 $x=-1$，得 $B_3 = -\frac{1}{2}$，代入上式整理得
$$A_1(x-1)(x+1)^2 + A_2(x+1)^2 + B_1(x+1)(x-1)^2 + B_2(x-1)^2 = 0.$$

取 $x=1$，得 $A_2 = 0$；取 $x=-1$，得 $B_2 = 0$；取 $x=0$ 及 $x=2$，得 $A_1=0$ 及 $B_1=0$，因此
$$\frac{3x^2+1}{(x^2-1)^3} = \frac{1/2}{(x-1)^3} + \frac{-1/2}{(x+1)^3},$$

于是 $\int \frac{3x^2+1}{(x^2-1)^3}\mathrm{d}x = \int \left[\frac{1/2}{(x-1)^3} + \frac{-1/2}{(x+1)^3}\right]\mathrm{d}x = \frac{1}{2}\int \frac{\mathrm{d}(x-1)}{(x-1)^3} - \frac{1}{2}\int \frac{\mathrm{d}(x+1)}{(x+1)^3}$
$$= -\frac{1}{4}(x-1)^{-2} + \frac{1}{4}(x+1)^{-2} + C = -\frac{x}{(x^2-1)^2} + C.$$

(5) 令 $t = \tan \frac{x}{2}$，则
$$x = 2\arctan t, \quad \mathrm{d}x = \frac{2}{1+t^2}\mathrm{d}t, \quad \cos x = \frac{1-t^2}{1+t^2},$$

于是 $\int \frac{\mathrm{d}x}{2+\cos x} = \int \frac{1}{2+\frac{1-t^2}{1+t^2}} \cdot \frac{2}{1+t^2}\mathrm{d}t = \int \frac{2}{3+t^2}\mathrm{d}t$

$$= \frac{2}{\sqrt{3}}\int \frac{1}{1+\left(\frac{t}{\sqrt{3}}\right)^2} \cdot \frac{1}{\sqrt{3}}\mathrm{d}t = \frac{2}{\sqrt{3}}\arctan\left(\frac{t}{\sqrt{3}}\right) + C$$

$$= \frac{2\sqrt{3}}{3}\arctan\left(\frac{\sqrt{3}}{3}\tan\frac{x}{2}\right) + C.$$

(6) 令 $t = \tan\frac{x}{2}$，则

$$\sin x = \frac{2t}{1+t^2}, \quad \cos x = \frac{1-t^2}{1+t^2}, \quad dx = \frac{2}{1+t^2}dt,$$

于是 $\displaystyle\int \frac{1}{1+\sin x+\cos x}dx = \int \frac{1}{1+\frac{2t}{1+t^2}+\frac{1-t^2}{1+t^2}} \cdot \frac{2}{1+t^2}dt = \int \frac{1}{1+t}dt$

$$= \ln|1+t|+C = \ln\left|1+\tan\frac{x}{2}\right|+C.$$

(7) 令 $t = \tan\dfrac{x}{2}$，则

$$\sin x = \frac{2t}{1+t^2}, \quad dx = \frac{2}{1+t^2}dt,$$

于是 $\displaystyle\int \frac{\sin x}{1+\sin x}dx = \int \frac{\frac{2t}{1+t^2}}{1+\frac{2t}{1+t^2}} \cdot \frac{2}{1+t^2}dt = \int \frac{4t}{(t^2+2t+1)(1+t^2)}dt$

$$= 2\int \left[\frac{1}{1+t^2} - \frac{1}{(1+t)^2}\right]dt = 2\arctan t + \frac{2}{1+t} + C$$

$$= 2\arctan\left(\tan\frac{x}{2}\right) + \frac{2}{1+\tan\frac{x}{2}} + C$$

$$= x + \frac{2}{1+\tan\frac{x}{2}} + C.$$

另解 $\displaystyle\int \frac{\sin x}{1+\sin x}dx = \int \frac{\sin x(1-\sin x)}{(1+\sin x)(1-\sin x)}dx = \int \frac{\sin x - \sin^2 x}{\cos^2 x}dx$

$$= \int (\tan x \sec x - \tan^2 x)dx = \int (\tan x \sec x - \sec^2 x + 1)dx$$

$$= \sec x - \tan x + x + C.$$

(8) 令 $t = \tan x$，则

$$\sin^2 x = \frac{\tan^2 x}{\sec^2 x} = \frac{t^2}{1+t^2}, \quad dx = \frac{1}{1+t^2}dt,$$

于是 $\displaystyle\int \frac{dx}{3+\sin^2 x} = \int \frac{1}{3+\frac{t^2}{1+t^2}} \cdot \frac{1}{1+t^2}dt = \int \frac{1}{3+4t^2}dt$

$$= \frac{1}{2\sqrt{3}}\int \frac{1}{1+\left(\frac{2}{\sqrt{3}}t\right)^2} \cdot \frac{2}{\sqrt{3}}dt = \frac{1}{2\sqrt{3}}\arctan\frac{2}{\sqrt{3}}t + C$$

$$= \frac{\sqrt{3}}{6}\arctan\left(\frac{2\sqrt{3}}{3}\tan x\right) + C.$$

(9) 令 $t = \tan\dfrac{x}{2}$，则

$$\sin x = \frac{2t}{1+t^2}, \quad \cos x = \frac{1-t^2}{1+t^2}, \quad dx = \frac{2}{1+t^2}dt,$$

于是 $\displaystyle\int \frac{dx}{2\sin x - \cos x + 5} = \int \frac{1}{2 \cdot \frac{2t}{1+t^2} - \frac{1-t^2}{1+t^2} + 5} \cdot \frac{2}{1+t^2}dt = \int \frac{1}{3t^2+2t+2}dt$

$$= \int \frac{3}{(9t^2+6t+1)+5}dt = \frac{1}{\sqrt{5}}\int \frac{1}{\left(\frac{3t+1}{\sqrt{5}}\right)^2+1} \cdot \frac{3}{\sqrt{5}}dt$$

$$= \frac{1}{\sqrt{5}}\arctan\frac{3t+1}{\sqrt{5}}+C = \frac{1}{\sqrt{5}}\arctan\frac{3\tan\frac{x}{2}+1}{\sqrt{5}}+C.$$

(10) 令 $t=\tan\dfrac{x}{2}$，则

$$\sin x = \frac{2t}{1+t^2}, \quad dx = \frac{2}{1+t^2}dt,$$

于是

$$\int \frac{dx}{2+\sin x} = \int \frac{\frac{2}{1+t^2}}{2+\frac{2t}{1+t^2}}dt = \int \frac{1}{t^2+t+1}dt$$

$$= \int \frac{4}{(2t+1)^2+(\sqrt{3})^2}dt = \frac{2}{\sqrt{3}}\int \frac{1}{\left(\frac{2t+1}{\sqrt{3}}\right)^2+1}\left(\frac{2}{\sqrt{3}}dt\right)$$

$$= \frac{2}{\sqrt{3}}\arctan\frac{2t+1}{\sqrt{3}}+C = \frac{2\sqrt{3}}{3}\arctan\frac{\sqrt{3}\left(2\tan\frac{x}{2}+1\right)}{3}+C.$$

(11) 令 $t=1+x^3$，则

$$x=\sqrt[3]{t-1}, \quad dx=\frac{1}{3}(t-1)^{-\frac{2}{3}}dt,$$

于是

$$\int x^2 \cdot \sqrt[3]{1+x^3}\,dx = \int (\sqrt[3]{t-1})^2 \sqrt[3]{t} \cdot \frac{1}{3}(t-1)^{-\frac{2}{3}}dt = \frac{1}{3}\int t^{\frac{1}{3}}dt$$

$$= \frac{1}{4}t^{\frac{4}{3}}+C = \frac{1}{4}(1+x^3)^{\frac{4}{3}}+C.$$

(12) $\displaystyle\int \frac{x^3}{\sqrt{x^8-4}}dx = \frac{1}{4}\int \frac{1}{\sqrt{(x^4)^2-2^2}}d(x^4) = \frac{1}{4}\ln(x^4+\sqrt{x^8-4})+C.$

(13) 令 $t=1+x$，则 $x=t-1$，于是

$$\int x^2\sqrt{1+x}\,dx = \int (t-1)^2\sqrt{t}\,dt = \int (t^{\frac{5}{2}}-2t^{\frac{3}{2}}+t^{\frac{1}{2}})dt$$

$$= \frac{2}{7}t^{\frac{7}{2}}-\frac{4}{5}t^{\frac{5}{2}}+\frac{2}{3}t^{\frac{3}{2}}+C = \frac{2}{105}t^{\frac{1}{2}}(15t^3-42t^2+35t)+C$$

$$= \frac{2}{105}\sqrt{1+x}(15x^3+3x^2-4x+8)+C.$$

(14) 令 $t=\sqrt[4]{x}$，则 $x=t^4$，则

$$\int \frac{dx}{\sqrt{x}+\sqrt[4]{x}} = \int \frac{4t^3}{t^2+t}dt = 4\int \frac{t^2}{t+1}dt = 4\int \frac{(t^2-1)+1}{t+1}dt$$

$$= 4\int \left(t-1+\frac{1}{t+1}\right)dt$$

$$= 4\left[\frac{1}{2}t^2-t+\ln(t+1)\right]+C$$

$$= 2\sqrt{x} - 4\sqrt[4]{x} + 4\ln(\sqrt[4]{x}+1) + C.$$

(15) 令 $t=\sqrt{x+1}$，则 $x=t^2-1$，$dx=2tdt$，于是

$$\int \frac{\sqrt{x+1}-1}{\sqrt{x+1}+1}dx = \int \frac{t-1}{t+1} \cdot 2t\,dt = 2\int \frac{t^2-t}{t+1}dt = 2\int \frac{(t^2+t)-(2t+2)+2}{t+1}dt$$

$$= 2\int \left(t-2+\frac{2}{t+1}\right)dt = t^2 - 4t + 4\ln(1+t) + C_1$$

$$= x - 4\sqrt{x+1} + 4\ln(1+\sqrt{x+1}) + C \text{（其中 } C=C_1+1\text{）}.$$

(16) $\displaystyle\int \frac{dx}{\sqrt[3]{(x+1)^2(x-1)^4}} = \int \frac{1}{(x+1)(x-1)}\sqrt[3]{\frac{x+1}{x-1}}\,dx$，令 $t=\sqrt[3]{\dfrac{x+1}{x-1}}$，则

$$x = \frac{t^3+1}{t^3-1}, \quad dx = \frac{-6t^2}{(t^3-1)^2}dt,$$

于是 $\displaystyle\int \frac{dx}{\sqrt[3]{(x+1)^2(x-1)^4}} = \int \frac{1}{\left(\dfrac{t^3+1}{t^3-1}\right)^2 - 1} \cdot t \cdot \frac{-6t^2}{(t^3-1)^2}dt = -\frac{3}{2}\int dt$

$$= -\frac{3}{2}t + C = -\frac{3}{2}\sqrt[3]{\frac{x+1}{x-1}} + C.$$

2. 选择合适的方法计算下列不定积分．

(1) $\displaystyle\int \frac{dx}{\sin x \cos x}$;

(2) $\displaystyle\int \frac{\ln(\tan x)}{\cos x \sin x}dx$;

(3) $\displaystyle\int \tan^3 x \sec x\,dx$;

(4) $\displaystyle\int \frac{\sqrt{1+\cos x}}{\sin x}dx$;

(5) $\displaystyle\int \frac{1+\cos x}{x+\sin x}dx$;

(6) $\displaystyle\int \frac{xe^x}{(e^x+1)^2}dx$;

(7) $\displaystyle\int \frac{x^7}{(1+x^4)^2}dx$;

(8) $\displaystyle\int \frac{\ln(1+x)}{(1+x)^2}dx$;

(9) $\displaystyle\int \frac{dx}{x^4\sqrt{1+x^2}}$;

(10) $\displaystyle\int \ln(1+x^2)dx$;

(11) $\displaystyle\int \frac{\sqrt{1+\sqrt{x}}}{\sqrt{x}}dx$;

(12) $\displaystyle\int \frac{\sqrt[3]{x}}{x(\sqrt{x}+\sqrt[3]{x})}dx$;

(13) $\displaystyle\int \frac{dx}{\sqrt{(x-1)^3(x-2)}}$;

(14) $\displaystyle\int \frac{\cot x}{1+\sin x}dx$;

(15) $\displaystyle\int e^{2x}\cos 3x\,dx$;

(16) $\displaystyle\int x\sin x\cos x\,dx$;

(17) $\displaystyle\int \frac{x+1}{(x^2+2x)\sqrt{x^2+2x}}dx$;

(18) $\displaystyle\int \sqrt{3-2x-x^2}\,dx$;

(19) $\displaystyle\int \frac{dx}{\sqrt{(x^2+1)^3}}$;

(20) $\displaystyle\int \frac{e^{3x}+e^x}{e^{4x}-e^{2x}+1}dx.$

解 (1) $\displaystyle\int \frac{dx}{\sin x \cos x} = \int \frac{2}{\sin 2x}dx = \ln|\csc 2x - \cot 2x| + C.$

另解 $\displaystyle\int \frac{dx}{\sin x \cos x} = \int \frac{1}{\tan x \cos^2 x}dx = \int \frac{1}{\tan x}d(\tan x) = \ln|\tan x| + C.$

(2) 利用上题结果得

$$\int \frac{\ln(\tan x)}{\cos x \sin x} dx = \int \ln(\tan x) d[\ln(\tan x)] = \frac{1}{2}[\ln(\tan x)]^2 + C.$$

(3) $\int \tan^3 x \sec x dx = \int \tan^2 x \tan x \sec x dx = \int (\sec^2 x - 1) d(\sec x)$

$$= \frac{1}{3}\sec^3 x - \sec x + C.$$

(4) $\int \frac{\sqrt{1+\cos x}}{\sin x} dx = \int \frac{\sqrt{2}\cos\frac{x}{2}}{2\sin\frac{x}{2}\cos\frac{x}{2}} dx = \sqrt{2}\int \frac{1}{\sin\frac{x}{2}} \cdot \frac{1}{2} dx$

$$= \sqrt{2}\ln\left|\csc\frac{x}{2} - \cot\frac{x}{2}\right| + C.$$

(5) $\int \frac{1+\cos x}{x+\sin x} dx = \int \frac{d(x+\sin x)}{x+\sin x} = \ln|x+\sin x| + C.$

(6) $\int \frac{x e^x}{(e^x+1)^2} dx = \int \frac{x d(e^x)}{(e^x+1)^2} = -\int x d\left(\frac{1}{e^x+1}\right) = -\frac{x}{e^x+1} + \int \frac{1}{e^x+1} dx.$

下面求 $\int \frac{1}{e^x+1} dx$. 设 $t = e^x$, 则

$$x = \ln t, \quad dx = \frac{1}{t} dt,$$

于是 $\int \frac{1}{e^x+1} dx = \int \frac{1}{t+1} \frac{1}{t} dt = \int \left(\frac{1}{t} - \frac{1}{t+1}\right) dt$

$$= \ln t - \ln(t+1) + C = \ln e^x - \ln(e^x+1) + C,$$

因此 $\int \frac{x e^x}{(e^x+1)^2} dx = -\frac{x}{e^x+1} + \ln \frac{e^x}{e^x+1} + C.$

(7) 令 $t = x^4$, 则

$$\int \frac{x^7}{(1+x^4)^2} dx = \frac{1}{4}\int \frac{t}{(1+t)^2} dt.$$

设

$$\frac{t}{(1+t)^2} = \frac{A}{1+t} + \frac{B}{(1+t)^2},$$

去分母得恒等式

$$t = A(1+t) + B.$$

取 $t = -1$, 得 $B = -1$; 取 $t = 0$, 得 $A = 1$, 因此

$$\frac{t}{(1+t)^2} = \frac{1}{1+t} + \frac{-1}{(1+t)^2},$$

于是 $\int \frac{x^7}{(1+x^4)^2} dx = \frac{1}{4}\int \left[\frac{1}{1+t} - \frac{1}{(1+t)^2}\right] dt = \frac{1}{4}\left[\ln(1+t) + \frac{1}{1+t}\right] + C$

$$= \frac{1}{4}\left[\ln(1+x^4) + \frac{1}{1+x^4}\right] + C.$$

(8) $\int \frac{\ln(1+x)}{(1+x)^2} dx = -\int \ln(1+x) d\frac{1}{1+x}$

$$= -\frac{1}{1+x}\ln(1+x) + \int \frac{1}{1+x} d\ln(1+x)$$

$$=-\frac{1}{1+x}\ln(1+x)+\int\frac{1}{(1+x)^2}dx$$

$$=-\frac{1}{1+x}\ln(1+x)-\frac{1}{1+x}+C$$

$$=-\frac{1}{1+x}[\ln(1+x)+1]+C.$$

(9) 令 $x=\frac{1}{t}$,则 $dx=-\frac{1}{t^2}dt$,于是

$$\int\frac{dx}{x^4\sqrt{1+x^2}}=\int\frac{1}{\left(\frac{1}{t}\right)^4\sqrt{1+\left(\frac{1}{t}\right)^2}}\left(-\frac{1}{t^2}dt\right)=-\int\frac{t^3}{\sqrt{t^2+1}}dt.$$

令 $t=\tan u$,则

$$\int\frac{t^3}{\sqrt{t^2+1}}dt=\int\frac{\tan^3 u}{\sqrt{\tan^2 u+1}}\sec^2 u du=\int\tan^3 u\sec u du$$

$$=\int\tan^2 u\tan u\sec u du=\int(\sec^2 u-1)d\sec u$$

$$=\frac{1}{3}\sec^3 u-\sec u+C.$$

因为 $\tan u=t=\frac{1}{x}$,所以

$$\sec u=\sqrt{1+\tan^2 u}=\sqrt{1+\left(\frac{1}{x}\right)^2}=\frac{\sqrt{1+x^2}}{x},$$

于是

$$\int\frac{dx}{x^4\sqrt{1+x^2}}=-\int\frac{t^3}{\sqrt{1+t^2}}dt=-\frac{1}{3}\sec^3 u+\sec u+C$$

$$=-\frac{\sqrt{(1+x^2)^3}}{3x^3}+\frac{\sqrt{1+x^2}}{x}+C.$$

(10) $\int\ln(1+x^2)dx=x\ln(1+x^2)-\int x d\ln(1+x^2)$

$$=x\ln(1+x^2)-2\int\frac{(1+x^2)-1}{1+x^2}dx$$

$$=x\ln(1+x^2)-2x+2\arctan x+C.$$

(11) 令 $t=\sqrt{x}$,则 $x=t^2$, $dx=2tdt$,于是

$$\int\frac{\sqrt{1+\sqrt{x}}}{\sqrt{x}}dx=\int\frac{\sqrt{1+t}}{t}2tdt=2\int\sqrt{1+t}\,dt$$

$$=2\cdot\frac{2}{3}(1+t)^{\frac{3}{2}}+C=\frac{4}{3}(1+\sqrt{x})^{\frac{3}{2}}+C.$$

(12) 令 $t=\sqrt[6]{x}$,则 $x=t^6$, $dx=6t^5 dt$,于是

$$\int\frac{\sqrt[3]{x}}{x(\sqrt{x}+\sqrt[3]{x})}dx=\int\frac{t^2}{t^6(t^3+t^2)}\cdot 6t^5 dt=6\int\frac{1}{t(t+1)}dt=6\int\left(\frac{1}{t}-\frac{1}{t+1}\right)dt$$

$$=6[\ln t-\ln(t+1)]+C=6\ln\left|\frac{t}{t+1}\right|+C=\ln\left|\frac{x}{(\sqrt[6]{x}+1)^6}\right|+C.$$

(13) 令 $t=\sqrt{\dfrac{x-1}{x-2}}$,则

$$x=\frac{2t^2-1}{t^2-1}, \quad dx=\frac{-2t}{(t^2-1)^2}dt,$$

于是
$$\int\frac{dx}{\sqrt{(x-1)^3(x-2)}}=\int\frac{1}{\left(\dfrac{2t^2-1}{t^2-1}-1\right)^2}\cdot t\cdot\frac{-2t}{(t^2-1)^2}dt$$

$$=-2\int\frac{1}{t^2}dt=\frac{2}{t}+C=2\sqrt{\frac{x-2}{x-1}}+C.$$

(14) $\displaystyle\int\frac{\cot x}{1+\sin x}dx=\int\frac{\cos x}{\sin x(1+\sin x)}dx=\int\frac{1}{\sin x(1+\sin x)}d\sin x$

$$=\int\left(\frac{1}{\sin x}-\frac{1}{1+\sin x}\right)d\sin x=\ln|\sin x|-\ln(1+\sin x)+C$$

$$=\ln\frac{|\sin x|}{1+\sin x}+C.$$

(15) $\displaystyle\int e^{2x}\cos 3x\,dx=\frac{1}{2}\int\cos 3x\,d(e^{2x})=\frac{1}{2}\left(e^{2x}\cos 3x-\int e^{2x}d\cos 3x\right)$

$$=\frac{1}{2}e^{2x}\cos 3x+\frac{3}{2}\int e^{2x}\sin 3x\,dx=\frac{1}{2}e^{2x}\cos 3x+\frac{3}{4}\int\sin 3x\,d(e^{2x})$$

$$=\frac{1}{2}e^{2x}\cos 3x+\frac{3}{4}\left(e^{2x}\sin 3x-\int e^{2x}d\sin 3x\right)$$

$$=\frac{1}{2}e^{2x}\cos 3x+\frac{3}{4}e^{2x}\sin 3x-\frac{9}{4}\int e^{2x}\cos 3x\,dx,$$

移项整理得

$$\int e^{2x}\cos 3x\,dx=\frac{1}{13}e^{2x}(2\cos 3x+3\sin 3x)+C.$$

(16) $\displaystyle\int x\sin x\cos x\,dx=\frac{1}{2}\int x\sin 2x\,dx=-\frac{1}{4}\int x\,d\cos 2x$

$$=-\frac{1}{4}\left(x\cos 2x-\int\cos 2x\,dx\right)$$

$$=-\frac{1}{4}x\cos 2x+\frac{1}{8}\sin 2x+C.$$

(17) $\displaystyle\int\frac{x+1}{(x^2+2x)\sqrt{x^2+2x}}dx=\frac{1}{2}\int\frac{d(x^2+2x)}{(x^2+2x)^{\frac{3}{2}}}=-(x^2+2x)^{-\frac{1}{2}}+C$

$$=-\frac{1}{\sqrt{x^2+2x}}+C.$$

(18) $\displaystyle\int\sqrt{3-2x-x^2}\,dx=\int\sqrt{4-(x+1)^2}\,dx,$

令 $x+1=2\sin t$,则 $x=2\sin t-1$,于是

$$\int\sqrt{3-2x-x^2}\,dx=\int 2\cos t\cdot 2\cos t\,dt=2\int(\cos 2t+1)dt=(2t+\sin 2t)+C.$$

因为 $\sin t=\dfrac{x+1}{2}$,所以

$$t=\arcsin\frac{x+1}{2},\ \cos t=\sqrt{1-\sin^2 t}=\frac{\sqrt{3-2x-x^2}}{2},$$

$$\sin 2t=2\sin t\cos t=\frac{x+1}{2}\sqrt{3-2x-x^2},$$

于是 $$\int\sqrt{3-2x-x^2}\,\mathrm{d}x=2\arcsin\frac{x+1}{2}+\frac{x+1}{2}\sqrt{3-2x-x^2}+C.$$

(19) 令 $x=\tan t$,则

$$\int\frac{\mathrm{d}x}{\sqrt{(x^2+1)^3}}=\int\frac{\sec^2 t\,\mathrm{d}t}{\sqrt{(\tan^2 t+1)^3}}=\int\cos t\,\mathrm{d}t=\sin t+C.$$

因为 $x=\tan t$,所以

$$\cot t=\frac{1}{x},\ \sin t=\frac{1}{\csc t}=\frac{1}{\sqrt{1+\cot^2 t}}=\frac{1}{\sqrt{1+\left(\frac{1}{x}\right)^2}}=\frac{x}{\sqrt{1+x^2}},$$

于是 $$\int\frac{\mathrm{d}x}{\sqrt{(x^2+1)^3}}=\frac{x}{\sqrt{1+x^2}}+C.$$

(20) 令 $t=\mathrm{e}^x$,则

$$\int\frac{\mathrm{e}^{3x}+\mathrm{e}^x}{\mathrm{e}^{4x}-\mathrm{e}^{2x}+1}\mathrm{d}x=\int\frac{t^3+t}{t^4-t^2+1}\cdot\frac{1}{t}\mathrm{d}t=\int\frac{t^2+1}{t^4-t^2+1}\mathrm{d}t.$$

下面求 $\int\frac{t^2+1}{t^4-t^2+1}\mathrm{d}t$.

方法一: $\int\frac{t^2+1}{t^4-t^2+1}\mathrm{d}t=\int\frac{t^2+1}{(t^2-\sqrt{3}t+1)(t^2+\sqrt{3}t+1)}\mathrm{d}t$

$$=\frac{1}{2}\int\left(\frac{1}{t^2-\sqrt{3}t+1}+\frac{1}{t^2+\sqrt{3}t+1}\right)\mathrm{d}t$$

$$=\int\left[\frac{1}{(2t+\sqrt{3})^2+1}+\frac{1}{(2t-\sqrt{3})^2+1}\right]\cdot 2\mathrm{d}t$$

$$=\arctan(2t+\sqrt{3})+\arctan(2t-\sqrt{3})+C.$$

方法二: $\int\frac{t^2+1}{t^4-t^2+1}\mathrm{d}t=\int\frac{t^2+1}{(t^2-1)^2+t^2}\mathrm{d}t=\int\frac{1+\frac{1}{t^2}}{\left(t-\frac{1}{t}\right)^2+1}\mathrm{d}t$

$$=\int\frac{\mathrm{d}\left(t-\frac{1}{t}\right)}{\left(t-\frac{1}{t}\right)^2+1}=\arctan\left(t-\frac{1}{t}\right)+C,$$

于是 $$\int\frac{\mathrm{e}^{3x}+\mathrm{e}^x}{\mathrm{e}^{4x}-\mathrm{e}^{2x}+1}\mathrm{d}x=\int\frac{t^2+1}{t^4-t^2+1}\mathrm{d}t=\arctan\left(t-\frac{1}{t}\right)+C$$

$$=\arctan(\mathrm{e}^x-\mathrm{e}^{-x})+C.$$

(B)

1. 求下列不定积分.

(1) $\int\frac{x}{x^3+1}\mathrm{d}x$;

(2) $\int\frac{1}{(2x^2+3x+1)^2}\mathrm{d}x$;

(3) $\int \dfrac{\mathrm{d}x}{(x^2+1)(x^2+x)}$; (4) $\int \dfrac{1}{x^4+1}\mathrm{d}x$;

(5) $\int \dfrac{1+\sin x}{1-\cos x}\mathrm{d}x$; (6) $\int \sqrt{\dfrac{1-x}{1+x}} \cdot \dfrac{\mathrm{d}x}{x}$.

解 (1) 因为 $x^3+1=(x+1)(x^2-x+1)$，所以设

$$\dfrac{x}{x^3+1}=\dfrac{A}{x+1}+\dfrac{Bx+C}{x^2-x+1},$$

去分母得恒等式

$$x=A(x^2-x+1)+(Bx+C)(x+1).$$

取 $x=-1$，得 $A=-\dfrac{1}{3}$；取 $x=0$，得 $C=\dfrac{1}{3}$；取 $x=1$，得 $B=\dfrac{1}{3}$，因此

$$\dfrac{x}{x^3+1}=\dfrac{-\dfrac{1}{3}}{x+1}+\dfrac{\dfrac{1}{3}x+\dfrac{1}{3}}{x^2-x+1},$$

于是
$$\int \dfrac{x}{x^3+1}\mathrm{d}x = \int \dfrac{1}{3}\left(\dfrac{-1}{x+1}+\dfrac{x+1}{x^2-x+1}\right)\mathrm{d}x$$

$$=-\dfrac{1}{3}\ln|x+1|+\dfrac{1}{6}\int \dfrac{(2x-1)+3}{x^2-x+1}\mathrm{d}x$$

$$=-\dfrac{1}{3}\ln|x+1|+\dfrac{1}{6}\int \dfrac{2x-1}{x^2-x+1}\mathrm{d}x+\dfrac{1}{2}\int \dfrac{\mathrm{d}x}{\left(x-\dfrac{1}{2}\right)^2+\left(\dfrac{\sqrt{3}}{2}\right)^2}$$

$$=-\dfrac{1}{3}\ln|x+1|+\dfrac{1}{6}\int \dfrac{\mathrm{d}(x^2-x-1)}{x^2-x+1}+\dfrac{1}{\sqrt{3}}\int \dfrac{\dfrac{2}{\sqrt{3}}\mathrm{d}x}{1+\left(\dfrac{2}{\sqrt{3}}x-\dfrac{1}{\sqrt{3}}\right)^2}$$

$$=-\dfrac{1}{3}\ln|x+1|+\dfrac{1}{6}\ln(x^2-x+1)+\dfrac{\sqrt{3}}{3}\arctan\dfrac{\sqrt{3}(2x-1)}{3}+C.$$

(2) 因为 $(2x^2+3x+1)^2=(2x+1)^2(x+1)^2$，所以设

$$\dfrac{1}{(2x^2+3x+1)^2}=\dfrac{A}{2x+1}+\dfrac{B}{(2x+1)^2}+\dfrac{A_1}{x+1}+\dfrac{B_1}{(x+1)^2},$$

去分母得恒等式

$$1=A(2x+1)(x+1)^2+B(x+1)^2+A_1(2x+1)^2(x+1)+B_1(2x+1)^2.$$

取 $x=-\dfrac{1}{2}$，得 $B=4$；取 $x=-1$，得 $B_1=1$；取 $x=0$ 及 $x=1$，得 $A=-8$ 及 $A_1=4$，因此

$$\dfrac{1}{(2x^2+3x+1)^2}=\dfrac{-8}{2x+1}+\dfrac{4}{(2x+1)^2}+\dfrac{4}{x+1}+\dfrac{1}{(x+1)^2},$$

于是
$$\int \dfrac{1}{(2x^2+3x+1)^2}\mathrm{d}x = \int\left[\dfrac{-8}{2x+1}+\dfrac{4}{(2x+1)^2}+\dfrac{4}{x+1}+\dfrac{1}{(x+1)^2}\right]\mathrm{d}x$$

$$=-4\int \dfrac{\mathrm{d}(2x+1)}{2x+1}+2\int \dfrac{\mathrm{d}(2x+1)}{(2x+1)^2}+4\int \dfrac{\mathrm{d}(x+1)}{x+1}+\int \dfrac{\mathrm{d}(x+1)}{(x+1)^2}$$

$$=-4\ln|2x+1|-\dfrac{2}{2x+1}+4\ln|x+1|-\dfrac{1}{x+1}+C$$

$$= 4\ln\left|\frac{x+1}{2x+1}\right| - \frac{4x+3}{2x^2+3x+1} + C.$$

(3)因为$(x^2+1)(x^2+x) = x(x+1)(x^2+1)$，所以设

$$\frac{1}{(x^2+1)(x^2+x)} = \frac{A}{x} + \frac{B}{x+1} + \frac{Cx+D}{x^2+1},$$

去分母得恒等式

$$1 = A(x+1)(x^2+1) + Bx(x^2+1) + (Cx+D)x(x+1).$$

取$x=0$，得$A=1$；取$x=-1$，得$B=-\frac{1}{2}$；取$x=i$，得$C=-\frac{1}{2}$及$D=-\frac{1}{2}$，因此

$$\frac{1}{(x^2+1)(x^2+x)} = \frac{1}{x} + \frac{-\frac{1}{2}}{x+1} + \frac{-\frac{1}{2}x - \frac{1}{2}}{x^2+1},$$

于是
$$\int \frac{dx}{(x^2+1)(x^2+x)} = \int \left(\frac{1}{x} + \frac{-\frac{1}{2}}{x+1} + \frac{-\frac{1}{2}x - \frac{1}{2}}{x^2+1}\right) dx$$

$$= \int \frac{1}{x} dx - \frac{1}{2}\int \frac{1}{x+1} dx - \frac{1}{2}\int \frac{x}{x^2+1} dx - \frac{1}{2}\int \frac{1}{x^2+1} dx$$

$$= \ln|x| - \frac{1}{2}\int \frac{1}{x+1} d(x+1) - \frac{1}{4}\int \frac{1}{x^2+1} d(x^2+1) - \frac{1}{2}\arctan x$$

$$= \ln|x| - \frac{1}{2}\ln|x+1| - \frac{1}{4}\ln(x^2+1) - \frac{1}{2}\arctan x + C$$

$$= \frac{1}{4}\ln \frac{x^4}{(x+1)^2(x^2+1)} - \frac{1}{2}\arctan x + C.$$

(4)令$x^4+1=0$，得$x^4=-1=\cos\pi + i\sin\pi$，所以

$$x_k = \cos\frac{2k\pi+\pi}{4} + i\sin\frac{2k\pi+\pi}{4} \quad (k=0, 1, 2, 3),$$

即$x_0 = \frac{\sqrt{2}}{2}(1+i)$，$x_1 = \frac{\sqrt{2}}{2}(-1+i)$，$x_2 = \frac{\sqrt{2}}{2}(-1-i)$，$x_3 = \frac{\sqrt{2}}{2}(1-i)$，因此

$$x^4+1 = (x-x_0)(x-x_1)(x-x_2)(x-x_3) = (x^2 - \sqrt{2}x + 1)(x^2 + \sqrt{2}x + 1).$$

设
$$\frac{1}{x^4+1} = \frac{Ax+B}{x^2+\sqrt{2}x+1} + \frac{Cx+D}{x^2-\sqrt{2}x+1},$$

去分母得恒等式

$$1 = (Ax+B)(x^2-\sqrt{2}x+1) + (Cx+D)(x^2+\sqrt{2}x+1).$$

取$x=x_0=\frac{\sqrt{2}}{2}(1+i)$，得$D=\frac{1}{2}$，$C=-\frac{\sqrt{2}}{4}$；取$x=0$，得$B=\frac{1}{2}$；比较$x^3$的系数，得$A=\frac{\sqrt{2}}{4}$，因此

$$\frac{1}{x^4+1} = \frac{\frac{\sqrt{2}}{4}x + \frac{1}{2}}{x^2+\sqrt{2}x+1} + \frac{-\frac{\sqrt{2}}{4}x + \frac{1}{2}}{x^2-\sqrt{2}x+1},$$

于是
$$\int \frac{1}{x^4+1} dx = \int \frac{\frac{\sqrt{2}}{4}x + \frac{1}{2}}{x^2+\sqrt{2}x+1} dx + \int \frac{-\frac{\sqrt{2}}{4}x + \frac{1}{2}}{x^2-\sqrt{2}x+1} dx$$

$$= \frac{\sqrt{2}}{8}\int \frac{(2x+\sqrt{2})+\sqrt{2}}{x^2+\sqrt{2}x+1}dx - \frac{\sqrt{2}}{8}\int \frac{(2x-\sqrt{2})-\sqrt{2}}{x^2-\sqrt{2}x+1}dx$$

$$= \frac{\sqrt{2}}{8}\int \frac{d(x^2+\sqrt{2}x+1)}{x^2+\sqrt{2}x+1} + \frac{\sqrt{2}}{8}\int \frac{2\sqrt{2}\,dx}{(\sqrt{2}x+1)^2+1} -$$

$$\frac{\sqrt{2}}{8}\int \frac{d(x^2-\sqrt{2}x+1)}{x^2-\sqrt{2}x+1} + \frac{\sqrt{2}}{8}\int \frac{2\sqrt{2}\,dx}{(\sqrt{2}x-1)^2+1}$$

$$= \frac{\sqrt{2}}{8}\ln(x^2+\sqrt{2}x+1) - \frac{\sqrt{2}}{8}\ln(x^2-\sqrt{2}x+1) +$$

$$\frac{\sqrt{2}}{4}\int \frac{d(\sqrt{2}x+1)}{(\sqrt{2}x+1)^2+1} + \frac{\sqrt{2}}{4}\int \frac{d(\sqrt{2}x-1)}{(\sqrt{2}x-1)^2+1}$$

$$= \frac{\sqrt{2}}{8}\ln \frac{x^2+\sqrt{2}x+1}{x^2-\sqrt{2}x+1} + \frac{\sqrt{2}}{4}[\arctan(\sqrt{2}x+1) + \arctan(\sqrt{2}x-1)] + C.$$

(5) 令 $t = \tan \frac{x}{2}$，则

$$\cos x = \frac{1-t^2}{1+t^2},\ \sin x = \frac{2t}{1+t^2},\ dx = \frac{2}{1+t^2}dt,$$

于是
$$\int \frac{1+\sin x}{1-\cos x}dx = \int \frac{1+\frac{2t}{1+t^2}}{1-\frac{1-t^2}{1+t^2}} \cdot \frac{2}{1+t^2}dt = \int \frac{(1+t^2)+2t}{t^2(1+t^2)}dt$$

$$= \int \frac{1}{t^2}dt + 2\int \frac{1}{t(1+t^2)}dt = \int \frac{1}{t^2}dt + 2\int \left(\frac{1}{t} + \frac{-t}{1+t^2}\right)dt$$

$$= -\frac{1}{t} + 2\ln|t| - \ln(1+t^2) + C$$

$$= -\cot \frac{x}{2} + 2\ln\left|\tan \frac{x}{2}\right| - \ln\left(1+\tan^2 \frac{x}{2}\right) + C$$

$$= -\cot \frac{x}{2} + 2\ln\left|\tan \frac{x}{2}\right| - \ln\left(\sec^2 \frac{x}{2}\right) + C.$$

另解
$$\int \frac{1+\sin x}{1-\cos x}dx = \int \frac{1}{1-\cos x}dx + \int \frac{\sin x}{1-\cos x}dx$$

$$= \int \frac{1}{2\sin^2 \frac{x}{2}}dx + \int \frac{1}{1-\cos x}d(1-\cos x)$$

$$= \int \csc^2 \frac{x}{2}d\left(\frac{x}{2}\right) + \ln|1-\cos x| = -\cot \frac{x}{2} + \ln|1-\cos x| + C.$$

(6) $\int \sqrt{\frac{1-x}{1+x}} \cdot \frac{dx}{x} = \int \frac{1-x}{\sqrt{1-x^2}} \cdot \frac{dx}{x} = \int \frac{1}{x\sqrt{1-x^2}}dx - \int \frac{1}{\sqrt{1-x^2}}dx.$

下面求 $\int \frac{1}{x\sqrt{1-x^2}}dx$. 令 $x = \sin t$，则

$$\int \frac{1}{x\sqrt{1-x^2}}dx = \int \frac{\cos t}{\sin t \cos t}dt = \int \frac{1}{\sin t}dt = \ln|\csc t - \cot t| + C.$$

因为 $\sin t = x$，所以

$$\csc t = \frac{1}{\sin t} = \frac{1}{x}, \quad \cot t = \frac{\cos t}{\sin t} = \frac{\sqrt{1-\sin^2 t}}{\sin t} = \frac{\sqrt{1-x^2}}{x},$$

于是
$$\int \frac{1}{x\sqrt{1-x^2}} dx = \ln\left|\frac{1-\sqrt{1-x^2}}{x}\right| + C,$$

所以
$$\int \sqrt{\frac{1-x}{1+x}} \cdot \frac{dx}{x} = \ln\left|\frac{1-\sqrt{1-x^2}}{x}\right| - \arcsin x + C.$$

另解 设 $t = \sqrt{\frac{1-x}{1+x}}$，则

$$x = \frac{1-t^2}{1+t^2}, \quad dx = \frac{-4t}{(1+t^2)^2} dt,$$

于是
$$\int \sqrt{\frac{1-x}{1+x}} \cdot \frac{dx}{x} = \int t \frac{-4t}{(1+t^2)^2} \frac{1+t^2}{1-t^2} dt = \int \frac{-4t^2}{(1+t^2)(1-t^2)} dt$$

$$= \int \left(\frac{2}{1+t^2} - \frac{2}{1-t^2}\right) dt = \int \left(\frac{2}{1+t^2} - \frac{1}{1-t} - \frac{1}{1+t}\right) dt$$

$$= 2\arctan t + \ln|1-t| - \ln|1+t| + C$$

$$= 2\arctan t + \ln\left|\frac{1-t}{1+t}\right| + C$$

$$= 2\arctan\sqrt{\frac{1-x}{1+x}} + \ln\left|\frac{1-\sqrt{\frac{1-x}{1+x}}}{1+\sqrt{\frac{1-x}{1+x}}}\right| + C$$

$$= 2\arctan\sqrt{\frac{1-x}{1+x}} + \ln\left|\frac{\sqrt{1+x}-\sqrt{1-x}}{\sqrt{1+x}+\sqrt{1-x}}\right| + C.$$

2. 利用以前学过的方法求下列不定积分.

(1) $\int \frac{dx}{(1+e^x)^2}$;　　　　　　(2) $\int \sqrt{x}\sin\sqrt{x}\, dx$;

(3) $\int [\ln(x+\sqrt{1+x^2})]^2 dx$;　　(4) $\int \frac{dx}{(2+\cos x)\sin x}$;

(5) $\int \frac{\sin x \cos x}{\sin x + \cos x} dx$;　　　(6) $\int \frac{e^{\arctan x}}{\sqrt{(1+x^2)^3}} dx$.

解 (1) 设 $t = e^x$，则

$$x = \ln t, \quad dx = \frac{1}{t} dt,$$

于是
$$\int \frac{dx}{(1+e^x)^2} = \int \frac{1}{(1+t)^2} \frac{1}{t} dt.$$

设
$$\frac{1}{t(1+t)^2} = \frac{A}{t} + \frac{B}{t+1} + \frac{C}{(t+1)^2},$$

去分母得恒等式
$$1 = A(t+1)^2 + Bt(t+1) + Ct.$$

取 $t=0$，得 $A=1$；比较 t^2 的系数，得 $B=-1$；取 $t=-1$，得 $C=-1$，因此

$$\frac{1}{t(1+t)^2} = \frac{1}{t} + \frac{-1}{t+1} + \frac{-1}{(t+1)^2},$$

于是 $\int \dfrac{1}{(1+t)^2} \dfrac{1}{t} dt = \int \left[\dfrac{1}{t} - \dfrac{1}{t+1} - \dfrac{1}{(t+1)^2}\right] dt = \ln t - \ln(t+1) + \dfrac{1}{t+1} + C$

$$= \ln \dfrac{e^x}{1+e^x} + \dfrac{1}{e^x+1} + C \left(\text{或} = x - \ln(1+e^x) + \dfrac{1}{e^x+1} + C\right).$$

(2) 令 $t=\sqrt{x}$，则
$$x=t^2, \quad dx=2tdt,$$

于是 $\int \sqrt{x} \sin \sqrt{x} \, dx = \int t \sin t \cdot 2t dt = 2\int t^2 \sin t dt = -2\int t^2 d(\cos t)$

$$= -2\left[t^2 \cos t - \int \cos t d(t^2)\right] = -2t^2 \cos t + 4\int t \cos t dt$$

$$= -2t^2 \cos t + 4\int t d(\sin t) = -2t^2 \cos t + 4t \sin t - 4\int \sin t dt$$

$$= -2t^2 \cos t + 4t \sin t + 4\cos t + C$$

$$= -2x \cos \sqrt{x} + 4\sqrt{x} \sin \sqrt{x} + 4\cos \sqrt{x} + C$$

$$= (4-2x) \cos \sqrt{x} + 4\sqrt{x} \sin \sqrt{x} + C.$$

(3) $\int [\ln(x+\sqrt{1+x^2})]^2 dx$

$= x[\ln(x+\sqrt{1+x^2})]^2 - \int x d[\ln(x+\sqrt{1+x^2})]^2$

$= x[\ln(x+\sqrt{1+x^2})]^2 - 2\int \ln(x+\sqrt{1+x^2}) \dfrac{x}{\sqrt{1+x^2}} dx$

$= x[\ln(x+\sqrt{1+x^2})]^2 - 2\int \ln(x+\sqrt{1+x^2}) d\sqrt{1+x^2}$

$= x[\ln(x+\sqrt{1+x^2})]^2 - 2[\sqrt{1+x^2} \ln(x+\sqrt{1+x^2}) + \int \sqrt{1+x^2} d\ln(x+\sqrt{1+x^2})]$

$= x[\ln(x+\sqrt{1+x^2})]^2 - 2\sqrt{1+x^2} \ln(x+\sqrt{1+x^2}) + 2\int dx$

$= x[\ln(x+\sqrt{1+x^2})]^2 - 2\sqrt{1+x^2} \ln(x+\sqrt{1+x^2}) + 2x + C.$

(4) $\int \dfrac{dx}{(2+\cos x)\sin x} = -\int \dfrac{1}{(2+\cos x)(1-\cos^2 x)} d(\cos x).$

令 $t=\cos x$，则
$$\dfrac{1}{(2+\cos x)(1-\cos^2 x)} = \dfrac{1}{(2+t)(1-t^2)}.$$

设
$$\dfrac{1}{(2+t)(1-t^2)} = \dfrac{A}{2+t} + \dfrac{B}{1+t} + \dfrac{C}{1-t},$$

去分母得恒等式
$$1 = A(1-t)(1+t) + B(1-t)(2+t) + C(2+t)(1+t).$$

取 $t=-2$，得 $A=-\dfrac{1}{3}$；取 $t=-1$，得 $B=\dfrac{1}{2}$，取 $t=1$，得 $C=\dfrac{1}{6}$，因此
$$\dfrac{1}{(2+t)(1-t^2)} = \dfrac{-1/3}{2+t} + \dfrac{1/2}{1+t} + \dfrac{1/6}{1-t},$$

于是 $\int \dfrac{dx}{(2+\cos x)\sin x} = -\int \dfrac{1}{(2+\cos x)(1-\cos^2 x)} d(\cos x)$

$$=-\int\left(\frac{-1/3}{2+\cos x}+\frac{1/2}{1+\cos x}+\frac{1/6}{1-\cos x}\right)\mathrm{d}(\cos x)$$

$$=\frac{1}{3}\ln(2+\cos x)-\frac{1}{2}\ln(1+\cos x)+\frac{1}{6}\ln(1-\cos x)+C.$$

(5) $\displaystyle\int\frac{\sin x\cos x}{\sin x+\cos x}\mathrm{d}x=\frac{1}{2}\int\frac{(2\sin x\cos x+1)-1}{\sin x+\cos x}\mathrm{d}x$

$$=\frac{1}{2}\int\left(\sin x+\cos x-\frac{1}{\sin x+\cos x}\right)\mathrm{d}x$$

$$=\frac{1}{2}(\sin x-\cos x)-\frac{1}{2}\int\frac{1}{\sin x+\cos x}\mathrm{d}x.$$

下面求 $\displaystyle\int\frac{1}{\sin x+\cos x}\mathrm{d}x.$

方法一：$\displaystyle\int\frac{1}{\sin x+\cos x}\mathrm{d}x=\frac{\sqrt{2}}{2}\int\frac{1}{\sin\left(x+\frac{\pi}{4}\right)}\mathrm{d}x$

$$=\frac{\sqrt{2}}{2}\ln\left|\csc\left(x+\frac{\pi}{4}\right)-\cot\left(x+\frac{\pi}{4}\right)\right|+C(\text{以下为化简步骤})$$

$$=\frac{\sqrt{2}}{2}\ln\left|\frac{\sqrt{2}-\cos x+\sin x}{\sin x+\cos x}\right|+C$$

$$=-\frac{\sqrt{2}}{2}\ln\left|\frac{\sin x+\cos x}{\sqrt{2}-\cos x+\sin x}\right|+C$$

$$=-\frac{\sqrt{2}}{2}\ln\left|\frac{(1+\sqrt{2}\cos x)(\sin x+\cos x)}{(1+\sqrt{2}\cos x)(\sqrt{2}-\cos x+\sin x)}\right|+C$$

$$=-\frac{\sqrt{2}}{2}\ln\left|\frac{(1+\sqrt{2}\cos x)(\sin x+\cos x)}{(1+\sqrt{2}\sin x)(\sin x+\cos x)}\right|+C$$

$$=-\frac{\sqrt{2}}{2}\ln\left|\frac{1+\sqrt{2}\cos x}{1+\sqrt{2}\sin x}\right|+C.$$

方法二：$\displaystyle\int\frac{1}{\sin x+\cos x}\mathrm{d}x=\int\frac{\cos x-\sin x}{\cos^2 x-\sin^2 x}\mathrm{d}x$

$$=\int\frac{\cos x}{\cos^2 x-\sin^2 x}\mathrm{d}x+\int\frac{-\sin x}{\cos^2 x-\sin^2 x}\mathrm{d}x$$

$$=\int\frac{1}{1-2\sin^2 x}\mathrm{d}\sin x+\int\frac{1}{2\cos^2 x-1}\mathrm{d}\cos x$$

$$=\frac{1}{\sqrt{2}}\int\frac{1}{1-(\sqrt{2}\sin x)^2}\mathrm{d}(\sqrt{2}\sin x)+$$

$$\frac{1}{\sqrt{2}}\int\frac{1}{(\sqrt{2}\cos x)^2-1}\mathrm{d}(\sqrt{2}\cos x)$$

$$=\frac{1}{2\sqrt{2}}\ln\left|\frac{1+\sqrt{2}\sin x}{1-\sqrt{2}\sin x}\right|+\frac{1}{2\sqrt{2}}\ln\left|\frac{\sqrt{2}\cos x-1}{\sqrt{2}\cos x+1}\right|+C$$

$$=-\frac{\sqrt{2}}{4}\ln\left|\frac{1-\sqrt{2}\sin x}{1+\sqrt{2}\sin x}\cdot\frac{\sqrt{2}\cos x+1}{\sqrt{2}\cos x-1}\right|+C$$

$$=-\frac{\sqrt{2}}{4}\ln\left|\frac{1-2\sin^2 x}{(1+\sqrt{2}\sin x)^2}\frac{(\sqrt{2}\cos x+1)^2}{2\cos^2 x-1}\right|+C$$

$$=-\frac{\sqrt{2}}{2}\ln\left|\frac{1+\sqrt{2}\cos x}{1+\sqrt{2}\sin x}\right|+C.$$

于是 $\displaystyle\int\frac{\sin x\cos x}{\sin x+\cos x}dx=\frac{1}{2}(\sin x-\cos x)+\frac{\sqrt{2}}{4}\ln\left|\frac{1+\sqrt{2}\cos x}{1+\sqrt{2}\sin x}\right|+C.$

(6) 令 $t=\arctan x$，则 $x=\tan t$，于是

$$\int\frac{e^{\arctan x}}{\sqrt{(1+x^2)^3}}dx=\int\frac{e^t}{\sqrt{(1+\tan^2 t)^3}}\sec^2 t\, dt=\int e^t\cos t\, dt.$$

下面求 $\int e^t\cos t\, dt$.

$$\int e^t\cos t\, dt=\int\cos t\, de^t=e^t\cos t-\int e^t d\cos t$$

$$=e^t\cos t+\int e^t\sin t\, dt=e^t\cos t+\int\sin t\, de^t$$

$$=e^t\cos t+e^t\sin t-\int e^t d\sin t$$

$$=e^t\cos t+e^t\sin t-\int e^t\cos t\, dt,$$

移项整理得

$$\int e^t\cos t\, dt=\frac{1}{2}e^t(\cos t+\sin t)+C.$$

因为 $\tan t=x$，所以

$$\cos t=\frac{1}{\sec t}=\frac{1}{\sqrt{1+\tan^2 t}}=\frac{1}{\sqrt{1+x^2}},$$

$$\sin t=\tan t\cos t=\frac{x}{\sqrt{1+x^2}},$$

于是 $\displaystyle\int\frac{e^{\arctan x}}{\sqrt{(1+x^2)^3}}dx=\int e^t\cos t\, dt=\frac{1}{2}e^t(\cos t+\sin t)+C$

$$=\frac{1}{2}e^{\arctan x}\left(\frac{1}{\sqrt{1+x^2}}+\frac{x}{\sqrt{1+x^2}}\right)+C=\frac{(1+x)e^{\arctan x}}{2\sqrt{1+x^2}}+C.$$

习 题 4-5

（A）

利用积分表求下列不定积分.

(1) $\displaystyle\int\frac{dx}{x^2(1-x)}$;

(2) $\displaystyle\int\frac{x}{(2+3x)^2}dx$;

(3) $\displaystyle\int\frac{\sqrt{x-1}}{x}dx$;

(4) $\displaystyle\int\frac{x^4}{25+4x^2}dx$;

(5) $\displaystyle\int\frac{dx}{\sqrt{9x^2+25}}$;

(6) $\displaystyle\int\frac{dx}{\sqrt{2+x-9x^2}}$;

(7) $\int \cos^5 x \, dx$; \hspace{3em} (8) $\int \sin 2x \cos 7x \, dx$.

解 (1)在积分表(一)含有 $ax+b$ 的积分中，查到公式(6)
$$\int \frac{dx}{x^2(ax+b)} = -\frac{1}{bx} + \frac{a}{b^2}\ln\left|\frac{ax+b}{x}\right| + C,$$
当 $a=-1$, $b=1$ 时，得
$$\int \frac{dx}{x^2(1-x)} = -\frac{1}{x} - \ln\left|\frac{1-x}{x}\right| + C.$$

(2)在积分表(一)含有 $ax+b$ 的积分中，查到公式(7)
$$\int \frac{x\,dx}{(ax+b)^2} = \frac{1}{a^2}\left(\ln|ax+b| + \frac{b}{ax+b}\right) + C,$$
当 $a=3$, $b=2$ 时，得
$$\int \frac{x}{(2+3x)^2}\,dx = \frac{1}{9}\left(\ln|3x+2| + \frac{2}{3x+2}\right) + C.$$

(3)在积分表(二)含有 $\sqrt{ax+b}$ 的积分中，查到公式(17)
$$\int \sqrt{\frac{ax+b}{x}}\,dx = 2\sqrt{ax+b} + b\int \frac{dx}{x\sqrt{ax+b}},$$
当 $a=1$, $b=-1$ 时，得
$$\int \frac{\sqrt{x-1}}{x}\,dx = 2\sqrt{x-1} - \int \frac{1}{x\sqrt{x-1}}\,dx,$$
再由公式(15)
$$\int \frac{dx}{x\sqrt{ax+b}} = \frac{2}{\sqrt{-b}}\arctan\sqrt{\frac{ax+b}{-b}} + C \,(b<0),$$
当 $a=1$, $b=-1$ 时，得
$$\int \frac{\sqrt{x-1}}{x}\,dx = 2\sqrt{x-1} - 2\arctan\sqrt{x-1} + C.$$

(4)这个积分不能在表中直接查到，因其被积函数是有理假分式，所以先将其化为多项式和有理真分式之和，对有理真分式的积分再用公式，故先进行变换
$$\int \frac{x^4}{25+4x^2}\,dx = \frac{1}{16}\int \frac{16x^4 - 25^2 + 25^2}{25+4x^2}\,dx = \frac{1}{16}\int\left(4x^2 - 25 + \frac{25^2}{25+4x^2}\right)dx$$
$$= \frac{1}{16}\left(\frac{4}{3}x^3 - 25x + 25^2\int \frac{1}{25+4x^2}\,dx\right).$$

在积分表(四)含有 $ax^2+b(a>0)$ 的积分中，查到公式(22)
$$\int \frac{dx}{ax^2+b} = \frac{1}{\sqrt{ab}}\arctan\sqrt{\frac{a}{b}}x + C\,(b>0),$$
当 $a=4$, $b=25$ 时，得
$$\int \frac{1}{25+4x^2}\,dx = \frac{1}{10}\arctan\frac{2}{5}x + C,$$
于是
$$\int \frac{x^4}{25+4x^2}\,dx = \frac{1}{16}\left(\frac{4}{3}x^3 - 25x + \frac{125}{2}\arctan\frac{2}{5}x\right) + C.$$

(5) 这个积分不能在表中直接查到，因为 x^2 的系数为 9，而积分表中 x^2 的系数为 1，因而需先进行变换：

$$\int \frac{\mathrm{d}x}{\sqrt{9x^2+25}} = \frac{1}{3} \int \frac{\mathrm{d}x}{\sqrt{x^2+\left(\frac{5}{3}\right)^2}},$$

在积分表(五)含有 $\sqrt{x^2+a^2}$ ($a>0$) 的积分中，查到公式(29)

$$\int \frac{1}{\sqrt{x^2+a^2}} \mathrm{d}x = \ln(x+\sqrt{x^2+a^2}) + C,$$

当 $a = \frac{5}{3}$ 时，得

$$\int \frac{\mathrm{d}x}{\sqrt{9x^2+25}} = \frac{1}{3}\ln\left[x+\sqrt{x^2+\left(\frac{5}{3}\right)^2}\right] + C_1 = \frac{1}{3}\ln(3x+\sqrt{9x^2+25}) + C.$$

(6) 在积分表(九)含有 $\sqrt{\pm ax^2+bx+c}$ ($a>0$) 的积分中，查到公式(76)

$$\int \frac{\mathrm{d}x}{\sqrt{-ax^2+bx+c}} = \frac{1}{\sqrt{a}} \arcsin \frac{2ax-b}{\sqrt{b^2+4ac}} + C,$$

当 $a=9$，$b=1$，$c=2$ 时，得

$$\int \frac{\mathrm{d}x}{\sqrt{2+x-9x^2}} = \frac{1}{3}\arcsin\frac{18x-1}{\sqrt{73}} + C.$$

(7) 在积分表(十一)含有三角函数的积分中，查到公式(96)

$$\int \cos^n x \, \mathrm{d}x = \frac{1}{n}\cos^{n-1}x \sin x + \frac{n-1}{n}\int \cos^{n-2}x \, \mathrm{d}x,$$

当 $n=5$ 时，得

$$\int \cos^5 x \, \mathrm{d}x = \frac{1}{5}\cos^4 x \sin x + \frac{4}{5}\int \cos^3 x \, \mathrm{d}x.$$

再利用公式(96)，当 $n=3$ 时，得

$$\int \cos^3 x \, \mathrm{d}x = \frac{1}{3}\cos^2 x \sin x + \frac{2}{3}\int \cos x \, \mathrm{d}x = \frac{1}{3}\cos^2 x \sin x + \frac{2}{3}\sin x + C,$$

于是

$$\int \cos^5 x \, \mathrm{d}x = \frac{1}{5}\cos^4 x \sin x + \frac{4}{15}\cos^2 x \sin x + \frac{8}{15}\sin x + C.$$

(8) 在积分表(十一)含有三角函数的积分中，查到公式(100)

$$\int \sin ax \cos bx \, \mathrm{d}x = -\frac{1}{2(a+b)}\cos(a+b)x - \frac{1}{2(a-b)}\cos(a-b)x + C,$$

当 $a=2$，$b=7$ 时，得

$$\int \sin 2x \cos 7x \, \mathrm{d}x = \frac{1}{10}\cos 5x - \frac{1}{18}\cos 9x + C.$$

(B)

利用积分表求下列不定积分．

(1) $\int x \arcsin \frac{x}{2} \mathrm{d}x$；

(2) $\int x^2 \mathrm{e}^{3x} \mathrm{d}x$；

(3) $\int \ln^3 x \, \mathrm{d}x$；

(4) $\int \frac{\mathrm{d}x}{2+5\cos x}$．

解 (1)在积分表(十二)含有反三角函数的积分中，查到公式(114)

$$\int x\arcsin\frac{x}{a}dx = \left(\frac{x^2}{2}-\frac{a^2}{4}\right)\arcsin\frac{x}{a}+\frac{x}{4}\sqrt{a^2-x^2}+C,$$

当 $a=2$ 时，得

$$\int x\arcsin\frac{x}{2}dx = \left(\frac{x^2}{2}-1\right)\arcsin\frac{x}{2}+\frac{x}{4}\sqrt{4-x^2}+C.$$

(2)在积分表(十三)含有指数函数的积分中，查到公式(125)

$$\int x^n e^{ax}dx = \frac{1}{a}x^n e^{ax}-\frac{n}{a}\int x^{n-1}e^{ax}dx,$$

当 $n=2$，$a=3$ 时，得

$$\int x^2 e^{3x}dx = \frac{1}{3}x^2 e^{3x}-\frac{2}{3}\int xe^{3x}dx.$$

由公式(124)

$$\int xe^{ax}dx = \frac{1}{a^2}(ax-1)e^{ax}+C,$$

当 $a=3$ 时，得

$$\int xe^{3x}dx = \frac{1}{9}(3x-1)e^{3x}+C_1,$$

于是 $\int x^2 e^{3x}dx = \frac{1}{3}x^2 e^{3x}-\frac{2}{27}(3x-1)e^{3x}+C\left(C=-\frac{2}{3}C_1\right).$

(3)在积分表(十四)含有对数函数的积分中，查到公式(135)

$$\int \ln^n x\,dx = x\ln^n x - n\int \ln^{n-1}x\,dx,$$

当 $n=3$ 时，得

$$\int \ln^3 x\,dx = x\ln^3 x - 3\int \ln^2 x\,dx.$$

再利用公式(135)，当 $n=2$ 时，得

$$\int \ln^2 x\,dx = x\ln^2 x - 2\int \ln x\,dx,$$

于是 $\int \ln^3 x\,dx = x\ln^3 x - 3\int \ln^2 x\,dx$

$$= x\ln^3 x - 3\left(x\ln^2 x - 2\int \ln x\,dx\right)$$
$$= x\ln^3 x - 3x\ln^2 x + 6(x\ln x - x)+C$$
$$= x\ln^3 x - 3x\ln^2 x + 6x\ln x - 6x + C.$$

(4)在积分表(十一)含有三角函数的积分中，查到公式(106)

$$\int \frac{dx}{a+b\cos x} = \frac{1}{a+b}\sqrt{\frac{a+b}{b-a}}\ln\left|\frac{\tan\frac{x}{2}+\sqrt{\frac{a+b}{b-a}}}{\tan\frac{x}{2}-\sqrt{\frac{a+b}{b-a}}}\right|+C,$$

当 $a=2$，$b=5$ 时，得

$$\int \frac{dx}{2+5\cos x} = \frac{1}{\sqrt{21}}\ln\left|\frac{\sqrt{3}\tan\frac{x}{2}+\sqrt{7}}{\sqrt{3}\tan\frac{x}{2}-\sqrt{7}}\right|+C.$$

自测题四

一、选择题

1. 设 $f(x)$ 的一个原函数为 $\ln x$，则 $f'(x)=($ $)$.

(A) $\dfrac{1}{x}$；　　　　(B) $x\ln x$；　　　　(C) $-\dfrac{1}{x^2}$；　　　　(D) e^x.

解 选 C.

由于 $f(x)$ 的一个原函数为 $\ln x$，则
$$f(x)=(\ln x)'=\dfrac{1}{x},$$

故
$$f'(x)=\left(\dfrac{1}{x}\right)'=-\dfrac{1}{x^2}.$$

2. 下列等式中，正确的是( ).

(A) $\displaystyle\int f'(x)\mathrm{d}x=f(x)$；　　　　(B) $\displaystyle\int \mathrm{d}f(x)=f(x)$；

(C) $\dfrac{\mathrm{d}}{\mathrm{d}x}\displaystyle\int f(x)\mathrm{d}x=f(x)$；　　　　(D) $\mathrm{d}\displaystyle\int f(x)\mathrm{d}x=f(x)$.

解 选 C.

假设 $f(x)$ 的一个原函数是 $F(x)$，则 $F'(x)=f(x)$ 及 $\displaystyle\int f(x)\mathrm{d}x=F(x)+C$，因此

$\displaystyle\int f'(x)\mathrm{d}x=\int 1\mathrm{d}f(x)=f(x)+C$，所以选项(A) 错误；

$\displaystyle\int \mathrm{d}f(x)=f(x)+C$，所以选项(B) 错误；

$\dfrac{\mathrm{d}}{\mathrm{d}x}\displaystyle\int f(x)\mathrm{d}x=\left(\int f(x)\mathrm{d}x\right)'=(F(x)+C)'=f(x)+0=f(x)$，所以选项(C) 正确；

$\mathrm{d}\displaystyle\int f(x)\mathrm{d}x=\mathrm{d}(F(x)+C)=(F(x)+C)'\mathrm{d}x=(f(x)+0)\mathrm{d}x=f(x)\mathrm{d}x$，所以选项(D) 错误.

3. 设 $f(x)$ 在闭区间 $[0,1]$ 上连续，则在开区间 $(0,1)$ 内 $f(x)$ 必有( ).

(A) 导函数；　　(B) 原函数；　　(C) 最大值和最小值；　　(D) 极值.

解 选 B.

根据原函数存在定理，如果 $f(x)$ 在某区间上连续，则在该区间上 $f(x)$ 必有原函数，得知选项(B) 正确.

4. 设 $f(x)=\mathrm{e}^x$，则 $\displaystyle\int \dfrac{f(\ln x)}{x^3}\mathrm{d}x=($ $)$.

(A) $\dfrac{1}{x}+C$；　　　　(B) $\ln x+C$；　　　　(C) $-\dfrac{1}{x}+C$；　　　　(D) $-\ln x+C$.

解 选 C.

由 $f(x)=\mathrm{e}^x$，知 $f(\ln x)=\mathrm{e}^{\ln x}=x$，因此

$$\int \frac{f(\ln x)}{x^3} dx = \int \frac{1}{x^2} dx = -\frac{1}{x} + C.$$

5. $\int f'(x^3) dx = x^3 + C$，则 $f(x) = ($　　$)$.

(A) $\frac{6}{5} x^{\frac{5}{3}} + C$;　　(B) $\frac{9}{5} x^{\frac{5}{3}} + C$;　　(C) $x^3 + C$;　　(D) $x + C$.

解 选 B.

因为 $\int f'(x^3) dx = x^3 + C$，两边求导数得
$$f'(x^3) = 3x^2,$$
设 $t = x^3$，则
$$f'(t) = 3t^{\frac{2}{3}},$$
积分得
$$f(x) = \frac{9}{5} x^{\frac{5}{3}} + C.$$

6. $\int \frac{\sqrt[3]{x}}{x(\sqrt{x} + \sqrt[3]{x})} dx = ($　　$)$.

(A) $6\ln \frac{\sqrt[6]{x}}{\sqrt[6]{x}+1} + C$;　　(B) $\ln \frac{\sqrt[6]{x}}{\sqrt[6]{x}+4} + C$;

(C) $\ln \frac{\sqrt[6]{x}}{\sqrt[6]{x}-1} + C$;　　(D) $\frac{1}{6} \ln \frac{\sqrt[6]{x}+1}{\sqrt[6]{x}} + C$.

解 选 A.

令 $x = t^6$，$t \in (0, +\infty)$，则
$$\int \frac{\sqrt[3]{x}}{x(\sqrt{x} + \sqrt[3]{x})} dx = \int \frac{t^2}{t^6(t^3+t^2)} dt^6 = \int \frac{t^2}{t^6(t^3+t^2)} \cdot 6t^5 dt = 6\int \frac{1}{t(t+1)} dt$$
$$= 6\int \left(\frac{1}{t} - \frac{1}{t+1}\right) dt = 6(\ln|t| - \ln|t+1|) + C$$
$$= 6\ln \left|\frac{t}{t+1}\right| + C = 6\ln \frac{\sqrt[6]{x}}{\sqrt[6]{x}+1} + C.$$

7. 若函数 $f(x)$ 具有一阶连续导数，则 $\int f'(3x) dx = ($　　$)$.

(A) $f(x) + C$;　　(B) $f(3x) + C$;

(C) $3f(3x) + C$;　　(D) $\frac{1}{3} f(3x) + C$.

解 选 D.
$$\int f'(3x) dx = \frac{1}{3} \int f'(3x) d(3x) = \frac{1}{3} f(3x) + C.$$

二、填空题

1. 设 $f'(x) = f(x)$，则 $\int f(ax+b) f'(ax+b) dx = $ _____.

解 $\int f(ax+b) f'(ax+b) dx = \frac{1}{a} \int f(ax+b) f'(ax+b) d(ax)$

$$= \frac{1}{a}\int f(ax+b)f'(ax+b)\mathrm{d}(ax+b)$$
$$= \frac{1}{a}\int f(ax+b)\mathrm{d}f(ax+b)$$
$$= \frac{1}{2a}f^2(ax+b)+C.$$

2. 若 $\int f(x)\mathrm{d}x = F(x)+C$，则 $\int \frac{f(\sqrt{x})}{\sqrt{x}}\mathrm{d}x = $ _____.

解 $\int \frac{f(\sqrt{x})}{\sqrt{x}}\mathrm{d}x = 2\int f(\sqrt{x})\mathrm{d}(\sqrt{x}) = 2F(\sqrt{x})+C.$

3. $\int \frac{\mathrm{d}x}{\sqrt{\mathrm{e}^x-1}} = $ _____.

解 $\int \frac{\mathrm{d}x}{\sqrt{\mathrm{e}^x-1}} \xlongequal{t=\sqrt{\mathrm{e}^x-1}} \int \frac{1}{t}\cdot\frac{2t}{1+t^2}\mathrm{d}t = 2\int \frac{1}{1+t^2}\mathrm{d}t$
$$= 2\arctan t + C = 2\arctan\sqrt{\mathrm{e}^x-1}+C.$$

4. 设 $f(x)$ 的一个原函数为 $\sin x$，则 $\int xf'(x)\mathrm{d}x = $ _____.

解 因为 $\sin x$ 为 $f(x)$ 的一个原函数，故 $f(x)=\cos x$，因此
$$\int f(x)\mathrm{d}x = \sin x + C_1,$$
于是 $\int xf'(x)\mathrm{d}x = \int x\mathrm{d}[f(x)] = xf(x) - \int f(x)\mathrm{d}x = x\cos x - \sin x + C.$

5. $\int \frac{1}{1+\mathrm{e}^x}\mathrm{d}x = $ _____.

解 $\int \frac{1}{1+\mathrm{e}^x}\mathrm{d}x = \int \frac{(1+\mathrm{e}^x)-\mathrm{e}^x}{1+\mathrm{e}^x}\mathrm{d}x = \int 1\mathrm{d}x - \int \frac{\mathrm{e}^x}{1+\mathrm{e}^x}\mathrm{d}x$
$$= \int 1\mathrm{d}x - \int \frac{1}{1+\mathrm{e}^x}\mathrm{d}\mathrm{e}^x = \int 1\mathrm{d}x - \int \frac{1}{1+\mathrm{e}^x}\mathrm{d}(1+\mathrm{e}^x)$$
$$= x - \ln(1+\mathrm{e}^x) + C.$$

三、求下列不定积分

1. $\int \frac{\ln\ln x}{x}\mathrm{d}x.$ 2. $\int \sqrt{x}\sin\sqrt{x}\mathrm{d}x.$

3. $\int \frac{\mathrm{d}x}{x\sqrt{x^2+1}}.$ 4. $\int x^2\mathrm{arccot}x\mathrm{d}x.$

解 1. 设 $t=\ln x$，则 $\mathrm{d}x=\mathrm{d}\mathrm{e}^t=\mathrm{e}^t\mathrm{d}t$，故
$$\int \frac{\ln\ln x}{x}\mathrm{d}x = \int \frac{\ln t}{\mathrm{e}^t}\cdot\mathrm{e}^t\mathrm{d}t = \int \ln t\mathrm{d}t = t\ln t - \int t\mathrm{d}\ln t$$
$$= t\ln t - \int 1\cdot\mathrm{d}t = t\ln t - t + C = \ln x(\ln\ln x - 1) + C.$$

2. 设 $t=\sqrt{x}$，则 $x=t^2$，$\mathrm{d}x=2t\mathrm{d}t$，故
$$\int \sqrt{x}\sin\sqrt{x}\mathrm{d}x = \int t\sin t\cdot 2t\mathrm{d}t = 2\int t^2\sin t\mathrm{d}t = 2\int t^2\mathrm{d}(-\cos t)$$

$$=-2t^2\cos t+4\int t\cos t\,dt=-2t^2\cos t+4\int t\,d(\sin t)$$

$$=-2t^2\cos t+4t\sin t-4\int\sin t\,dt=-2t^2\cos t+4t\sin t+4\cos t+C$$

$$=(4-2t^2)\cos t+4t\sin t+C$$

$$=(4-2x)\cos\sqrt{x}+4\sqrt{x}\sin\sqrt{x}+C.$$

3. 设 $x=\tan t$，则 $dx=\sec^2 t\,dt$，故

$$\int\frac{dx}{x\sqrt{x^2+1}}=\int\frac{\sec^2 t}{\tan t\sec t}dt=\int\frac{\sec t}{\tan t}dt=\int\frac{1}{\cos t}\cdot\frac{1}{\frac{\sin t}{\cos t}}dt=\int\frac{1}{\sin t}dt$$

$$=\int\csc t\,dt=\ln|\csc t-\cot t|+C$$

$$=\ln\left|\sqrt{\cot^2 t+1}-\cot t\right|+C$$

$$=\ln\left|\sqrt{\left(\frac{1}{\tan t}\right)^2+1}-\frac{1}{\tan t}\right|+C$$

$$=\ln\left|\sqrt{\frac{1}{x^2}+1}-\frac{1}{x}\right|+C.$$

4. $\int x^2\operatorname{arccot}x\,dx=\frac{1}{3}\int\operatorname{arccot}x\,dx^3=\frac{1}{3}x^3\operatorname{arccot}x-\frac{1}{3}\int x^3\,d\operatorname{arccot}x$

$$=\frac{1}{3}x^3\operatorname{arccot}x+\frac{1}{3}\int\frac{x^3}{1+x^2}dx$$

$$=\frac{1}{3}x^3\operatorname{arccot}x+\frac{1}{6}\int\frac{x^2}{1+x^2}dx^2$$

$$=\frac{1}{3}x^3\operatorname{arccot}x+\frac{1}{6}\int\left(1-\frac{1}{1+x^2}\right)dx^2$$

$$=\frac{1}{3}x^3\operatorname{arccot}x+\frac{1}{6}x^2-\frac{1}{6}\ln(1+x^2)+C.$$

四、证明题

设 $f(x)$ 的原函数是 $\frac{\sin x}{x}$，试证：$\int xf'(x)dx=\cos x-\frac{2\sin x}{x}+C.$

证 因为 $\frac{\sin x}{x}$ 是 $f(x)$ 的一个原函数，故

$$f(x)=\left(\frac{\sin x}{x}\right)'=\frac{x\cos x-\sin x}{x^2},$$

从而
$$\int xf'(x)dx=\int x\,df(x)=xf(x)-\int f(x)dx$$

$$=x\cdot\frac{x\cos x-\sin x}{x^2}-\frac{\sin x}{x}+C$$

$$=\cos x-\frac{2\sin x}{x}+C.$$

五、计算题

一曲线通过点 $(e^2,3)$，且在任意一点处的切线的斜率等于该点横坐标的倒数，求该曲线的方程．

解 设所求曲线方程为 $y=f(x)$，按题设，曲线上任意一点 (x,y) 处的切线斜率为 $f'(x)=\dfrac{1}{x}$，即 $f(x)$ 为 $\dfrac{1}{x}$ 的一个原函数．

因为 $f(x)=\displaystyle\int \dfrac{1}{x}\mathrm{d}x=\ln|x|+C$，又根据曲线过点 $(\mathrm{e}^2,3)$，代入上式得 $\ln|\mathrm{e}^2|+C=3$，从而得 $C=1$，因此所求曲线方程为
$$f(x)=\ln|x|+1.$$

第五章

定 积 分

一、基本内容

1. 定积分的概念和基本性质

(1)定积分的定义:设函数 $y=f(x)$ 在区间 $[a,b]$ 上有定义,用 $n-1$ 个分点:$x_1<x_2<\cdots<x_{i-1}<x_i<\cdots<x_{n-1}$ 将区间 $[a,b]$ 分为 n 个小区间 $[x_{i-1},x_i]$,记 $\Delta x_i=x_i-x_{i-1}(i=1,2,\cdots,n)$,在每个小区间 $[x_{i-1},x_i]$ 上任取一点 $\xi_i(x_{i-1}\leqslant\xi_i\leqslant x_i)$,作乘积 $f(\xi_i)\cdot\Delta x_i(i=1,2,\cdots,n)$,并作出和式 $\sum_{i=1}^{n}f(\xi_i)\cdot\Delta x_i$,记 $\lambda=\max\{\Delta x_i\}$,如果不论对区间 $[a,b]$ 怎样划分,也不论对点 ξ_i 怎样选取,当 $\lambda\to 0$ 时,和式 $\sum_{i=1}^{n}f(\xi_i)\cdot\Delta x_i$ 总趋于确定的极限值 I,则称此极限值 I 为函数 $y=f(x)$ 在区间 $[a,b]$ 上的定积分,并称函数 $f(x)$ 在 $[a,b]$ 上可积,记为 $\int_a^b f(x)\mathrm{d}x$,即

$$\int_a^b f(x)\mathrm{d}x=\lim_{\lambda\to 0}\sum_{i=1}^{n}f(\xi_i)\cdot\Delta x_i,$$

其中 $f(x)$ 叫作被积函数,$f(x)\mathrm{d}x$ 叫作被积表达式,x 叫作积分变量,a 和 b 分别叫作积分的下限与上限,$[a,b]$ 叫作积分区间.

(2)定积分存在的条件:

① 若 $y=f(x)$ 在 $[a,b]$ 上连续,则 $f(x)$ 在 $[a,b]$ 上可积;

② 若 $y=f(x)$ 在 $[a,b]$ 上有界且只有有限个间断点,则 $f(x)$ 在 $[a,b]$ 上可积.

(3)定积分的几何意义:

如果 $f(x)\geqslant 0$,定积分 $\int_a^b f(x)\mathrm{d}x$ 的几何意义是:以 $y=f(x)$ 为曲边,由它与 $x=a$,$x=b$ 及 x 轴所围成的曲边梯形的面积.

如果 $f(x)\leqslant 0$,定积分 $\int_a^b f(x)\mathrm{d}x$ 的几何意义是:以 $y=f(x)$ 为曲边,由它与 $x=a$,$x=b$ 及 x 轴所围成的曲边梯形的面积的负值.

如果 $f(x)$ 在 $[a,b]$ 上有正有负,则定积分 $\int_a^b f(x)\mathrm{d}x$ 的几何意义是:介于曲线 $y=f(x)$,x 轴及直线 $x=a$,$x=b$ 之间的各部分面积的代数和.

(4)定积分的性质:

性质 1 被积函数的常数因子可以提到积分符号外面,即

$$\int_a^b kf(x)\mathrm{d}x = k\int_a^b f(x)\mathrm{d}x \, (k \text{ 为常数}).$$

性质 2　函数和(差)的定积分等于它们定积分的和(差),即

$$\int_a^b [f(x) \pm g(x)]\mathrm{d}x = \int_a^b f(x)\mathrm{d}x \pm \int_a^b g(x)\mathrm{d}x.$$

性质 3　对于任意三个数 a,b,c,恒有

$$\int_a^b f(x)\mathrm{d}x = \int_a^c f(x)\mathrm{d}x + \int_c^b f(x)\mathrm{d}x.$$

性质 4　如果在 $[a,b]$ 上,$f(x) \geqslant 0$,则 $\int_a^b f(x)\mathrm{d}x \geqslant 0$;如果在 $[a,b]$ 上,$f(x) \leqslant 0$, 则 $\int_a^b f(x)\mathrm{d}x \leqslant 0$.

性质 5　如果在 $[a,b]$ 上,$f(x) \leqslant g(x)$,则 $\int_a^b f(x)\mathrm{d}x \leqslant \int_a^b g(x)\mathrm{d}x$.

性质 6　如果在 $[a,b]$ 上,$f(x)=1$,则 $\int_a^b 1\mathrm{d}x = \int_a^b \mathrm{d}x = b-a$.

性质 7　设 M,m 为函数 $y=f(x)$ 在 $[a,b]$ 上的最大值与最小值,则

$$m(b-a) \leqslant \int_a^b f(x)\mathrm{d}x \leqslant M(b-a).$$

性质 8(积分中值定理)　若函数 $f(x)$ 在闭区间 $[a,b]$ 上连续,则在 $[a,b]$ 上至少存在一点 ξ,使得

$$\int_a^b f(x)\mathrm{d}x = f(\xi)(b-a).$$

2. 微积分基本定理

定理 1(积分上限函数的导数)　若函数 $f(x)$ 在区间 $[a,b]$ 上连续,则函数 $\varPhi(x) = \int_a^x f(t)\mathrm{d}t$ 在 $[a,b]$ 上可导,且 $\varPhi'(x)=f(x)$,即

$$\varPhi'(x) = \frac{\mathrm{d}}{\mathrm{d}x}\int_a^x f(t)\mathrm{d}t = f(x).$$

定理 2(牛顿—莱布尼茨公式)　若 $F(x)$ 是连续函数 $f(x)$ 在 $[a,b]$ 上的一个原函数,则

$$\int_a^b f(x)\mathrm{d}x = F(b) - F(a).$$

3. 定积分的计算方法

(1)定积分的换元积分法:如果 $y=f(x)$ 在 $[a,b]$ 上连续,函数 $x=\varphi(t)$ 在 $[\alpha,\beta]$ 上是单值的且具有连续的导数 $\varphi'(t)$,当 t 在 $[\alpha,\beta]$ 上变化时,$x=\varphi(t)$ 的值在 $[a,b]$ 上变化,且 $\varphi(\alpha)=a,\varphi(\beta)=b$,则有定积分换元积分公式

$$\int_a^b f(x)\mathrm{d}x = \int_\alpha^\beta f[\varphi(t)]\varphi'(t)\mathrm{d}t.$$

(2)定积分的分部积分法:若 $u(x),v(x)$ 在 $[a,b]$ 上有连续的导数,则有定积分的分部积分公式

$$\int_a^b u(x)v'(x)\mathrm{d}x = [u(x)v(x)]\Big|_a^b - \int_a^b v(x)u'(x)\mathrm{d}x,$$

或简记为

$$\int_a^b u\mathrm{d}v = (uv)\Big|_a^b - \int_a^b v\mathrm{d}u.$$

4. 广义积分

(1) 无穷区间上的广义积分：如果函数 $f(x)$ 在区间 $[a,+\infty)$ 上连续，且 $b>a$，当极限 $\lim\limits_{b\to+\infty}\int_a^b f(x)\mathrm{d}x$ 存在时，则称此极限值为函数 $f(x)$ 在区间 $[a,+\infty)$ 上的广义积分，记作 $\int_a^{+\infty} f(x)\mathrm{d}x = \lim\limits_{b\to+\infty}\int_a^b f(x)\mathrm{d}x$. 此时称广义积分 $\int_a^{+\infty} f(x)\mathrm{d}x$ 收敛（或存在），否则，称广义积分发散（或不存在）.

同样，在无穷区间 $(-\infty,b]$ 和 $(-\infty,+\infty)$ 上的广义积分为

$$\int_{-\infty}^b f(x)\mathrm{d}x = \lim_{a\to-\infty}\int_a^b f(x)\mathrm{d}x \quad (a<b),$$

$$\int_{-\infty}^{+\infty} f(x)\mathrm{d}x = \int_{-\infty}^c f(x)\mathrm{d}x + \int_c^{+\infty} f(x)\mathrm{d}x$$

$$= \lim_{a\to-\infty}\int_a^c f(x)\mathrm{d}x + \lim_{b\to+\infty}\int_c^b f(x)\mathrm{d}x.$$

(2) 被积函数有无穷间断点的广义积分：设函数 $y=f(x)$ 在 $(a,b]$ 上连续，而 $\lim\limits_{x\to a^+}f(x)=\infty$，取 $0<\varepsilon<b-a$，若极限 $\lim\limits_{\varepsilon\to 0}\int_{a+\varepsilon}^b f(x)\mathrm{d}x$ 存在，则称此极限值为函数 $f(x)$ 在 $(a,b]$ 上的广义积分，仍然记为 $\int_a^b f(x)\mathrm{d}x$，即 $\int_a^b f(x)\mathrm{d}x = \lim\limits_{\varepsilon\to 0}\int_{a+\varepsilon}^b f(x)\mathrm{d}x$. 此时也称广义积分 $\int_a^b f(x)\mathrm{d}x$ 收敛（或存在），否则，称广义积分发散（或不存在）.

同样地，如果 $f(x)$ 在 $[a,b)$ 上连续，而 $\lim\limits_{x\to b^-}f(x)=\infty$，取 $0<\varepsilon<b-a$，若极限 $\lim\limits_{\varepsilon\to 0}\int_a^{b-\varepsilon} f(x)\mathrm{d}x$ 存在，则定义 $\int_a^b f(x)\mathrm{d}x = \lim\limits_{\varepsilon\to 0}\int_a^{b-\varepsilon} f(x)\mathrm{d}x$. 此时称广义积分 $\int_a^b f(x)\mathrm{d}x$ 收敛（或存在），否则，称广义积分发散（或不存在）.

如果 $f(x)$ 在 $[a,b]$ 上除 $c\ (a<c<b)$ 外连续，且 $\lim\limits_{x\to c}f(x)=\infty$，则定义

$$\int_a^b f(x)\mathrm{d}x = \int_a^c f(x)\mathrm{d}x + \int_c^b f(x)\mathrm{d}x$$

$$= \lim_{\varepsilon_1\to 0}\int_a^{c-\varepsilon_1} f(x)\mathrm{d}x + \lim_{\varepsilon_2\to 0}\int_{c+\varepsilon_2}^b f(x)\mathrm{d}x \quad (\varepsilon_1,\varepsilon_2\ \text{相互独立}),$$

对于以上两个广义积分，若其中一个不收敛，就说此广义积分发散.

二、基本要求

1. 理解定积分的概念、几何意义及基本性质.

2. 理解变上限定积分及其性质，熟练掌握积分上限函数导数的求法及积分上限函数的复合函数导数的求法，熟练使用牛顿—莱布尼茨公式计算定积分，熟练掌握定积分的换元积分法和分部积分法.

3. 理解广义积分的定义，熟练掌握两种类型广义积分的计算，会用 Γ 函数的结论解决问题.

三、习题解答

习题 5-1

1. 试比较下列各对定积分的大小.

(1) $\int_0^1 x\,dx$ 与 $\int_0^1 x^2\,dx$； (2) $\int_0^{\frac{\pi}{2}} x\,dx$ 与 $\int_0^{\frac{\pi}{2}} \sin x\,dx$.

解 (1) 因为在 $[0,1]$ 上 $x \geqslant x^2$，所以 $\int_0^1 x\,dx \geqslant \int_0^1 x^2\,dx$.

(2) 因为在 $\left[0, \dfrac{\pi}{2}\right]$ 上 $x \geqslant \sin x$，所以 $\int_0^{\frac{\pi}{2}} x\,dx \geqslant \int_0^{\frac{\pi}{2}} \sin x\,dx$.

2. 由定积分的几何意义，判断下列定积分的正负.

(1) $\int_{-3}^1 x\,dx$； (2) $\int_0^{\frac{\pi}{2}} \sin x\,dx$；

(3) $\int_{-\frac{\pi}{2}}^0 \sin x\,dx$； (4) $\int_{-\frac{\pi}{2}}^{\pi} \sin x\,dx$.

解 (1) 因为在 $[-3,0]$ 上 $x<0$；在 $[0,1]$ 上 $x>0$，而且由 $f(x)=x$ 在 $[-3,0]$ 上与 $x=-3$ 及 x 轴围成的面积为 S_1，大于由 $f(x)=x$ 在 $[0,1]$ 上与 $x=1$ 及 x 轴围成的面积为 S_2，所以

$$\int_{-3}^1 x\,dx = -S_1 + S_2 < 0.$$

(2) 因为在 $\left[0, \dfrac{\pi}{2}\right]$ 上 $f(x)=\sin x \geqslant 0$，所以

$$\int_0^{\frac{\pi}{2}} \sin x\,dx = S > 0.$$

(3) 因为在 $\left[-\dfrac{\pi}{2}, 0\right]$ 上 $f(x)=\sin x \leqslant 0$，所以

$$\int_{-\frac{\pi}{2}}^0 \sin x\,dx = -S < 0.$$

(4) 因为在 $\left[-\dfrac{\pi}{2}, 0\right]$ 上 $f(x)=\sin x \leqslant 0$；在 $[0,\pi]$ 上 $f(x)=\sin x \geqslant 0$，且由 $f(x)=\sin x$ 在 $\left[-\dfrac{\pi}{2}, 0\right]$ 上与 $x=-\dfrac{\pi}{2}$ 及 x 轴围成的面积 S_1，小于由 $f(x)=\sin x$ 在 $[0,\pi]$ 上与 x 轴围成的面积 S_2，所以

$$\int_{-\frac{\pi}{2}}^{\pi} \sin x\,dx = -S_1 + S_2 > 0.$$

3. 估计下列定积分.

(1) $\int_0^1 e^{x^2}\,dx$； (2) $\int_0^1 e^{-x^2}\,dx$.

解 (1) 因为在 $[0,1]$ 上 e^{x^2} 的最大值、最小值分别为 e，1，所以

$$1 \leqslant \int_0^1 e^{x^2}\,dx \leqslant e.$$

(2) 因为在 $[0, 1]$ 上 e^{-x^2} 的最大值、最小值分别为 $1, \dfrac{1}{e}$，所以

$$\dfrac{1}{e} \leqslant \int_0^1 e^{-x^2} dx \leqslant 1.$$

习 题 5-2

(A)

1. 计算下列定积分.

(1) $\int_1^3 x^3 dx$；

(2) $\int_1^2 \left(x^2 + \dfrac{1}{x^4}\right) dx$；

(3) $\int_0^{\frac{\pi}{2}} \sin\varphi \cos^2\varphi \, d\varphi$；

(4) $\int_4^9 \sqrt{x}(1+\sqrt{x}) dx$；

(5) $\int_{-\frac{\pi}{2}}^{\frac{\pi}{2}} \cos^2 t \, dt$；

(6) $\int_1^2 \dfrac{dx}{2x-1}$；

(7) $\int_0^1 t e^{-\frac{t^2}{2}} dt$；

(8) $\int_{-\frac{1}{2}}^{\frac{1}{2}} \dfrac{dx}{\sqrt{1-x^2}}$.

解 (1) $\int_1^3 x^3 dx = \dfrac{1}{4}x^4 \Big|_1^3 = \dfrac{1}{4}(3^4 - 1) = 20.$

(2) $\int_1^2 \left(x^2 + \dfrac{1}{x^4}\right) dx = \dfrac{1}{3}x^3 \Big|_1^2 - \dfrac{1}{3}x^{-3} \Big|_1^2 = \dfrac{7}{3} - \dfrac{1}{3} \times \left(-\dfrac{7}{8}\right) = \dfrac{21}{8}.$

(3) $\int_0^{\frac{\pi}{2}} \sin\varphi \cos^2\varphi \, d\varphi = -\int_0^{\frac{\pi}{2}} \cos^2\varphi \, d\cos\varphi = -\dfrac{1}{3}\cos^3\varphi \Big|_0^{\frac{\pi}{2}} = \dfrac{1}{3}.$

(4) $\int_4^9 \sqrt{x}(1+\sqrt{x}) dx = \int_4^9 (\sqrt{x}+x) dx = \dfrac{2}{3}x^{\frac{3}{2}} \Big|_4^9 + \dfrac{1}{2}x^2 \Big|_4^9 = \dfrac{38}{3} + \dfrac{65}{2} = \dfrac{271}{6}.$

(5) $\int_{-\frac{\pi}{2}}^{\frac{\pi}{2}} \cos^2 t \, dt = \int_{-\frac{\pi}{2}}^{\frac{\pi}{2}} \dfrac{1+\cos 2t}{2} dt = \dfrac{1}{2}t \Big|_{-\frac{\pi}{2}}^{\frac{\pi}{2}} + \dfrac{1}{4}\int_{-\frac{\pi}{2}}^{\frac{\pi}{2}} \cos 2t \, d(2t)$

$= \dfrac{\pi}{2} + \dfrac{1}{4}\sin 2t \Big|_{-\frac{\pi}{2}}^{\frac{\pi}{2}} = \dfrac{\pi}{2}.$

(6) $\int_1^2 \dfrac{dx}{2x-1} = \int_1^2 \dfrac{1}{2x-1} \cdot \dfrac{1}{2} d(2x-1) = \dfrac{1}{2}[\ln|2x-1|]_1^2 = \dfrac{1}{2}\ln 3.$

(7) $\int_0^1 t e^{-\frac{t^2}{2}} dt = -\int_0^1 e^{-\frac{t^2}{2}} d\left(-\dfrac{t^2}{2}\right) = -e^{-\frac{t^2}{2}} \Big|_0^1 = 1 - \dfrac{1}{\sqrt{e}}.$

(8) $\int_{-\frac{1}{2}}^{\frac{1}{2}} \dfrac{dx}{\sqrt{1-x^2}} = \arcsin x \Big|_{-\frac{1}{2}}^{\frac{1}{2}} = \dfrac{\pi}{3}.$

2. 求 $y = \int_0^z \dfrac{dx}{1+x^3}$ 对 z 的二阶导数在 $z=1$ 处的值.

解 $\dfrac{dy}{dz} = \dfrac{1}{1+z^3}$，$\dfrac{d^2 y}{dz^2} = -\dfrac{3z^2}{(1+z^3)^2}$，所以 $\dfrac{d^2 y}{dz^2}\Big|_{z=1} = -\dfrac{3}{4}.$

3. 已知 $y = \int_x^5 \sqrt{1+t^2} \, dt$，求 $\dfrac{dy}{dx}$.

解 $\dfrac{dy}{dx} = \left(-\int_5^x \sqrt{1+t^2} \, dt\right)' = -\sqrt{1+x^2}.$

4. 已知 $y = \int_{\sqrt{x}}^{x^2} \sin t \, dt$，求 $\dfrac{dy}{dx}$.

解 $\dfrac{dy}{dx} = \dfrac{d}{dx}\int_{\sqrt{x}}^{a} \sin t \, dt + \dfrac{d}{dx}\int_{a}^{x^2} \sin t \, dt = -\left(\int_{a}^{\sqrt{x}} \sin t \, dt\right)' + \left(\int_{a}^{x^2} \sin t \, dt\right)'$

$= -\sin\sqrt{x}(\sqrt{x})' + \sin x^2 (x^2)' = -\dfrac{1}{2\sqrt{x}}\sin\sqrt{x} + 2x\sin x^2.$

(B)

1. 试讨论函数 $y = \int_{0}^{x} t e^{-\frac{t^2}{2}} dt$ 的拐点与极值点.

解 $y' = \dfrac{dy}{dx} = x e^{-\frac{x^2}{2}}$，$y'' = \dfrac{d^2 y}{dx^2} = e^{-\frac{x^2}{2}} - x^2 e^{-\frac{x^2}{2}} = (1-x^2)e^{-\frac{x^2}{2}}.$

令 $y' = 0$，得驻点 $x = 0$，又因为 $y''|_{x=0} = 1 > 0$，所以极小值点为 $x = 0$.

令 $y'' = 0$，得 $x_1 = -1$，$x_2 = 1$. 当 $x < -1$ 时，$y'' < 0$；当 $-1 < x < 1$ 时，$y'' > 0$；当 $x > 1$ 时，$y'' < 0$. 所以拐点为 $\left(-1, 1-\dfrac{1}{\sqrt{e}}\right)$，$\left(1, 1-\dfrac{1}{\sqrt{e}}\right)$.

综上，函数的极值点为 $x = 0$，拐点为 $\left(-1, 1-\dfrac{1}{\sqrt{e}}\right)$，$\left(1, 1-\dfrac{1}{\sqrt{e}}\right)$.

2. 求 $\lim\limits_{x \to 0} \dfrac{\int_{0}^{x^2} \frac{\sin t}{t} dt}{x^2}$ 的值.

解 $\lim\limits_{x \to 0} \dfrac{\int_{0}^{x^2} \frac{\sin t}{t} dt}{x^2} = \lim\limits_{x \to 0} \dfrac{\frac{\sin x^2}{x^2} \cdot 2x}{2x} = 1.$

习 题 5-3

(A)

1. 计算下列定积分.

(1) $\int_{-\frac{\pi}{2}}^{\frac{\pi}{2}} \cos x \cos 2x \, dx$； (2) $\int_{0}^{a} x^2 \sqrt{a^2 - x^2} \, dx \, (a > 0)$；

(3) $\int_{0}^{2} \sqrt{4 - x^2} \, dx$； (4) $\int_{1}^{e} \dfrac{2 + \ln x}{x} \, dx$；

(5) $\int_{-1}^{0} \dfrac{3x^4 + 3x^2 + 1}{x^2 + 1} \, dx.$

解 (1) $\int_{-\frac{\pi}{2}}^{\frac{\pi}{2}} \cos x \cos 2x \, dx = 2\int_{0}^{\frac{\pi}{2}} \cos x \cos 2x \, dx = \int_{0}^{\frac{\pi}{2}} (\cos 3x + \cos x) \, dx$

$= \dfrac{1}{3} \sin 3x \Big|_{0}^{\frac{\pi}{2}} + \sin x \Big|_{0}^{\frac{\pi}{2}} = -\dfrac{1}{3} + 1 = \dfrac{2}{3}.$

(2) $\int_{0}^{a} x^2 \sqrt{a^2 - x^2} \, dx$，令 $x = a \sin t$，则 $dx = a \cos t \, dt.$

当 $x: 0 \to a$ 时，$t: 0 \to \dfrac{\pi}{2}$，所以

$$\int_{0}^{a} x^2 \sqrt{a^2 - x^2} \, dx = \int_{0}^{\frac{\pi}{2}} a^4 \sin^2 t \cos^2 t \, dt = \int_{0}^{\frac{\pi}{2}} \dfrac{a^4}{4} (\sin 2t)^2 \, dt$$

$$= \frac{a^4}{4}\int_0^{\frac{\pi}{2}} \frac{1-\cos 4t}{2}dt = \frac{a^4}{8}\left[t-\frac{\sin 4t}{4}\right]_0^{\frac{\pi}{2}} = \frac{\pi a^4}{16}.$$

(3) $\int_0^2 \sqrt{4-x^2}\,dx$，令 $x=2\sin t$，则 $dx=2\cos t dt$.

当 x：$0 \to 2$ 时，t：$0 \to \frac{\pi}{2}$，所以

$$\int_0^2 \sqrt{4-x^2}\,dx = \int_0^{\frac{\pi}{2}} 4\cos^2 t dt = 2\int_0^{\frac{\pi}{2}}(1+\cos 2t)dt = 2\left[t+\frac{1}{2}\sin 2t\right]_0^{\frac{\pi}{2}} = \pi.$$

(4) $\int_1^e \frac{2+\ln x}{x}dx = \left[2\ln x + \frac{1}{2}(\ln x)^2\right]_1^e = 2+\frac{1}{2} = \frac{5}{2}.$

(5) $\int_{-1}^0 \frac{3x^4+3x^2+1}{x^2+1}dx = \int_{-1}^0 \left(3x^2+\frac{1}{x^2+1}\right)dx = x^3\Big|_{-1}^0 + \arctan x\Big|_{-1}^0 = 1+\frac{\pi}{4}.$

2. 计算下列定积分.

(1) $\int_1^e x\ln x dx$；

(2) $\int_0^{e-1} \ln(x+1)dx$；

(3) $\int_0^1 x\arctan x dx$；

(4) $\int_0^{\ln 2} xe^{-x}dx$；

(5) $\int_0^{\frac{\pi}{2}} e^x \cos x dx$；

(6) $\int_1^4 \frac{\ln x}{\sqrt{x}}dx$；

(7) $\int_0^{\pi} x\sin x dx.$

解 (1) $\int_1^e x\ln x dx = \int_1^e \ln x d\frac{x^2}{2} = \frac{x^2}{2}\ln x\Big|_1^e - \int_1^e \frac{x}{2}dx$

$$= \frac{e^2}{2} - \frac{x^2}{4}\Big|_1^e = \frac{e^2}{2} - \frac{e^2}{4} + \frac{1}{4} = \frac{1}{4}(e^2+1).$$

(2) $\int_0^{e-1} \ln(x+1)dx = x\ln(x+1)\Big|_0^{e-1} - \int_0^{e-1} \frac{x}{x+1}dx = (e-1) - \int_0^{e-1}\left(1-\frac{1}{x+1}\right)dx$

$$= (e-1) - [x-\ln(x+1)]_0^{e-1} = (e-1) - (e-1-1) = 1.$$

(3) $\int_0^1 x\arctan x dx = \int_0^1 \arctan x d\frac{x^2}{2} = \frac{x^2}{2}\arctan x\Big|_0^1 - \int_0^1 \frac{x^2}{2(1+x^2)}dx$

$$= \frac{\pi}{8} - \frac{1}{2}[x-\arctan x]_0^1 = \frac{\pi}{8} - \frac{1}{2}\left(1-\frac{\pi}{4}\right) = \frac{\pi}{4} - \frac{1}{2}.$$

(4) $\int_0^{\ln 2} xe^{-x}dx = -\int_0^{\ln 2} xde^{-x} = -\left(xe^{-x}\Big|_0^{\ln 2} - \int_0^{\ln 2} e^{-x}dx\right)$

$$= -\frac{1}{2}\ln 2 - e^{-x}\Big|_0^{\ln 2} = -\frac{1}{2}\ln 2 - \frac{1}{2} + 1 = \frac{1}{2}(1-\ln 2).$$

(5) $\int_0^{\frac{\pi}{2}} e^x \cos x dx = \int_0^{\frac{\pi}{2}} \cos x de^x = e^x\cos x\Big|_0^{\frac{\pi}{2}} + \int_0^{\frac{\pi}{2}} e^x \sin x dx$

$$= -1 + e^x \sin x\Big|_0^{\frac{\pi}{2}} - \int_0^{\frac{\pi}{2}} e^x \cos x dx,$$

移项得 $\int_0^{\frac{\pi}{2}} e^x \cos x dx = \frac{1}{2}\left(-1 + e^x \sin x\Big|_0^{\frac{\pi}{2}}\right) = \frac{1}{2}(-1+e^{\frac{\pi}{2}}).$

(6) $\int_1^4 \frac{\ln x}{\sqrt{x}}dx = 2\int_1^4 \ln x d\sqrt{x} = 2\left(\sqrt{x}\ln x\Big|_1^4 - \int_1^4 \frac{1}{\sqrt{x}}dx\right)$

$$= 2\left(2\ln 4 - 2\sqrt{x}\,\Big|_1^4\right) = 4(\ln 4 - 1) = 8\ln 2 - 4.$$

(7) $\int_0^\pi x\sin x\,dx = -\int_0^\pi x\,d\cos x = -\left(x\cos x\,\Big|_0^\pi - \int_0^\pi \cos x\,dx\right)$

$$= \pi + \sin x\,\Big|_0^\pi = \pi.$$

3. 利用函数的奇偶性计算定积分.

(1) $\int_{-\pi}^{\pi} x^4 \sin x\,dx$; (2) $\int_{-\frac{\pi}{2}}^{\frac{\pi}{2}} x\cos^4 x\,dx$;

(3) $\int_{-1}^{1} x^2 \ln(x+\sqrt{1+x^2})\,dx$; (4) $\int_{-1}^{1}\left[x^2\ln\left(\frac{2-x}{2+x}\right) + |x|\right]dx$.

解 (1) 因为 $x^4\sin x$ 在 $[-\pi, \pi]$ 上是奇函数，所以

$$\int_{-\pi}^{\pi} x^4\sin x\,dx = 0.$$

(2) 因为 $x\cos^4 x$ 在 $\left[-\frac{\pi}{2}, \frac{\pi}{2}\right]$ 上是奇函数，所以

$$\int_{-\frac{\pi}{2}}^{\frac{\pi}{2}} x\cos^4 x\,dx = 0.$$

(3) 设 $f(x) = \ln(x+\sqrt{1+x^2})$，则

$$f(-x) = \ln\left[-x+\sqrt{1+(-x)^2}\right] = \ln(-x+\sqrt{1+x^2})$$

$$= \ln\frac{1}{x+\sqrt{1+x^2}} = -\ln(x+\sqrt{1+x^2}) = -f(x),$$

所以 $f(x)$ 为奇函数，$y = x^2\ln(x+\sqrt{1+x^2})$ 也为奇函数，于是

$$\int_{-1}^{1} x^2\ln(x+\sqrt{1+x^2})\,dx = 0.$$

(4) 设 $f(x) = x^2\ln\left(\frac{2-x}{2+x}\right)$，则

$$f(-x) = (-x)^2\ln\left(\frac{2+x}{2-x}\right) = x^2\ln\left(\frac{2-x}{2+x}\right)^{-1} = -x^2\ln\left(\frac{2-x}{2+x}\right) = -f(x),$$

所以 $f(x)$ 为奇函数，而 $g(x) = |x|$ 为偶函数，所以

$$\int_{-1}^{1}\left[x^2\ln\left(\frac{2-x}{2+x}\right) + |x|\right]dx = \int_{-1}^{1} x^2\ln\left(\frac{2-x}{2+x}\right)dx + \int_{-1}^{1}|x|\,dx = 0 + 2\int_0^1 x\,dx = 1.$$

4. 证明：$\int_0^1 x^m(1-x)^n\,dx = \int_0^1 x^n(1-x)^m\,dx\ (m > 0, n > 0)$.

证 对 $\int_0^1 x^m(1-x)^n\,dx$，令 $x = 1-t$，则 $t = 1-x$，$dx = -dt$，当 $x: 0 \to 1$ 时，$t: 1 \to 0$，所以

$$\int_0^1 x^m(1-x)^n\,dx = \int_1^0 (1-t)^m t^n(-dt) = \int_0^1 t^n(1-t)^m\,dt = \int_0^1 x^n(1-x)^m\,dx,$$

故

$$\int_0^1 x^m(1-x)^n\,dx = \int_0^1 x^n(1-x)^m\,dx.$$

5. 证明：$\int_0^a f(x^2)\,dx = \frac{1}{2}\int_{-a}^{a} f(x^2)\,dx$.

证 因为 $f(x^2)$ 是 $[-a, a]$ 上的偶函数，所以

$$\int_{-a}^{a} f(x^2)\mathrm{d}x = 2\int_{0}^{a} f(x^2)\mathrm{d}x,$$

故 $$\int_{0}^{a} f(x^2)\mathrm{d}x = \frac{1}{2}\int_{-a}^{a} f(x^2)\mathrm{d}x.$$

6. 证明：$\int_{a}^{b} f(x)\mathrm{d}x = \int_{a}^{b} f(a+b-x)\mathrm{d}x.$

证 对 $\int_{a}^{b} f(a+b-x)\mathrm{d}x$，令 $a+b-x=t$，则 $\mathrm{d}x=-\mathrm{d}t$. 当 $x: a\to b$ 时，$t: b\to a$，所以

$$\int_{a}^{b} f(a+b-x)\mathrm{d}x = \int_{b}^{a} f(t)(-\mathrm{d}t) = \int_{a}^{b} f(t)\mathrm{d}t = \int_{a}^{b} f(x)\mathrm{d}x,$$

故 $$\int_{a}^{b} f(x)\mathrm{d}x = \int_{a}^{b} f(a+b-x)\mathrm{d}x.$$

(B)

1. 计算下列定积分.

(1) $\int_{0}^{\frac{\pi}{\omega}} \sin(\omega t + \varphi_0)\mathrm{d}t$；

(2) $\int_{0}^{\frac{\pi}{2}} \frac{1}{3+2\cos x}\mathrm{d}x$；

(3) $\int_{\frac{3}{4}}^{\frac{4}{3}} \frac{1}{x\sqrt{x^2+1}}\mathrm{d}x$；

(4) $\int_{0}^{\frac{\pi}{2}} \frac{\cos\varphi}{6-5\sin\varphi+\sin^2\varphi}\mathrm{d}\varphi$；

(5) $\int_{0}^{\frac{\pi}{4}} \frac{1-\cos^4 x}{2}\mathrm{d}x.$

解 (1) $\int_{0}^{\frac{\pi}{\omega}} \sin(\omega t+\varphi_0)\mathrm{d}t = \int_{0}^{\frac{\pi}{\omega}} \sin(\omega t+\varphi_0)\frac{1}{\omega}\mathrm{d}(\omega t+\varphi_0)$

$$= -\frac{1}{\omega}\left[\cos(\omega t+\varphi_0)\right]_{0}^{\frac{\pi}{\omega}} = \frac{2}{\omega}\cos\varphi_0.$$

(2) $\int_{0}^{\frac{\pi}{2}} \frac{1}{3+2\cos x}\mathrm{d}x$，令 $\tan\frac{x}{2}=t$，则 $\cos x=\frac{1-t^2}{1+t^2}$，$\mathrm{d}x=\frac{2}{1+t^2}\mathrm{d}t$，当 $x: 0\to\frac{\pi}{2}$ 时，$t: 0\to 1$，所以

$$\int_{0}^{\frac{\pi}{2}} \frac{1}{3+2\cos x}\mathrm{d}x = \int_{0}^{1} \frac{1}{3+2\frac{1-t^2}{1+t^2}}\frac{2}{1+t^2}\mathrm{d}t = \int_{0}^{1} \frac{2}{5+t^2}\mathrm{d}t$$

$$= \frac{2}{\sqrt{5}}\arctan\frac{t}{\sqrt{5}}\bigg|_{0}^{1} = \frac{2}{\sqrt{5}}\arctan\frac{1}{\sqrt{5}}.$$

(3) $\int_{\frac{3}{4}}^{\frac{4}{3}} \frac{1}{x\sqrt{x^2+1}}\mathrm{d}x$，令 $\sqrt{x^2+1}=t$，则 $x=\sqrt{t^2-1}$，$\mathrm{d}x=\frac{t}{\sqrt{t^2-1}}\mathrm{d}t$，当 $x: \frac{3}{4}\to\frac{4}{3}$ 时，$t: \frac{5}{4}\to\frac{5}{3}$，所以

$$\int_{\frac{3}{4}}^{\frac{4}{3}} \frac{1}{x\sqrt{x^2+1}}\mathrm{d}x = \int_{\frac{5}{4}}^{\frac{5}{3}} \frac{1}{t^2-1}\mathrm{d}t = \frac{1}{2}\left[\ln\frac{t-1}{t+1}\right]_{\frac{5}{4}}^{\frac{5}{3}} = \ln\frac{3}{2}.$$

(4) $\int_{0}^{\frac{\pi}{2}} \frac{\cos\varphi}{6-5\sin\varphi+\sin^2\varphi}\mathrm{d}\varphi = \int_{0}^{\frac{\pi}{2}} \frac{\cos\varphi}{(3-\sin\varphi)(2-\sin\varphi)}\mathrm{d}\varphi$

$$= \int_{0}^{\frac{\pi}{2}} \left(\frac{1}{2-\sin\varphi}-\frac{1}{3-\sin\varphi}\right)\mathrm{d}\sin\varphi$$

$$= \left[-\ln(2-\sin\varphi)+\ln(3-\sin\varphi)\right]_{0}^{\frac{\pi}{2}}$$

$$= \ln 2 + \ln 2 - \ln 3 = \ln \frac{4}{3}.$$

(5) $\int_0^{\frac{\pi}{4}} \frac{1-\cos^4 x}{2} dx = \int_0^{\frac{\pi}{4}} \frac{(1-\cos^2 x)(1+\cos^2 x)}{2} dx = \int_0^{\frac{\pi}{4}} \frac{\sin^2 x(1+\cos^2 x)}{2} dx$

$$= \int_0^{\frac{\pi}{4}} \left(\frac{1-\cos 2x}{4} + \frac{1-\cos 4x}{16} \right) dx$$

$$= \left[\frac{1}{4}x - \frac{1}{8}\sin 2x + \frac{1}{16}x - \frac{1}{64}\sin 4x \right]_0^{\frac{\pi}{4}}$$

$$= \frac{\pi}{16} - \frac{1}{8} + \frac{\pi}{64} = \frac{5\pi}{64} - \frac{1}{8}.$$

2. 计算下列定积分.

(1) $\int_0^{\frac{\pi}{4}} \frac{x}{1+\cos 2x} dx$; (2) $\int_0^1 (\arcsin x)^2 dx$;

(3) $\int_0^{\frac{\pi}{8}} x\sin x\cos x\cos 2x dx$; (4) $\int_0^{\frac{\pi}{2}} \cos^7 x dx$.

解 (1) $\int_0^{\frac{\pi}{4}} \frac{x}{1+\cos 2x} dx = \int_0^{\frac{\pi}{4}} \frac{x}{2\cos^2 x} dx = \frac{1}{2}\int_0^{\frac{\pi}{4}} x d(\tan x)$

$$= \frac{1}{2}\left(x\tan x \Big|_0^{\frac{\pi}{4}} - \int_0^{\frac{\pi}{4}} \tan x dx \right) = \frac{\pi}{8} - \frac{1}{2}\int_0^{\frac{\pi}{4}} \tan x dx$$

$$= \frac{\pi}{8} + \frac{1}{2}\ln(\cos x) \Big|_0^{\frac{\pi}{4}} = \frac{\pi}{8} - \frac{1}{4}\ln 2.$$

(2) 令 $t = \arcsin x$,则

$$\int_0^1 (\arcsin x)^2 dx = \int_0^{\frac{\pi}{2}} t^2 d\sin t = (t^2\sin t)\Big|_0^{\frac{\pi}{2}} - \int_0^{\frac{\pi}{2}} \sin t dt^2 = \frac{\pi^2}{4} - 2\int_0^{\frac{\pi}{2}} t\sin t dt$$

$$= \frac{\pi^2}{4} + 2\int_0^{\frac{\pi}{2}} t d\cos t = \frac{\pi^2}{4} + 2\left(t\cos t \Big|_0^{\frac{\pi}{2}} - \int_0^{\frac{\pi}{2}} \cos t dt \right)$$

$$= \frac{\pi^2}{4} - 2\int_0^{\frac{\pi}{2}} \cos t dt = \frac{\pi^2}{4} - 2\sin t \Big|_0^{\frac{\pi}{2}} = \frac{\pi^2}{4} - 2.$$

(3) $\int_0^{\frac{\pi}{8}} x\sin x\cos x\cos 2x dx = \frac{1}{4}\int_0^{\frac{\pi}{8}} x\sin 4x dx = -\frac{1}{16}\int_0^{\frac{\pi}{8}} x d(\cos 4x)$

$$= -\frac{1}{16}\left(x\cos 4x \Big|_0^{\frac{\pi}{8}} - \int_0^{\frac{\pi}{8}} \cos 4x dx \right) = \frac{1}{64}.$$

(4) 应用 $\int_0^{\frac{\pi}{2}} \sin^n x dx = \int_0^{\frac{\pi}{2}} \cos^n x dx$,且

$$\int_0^{\frac{\pi}{2}} \sin^n x dx = \begin{cases} \dfrac{n-1}{n} \cdot \dfrac{n-3}{n-2} \cdot \dfrac{n-5}{n-4} \cdots \dfrac{4}{5} \cdot \dfrac{2}{3} & (n\text{ 为奇数}), \\ \dfrac{n-1}{n} \cdot \dfrac{n-3}{n-2} \cdot \dfrac{n-5}{n-4} \cdots \dfrac{3}{4} \cdot \dfrac{1}{2} \cdot \dfrac{\pi}{2} & (n\text{ 为偶数}), \end{cases}$$

有

$$\int_0^{\frac{\pi}{2}} \cos^7 x dx = \frac{6}{7} \times \frac{4}{5} \times \frac{2}{3} = \frac{16}{35}.$$

3. 设 $f(x) = \begin{cases} x e^{-x^2}, & x \geqslant 0, \\ \dfrac{1}{1+\cos x}, & -1 < x < 0, \end{cases}$ 求 $\int_1^4 f(x-2) dx.$

解 令 $t=x-2$，则

$$\int_1^4 f(x-2)dx = \int_{-1}^2 f(t)dt = \int_{-1}^0 \frac{1}{1+\cos t}dt + \int_0^2 te^{-t^2}dt$$

$$= \int_{-1}^0 \frac{1}{2\cos^2 \frac{t}{2}}dt - \frac{1}{2}\int_0^2 e^{-t^2}d(-t^2)$$

$$= \int_{-1}^0 \sec^2 \frac{t}{2} d\left(\frac{t}{2}\right) - \frac{1}{2}e^{-t^2}\Big|_0^2$$

$$= \tan\frac{t}{2}\Big|_{-1}^0 - \frac{1}{2}e^{-t^2}\Big|_0^2 = \tan\frac{1}{2} - \frac{1}{2e^4} + \frac{1}{2}.$$

4. 计算 $\int_0^1 xf(x)dx$，其中 $f(x) = \int_1^{x^2} \frac{\sin t}{t}dt$.

解 $\int_0^1 xf(x)dx = \int_0^1 f(x)d\left(\frac{x^2}{2}\right) = \frac{x^2}{2}f(x)\Big|_0^1 - \frac{1}{2}\int_0^1 x^2 df(x)$

$$= 0 - \frac{1}{2}\int_0^1 x^2 f'(x)dx = -\frac{1}{2}\int_0^1 x^2 \cdot \frac{\sin x^2}{x^2} \cdot 2x\,dx$$

$$= -\frac{1}{2}\int_0^1 \sin x^2\,dx^2 = \frac{1}{2}\cos x^2\Big|_0^1 = \frac{1}{2}(\cos 1 - 1).$$

5. 计算 $\int_0^\pi \frac{x\sin x}{1+\cos^2 x}dx$ 的值.

解 $I = \int_0^\pi \frac{x\sin x}{1+\cos^2 x}dx \xrightarrow{x=\pi-t} \int_\pi^0 \frac{(\pi-t)\sin t}{1+\cos^2 t}(-dt) = \int_0^\pi \frac{(\pi-t)\sin t}{1+\cos^2 t}dt$

$$= \int_0^\pi \frac{\pi \sin t}{1+\cos^2 t}dt - \int_0^\pi \frac{t\sin t}{1+\cos^2 t}dt = \int_0^\pi \frac{\pi\sin x}{1+\cos^2 x}dx - \int_0^\pi \frac{x\sin x}{1+\cos^2 x}dx,$$

移项得 $2I = \int_0^\pi \frac{\pi\sin x}{1+\cos^2 x}dx = -\pi\int_0^\pi \frac{1}{1+\cos^2 x}d\cos x$

$$= -\pi\arctan(\cos x)\Big|_0^\pi = \frac{\pi^2}{2},$$

所以 $I = \frac{\pi^2}{4}$.

习 题 5-4

（A）

1. 判断下列广义积分的敛散性，如果收敛，求其值.

(1) $\int_1^{+\infty} \frac{\ln x}{x}dx$;

(2) $\int_0^{+\infty} e^{-ax}dx\,(a>0)$;

(3) $\int_{-\infty}^{+\infty} \frac{dx}{x^2+2x+2}$;

(4) $\int_{-\infty}^{+\infty} \frac{dx}{1+x^2}$;

(5) $\int_1^{+\infty} \frac{1}{x^4}dx$;

(6) $\int_1^e \frac{dx}{x\sqrt{1-(\ln x)^2}}$;

(7) $\int_1^2 \frac{x}{\sqrt{x-1}}dx$;

(8) $\int_1^2 \frac{dx}{(1-x)^2}$;

(9) $\int_0^1 \frac{x}{\sqrt{1-x^2}}dx$;

(10) $\int_0^2 \frac{dx}{x^2-4x+3}$.

解 (1) $\int_1^{+\infty} \frac{\ln x}{x} dx = \lim_{b \to +\infty} \int_1^b \ln x \, d(\ln x) = \lim_{b \to +\infty} \frac{\ln^2 b}{2} = +\infty$,

所以此广义积分发散.

(2) $\int_0^{+\infty} e^{-ax} dx = \lim_{b \to +\infty} \int_0^b e^{-ax} dx = \lim_{b \to +\infty} \left[-\frac{1}{a} e^{-ax} \right]_0^b = \frac{1}{a}$.

(3) $\int_{-\infty}^{+\infty} \frac{dx}{x^2 + 2x + 2} = \int_{-\infty}^{+\infty} \frac{1}{(x+1)^2 + 1} dx$

$= \int_{-\infty}^0 \frac{1}{(x+1)^2 + 1} dx + \int_0^{+\infty} \frac{1}{(x+1)^2 + 1} dx$

$= \lim_{a \to -\infty} \int_a^0 \frac{1}{(x+1)^2 + 1} dx + \lim_{b \to +\infty} \int_0^b \frac{1}{(x+1)^2 + 1} dx$

$= \lim_{a \to -\infty} [\arctan(x+1)]_a^0 + \lim_{b \to +\infty} [\arctan(x+1)]_0^b$

$= \frac{\pi}{4} + \frac{\pi}{2} + \frac{\pi}{2} - \frac{\pi}{4} = \pi$.

(4) $\int_{-\infty}^{+\infty} \frac{dx}{1+x^2} = \int_{-\infty}^0 \frac{dx}{1+x^2} + \int_0^{+\infty} \frac{dx}{1+x^2} = \lim_{a \to -\infty} \int_a^0 \frac{dx}{1+x^2} + \lim_{b \to +\infty} \int_0^b \frac{dx}{1+x^2}$

$= \lim_{a \to -\infty} [\arctan x]_a^0 + \lim_{b \to +\infty} [\arctan x]_0^b = \frac{\pi}{2} + \frac{\pi}{2} = \pi$.

(5) $\int_1^{+\infty} \frac{1}{x^4} dx = \lim_{b \to +\infty} \int_1^b \frac{1}{x^4} dx = \lim_{b \to +\infty} \left[-\frac{1}{3} x^{-3} \right]_1^b = \lim_{b \to +\infty} \left(-\frac{1}{3} b^{-3} + \frac{1}{3} \right) = \frac{1}{3}$.

(6) 由于被积函数 $f(x) = \frac{1}{x\sqrt{1-(\ln x)^2}}$ 在积分区间 $[1, e]$ 上除 $x = e$ 外连续,且

$\lim_{x \to e^-} \frac{1}{x\sqrt{1-(\ln x)^2}} = \infty$,故

$\int_1^e \frac{dx}{x\sqrt{1-(\ln x)^2}} = \lim_{\varepsilon \to 0^+} \int_1^{e-\varepsilon} \frac{dx}{x\sqrt{1-(\ln x)^2}} = \lim_{\varepsilon \to 0^+} \int_1^{e-\varepsilon} \frac{1}{\sqrt{1-(\ln x)^2}} d(\ln x)$

$= \lim_{\varepsilon \to 0^+} [\arcsin(\ln x)]_1^{e-\varepsilon} = \lim_{\varepsilon \to 0^+} \arcsin[\ln(e-\varepsilon)] = \frac{\pi}{2}$.

(7) 由于被积函数 $f(x) = \frac{x}{\sqrt{x-1}}$ 在积分区间 $[1, 2]$ 上除 $x = 1$ 外连续,且 $\lim_{x \to 1^+} \frac{x}{\sqrt{x-1}} = \infty$,故

$\int_1^2 \frac{x}{\sqrt{x-1}} dx = \lim_{\varepsilon \to 0^+} \int_{1+\varepsilon}^2 \frac{x}{\sqrt{x-1}} dx = \lim_{\varepsilon \to 0^+} \int_{1+\varepsilon}^2 \left(\sqrt{x-1} + \frac{1}{\sqrt{x-1}} \right) dx$

$= \lim_{\varepsilon \to 0^+} \left\{ \left[\frac{2}{3}(x-1)^{\frac{3}{2}} \right]_{1+\varepsilon}^2 + \left[2(x-1)^{\frac{1}{2}} \right]_{1+\varepsilon}^2 \right\} = \frac{2}{3} + 2 = \frac{8}{3}$.

(8) 由于被积函数 $f(x) = \frac{1}{(1-x)^2}$ 在积分区间 $[1, 2]$ 上除 $x = 1$ 外连续,且 $\lim_{x \to 1^+} \frac{1}{(1-x)^2} = \infty$,故

$\int_1^2 \frac{dx}{(1-x)^2} = \lim_{\varepsilon \to 0^+} \int_{1+\varepsilon}^2 \frac{dx}{(1-x)^2} = \lim_{\varepsilon \to 0^+} \int_{1+\varepsilon}^2 \frac{1}{(1-x)^2} d(x-1)$

$= \lim_{\varepsilon \to 0^+} \left(-\frac{1}{x-1} \right) \bigg|_{1+\varepsilon}^2 = \lim_{\varepsilon \to 0^+} \left(-1 + \frac{1}{\varepsilon} \right) = +\infty$,

所以此广义积分发散.

(9) 由于被积函数 $f(x)=\dfrac{x}{\sqrt{1-x^2}}$ 在积分区间 $[0,1]$ 上除 $x=1$ 外连续,且 $\lim\limits_{x\to 1^-}\dfrac{x}{\sqrt{1-x^2}}=\infty$,故

$$\int_0^1 \dfrac{x}{\sqrt{1-x^2}}\mathrm{d}x = \lim_{\varepsilon\to 0^+}\int_0^{1-\varepsilon}\dfrac{x}{\sqrt{1-x^2}}\mathrm{d}x = \lim_{\varepsilon\to 0^+}\int_0^{1-\varepsilon}\dfrac{1}{\sqrt{1-x^2}}\left(-\dfrac{1}{2}\right)\mathrm{d}(1-x^2)$$

$$= \lim_{\varepsilon\to 0^+}\left[-\sqrt{1-x^2}\right]_0^{1-\varepsilon} = \lim_{\varepsilon\to 0^+}(-\sqrt{2\varepsilon-\varepsilon^2}+1) = 1.$$

(10) 由于被积函数 $f(x)=\dfrac{1}{x^2-4x+3}$ 在积分区间 $[0,2]$ 上除 $x=1$ 外连续,且 $\lim\limits_{x\to 1}\dfrac{1}{x^2-4x+3}=\infty$,故

$$\int_0^2 \dfrac{\mathrm{d}x}{x^2-4x+3} = \int_0^2 \dfrac{\mathrm{d}x}{(x-3)(x-1)} = \dfrac{1}{2}\left(\int_0^2 \dfrac{\mathrm{d}x}{x-3} - \int_0^2 \dfrac{\mathrm{d}x}{x-1}\right).$$

而 $\int_0^2 \dfrac{\mathrm{d}x}{x-1} = \int_0^1 \dfrac{\mathrm{d}x}{x-1} + \int_1^2 \dfrac{\mathrm{d}x}{x-1} = \lim\limits_{\varepsilon\to 0^+}\int_0^{1-\varepsilon}\dfrac{\mathrm{d}x}{x-1} + \lim\limits_{\varepsilon'\to 0^+}\int_{1+\varepsilon'}^2 \dfrac{\mathrm{d}x}{x-1}$

$$= \lim_{\varepsilon\to 0^+}[\ln|x-1|]_0^{1-\varepsilon} + \lim_{\varepsilon'\to 0^+}[\ln|x-1|]_{1+\varepsilon'}^2,$$

又因为 $\lim\limits_{\varepsilon\to 0^+}[\ln|x-1|]_0^{1-\varepsilon} = \lim\limits_{\varepsilon\to 0^+}\ln\varepsilon$ 不存在,故整个广义积分 $\int_0^2 \dfrac{\mathrm{d}x}{x^2-4x+3}$ 发散.

2. 计算.

(1) $\dfrac{\Gamma(7)}{2\Gamma(4)\Gamma(3)}$; (2) $\dfrac{\Gamma(3)\Gamma\left(\dfrac{3}{2}\right)}{\Gamma\left(\dfrac{9}{2}\right)}$.

解 (1) $\dfrac{\Gamma(7)}{2\Gamma(4)\Gamma(3)} = \dfrac{(7-1)!}{2(4-1)!(3-1)!} = \dfrac{6!}{2\times 3!\times 2!} = 30.$

(2) $\dfrac{\Gamma(3)\Gamma\left(\dfrac{3}{2}\right)}{\Gamma\left(\dfrac{9}{2}\right)} = \dfrac{2!\times \dfrac{1}{2}\Gamma\left(\dfrac{1}{2}\right)}{\dfrac{7}{2}\times\dfrac{5}{2}\times\dfrac{3}{2}\times\dfrac{1}{2}\Gamma\left(\dfrac{1}{2}\right)} = \dfrac{\sqrt{\pi}}{\dfrac{105}{16}\sqrt{\pi}} = \dfrac{16}{105}.$

3. 计算.

(1) $\int_0^{+\infty} x\mathrm{e}^{-x}\mathrm{d}x$; (2) $\int_0^{+\infty} x^4\mathrm{e}^{-x}\mathrm{d}x.$

解 (1) $\int_0^{+\infty} x\mathrm{e}^{-x}\mathrm{d}x = \Gamma(2) = 1\cdot\Gamma(1) = 1.$

(2) $\int_0^{+\infty} x^4\mathrm{e}^{-x}\mathrm{d}x = \Gamma(5) = 4! = 24.$

(B)

1. 当 k 为何值时,积分 $\int_0^{+\infty} \mathrm{e}^{-kx}\cos bx\,\mathrm{d}x$ 收敛? 又 k 为何值时发散?

解 $\int_0^{+\infty} \mathrm{e}^{-kx}\cos bx\,\mathrm{d}x = \lim\limits_{a\to +\infty}\int_0^a \mathrm{e}^{-kx}\cos bx\,\mathrm{d}x$

$$= \lim_{a\to +\infty}\left[\dfrac{1}{k^2+b^2}\mathrm{e}^{-kx}(b\sin bx - k\cos bx)\right]_0^a$$

$$= \lim_{a \to +\infty} \left[\frac{1}{k^2+b^2} e^{-ka}(b\sin ba - k\cos ba) + \frac{k}{k^2+b^2} \right].$$

当 $k>0$ 时，由于 $\lim\limits_{a \to +\infty} e^{-ka}(b\sin ba - k\cos ba) = 0$，所以

$$\int_0^{+\infty} e^{-kx}\cos bx\,dx = \frac{k}{k^2+b^2}.$$

当 $k \leqslant 0$ 时，由于 $\lim\limits_{a \to +\infty} e^{-ka}(b\sin ba - k\cos ba)$ 不存在，故此时该广义积分发散.

综上所述，广义积分 $\int_0^{+\infty} e^{-kx}\cos bx\,dx$ 当 $k>0$ 时，收敛，收敛于 $\frac{k}{k^2+b^2}$；当 $k \leqslant 0$ 时，发散.

2. 当 k 为何值时，积分 $\int_e^{+\infty} \frac{dx}{x(\ln x)^k}$ 收敛？又 k 为何值时，积分发散？

解 $\int_e^{+\infty} \frac{dx}{x(\ln x)^k} = \lim\limits_{b \to +\infty} \int_e^b \frac{1}{(\ln x)^k} d(\ln x).$

当 $k>1$ 时，

$$\int_e^{+\infty} \frac{dx}{x(\ln x)^k} = \lim_{b \to +\infty} \frac{1}{1-k}(\ln x)^{1-k} \Big|_e^b = \lim_{b \to +\infty} \left[\frac{1}{1-k}(\ln b)^{1-k} - \frac{1}{1-k} \right] = \frac{1}{k-1}.$$

当 $k=1$ 时，

$$\int_e^{+\infty} \frac{dx}{x(\ln x)^k} = \int_e^{+\infty} \frac{dx}{x(\ln x)} = \lim_{b \to +\infty} \left[\ln(\ln x) \right] \Big|_e^b = \lim_{b \to +\infty} \left[\ln(\ln b) \right] = +\infty,$$

故此时该广义积分发散.

当 $k<1$ 时，

$$\int_e^{+\infty} \frac{dx}{x(\ln x)^k} = \lim_{b \to +\infty} \frac{1}{1-k}(\ln x)^{1-k} \Big|_e^b = \lim_{b \to +\infty} \left[\frac{1}{1-k}(\ln b)^{1-k} - \frac{1}{1-k} \right] = +\infty,$$

故此时该广义积分发散.

综上所述，广义积分 $\int_e^{+\infty} \frac{dx}{x(\ln x)^k}$ 当 $k>1$ 时，收敛，收敛于 $\frac{1}{k-1}$；当 $k \leqslant 1$ 时，发散.

3. 计算.

(1) $\int_0^{+\infty} x^2 e^{-2x^2} dx$；

(2) $\int_0^{+\infty} x^2 \frac{\beta^\alpha}{\Gamma(\alpha)} x^{\alpha-1} e^{-\beta x} dx$ ($\alpha>0$，$\beta>0$，α，β 均为常数).

解 (1) 令 $2x^2 = t$，$dx = \frac{1}{2\sqrt{2}} \frac{1}{\sqrt{t}} dt$，故

$$\int_0^{+\infty} x^2 e^{-2x^2} dx = \int_0^{+\infty} \frac{t}{2} e^{-t} \frac{1}{2\sqrt{2}} \frac{1}{\sqrt{t}} dt = \frac{1}{4\sqrt{2}} \int_0^{+\infty} t^{\frac{1}{2}} e^{-t} dt$$

$$= \frac{1}{4\sqrt{2}} \Gamma\left(\frac{3}{2}\right) = \frac{1}{4\sqrt{2}} \cdot \frac{1}{2} \Gamma\left(\frac{1}{2}\right) = \frac{1}{8\sqrt{2}} \sqrt{\pi} = \frac{\sqrt{2\pi}}{16}.$$

(2) $\int_0^{+\infty} x^2 \frac{\beta^\alpha}{\Gamma(\alpha)} x^{\alpha-1} e^{-\beta x} dx = \frac{\beta^\alpha}{\Gamma(\alpha)} \int_0^{+\infty} x^{\alpha+1} e^{-\beta x} dx.$

令 $\beta x = t$，$dx = \frac{1}{\beta} dt$，故

$$\int_0^{+\infty} x^2 \frac{\beta^\alpha}{\Gamma(\alpha)} x^{\alpha-1} e^{-\beta x} dx = \frac{\beta^\alpha}{\Gamma(\alpha)} \int_0^{+\infty} \left(\frac{t}{\beta}\right)^{\alpha+1} e^{-t} \frac{1}{\beta} dt = \frac{\beta^\alpha}{\Gamma(\alpha)} \cdot \frac{1}{\beta^{\alpha+2}} \int_0^{+\infty} t^{\alpha+1} e^{-t} dt$$

$$= \frac{1}{\Gamma(\alpha)} \cdot \frac{1}{\beta^2} \Gamma(\alpha+2) = \frac{1}{\beta^2} \cdot \frac{1}{\Gamma(\alpha)} (\alpha+1) \cdot \alpha \Gamma(\alpha) = \frac{\alpha(\alpha+1)}{\beta^2}.$$

4. 计算.

(1) $\int_0^4 \dfrac{dx}{x^2 - x - 2}$;   (2) $\int_{-\infty}^{+\infty} (x + |x|) e^{-|x|} dx$.

解 (1) $\int_0^4 \dfrac{dx}{x^2 - x - 2} = \int_0^4 \dfrac{dx}{(x-2)(x+1)} = \dfrac{1}{3} \int_0^4 \dfrac{dx}{x-2} - \dfrac{1}{3} \int_0^4 \dfrac{dx}{x+1}$,

其中 $\int_0^4 \dfrac{dx}{x-2} = \int_0^2 \dfrac{dx}{x-2} + \int_2^4 \dfrac{dx}{x-2}$.

又 $\int_0^2 \dfrac{dx}{x-2} = \lim\limits_{\varepsilon \to 0^+} \int_0^{2-\varepsilon} \dfrac{dx}{x-2} = \lim\limits_{\varepsilon \to 0^+} \ln|x-2| \Big|_0^{2-\varepsilon} = \lim\limits_{\varepsilon \to 0^+} \ln\varepsilon - \ln 2 = \infty$,

故原积分发散.

(2) $\int_{-\infty}^{+\infty} (x + |x|) e^{-|x|} dx = 2 \int_0^{+\infty} x e^{-x} dx = 2\Gamma(2) = 2$ 收敛.

自测题五

一、判断题

1. 函数 $f(x)$ 在区间 $[a, b]$ 上连续，则 $f(x)$ 在区间 $[a, b]$ 上可积. （　　）

解 √，由函数可积的条件可知.

2. $\dfrac{d}{dx} \int_1^x f'(t) dt = f(x) - f(1)$. （　　）

解 ×，由变上限定积分导数结论知

$$\frac{d}{dx} \int_1^x f'(t) dt = f'(x) \text{ 或 } \int_1^x f(t) dt = f(t)\Big|_1^x = f(x) - f(1),$$

所以 $\dfrac{d}{dx} \int_1^x f(t) dt = f(x)$.

3. 下面的做法是正确的：

$$\int_{-1}^1 \frac{1}{1+x^2} dx = -\int_{-1}^1 \frac{d\left(\frac{1}{x}\right)}{1+\left(\frac{1}{x}\right)^2} = \left[-\arctan\frac{1}{x}\right]_{-1}^1 = -\frac{\pi}{2}. \quad (\quad)$$

解 ×，正确做法：$\int_{-1}^1 \dfrac{1}{1+x^2} dx = \arctan x \Big|_{-1}^1 = \dfrac{\pi}{2}$，或

$$\int_{-1}^1 \frac{1}{1+x^2} dx = -\int_{-1}^1 \frac{d\left(\frac{1}{x}\right)}{1+\left(\frac{1}{x}\right)^2} (\text{此为广义积分}) = -\int_{-1}^0 \frac{d\left(\frac{1}{x}\right)}{1+\left(\frac{1}{x}\right)^2} - \int_0^1 \frac{d\left(\frac{1}{x}\right)}{1+\left(\frac{1}{x}\right)^2}$$

$$= -\lim_{\varepsilon_1 \to 0^+} \int_{-1}^{0-\varepsilon_1} \frac{d\left(\frac{1}{x}\right)}{1+\left(\frac{1}{x}\right)^2} - \lim_{\varepsilon_2 \to 0^+} \int_{0+\varepsilon_2}^1 \frac{d\left(\frac{1}{x}\right)}{1+\left(\frac{1}{x}\right)^2}$$

$$=-\lim_{\varepsilon_1\to 0^+}\left(\arctan\frac{1}{x}\right)\Big|_{-1}^{-\varepsilon_1}-\lim_{\varepsilon_2\to 0^+}\left(\arctan\frac{1}{x}\right)\Big|_{\varepsilon_2}^{1}=\frac{\pi}{2}.$$

4. 函数 $f(x)$ 在 $[a,b]$ 上有定义，则存在一点 $\xi\in[a,b]$，使
$$\int_a^b f(x)dx = f(\xi)(b-a). (\quad)$$

解 ×，积分中值定理为：函数 $f(x)$ 在 $[a,b]$ 上连续，在 (a,b) 上可导，则存在一点 $\xi\in(a,b)$，使
$$\int_a^b f(x)dx = f(\xi)(b-a).$$

5. 设 $a=\int_1^2 \ln x dx$，$b=\int_1^2 |\ln x| dx$，则 $a=b$. ( )

解 √，当 $1\leqslant x\leqslant 2$ 时，$|\ln x|=\ln x\geqslant 0$，所以 $a=b$.

二、填空题

1. 设 $\int_0^1 f(tx)dx = \sin t (t\neq 0)$，则 $f(t)=$ _____.

解 $\int_0^1 f(tx)dx \xrightarrow{tx=u} \int_0^t f(u)\frac{1}{t}du = \frac{1}{t}\int_0^t f(u)du = \sin t$，所以 $\int_0^t f(u)du = t\sin t$，故
$$f(t) = (t\sin t)' = t\cos t + \sin t.$$

2. $\int_{-a}^{a} x[f(x)+f(-x)]dx = $ _____.

解 设 $F(x)=x[f(x)+f(-x)]$，则
$$F(-x) = -x[f(-x)+f(x)] = -F(x),$$
所以 $F(x)$ 为奇函数，所以
$$\int_{-a}^{a} x[f(x)+f(-x)]dx = 0.$$

3. $\int_a^b f'(2x)dx = $ _____.

解 $\int_a^b f'(2x)dx = \frac{1}{2}\int_a^b f'(2x)d(2x) = \frac{1}{2}f(2x)\Big|_a^b = \frac{1}{2}[f(2b)-f(2a)].$

4. $\int_0^{\frac{\pi}{2}} \sin^5 x dx = $ _____.

解 $\int_0^{\frac{\pi}{2}} \sin^5 x dx = \frac{4}{5}\times\frac{2}{3} = \frac{8}{15}.$

应用 $\int_0^{\frac{\pi}{2}} \sin^n x dx = \begin{cases} \dfrac{n-1}{n}\cdot\dfrac{n-3}{n-2}\cdot\dfrac{n-5}{n-4}\cdots\dfrac{4}{5}\cdot\dfrac{2}{3}(n\text{ 为奇数}). \\ \dfrac{n-1}{n}\cdot\dfrac{n-3}{n-2}\cdot\dfrac{n-5}{n-4}\cdots\dfrac{3}{4}\cdot\dfrac{1}{2}\cdot\dfrac{\pi}{2}(n\text{ 为偶数}). \end{cases}$

5. 设 $\varphi''(x)$ 在 $[a,b]$ 上连续，且 $\varphi'(b)=a$，$\varphi'(a)=b$，则 $\int_a^b \varphi'(x)\varphi''(x)dx = $ _____.

解 $\int_a^b \varphi'(x)\varphi''(x)dx = \int_a^b \varphi'(x)d\varphi'(x) = \frac{1}{2}[\varphi'(x)]^2\Big|_a^b$
$$= \frac{1}{2}\{[\varphi'(b)]^2-[\varphi'(a)]^2\} = \frac{1}{2}(a^2-b^2).$$

三、选择题

1. 定积分 $\int_{-2}^{2} \min\left\{\dfrac{1}{|x|},\ x^2\right\}\mathrm{d}x$ 的值为(　　).

(A) $2\left(\dfrac{1}{3}+\ln2\right)$;　　　　　　　　(B) $\dfrac{1}{3}+\ln2$;

(C) $2\left(\dfrac{1}{3}-\ln2\right)$;　　　　　　　　(D) $\dfrac{1}{3}-\ln2$.

解 选 A.

$$\int_{-2}^{2} \min\left\{\dfrac{1}{|x|},\ x^2\right\}\mathrm{d}x = 2\int_{0}^{2} \min\left\{\dfrac{1}{|x|},\ x^2\right\}\mathrm{d}x = 2\int_{0}^{1} x^2\mathrm{d}x + 2\int_{1}^{2} \dfrac{1}{x}\mathrm{d}x$$
$$= \dfrac{2}{3}x^3\Big|_{0}^{1} + 2\ln x\Big|_{1}^{2} = \dfrac{2}{3} + 2\ln2.$$

2. 若 $f(x)$ 为可导函数,且已知 $f(0)=0$, $f'(0)=2$,则 $\lim\limits_{x\to 0}\dfrac{\int_{0}^{x}f(x)\mathrm{d}x}{x^2}$ 的值为(　　).

(A) 0;　　　　(B) 1;　　　　(C) 2;　　　　(D) 不存在.

解 选 B.

$$\lim_{x\to 0}\dfrac{\int_{0}^{x}f(x)\mathrm{d}x}{x^2} = \lim_{x\to 0}\dfrac{f(x)}{2x} = \dfrac{1}{2}\lim_{x\to 0}\dfrac{f(x)-f(0)}{x-0} = \dfrac{1}{2}f'(0) = 1.$$

3. 设 $f(x)$ 为连续函数,且 $F(x)=\int_{\frac{1}{x}}^{\ln x}f(t)\mathrm{d}t$,则 $F'(x)=$(　　).

(A) $f(\ln x)+f\left(\dfrac{1}{x}\right)$;　　　　　　(B) $\dfrac{1}{x}f(\ln x)-\dfrac{1}{x^2}f\left(\dfrac{1}{x}\right)$;

(C) $f(\ln x)-f\left(\dfrac{1}{x}\right)$;　　　　　　(D) $\dfrac{1}{x}f(\ln x)+\dfrac{1}{x^2}f\left(\dfrac{1}{x}\right)$.

解 选 D.

$$F'(x) = \left[\int_{\frac{1}{x}}^{\ln x}f(t)\mathrm{d}t\right]' = f(\ln x)(\ln x)' - f\left(\dfrac{1}{x}\right)\left(\dfrac{1}{x}\right)' = \dfrac{1}{x}f(\ln x) + \dfrac{1}{x^2}f\left(\dfrac{1}{x}\right).$$

4. 设函数 $f(x)$ 在区间 $[a,b]$ 上连续,则 $\int_{a}^{b}f(x)\mathrm{d}x=$(　　).

(A) $\int_{a}^{b}f(u)\mathrm{d}u$;　　　　　　　　(B) $\int_{a}^{b}f(2u)\mathrm{d}(2u)$;

(C) $\int_{2a}^{2b}f(2u)\mathrm{d}(2u)$;　　　　　　(D) $\int_{\frac{a}{2}}^{\frac{b}{2}}f(u)\mathrm{d}(2u)$.

解 选 A.

定积分只与被积函数 $f(x)$ 及区间 $[a,b]$ 有关,而与积分变量的记号无关,所以(A)正确;

(B) $\int_{a}^{b}f(2u)\mathrm{d}(2u) \xrightarrow{2u=t} \int_{2a}^{2b}f(t)\mathrm{d}t = \int_{2a}^{2b}f(x)\mathrm{d}x$;

(C) $\int_{2a}^{2b}f(2u)\mathrm{d}(2u) \xrightarrow{2u=t} \int_{4a}^{4b}f(t)\mathrm{d}t = \int_{4a}^{4b}f(x)\mathrm{d}x$;

(D) $\int_{\frac{a}{2}}^{\frac{b}{2}}f(u)\mathrm{d}(2u) = 2\int_{\frac{a}{2}}^{\frac{b}{2}}f(u)\mathrm{d}u = 2\int_{\frac{a}{2}}^{\frac{b}{2}}f(x)\mathrm{d}x.$

5. $\int_{-1}^{1} \dfrac{1}{u^2} du = ($ $)$.

(A) -2;   (B) 2;   (C) 0;   (D) 不存在.

解 选 D. 此为广义积分

$$\int_{-1}^{1} \dfrac{1}{u^2} du = \int_{-1}^{0} \dfrac{1}{u^2} du + \int_{0}^{1} \dfrac{1}{u^2} du = \lim_{\varepsilon_1 \to 0^+} \int_{-1}^{0-\varepsilon_1} \dfrac{1}{u^2} du + \lim_{\varepsilon_2 \to 0^+} \int_{0+\varepsilon_2}^{1} \dfrac{1}{u^2} du$$

$$= \lim_{\varepsilon_1 \to 0^+} \left(-\dfrac{1}{u} \Big|_{-1}^{-\varepsilon_1} \right) + \lim_{\varepsilon_2 \to 0^+} \left(-\dfrac{1}{u} \Big|_{\varepsilon_2}^{1} \right),$$

上式两个极限都不存在,所以此广义积分不存在.

四、计算并说明下面三者的区别与联系

(1) $\int \cos x dx$;   (2) $\int_{0}^{\frac{\pi}{2}} \cos x dx$;   (3) $\int_{0}^{x} \cos x dx$.

解 这三者被积函数都是 $\cos x$. 但是

(1) $\int \cos x dx$ 为不定积分, $\int \cos x dx = \sin x + C$.

(2) $\int_{0}^{\frac{\pi}{2}} \cos x dx$ 为定积分, $\int_{0}^{\frac{\pi}{2}} \cos x dx = \sin x \Big|_{0}^{\frac{\pi}{2}} = 1$.

(3) $\int_{0}^{x} \cos x dx$ 为变上限定积分, $\int_{0}^{x} \cos x dx = \sin x \Big|_{0}^{x} = \sin x - \sin 0 = \sin x$.

五、用三种方法计算含绝对值的定积分

$$\int_{-1}^{4} x \sqrt{|x|} dx.$$

解 方法一:$\int_{-1}^{4} x \sqrt{|x|} dx = \int_{-1}^{0} x \sqrt{-x} dx + \int_{0}^{4} x \sqrt{x} dx$

$$= \dfrac{2}{5}(-x)^{\frac{5}{2}} \Big|_{-1}^{0} + \dfrac{2}{5} x^{\frac{5}{2}} \Big|_{0}^{4} = \dfrac{62}{5}.$$

方法二:

$$\int_{-1}^{4} x \sqrt{|x|} dx = \int_{-1}^{1} x \sqrt{|x|} dx + \int_{1}^{4} x \sqrt{|x|} dx,$$

$$\int_{-1}^{1} x \sqrt{|x|} dx = 0 (被积函数为奇函数,积分区间为对称区间),$$

$$\int_{1}^{4} x \sqrt{|x|} dx = \int_{1}^{4} x \sqrt{x} dx = \dfrac{2}{5} x^{\frac{5}{2}} \Big|_{1}^{4} = \dfrac{62}{5},$$

所以 $\int_{-1}^{4} x \sqrt{|x|} dx = \dfrac{62}{5}$.

方法三:$\int_{-1}^{4} x \sqrt{|x|} dx = \int_{-1}^{4} \dfrac{1}{2} \sqrt[4]{x^2} dx^2 = \dfrac{1}{2} \cdot \dfrac{4}{5} (x^2)^{\frac{5}{4}} \Big|_{-1}^{4} = \dfrac{62}{5}.$

六、设 $\int_{0}^{\pi} [f(x) + f''(x)] \sin x dx = 5$, $f(\pi) = 2$, 求 $f(0)$.

解 $\int_{0}^{\pi} [f(x) + f''(x)] \sin x dx = \int_{0}^{\pi} f(x) \sin x dx + \int_{0}^{\pi} f''(x) \sin x dx$

$$= -\int_{0}^{\pi} f(x) d\cos x + \int_{0}^{\pi} \sin x df'(x)$$

$$= -f(x)\cos x \Big|_0^\pi + \int_0^\pi \cos x f'(x)\mathrm{d}x +$$
$$\sin x f'(x)\Big|_0^\pi - \int_0^\pi \cos x f'(x)\mathrm{d}x$$
$$= f(\pi) + f(0) = 5,$$

所以 $f(0) = 5 - f(\pi) = 3$.

七、证明：方程 $4x - 1 - \int_0^x \dfrac{\mathrm{d}t}{1+t^2} = 0$ 在区间$(0, 1)$内有且仅有一个根.

证 存在性：设 $F(x) = 4x - 1 - \int_0^x \dfrac{\mathrm{d}t}{1+t^2}$，则

$$F(0) = -1 < 0, \quad F(1) = 4 - 1 - \int_0^1 \dfrac{\mathrm{d}t}{1+t^2} = 3 - \arctan t \Big|_0^1 = 3 - \dfrac{\pi}{4} > 0,$$

所以由根的存在定理知，至少存在一点 $\xi \in (0, 1)$，使 $F(\xi) = 0$，所以 ξ 是 $F(x) = 0$ 在区间 $(0, 1)$的一个根，即 ξ 是方程 $4x - 1 - \int_0^x \dfrac{\mathrm{d}t}{1+t^2} = 0$ 在区间$(0, 1)$的一个根.

唯一性：$F'(x) = 4 - \dfrac{1}{1+x^2} > 0 (x \in (0, 1))$，所以 $F(x)$ 在$[0, 1]$上单调增加，方程 $4x - 1 - \int_0^x \dfrac{\mathrm{d}t}{1+t^2} = 0$ 在区间$(0, 1)$内有且仅有一个根.

八、若 $f(x)$ 在$[0, \pi]$上连续，证明：$\int_0^\pi x f(\sin x)\mathrm{d}x = \dfrac{\pi}{2}\int_0^\pi f(\sin x)\mathrm{d}x$.

证 $\int_0^\pi x f(\sin x)\mathrm{d}x \xlongequal{x = \pi - u} \int_\pi^0 (\pi - u)f(\sin u)(-\mathrm{d}u)$

$$= \int_0^\pi \pi f(\sin u)\mathrm{d}u - \int_0^\pi u f(\sin u)\mathrm{d}u$$
$$= \int_0^\pi \pi f(\sin x)\mathrm{d}x - \int_0^\pi x f(\sin x)\mathrm{d}x,$$

所以 $\int_0^\pi x f(\sin x)\mathrm{d}x = \dfrac{\pi}{2}\int_0^\pi f(\sin x)\mathrm{d}x.$

第六章

定积分的应用

一、基本内容

1. 定积分的元素法

取自变量小区间 $[x, x+\Delta x]$，求出这个小区间上函数 $F(x)$ 的增量 ΔF 的近似值，即 $\Delta F \approx f(x)\Delta x$。当 $\Delta F - f(x)\Delta x$ 是比 Δx 高阶的无穷小时，由上式得到 $\mathrm{d}F = f(x)\mathrm{d}x$，这种方法称为元素法。

2. 定积分的几何应用

(1) 平面图形的面积：

① 直角坐标情形：设 $y=f(x)$，$y=g(x)$ 均在区间 $[a,b]$ 上连续，且 $f(x) \geqslant g(x)$ $(a \leqslant x \leqslant b)$，则这两条曲线及直线 $x=a$，$x=b$ 所围平面图形的面积易由微元法得到，其表达式为

$$A = \int_a^b [f(x) - g(x)] \mathrm{d}x.$$

类似地，由 $x=g_1(y)$，$x=g_2(y)$ $(g_1(y) \geqslant g_2(y))$ 及直线 $y=c$，$y=d$ $(c<d)$ 所围平面图形的面积为

$$A = \int_c^d [g_1(y) - g_2(y)] \mathrm{d}y.$$

② 极坐标情形：曲线由极坐标方程 $r=r(\theta)$ 给出，$r(\theta)$ 在 $[\alpha, \beta]$ $(\alpha < \beta)$ 上连续，则曲线 $r=r(\theta)$，射线 $\theta=\alpha$，$\theta=\beta$ 所围曲边扇形的面积由微元法易得

$$A = \frac{1}{2} \int_\alpha^\beta r^2(\theta) \mathrm{d}\theta.$$

(2) 立体体积：

① 已知平行截面面积的立体体积：设立体位于过点 $x=a$，$x=b$ $(a<b)$ 且垂直于 x 轴的两个平面之间，过点 x 且垂直于 x 轴的平面与该立体相交的截面面积为 $S(x)$ $(a \leqslant x \leqslant b)$，则该立体的体积为

$$V = \int_a^b S(x) \mathrm{d}x.$$

② 旋转体体积：设一曲边梯形由曲线 $y=f(x)$，直线 $x=a$，$x=b$ $(a<b)$ 及 x 轴所围成，它绕 x 轴旋转一周而形成的旋转体的体积为

$$V = \pi \int_a^b f^2(x) \mathrm{d}x.$$

设一曲边梯形由曲线 $x=\varphi(y)$，直线 $y=c$，$y=d$ $(c<d)$ 及 y 轴所围成，它绕 y 轴旋转

一周而形成的旋转体的体积为
$$V = \pi \int_c^d \varphi^2(y) dy.$$

(3) 平面曲线的弧长：

① 直角坐标情形：设函数 $y = f(x)$ 在 $[a, b]$ 上具有一阶连续导数，则曲线 $y = f(x)$ 在 $[a, b]$ 上的曲线弧长为
$$S = \int_a^b \sqrt{1 + (y')^2} dx.$$

② 参数方程情形：设曲线弧的参数方程为 $\begin{cases} x = \varphi(t), \\ y = \psi(t) \end{cases} (\alpha \leqslant t \leqslant \beta)$，则此曲线弧的长度为
$$S = \int_\alpha^\beta \sqrt{[\varphi'(t)]^2 + [\psi'(t)]^2} dt.$$

3. 定积分的物理应用

(1) 变力沿直线所做的功：若物体在变力 $F(x)$（力的大小沿 x 轴变化，方向沿 x 轴正向）的作用下，由 x 轴上点 a 移动到点 b，则该变力所做的功为
$$W = \int_a^b F(x) dx.$$

(2) 液体压力：设竖立平板的形状是一个曲线 $y = f(x)$ 及直线 $y = 0$，$x = a$，$x = b$ 所围成的曲边梯形，y 轴取在液体的自由表面，x 轴垂直向下，液体比重为 γ，则此平板所受液体的压力为
$$P = \int_a^b \gamma x f(x) dx.$$

4. 平均值

设函数 $y = f(x)$ 在 $[a, b]$ 上连续，则函数 $y = f(x)$ 在 $[a, b]$ 上的平均值为
$$\bar{y} = \frac{1}{b-a} \int_a^b f(x) dx.$$

二、基本要求

掌握用定积分表达和计算一些几何量和物理量（平面图形的面积、平面曲线的弧长、立体体积、功、引力、压力等）．

三、习题解答

习 题 6-2

(A)

1. 求图 6-1 中画斜线部分的面积．

解 (1) 由方程组 $\begin{cases} y = \sqrt{x}, \\ y = x, \end{cases}$ 得交点为 $(0, 0)$，$(1, 1)$．

取横坐标为积分变量，在 $[0, 1]$ 上任取一小区间 $[x, x+dx]$，在该小区间的面积近似于高为 $\sqrt{x} - x$，底为 dx 的窄矩形的面积，从而得到面积元素 $dA = (\sqrt{x} - x) dx$，所求面积为

$$A = \int_0^1 (\sqrt{x} - x) dx = \frac{1}{6}.$$

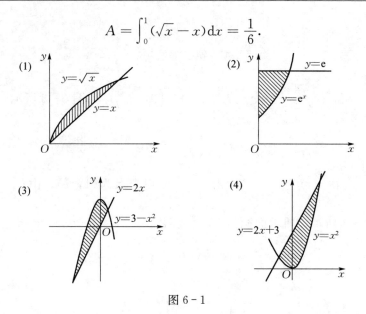

图 6-1

(2) $y = e^x$ 与 y 轴的交点为 $(0, 1)$，$y = e^x$ 与 $y = e$ 的交点为 $(1, e)$. 取纵坐标 y 为积分变量，在 $[1, e]$ 上用元素法易得

$$A = \int_1^e \ln y \, dy = (y \ln y - y) \Big|_1^e = 1.$$

(3) 由方程组 $\begin{cases} y = 2x, \\ y = 3 - x^2, \end{cases}$ 得交点为 $(1, 2)$，$(-3, -6)$，由元素法知

$$A = \int_{-3}^{1} (3 - x^2 - 2x) dx = \frac{32}{3}.$$

(4) 由方程组 $\begin{cases} y = 2x + 3, \\ y = x^2, \end{cases}$ 得交点为 $(-1, 1)$，$(3, 9)$，由元素法知

$$A = \int_{-1}^{3} (2x + 3 - x^2) dx = \frac{32}{3}.$$

2. 求由下列各曲线所围成的图形的面积：

(1) $y = \frac{1}{2} x^2$ 与 $x^2 + y^2 = 8$（两部分都要计算）；

(2) $y = \frac{1}{x}$ 与直线 $y = x$ 及 $x = 2$；

(3) $y = e^x$，$y = e^{-x}$ 与直线 $x = 1$；

(4) $y = \ln x$，y 轴与直线 $y = \ln a$，$y = \ln b (b > a > 0)$；

(5) $y = x^2$ 与直线 $y = x$ 及 $y = 2x$.

解 (1) 由 $\begin{cases} y = \frac{1}{2} x^2, \\ x^2 + y^2 = 8, \end{cases}$ 得交点为 $(2, 2)$，$(-2, 2)$，如图 6-2 所示.

取 x 为积分变量，由元素法

$$A = \int_{-2}^{2} \left(\sqrt{8 - x^2} - \frac{1}{2} x^2 \right) dx = 2\pi + \frac{4}{3},$$

另一部分面积为
$$A_1 = 8\pi - 2\pi - \frac{4}{3} = 6\pi - \frac{4}{3}.$$

(2)由 $\begin{cases} y=\frac{1}{x}, \\ y=x \end{cases}$ 和 $\begin{cases} x=2, \\ y=\frac{1}{x}, \end{cases}$ 得交点为$(1,1)$，$\left(2,\frac{1}{2}\right)$，如图6-3所示，所以

$$A = \int_1^2 \left(x - \frac{1}{x}\right) dx = \left(\frac{1}{2}x^2 - \ln x\right)\Big|_1^2 = \frac{3}{2} - \ln 2.$$

(3)由 $\begin{cases} y=e^x, \\ y=e^{-x} \end{cases}$ 得交点为$(0,1)$，由 $\begin{cases} y=e^x, \\ x=1, \end{cases}$ 得交点为$(1,e)$，由 $\begin{cases} y=e^{-x}, \\ x=1, \end{cases}$ 得交点为 $\left(1,\frac{1}{e}\right)$，如图6-4所示，所求面积为

$$A = \int_0^1 (e^x - e^{-x}) dx = e + e^{-1} - 2.$$

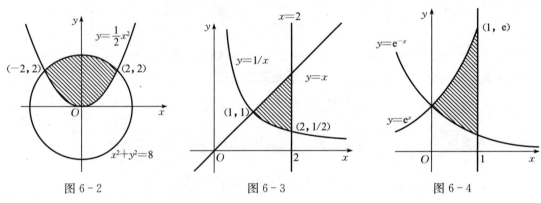

图6-2　　　图6-3　　　图6-4

(4)如图6-5所示，所求面积为
$$A = \int_{\ln a}^{\ln b} e^y dy = e^y\Big|_{\ln a}^{\ln b} = b - a.$$

(5)由 $\begin{cases} y=x^2, \\ y=x, \end{cases}$ 得交点为$(0,0)$，$(1,1)$，由 $\begin{cases} y=x^2, \\ y=2x, \end{cases}$ 得交点为$(0,0)$，$(2,4)$，如图6-6所示，所求面积为

$$A = \int_0^1 (2x - x) dx + \int_1^2 (2x - x^2) dx = \frac{7}{6}.$$

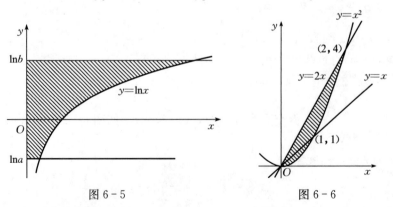

图6-5　　　图6-6

(B)

1. 求抛物线 $y=-x^2+4x-3$ 及其在点 $(0,-3)$ 和 $(3,0)$ 处的切线所围成的图形的面积.

解 因为 $y'=-2x+4$，所以在 $(0,-3)$ 处的切线斜率为 $y'|_{x=0}=4$，在 $(3,0)$ 处的切线斜率为 $y'|_{x=3}=-2$，对应的切线分别为
$$y=4x-3 \text{ 和 } y=-2x+6.$$

由 $\begin{cases} y=4x-3, \\ y=-2x+6, \end{cases}$ 得交点为 $\left(\dfrac{3}{2}, 3\right)$，所以

$$A=\int_0^{\frac{3}{2}}(4x-3+x^2-4x+3)\mathrm{d}x+\int_{\frac{3}{2}}^3(-2x+6+x^2-4x+3)\mathrm{d}x=\dfrac{9}{4}.$$

2. 求抛物线 $y^2=2px$ 及其在点 $\left(\dfrac{p}{2}, p\right)$ 处的法线所围成的图形的面积.

解 在 $y^2=2px$ 两端关于 x 求导得
$$y'=\dfrac{p}{y},$$

因为 $k_{切}=y'|_{y=p}=\dfrac{p}{p}=1$，所以 $k_{法}=-1$，则法线方程为
$$y-p=-\left(x-\dfrac{p}{2}\right), \text{ 即 } y=-x+\dfrac{3p}{2}.$$

由 $\begin{cases} y=-x+\dfrac{3p}{2}, \\ y^2=2px, \end{cases}$ 得交点为 $\left(\dfrac{p}{2}, p\right)$，$\left(\dfrac{9p}{2}, -3p\right)$，所以

$$A=\int_{-3p}^{p}\left(\dfrac{3p}{2}-y-\dfrac{y^2}{2p}\right)\mathrm{d}y=\dfrac{16p^2}{3}.$$

3. 求出位于曲线 $y=x\mathrm{e}^{-x}(0\leqslant x<+\infty)$ 下方，x 轴上方的无界图形的面积.

解 $S=\int_0^{+\infty}x\mathrm{e}^{-x}\mathrm{d}x=\Gamma(2)=1\cdot\Gamma(1)=1.$

4. 求由下列各曲线所围成的图形的面积.

(1) $r=2a\cos\theta$； (2) $\begin{cases} x=a\cos^3 t, \\ y=a\sin^3 t; \end{cases}$ (3) $r=2a(2+\cos\theta)$.

解 (1) 如图 6-7 所示，$A=\int_{-\frac{\pi}{2}}^{\frac{\pi}{2}}\dfrac{1}{2}(2a\cos\theta)^2\mathrm{d}\theta=4a^2\int_0^{\frac{\pi}{2}}\dfrac{1+\cos 2\theta}{2}\mathrm{d}\theta=\pi a^2.$

(2) 如图 6-8 所示，由公式 $A=\int_{t_1}^{t_2}\psi(t)\varphi'(t)\mathrm{d}t$，得
$$A=4\int_{\frac{\pi}{2}}^{0}a\sin^3 t\cdot 3a\cos^2 t(-\sin t)\mathrm{d}t=\dfrac{3\pi a^2}{8}.$$

(3) 如图 6-9 所示，$A=2\int_0^{\pi}\dfrac{1}{2}4a^2(2+\cos\theta)^2\mathrm{d}\theta=18\pi a^2.$

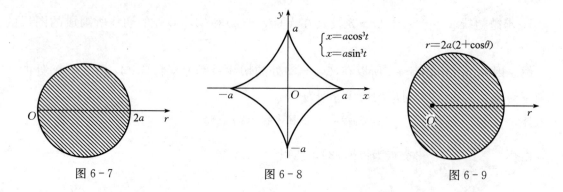

图 6-7　　　　　　　图 6-8　　　　　　　图 6-9

5. 求由摆线 $\begin{cases} x=a(t-\sin t), \\ y=a(1-\cos t) \end{cases}$ 的一拱($0 \leqslant t \leqslant 2\pi$)与横轴所围成的图形面积.

解　$A = \int_0^{2\pi} a(1-\cos t)a(1-\cos t)\mathrm{d}t = a^2 \int_0^{2\pi}(1-2\cos t + \cos^2 t)\mathrm{d}t = 3\pi a^2$.

6. 求对数螺线 $r = a\mathrm{e}^\theta$ 及射线 $\theta = -\pi$，$\theta = \pi$ 所围成的图形的面积.

解　$A = \dfrac{1}{2}\int_{-\pi}^{\pi} a^2 \mathrm{e}^{2\theta}\mathrm{d}\theta = \dfrac{a^2}{4}(\mathrm{e}^{2\pi}-\mathrm{e}^{-2\pi})$.

7. 求下列各曲线所围成的图形的公共部分的面积.

(1) $r = 3\cos\theta$ 及 $r = 1+\cos\theta$；

(2) $r = \sqrt{2}\sin\theta$ 及 $r^2 = \cos 2\theta$.

解　(1) 如图 6-10 所示，由 $\begin{cases} r = 3\cos\theta, \\ r = 1+\cos\theta, \end{cases}$ 得交点为 $\left(\dfrac{3}{2}, \dfrac{\pi}{3}\right)$，$\left(\dfrac{3}{2}, -\dfrac{\pi}{3}\right)$，则

$$A = \int_{-\frac{\pi}{3}}^{\frac{\pi}{3}} \dfrac{1}{2}(1+\cos\theta)^2 \mathrm{d}\theta + 2\int_{\frac{\pi}{3}}^{\frac{\pi}{2}} \dfrac{1}{2} \cdot 9\cos^2\theta \mathrm{d}\theta = \dfrac{5\pi}{4}.$$

(2) 如图 6-11 所示，由 $\begin{cases} r = \sqrt{2}\sin\theta, \\ r^2 = \cos 2\theta, \end{cases}$ 得交点为 $\left(\dfrac{\sqrt{2}}{2}, \dfrac{\pi}{6}\right)$，$\left(\dfrac{\sqrt{2}}{2}, \dfrac{5\pi}{6}\right)$，则

$$A = 2\int_0^{\frac{\pi}{6}} \dfrac{1}{2}(\sqrt{2}\sin\theta)^2 \mathrm{d}\theta + 2\int_{\frac{\pi}{6}}^{\frac{\pi}{4}} \dfrac{1}{2}\cos 2\theta \mathrm{d}\theta = \dfrac{\pi}{6}+\dfrac{1}{2}-\dfrac{\sqrt{3}}{2}.$$

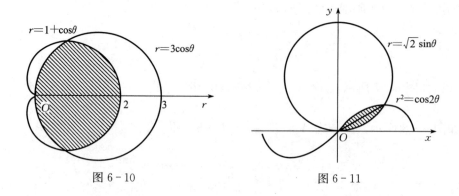

图 6-10　　　　　　　图 6-11

8. 求位于曲线 $y = \mathrm{e}^x$ 下方，该曲线过原点的切线的左方以及 x 轴上方之间的图形的

面积.

解 设切线方程为 $y=kx$，切点为 (x_0, y_0)，则 $y_0=kx_0$，$k=\dfrac{y_0}{x_0}$.

又因为 $k=e^{x_0}$，所以 $\dfrac{y_0}{x_0}=e^{x_0}$，$y_0=x_0 e^{x_0}$.

$$e^{x_0}=x_0 e^{x_0} \Rightarrow x_0=1,$$

所以 $y_0=e$，所以切点为 $(1, e)$，切线方程为 $y=ex$，所以

$$A=\int_0^1 (e^x-ex)dx+\int_{-\infty}^0 e^x dx = e-\dfrac{1}{2}e=\dfrac{1}{2}e.$$

9. 求由抛物线 $y^2=4ax$ 与过焦点的弦所围成的图形面积的最小值.

解 设直线方程为 $x-a=ky$，所以 $\begin{cases} x-a=ky \\ y^2=4ax \end{cases}$，$y^2-4aky-4a^2=0$，交点为

$$\begin{cases} y_2=2a(k+\sqrt{k^2+1}), \\ y_1=2a(k-\sqrt{k^2+1}), \end{cases}$$

所以 $\quad S=\int_{y_1}^{y_2}\left(ky+a-\dfrac{y^2}{4a}\right)dy=\dfrac{k}{2}(y_2^2-y_1^2)+a(y_2-y_1)-\dfrac{y_2^3-y_1^3}{12a}$

$$=(y_2-y_1)\left[\dfrac{k}{2}(y_1+y_2)+a-\dfrac{(y_1+y_2)^2-y_1y_2}{12a}\right]$$

$$\xrightarrow{\text{韦达定理}} 4a\sqrt{k^2+1}\left\{2ak^2+a-\dfrac{(4ak)^2-4a^2[k^2-(k^2+1)]}{12a}\right\}$$

$$=4a\sqrt{k^2+1}\dfrac{6ak^2+3a-4ak^2-a}{3}=\dfrac{8a^2}{3}(k^2+1)^{3/2},$$

$$S'=\dfrac{8a^2}{3}\cdot\dfrac{3}{2}(k^2+1)^{1/2}\cdot 2k=8a^2(k^2+1)^{1/2}k.$$

令 $S'=0$，$k=0$，所以 $k=0$ 为唯一驻点，所以 $S_{\text{最小}}=\dfrac{8a^2}{3}$.

10. 设在区间 $[a, b]$ 上 $f(x)>0$，$f'(x)<0$，$f''(x)>0$. 记 $S_1=\int_a^b f(x)dx$，$S_2=f(b)(b-a)$，$S_3=\dfrac{1}{2}[f(a)+f(b)](b-a)$，则（ ）.

(A) $S_1<S_2<S_3$； (B) $S_2<S_3<S_1$；
(C) $S_3<S_1<S_2$； (D) $S_2<S_1<S_3$.

解 记 $A(a, f(a))$，$B(b, f(b))$，由直线 AB，$x=a$，$x=b$ 及 x 轴围成的平面图形的面积为

$$\dfrac{1}{2}(b-a)[f(a)-f(b)]+(b-a)f(b)=\dfrac{1}{2}[f(a)+f(b)](b-a)=S_3.$$

由 $y=f(b)$，$x=a$，$x=b$ 及 x 轴围成的平面图形的面积为 $f(b)(b-a)=S_2$.

由 $y=f(x)$，$x=a$，$x=b$ 及 x 轴围成的平面图形的面积为 $\int_a^b f(x)dx=S_1$.

由已知条件知，$f(x)$ 在区间 $[a, b]$ 上凹减，画图易知 $S_2<S_1<S_3$，所以答案为 D.

11. 曲线 $y=x(x-1)(2-x)$ 与 x 轴所围成图形的面积可表示为（ ）.

(A) $-\int_0^2 x(x-1)(2-x)\mathrm{d}x$;

(B) $\int_0^1 x(x-1)(2-x)\mathrm{d}x - \int_1^2 x(x-1)(2-x)\mathrm{d}x$;

(C) $-\int_0^1 x(x-1)(2-x)\mathrm{d}x + \int_1^2 x(x-1)(2-x)\mathrm{d}x$;

(D) $\int_0^2 x(x-1)(2-x)\mathrm{d}x$.

解 曲线 $y=x(x-1)(2-x)$ 与 x 轴的交点为 $x=0,1,2$.

当 $x<0$ 时，$y>0$；当 $0<x<1$ 时，$y<0$；当 $1<x<2$ 时，$y>0$；当 $x>2$ 时，$y<0$，所以面积为

$$-\int_0^1 x(x-1)(2-x)\mathrm{d}x + \int_1^2 x(x-1)(2-x)\mathrm{d}x,$$

故答案为 C.

12. 求曲线 $y=\sqrt{x}$ 的一条切线，使由该曲线与切线及直线 $x=0$，$x=2$ 所围成的平面图形的面积最小，并求这最小面积.

解 设切点为 $(a,\sqrt{a})$，则切线方程为

$$y-\sqrt{a}=\frac{1}{2}a^{-\frac{1}{2}}(x-a)，\text{即 } y=\frac{1}{2\sqrt{a}}x+\frac{\sqrt{a}}{2},$$

所以
$$S=\int_0^2 \left[\frac{1}{2\sqrt{a}}x+\frac{\sqrt{a}}{2}-\sqrt{x}\right]\mathrm{d}x=\frac{1}{\sqrt{a}}+\sqrt{a}-\frac{4}{3}\sqrt{2}\ (a>0).$$

令 $S_a'=-\frac{1-a}{2a\sqrt{a}}=0$，得驻点 $a=1$.

又当 $0<a<1$ 时，$S'<0$；当 $a>1$ 时，$S'>0$，所以 S 在 $a=1$ 处取得唯一的极小值，此极小值就是最小值. 此时曲线的切线方程为 $y=\frac{1}{2}x+\frac{1}{2}$，$S_{\min}=2-\frac{4}{3}\sqrt{2}$.

13. 设 xOy 平面上有正方形 $D=\{(x,y)\mid 0\leqslant x\leqslant 1, 0\leqslant y\leqslant 1\}$ 及直线 $l: x+y=t(t\geqslant 0)$. 若 $S(t)$ 表示正方形 D 位于直线 l 左下方部分的面积，试求 $\int_0^x S(t)\mathrm{d}t\ (x\geqslant 0)$.

解 当 $0\leqslant t\leqslant 1$ 时，

$$S(t)=\int_0^t(-x+t)\mathrm{d}x=\left(-\frac{1}{2}x^2+tx\right)\Big|_0^t=\frac{1}{2}t^2;$$

当 $1<t\leqslant 2$ 时，

$$S(t)=1\cdot(t-1)+\int_{t-1}^1(-x+t)\mathrm{d}x=(t-1)+\left(-\frac{1}{2}x^2+tx\right)\Big|_{t-1}^1=-\frac{1}{2}t^2+2t-1;$$

当 $t>2$ 时，$S(t)=1$，

所以
$$S(t)=\begin{cases}\dfrac{1}{2}t^2, & 0\leqslant t\leqslant 1,\\ -\dfrac{1}{2}t^2+2t-1, & 1<t\leqslant 2,\\ 1, & t>2.\end{cases}$$

当 $0\leqslant x\leqslant 1$ 时，

$$\int_0^x S(t)\,dt = \int_0^x \frac{1}{2}t^2\,dt = \frac{1}{6}x^3;$$

当 $1 < x \leqslant 2$ 时,

$$\int_0^x S(t)\,dt = \int_0^1 \frac{1}{2}t^2\,dt + \int_1^x \left(-\frac{1}{2}t^2 + 2t - 1\right)dt = -\frac{1}{6}x^3 + x^2 - x + \frac{1}{3};$$

当 $x > 2$ 时,

$$\int_0^x S(t)\,dt = \int_0^1 \frac{1}{2}t^2\,dt + \int_1^2 \left(-\frac{1}{2}t^2 + 2t - 1\right)dt + \int_2^x dt = x - 1,$$

所以

$$\int_0^x S(t)\,dt = \begin{cases} \dfrac{1}{6}x^3, & 0 \leqslant x \leqslant 1, \\ -\dfrac{1}{6}x^3 + x^2 - x + \dfrac{1}{3}, & 1 < x \leqslant 2, \\ x - 1, & x > 2. \end{cases}$$

习 题 6-3

(A)

1. 把抛物线 $y^2 = 4ax$ 及直线 $x = x_0\,(x_0 > a)$ 所围成的图形绕 x 轴旋转,计算所得旋转抛物体的体积.

解 $V = \int_0^{x_0} \pi y^2\,dx = \pi \int_0^{x_0} 4ax\,dx = 2a\pi x_0^2.$

2. 由 $y = x^3$,$x = 2$,$y = 0$ 所围成的图形分别绕 x 轴及 y 轴旋转,计算所得的两个旋转体的体积.

解 绕 x 轴旋转 $V = \int_0^2 \pi x^6\,dx = \dfrac{128\pi}{7}$;

绕 y 轴旋转 $V = 32\pi - \pi \int_0^8 y^{\frac{2}{3}}\,dy = \dfrac{64\pi}{5}.$

3. 有一铁铸件,它是由抛物线 $y = \dfrac{1}{10}x^2$,$y = \dfrac{1}{10}x^2 + 1$ 与直线 $y = 10$ 围成的图形,绕 y 轴旋转而成的旋转体,算出它的质量(长度单位是 cm,铁的密度是 $7.8\,\text{g/cm}^3$).

解 $V = \int_0^{10} \pi \cdot 10y\,dy - \int_1^{10} \pi(y-1) \cdot 10\,dy = 95\pi,$

质量 $M = 7.8 \cdot 95\pi = 741\pi\,(\text{g}).$

4. 求下列已知曲线所围成的图形,按指定的轴旋转所产生的旋转体的体积.

(1) $y = x^2$,$x = y^2$,绕 x 轴;

(2) $x^2 + (y-5)^2 = 16$,绕 x 轴.

解 (1) $V = \int_0^1 \pi y_1^2\,dx - \int_0^1 \pi y_2^2\,dx = \int_0^1 \pi x\,dx - \int_0^1 \pi x^4\,dx = \dfrac{\pi}{2} - \dfrac{\pi}{5} = \dfrac{3\pi}{10}.$

(2) 上半圆曲线方程为 $y_1 = 5 + \sqrt{16 - x^2}$,下半圆曲线方程为 $y_2 = 5 - \sqrt{16 - x^2}$,所以

$$V = V_1 - V_2 = \int_{-4}^4 \pi y_1^2\,dx - \int_{-4}^4 \pi y_2^2\,dx$$

$$= \int_{-4}^4 \pi(5 + \sqrt{16 - x^2})^2\,dx - \int_{-4}^4 \pi(5 - \sqrt{16 - x^2})^2\,dx$$

$$= \int_{-4}^{4} \pi(20\sqrt{16-x^2})dx = 160\pi^2.$$

(B)

1. 求下列已知曲线所围成的图形，按指定的轴旋转所产生的旋转体的体积．

(1) $y = a\operatorname{ch}\dfrac{x}{a}$，$x=0$，$x=a$，$y=0$，绕 x 轴；

(2) 摆线 $\begin{cases} x=a(t-\sin t), \\ y=a(1-\cos t) \end{cases}$ 的一拱，$y=0$，绕 x 轴．

解 (1) $V_x = \int_0^a \pi a^2 \operatorname{ch}^2 \dfrac{x}{a} dx = \int_0^\pi \pi a^3 \operatorname{ch}^2 \dfrac{x}{a} d\left(\dfrac{x}{a}\right) = \pi a^3 \left(\dfrac{x}{2} + \dfrac{1}{4}\operatorname{sh}2x\right)\Big|_0^\pi$

$\qquad = \pi a^3 \left(\dfrac{\pi}{2} + \dfrac{1}{4}\operatorname{sh}2\pi\right) - 0 = \dfrac{\pi a^2}{4}\left[2a + \dfrac{a}{2}(e^2-e^{-2})\right].$

(2) $V_x = \int_0^{2\pi} \pi y^2(x)dx = \pi \int_0^{2\pi} a^2(1-\cos t)^2 a(1-\cos t)dt$

$\qquad = \pi a^3 \int_0^{2\pi}(1 - 3\cos t + 3\cos^2 t - \cos^3 t)dt = 5\pi^2 a^3.$

2. 把星形线 $x^{2/3} + y^{2/3} = a^{2/3}$ 绕 x 轴旋转（图 6-12），计算所得旋转体的体积．

解 $V = 2\int_0^a \pi y^2 dx = 2\pi \int_{\frac{\pi}{2}}^0 a^2 \sin^6 t \cdot 3a\cos^2 t \cdot (-\sin t)dt = \dfrac{32}{105}\pi a^3.$

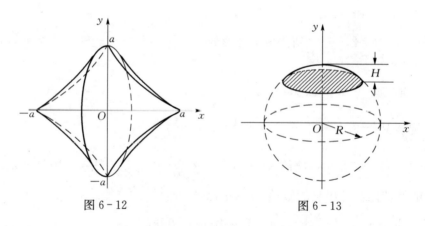

图 6-12 图 6-13

3. 用积分法证明图 6-13 中球缺的体积为 $V = \pi H^2 \left(R - \dfrac{H}{3}\right)$．

证 在 xOy 平面上图的方程为 $x^2 + y^2 = R^2$，

$$V = \pi \int_{R-H}^R (R^2 - y^2)dy = \dfrac{\pi H^2}{3}(3R - H) = \pi H^2\left(R - \dfrac{H}{3}\right).$$

4. 求 $x^2 + y^2 = a^2$ 绕 $x = -b(b>a>0)$ 旋转所成旋转体的体积．

解 $V = \int_{-a}^a \pi(b+\sqrt{a^2-y^2})^2 dy - \int_{-a}^a \pi(b-\sqrt{a^2-y^2})^2 dy$

$\qquad = \int_{-a}^a 4\pi b\sqrt{a^2-y^2}dy = 8\pi b\int_0^a \sqrt{a^2-y^2}dy = 2\pi^2 a^2 b.$

5. 计算以半径为 R 的圆为底，平行于底且长度等于该圆直径的线段为顶，高为 h 的正劈锥体（图 6-14）的体积．

解 取底圆所在的平面为 xOy 平面,圆心 O 为原点,并使 x 轴与正劈锥的顶平行底圆的方程为 $x^2+y^2=R^2$,过 x 轴上的点 $x(-R\leqslant x\leqslant R)$ 作垂直与 x 轴的平面,截正劈锥体得等腰三角形,这截面的面积为 $A(x)=h\cdot y=h\cdot\sqrt{R^2-x^2}$,于是

$$V=\int_{-R}^{R}A(x)\mathrm{d}x=h\int_{-R}^{R}\sqrt{R^2-x^2}\mathrm{d}x=\frac{\pi R^2 h}{2}.$$

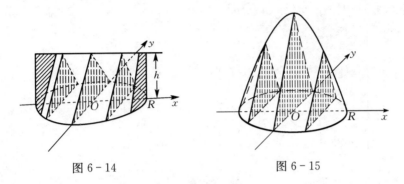

图 6-14　　　　　　　　图 6-15

6. 计算底面是半径为 R 的圆,而垂直于底面上一条固定直径的所有截面都是等边三角形的立体体积(图 6-15).

解 $A(x)=\sqrt{3}(R^2-x^2)$,所以

$$V=\int_{-R}^{R}A(x)\mathrm{d}x=\int_{-R}^{R}\sqrt{3}(R^2-x^2)\mathrm{d}x=\frac{4R^3}{3}\sqrt{3}.$$

7. 证明:由平面图形 $0\leqslant a\leqslant x\leqslant b$,$0\leqslant y\leqslant f(x)$ 绕 y 轴旋转所得的旋转体的体积为 $V=2\pi\int_{a}^{b}xf(x)\mathrm{d}x$.

证 在 $[a,b]$ 上任取一小区间 $[x,x+\mathrm{d}x]$,对应小曲边梯形绕 y 轴旋转一周的体积近似于 $xf(x)2\pi\mathrm{d}x$,即 $\mathrm{d}V=2\pi xf(x)\mathrm{d}x$,所以

$$V=\int_{a}^{b}2\pi xf(x)\mathrm{d}x=2\pi\int_{a}^{b}xf(x)\mathrm{d}x.$$

8. 设曲线 $y=ax^2(a>0,x\geqslant 0)$ 与 $y=1-x^2$ 交于点 A,过坐标原点 O 和点 A 的直线与曲线 $y=ax^2$ 围成一平面图形,问 a 为何值时,该图形绕 x 轴旋转一周所得旋转体的体积最大?最大体积是多少?

解 由 $\begin{cases}y=ax^2,\\ y=1-x^2,\end{cases}$ 得交点为 $A\left(\dfrac{1}{\sqrt{1+a}},\dfrac{a}{1+a}\right)$.

直线 OA 的方程为 $y=\dfrac{a}{\sqrt{1+a}}x$.

$$V=\int_{0}^{\frac{1}{\sqrt{1+a}}}\pi\left(\frac{a}{\sqrt{1+a}}x\right)^2\mathrm{d}x-\int_{0}^{\frac{1}{\sqrt{1+a}}}\pi(ax^2)^2\mathrm{d}x$$
$$=\left(\pi\cdot\frac{a^2}{1+a}\cdot\frac{1}{3}x^3-\pi a^2\cdot\frac{1}{5}x^5\right)\bigg|_{0}^{\frac{1}{\sqrt{1+a}}}=\frac{2\pi a^2}{15(1+a)^{\frac{5}{2}}},$$

所以 $V'_a=\dfrac{\pi a(4-a)}{15(1+a)^{\frac{7}{2}}}(a>0)$.

令 $V'_a=0$,得驻点 $a=4$. 又当 $0<a<4$ 时,$V'>0$;当 $a>4$ 时,$V'<0$,所以 V 在 $a=4$

处取得唯一的极大值，此极大值就是最大值，所以
$$V_{\max}=\frac{2\pi\cdot 4^2}{15(1+4)^{\frac{5}{2}}}=\frac{32\pi\sqrt{5}}{1875}.$$

9. 设 $f(x)$，$g(x)$ 在区间 $[a,b]$ 上连续，且 $m>f(x)>g(x)$（m 为常数），求由曲线 $y=f(x)$，$y=g(x)$，$x=a$ 及 $x=b$ 所围成平面图形绕直线 $y=m$ 旋转而成的旋转体的体积.

解 体积元素为 $\mathrm{d}V=\pi[m-g(x)]^2\mathrm{d}x-\pi[m-f(x)]^2\mathrm{d}x$，所以所求体积为
$$\begin{aligned}V&=\int_a^b\pi\{[m-g(x)]^2-[m-f(x)]^2\}\mathrm{d}x\\&=\int_a^b\pi\{[m^2-2mg(x)+g^2(x)]-[m^2-2mf(x)+f^2(x)]\}\mathrm{d}x\\&=\int_a^b\pi\{2m[f(x)-g(x)]-[f(x)-g(x)][f(x)+g(x)]\}\mathrm{d}x\\&=\int_a^b\pi[2m-f(x)-g(x)][f(x)-g(x)]\mathrm{d}x.\end{aligned}$$

习 题 6-4

1. 计算曲线 $y=\ln x$ 上相应于 $\sqrt{3}\leqslant x\leqslant\sqrt{8}$ 的一段弧的长度.

解 $s=\int_{\sqrt{3}}^{\sqrt{8}}\sqrt{1+[(\ln x)']^2}\mathrm{d}x=\int_{\sqrt{3}}^{\sqrt{8}}\sqrt{1+\frac{1}{x^2}}\mathrm{d}x=1+\frac{1}{2}\ln\frac{3}{2}.$

2. 计算曲线 $y=\frac{\sqrt{x}}{3}(3-x)$ 上相应于 $1\leqslant x\leqslant 3$ 的一段弧（图 6-16）的长度.

解 $s=\int_1^3\sqrt{1+(y')^2}\mathrm{d}x=\frac{1}{2}\int_1^3\sqrt{\left(\sqrt{x}+\frac{1}{\sqrt{x}}\right)^2}\mathrm{d}x$
$=\frac{1}{2}\int_1^3\left(\sqrt{x}+\frac{1}{\sqrt{x}}\right)\mathrm{d}x=2\sqrt{3}-\frac{4}{3}.$

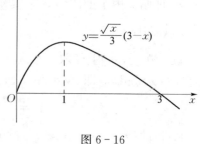

图 6-16

3. 计算半立方抛物线 $y^2=\frac{2}{3}(x-1)^3$ 被抛物线 $y^2=\frac{x}{3}$ 截得的一段弧的长度.

解 由 $\begin{cases}y^2=\frac{2}{3}(x-1)^3,\\ y^2=\frac{x}{3},\end{cases}$ 得交点为 $\left(2,\sqrt{\frac{2}{3}}\right)$，$\left(2,-\sqrt{\frac{2}{3}}\right)$，所以
$$s=\int_{-\sqrt{\frac{2}{3}}}^{\sqrt{\frac{2}{3}}}\sqrt{1+(x')^2}\mathrm{d}y=\int_{-\sqrt{\frac{2}{3}}}^{\sqrt{\frac{2}{3}}}\sqrt{1+\frac{2}{3}\left(\frac{3}{2}\right)^{-\frac{1}{3}}y^{-\frac{2}{3}}}\mathrm{d}y=\frac{8}{9}\left[\left(\frac{5}{2}\right)^{\frac{3}{2}}-1\right].$$

4. 计算抛物线 $y^2=2px$ 从顶点到这曲线上的一点 $M(x,y)$ 的弧长.

解 $s=\int_0^y\sqrt{1+(x'_y)^2}\mathrm{d}y=\int_0^y\sqrt{1+\left(\frac{y}{p}\right)^2}\mathrm{d}y$
$=\frac{y}{2p}\sqrt{p^2+y^2}+\frac{p}{2}\ln\frac{y+\sqrt{p^2+y^2}}{p}.$

5. 计算星形线 $\begin{cases} x=a\cos^3 t, \\ y=a\sin^3 t \end{cases}$ (图 6-17)的全长.

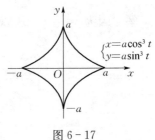

图 6-17

解 $s = 4\int_0^{\frac{\pi}{2}} \sqrt{(x_t')^2 + (y_t')^2}\, dt$

$= 4\int_0^{\frac{\pi}{2}} \sqrt{[3a\cos^2 t(-\sin t)]^2 + (3a\sin^2 t\cos t)^2}\, dt$

$= 4\int_0^{\frac{\pi}{2}} \sqrt{9a^2\cos^2 t\sin^2 t}\, dt = 4\int_0^{\frac{\pi}{2}} 3a\sin t\cos t\, dt = 6a.$

6. 将绕在圆(半径为 a)上的细线放开拉直,使细线与圆周始终相切(图 6-18),细线端点画出的轨迹叫作圆的渐开线,它的方程为 $\begin{cases} x=a(\cos t+t\sin t), \\ y=a(\sin t-t\cos t), \end{cases}$ 算出这曲线上相应于 t 从 0 变到 π 的一段弧的长度.

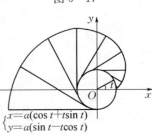

图 6-18

解 $s = \int_0^{\pi} \sqrt{(x_t')^2 + (y_t')^2}\, dt$

$= \int_0^{\pi} \sqrt{a^2(-\sin t+\sin t+t\cos t)^2 + a^2(\cos t-\cos t+t\sin t)^2}\, dt$

$= \int_0^{\pi} at\, dt = \frac{\pi^2}{2}a.$

7. 求对数螺线 $r=e^{a\theta}$ 自 $\theta=0$ 到 $\theta=\varphi$ 的一段弧长.

解 $s = \int_0^{\varphi} \sqrt{r^2 + (r')^2}\, d\theta = \frac{\sqrt{1+a^2}}{a}(e^{a\varphi}-1).$

8. 求曲线 $r\theta=1$ 自 $\theta=\frac{3}{4}$ 到 $\theta=\frac{4}{3}$ 的一段弧长.

解 $s = \int_{\frac{3}{4}}^{\frac{4}{3}} \sqrt{\frac{1}{\theta^2} + \frac{1}{\theta^4}}\, d\theta = \int_{\frac{3}{4}}^{\frac{4}{3}} \sqrt{\frac{1+\theta^2}{\theta^4}}\, d\theta = \ln\frac{3}{2} + \frac{5}{12}.$

9. 求心形线 $r=a(1+\cos\theta)$ 的全长.

解 $s = 2\int_0^{\pi} \sqrt{a^2(1+\cos\theta)^2 + a^2\sin^2\theta}\, d\theta = 8a\int_0^{\pi} \cos\frac{\theta}{2}\, d\left(\frac{\theta}{2}\right) = 8a.$

10. 在摆线 $\begin{cases} x=a(t-\sin t), \\ y=a(1-\cos t) \end{cases}$ 上求分摆线第一拱成 1:3 的点的坐标.

解 由例 3 知,第一拱弧长为 $8a$,由题意知

$\int_0^{t_1} \sqrt{(x')^2 + (y')^2}\, dt = 2a$,即 $2a\left(-2\cos\frac{t}{2}\right)\Big|_0^{t_1} = 2a$,

所以 $t_1 = \frac{2\pi}{3}$,$x = a\left(\frac{2\pi}{3} - \frac{\sqrt{3}}{2}\right)$,$y = \frac{3}{2}a$,即所求坐标为 $\left(a\left(\frac{2\pi}{3} - \frac{\sqrt{3}}{2}\right), \frac{3}{2}a\right)$.

11. 设 $\rho=\rho(x)$ 是抛物线 $y=\sqrt{x}$ 上任一点 $M(x,y)$ $(x\geq 1)$ 处的曲率半径,$s=s(x)$ 是该抛物线上介于点 $A(1,1)$ 与 M 之间的弧长,计算 $3\rho\dfrac{d^2\rho}{ds^2} - \left(\dfrac{d\rho}{ds}\right)^2$ 的值(在直角坐标系下,曲率公式为 $K=\dfrac{|y''|}{(1+y'^2)^{\frac{3}{2}}}$,曲率半径为 $\dfrac{1}{K}$).

解 因为 $y=\sqrt{x}$,所以 $y'=\frac{1}{2}x^{-\frac{1}{2}}$,$y''=-\frac{1}{4}x^{-\frac{3}{2}}$.

$$\rho=\frac{1}{K}=\frac{(1+y'^2)^{\frac{3}{2}}}{|y''|}=\frac{\left(1+\frac{1}{4x}\right)^{\frac{3}{2}}}{\frac{1}{4}x^{-\frac{3}{2}}}=\frac{(1+4x)^{\frac{3}{2}}}{2};$$

$$s=\int_1^x\sqrt{1+y'^2}\,dx=\int_1^x\sqrt{1+\frac{1}{4x}}\,dx.$$

$$\frac{d\rho}{ds}=\frac{\rho'_x}{s'_x}=\frac{\frac{1}{2}\cdot\frac{3}{2}(1+4x)^{\frac{1}{2}}\cdot 4}{\left(1+\frac{1}{4x}\right)^{\frac{1}{2}}}=6x^{\frac{1}{2}};$$

$$\frac{d^2\rho}{ds^2}=\frac{(6x^{\frac{1}{2}})'_x}{s'_x}=\frac{3x^{-\frac{1}{2}}}{\left(1+\frac{1}{4x}\right)^{\frac{1}{2}}}=6(1+4x)^{-\frac{1}{2}},$$

所以 $3\rho\dfrac{d^2\rho}{ds^2}-\left(\dfrac{d\rho}{ds}\right)^2=3\cdot\dfrac{(1+4x)^{\frac{3}{2}}}{2}\cdot 6(1+4x)^{-\frac{1}{2}}-36x=9.$

习 题 6-5

1. 由实验知道,弹簧在拉伸过程中,需要的力 F(单位:N)与伸长量 s(单位:cm)成正比,即 $F=ks$(k 是比例常数),如果把弹簧由原长拉伸 6cm,计算所做的功.

解 建立坐标轴,原点对应弹簧静止的位置. 取 x 为积分变量(单位:m),它的变化区间为 $[0,0.06]$. 设 $[x,x+dx]$ 为 $[0,0.06]$ 上任一小区间,对应于 $[x,x+dx]$,即由 x 伸长到 $x+dx$,需要的力约为 $F=100kx$(单位:N),所做的功约为 $dW=100kx\,dx$(单位:J),即为功元素,因而所求的功为

$$W=\int_0^{0.06}100kx\,dx=0.18k(J).$$

2. 直径为 20cm、高为 80cm 的圆柱体内充满压强为 10N/cm^2 的蒸气. 设温度保持不变,要使蒸气体积缩小一半,问需要做多少功?

解 建立坐标轴,蒸气体积缩小,可以由 x 表示,当 $x=40\text{cm}=0.4\text{m}$ 时,蒸气体积就缩小一半. 若在 $x=0\text{m}$ 时,蒸气压强、体积分别用 p_1,V_1 表示,则

$$p_1=10\text{N/cm}^2=100000\text{N/m}^2,$$

$$V_1=\pi R^2 h(\text{其中 }R=10\text{cm}=0.1\text{m},\ h=80\text{cm}=0.8\text{m}).$$

若在 $x(\text{m})$ 处蒸气压强、体积分别用 p,V 表示,则由物理学知道 $pV=p_1V_1$,其中

$$V=\pi R^2(h-x),$$

因而 $p=\dfrac{p_1V_1}{V}=\dfrac{80000}{0.8-x}(\text{N/m}^2).$

取 x 为积分变量(单位:m),它的变化区间为 $[0,0.4]$. 设 $[x,x+dx]$ 为 $[0,0.4]$ 上任一小区间,对应于 $[x,x+dx]$,即由 x 伸长到 $x+dx$ 时,蒸气压强约为 $p=\dfrac{80000}{0.8-x}(\text{N/m}^2)$,侧面压力约为

$$F = \pi R^2 p = \pi(0.1)^2 \cdot \frac{80000}{0.8-x} = \frac{800\pi}{0.8-x} (\text{N}).$$

需要做的功约为 $\mathrm{d}W = F\mathrm{d}x = \frac{800\pi}{0.8-x}\mathrm{d}x$(单位：J)，即为功元素，因而所求的功为

$$W = \int_0^{0.4} \frac{800\pi}{0.8-x}\mathrm{d}x = 800\pi[-\ln(0.8-x)]\Big|_0^{0.4} = 800\pi\ln2 (\text{J}).$$

3. 一物体按规律 $x = ct^3$ 做直线运动，媒质的阻力与速度的平方成正比．计算物体由 $x = 0$ 移至 $x = a$ 时，克服媒质阻力所做的功．

解 物体的运动速度为 x 对 t 的导数，即 $v = 3ct^2 = 3c^{\frac{1}{3}}x^{\frac{2}{3}}$(单位：m/s)．取 x 为积分变量(单位：m)，它的变化区间为 $[0, a]$．设 $[x, x+\mathrm{d}x]$ 为 $[0, a]$ 上任一小区间，对应于 $[x, x+\mathrm{d}x]$，即由 x 移至 $x+\mathrm{d}x$ 时，需要克服的阻力约为 $F = kv^2 = 9kc^{\frac{2}{3}}x^{\frac{4}{3}}$(单位：N)(其中 k 是比例常数)，所做的功约为 $\mathrm{d}W = F\mathrm{d}x = 9kc^{\frac{2}{3}}x^{\frac{4}{3}}\mathrm{d}x$(单位：J)，即为功元素，因而所求的功为

$$W = \int_0^a 9kc^{\frac{2}{3}}x^{\frac{4}{3}}\mathrm{d}x = 9kc^{\frac{2}{3}} \cdot \frac{3}{7}x^{\frac{7}{3}}\Big|_0^a = \frac{27}{7}kc^{\frac{2}{3}}a^{\frac{7}{3}} (\text{J}).$$

4. 有一等腰梯形闸门，它的两条底边长分别为10m和6m，高为20m，较长的底边与水面相齐．计算闸门的一侧所受的水压力．

解 建立坐标系，x 轴在过底边中点的直线上，y 轴在水平面上．取 x 为积分变量(单位：m)，它的变化区间为 $[0, 20]$．设 $[x, x+\mathrm{d}x]$ 为 $[0, 20]$ 上任一小区间，对应于 $[x, x+\mathrm{d}x]$ 的闸门，受力面积约为 $S = 2 \times \frac{50-x}{10}\mathrm{d}x$，压强约为 $p = \gamma gx = 9800x$(Pa)，其中 $\gamma = 1000 \text{kg/m}^3$ 为水的密度，$g = 9.8 \text{m/s}^2$ 为重力加速度，所受压力约为 $\mathrm{d}F = pS = \frac{9800}{5}(50-x)x\mathrm{d}x$(N)，即为压力元素，因而所求的压力为

$$F = \int_0^{20} \frac{9800}{5}(50-x)x\mathrm{d}x = \frac{9800}{5}\left(25x^2 - \frac{1}{3}x^3\right)\Big|_0^{20} \approx 1.44 \times 10^7 (\text{N}).$$

5. 设一锥形贮水池，深15m，口径20m，盛满水，今以唧筒将水吸尽，问要做多少功？

解 建立坐标系，坐标面是锥体轴截面，本题为克服重力做功．取 x 为积分变量(单位：m)，它的变化区间为 $[0, 15]$．设 $[x, x+\mathrm{d}x]$ 为 $[0, 15]$ 上任一小区间，吸出对应于 $[x, x+\mathrm{d}x]$ 的锥形贮水池中的水，需要克服重力约为 $\pi \cdot \left[\frac{2}{3}(15-x)\right]^2 \cdot \mathrm{d}x \cdot \gamma g$，其中 $\gamma = 1000 \text{kg/m}^3$ 为水的密度，$g = 9.8 \text{m/s}^2$ 为重力加速度，所做的功约为 $\mathrm{d}W = \pi \cdot \left[\frac{2}{3}(15-x)\right]^2 \cdot \mathrm{d}x \cdot \gamma g \cdot x = \frac{39200\pi}{9}(15-x)^2 x\mathrm{d}x$，即为功元素，因而所求的功为

$$W = \int_0^{15} \frac{39200\pi}{9}(15-x)^2 x\mathrm{d}x = \frac{39200\pi}{9} \cdot \left(\frac{225}{2}x^2 - 10x^3 + \frac{1}{4}x^4\right)\Big|_0^{15} \approx 5.78 \times 10^7 (\text{J}).$$

习 题 6-6

1. 一物体以速度 $v = 3t^2 + 2t$(m/s)做直线运动，算出它在 $t = 0$ 到 $t = 3$(s)的一段时间内的平均速度．

解 $\bar{v} = \dfrac{1}{3}\int_0^3 (3t^2+2t)dt = 12.$

2. 计算函数 $y = 2xe^{-x}$ 在 $[0,2]$ 上的平均值.

解 $\bar{y} = \dfrac{1}{2}\int_0^2 2xe^{-x}dx = 1-3e^{-2}.$

3. 算出周期为 T 的矩形脉冲电流 $i = \begin{cases} a, & 0 \leqslant t \leqslant c, \\ 0, & c < t \leqslant T \end{cases}$ 的有效值.

解 $I = \sqrt{\dfrac{1}{T}\int_0^T i^2 dt} = \sqrt{\dfrac{1}{T}\int_0^c a^2 dt} = a\sqrt{\dfrac{c}{T}}.$

4. 算出正弦交流电流 $i = I_m\sin\omega t$ 经半波整流后得到的电流 $i = \begin{cases} I_m\sin\omega t, & 0 \leqslant t \leqslant \dfrac{\pi}{\omega}, \\ 0, & \dfrac{\pi}{\omega} < t \leqslant \dfrac{2\pi}{\omega} \end{cases}$ 的有效值.

解 $I = \sqrt{\dfrac{1}{\dfrac{2\pi}{\omega}}\int_0^{\frac{2\pi}{\omega}} i^2 dt} = \sqrt{\dfrac{I_m^2}{2\pi}\int_0^{\frac{\pi}{\omega}} \sin^2\omega t\, d(\omega t)} = \sqrt{\dfrac{I_m^2}{4\pi}\left(\omega t - \dfrac{\sin\omega t}{2}\right)\Big|_0^{\frac{\pi}{\omega}}} = \dfrac{I_m}{2}.$

习 题 6-7

1. 设某产品的总产量 Q 是时间 t 的函数,其变化率为 $Q'(t) = 150 + 4t - 0.24t^2$（单位/年）,求第一个五年和第二个五年的总产量各为多少?

解 第一个五年的总产量 Q_1 是它的变化率 $Q'(t)$ 在区间 $[0,5]$ 上的定积分,所以

$$Q_1 = \int_0^5 Q'(t)dt = \int_0^5 (150+4t-0.24t^2)dt$$
$$= (150t+2t^2-0.08t^3)\Big|_0^5 = 790(\text{单位}).$$

第二个五年的总产量 Q_2 是它的变化率 $Q'(t)$ 在区间 $[5,10]$ 上的定积分,所以

$$Q_2 = \int_5^{10} Q'(t)dt = \int_5^{10} (150+4t-0.24t^2)dt$$
$$= (150t+2t^2-0.08t^3)\Big|_5^{10} = 830(\text{单位}).$$

2. 已知某产品生产 Q 个单位时,边际收益为 $R'(Q) = 300 - \dfrac{Q}{150}$（元/单位）,试求生产 Q 个单位时,总收益函数 $R(Q)$ 及平均收益函数 $\bar{R}(Q)$,并求生产该产品 2000 个单位时,总收益 R 及平均收益 $\bar{R}$.

解 总收益函数 $R(Q)$ 是它的边际收益函数 $R'(Q)$ 在 $[0,Q]$ 上的定积分,所以总收益函数为

$$R(Q) = \int_0^Q \left(300 - \dfrac{Q}{150}\right)dQ = \left(300Q - \dfrac{Q^2}{300}\right)\Big|_0^Q = 300Q - \dfrac{Q^2}{300},$$

平均收益函数为

$$\bar{R}(Q) = \dfrac{R(Q)}{Q} = 300 - \dfrac{Q}{300}.$$

当产量 $Q = 2000$ 件时,总收益为

$$R(2000) = 300 \times 2000 - \frac{2000^2}{300} \approx 586666.7(\text{元}),$$

平均收益为

$$\bar{R}(2000) = 300 - \frac{2000}{300} \approx 293.3(\text{元}).$$

自测题六

一、填空题

1. 由曲线 $y=\ln x$ 与两直线 $y=(e+1)-x$ 及 $y=0$ 所围成的平面图形的面积是_____.

解 由 $\begin{cases} y=\ln x, \\ y=(e+1)-x, \end{cases}$ 得交点 $(e, 1)$，所以

$$S = \int_1^e \ln x \, dx + \int_e^{e+1}[(e+1)-x]dx = (x\ln x - x)\Big|_1^e + \left[(e+1)x - \frac{1}{2}x^2\right]\Big|_e^{e+1} = \frac{3}{2}.$$

2. 曲线 $y=\cos x \left(-\frac{\pi}{2} \leq x \leq \frac{\pi}{2}\right)$ 与 x 轴所围成图形绕 x 轴旋转一周而成的旋转体的体积为_____.

解 $V = 2\int_0^{\frac{\pi}{2}} \pi \cos^2 x \, dx = \pi \int_0^{\frac{\pi}{2}}(1+2\cos x)dx = \frac{\pi^2}{2} + 2\pi.$

3. 设平面图形 D 由曲线 $y=x^2$，$y=2x^2$ 与直线 $x=1$ 所围成，则 D 的面积为_____.

解 $S = \int_0^1 (2x^2 - x^2)dx = \frac{1}{3}.$

二、计算题

1. 设曲线 $y=\sqrt{x}$ 与直线 $x=4$，$y=0$ 所围成的平面图形 D，求：
(1)平面图形 D 的面积；(2)该平面图形绕 y 轴旋转所得旋转体的体积.

解 所围成的平面图形 D：$1 \leq x \leq 4$，$0 \leq y \leq \sqrt{x}$，所以

(1)平面图形 D 的面积 $S = \int_0^4 \sqrt{x} \, dx = \frac{16}{3}$；

(2) $V = \pi \cdot 4^2 \cdot 2 - \int_0^2 \pi(y^2)^2 dy = \frac{128}{5}\pi.$

2. 设曲线 $y=\ln x$ 与 $y=\frac{1}{e}x$ 及 x 轴围成平面图形 D，求：
(1)平面图形 D 的面积；(2)该平面图形绕 x 轴旋转所得旋转体的体积.

解 (1) $S = \int_0^1 (e^y - ey)dy = \left(e^y - \frac{1}{2}ey^2\right)\Big|_0^1 = \frac{1}{2}e - 1;$

(2) $V = \int_0^e \pi \left(\frac{1}{e}x\right)^2 dx - \int_1^e \pi(\ln x)^2 dx = \frac{1}{3}\pi e - \pi(e-2) = 2\pi - \frac{2}{3}\pi e,$

其中，$\int_1^e \pi(\ln x)^2 dx \xrightarrow[\substack{x=e^t \\ x:1 \to e \\ t:0 \to 1}]{t=\ln x} \pi \int_0^1 t^2 de^t \xrightarrow{\text{分部积分两次}} \pi t^2 e^t \Big|_0^1 - \pi \int_0^1 e^t dt^2 = \pi e - 2\pi \int_0^1 t e^t dt$

$= \pi e - 2\pi \int_0^1 t de^t = \pi e - 2\pi t e^t \Big|_0^1 + 2\pi \int_0^1 e^t dt = \pi e - 2\pi.$

3. 设曲线 $y=x^2$，$y=4-x^2$ 围成平面图形 D，求：
(1)平面图形 D 的面积；(2)该平面图形绕 y 轴旋转所得旋转体的体积.

解 由 $\begin{cases} y=x^2, \\ y=4-x^2, \end{cases}$ 得交点 $(-\sqrt{2}, 2)$，$(\sqrt{2}, 2)$（图6-19）.

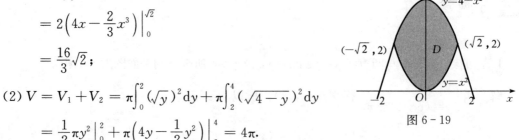

图 6-19

(1) $S = 2\int_0^{\sqrt{2}} (4-x^2-x^2) dx$

$= 2\left(4x - \dfrac{2}{3}x^3\right)\Big|_0^{\sqrt{2}}$

$= \dfrac{16}{3}\sqrt{2}$；

(2) $V = V_1 + V_2 = \pi\int_0^2 (\sqrt{y})^2 dy + \pi\int_2^4 (\sqrt{4-y})^2 dy$

$= \dfrac{1}{2}\pi y^2 \Big|_0^2 + \pi\left(4y - \dfrac{1}{2}y^2\right)\Big|_2^4 = 4\pi$.

4. 平面图形 D 由直线 $y=2-x$ 与抛物线 $y=x^2$ 所围成，求：
(1)平面图形 D 的面积；(2)平面图形绕 x 轴旋转一周所得旋转体的体积 V.

解 (1) $S = \int_{-2}^1 (2-x-x^2) dx = \dfrac{9}{2}$；

(2) $V = \pi\int_{-2}^1 [(2-x)^2 - (x^2)^2] dx = \dfrac{72}{5}\pi$.

5. 平面图形 D 由曲线 $y=3x^2$，$y=2x^2+9$ 围成，求：
(1)平面图形 D 的面积；(2)平面图形 D 绕 y 轴旋转而成的旋转体的体积.

解 $y=3x^2$ 与 $y=2x^2+9$ 的交点 $(3, 27)$，$(-3, 27)$.

(1) $S = \int_{-3}^3 [(2x^2+9) - 3x^2] dx = \int_{-3}^3 (9-x^2) dx = 36$；

(2) $V = \pi\int_0^{27} \dfrac{y}{3} dy - \pi\int_9^{27} \dfrac{y-9}{2} dy = \dfrac{81}{2}\pi$.

6. 已知抛物线 $y=4x-x^2$，
(1)抛物线上哪一点处的切线平行于 x 轴？写出该切线方程；
(2)求抛物线与其水平切线及 y 轴围成的平面图形的面积；
(3)求该平面图形绕 x 轴旋转所得旋转体的体积.

解 (1)令 $y'=4-2x=0$，得 $x=2$，所求点为 $(2, 4)$，所求切线为 $y=4$；

(2) $S = \int_0^2 (4-4x+x^2) dx = \dfrac{8}{3}$；

(3) $V = 32\pi - \int_0^2 \pi(4x-x^2)^2 dx = \dfrac{224}{15}\pi$.

第七章

微 分 方 程

一、基本内容

1. 微分方程的基本概念

(1) 微分方程定义：含有自变量、未知函数及其导数（或微分）的方程，称为微分方程．

(2) 微分方程解的定义：如果有一个函数满足微分方程，即把函数代入微分方程后，能使该方程成为恒等式，这个函数称为该微分方程的解．

如果某函数是微分方程的解，且其所含任意常数的个数与微分方程的阶数相同，这样的解称为微分方程的通解；满足一定初始条件的解称为微分方程的特解．

(3) 微分方程的阶：微分方程中所出现的未知函数的最高阶导数（或微分）的阶数，称为微分方程的阶．

2. 一阶微分方程

一阶微分方程的一般形式为
$$F(x,\ y,\ y')=0.$$

在能把 y' 解出时，一阶微分方程可写成
$$y'=\frac{\mathrm{d}y}{\mathrm{d}x}=f(x,\ y).$$

(1) 可分离变量微分方程：如果一个一阶微分方程可化为
$$g(y)\mathrm{d}y=f(x)\mathrm{d}x \tag{1}$$

的形式，就是说，能把微分方程写成一端只含 y 的函数和 $\mathrm{d}y$，另一端只含 x 的函数和 $\mathrm{d}x$，那么原方程就称为可分离变量的微分方程．

对(1)式两端同时积分，得到原方程的通解为
$$\int g(y)\mathrm{d}y = \int f(x)\mathrm{d}x + C \quad （其中 C 为任意常数）.$$

(2) 齐次方程：如果一阶微分方程可化为
$$\frac{\mathrm{d}y}{\mathrm{d}x}=f(x,\ y), \tag{2}$$

且函数 $f(x,y)$ 可写成 $\dfrac{y}{x}$ 的函数，即
$$f(x,\ y)=\varphi\left(\frac{y}{x}\right),$$

此时，(2)式化成
$$y' = \varphi\left(\frac{y}{x}\right). \tag{3}$$

令 $u = \frac{y}{x}$，则 $y = ux$，两边关于 x 求导，得
$$y' = u + x\frac{\mathrm{d}u}{\mathrm{d}x},$$

将其代入方程(3)，便得可分离变量的方程
$$x\frac{\mathrm{d}u}{\mathrm{d}x} = \varphi(u) - u.$$

分离变量后两边同时积分，得
$$\int \frac{\mathrm{d}u}{\varphi(u) - u} = \ln x + \ln C,$$

化简后将结果中的 u 换成 $\frac{y}{x}$，可得原方程的通解．

(3) 一阶线性微分方程：形如
$$y' + P(x)y = Q(x) \tag{4}$$

的方程叫作一阶线性微分方程，其中 $P(x)$ 和 $Q(x)$ 是连续函数，$Q(x)$ 叫作自由项．

如果 $Q(x) \equiv 0$，则方程(4)变成
$$y' + P(x)y = 0, \tag{5}$$

称为一阶线性齐次微分方程；如果 $Q(x) \not\equiv 0$，则方程称为一阶线性非齐次微分方程．

一阶线性非齐次微分方程通解的求法：首先，利用可分离变量法求出方程(5)的通解；其次，利用常数变易法求方程(4)的特解，并将此式确定的 $C(x)$ 代入方程(5)的通解中，即可得方程(4)的通解为
$$y = \mathrm{e}^{-\int P(x)\mathrm{d}x}\left[\int Q(x)\mathrm{e}^{\int P(x)\mathrm{d}x}\mathrm{d}x + C\right].$$

3. 可降阶的高阶微分方程

(1) $y^{(n)} = f(x)$ 型微分方程：这类方程的特点是，其右端仅含有自变量 x，因此只要连续积分 n 次，就可得出其通解．

(2) $y'' = f(x, y')$ 型微分方程：这类方程的特点是，不明显含有未知函数 y，只需设 $y' = p$，则 $y'' = p'$，从而将所给方程化为一阶微分方程 $p' = f(x, p)$，求得通解为 $p = \varphi(x, C_1)$，即 $y' = \varphi(x, C_1)$，则原方程的通解为
$$y = \int \varphi(x, C_1)\mathrm{d}x + C_2.$$

(3) $y'' = f(y, y')$ 型微分方程：这类方程的特点是，不明显含有自变量 x，只需设 $y' = p$，则 $y'' = \frac{\mathrm{d}p}{\mathrm{d}x} = \frac{\mathrm{d}p}{\mathrm{d}y} \cdot \frac{\mathrm{d}y}{\mathrm{d}x} = p\frac{\mathrm{d}p}{\mathrm{d}y}$，代入所给方程，得到关于 p 的一阶微分方程
$$p\frac{\mathrm{d}p}{\mathrm{d}y} = f(y, p).$$

设它的通解为 $y'=p=\varphi(y, C_1)$，这是可分离变量的微分方程，对其积分可得原方程的通解为

$$\int \frac{\mathrm{d}y}{\varphi(y, C_1)} = x + C_2.$$

4. 二阶常系数线性微分方程

形如

$$y'' + py' + qy = f(x) \quad (\text{其中 } p, q \text{ 均为常数}) \tag{6}$$

的微分方程称为二阶常系数线性微分方程，其中 $f(x)$ 称为自由项.

当 $f(x) \equiv 0$ 时，方程(6)称为二阶常系数齐次线性微分方程；

当 $f(x) \neq 0$ 时，方程(6)称为二阶常系数非齐次线性微分方程.

(1) 二阶常系数齐次线性微分方程通解的求法：

首先，求出微分方程所对应的特征方程 $r^2 + pr + q = 0$ 的根.

其次，根据特征根的不同情况，求出所给方程的通解，即

若 $r_1 \neq r_2$，通解为 $y = C_1 \mathrm{e}^{r_1 x} + C_2 \mathrm{e}^{r_2 x}$；

若 $r_1 = r_2$，通解为 $y = (C_1 + C_2 x) \mathrm{e}^{r_1 x}$；

若 $r_{1,2} = \alpha \pm \mathrm{i}\beta$，通解为 $y = \mathrm{e}^{\alpha x}(C_1 \cos\beta x + C_2 \sin\beta x)$.

(2) 二阶常系数非齐次线性微分方程通解的求法：

① 求出其所对应的齐次方程的通解 $y = C_1 y_1 + C_2 y_2$；

② 求出所给方程的一个特解 y^*，则所给方程的通解为

$$y = C_1 y_1 + C_2 y_2 + y^*;$$

③ 关于 y^* 的求法：

如果自由项 $f(x) = P_m(x) \mathrm{e}^{\lambda x}$，则方程(6)具有形如

$$y^* = x^k Q_m(x) \mathrm{e}^{\lambda x}$$

的特解，其中 $Q_m(x)$ 是与 $P_m(x)$ 同次（m 次）的多项式，k 是方程(6)所对应的齐次方程的特征方程中含有重根 λ 的次数（按 λ 不是特征方程的根、是单根、重根依次取 $k=0$, 1, 2).

如果自由项 $f(x) = \mathrm{e}^{\lambda x}[P_l(x)\cos\omega x + P_n(x)\sin\omega x]$，则方程(6)具有形如

$$y^* = x^k \mathrm{e}^{\lambda x}[R_m^{(1)}(x)\cos\omega x + R_m^{(2)}(x)\sin\omega x]$$

的特解，其中 $R_m^{(1)}(x), R_m^{(2)}(x)$ 为 m 次多项式，$m = \max\{l, n\}$，k 按 $\lambda + \mathrm{i}\omega$（或 $\lambda - \mathrm{i}\omega$）不是特征方程的根、是单根依次取 $k=0$, 1.

二、基本要求

1. 了解微分方程的基本概念及其几何意义.

2. 熟练掌握一阶微分方程（可分离变量的微分方程、齐次方程、一阶线性方程）的解法及可降阶高阶微分方程的解法.

3. 能熟练求出二阶常系数微分方程的通解，并掌握特解 y^* 的求法.

三、习题解答

习题 7-1

(A)

1. 指出下列微分方程的阶数.

   (1) $\dfrac{dy}{dx}+\sqrt{\dfrac{1-y^2}{1-x^2}}=0$； (2) $y''+3y'+2y=\sin x$；

   (3) $\dfrac{d^3y}{dx^3}-y=e^x$； (4) $y''=C$（C 为常数）.

   解 (1) 一阶；(2) 二阶；(3) 三阶；(4) 二阶.

2. 检验下列函数是否是微分方程 $y''-y'-2y=0$ 的解.

   (1) $y=e^{-x}$； (2) $y=e^x$； (3) $y=e^{2x}$； (4) $y=x^2$.

   解 (1)、(3) 是微分方程的解；(2)、(4) 不是微分方程的解.

(B)

1. （一级化学反应问题）在一级化学反应中，反应速率与反应物现有浓度成正比，设物质反应开始的浓度为 a，求该物质反应的规律，即求浓度与时间的函数关系.

   解 设 y 表示时刻 t 已发生化学反应的物质浓度，则时刻 t 物质浓度为 $a-y$，由题意知
   $$\dfrac{d(a-y)}{dt}=-k(a-y),$$
   其中 k 为比例常数，且 $k>0$. 因现有浓度是 t 的减函数，故上式右端置负号.

   对上式分离变量后再两端积分，得
   $$\ln(a-y)=-kt+\ln C \text{ 或 } a-y=Ce^{-kt},$$
   即
   $$y=a-Ce^{-kt}.$$
   又由题知 $y|_{t=0}=0$，代入上式得 $C=a$，所以 $y=a(1-e^{-kt})$ 即为所求.

2. 求曲线族方程 $x^2+Cy^2=1$ 满足的微分方程，其中 C 为任意常数.

   解 在等式 $x^2+Cy^2=1$ 两端对 x 求导，得
   $$2x+2Cyy'=0.$$
   再从 $x^2+Cy^2=1$，解得 $C=\dfrac{1-x^2}{y^2}$，代入上式得
   $$2x+2\cdot\dfrac{1-x^2}{y^2}y\cdot y'=0,$$
   化简即得到所求的微分方程为
   $$xy+(1-x^2)y'=0.$$

习题 7-2

(A)

1. 求下列可分离变量微分方程的通解.

   (1) $xy'-y\ln y=0$； (2) $\dfrac{dy}{dx}=\sqrt{\dfrac{1-y^2}{1-x^2}}$；

(3) $\dfrac{dy}{dx}=10^{x+y}$; (4) $(y+1)^2\dfrac{dy}{dx}+x^3=0$.

解 (1)原微分方程化为
$$\frac{dy}{y\ln y}=\frac{dx}{x},$$
两边同时积分，得
$$\ln\ln y=\ln x+\ln C,$$
即
$$y=e^{Cx}(C\text{ 为积分常数}).$$

(2)原微分方程化为
$$\frac{dy}{\sqrt{1-y^2}}=\frac{dx}{\sqrt{1-x^2}},$$
两边同时积分，得
$$\arcsin y=\arcsin x+C.$$

(3)原微分方程化为
$$10^{-y}dy=10^x dx,$$
两边同时积分，得
$$-10^{-y}=10^x+C_1,$$
即
$$10^x+10^{-y}=C(C=-C_1).$$

(4)原微分方程化为
$$(1+y)^2 dy=-x^3 dx,$$
两边同时积分，得
$$\frac{y^3}{3}+y^2+y+\frac{x^4}{4}=C.$$

2. 求下列齐次方程的通解.

(1) $\dfrac{dy}{dx}=\dfrac{y}{y-x}$; (2) $xy'=y\ln\dfrac{y}{x}$;

(3) $x^2 y'+y^2=xyy'$; (4) $(y^2-x^2)dy+xy\,dx=0$.

解 (1)解法一：原微分方程化为
$$\frac{dy}{dx}=\frac{\dfrac{y}{x}}{\dfrac{y}{x}-1}.$$

设 $u=\dfrac{y}{x}$，则 $y=ux$，$\dfrac{dy}{dx}=u+x\dfrac{du}{dx}$，代入原方程，得
$$u+x\frac{du}{dx}=\frac{u}{u-1},$$
即
$$x\frac{du}{dx}=-\frac{u^2-2u}{u-1},$$
分离变量，得
$$-\frac{u-1}{u^2-2u}du=\frac{dx}{x},$$

两边同时积分，得
$$-\frac{1}{2}\ln(u^2-2u)=\ln x+\ln C,$$
即
$$u^2-2u=\frac{1}{C^2x^2},$$
即
$$y^2-2xy=C_1\left(C_1=\frac{1}{C^2}\right).$$

解法二：原微分方程化为
$$\frac{\mathrm{d}x}{\mathrm{d}y}=1-\frac{x}{y}.$$

设 $u=\dfrac{x}{y}$，则 $x=uy$，$\dfrac{\mathrm{d}x}{\mathrm{d}y}=u+y\dfrac{\mathrm{d}u}{\mathrm{d}y}$，代入原方程，得
$$y\frac{\mathrm{d}u}{\mathrm{d}y}=1-2u,$$

分离变量，得
$$\frac{1}{1-2u}\mathrm{d}u=\frac{\mathrm{d}y}{y},$$

两边同时积分，得
$$-\frac{1}{2}\ln(1-2u)=\ln y+\ln C,$$
即
$$\frac{1}{\sqrt{1-2u}}=yC,$$
即
$$y^2-2xy=C_1\left(C_1=\frac{1}{C^2}\right).$$

(2) 原微分方程化为
$$y'=\frac{y}{x}\ln\frac{y}{x}.$$

设 $u=\dfrac{y}{x}$，则 $y=ux$，$\dfrac{\mathrm{d}y}{\mathrm{d}x}=u+x\dfrac{\mathrm{d}u}{\mathrm{d}x}$，代入原方程并分离变量，得
$$\frac{\mathrm{d}u}{u(\ln u-1)}=\frac{\mathrm{d}x}{x},$$

两边同时积分，得
$$\ln(\ln u-1)=\ln x+\ln C,$$
即
$$\ln u=Cx+1,$$
所以原方程的通解为
$$y=x\mathrm{e}^{Cx+1}.$$

(3) 原微分方程化为
$$y'+\left(\frac{y}{x}\right)^2=\frac{y}{x}y'.$$

设 $u=\dfrac{y}{x}$，则 $y=ux$，$\dfrac{\mathrm{d}y}{\mathrm{d}x}=u+x\dfrac{\mathrm{d}u}{\mathrm{d}x}$，代入原方程，得

$$(u-1)\left(u+x\frac{\mathrm{d}u}{\mathrm{d}x}\right)=u^2,$$

化简得

$$x(u-1)\frac{\mathrm{d}u}{\mathrm{d}x}=u,$$

两边同时积分，得

$$u-\ln u=\ln Cx,$$

即

$$\frac{y}{x}=\ln Cy,$$

所以原方程的通解为

$$y=x\ln Cy\left(\text{或 } y=C_1\mathrm{e}^{\frac{y}{x}},\ C_1=\frac{1}{C}\right).$$

(4) 解法一：原微分方程化为

$$\frac{\mathrm{d}y}{\mathrm{d}x}=\frac{\dfrac{y}{x}}{1-\left(\dfrac{y}{x}\right)^2}.$$

设 $u=\dfrac{y}{x}$，则 $y=ux$，$\dfrac{\mathrm{d}y}{\mathrm{d}x}=u+x\dfrac{\mathrm{d}u}{\mathrm{d}x}$，代入原方程并化简，得

$$x\frac{\mathrm{d}u}{\mathrm{d}x}=\frac{u^3}{1-u^2},$$

分离变量并两边同时积分，得

$$-\frac{1}{2u^2}-\ln u=\ln(Cx),$$

即

$$\ln(Cy)=-\frac{x^2}{2y^2},$$

所以原方程的通解为

$$y=C_1\mathrm{e}^{-\frac{x^2}{2y^2}}\left(C_1=\frac{1}{C}\right).$$

解法二：原微分方程化为

$$\frac{\mathrm{d}x}{\mathrm{d}y}=\frac{x}{y}-\frac{y}{x}.$$

设 $u=\dfrac{x}{y}$，则 $x=uy$，$\dfrac{\mathrm{d}x}{\mathrm{d}y}=u+y\dfrac{\mathrm{d}u}{\mathrm{d}y}$，代入原方程，得

$$u\mathrm{d}u=-\frac{\mathrm{d}y}{y},$$

两边同时积分，得

$$\frac{1}{2}u^2=\ln\frac{C}{y},$$

即

$$\frac{C}{y}=\mathrm{e}^{\frac{1}{2}u^2},$$

所以原方程的通解为

$$y = Ce^{-\frac{x^2}{2y^2}}.$$

3. 求下列微分方程的通解.

(1) $y' + y = e^x$; (2) $y' + 2xy = 4e^{-x^2}$;

(3) $\dfrac{dy}{dx} = \dfrac{y}{2x - y^2}$; (4) $(1+x^2)y' - 2xy = (1+x^2)^2$.

解 (1) 原方程对应的齐次方程为
$$y' + y = 0,$$
其通解为
$$y = C_1 e^{-x}.$$

令 $y = C_1(x) e^{-x}$,代入原方程化简得
$$\frac{dC_1(x)}{dx} = e^{2x},$$
即
$$C_1(x) = \frac{1}{2} e^{2x} + C,$$
所以原方程的通解为
$$y = \frac{1}{2} e^x + C e^{-x}.$$

(2) 原方程对应的齐次方程为
$$y' + 2xy = 0,$$
其通解为
$$y = C_1 e^{-x^2}.$$

令 $y = C_1(x) e^{-x^2}$,代入原方程化简得
$$\frac{dC_1(x)}{dx} = 4,$$
即
$$C_1(x) = 4x + C,$$
所以原方程的通解为
$$y = 4x e^{-x^2} + C e^{-x^2}.$$

(3) 原方程对应的齐次方程为
$$\frac{dx}{dy} - \frac{2x}{y} = 0,$$
其通解为
$$x = C_1 y^2.$$

令 $x = C_1(y) y^2$,代入原方程并化简得
$$2y C_1(y) + y^2 \frac{dC_1(y)}{dy} - \frac{2y^2 C_1(y)}{y} = -y,$$
即
$$dC_1(y) = -\frac{dy}{y},$$
两边积分,得
$$C_1(y) = -\ln y + C,$$
所以原方程的通解为

$$x=-y^2\ln y+Cy^2.$$

(4)原方程化为
$$y'-\frac{2x}{1+x^2}y=(1+x^2).$$

对应的齐次方程为
$$y'-\frac{2x}{1+x^2}y=0,$$

分离变量，得
$$\frac{\mathrm{d}y}{y}=\frac{2x\mathrm{d}x}{1+x^2},$$

两边积分，得
$$y=C_1(1+x^2).$$

令 $y=C_1(x)(1+x^2)$，代入原方程化简得
$$C_1'(x)=1,$$
即
$$C_1(x)=x+C,$$
所以原方程的通解为
$$y=x(1+x^2)+C(1+x^2).$$

(B)

1. 求下列微分方程满足初始条件的特解．

(1) $(y-x^2y)\mathrm{d}y+x\mathrm{d}x=0$，$y|_{x=\sqrt{2}}=0$；

(2) $\dfrac{\mathrm{d}y}{\mathrm{d}x}+2xy=x\mathrm{e}^{-x^2}$，$y|_{x=0}=1$．

解 (1)将原方程化为
$$\frac{\mathrm{d}y}{\mathrm{d}x}=\frac{x}{x^2y-y},$$

分离变量后，解得
$$\frac{1}{2}y^2=\frac{1}{2}\ln(x^2-1)+C,$$
即
$$y^2=\ln(x^2-1)+2C.$$

将 $y|_{x=\sqrt{2}}=0$ 代入上式，得 $C=0$，所以原方程的特解为
$$y^2=\ln(x^2-1).$$

(2)原方程中 $P(x)=2x$，$Q(x)=x\mathrm{e}^{-x^2}$，将其代入公式
$$y=\mathrm{e}^{-\int P(x)\mathrm{d}x}\left[\int Q(x)\mathrm{e}^{\int P(x)\mathrm{d}x}\mathrm{d}x+C\right]$$
得
$$y=\mathrm{e}^{-\int 2x\mathrm{d}x}\left(\int x\mathrm{e}^{-x^2}\mathrm{e}^{\int 2x\mathrm{d}x}\mathrm{d}x+C\right)=\mathrm{e}^{-x^2}\left(\frac{x^2}{2}+C\right).$$

将 $y|_{x=0}=1$ 代入上式，得 $C=1$，所以原方程的特解为
$$y=\frac{x^2}{2}\mathrm{e}^{-x^2}+\mathrm{e}^{-x^2}.$$

2. 设一容器内原有 100L 盐水，内含食盐 10kg，现以 3L/min 的速度注入 0.01kg/L 的淡盐水，同时以 2L/min 的速度抽出混合均匀的盐水，试求容器内含盐量 Q 随时间 t 变化的

规律.

解 设 t(单位：min)后容器中剩余的盐量为 Q，由题意知，时刻 t 注入盐的速度为
$$v_1(t) = 3 \times 0.01 = 0.03 (\text{kg/min}).$$

又因同时以 2L/min 的速度抽出混合均匀的盐水，所以时间 t 后盐水总量为 $100+(3-2)t$，而每升含盐量 $\dfrac{Q}{100+t}$，因而排出盐的速度为
$$v_2(t) = \dfrac{2Q}{100+t}.$$

因而盐水内盐量的变化速度为
$$\dfrac{dQ}{dt} = v_1(t) - v_2(t) = 0.03 - \dfrac{2Q}{100+t},$$

即
$$\dfrac{dQ}{dt} + \dfrac{2Q}{100+t} = 0.03,$$

所以
$$Q = e^{-\int \frac{2}{100+t}dt} \left(\int 0.03 e^{\int \frac{2}{100+t}dt} dt + C \right) = \dfrac{100+t}{100} + \dfrac{C}{(100+t)^2}.$$

将 $Q|_{t=0} = 10$ 代入上式得 $C = 9 \times 100^2$，所以含盐量 Q 随时间 t 变化的规律为
$$Q = \dfrac{100+t}{100} + \dfrac{90000}{(100+t)^2}.$$

3. 酵母的增长规律是：酵母增长速率与酵母现存量成正比，设在时刻 t 酵母的现存量为 n_t，求酵母在任何时刻的现存量 n_t 与时刻 t 的函数关系. 又设酵母开始发酵后经过 2h 其重量为 4g，经过 3h 其重量为 6g，试计算发酵前酵母的重量.

解 由题意知，酵母的增长速度为 $\dfrac{dn_t}{dt}$，由 $n_t > 0$，所以 $\dfrac{dn_t}{dt} > 0$，于是得到方程
$$\dfrac{dn_t}{dt} = kn_t \quad (k \text{ 为常数}),$$

解得
$$n_t = Ce^{kt}.$$

因为 $n_t|_{t=2} = 4$，$n_t|_{t=3} = 6$，所以
$$k = \ln\dfrac{3}{2}, \quad C = \dfrac{16}{9},$$

故酵母发酵前的重量 $n_0 = \dfrac{16}{9}$(g).

习 题 7-3

（A）

1. 求下列微分方程的通解.

(1) $y'' = x + \sin x$； (2) $y'' - y' = e^x$；
(3) $a^2 y'' - y = 0$； (4) $2y'^2 = (y-1)y''$.

解 (1) 将所给方程两边积分两次，得
$$y' = \dfrac{1}{2}x^2 - \cos x + C_1,$$
$$y = \dfrac{x^3}{6} - \sin x + C_1 x + C_2,$$

其中 C_1，C_2 为任意常数，则
$$y=\frac{x^3}{6}-\sin x+C_1 x+C_2$$
即为所给方程的通解．

(2) 设 $y'=p$，则 $y''=p'$，代入原方程得
$$\frac{\mathrm{d}p}{\mathrm{d}x}-p=\mathrm{e}^x,$$
解之得上述方程的通解为
$$p=\mathrm{e}^x(x+C_1),$$
即
$$y'=\mathrm{e}^x(x+C_1),$$
两边积分得原方程的通解为
$$y=(x-1)\mathrm{e}^x+C_1\mathrm{e}^x+C_2.$$

(3) 设 $y'=p$，则 $y''=\dfrac{\mathrm{d}p}{\mathrm{d}x}=\dfrac{\mathrm{d}p}{\mathrm{d}y}\cdot\dfrac{\mathrm{d}y}{\mathrm{d}x}=p\dfrac{\mathrm{d}p}{\mathrm{d}y}$，代入原方程得
$$a^2 p\frac{\mathrm{d}p}{\mathrm{d}y}-y=0,$$
分离变量后两边积分，得
$$p^2=\frac{y^2}{a^2}+C_1^2,$$
即
$$y'=\sqrt{\frac{y^2}{a^2}+C_1^2}=\frac{1}{|a|}\sqrt{y^2+a^2 C_1^2},$$
分离变量后两边积分得通解为
$$\ln(y+\sqrt{y^2+a^2 C_1^2})=\frac{x}{|a|}+C_2.$$

(4) 设 $y'=p$，则 $y''=p\dfrac{\mathrm{d}p}{\mathrm{d}y}$，代入原方程得
$$2p^2=(y-1)p\frac{\mathrm{d}p}{\mathrm{d}y},$$
即
$$2p=(y-1)\frac{\mathrm{d}p}{\mathrm{d}y} \text{ 或 } \frac{\mathrm{d}p}{p}=\frac{2\mathrm{d}y}{y-1}.$$
两边积分，得
$$\ln p=2\ln(y-1)+\ln C_1,$$
即
$$y'=C_1(y-1)^2,$$
$$\frac{\mathrm{d}y}{(y-1)^2}=C_1\mathrm{d}x,$$
两边积分，得
$$\frac{1}{1-y}=C_1 x+C_2,$$
化简得
$$y=\frac{C_1 x+C_2-1}{C_1 x+C_2}=\frac{x+C_3}{x+C_4}\left(C_3=\frac{C_2-1}{C_1},\ C_4=\frac{C_2}{C_1}\right).$$

2. 求下列微分方程的特解.

(1) $y''(x^2+1) = 2xy'$, $y|_{x=0} = 1$, $y'|_{x=0} = 3$;

(2) $y'' + y'^2 = 0$, $y|_{x=0} = 1$, $y'|_{x=0} = 1$.

解 (1) 设 $y' = p$, 则 $y'' = p'$, 代入原方程得
$$p'(x^2+1) = 2xp,$$
分离变量后积分得
$$p = C_1(x^2+1),$$
即
$$y' = C_1(x^2+1),$$
两边积分, 得
$$y = \frac{C_1}{3}x^3 + C_1 x + C_2.$$

因为 $y'|_{x=0} = 3$, 所以得 $C_1 = 3$; 因为 $y|_{x=0} = 1$, 所以得 $C_2 = 1$. 所以所求特解为
$$y = x^3 + 3x + 1.$$

(2) 设 $y' = p$, 则 $y'' = p\dfrac{\mathrm{d}p}{\mathrm{d}y}$, 代入原方程得
$$p\frac{\mathrm{d}p}{\mathrm{d}y} + p^2 = 0,$$
即
$$\frac{\mathrm{d}p}{\mathrm{d}y} = -p,$$
两边积分, 得
$$p = C_1 \mathrm{e}^{-y} = y',$$
分离变量后积分, 得
$$\mathrm{e}^y = C_1 x + C_2,$$
即
$$y = \ln(C_1 x + C_2).$$

又因为 $y|_{x=0} = 1$, $y'|_{x=0} = 1$, 所以得 $C_1 = \mathrm{e}$, $C_2 = \mathrm{e}$, 所以所求特解为
$$y = 1 + \ln(x+1).$$

(B)

1. 求下列微分方程的通解.

(1) $y''' = \mathrm{e}^{2x} - \cos x$;　　(2) $yy'' - y'^2 = 0$;　　(3) $y'' + y'^2 = \mathrm{e}^{-y}$.

解 (1) 对所给方程接连积分三次, 得

$y'' = \dfrac{1}{2}\mathrm{e}^{2x} - \sin x + C_1$,

$y' = \dfrac{1}{4}\mathrm{e}^{2x} + \cos x + C_1 x + C_2$,

$y = \dfrac{1}{8}\mathrm{e}^{2x} + \sin x + \dfrac{1}{2}C_1 x^2 + C_2 x + C_3$,

这就是所给方程的通解.

(2) 设 $y' = p$, 则原方程化为
$$yp\frac{\mathrm{d}p}{\mathrm{d}y} - p^2 = 0,$$

当 $y\neq 0$ 且 $p\neq 0$ 时，有
$$\frac{\mathrm{d}p}{\mathrm{d}y}-\frac{1}{y}p=0,$$
于是
$$p=\mathrm{e}^{\int\frac{1}{y}\mathrm{d}y}=C_1 y,\ \text{即}\ y'-C_1 y=0,$$
从而原方程的通解为
$$y=C_2\mathrm{e}^{\int C_1\mathrm{d}x}=C_2\mathrm{e}^{C_1 x}.$$

(3)观察到
$$(\mathrm{e}^y)''=(y'\mathrm{e}^y)'=y''\mathrm{e}^y+\mathrm{e}^y(y')^2=\mathrm{e}^y[y''+(y')^2]=1,$$
对 $(\mathrm{e}^y)''=1$ 关于 x 连续积分两次得
$$\mathrm{e}^y=\frac{x^2}{2}+C_1 x+C_2,$$
其中 C_1，C_2 为任意常数.

2. 求微分方程 $y''-\mathrm{e}^{2y}=0$，$y|_{x=0}=0$，$y'|_{x=0}=1$ 的特解.

解 令 $y'=p(y)$，则 $y''=p\dfrac{\mathrm{d}p}{\mathrm{d}y}$，代入方程得 $p\mathrm{d}p=\mathrm{e}^{2y}\mathrm{d}y$，积分得
$$\frac{1}{2}p^2=\frac{1}{2}\mathrm{e}^{2y}+C_1.$$
利用初始条件得 $C_1=0$，根据 $p|_{y=0}=y'|_{x=0}=1>0$，得
$$\frac{\mathrm{d}y}{\mathrm{d}x}=p=\mathrm{e}^y,$$
两边积分，得
$$-\mathrm{e}^{-y}=x+C_2.$$
再由 $y|_{x=0}=0$，得 $C_2=-1$，故所求特解为
$$1-\mathrm{e}^{-y}=x.$$

习 题 7-4

（A）

1. 求下列微分方程的通解.
(1) $y''+2y'-3y=0$；
(2) $y''+6y'+9y=0$；
(3) $y''+4y=0$；
(4) $y''+2y'+5y=0$；
(5) $y''+y'=3x^2+1$；
(6) $y''-3y'+2y=3\mathrm{e}^{2x}$；
(7) $y''+y=x\cos 2x$；
(8) $y''-2y'+y=x\mathrm{e}^x$.

解 (1)原方程对应的特征方程为
$$r^2+2r-3=0,$$
其根为 $r_1=-3$，$r_2=1$，所以原方程的通解为
$$y=C_1\mathrm{e}^{-3x}+C_2\mathrm{e}^x.$$
(2)原方程对应的特征方程为
$$r^2+6r+9=0,$$
它有两个相等的实根为 $r_1=r_2=-3$，所以原方程的通解为

$$y=(C_1x+C_2)\mathrm{e}^{-3x}.$$

(3) 原方程对应的特征方程为
$$r^2+4=0,$$
它有一对共轭的复根为 $r_1=2\mathrm{i}$,$r_2=-2\mathrm{i}$,所以原方程的通解为
$$y=C_1\cos2x+C_2\sin2x.$$

(4) 原方程对应的特征方程为
$$r^2+2r+5=0,$$
它有一对共轭的复根为 $r_1=-1+2\mathrm{i}$,$r_2=-1-2\mathrm{i}$,所以原方程的通解为
$$y=(C_1\cos2x+C_2\sin2x)\mathrm{e}^{-x}.$$

(5) 原方程对应的特征方程为
$$r^2+r=0,$$
其根为 $r_1=-1$,$r_2=0$,所以原方程对应的齐次方程的通解为
$$\bar{y}=C_1+C_2\mathrm{e}^{-x}.$$

因为 $f(x)=\mathrm{e}^{\lambda x}P_m(x)=3x^2+1$,$\lambda=0$,$m=2$,且 $\lambda=0$ 是特征方程的单根,所以可设原方程的特解 y^* 的形式为
$$y^*=x(ax^2+bx+c),$$
则 $\qquad y^{*\prime}=3ax^2+2bx+c,\ y^{*\prime\prime}=6ax+2b,$
将 y^*,$y^{*\prime}$ 和 $y^{*\prime\prime}$ 代入原方程,化简得
$$3ax^2+(6a+2b)x+2b+c=3x^2+1,$$
得 $\qquad \begin{cases}3a=3,\\6a+2b=0,\\2b+c=1\end{cases}\Rightarrow\begin{cases}a=1,\\b=-3,\\c=7,\end{cases}$

所以原方程的通解为
$$y=C_1+C_2\mathrm{e}^{-x}+x^3-3x^2+7x.$$

(6) 原方程对应的特征方程为
$$r^2-3r+2=0,$$
其根为 $r_1=1$,$r_2=2$,所以原方程对应的齐次方程的通解为
$$\bar{y}=C_1\mathrm{e}^x+C_2\mathrm{e}^{2x}.$$

因为 $f(x)=\mathrm{e}^{\lambda x}P_m(x)=3\mathrm{e}^{2x}$,$\lambda=2$,$m=0$,且 $\lambda=2$ 是特征方程的单根,所以原方程的特解 y^* 可设为
$$y^*=ax\mathrm{e}^{2x}.$$
将 y^* 代入原方程,化简得 $a=3$,即 $y^*=3x\mathrm{e}^{2x}$,所以原方程的通解为
$$y=\bar{y}+y^*=C_1\mathrm{e}^x+C_2\mathrm{e}^{2x}+3x\mathrm{e}^{2x}.$$

(7) 原方程对应的特征方程为
$$r^2+1=0,$$
它有一对共轭的复根为 $r_1=\mathrm{i}$,$r_2=-\mathrm{i}$,所以原方程对应的齐次方程的通解为
$$\bar{y}=C_1\cos x+C_2\sin x.$$

因为 $f(x)=\mathrm{e}^{\lambda x}[P_l(x)\cos\omega x+P_n(x)\sin\omega x]=x\cos2x$,$\lambda=0$,$l=1$,$n=0$,$\omega=2$,且 $\lambda+\omega\mathrm{i}=2\mathrm{i}$ 不是特征根,所以原方程的特解 y^* 可设为

$$y^* = (ax+b)\cos 2x + (cx+d)\sin 2x,$$
将 y^* 代入原方程，化简得
$$(-3ax-3b+4c)\cos 2x - (3cx+3d+4a)\sin 2x = x\cos 2x,$$
比较两端同类项的系数，得
$$\begin{cases} -3a=1, \\ -3b+4c=0, \\ 3c=0, \\ 3d+4a=0 \end{cases} \Rightarrow \begin{cases} a=-\dfrac{1}{3}, \\ b=0, \\ c=0, \\ d=\dfrac{4}{9}, \end{cases}$$
即
$$y^* = -\frac{1}{3}x\cos 2x + \frac{4}{9}\sin 2x,$$
所以原方程的通解为
$$y = \bar{y} + y^* = C_1\cos x + C_2\sin x - \frac{1}{3}x\cos 2x + \frac{4}{9}\sin 2x.$$

(8) 原方程对应的特征方程为
$$r^2 - 2r + 1 = 0,$$
它有两个相等的实根为 $r_1 = r_2 = 1$，所以原方程对应的齐次方程的通解为
$$\bar{y} = (C_1 + C_2 x)e^x.$$
因为 $f(x) = e^{\lambda x}P_m(x) = xe^x$，$\lambda = 1$，$m=1$，且 $\lambda = 1$ 是二重特征根，所以原方程的特解 y^* 可设为
$$y^* = x^2 e^x(ax+b),$$
将 y^* 代入原方程，化简得
$$6ax + 2b = x,$$
比较两端同类项的系数，得
$$\begin{cases} 6a=1, \\ 2b=0 \end{cases} \Rightarrow \begin{cases} a=\dfrac{1}{6}, \\ b=0, \end{cases}$$
即
$$y^* = \frac{1}{6}x^3 e^x,$$
所以原方程的通解为
$$y = \bar{y} + y^* = (C_1 + C_2 x)e^x + \frac{1}{6}x^3 e^x.$$

2. 求满足初始条件的特解．

(1) $y'' + y = 0$，$y|_{x=0} = 1$，$y'|_{x=0} = 1$；

(2) $y'' + 4y' + 4y = 0$，$y|_{x=0} = 0$，$y'|_{x=0} = 1$；

(3) $y'' + y' = 3x^2 + 1$，$y|_{x=0} = 0$，$y'|_{x=0} = 0$；

(4) $y'' + y' = 2x + e^x$，$y|_{x=0} = 1$，$y'|_{x=0} = 0$.

解 (1) 原方程对应的特征方程为
$$r^2 + 1 = 0,$$
它有一对共轭的复根为 $r_1 = \mathrm{i}$，$r_2 = -\mathrm{i}$，所以原方程对应的齐次方程的通解为
$$y = C_1\cos x + C_2\sin x.$$

将初始条件 $y|_{x=0}=1$，$y'|_{x=0}=1$ 代入上式及其导数式中，得
$$C_1=1, \quad C_2=1,$$
所以原方程的特解为
$$y=\cos x+\sin x.$$

(2) 原方程对应的特征方程为
$$r^2+4r+4=0,$$
它有两个相等的实根为 $r_1=r_2=-2$，所以原方程的通解为
$$y=(C_1+C_2 x)\mathrm{e}^{-2x},$$
所以
$$y'=(C_2-2C_1)\mathrm{e}^{-2x}-2C_2 x\mathrm{e}^{-2x}.$$
将 $y|_{x=0}=0$，$y'|_{x=0}=1$ 代入上边两式，得
$$C_1=0, \quad C_2=1,$$
所以原方程的特解为
$$y=x\mathrm{e}^{-2x}.$$

(3) 由第 1 题的 (5) 知，所给方程的通解为
$$y=C_1+C_2\mathrm{e}^{-x}+x^3-3x^2+7x,$$
$$y'=-C_2\mathrm{e}^{-x}+3x^2-6x+7.$$
将初始条件 $y|_{x=0}=0$，$y'|_{x=0}=0$ 代入上边两式，得
$$C_1=-7, \quad C_2=7,$$
所以原方程的特解为
$$y=-7+7\mathrm{e}^{-x}+x^3-3x^2+7x.$$

(4) 相应齐次方程的特征方程为 $r^2+r=0$，则齐次方程的通解为 $\bar{y}=C_1+C_2\mathrm{e}^{-x}$。

将自由项 $f(x)=2x+\mathrm{e}^x$ 分为 $f(x)=f_1(x)+f_2(x)=2x+\mathrm{e}^x$。

对于 $y''+y'=2x=\mathrm{e}^{\lambda x}P_n(x)$，$\lambda=0$，$n=1$，且 $\lambda=0$ 是特征方程的单根，设其特解为 $y_1^*=x(ax+b)$，代入方程，可得 $y_1^*=x^2-2x$。

对于 $y''+y'=\mathrm{e}^x=\mathrm{e}^{\lambda x}P_n(x)$，$\lambda=1$，$n=0$，可以观察一个特解为 $y_2^*=\dfrac{\mathrm{e}^x}{2}$。

所以原方程的一个特解
$$y^*=y_1^*+y_2^*=x^2-2x+\dfrac{\mathrm{e}^x}{2},$$
则原方程的通解为
$$y=C_1+C_2\mathrm{e}^{-x}+x^2-2x+\dfrac{\mathrm{e}^x}{2}.$$

由初始条件可得 $C_1=2$，$C_2=-\dfrac{3}{2}$，从而对应的特解为
$$y=2-\dfrac{3}{2}\mathrm{e}^{-x}+x^2-2x+\dfrac{\mathrm{e}^x}{2}.$$

3. 如何设下列微分方程的特解？为什么？

(1) $y''-y'+5y=x\mathrm{e}^x\cos x$；　　　　(2) $y''-y=(1-x)\mathrm{e}^x$。

解 (1) 所给方程的特征方程为
$$r^2-r+5=0,$$

它有一对共轭的复根为 $r_1 = \frac{1}{2} + \frac{\sqrt{19}}{2}\mathrm{i}$，$r_2 = \frac{1}{2} - \frac{\sqrt{19}}{2}\mathrm{i}$，而 $\lambda = 1 \pm \mathrm{i}$ 不是特征根，所以原方程的特解 y^* 可设为
$$y^* = [(ax+b)\cos x + (cx+d)\sin x]\mathrm{e}^x.$$

(2) 原方程对应的特征方程为
$$r^2 - 1 = 0,$$
其根为 $r_1 = -1$，$r_2 = 1$，故 $\lambda = 1$ 是单特征根，所以原方程的特解 y^* 可设为
$$y^* = x(ax+b)\mathrm{e}^x.$$

4. 设市场上某商品的价格为 $P = P(t)$，其需求函数为
$$D = 12 + 2P - 4P' + P'',$$
供给函数为
$$S = -6 + 2P + 5P' + 10P''.$$
设初始值为 $P(0) = 4$，$P'(0) = 0.5$，试在市场均衡 ($D = S$) 的条件下，求出该商品的价格.

解 由平衡条件可得
$$P'' + P' = 2,$$
其特征根为 $r_1 = -1$，$r_2 = 0$，则其通解为 $\overline{P} = C_1 \mathrm{e}^{-t} + C_2$.

因为自由项是 2，$\lambda = 0$ 是特征方程的单根，则可设特解为 $P^*(t) = at$，代入方程可得 $a = 2$，所以方程的通解为
$$P = C_1 \mathrm{e}^{-t} + C_2 + 2t.$$
再由初始条件可知 $C_1 = 1.5$，$C_2 = 2.5$，最终商品的价格为
$$P = 1.5\mathrm{e}^{-t} + 2.5 + 2t.$$

(B)

1. 设 $y = f(x) = \sin x - \int_0^x (x-t) f(t) \mathrm{d}t$，其中 $f(x)$ 为连续函数，求 $f(x)$.

解 将题中 $f(x)$ 变形为
$$f(x) = \sin x - x\int_0^x f(t)\mathrm{d}t + \int_0^x tf(t)\mathrm{d}t,$$
两边对 x 两次求导后可得
$$f'(x) = \cos x - \int_0^x f(t)\mathrm{d}t,$$
$$f''(x) = -\sin x - f(x),$$
即
$$f''(x) + f(x) = -\sin x.$$
对应齐次方程的特征方程为 $r^2 + 1 = 0$，特征根为 $r_{1,2} = \pm \mathrm{i}$，从而齐次方程的通解为
$$\overline{y} = C_1 \sin x + C_2 \cos x.$$
自由项 $\mathrm{e}^{\lambda x}[P_l(x)\sin\omega x + P_n(x)\cos\omega x] = -\sin x$，其中 $\lambda = 0$，$l = n = 0$，$\omega = 1$，且 $\lambda + \mathrm{i}\omega = \mathrm{i}$ 是特征根，所以非齐次方程的特解可设为
$$y^* = x(a\sin x + b\cos x).$$
将 $y^{*'}$，$y^{*''}$ 代入原非齐次方程中，比较两端同类项的系数，可得 $a = 0$，$b = \frac{1}{2}$，所以

$$y^* = \frac{1}{2}x\cos x,$$

所以非齐次方程的通解为

$$f(x) = C_1 \sin x + C_2 \cos x + \frac{1}{2}x\cos x.$$

又因为 $y|_{x=0} = f(0) = 0$，$y'|_{x=0} = f'(0) = 1$，所以 $C_1 = \frac{1}{2}$，$C_2 = 0$，从而有

$$f(x) = \frac{1}{2}\sin x + \frac{1}{2}x\cos x.$$

2. 已知 $y_1 = xe^x + e^{2x}$，$y_2 = xe^x + e^{-x}$，$y_3 = xe^x + e^{2x} - e^{-x}$ 是某二阶非齐次线性微分方程的三个解，求此微分方程．

解 由非齐次线性微分方程解的结构可知，非齐次方程的任意两个解的差是其对应的齐次方程的解，则 $y_3 - y_2 = e^{2x}$，$y_1 - y_3 = e^{-x}$ 是齐次方程的两个解，由于 e^{2x}，e^{-x} 线性无关，所以特征根为 $r_1 = 2$，$r_2 = -1$，即对应的齐次方程为

$$y'' - y' - 2y = 0.$$

假设原非齐次方程为 $y'' - y' - 2y = f(x)$，而 y_1 为其解，代入可得

$$f(x) = e^x - 2xe^x,$$

因此所求二阶非齐次线性微分方程为

$$y'' - y' - 2y = e^x - 2xe^x.$$

3. 证明：若 $f(x)$ 满足方程 $f'(x) = f(1-x)$，则必满足方程 $f''(x) + f(x) = 0$，并求方程 $f'(x) = f(1-x)$ 的解．

证 先证 $f(x)$ 满足 $f''(x) + f(x) = 0$．

因为 $f'(x) = f(1-x)$，则求导可得

$$f''(x) = f'(1-x)(-1) = -f[1-(1-x)] = -f(x).$$

因为 $f''(x) + f(x) = 0$ 的通解为 $f(x) = C_1 \cos x + C_2 \sin x$，且因为 $f'(x) = f(1-x)$，所以

$$-C_1 \sin x + C_2 \cos x = C_1 \cos(1-x) + C_2 \sin(1-x).$$

令 $x = 0$，可以得到 $C_2 = C_1 \cos 1 + C_2 \sin 1$，即 $C_2 = \frac{C_1 \cos 1}{1 - \sin 1}$，所以 $f'(x) = f(1-x)$ 的解为

$$f(x) = C_1\left(\cos x + \frac{\cos 1}{1 - \sin 1}\sin x\right).$$

习 题 7-6

(A)

1. 指出下列差分方程的阶数．

(1) $y_{t+2} - 5y_{t+1} + y_t - t = 0$；

(2) $a_0(t)y_{t+n} + a_1(t)y_{t+n-1} + \cdots + a_n(t)y_t = b(t)$；

(3) $y_{x+1} = 5y_x y_{x-1}$；

(4) $\Delta^3 y_x + y_x + 1 = 0$．

解 (1) 2；(2) n；(3) 2；(4) 2．

2. 求下列函数的差分.

(1) $y_t = 2^t + 3^t$，求 Δy_t，$\Delta^2 y_t$；

(2) $I_t = b(C_t - C_{t-1})$，$C_t = ay_{t-1}$，$y_t = 2t$，求 ΔI_t，$\Delta^2 I_t$.

解 (1) $\Delta y_t = y_{t+1} - y_t = 2^{t+1} + 3^{t+1} - 2^t - 3^t = 2^t + 2 \cdot 3^t$,

$\Delta^2 y_t = y_{t+2} - 2y_{t+1} + y_t = 4 \cdot 3^t + 2^t$.

(2) 将 C_t，C_{t-1} 代入 I_t 计算可得

$$I_t = 2ab,$$

所以 $\Delta I_t = 0$，$\Delta^2 I_t = 0$.

3. 求下列线性差分方程的通解.

(1) $y_{t+1} + y_t = 2^t$；

(2) $3y_t - 3y_{t-1} = 1$；

(3) $y_{t+1} + \sqrt{3} y_t = \cos \dfrac{\pi}{3} t$；

(4) $y_{t+1} + 2y_t = 2^t \sin \pi t$；

(5) $\Delta y_t = t^{(9)}$；

(6) $\Delta y_t - 3y_t = t - 1$.

解 (1) 所给方程的特征方程为

$$\lambda + 1 = 0,$$

所以 $\lambda = -1$ 为特征根，所以齐次差分方程的通解为

$$y_C = C(-1)^t.$$

由于 $f(t) = 2^t = \rho^t P_0(t)$，而 $\rho = 2$ 不是特征根，所以非齐次差分方程的特解为

$$y^*(t) = \rho^t \cdot P_0(t) = 2^t B_0,$$

代入差分方程得

$$2^{t+1} B_0 + 2^t B_0 = 2^t,$$

$$B_0 = \dfrac{1}{3},$$

所以所求通解为

$$y_t = C(-1)^t + \dfrac{1}{3} \cdot 2^t \quad (C \text{ 为任意常数}).$$

(2) 方程可化为

$$y_{t+1} - y_t = \dfrac{1}{3}.$$

由 §7.6(6) 式结论知

$$y_t = C + bt, \text{ 其中 } b = \dfrac{1}{3},$$

所以所求通解为

$$y_t = C + \dfrac{t}{3} \quad (C \text{ 为任意常数}).$$

(3) 所给方程的特征方程为

$$\lambda + \sqrt{3} = 0,$$

所以 $\lambda = -\sqrt{3}$ 为特征根，齐次差分方程的通解为

$$y_C = C(-\sqrt{3})^t.$$

由于 $f(t)=\cos\dfrac{\pi}{3}t=\rho^t(a\cos\theta t+b\sin\theta t)$，$\rho=1$，$a=1$，$b=0$，$\theta=\dfrac{\pi}{3}$，

令 $\delta=\rho(\cos\theta+\mathrm{i}\sin\theta)=\dfrac{1}{2}+\dfrac{\sqrt{3}}{2}\mathrm{i}$ 不是特征根，所以设非齐次差分方程的特解为

$$y^*(t)=\rho^t\cdot(A\cos\theta t+B\sin\theta t)=A\cos\dfrac{\pi}{3}t+B\sin\dfrac{\pi}{3}t,$$

代入差分方程得

$$\begin{cases}\dfrac{A}{2}+\dfrac{\sqrt{3}}{2}B+\sqrt{3}A=1,\\[2mm]\dfrac{B}{2}-\dfrac{\sqrt{3}}{2}A+\sqrt{3}B=0\end{cases}\Rightarrow\begin{cases}A=\dfrac{7\sqrt{3}-2}{26},\\[2mm]B=\dfrac{4\sqrt{3}-3}{26},\end{cases}$$

所以

$$y^*(t)=\dfrac{7\sqrt{3}-2}{26}\cos\dfrac{\pi}{3}t+\dfrac{4\sqrt{3}-3}{26}\sin\dfrac{\pi}{3}t,$$

所以所求通解为

$$y_t=C(-\sqrt{3})^t+\dfrac{7\sqrt{3}-2}{26}\cos\dfrac{\pi}{3}t+\dfrac{4\sqrt{3}-3}{26}\sin\dfrac{\pi}{3}t\quad(C\text{ 为任意常数}).$$

(4) 所给方程的特征方程为

$$\lambda+2=0,$$

所以 $\lambda=-2$ 为特征根，所以齐次差分方程的通解为

$$y_C=C(-2)^t.$$

由于 $f(t)=2^t\sin\pi t=\rho^t(a\cos\theta t+b\sin\theta t)$，$\rho=2$，$a=0$，$b=1$，$\theta=\pi$，

令 $\delta=\rho(\cos\theta+\mathrm{i}\sin\theta)=-2$ 是特征根，所以设非齐次差分方程的特解为

$$y^*(t)=\rho^t\cdot t\cdot(A\cos\theta t+B\sin\theta t)=2^t t(A\cos\pi t+B\sin\pi t),$$

代入差分方程得

$$\begin{cases}-2A=0,\\-2B=1\end{cases}\Rightarrow\begin{cases}A=0,\\B=-\dfrac{1}{2},\end{cases}$$

所以

$$y^*(t)=-t\cdot 2^{t-1}\cdot\sin\pi t,$$

所求通解为

$$y_t=C(-2)^t-t\cdot 2^{t-1}\cdot\sin\pi t\quad(C\text{ 为任意常数}).$$

(5) 由于 $\Delta(t^{(n)})=nt^{(n-1)}$，所以如果 $\Delta y_t=t^{(9)}$，则有 $y_t=\dfrac{1}{10}t^{(10)}$.

(6) 原方程化为 $y_{t+1}-4y_t=t-1$，特征方程为 $r-4=0$，则齐次差分方程的通解为

$$y_C=C\cdot 4^t.$$

因为 $f(t)=t-1=\rho^t P_m(t)$，$\rho=1$，$m=1$，且 1 不是特征根，所以设原方程的特解为 $y^*(t)=at+b$，代入原方程，可得

$$a=-\dfrac{1}{3},\quad b=\dfrac{2}{9},$$

所以原方程的通解为

$$y_t=C\cdot 4^t-\dfrac{1}{3}t+\dfrac{2}{9}.$$

4. 设某人于某年年底在银行存款 a 元，其年利率是 r，且按复利计算利息，又该存款人每年年底均取出固定数额为 b 元的部分存款，求该存款人每年年底在银行存款余额的变化规律．

解 设 y_t 是存款 t 年整时该存款人的存款余额（$t=0$，1，2，…），于是有方程
$$y_t(1+r)-b=y_{t+1},$$
并且 $y_0=a$．

由 §7.6(6)式知
$$y_t=C(1+r)^t+\frac{b}{r}.$$

因为 $y_0=a$，所以 $C=a-\dfrac{b}{r}$，所以每年年底在银行存款余额的变化规律为
$$y_t=\left(a-\frac{b}{r}\right)(1+r)^t+\frac{b}{r}\quad(t=0,1,2,\cdots).$$

(B)

1. 已知 $x_1=a$，$x_2=b$，$x_{n+2}=\dfrac{x_{n+1}+x_n}{2}$（$n=1$，2，…），求通项 x_n 以及 $\lim\limits_{n\to\infty}x_n$．

解 将 $x_{n+2}=\dfrac{x_{n+1}+x_n}{2}$ 改写成
$$x_{n+2}-\frac{1}{2}x_{n+1}-\frac{1}{2}x_n=0,$$
该方程的特征方程为 $r^2-\dfrac{1}{2}r-\dfrac{1}{2}=0$，特征根为 $r_1=1$，$r_2=-\dfrac{1}{2}$，所以齐次差分方程的通解为
$$x_n=C_1+C_2\left(-\frac{1}{2}\right)^n.$$

由初始条件可知
$$\begin{cases}C_1-\dfrac{1}{2}C_2=a,\\[2mm] C_1+\dfrac{1}{4}C_2=b,\end{cases}$$

解得 $C_1=\dfrac{a+2b}{3}$，$C_2=\dfrac{4}{3}(b-a)$，所以数列通项为
$$x_n=\frac{a+2b}{3}+\frac{b-a}{3}\left(-\frac{1}{2}\right)^{n-2},\quad \lim_{n\to\infty}x_n=\frac{a+2b}{3}.$$

2. 梅茨勒（Metzler L. A）曾提出如下库存模型：
$$\begin{cases}Y_t=U_t+S_t+V_0,\\ U_t=\beta Y_{t-1},\\ S_t=\beta(Y_{t-1}-Y_{t-2}),\end{cases}$$

其中 Y_t，U_t，S_t 分别为 t 时期的总收入、销售收入、库存量，V_0，β 为常数，且 $0<\beta<1$，试求 Y_t，U_t，S_t 关于 t 的表达式．

解 由上述关系得到 $Y_t=\beta Y_{t-1}+\beta(Y_{t-1}-Y_{t-2})+V_0$，改写成
$$Y_{t+2}-2\beta Y_{t+1}+\beta Y_t=V_0.$$
对应齐次方程 $Y_{t+2}-2\beta Y_{t+1}+\beta Y_t=0$ 的特征方程为

$$r^2 - 2\beta r + \beta = 0,$$

特征根为 $r_{1,2} = \beta \pm \mathrm{i}\sqrt{\beta(1-\beta)}$ $(0 < \beta < 1)$，计算可得 $|\lambda| = \sqrt{\beta}$，$\theta = \arctan\sqrt{\dfrac{1}{\beta} - 1}$，所以齐次方程的通解为

$$\overline{Y} = (\sqrt{\beta})^t (C_1 \cos\theta t + C_2 \sin\theta t).$$

令 $Y_{t+2} = Y_{t+1} = Y_t = Y^*$，则得到方程一个特解

$$Y^* = \frac{V_0}{1-\beta},$$

所以原方程的通解为

$$Y_t = (\sqrt{\beta})^t (C_1 \cos\theta t + C_2 \sin\theta t) + \frac{V_0}{1-\beta},$$

$$U_t = \beta Y_{t-1} = (\sqrt{\beta})^{t+1}(C_1\cos\theta(t-1) + C_2\sin\theta(t-1)) + \frac{\beta V_0}{1-\beta},$$

$$S_t = (\sqrt{\beta})^{t-2}\{C_1[\sqrt{\beta}\cos\theta(t-1) - \cos\theta(t-2)] + C_2[\sqrt{\beta}\sin\theta(t-1) - \sin\theta(t-2)]\}.$$

自测题七

一、选择题

1. 若函数 $f(x)$ 满足关系式 $f(x) = \displaystyle\int_0^{2x} f\left(\dfrac{t}{2}\right) \mathrm{d}t + \ln 2$，则 $f(x) = ($ $)$.

(A) $\mathrm{e}^x \ln 2$；   (B) $\mathrm{e}^{2x} \ln 2$；   (C) $\mathrm{e}^x + \ln 2$；   (D) $\mathrm{e}^{2x} + \ln 2$.

解 两边同时求导得

$$f'(x) = 2f(x), \quad \text{即} \quad \frac{1}{f(x)} \mathrm{d}f(x) = 2\mathrm{d}x,$$

积分得

$$\ln f(x) = 2x + C_1,$$

故

$$f(x) = C\mathrm{e}^{2x} \quad (C \text{为任意常数}, C = \mathrm{e}^{C_1}),$$

$$C = f(0) = \int_0^0 f\left(\frac{t}{2}\right)\mathrm{d}t + \ln 2 = \ln 2,$$

所以选 B.

2. 方程 $y'\sin x = y\ln y$ 满足定解条件 $y\left(\dfrac{\pi}{2}\right) = \mathrm{e}$ 的特解是$($ $)$.

(A) $\dfrac{\mathrm{e}}{\sin x}$；   (B) $\mathrm{e}^{\sin x}$；   (C) $\dfrac{\mathrm{e}}{\tan\dfrac{x}{2}}$；   (D) $\mathrm{e}^{\tan\frac{x}{2}}$.

解 分离变量可得

$$\frac{1}{y\ln y}\mathrm{d}y = \frac{1}{\sin x}\mathrm{d}x,$$

两端积分，得

$$\ln\ln y = \ln\tan\frac{x}{2} + \ln C_1,$$

$$y = C\mathrm{e}^{\tan\frac{x}{2}}.$$

因为 $y\left(\dfrac{\pi}{2}\right)=e$，代入可得 $C=1$，所以选 D.

3. 方程 $y''-2y'+3y=e^x\sin\sqrt{2}x$ 的特解可设为（　　）.

(A) $e^x(A\cos\sqrt{2}x+B\sin\sqrt{2}x)$；　　　　(B) $xe^x(A\cos\sqrt{2}x+B\sin\sqrt{2}x)$；

(C) $Ae^x\sin\sqrt{2}x$；　　　　　　　　　　　(D) $Ae^x\cos\sqrt{2}x$.

解　对应的特征方程为 $r^2-2r+3=0$，特征根为 $r=1\pm\sqrt{2}\mathrm{i}$.

由于 $f(x)=e^{\lambda x}(P_l(x)\cos\omega x+P_n(x)\sin\omega x)=e^x\sin\sqrt{2}x$，所以 $\lambda=1$，$\omega=\sqrt{2}$，$l=n=0$，而 $\lambda+\mathrm{i}\omega=1+\sqrt{2}\mathrm{i}$ 是特征根，所以特解 $y^*=x^k e^{\lambda x}(R_m^{(1)}(x)\cos\omega x+R_m^{(2)}(x)\sin\omega x)$，其中 $k=1$，$m=0$，所以选 B.

4. 下列等式是差分方程的是（　　）.

(A) $Y_{t+1}-\Delta Y_t=5$；　　　　　(B) $f(x+1)+f(x)=2$；

(C) $\Delta^2 Y_t=\Delta Y_{t+1}-\Delta Y_t$；　　(D) $\sin(x+1.5)+\sin x=1$.

解　选 B.

5. 方程 $(x+y)y'+(x-y)=0$ 的通解是（　　）.

(A) $\dfrac{1}{2}(x^2+y^2)=Ce^{\arcsin\frac{y}{x}}$；　　(B) $\arctan\dfrac{y}{x}+\ln\sqrt{x^2+y^2}=C$；

(C) $x^2+y^2=\arctan\dfrac{y}{x}+C$；　　　(D) $\sqrt{x^2+y^2}=Ce^{\arctan\frac{y}{x}}$.

解　方程化为齐次方程

$$y'=\dfrac{\dfrac{y}{x}-1}{\dfrac{y}{x}+1}.$$

设 $u=\dfrac{y}{x}$，则 $y=ux$，$\dfrac{\mathrm{d}y}{\mathrm{d}x}=u+x\dfrac{\mathrm{d}u}{\mathrm{d}x}$，代入原方程得

$$x\dfrac{\mathrm{d}u}{\mathrm{d}x}=-\dfrac{u^2+1}{u+1}，即\left(\dfrac{u}{u^2+1}+\dfrac{1}{u^2+1}\right)\mathrm{d}u=-\dfrac{1}{x}\mathrm{d}x,$$

积分得

$$\ln\sqrt{u^2+1}+\arctan u=-\ln x+C,$$

整理之后可知选 B.

二、填空题

1. 已知曲线 $y=f(x)$ 过点 $\left(0,-\dfrac{1}{2}\right)$，且其上任一点 (x,y) 处的切线斜率为 $x\ln(1+x^2)$，则 $f(x)=$ _____.

解　由题知 $y'=x\ln(1+x^2)$，积分可得

$$y=\int x\ln(1+x^2)\mathrm{d}x=\dfrac{1}{2}\int\ln(1+x^2)\mathrm{d}(1+x^2)$$

$$=\dfrac{1}{2}[(1+x^2)\ln(1+x^2)-(1+x^2)]+C.$$

因为经过点 $\left(0, -\dfrac{1}{2}\right)$，代入方程可得 $C=0$，所以
$$y=\dfrac{1}{2}(1+x^2)[\ln(1+x^2)-1].$$

2. 函数 $y=(C_1+C_2x+x^2)\mathrm{e}^{-x}$ 是方程_____的通解．

解 由通解可知，所对应的齐次方程为 $y''+2y'+y=0$．

设原方程为 $y''+2y'+y=f(x)$，将特解 $y=x^2\mathrm{e}^{-x}$ 代入方程可得 $f(x)=2\mathrm{e}^{-x}$，所以答案为 $y''+2y'+y=2\mathrm{e}^{-x}$．

3. 已知 $Y_1(t)=2^t$，$Y_2(t)=2^t-3t$ 是差分方程 $Y_{t+1}-p(t)Y_t=f(t)$ 的两个特解，则 $p(t)=$_____，$f(t)=$_____．

解 将 $Y_1(t)=2^t$ 代入原方程可得
$$2^{t+1}-p(t)2^t=f(t).$$

将 $Y_2(t)=2^t-3t$ 代入原方程可得
$$2^{t+1}-3(t+1)-p(t)2^t+3tp(t)=f(t).$$

两式相减可得
$$p(t)=1+\dfrac{1}{t},$$

将 $p(t)$ 代入任一式可得
$$f(t)=3\cdot 2^t+\dfrac{1}{t}\cdot 2^t.$$

4. 微分方程 $y'+y\tan x=\cos x$ 的通解为_____．

解 对应的齐次方程为
$$y'+y\tan x=0,$$

分离变量可得
$$\dfrac{1}{y}\mathrm{d}y=-\tan x\mathrm{d}x,$$

两边同时积分得
$$\ln y=\ln\cos x+\ln C,\text{ 即 }y=C\cdot\cos x.$$

令 $y=C(x)\cdot\cos x$，代入题中方程可得 $C'(x)=1$，所以
$$C(x)=x+C,$$

所以方程的通解为
$$y=(x+C)\cos x.$$

5. 方程 $yy''-y'^2=y^2\ln y$ 的通解为_____．

解 $\dfrac{yy''-y'^2}{y^2}=\ln y.$

$\left(\dfrac{y'}{y}\right)'=\ln y,\text{ 即 }(\ln y)''=\ln y.$

令 $\ln y=z$，则 $z''-z=0$，对应的特征方程为
$$r^2-1=0,$$

它有两个不相等的单根为 $r_1=1$, $r_2=-1$, 所以原方程的通解为
$$z=C_1\mathrm{e}^x+C_2\mathrm{e}^{-x},$$
即
$$\ln y=C_1\mathrm{e}^x+C_2\mathrm{e}^{-x}.$$

三、设某商品的需求量 D 和供给量 S 各自对价格 p 的函数为 $D(p)=\dfrac{a}{p^2}$, $S(p)=bp$, 且 p 是时间 t 的函数, 并满足方程 $\dfrac{\mathrm{d}p}{\mathrm{d}t}=k[D(p)-S(p)]$ (a, b, k 均为正常数), 求:

(1) 需求量与供给量相等时的均衡价格 p_e;
(2) 当 $t=0$, $p=1$ 时的价格函数 $p(t)$;
(3) 求 $\lim\limits_{t\to+\infty}p(t)$.

解 (1) 由 $D(p)=S(p)$ 解得
$$\frac{a}{p^2}=bp,$$
所以需求量与供给量相等时的均衡价格 $p_\mathrm{e}=\sqrt[3]{\dfrac{a}{b}}$.

(2) $\dfrac{\mathrm{d}p}{\mathrm{d}t}=k[D(p)-S(p)]$, 即 $\dfrac{\mathrm{d}p}{\mathrm{d}t}=k\left(\dfrac{a}{p^2}-bp\right)$,

分离变量, 得
$$\frac{p^2}{a-bp^3}\mathrm{d}p=k\mathrm{d}t,$$
两端积分, 得
$$\ln(a-bp^3)=-3bkt+C_1,$$
化简整理, 得
$$p=\sqrt[3]{\frac{a}{b}(1-C\mathrm{e}^{-3bkt})}, \text{ 其中 } C=\frac{\mathrm{e}^{C_1}}{a}.$$

当 $t=0$, $p=1$ 时, 解得 $C=1-\dfrac{b}{a}$, 所以价格函数
$$p(t)=\sqrt[3]{\frac{a}{b}+\left(1-\frac{a}{b}\right)\mathrm{e}^{-3bkt}}.$$

(3) $\lim\limits_{t\to+\infty}p(t)=\lim\limits_{t\to+\infty}\sqrt[3]{\dfrac{a}{b}+\left(1-\dfrac{a}{b}\right)\mathrm{e}^{-3bkt}}=\lim\limits_{t\to+\infty}\sqrt[3]{\dfrac{a}{b}}=p_\mathrm{e}.$

四、计算题

1. 求微分方程 $xy\dfrac{\mathrm{d}y}{\mathrm{d}x}=x^2+y^2$ 满足条件 $y|_{x=\mathrm{e}}=2\mathrm{e}$ 的特解.
2. 解微分方程 $x^2y'-y=x^2\mathrm{e}^{x-\frac{1}{x}}$.
3. 求差分方程 $y_{n+1}+y_n=n(-1)^n$ 的通解.

解 1. 原微分方程化为

$$\frac{\mathrm{d}y}{\mathrm{d}x} = \frac{x}{y} + \frac{y}{x}.$$

设 $u = \frac{y}{x}$，则 $y = ux$，$\frac{\mathrm{d}y}{\mathrm{d}x} = u + x\frac{\mathrm{d}u}{\mathrm{d}x}$，代入原方程，得

$$x\frac{\mathrm{d}u}{\mathrm{d}x} = \frac{1}{u}, \quad 即 \ u\mathrm{d}u = \frac{1}{x}\mathrm{d}x,$$

积分得
$$\frac{u^2}{2} = \ln x + C_1, \quad 即 \ y^2 = x^2 \ln x^2 + Cx^2.$$

将 $y|_{x=e} = 2e$ 代入上式，得 $C = 2$，所以原方程的特解为

$$y^2 = x^2 \ln x^2 + 2x^2.$$

2. 原微分方程化为

$$y' - \frac{1}{x^2}y = \mathrm{e}^{x - \frac{1}{x}}.$$

对应的齐次方程为

$$y' - \frac{1}{x^2}y = 0,$$

分离变量得

$$\frac{1}{y}\mathrm{d}y = \frac{1}{x^2}\mathrm{d}x,$$

积分得
$$y = C_1 \mathrm{e}^{-\frac{1}{x}}.$$

令 $y = C_1(x)\mathrm{e}^{-\frac{1}{x}}$，代入原方程化简得

$$C_1(x) = \mathrm{e}^x + C,$$

所以原方程的通解为

$$y = \mathrm{e}^{-\frac{1}{x}}(\mathrm{e}^x + C) \quad (C \text{ 为任意常数}).$$

3. 所给方程的特征方程为

$$\lambda + 1 = 0,$$

可得特征根为 $\lambda = -1$，所以齐次差分方程的通解为

$$y_C = C(-1)^n.$$

由于 $f(n) = n(-1)^n = \rho^n P_1(n)$，而 $\rho = -1$ 是特征根，所以非齐次差分方程的特解为

$$y^*(n) = \rho^n \cdot n \cdot P_1(n) = (-1)^n n(B_0 + B_1 n),$$

代入差分方程得

$$B_0 = \frac{1}{2}, \ B_1 = -\frac{1}{2},$$

所以
$$y^*(n) = (-1)^n n\left(\frac{1}{2} - \frac{1}{2}n\right),$$

所以所求通解为

$$y_n = (-1)^n C + (-1)^n \left(\frac{n}{2} - \frac{n^2}{2}\right) \quad (C \text{ 为任意常数}).$$

第八章

空间解析几何与向量代数

一、基本内容

1. 向量的概念

既有大小又有方向的量称为向量(或矢量)，向量的大小或长度称为向量的模．

2. 向量的表示法

(1)几何表示：在几何中，向量可用一条有向线段来表示，线段的长度即为向量的模，有向线段的方向即为向量的方向，记作$\overrightarrow{M_1M_2}$或$\boldsymbol{a}$，向量的模记作$|\overrightarrow{M_1M_2}|$或$|\boldsymbol{a}|$．

(2)向量的分解式：

$$\boldsymbol{a}=x\boldsymbol{i}+y\boldsymbol{j}+z\boldsymbol{k} \text{ 或 } \overrightarrow{M_1M_2}=(x_2-x_1)\boldsymbol{i}+(y_2-y_1)\boldsymbol{j}+(z_2-z_1)\boldsymbol{k},$$

其中向量$\boldsymbol{a}$的起点为坐标原点，终点为$M(x, y, z)$；$\overrightarrow{M_1M_2}$以$M_1(x_1, y_1, z_1)$为起点，$M_2(x_2, y_2, z_2)$为终点．

向量的模$|\boldsymbol{a}|=\sqrt{x^2+y^2+z^2}$或$|\overrightarrow{M_1M_2}|=\sqrt{(x_2-x_1)^2+(y_2-y_1)^2+(z_2-z_1)^2}$．

(3)向量的坐标表示：

$$\boldsymbol{a}=\{x, y, z\}, \overrightarrow{M_1M_2}=\{x_2-x_1, y_2-y_1, z_2-z_1\},$$

其中x, y, z；$x_2-x_1, y_2-y_1, z_2-z_1$分别为$\boldsymbol{a}$，$\overrightarrow{M_1M_2}$在$x$轴、$y$轴、$z$轴上的投影，分别称为向量$\boldsymbol{a}$，$\overrightarrow{M_1M_2}$的坐标．

(4)向量的方向余弦：

$$\cos\alpha=\frac{x}{|\boldsymbol{a}|}=\frac{x}{\sqrt{x^2+y^2+z^2}}, \cos\beta=\frac{y}{|\boldsymbol{a}|}=\frac{y}{\sqrt{x^2+y^2+z^2}}, \cos\gamma=\frac{z}{|\boldsymbol{a}|}=\frac{z}{\sqrt{x^2+y^2+z^2}},$$

其中α, β, γ分别表示向量$\boldsymbol{a}=\{x, y, z\}$与坐标轴$x, y, z$轴间的夹角，且规定$0\leqslant\alpha\leqslant\pi$, $0\leqslant\beta\leqslant\pi$, $0\leqslant\gamma\leqslant\pi$, α, β, γ称为$\boldsymbol{a}$的方向角．

3. 向量的运算

(1)两向量相等：若两个向量$\boldsymbol{a}$和$\boldsymbol{b}$的模相等且方向相同，则称这两个向量相等，记作$\boldsymbol{a}=\boldsymbol{b}$．

若$\boldsymbol{a}=\{x_1, y_1, z_1\}$，$\boldsymbol{b}=\{x_2, y_2, z_2\}$，则$x_1=x_2, y_1=y_2, z_1=z_2$．

(2)向量的加(减)法：

①定义：几何上向量的加法(减法)用平行四边形法则或三角形法则来计算，利用向量的坐标，则有

$$\boldsymbol{a}\pm\boldsymbol{b}=(x_1\pm x_2)\boldsymbol{i}+(y_1\pm y_2)\boldsymbol{j}+(z_1\pm z_2)\boldsymbol{k},$$

或

$$\boldsymbol{a}\pm\boldsymbol{b}=(x_1\pm x_2, y_1\pm y_2, z_1\pm z_2).$$

②运算规律：

（Ⅰ）交换律：$a+b=b+a$；

（Ⅱ）结合律：$(a+b)+c=a+(b+c)$.

差：$a-b=a+(-b)$.

(3) 向量与数量的乘法：

①定义：设 λ 是一数，向量 a 与数 λ 的乘积 λa 规定为：当 $\lambda>0$ 时，λa 表示一向量，它的方向与 a 的方向相同，它的模等于 $|a|$ 的 λ 倍，即 $|\lambda a|=\lambda|a|$；当 $\lambda=0$ 时，λa 是零向量，即 $\lambda a=0$；当 $\lambda<0$ 时，λa 是一个与 a 反向且模为 $|\lambda a|=|\lambda||a|$ 的向量.

坐标表示：若 $a=\{x,y,z\}$，则 $\lambda a=\{\lambda x, \lambda y, \lambda z\}$，或 $\lambda a=\lambda x\boldsymbol{i}+\lambda y\boldsymbol{j}+\lambda z\boldsymbol{k}$.

②运算规律：

（Ⅰ）结合律：$\lambda(\mu a)=\mu(\lambda a)=(\lambda\mu)a$；

（Ⅱ）分配律：$(\lambda+\mu)a=\lambda a+\mu a$，$\lambda(a+b)=\lambda a+\lambda b$；

（Ⅲ）与非零向量同向的单位向量：对于非零向量 a，则 $a=|a|a^0$，其中 a^0 是与 a 同向的单位向量且有 $a^0=\dfrac{a}{|a|}$.

(4) 向量的数量积：

①定义：设 a，b 为两个向量，它们间的夹角为 $\theta(0\leqslant\theta\leqslant\pi)$，数量 $|a||b|\cos\theta$ 称为向量 a 与向量 b 的数量积，记作 $a\cdot b$，即

$$a\cdot b=|a||b|\cos\theta.$$

坐标表示：$a=\{a_x,a_y,a_z\}$，$b=\{b_x,b_y,b_z\}$，则

$$a\cdot b=a_xb_x+a_yb_y+a_zb_z.$$

②a 与 b 垂直的充要条件是 $a\cdot b=0$，即

$$a_xb_x+a_yb_y+a_zb_z=0.$$

③运算规律：

（Ⅰ）交换律：$a\cdot b=b\cdot a$；

（Ⅱ）分配律：$(a+b)\cdot c=a\cdot c+b\cdot c$；

（Ⅲ）结合律：$(\lambda a)\cdot b=a\cdot(\lambda b)=\lambda(a\cdot b)$.

(5) 向量的向量积：

①定义：设向量 c 是由向量 a 与向量 b 确定的，它满足

（Ⅰ）$|c|=|a||b|\sin\theta$，其中 θ 为 a 与 b 之间的夹角；

（Ⅱ）c 垂直于 a 和 b 所确定的平面；

（Ⅲ）c 的正向由 a，b，c 构成右手法则确定.

则向量 c 叫作向量 a 与 b 的向量积（叉积，或矢量积），记作 $a\times b$，即

$$c=a\times b;$$

坐标表示

$$a\times b=\begin{vmatrix}\boldsymbol{i} & \boldsymbol{j} & \boldsymbol{k}\\ a_x & a_y & a_z\\ b_x & b_y & b_z\end{vmatrix}.$$

②a 与 b 平行的充要条件是 $a\times b=0$，或 $\dfrac{a_x}{b_x}=\dfrac{a_y}{b_y}=\dfrac{a_z}{b_z}$.

③运算规律:

(Ⅰ)分配律: $(a+b)\times c = a\times c + b\times c$;

(Ⅱ)结合律: $(\lambda a)\times b = a\times(\lambda b) = \lambda(a\times b)$;

(Ⅲ)反交换律: $a\times b = -b\times a$.

4. 空间直角坐标系

(1)空间直角坐标系与点的坐标:在空间任取一固定点 O,过 O 作三条互相垂直且有相同长度单位的数轴 Ox, Oy, Oz 轴,它们的正向符合右手法则,这就构成了空间直角坐标系 O_{xyz},其中 O 称为坐标原点;三个坐标轴分别称为 x 轴(横轴)、y 轴(纵轴)、z 轴(竖轴);任两条坐标轴可确定一个平面,称为坐标面;x 轴与 y 轴确定 xOy 坐标面;y 轴与 z 轴确定 yOz 坐标面;x 轴与 z 轴确定 zOx 坐标面;三个坐标平面把空间分成八个卦限.

空间的点 M 与有序数组 (x, y, z) 之间建立了一一对应关系,有序数组 (x, y, z) 叫作 M 的坐标,记为 $M(x, y, z)$.

(2)空间两点间的距离公式:设 $M_1(x_1, y_1, z_1)$ 和 $M_2(x_2, y_2, z_2)$ 是空间两点,则 M_1 与 M_2 两点间的距离为

$$d = \sqrt{(x_2-x_1)^2 + (y_2-y_1)^2 + (z_2-z_1)^2}.$$

5. 平面方程

(1)平面方程的几种形式:

①平面的点法式方程:已知 $M_0(x_0, y_0, z_0)$ 为平面 π 上的一点,$\boldsymbol{n} = (A, B, C)$ 为垂直平面 π 的法向量,则该平面的方程为

$$A(x-x_0) + B(y-y_0) + C(z-z_0) = 0,$$

此方程称为平面的点法式方程.

②平面的一般方程:三元一次方程

$$Ax + By + Cz + D = 0,$$

称为平面的一般方程,且它的法向量为

$$\boldsymbol{n} = (A, B, C).$$

(2)有关平面的一些其他内容:

①点到平面的距离:设点 $P_1(x_1, y_1, z_1)$ 是平面 π: $Ax+By+Cz+D=0$ 外一点,则 P_1 到这个平面的距离为

$$d = \frac{|Ax+By+Cz+d|}{\sqrt{A^2+B^2+C^2}}.$$

②两平面的夹角:设

$$\pi_1: A_1x+B_1y+C_1z+D_1=0, \quad \pi_2: A_2x+B_2y+C_2z+D_2=0,$$

则可以得到下面几条结论:

(Ⅰ)两平面 π_1, π_2 的夹角 θ 可由

$$\cos\theta = \frac{A_1A_2+B_1B_2+C_1C_2}{\sqrt{A_1^2+B_1^2+C_1^2}\sqrt{A_2^2+B_2^2+C_2^2}}$$

来确定;

(Ⅱ)两平面垂直的充要条件是

$$A_1A_2+B_1B_2+C_1C_2=0;$$

(Ⅲ)两平面平行的充要条件是
$$\frac{A_1}{A_2}=\frac{B_1}{B_2}=\frac{C_1}{C_2}.$$

6. 空间直线的方程

直线方程的几种形式：

①直线的点向式方程：设已知点 $M_0(x_0, y_0, z_0)$ 及一向量 $s=\{m, n, p\}$，则过点 M_0 且平行于向量 s 的直线方程为
$$\frac{x-x_0}{m}=\frac{y-y_0}{n}=\frac{z-z_0}{p},$$
此方程称为直线的点向式方程或标准方程．

②直线的参数方程：设
$$\frac{x-x_0}{m}=\frac{y-y_0}{n}=\frac{z-z_0}{p}=t(t \text{ 为参数}),$$
则
$$\begin{cases}x=x_0+mt,\\ y=y_0+nt,\\ z=z_0+pt\end{cases}$$
称为直线的参数方程．

③直线的一般方程：方程组
$$\begin{cases}A_1x+B_1y+C_1z+D_1=0,\\ A_2x+B_2y+C_2z+D_2=0\end{cases}$$
称为直线的一般方程．

7. 空间曲面

(1)曲面方程的概念：如果曲面 S 与三元方程 $F(x, y, z)=0$ 有以下关系：

①曲面 S 上任一点的坐标都满足方程；

②不在曲面 S 上的点，其坐标不满足方程，

则 $F(x, y, z)=0$ 称为曲面 S 的方程，而曲面 S 称为这个方程的图形．

(2)球面方程：球心在点 $M_0(x_0, y_0, z_0)$，半径为 R 的球面方程为
$$(x-x_0)^2+(y-y_0)^2+(z-z_0)^2=R^2.$$

(3)柱面：

①定义：一动直线 L 与定曲线 C 相交且平行于定直线移动所生成的曲面叫作柱面，定曲线 C 叫作柱面的准线，动直线 L 叫作柱面的母线．

②母线平行于坐标轴的柱面：

（Ⅰ）方程 $F(x, y)=0$ 在空间表示母线平行于 z 轴的柱面；

（Ⅱ）方程 $F(y, z)=0$ 在空间表示母线平行于 x 轴的柱面；

（Ⅲ）方程 $F(z, x)=0$ 在空间表示母线平行于 y 轴的柱面．

(4)旋转曲面：在 yOz 坐标面上的曲线 C：$\begin{cases}f(y, z)=0,\\ x=0,\end{cases}$ 绕 z 轴旋转一周而成的旋转曲面方程为
$$f(\pm\sqrt{x^2+y^2}, z)=0;$$

绕 y 轴旋转一周而成的旋转曲面方程为
$$f(y, \pm\sqrt{x^2+z^2})=0.$$
类似地，在 xOy 坐标面上的曲线 C：$\begin{cases} f(x, y)=0, \\ z=0, \end{cases}$ 绕 x 轴旋转一周而成的旋转曲面方程为
$$f(x, \pm\sqrt{y^2+z^2})=0;$$
绕 y 轴旋转一周而成的旋转曲面方程为
$$f(\pm\sqrt{x^2+z^2}, y)=0.$$
同理可得其他旋转曲面方程．

8. 空间曲线

空间曲线的一般方程为
$$\begin{cases} F_1(x, y, z)=0, \\ F_2(x, y, z)=0. \end{cases}$$

9. 曲线在坐标面上的投影曲线

已知空间曲线 C 和平面 π，从 C 上各点向平面 π 引垂线，垂线与平面 π 的交点所构成的曲线 C_1，叫作曲线 C 在平面 π 上的投影曲线．

通过曲线 C 且垂直于平面 π 的柱面，叫作 C 到平面 π 的投影柱面．

如在空间曲线 C 的一般方程 $\begin{cases} F_1(x, y, z)=0, \\ F_2(x, y, z)=0 \end{cases}$ 中消去 z 得到方程 $\varphi(x, y)=0$，它表示曲线 C 到 xOy 面的投影柱面方程，而方程 $\begin{cases} \varphi(x, y)=0, \\ z=0 \end{cases}$ 为曲线 C 在 xOy 面上的投影曲线方程．

10. 常见的几种二次曲面

(1) 椭球面：
$$\frac{x^2}{a^2}+\frac{y^2}{b^2}+\frac{z^2}{c^2}=1,$$
其中 a, b, c 叫作椭球面的半轴．

(2) 椭圆抛物面：
$$\frac{x^2}{2p}+\frac{y^2}{2q}=z(p \text{ 与 } q \text{ 同号}).$$

(3) 双曲抛物面（马鞍面）：
$$-\frac{x^2}{2p}+\frac{y^2}{2q}=z(p \text{ 与 } q \text{ 同号}).$$

(4) 单叶双曲面：
$$\frac{x^2}{a^2}+\frac{y^2}{b^2}-\frac{z^2}{c^2}=1.$$

(5) 双叶双曲面：
$$\frac{x^2}{a^2}+\frac{y^2}{b^2}-\frac{z^2}{c^2}=-1.$$

(6) 二次锥面：
$$\frac{x^2}{a^2}+\frac{y^2}{b^2}-\frac{z^2}{c^2}=0.$$

二、基本要求

1. 了解向量的概念、向量的表示法、向量的运算．
2. 掌握空间直角坐标系的概念，会求空间两点间的距离，了解空间直角坐标系下的平面方程和直线方程及其求法．
3. 熟练掌握常见的曲面（如旋转曲面、柱面、球面）方程，空间曲面及其图形，会求空间曲线在坐标面上的投影曲线方程，熟练掌握常见二次曲线的标准方程及图形．

三、习题解答

习 题 8-1

（A）

1. 已知平行四边形 $ABCD$ 的边 BC 和 CD 的中点分别为 K 和 L，且 $\overrightarrow{AK}=a$，$\overrightarrow{AL}=b$，试求 $\overrightarrow{BC}$ 和 $\overrightarrow{CD}$．

解 如图 8-1 所示，由已知

$$\overrightarrow{CD}=\overrightarrow{BA},\ \overrightarrow{BC}=\overrightarrow{AD},\ \overrightarrow{BK}=\frac{1}{2}\overrightarrow{BC},\ \overrightarrow{LD}=\frac{1}{2}\overrightarrow{CD}.$$

由于 $\overrightarrow{AK}=a$，$\overrightarrow{AL}=b$，故

$$\begin{cases}\overrightarrow{BC}=2\overrightarrow{BK}=2(\overrightarrow{BA}+\overrightarrow{AK})=2(a-\overrightarrow{AB}),\\ \overrightarrow{BC}=\overrightarrow{AD}=\overrightarrow{AL}+\overrightarrow{LD}=b+\frac{1}{2}\overrightarrow{CD}=b-\frac{1}{2}\overrightarrow{AB},\end{cases}$$

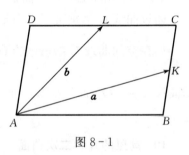

图 8-1

消去 $\overrightarrow{AB}$，得

$$\overrightarrow{BC}=\frac{4}{3}b-\frac{2}{3}a.$$

同理

$$\begin{cases}\overrightarrow{CD}=2\overrightarrow{LD}=2(\overrightarrow{LA}+\overrightarrow{AD})=2(-b+\overrightarrow{BC}),\\ \overrightarrow{CD}=\overrightarrow{BA}=\overrightarrow{BK}+\overrightarrow{KA}=\frac{1}{2}\overrightarrow{BC}-a,\end{cases}$$

消去 $\overrightarrow{BC}$，得

$$\overrightarrow{CD}=\frac{2}{3}b-\frac{4}{3}a.$$

所以 $\overrightarrow{BC}=\frac{4}{3}b-\frac{2}{3}a$，$\overrightarrow{CD}=\frac{2}{3}b-\frac{4}{3}a$．

2. 证明：不共线的三个非零向量 a，b，c，若 $a+b+c=0$，则这三个向量可构成一个三角形．

证 将 a 的始点与 b 的终点移至同一点 A，且令 $\overrightarrow{AB}=a$，$\overrightarrow{CA}=b$(图 8-2)，所以
$$a+b=\overrightarrow{AB}+\overrightarrow{CA}=\overrightarrow{CB}.$$
又因为 $a+b+c=\mathbf{0}$，所以 $\overrightarrow{BC}=c$，故 a，b，c 构成三角形 ABC.

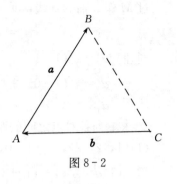

图 8-2

3. 设 $u=a-b+2c$，$v=-a+3b-c$，试用 a，b，c 表示 $2u-3v$.

解 $2u-3v=2(a-b+2c)-3(-a+3b-c)$
$=2a-2b+4c+3a-9b+3c$
$=5a-11b+7c.$

(B)

1. 如果四边形的对角线互相平分，证明：它是平行四边形．

证 如图 8-3 所示，由已知
$$\overrightarrow{AO}=\overrightarrow{OC},\ \overrightarrow{DO}=\overrightarrow{OB},$$
要证 $\overrightarrow{DC}=\overrightarrow{AB}$.

因为 $\overrightarrow{DC}=\overrightarrow{DO}+\overrightarrow{OC}$，所以
$$\overrightarrow{AB}=\overrightarrow{AO}+\overrightarrow{OB}=\overrightarrow{OC}+\overrightarrow{DO}=\overrightarrow{DC},$$
即四边形 $ABCD$ 的一组对边平行且相等，所以四边形 $ABCD$ 为平行四边形．

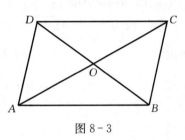

图 8-3

2. 设 A，B，C，D 是一个四边形的顶点，M，N 分别是边 AB，CD 的中点，证明：$\overrightarrow{MN}=\dfrac{1}{2}(\overrightarrow{AD}+\overrightarrow{BC})$.

证 如图 8-4 所示，由已知
$$\overrightarrow{AM}=\overrightarrow{MB},\ \overrightarrow{DN}=\overrightarrow{NC},$$
$$\overrightarrow{MN}=\overrightarrow{MA}+\overrightarrow{AN}=\overrightarrow{MA}+\overrightarrow{AD}+\overrightarrow{DN}.\ \text{①}$$
又 $\overrightarrow{MN}=\overrightarrow{MB}+\overrightarrow{BN}=\overrightarrow{MB}+\overrightarrow{BC}+\overrightarrow{CN},\ \text{②}$

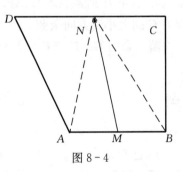

图 8-4

①+②，得
$$2\overrightarrow{MN}=(\overrightarrow{MA}+\overrightarrow{AD}+\overrightarrow{DN})+(\overrightarrow{MB}+\overrightarrow{BC}+\overrightarrow{CN})$$
$$=(\overrightarrow{MA}+\overrightarrow{MB})+(\overrightarrow{AD}+\overrightarrow{BC})+(\overrightarrow{DN}+\overrightarrow{CN})$$
$$=\overrightarrow{AD}+\overrightarrow{BC},$$
故
$$\overrightarrow{MN}=\dfrac{1}{2}(\overrightarrow{AD}+\overrightarrow{BC}).$$

习 题 8-2

(A)

1. 求点 $M(1,-2,3)$ 与原点及各坐标轴、坐标平面的距离．

解 $M(1,-2,3)$ 与坐标原点 $O(0,0,0)$ 的距离
$$d_O=\sqrt{1^2+(-2)^2+3^2}=\sqrt{14}.$$

过 M 作 z 轴的垂线，垂足为 $(0, 0, 3)$，则 M 到 z 轴的距离为
$$d_z=\sqrt{(1-0)^2+(-2-0)^2+(3-3)^2}=\sqrt{5};$$
同理 $d_x=\sqrt{(1-1)^2+(-2-0)^2+(3-0)^2}=\sqrt{13};$
$d_y=\sqrt{(1-0)^2+(-2+2)^2+(3-0)^2}=\sqrt{10};$
$d_{xOy}=3;\ d_{zOx}=2;\ d_{yOz}=1.$

2. 求下列各对点之间的距离．

(1) $(1, 2, 2)$，$(-1, 0, 1)$； (2) $(4, -2, 3)$，$(-2, 1, 3)$．

解 (1) $d=\sqrt{(1+1)^2+(2-0)^2+(2-1)^2}=\sqrt{4+4+1}=3;$

(2) $d=\sqrt{(4+2)^2+(-2-1)^2+(3-3)^2}=\sqrt{36+9}=3\sqrt{5}.$

3. 已知两点 $M_1(4, \sqrt{2}, 1)$ 和 $M_2(3, 0, 2)$，求向量 $\overrightarrow{M_1M_2}$ 的模、方向余弦及方向角．

解 因为 $\overrightarrow{M_1M_2}=\{3-4, 0-\sqrt{2}, 2-1\}=\{-1, -\sqrt{2}, 1\},$

所以 $|\overrightarrow{M_1M_2}|=\sqrt{(-1)^2+(-\sqrt{2})^2+1^2}=2,$

$$\cos\alpha=\frac{-1}{|\overrightarrow{M_1M_2}|}=-\frac{1}{2},\ \cos\beta=-\frac{\sqrt{2}}{2},\ \cos\gamma=\frac{1}{2},$$

所以 $\alpha=\frac{2}{3}\pi,\ \beta=\frac{3}{4}\pi,\ \gamma=\frac{\pi}{3}.$

4. 三个力 $\boldsymbol{F}_1=\{1, 2, 3\}$，$\boldsymbol{F}_2=\{-2, 3, -4\}$，$\boldsymbol{F}_3=\{3, -4, 5\}$ 同作用于一点，求合力 $\boldsymbol{G}$ 的大小及方向余弦．

解 合力 $\boldsymbol{G}=\boldsymbol{F}_1+\boldsymbol{F}_2+\boldsymbol{F}_3=\{2, 1, 4\}$，所以
$$|\boldsymbol{G}|=\sqrt{2^2+1^2+4^2}=\sqrt{21},$$
$$\cos\alpha=\frac{2}{\sqrt{21}},\ \cos\beta=\frac{1}{\sqrt{21}},\ \cos\gamma=\frac{4}{\sqrt{21}}.$$

(**B**)

1. 已知 $\boldsymbol{a}=\{\alpha, 5, -1\}$，$\boldsymbol{b}=\{3, 1, \gamma\}$ 共线，求 α 和 γ．

解 因为 $\boldsymbol{a}$ 与 $\boldsymbol{b}$ 共线，所以
$$\frac{\alpha}{3}=\frac{5}{1}=\frac{-1}{\gamma},$$
所以 $\alpha=15,\ \gamma=-\frac{1}{5}.$

2. 已知 $\boldsymbol{a}$ 的方向角 $\alpha=\frac{\pi}{3}$，$\beta=\frac{2\pi}{3}$，试求 $\boldsymbol{a}$ 的第三个方向角 γ；又已知 $\boldsymbol{a}$ 在 x 轴上的投影为 1，试求 $\boldsymbol{a}$ 的坐标．

解 因为 $\cos^2\alpha+\cos^2\beta+\cos^2\gamma=1$，所以
$$\cos^2\gamma=1-\cos^2\alpha-\cos^2\beta=1-\cos^2\frac{\pi}{3}-\cos^2\frac{2\pi}{3}=1-\frac{1}{4}-\frac{1}{4}=\frac{1}{2},$$

所以 $\cos\gamma=\pm\frac{\sqrt{2}}{2}$，所以 $\gamma=\frac{\pi}{4}$ 或 $\gamma=\frac{3\pi}{4}.$

又因为 $\boldsymbol{a}$ 在 x 轴上的投影为 1，所以

$$1=|\boldsymbol{a}|\cos\alpha=\frac{1}{2}|\boldsymbol{a}|,$$

故 $|\boldsymbol{a}|=2$，所以

$$\boldsymbol{a}=\{|\boldsymbol{a}|\cos\alpha,\ |\boldsymbol{a}|\cos\beta,\ |\boldsymbol{a}|\cos\gamma\},$$

即 $\boldsymbol{a}=\{1,\ -1,\ \sqrt{2}\}$ 或 $\boldsymbol{a}=\{1,\ -1,\ -\sqrt{2}\}$.

3. 证明：以 $A(4,\ 3,\ 1)$，$B(7,\ 1,\ 2)$ 和 $C(5,\ 2,\ 3)$ 为顶点的三角形是等腰三角形.

证 因为 $d_{AB}=\sqrt{(7-4)^2+(1-3)^2+(2-1)^2}=\sqrt{9+4+1}=\sqrt{14}$,

$$d_{AC}=\sqrt{(5-4)^2+(2-3)^2+(3-1)^2}=\sqrt{1+1+4}=\sqrt{6},$$

$$d_{BC}=\sqrt{(5-7)^2+(2-1)^2+(3-2)^2}=\sqrt{4+1+1}=\sqrt{6},$$

由于 $d_{AC}=d_{BC}$，所以三角形 ABC 为等腰三角形.

习 题 8-3

(A)

1. 已知 $\boldsymbol{a}=\{4,\ -3,\ 4\}$，$\boldsymbol{b}=\{3,\ 2,\ -1\}$，求：

(1) $\boldsymbol{a}$ 与 $\boldsymbol{b}$ 的数量积； (2) $3\boldsymbol{a}$ 与 $2\boldsymbol{b}$ 的数量积.

解 (1) $\boldsymbol{a}\cdot\boldsymbol{b}=4\times3+(-3)\times2+4\times(-1)=2$;

(2) $(3\boldsymbol{a})\cdot(2\boldsymbol{b})=6(\boldsymbol{a}\cdot\boldsymbol{b})=12.$

2. 已知 $\boldsymbol{a}$，$\boldsymbol{b}$ 的夹角 $\theta=\dfrac{\pi}{3}$ 且 $|\boldsymbol{a}|=3$，$|\boldsymbol{b}|=4$，计算：

(1) $\boldsymbol{a}\cdot\boldsymbol{b}$; (2) $(3\boldsymbol{a}-2\boldsymbol{b})\cdot(\boldsymbol{a}+2\boldsymbol{b})$.

解 (1) $\boldsymbol{a}\cdot\boldsymbol{b}=|\boldsymbol{a}||\boldsymbol{b}|\cos\theta=3\times4\times\cos\dfrac{\pi}{3}=6$;

(2) $(3\boldsymbol{a}-2\boldsymbol{b})\cdot(\boldsymbol{a}+2\boldsymbol{b})=3|\boldsymbol{a}|^2+4(\boldsymbol{a}\cdot\boldsymbol{b})-4|\boldsymbol{b}|^2=3\times(3)^2+4\times6-4\times(4)^2$
$$=27+24-64=-13.$$

3. 证明：向量 $\boldsymbol{a}=\{2,\ -1,\ 1\}$ 和向量 $\boldsymbol{b}=\{4,\ 9,\ 1\}$ 互相垂直.

证 因为 $\boldsymbol{a}\cdot\boldsymbol{b}=2\times4-1\times9+1\times1=0$，所以 $\boldsymbol{a}\perp\boldsymbol{b}$.

4. 已知向量 $\boldsymbol{a}=\{2,\ -3,\ 1\}$，$\boldsymbol{b}=\{1,\ -1,\ 3\}$，$\boldsymbol{c}=\{1,\ -2,\ 0\}$，求：

(1) $(\boldsymbol{a}\cdot\boldsymbol{b})\boldsymbol{c}-(\boldsymbol{a}\cdot\boldsymbol{c})\boldsymbol{b}$; (2) $(\boldsymbol{a}+\boldsymbol{b})\times(\boldsymbol{b}+\boldsymbol{c})$; (3) $(\boldsymbol{a}\times\boldsymbol{b})\cdot\boldsymbol{c}$.

解 (1) $(\boldsymbol{a}\cdot\boldsymbol{b})\boldsymbol{c}-(\boldsymbol{a}\cdot\boldsymbol{c})\boldsymbol{b}=[2\times1-3\times(-1)+1\times3]\boldsymbol{c}-[2\times1-3\times(-2)+1\times0]\boldsymbol{b}$
$$=8\boldsymbol{c}-8\boldsymbol{b}=\{8,\ -16,\ 0\}-\{8,\ -8,\ 24\}=\{0,\ -8,\ -24\}.$$

(2) $(\boldsymbol{a}+\boldsymbol{b})\times(\boldsymbol{b}+\boldsymbol{c})=\{2+1,\ -3-1,\ 1+3\}\times\{1+1,\ -1-2,\ 3+0\}$

$$=\{3,\ -4,\ 4\}\times\{2,\ -3,\ 3\}=\begin{vmatrix}\boldsymbol{i}&\boldsymbol{j}&\boldsymbol{k}\\3&-4&4\\2&-3&3\end{vmatrix}=\{0,\ -1,\ -1\}.$$

(3) 因为

$$\boldsymbol{a}\times\boldsymbol{b}=\begin{vmatrix}\boldsymbol{i}&\boldsymbol{j}&\boldsymbol{k}\\2&-3&1\\1&-1&3\end{vmatrix}=\{-8,\ -5,\ 1\},$$

所以 $(\boldsymbol{a}\times\boldsymbol{b})\cdot\boldsymbol{c}=-8\times1-5\times(-2)+1\times0=2.$

(B)

1. 已知 $A(1, 2, 0)$，$B(3, 0, -3)$ 和 $C(5, 2, 6)$，试求△ABC 的面积.

解 因为 $\overrightarrow{AB}=\{2, -2, -3\}$，$\overrightarrow{AC}=\{4, 0, 6\}$，则

$$S=\frac{1}{2}|\overrightarrow{AB}\times\overrightarrow{AC}|.$$

而

$$\overrightarrow{AB}\times\overrightarrow{AC}=\begin{vmatrix} \boldsymbol{i} & \boldsymbol{j} & \boldsymbol{k} \\ 2 & -2 & -3 \\ 4 & 0 & 6 \end{vmatrix}=\{-12, -24, 8\},$$

所以

$$S=\frac{1}{2}|\overrightarrow{AB}\times\overrightarrow{AC}|=\frac{1}{2}\sqrt{12^2+24^2+8^2}=14.$$

2. 试证：四个点 $A(1, 2, -1)$，$B(0, 1, 5)$，$C(-1, 2, 1)$ 及 $D(2, 1, 3)$ 在同一平面上.

证 要证 A，B，C 及 D 四点共面，只需证 $\overrightarrow{AB}$，$\overrightarrow{AC}$，$\overrightarrow{AD}$ 三向量共面，即 $(\overrightarrow{AB}\times\overrightarrow{AC})\cdot\overrightarrow{AD}=0$.

而 $\overrightarrow{AB}=\{-1, -1, 6\}$，$\overrightarrow{AC}=\{-2, 0, 2\}$，$\overrightarrow{AD}=\{1, -1, 4\}$，

所以

$$(\overrightarrow{AB}\times\overrightarrow{AC})\cdot\overrightarrow{AD}=\begin{vmatrix} -1 & -1 & 6 \\ -2 & 0 & 2 \\ 1 & -1 & 4 \end{vmatrix}=\begin{vmatrix} -1 & -1 & 6 \\ -2 & 0 & 2 \\ 2 & 0 & -2 \end{vmatrix}=0,$$

所以 $\overrightarrow{AB}$，$\overrightarrow{AC}$，$\overrightarrow{AD}$ 共面，即 A，B，C 及 D 四点在同一个平面上.

3. 已知向量 $\boldsymbol{a}=\{2, -2, 3\}$，$\boldsymbol{b}=\{1, 0, -2\}$，$\boldsymbol{c}=\{4, -3, 5\}$，试计算 $(\boldsymbol{a}\times\boldsymbol{b})\cdot\boldsymbol{c}$ 及 $\boldsymbol{b}\cdot(\boldsymbol{a}\times\boldsymbol{c})$.

解

$$(\boldsymbol{a}\times\boldsymbol{b})\cdot\boldsymbol{c}=\begin{vmatrix} 2 & -2 & 3 \\ 1 & 0 & -2 \\ 4 & -3 & 5 \end{vmatrix}=\begin{vmatrix} 0 & -2 & 7 \\ 1 & 0 & -2 \\ 0 & 1 & -1 \end{vmatrix}=5,$$

$$\boldsymbol{b}\cdot(\boldsymbol{a}\times\boldsymbol{c})=(\boldsymbol{a}\times\boldsymbol{c})\cdot\boldsymbol{b}=\begin{vmatrix} 2 & -2 & 3 \\ 4 & -3 & 5 \\ 1 & 0 & -2 \end{vmatrix}=-5.$$

习 题 8-4

(A)

1. 指出下列平面的特点.

(1) $z=0$； (2) $3y-1=0$；

(3) $2x-3y-6=0$； (4) $x-2z=0$.

解 (1) $z=0$ 表示 xOy 坐标面.

(2) $3y-1=0$ 表示在 y 轴上的截距为 $\frac{1}{3}$，平行于 zOx 坐标面的平面.

(3) $2x-3y-6=0$ 表示过 xOy 坐标面上的直线 $\begin{cases} 2x-3y-6=0, \\ z=0, \end{cases}$ 且平行于 z 轴的平面.

(4) $x-2z=0$ 表示过 zOx 坐标面上的直线 $\begin{cases} x-2z=0, \\ y=0, \end{cases}$ 且过 y 轴的平面.

2. 检验 $3x-5y+2z-17=0$ 是否通过下面的点.

(1)(4, 1, 2);   (2)(2, -1, 3);   (3)(3, 0, 4);   (4)(0, -4, 2).

解 (1)将点(4, 1, 2)代入平面方程
$$\text{左边}=3\times 4-5\times 1+2\times 2-17=-6\neq 0,$$
即左边$\neq$右边,故平面 $3x-5y+2z-17=0$ 不通过点(4, 1, 2).

(2)将点(2, -1, 3)代入平面方程
$$\text{左边}=3\times 2-5\times(-1)+2\times 3-17=0,$$
即左边=右边,故平面 $3x-5y+2z-17=0$ 通过点(2, -1, 3).

同理可验得,平面通过点(3, 0, 4),而不通过点(0, -4, 2).

3. 求分别适合下列条件的平面方程.

(1)平行于 zOx 平面且通过点(2, -5, 3);

(2)过 x 轴和点(4, -3, -1);

(3)平行于 y 轴,且通过点(1, -5, 1)和(3, 2, -2);

(4)通过三点(2, 3, 0), (-2, -3, 4), (0, 6, 0);

(5)过点(1, 1, 1)和(2, 2, 2),且垂直于平面 $x+y-z=0$.

解 (1)因为所求平面平行于 zOx 平面,所以其法向量 $\boldsymbol{n}=\{0, 1, 0\}$.

又因为平面过点(2, -5, 3),由平面的点法式方程得,所求平面方程为 $y+5=0$.

(2)因为平面过 x 轴,所以可设所求平面方程为 $By+Cz=0$.

又因为平面过点(4, -3, -1),代入方程得 $-3B-C=0$,所以 $\dfrac{C}{B}=-3$,所以 $y-3z=0$ 即为所求的平面方程.

(3)因为平面平行于 y 轴,所以可设所求平面方程为 $Ax+Cz+D=0$.

又因为平面过(1, -5, 1)和(3, 2, -2),代入方程得
$$\begin{cases} A+C+D=0, \\ 3A-2C+D=0, \end{cases}$$

解得 $\dfrac{A}{D}=-\dfrac{3}{5}$, $\dfrac{C}{D}=-\dfrac{2}{5}$,所以 $3x+2z-5=0$ 即为所求的平面方程.

(4)设 $A(2, 3, 0)$, $B(-2, -3, 4)$, $C(0, 6, 0)$,所以
$$\overrightarrow{AB}=\{-4, -6, 4\}, \quad \overrightarrow{AC}=\{-2, 3, 0\}.$$

因为平面过 A, B, C,所以 $\boldsymbol{n}/\!/\overrightarrow{AB}\times\overrightarrow{AC}$.

而
$$\overrightarrow{AB}\times\overrightarrow{AC}=\begin{vmatrix} \boldsymbol{i} & \boldsymbol{j} & \boldsymbol{k} \\ -4 & -6 & 4 \\ -2 & 3 & 0 \end{vmatrix}=\{-12, -8, -24\},$$

所以取 $\boldsymbol{n}=\{3, 2, 6\}$.又平面过 $C(0, 6, 0)$,所以平面的点法式方程为
$$3(x-0)+2(y-6)+6(z-0)=0,$$
即
$$3x+2y+6z-12=0.$$

(5)设 $A(1, 1, 1)$, $B(2, 2, 2)$,已知平面的法向量为 $\boldsymbol{n}_1=\{1, 1, -1\}$, $\overrightarrow{AB}=\{1, 1, 1\}$.

因为平面过 A, B 且平行于 $\boldsymbol{n}_1$,所以所求平面的法向量

$$n = \overrightarrow{AB} \times n_1 = \begin{vmatrix} i & j & k \\ 1 & 1 & 1 \\ 1 & 1 & -1 \end{vmatrix} = \{-2, 2, 0\},$$

所以 $n = \{-2, 2, 0\}$.

又因为平面过 $A(1, 1, 1)$，所以平面的点法式方程为
$$-2(x-1) + 2(y-1) + 0(z-1) = 0, \text{ 即 } -2x + 2y = 0,$$
所以 $x - y = 0$ 即为所求.

4. 求点 $(1, 2, 1)$ 到平面 $x + 2y + 2z - 10 = 0$ 的距离.

解 $d = \dfrac{|Ax_1 + By_1 + Cz_1 + D|}{\sqrt{A^2 + B^2 + C^2}} = \dfrac{|1 \times 1 + 2 \times 2 + 2 \times 1 - 10|}{\sqrt{1^2 + 2^2 + 2^2}} = \dfrac{3}{3} = 1.$

(B)

1. 求三平面 $7x - 5y - 31 = 0$，$4x + 11z + 43 = 0$ 和 $2x + 3y + 4z + 20 = 0$ 的交点.

解 交点满足
$$\begin{cases} 7x - 5y - 31 = 0, \\ 4x + 11z + 43 = 0, \\ 2x + 3y + 4z + 20 = 0, \end{cases}$$

解得交点为 $(3, -2, -5)$.

2. 求平面过 z 轴且与平面 $2x + y - \sqrt{5}z - 7 = 0$ 的夹角为 $\dfrac{\pi}{3}$ 的平面方程.

解 因为所求平面过 z 轴，所以可设其方程为 $Ax + By = 0$.

又因为平面与 $2x + y - \sqrt{5}z - 7 = 0$ 的夹角为 $\dfrac{\pi}{3}$，所以
$$\cos \dfrac{\pi}{3} = \dfrac{2A + B}{\sqrt{2^2 + 1 + 5}\sqrt{A^2 + B^2}} = \dfrac{2A + B}{\sqrt{10}\sqrt{A^2 + B^2}},$$

所以 $\dfrac{1}{2}\sqrt{10(A^2 + B^2)} = 2A + B,$

两边平方整理得
$$3A^2 + 8AB - 3B^2 = 0,$$
所以 $(3A - B)(A + 3B) = 0,$

所以 $3A = B$ 或 $A = -3B$，所以所求方程为
$$x + 3y = 0 \text{ 或 } 3x - y = 0.$$

3. 在下列平面上各找出一点，并写出它们的一个法向量.

(1) $x - 2y + 3z = 0$；　　　　　　　　　　　(2) $2x + y - 3z - 6 = 0$.

解 (1) 令 $\begin{cases} x = 0, \\ y = 0, \end{cases}$ 代入原方程得 $z = 0$，所以平面过 $(0, 0, 0)$，其一个法向量的分量依次为 x，y，z 的系数，即 $n = \{1, -2, 3\}$.

(2) 令 $\begin{cases} x = 0, \\ y = 0, \end{cases}$ 代入原方程得 $z = -2$，所以平面过 $(0, 0, -2)$，其法向量 $n = \{2, 1, -3\}$.

习 题 8-5

(A)

1. 求下列直线的方程.

(1)过点$(3, 4, -4)$,方向角为$60°, 45°, 120°$;

(2)过点$(3, -2, -1)$与$(5, 4, 5)$;

(3)过点$(0, -3, 2)$且与两点$(3, 4, -7)$,$(2, 7, -6)$的连线平行;

(4)过点$(4, -1, 3)$且平行于直线$\dfrac{x-3}{2}=y=\dfrac{z-1}{5}$.

解 (1)因为 $\boldsymbol{s}=\{\cos 60°, \cos 45°, \cos 120°\}=\left\{\dfrac{1}{2}, \dfrac{\sqrt{2}}{2}, -\dfrac{1}{2}\right\}$,

所以所求直线方程为

$$\frac{x-3}{\frac{1}{2}}=\frac{y-4}{\frac{\sqrt{2}}{2}}=\frac{z+4}{-\frac{1}{2}}, \text{即} \ x-3=\frac{y-4}{\sqrt{2}}=\frac{z+4}{-1}.$$

(2)因为 $\boldsymbol{s}=\{2, 6, 6\}$,所以所求直线方程为

$$\frac{x-3}{2}=\frac{y+2}{6}=\frac{z+1}{6}, \text{即} \ x-3=\frac{y+2}{3}=\frac{z+1}{3}.$$

(3)因为 $\boldsymbol{s}=\{-1, 3, 1\}$,所以所求直线方程为

$$\frac{x}{-1}=\frac{y+3}{3}=z-2.$$

(4)因为所求直线平行于$\dfrac{x-3}{2}=y=\dfrac{z-1}{5}$,所以 $\boldsymbol{s}=\{2, 1, 5\}$,故 $\dfrac{x-4}{2}=y+1=\dfrac{z-3}{5}$ 即为所求.

2. 将下列直线的一般方程化为标准方程.

(1) $\begin{cases} x-y+z=1, \\ 2x+y+z=4; \end{cases}$
(2) $\begin{cases} x-5y+2z-1=0, \\ z=2+5y. \end{cases}$

解 (1) $\boldsymbol{s}=\begin{vmatrix} \boldsymbol{i} & \boldsymbol{j} & \boldsymbol{k} \\ 1 & -1 & 1 \\ 2 & 1 & 1 \end{vmatrix}=\{-2, 1, 3\}$,

易知直线过点$(1, 1, 1)$,所以所求标准方程为

$$\frac{x-1}{-2}=y-1=\frac{z-1}{3}.$$

注:所求直线通过的点有无穷多个,只要点的坐标满足 $\begin{cases} x-y+z=1, \\ 2x+y+z=4 \end{cases}$ 即可,因此直线的方程也不唯一,下题同.

(2) $\boldsymbol{s}=\begin{vmatrix} \boldsymbol{i} & \boldsymbol{j} & \boldsymbol{k} \\ 1 & -5 & 2 \\ 0 & -5 & 1 \end{vmatrix}=\{5, -1, -5\}$,

易知直线过点$(-3, 0, 2)$,所以所求标准方程为

$$\frac{x+3}{5}=\frac{y}{-1}=\frac{z-2}{-5}.$$

3. 试问直线 $\frac{x-1}{2}=\frac{y+3}{-1}=\frac{z+2}{5}$ 是否在平面 $4x+3y-z+3=0$ 上?

解 因为直线的方向向量 $s=\{2,-1,5\}$,且过点 $(1,-3,-2)$,平面的法向量 $n=\{4,3,-1\}$.

又因为 $s \cdot n=2\times 4-1\times 3+5\times(-1)=0$,所以直线平行于所给平面.

又因为 $(1,-3,-2)$ 满足 $4x+3y-z+3=0$,所以直线 $\frac{x-1}{2}=\frac{y+3}{-1}=\frac{z+2}{5}$ 在平面 $4x+3y-z+3=0$ 上.

(B)

1. 求下列直线与平面的交点的坐标.

(1) 直线 $\begin{cases} y=9-2x, \\ z=9x-43 \end{cases}$ 与平面 $3x-4y+7z-33=0$;

(2) 直线 $\begin{cases} x=-3+3t, \\ y=-2-2t, \\ z=t \end{cases}$ 与平面 $x+2y+2z+6=0$.

解 (1) 联立三个方程

$$\begin{cases} y=9-2x, \\ z=9x-43, \\ 3x-4y+7z-33=0, \end{cases}$$

解得 $\begin{cases} x=5, \\ y=-1, \\ z=2, \end{cases}$ 所以交点为 $(5,-1,2)$.

(2) 将 $\begin{cases} x=-3+3t, \\ y=-2-2t, \\ z=t \end{cases}$ 代入 $x+2y+2z+6=0$,解得 $t=1$,将 $t=1$ 再代回方程,解得

$\begin{cases} x=0, \\ y=-4, \\ z=1, \end{cases}$ 所以交点为 $(0,-4,1)$.

2. 求过直线 $\frac{x+1}{-2}=\frac{y-1}{1}=\frac{z+2}{-3}$ 且与 z 轴平行的平面方程.

解 由题意,所求平面过点 $(-1,1,-2)$,且分别与 $s=\{-2,1,-3\}$,$k=\{0,0,1\}$ 平行,所以

$$n=s\times k=\begin{vmatrix} i & j & k \\ -2 & 1 & -3 \\ 0 & 0 & 1 \end{vmatrix}=\{1,2,0\},$$

由平面的点法式方程得
$$(x+1)+2(y-1)=0, \text{即 } x+2y-1=0.$$

习 题 8-6

(A)

1. 建立球心在点 $(1, 3, -2)$ 且通过坐标原点的球面方程.

解 $R=\sqrt{1^2+3^2+(-2)^2}=\sqrt{14}$, 所以球面方程为
$$(x-1)^2+(y-3)^2+(z+2)^2=14,$$
即
$$x^2+y^2+z^2-2x-6y+4z=0.$$

2. 方程 $x^2+y^2+z^2-2x+4y+2z=0$ 表示什么曲面?

解 将方程左端配方得
$$(x-1)^2+(y+2)^2+(z+1)^2=6,$$
它表示球心在 $(1, -2, -1)$, 半径为 $\sqrt{6}$ 的球面.

3. 求下列各题条件所生成的旋转曲面方程.

(1) 曲线 $\begin{cases} 4x^2+9y^2=36, \\ z=0 \end{cases}$ 绕 x 轴旋转一周;

(2) 曲线 $\begin{cases} y^2=5x, \\ z=0 \end{cases}$ 绕 x 轴旋转一周;

(3) 曲线 $\begin{cases} x^2+z^2=9, \\ y=0 \end{cases}$ 绕 z 轴旋转一周.

解 (1) 所求的曲面方程为 $4x^2+9y^2+9z^2=36$;

(2) 所求的曲面方程为 $y^2+z^2=5x$;

(3) 所求的曲面方程为 $x^2+y^2+z^2=9$.

4. 求曲线 $\begin{cases} x^2+y^2-z=0, \\ z=x+1 \end{cases}$ 在 xOy 平面上的投影曲线方程.

解 由 $\begin{cases} x^2+y^2-z=0, \\ z=x+1 \end{cases}$ 消去 z, 得 $x^2+y^2-x-1=0$, 所以所求投影曲线方程为
$$\begin{cases} x^2+y^2-x-1=0, \\ z=0. \end{cases}$$

(B)

1. 求两个球面 $x^2+y^2+z^2=1$ 和 $x^2+(y-1)^2+(z-1)^2=1$ 交线在 xOy 平面上的投影曲线方程.

解 由 $\begin{cases} x^2+y^2+z^2=1, \\ x^2+(y-1)^2+(z-1)^2=1 \end{cases}$ 消去 z, 得 $x^2+2y^2-2y=0$, 所以所求投影曲线方程为
$$\begin{cases} x^2+2y^2-2y=0, \\ z=0. \end{cases}$$

2. 求曲线 $\begin{cases} 2x^2+y^2+z^2=16, \\ x^2-y^2+z^2=0 \end{cases}$ 在 xOy 平面上的投影柱面方程.

解 由 $\begin{cases} 2x^2+y^2+z^2=16, \\ x^2-y^2+z^2=0 \end{cases}$ 消去 z, 得 $x^2+2y^2=16$, 则 $x^2+2y^2=16$ 即为所求投影柱面方程.

3. $\begin{cases} y^2+z^2-2x=0, \\ z=3 \end{cases}$ 是什么曲线? 写出它在 xOy 平面上的投影柱面和投影曲线方程.

解 由 $\begin{cases} y^2+z^2-2x=0, \\ z=3 \end{cases}$ 化为 $\begin{cases} y^2-2x+9=0, \\ z=3, \end{cases}$ 所以此方程表示在平面 $z=3$ 上的一条抛物线;

由 $\begin{cases} y^2+z^2-2x=0, \\ z=3 \end{cases}$ 消去 z, 得 $y^2-2x+9=0$, 所以它在 xOy 平面上的投影柱面方程为 $y^2-2x+9=0$; 投影曲线方程为 $\begin{cases} y^2-2x+9=0, \\ z=0. \end{cases}$

4. 画出下列各方程所表示的曲面.

(1) $\left(x-\dfrac{a}{2}\right)^2+y^2=\left(\dfrac{a}{2}\right)^2$; (2) $-\dfrac{x^2}{4}+\dfrac{y^2}{9}=1$;

(3) $\dfrac{x^2}{9}+\dfrac{z^2}{4}=1$; (4) $y^2-z=0$.

解 如图 8-5 所示.

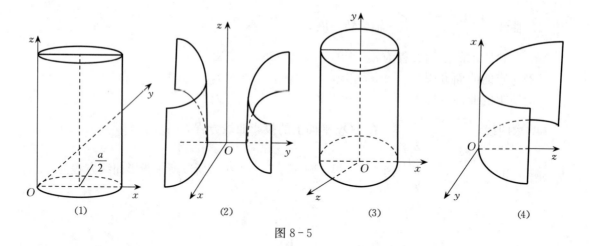

图 8-5

自测题八

一、填空题

1. 已知点 $A(1, 2, 3)$ 和点 $B(2, 3, 1)$, 则向量 $\overrightarrow{AB}$ 的单位向量可用方向余弦表示为 _____.

答案: $\left(\dfrac{1}{\sqrt{6}}, \dfrac{1}{\sqrt{6}}, -\dfrac{2}{\sqrt{6}}\right)$. $\overrightarrow{AB}=\{1, 1, -2\}$, $\overrightarrow{AB}^0=\dfrac{1}{\sqrt{6}}\{1, 1, -2\}=\left\{\dfrac{1}{\sqrt{6}}, \dfrac{1}{\sqrt{6}}, -\dfrac{2}{\sqrt{6}}\right\}$.

2. 已知向量 $\boldsymbol{a}=\{1, 0, -1\}$, $\boldsymbol{b}=\{2, 1, 1\}$, 则 $2\boldsymbol{a}-3\boldsymbol{b}=$ _____.

答案：$2\boldsymbol{a}-3\boldsymbol{b}=\{-4, -3, -5\}$.

3. 已知向量 $\boldsymbol{a}=\{1, 0, -1\}$，$\boldsymbol{b}=\{2, 1, \lambda\}$，且 $\boldsymbol{a}\perp\boldsymbol{b}$，则常数 $\lambda=$ _____.

答案：$\lambda=2$.

4. 旋转曲面 $x^2+y^2=3z^2$ 的旋转轴为 _____.

答案：z 轴.

5. 空间曲线 $\begin{cases} z=\sqrt{4-x^2-y^2}, \\ z=\sqrt{3(x^2+y^2)} \end{cases}$ 在 xOy 平面的投影曲线方程为 _____.

答案：$\begin{cases} x^2+y^2=1, \\ z=0. \end{cases}$

6. 平面 $2x-3y+4z-6=0$ 的法线向量为 _____.

答案：$\boldsymbol{n}=\{2, -3, 4\}$.

7. 直线 $x-1=\dfrac{y+1}{2}=\dfrac{z-2}{3}$ 的方向向量为 _____.

答案：$\boldsymbol{s}=\{1, 2, 3\}$.

8. 已知二次曲面的方程为 $x^2=2z$，则其类型为 _____.

答案：抛物柱面.

9. 过点 $A(1, 2, 3)$ 且与平面 $2x-3y+4z-6=0$ 平行的平面方程为 _____.

答案：$2x-3y+4z-8=0$.

10. 过点 $A(1, 2, 3)$ 且与直线 $x-1=\dfrac{y+1}{2}=\dfrac{z-2}{3}$ 平行的直线方程 _____.

答案：$x-1=\dfrac{y-2}{2}=\dfrac{z-3}{3}$.

二、向量运算综合题

已知向量 $\boldsymbol{a}=\{1, 0, -1\}$，$\boldsymbol{b}=\{2, 1, 1\}$，计算：

(1) $|\boldsymbol{a}|$，$\boldsymbol{b}^0$；(2) $\boldsymbol{a}\cdot\boldsymbol{b}$；(3) $\boldsymbol{a}\times\boldsymbol{b}$；(4) $\mathrm{Prj}_{\boldsymbol{a}}\boldsymbol{b}$；(5) $\boldsymbol{a}$ 和 $\boldsymbol{b}$ 的夹角.

解 $|\boldsymbol{a}|=\sqrt{2}$；$\boldsymbol{b}^0=\dfrac{\boldsymbol{b}}{|\boldsymbol{b}|}=\dfrac{1}{\sqrt{6}}\{2, 1, 1\}=\left\{\dfrac{2}{\sqrt{6}}, \dfrac{1}{\sqrt{6}}, \dfrac{1}{\sqrt{6}}\right\}$；$\boldsymbol{a}\cdot\boldsymbol{b}=1$；$\boldsymbol{a}\times\boldsymbol{b}=\{1, -3, 1\}$；

$\mathrm{Prj}_{\boldsymbol{a}}\boldsymbol{b}=\dfrac{\boldsymbol{a}\cdot\boldsymbol{b}}{|\boldsymbol{a}|}=\dfrac{1}{\sqrt{2}}=\dfrac{\sqrt{2}}{2}$；$\cos\theta=\dfrac{\boldsymbol{a}\cdot\boldsymbol{b}}{|\boldsymbol{a}|\cdot|\boldsymbol{b}|}=\dfrac{1}{\sqrt{2}\sqrt{6}}=\dfrac{\sqrt{3}}{6}$，$\theta=\arccos\dfrac{\sqrt{3}}{6}$.

三、平面方程综合题

已知三点 $A(1, 2, 3)$，$B(3, 4, 5)$，$C(2, 3, 7)$，(1)求过三点的平面方程；(2)坐标原点到该平面的距离；(3)该平面与 xOy 平面的夹角；(4)$\triangle ABC$ 的面积.

解 (1) $\overrightarrow{AB}=\{2, 2, 2\}$，$\overrightarrow{AC}=\{1, 2, 4\}$，$\boldsymbol{n}=\overrightarrow{AB}\times\overrightarrow{AC}=\{4, -6, 2\}$，平面方程为
$$2x-3y+z+1=0;$$

(2) $d=\dfrac{|2\times 0-3\times 0+1\times 0+1|}{\sqrt{2^2+(-3)^2+1^2}}=\dfrac{1}{\sqrt{14}}=\dfrac{\sqrt{14}}{14}$；

(3) xOy 平面的法线向量为 $\boldsymbol{n}_1=\{0, 0, 1\}$，$\cos\theta=\dfrac{|\boldsymbol{n}\cdot\boldsymbol{n}_1|}{|\boldsymbol{n}|\cdot|\boldsymbol{n}_1|}=\dfrac{2}{\sqrt{56}}=\dfrac{\sqrt{14}}{14}$，$\theta=$

$\arccos \dfrac{\sqrt{14}}{14}$;

(4) $S_{\triangle ABC} = \dfrac{1}{2}|\overrightarrow{AB}\times\overrightarrow{AC}| = \dfrac{1}{2}|\{4,\ -6,\ 2\}| = \sqrt{14}$.

四、直线方程综合题

1. 求过点 $A(2, 1, 3)$ 且与直线 $\dfrac{x+1}{3} = \dfrac{y-1}{2} = \dfrac{z}{-1}$ 垂直相交的直线方程;

2. 求 1 题中的直线与 x 轴的夹角.

解 过点 A 且与已知直线垂直的平面方程为
$$3(x-2) + 2(y-1) - (z-3) = 0.$$

已知直线的参数方程为
$$\begin{cases} x = -1 + 3t, \\ y = 1 + 2t, \\ z = -t, \end{cases}$$

将其代入到平面方程解得 $t = \dfrac{3}{7}$,因而直线与平面的交点为 $\left(\dfrac{2}{7},\ \dfrac{13}{7},\ -\dfrac{3}{7}\right)$,因此所求直线的方向向量为
$$\boldsymbol{s} = \left\{\dfrac{2}{7}-2,\ \dfrac{13}{7}-1,\ -\dfrac{3}{7}-3\right\} = -\dfrac{6}{7}\{2,\ -1,\ -4\},$$

所求直线方程为
$$\dfrac{x-2}{2} = \dfrac{y-1}{-1} = \dfrac{z-3}{4},$$

x 轴的方向向量为 $\boldsymbol{s}_1 = \{1,\ 0,\ 0\}$,$\cos\theta = \dfrac{|\boldsymbol{s}_1 \cdot \boldsymbol{s}|}{|\boldsymbol{s}_1| \cdot |\boldsymbol{s}|} = \dfrac{2}{\sqrt{21}}$,$\theta = \arccos\dfrac{2}{\sqrt{21}}$.

多元函数微分学

一、基本内容

1. 二元函数的概念与极限

(1) 二元函数的定义：$z=f(x,y)$.

(2) 二元函数的极限：设函数 $z=f(x,y)$ 在点 $P_0(x_0,y_0)$ 的某一邻域内有定义（点 P_0 可以除外），如果对于任意的正数 ε，总存在正数 δ，使得对于适合不等式

$$0<|PP_0|=\sqrt{(x-x_0)^2+(y-y_0)^2}<\delta$$

的一切点 $P(x,y)$，都有

$$|f(x,y)-A|<\varepsilon$$

成立，则称常数 A 为函数 $z=f(x,y)$ 当 $x\to x_0$，$y\to y_0$ 时的极限，记作 $\lim\limits_{P\to P_0}f(x,y)=A$ 或 $\lim\limits_{\substack{x\to x_0\\y\to y_0}}f(x,y)=A$.

(3) 二元函数的连续性：若 $x\to x_0$，$y\to y_0$ 时，二元函数的极限存在，且等于它在点 $P_0(x_0,y_0)$ 处的函数值，即

$$\lim_{\substack{x\to x_0\\y\to y_0}}f(x,y)=f(x_0,y_0),$$

则称函数 $z=f(x,y)$ 在点 $P_0(x_0,y_0)$ 处是连续的.

类似于一元连续函数的性质，多元连续函数也有以下性质：

① 多元初等函数在其定义区域上是连续的.

利用这一结论可以判断许多函数的连续性，而有了连续性就可以很容易求出连续点处的函数极限.

② 多元函数在有界闭区域 D 上连续，则必在 D 上有界.

③ 多元函数在有界闭区域 D 上连续，则必在 D 上达到最大值和最小值.

④（介值定理）设 $f(P)$ 在有界闭区域 D 上连续，若 $P_1,P_2\in D$，且 $f(P_1)<f(P_2)$，则对任意满足 $f(P_1)<c<f(P_2)$ 的 c 在 D 中至少存在一点 P_0，使得 $f(P_0)=c$.

2. 偏导数与全微分

(1) 偏导数的定义：设函数 $z=f(x,y)$ 在 $P_0(x_0,y_0)$ 的某一邻域内有定义，固定 $y=y_0$，若极限

$$\lim_{\Delta x\to 0}\frac{f(x_0+\Delta x,y_0)-f(x_0,y_0)}{\Delta x}$$

存在，则称此极限值为 $z=f(x,y)$ 在 $P_0(x_0,y_0)$ 处对 x 的偏导数．

固定 $x=x_0$，若极限
$$\lim_{\Delta y \to 0}\frac{f(x_0,y_0+\Delta y)-f(x_0,y_0)}{\Delta y}$$
存在，则称此极限值为 $z=f(x,y)$ 在 $P_0(x_0,y_0)$ 处对 y 的偏导数．

在一点 (x_0,y_0) 处的偏导数可用下列符号表示：
$$\frac{\partial z(x_0,y_0)}{\partial x},\ \frac{\partial z}{\partial x}\bigg|_{(x_0,y_0)},\ z'_x(x_0,y_0),\ z'_x\big|_{(x_0,y_0)};$$
$$\frac{\partial z(x_0,y_0)}{\partial y},\ \frac{\partial z}{\partial y}\bigg|_{(x_0,y_0)},\ z'_y(x_0,y_0),\ z'_y\big|_{(x_0,y_0)}.$$

若二元函数 $z=f(x,y)$ 在区域 D 内有偏导数，那么偏导数仍是 x,y 的二元函数 $f'_x(x,y)$ 或 $f'_y(x,y)$，称为 $z=f(x,y)$ 对 x 或对 y 的偏导数，记作 $\dfrac{\partial z}{\partial x}$，$z'_x$，$\dfrac{\partial f}{\partial x}$，$f'_x$；$\dfrac{\partial z}{\partial y}$，$z'_y$，$\dfrac{\partial f}{\partial y}$，$f'_y$．

(2) 高阶偏导数：设函数 $z=f(x,y)$ 的偏导数
$$\frac{\partial z}{\partial x}=f'_x(x,y),\ \frac{\partial z}{\partial y}=f'_y(x,y),$$
在 (x,y) 处存在偏导数，则称它们的偏导数为 $z=f(x,y)$ 在 (x,y) 处的二阶偏导数，记作
$$\frac{\partial}{\partial x}\left(\frac{\partial z}{\partial x}\right)=\frac{\partial^2 z}{\partial x^2},\ \frac{\partial}{\partial y}\left(\frac{\partial z}{\partial x}\right)=\frac{\partial^2 z}{\partial x \partial y},$$
$$\frac{\partial}{\partial x}\left(\frac{\partial z}{\partial y}\right)=\frac{\partial^2 z}{\partial y \partial x},\ \frac{\partial}{\partial y}\left(\frac{\partial z}{\partial y}\right)=\frac{\partial^2 z}{\partial y^2},$$
或
$$f''_{xx},\ f''_{xy},\ f''_{yx},\ f''_{yy}.$$

若 $\dfrac{\partial^2 z}{\partial x \partial y}$ 及 $\dfrac{\partial^2 z}{\partial y \partial x}$ 在区域 D 内连续，则在 D 内 $\dfrac{\partial^2 z}{\partial x \partial y}=\dfrac{\partial^2 z}{\partial y \partial x}$（即与求导次序无关）．

类似地，可以在二阶偏导数的基础上定义三阶偏导数，以至定义 n 阶偏导数．

(3) 全微分：

①全微分的定义：若函数 $z=f(x,y)$ 在点 (x,y) 处的全增量
$$\Delta z=f(x+\Delta x,y+\Delta y)-f(x,y)$$
可以表示为
$$\Delta z=A\Delta x+B\Delta y+o(\rho),$$
其中 A,B 不依赖于 $\Delta x,\Delta y$，而仅与 x,y 有关，$\rho=\sqrt{(\Delta x)^2+(\Delta y)^2}$，$o(\rho)$ 是比 ρ（当 $\rho \to 0$ 时）高阶的无穷小，则称函数 $z=f(x,y)$ 在点 (x,y) 可微分，而 $A\Delta x+B\Delta y$ 称为函数 $z=f(x,y)$ 在点 (x,y) 的全微分，记作 $\mathrm{d}z=A\Delta x+B\Delta y$．

②全微分存在条件：

(Ⅰ) 必要条件：若函数 $z=f(x,y)$ 在点 (x,y) 处可微，则函数在该点的偏导数一定存在，且 $A=\dfrac{\partial z}{\partial x}$，$B=\dfrac{\partial z}{\partial y}$，于是全微分可记为
$$\mathrm{d}z=\frac{\partial z}{\partial x}\Delta x+\frac{\partial z}{\partial y}\Delta y.$$

(Ⅱ)充分条件：若 $z=f(x, y)$ 的偏导数 $\dfrac{\partial x}{\partial x}$，$\dfrac{\partial z}{\partial y}$ 在点 $P(x, y)$ 连续，则函数 $z=f(x, y)$ 在该点的全微分存在．

3. 复合函数的求导法则

若函数 $u=\varphi(x, y)$，$v=\psi(x, y)$ 在点 (x, y) 有偏导数，函数 $z=f(u, v)$ 在对应点 (u, v) 有连续偏导数，则复合函数 $z=f[\varphi(x, y), \psi(x, y)]$ 在点 (x, y) 有对 x 及 y 的偏导数，且有计算公式如下：

$$\frac{\partial z}{\partial x}=\frac{\partial z}{\partial u}\frac{\partial u}{\partial x}+\frac{\partial z}{\partial v}\frac{\partial v}{\partial x};$$

$$\frac{\partial z}{\partial y}=\frac{\partial z}{\partial u}\frac{\partial u}{\partial y}+\frac{\partial z}{\partial v}\frac{\partial v}{\partial y}.$$

类似地，通过三个中间变量所得复合函数

$$z=f[\varphi(x, y), \psi(x, y), \omega(x, y)]$$

的偏导数计算公式如下（$u=\varphi(x, y)$，$v=\psi(x, y)$，$w=\omega(x, y)$）：

$$\frac{\partial z}{\partial x}=\frac{\partial z}{\partial u}\frac{\partial u}{\partial x}+\frac{\partial z}{\partial v}\frac{\partial v}{\partial x}+\frac{\partial z}{\partial w}\frac{\partial w}{\partial x};$$

$$\frac{\partial z}{\partial y}=\frac{\partial z}{\partial u}\frac{\partial u}{\partial y}+\frac{\partial z}{\partial v}\frac{\partial v}{\partial y}+\frac{\partial z}{\partial w}\frac{\partial w}{\partial y}.$$

对多元复合函数各层的关系，有时是很复杂的，但只要把各层的关系搞清，即哪些是中间变量，而中间变量又是哪些自变量的函数，记住写出复合函数偏导数公式的原则（链锁规则），通过对一切的中间变量微分到某个自变量，就很容易地写出各种复杂关系的复合函数求导公式．这里，我们往往借助"函数关系图"来剖析各层关系，如前两个复合函数的函数关系如图 9-1 和 9-2 所示．

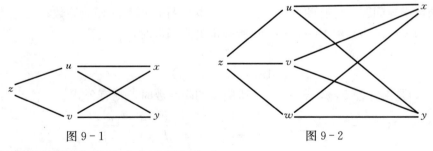

图 9-1　　　　　　图 9-2

可以很容易按链锁规则写出上述两组公式．

看以下两种特殊但常遇到的情形：

(1) $z=f(u, v, w)$，$u=\varphi(t)$，$v=\psi(t)$，$w=\omega(t)$，得到复合函数为

$$z=f[\varphi(t), \psi(t), \omega(t)],$$

求复合函数对自变量 t 的导数．函数关系如图 9-3 所示，于是求导公式可记为（称全导数公式）

$$\frac{\mathrm{d}z}{\mathrm{d}t}=\frac{\partial z}{\partial u}\frac{\mathrm{d}u}{\mathrm{d}t}+\frac{\partial z}{\partial v}\frac{\mathrm{d}v}{\mathrm{d}t}+\frac{\partial z}{\partial w}\frac{\mathrm{d}w}{\mathrm{d}t}.$$

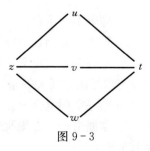

图 9-3

(2) $z=f(u, x, y)$，$u=\varphi(x, y)$，则复合函数为

$$z = f[\varphi(x, y), x, y]$$

求复合函数对 x, y 的偏导数. 函数关系如图 9-4 所示 (把 x, y 也看成中间变量), 于是求导公式为

$$\frac{\partial z}{\partial x} = \frac{\partial f}{\partial u}\frac{\partial u}{\partial x} + \frac{\partial f}{\partial x}\frac{\mathrm{d}x}{\mathrm{d}x} = \frac{\partial f}{\partial u}\frac{\partial u}{\partial x} + \frac{\partial f}{\partial x}.$$

同理可得

$$\frac{\partial z}{\partial y} = \frac{\partial f}{\partial u}\frac{\partial u}{\partial y} + \frac{\partial f}{\partial y}.$$

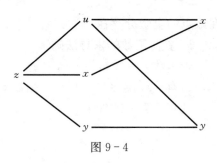

图 9-4

注意: 与一元复合函数的微分形式不变性相类似, 也有一阶全微分形式不变性.

设函数 $z = f(u, v)$ 有连续偏导数, 则不论 u, v 是自变量还是中间变量, 总有

$$\mathrm{d}z = \frac{\partial z}{\partial u}\mathrm{d}u + \frac{\partial z}{\partial v}\mathrm{d}v.$$

利用这一特性, 同样可得到全微分的和、差、积、商运算公式

$$\mathrm{d}(u \pm v) = \mathrm{d}u \pm \mathrm{d}v;$$
$$\mathrm{d}(uv) = v\mathrm{d}u + u\mathrm{d}v;$$
$$\mathrm{d}\left(\frac{u}{v}\right) = \frac{v\mathrm{d}u - u\mathrm{d}v}{v^2} \quad (v \neq 0).$$

4. 隐函数的求导公式

一元隐函数存在定理是隐函数理论的基础, 定理中的条件只是隐函数存在及唯一性的充分条件, 并非必要条件, 一个方程只能确定其中一个变量为因变量, 其余各变量为自变量, 即一个二元方程在满足存在性条件下可以确定一个一元隐函数; 一个三元方程在满足存在性条件下可以确定一个二元隐函数; 四元方程可以确定一个三元隐函数.

对隐函数求导问题, 可有两个途径: 一是直接求导, 再解出相应导数; 二是用公式, 对后者来说, 当 $y = y(x)$ 是由 $F(x, y) = 0$ 所确定的隐函数时, 有公式

$$\frac{\mathrm{d}y}{\mathrm{d}x} = -\frac{F'_x(x, y)}{F'_y(x, y)};$$

当 $z = z(x, y)$ 是由方程 $F(x, y, z) = 0$ 所确定的隐函数时, 则有公式

$$\frac{\partial z}{\partial x} = -\frac{F'_x(x, y, z)}{F'_z(x, y, z)}, \quad \frac{\partial z}{\partial y} = -\frac{F'_y(x, y, z)}{F'_z(x, y, z)}.$$

二、基本要求

1. 理解多元函数的定义, 会求二元函数的定义域, 知道二元函数的几何意义.
2. 理解二元函数的极限及连续的概念, 以及有界闭区域上连续函数的性质.
3. 掌握偏导数定义, 熟悉求多元函数偏导数的方法, 会求高阶偏导数, 并理解混合偏导数与求导次序无关的条件, 掌握全微分的概念及求法.
4. 熟练掌握复合函数微分.
5. 掌握由一个方程所确定的隐函数的偏导数求法, 了解由方程组所确定的隐函数的偏导数求法.

三、习题解答

习 题 9-1

（A）

1. 求下列函数的定义域．

(1) $z = \sqrt{\sin(x^2+y^2)}$；

(2) $z = \arcsin\dfrac{x}{y^2}$；

(3) $z = \ln[(16-x^2-y^2)(x^2+y^2-4)]$；

(4) $z = \sqrt{x-\sqrt{y}}$；

(5) $z = \dfrac{1}{\sqrt{x+y}} + \dfrac{1}{\sqrt{x-y}}$；

(6) $z = \sqrt{R^2-x^2-y^2} + \dfrac{1}{\sqrt{x^2+y^2-r^2}}$ $(0 < r < R)$．

解 要使函数有意义，须满足：

(1) $\sin(x^2+y^2) \geqslant 0$，则函数的定义域为
$$D = \{(x, y) \mid 2n\pi \leqslant x^2+y^2 \leqslant (2n+1)\pi,\ n=0, 1, 2, \cdots\}.$$

(2) $\left|\dfrac{x}{y^2}\right| \leqslant 1$ 且 $y \neq 0$，则函数的定义域为
$$D = \{(x, y) \mid -y^2 \leqslant x \leqslant y^2,\ y \neq 0\}.$$

(3) $4 < x^2+y^2 < 16$，则函数的定义域为
$$D = \{(x, y) \mid 4 < x^2+y^2 < 16\}.$$

(4) $x-\sqrt{y} \geqslant 0$ 且 $y \geqslant 0$，则函数的定义域为
$$D = \{(x, y) \mid x \geqslant 0,\ 0 \leqslant y \leqslant x^2\}.$$

(5) $\begin{cases} x+y > 0, \\ x-y > 0, \end{cases}$ 则函数的定义域为
$$D = \{(x, y) \mid x > 0,\ -x < y < x\}.$$

(6) $x^2+y^2 \leqslant R^2$ 且 $x^2+y^2 > r^2$，则函数的定义域为
$$D = \{(x, y) \mid r^2 < x^2+y^2 \leqslant R^2\}.$$

2. 若 $f(x, y) = \dfrac{2xy}{x^2+y^2}$，求 $f\left(1, \dfrac{y}{x}\right)$．

解 $f\left(1, \dfrac{y}{x}\right) = \dfrac{2 \cdot 1 \cdot \dfrac{y}{x}}{1^2 + \dfrac{y^2}{x^2}} = \dfrac{2xy}{x^2+y^2}$．

3. 设 $f\left(x+y, \dfrac{y}{x}\right) = x^2 - y^2$，求 $f(x, y)$．

解 令 $\begin{cases} x+y = t, \\ \dfrac{y}{x} = \mu, \end{cases}$ 解之得 $\begin{cases} x = \dfrac{t}{1+\mu}, \\ y = \dfrac{t\mu}{1+\mu}, \end{cases}$ 则

$$f(t,\mu)=\left(\frac{t}{1+\mu}\right)^2-\left(\frac{t\mu}{1+\mu}\right)^2=\frac{t^2(1-\mu)}{1+\mu},$$

所以
$$f(x,y)=\frac{x^2(1-y)}{1+y}.$$

4. 设 $z=x+y+f(x-y)$，且当 $y=0$ 时，$z=x^2$，求函数 f 和 z 的表达式.

解 因为 $y=0$ 时，$z=x^2$，所以 $x^2=x+f(x)$，则 $f(x)=x^2-x$，从而
$$f(x-y)=(x-y)^2-(x-y),$$
$$z=(x+y)+(x-y)^2-(x-y)=(x-y)^2+2y.$$

5. 指出下列函数的不连续点（如果存在的话）.

(1) $z=\dfrac{x+1}{\sqrt{x^2+y^2}}$；

(2) $z=\dfrac{1}{\sin x\sin y}$；

(3) $z=\dfrac{xy^2}{x+y}$；

(4) $f(x,y)=\begin{cases}\dfrac{x^2-y^2}{x^2+y^2}, & (x,y)\neq(0,0),\\ 0, & (x,y)=(0,0).\end{cases}$

解 (1) $(0,0)$；(2) $x=m\pi$，$y=n\pi$ $(m,n=0,\pm1,\pm2,\cdots)$；
(3) $y=-x$；(4) $(0,0)$.

6. 求下列函数的极限.

(1) $\lim\limits_{\substack{x\to 0\\y\to 1}}\dfrac{1-xy}{x^2+y^2}$；

(2) $\lim\limits_{\substack{x\to 0\\y\to 0}}\dfrac{xy}{\sqrt{xy+1}-1}$；

(3) $\lim\limits_{\substack{x\to+\infty\\y\to+\infty}}\dfrac{1+x^2+y^2}{x^2+y^2}$；

(4) $\lim\limits_{\substack{x\to 0\\y\to 0}}(x+y)\sin\dfrac{1}{x}\sin\dfrac{1}{y}$；

(5) $\lim\limits_{\substack{x\to 0\\y\to 0}}\dfrac{x+y}{x-y}$.

解 (1) 原式 $=1$；

(2) 原式 $=\lim\limits_{\substack{x\to 0\\y\to 0}}(\sqrt{xy+1}+1)=2$；

(3) 原式 $=\lim\limits_{\substack{x\to+\infty\\y\to+\infty}}\left(\dfrac{1}{x^2+y^2}+1\right)=1$；

(4) 原式 $=\lim\limits_{\substack{x\to 0\\y\to 0}}x\sin\dfrac{1}{x}\sin\dfrac{1}{y}+\lim\limits_{\substack{x\to 0\\y\to 0}}y\sin\dfrac{1}{x}\sin\dfrac{1}{y}=0$；

(5) 取路径 $y=kx(k\neq 1)$，当 (x,y) 沿此路径趋向于 $(0,0)$ 时，
$$\lim\limits_{\substack{x\to 0\\y\to 0}}\dfrac{x+y}{x-y}=\lim\limits_{x\to 0}\dfrac{x+kx}{x-kx}=\dfrac{1+k}{1-k},$$

当 k 取不同值时极限值不同，故极限 $\lim\limits_{\substack{x\to 0\\y\to 0}}\dfrac{x+y}{x-y}$ 不存在.

(B)

1. 求下列函数的定义域.

(1) $z=\arcsin(x-y^2)+\ln\ln(10-x^2-4y^2)$；

(2) $z = \sin\dfrac{1}{2x-1} + \tan(\pi y)$.

解 要使函数有意义，须满足

(1) $|x-y^2| \leqslant 1$ 且 $\ln(10-x^2-4y^2) > 0$，$10-x^2-4y^2 > 1$，则函数的定义域为
$$D = \{(x, y) \mid (x^2+4y^2) < 9,\ y^2-1 \leqslant x \leqslant y^2+1\}.$$

(2) $2x-1 \neq 0$，$\pi y \neq k\pi + \dfrac{\pi}{2}$，则函数的定义域为
$$D = \left\{(x, y) \mid x \neq \dfrac{1}{2},\ y \neq \dfrac{2k+1}{2},\ k = 0,\ \pm 1,\ \pm 2,\ \cdots\right\}.$$

2. 试写出三元函数极限 $\lim\limits_{\substack{x \to x_0 \\ y \to y_0 \\ z \to z_0}} f(x, y, z) = A$ 的定义.

解 设函数 $f(x, y, z)$ 在点 $P_0(x_0, y_0, z_0)$ 的某邻域内有定义（点 P_0 可以除外），A 为某常数，如果对任给的 $\varepsilon > 0$，存在 $\delta > 0$，使当 $0 < \rho = \sqrt{(x-x_0)^2 + (y-y_0)^2 + (z-z_0)^2} < \delta$ 时，恒有
$$|f(x, y, z) - A| < \varepsilon$$
成立，则称函数 $f(x, y, z)$ 当 $P \to P_0$ 时以常数 A 为极限，记为 $\lim\limits_{\substack{x \to x_0 \\ y \to y_0 \\ z \to z_0}} f(x, y, z) = A.$

3. 证明：极限 $\lim\limits_{\substack{x \to 0 \\ y \to 0}} f(x, y)$ 不存在，这里 $f(x, y) = \begin{cases} \dfrac{y^3 + x^3}{y - x}, & x \neq y, \\ 0, & x = y. \end{cases}$

解 取路径 $y = x + kx^3$，当 (x, y) 沿此路径趋向于 $(0, 0)$ 时，
$$\lim\limits_{\substack{x \to 0 \\ y \to 0}} (x, y) = \lim\limits_{x \to 0} \dfrac{x^3(1+kx^2)^3 + x^3}{kx^3} = \lim\limits_{x \to 0} \dfrac{(1+kx^2)^3 + 1}{k} = \dfrac{2}{k},$$
当 k 取不同值时极限值不同，故原式极限不存在.

习 题 9-2

(A)

1. 求下列函数在给定点处的偏导数.

(1) $z = \dfrac{xy(x^2-y^2)}{x^2+y^2}$，求 $z'_x(1, 1)$，$z'_y(1, 1)$；

(2) $z = e^{x^2+y^2}$，求 $z'_x(0, 1)$，$z'_y(1, 0)$；

(3) $z = \ln|xy|$，求 $z'_x(-1, -1)$，$z'_y(1, 1)$.

解 (1) $z'_x = \dfrac{(x^3y - xy^3)'_x(x^2+y^2) - (x^3y - xy^3)(x^2+y^2)'_x}{(x^2+y^2)^2}$
$$= \dfrac{(3x^2y - y^3)(x^2+y^2) - 2x(x^3y - xy^3)}{(x^2+y^2)^2}$$
$$= \dfrac{x^4y + 4x^2y^3 - y^5}{(x^2+y^2)^2},$$

所以 $z'_x(1, 1) = 1.$

同理 $z'_y = \dfrac{x^5 - 4x^3 y^2 - xy^4}{(x^2 + y^2)^2}$，所以 $z'_y(1, 1) = -1$.

(2) $z'_x = 2xe^{x^2+y^2}$，所以 $z'_x(0, 1) = 0$；

$z'_y = 2ye^{x^2+y^2}$，所以 $z'_y(1, 0) = 0$.

(3) $z = \ln|xy| = \ln|x| + \ln|y|$，所以

$$z'_x = \dfrac{1}{x}, \quad z'_y = \dfrac{1}{y},$$

所以 $z'_x(-1, -1) = -1, \quad z'_y(1, 1) = 1$.

2. 求下列函数的一阶偏导数.

(1) $z = x^3 y - y^3 x$；

(2) $z = \ln(x + \ln y)$；

(3) $z = x \ln \dfrac{y}{x}$；

(4) $z = \arcsin \dfrac{x}{y}$；

(5) $z = \log_y x$；

(6) $u = e^{\frac{x}{y}} + e^{\frac{z}{y}}$；

(7) $u = z^{xy}$；

(8) $u = \sqrt{x^2 + y^2 + z^2}$.

解 (1) $\dfrac{\partial z}{\partial x} = 3x^2 y - y^3, \quad \dfrac{\partial z}{\partial y} = x^3 - 3y^2 x$.

(2) $\dfrac{\partial z}{\partial x} = \dfrac{1}{x + \ln y}, \quad \dfrac{\partial z}{\partial y} = \dfrac{1}{y(x + \ln y)}$.

(3) $\dfrac{\partial z}{\partial x} = \ln \dfrac{y}{x} + x \dfrac{x}{y} \left(-\dfrac{y}{x^2} \right) = \ln \dfrac{y}{x} - 1, \quad \dfrac{\partial z}{\partial y} = \dfrac{x}{y}$.

(4) $\dfrac{\partial z}{\partial x} = \dfrac{|y|}{y \sqrt{y^2 - x^2}}, \quad \dfrac{\partial z}{\partial y} = -\dfrac{|y| x}{y^2 \sqrt{y^2 - x^2}}$.

(5) $z = \dfrac{\ln x}{\ln y}$.

$\dfrac{\partial z}{\partial x} = \dfrac{1}{x \ln y}, \quad \dfrac{\partial z}{\partial y} = \ln x \left[-\dfrac{1}{y(\ln y)^2} \right] = -\dfrac{\ln x}{y(\ln y)^2}$.

(6) $\dfrac{\partial u}{\partial x} = \dfrac{1}{y} e^{\frac{x}{y}}, \quad \dfrac{\partial u}{\partial y} = -\dfrac{1}{y^2}(xe^{\frac{x}{y}} + ze^{\frac{z}{y}}), \quad \dfrac{\partial u}{\partial z} = \dfrac{1}{y} e^{\frac{z}{y}}$.

(7) $\dfrac{\partial u}{\partial x} = yz^{xy} \ln z, \quad \dfrac{\partial u}{\partial y} = xz^{xy} \ln z, \quad \dfrac{\partial u}{\partial z} = xyz^{xy-1}$.

(8) $\dfrac{\partial u}{\partial x} = \dfrac{x}{\sqrt{x^2+y^2+z^2}}, \quad \dfrac{\partial u}{\partial y} = \dfrac{y}{\sqrt{x^2+y^2+z^2}}, \quad \dfrac{\partial u}{\partial z} = \dfrac{z}{\sqrt{x^2+y^2+z^2}}$.

3. 证明下列各题.

(1) 若 $z = x^y y^x$，求证：$x \dfrac{\partial z}{\partial x} + y \dfrac{\partial z}{\partial y} = z(x + y + \ln z)$；

(2) 若 $z = f(ax + by)$，求证：$b \dfrac{\partial z}{\partial x} = a \dfrac{\partial z}{\partial y}$；

(3) 若 $u = (y-z)(z-x)(x-y)$，求证：$\dfrac{\partial u}{\partial x} + \dfrac{\partial u}{\partial y} + \dfrac{\partial u}{\partial z} = 0$.

证 (1) $\dfrac{\partial z}{\partial x} = yx^{y-1} y^x + x^y y^x \ln y, \quad \dfrac{\partial z}{\partial y} = x^y y^x \ln x + x^y xy^{x-1}$,

$$\ln z = y\ln x + x\ln y,$$

易见
$$x\frac{\partial z}{\partial x} + y\frac{\partial z}{\partial y} = x^y y^x (y + x\ln y + y\ln x + x)$$
$$= x^y y^x (x + y + \ln z).$$

(2) 令 $u = ax + by$，则
$$\frac{\partial z}{\partial x} = f'_u(ax+by)u'_x = f'_u(ax+by)a, \quad \frac{\partial z}{\partial y} = f'_u(ax+by)b,$$

所以
$$b\frac{\partial z}{\partial x} = abf'_u(ax+by) = a\frac{\partial z}{\partial y}.$$

(3) $\dfrac{\partial u}{\partial x} = (y-z)(y-x) + (y-z)(z-x),$

$\dfrac{\partial u}{\partial y} = (z-x)(x-y) + (y-z)(x-z),$

$\dfrac{\partial u}{\partial z} = (x-z)(x-y) + (y-z)(x-y),$

所以
$$\frac{\partial u}{\partial x} + \frac{\partial u}{\partial y} + \frac{\partial u}{\partial z} = 0.$$

4. 求下列函数的全微分.

(1) $z = xy + \dfrac{x}{y}$; (2) $z = e^{x(x^2+y^2)}$;

(3) $z = \arctan\dfrac{x+y}{x-y}$; (4) $z = \ln\sqrt{x^2+y^2}$.

解　(1) $\dfrac{\partial z}{\partial x} = y + \dfrac{1}{y}, \quad \dfrac{\partial z}{\partial y} = x - \dfrac{x}{y^2},$

所以
$$\mathrm{d}z = \left(y + \frac{1}{y}\right)\mathrm{d}x + \left(x - \frac{x}{y^2}\right)\mathrm{d}y.$$

(2) $\dfrac{\partial z}{\partial x} = (3x^2+y^2)e^{x^3+xy^2}, \quad \dfrac{\partial z}{\partial y} = 2xy \cdot e^{x^3+xy^2},$

所以
$$\mathrm{d}z = e^{x(x^2+y^2)} \cdot [(3x^2+y^2)\mathrm{d}x + 2xy\mathrm{d}y].$$

(3) $\dfrac{\partial z}{\partial x} = -\dfrac{y}{x^2+y^2}, \quad \dfrac{\partial z}{\partial y} = \dfrac{x}{x^2+y^2},$

所以
$$\mathrm{d}z = -\frac{y}{x^2+y^2}\mathrm{d}x + \frac{x}{x^2+y^2}\mathrm{d}y.$$

(4) $\dfrac{\partial z}{\partial x} = \dfrac{x}{x^2+y^2}, \quad \dfrac{\partial z}{\partial y} = \dfrac{y}{x^2+y^2},$

所以
$$\mathrm{d}z = \frac{1}{x^2+y^2}(x\mathrm{d}x + y\mathrm{d}y).$$

5. 求下列函数在给定点的全微分值.

(1) $z = \ln(x^2+y^2)$，其中 $x=2, \Delta x=0.1, y=1, \Delta y=-0.1$;

(2) $z = e^{xy}$，其中 $x=1, \Delta x=0.15, y=1, \Delta y=0.1$.

解　(1) $\dfrac{\partial z}{\partial x} = \dfrac{2x}{x^2+y^2}, \quad \dfrac{\partial z}{\partial y} = \dfrac{2y}{x^2+y^2},$

$$\left.\frac{\partial z}{\partial x}\right|_{(2,1)}=\frac{4}{5},\quad \left.\frac{\partial z}{\partial y}\right|_{(2,1)}=\frac{2}{5},$$

所以 $\quad dz=\frac{\partial z}{\partial x}dx+\frac{\partial z}{\partial y}dy=\frac{4}{5}\times 0.1+\frac{2}{5}\times(-0.1)=0.04.$

(2) $\frac{\partial z}{\partial x}=ye^{xy},\quad \frac{\partial z}{\partial y}=xe^{xy},$

$$\left.\frac{\partial z}{\partial x}\right|_{(1,1)}=e,\quad \left.\frac{\partial z}{\partial y}\right|_{(1,1)}=e,$$

所以 $\quad dz=\frac{\partial z}{\partial x}dx+\frac{\partial z}{\partial y}dy=0.15e+0.1e=0.25e\approx 0.6796.$

(B)

1. 求下列函数的一阶偏导数.

(1) $z=x^2\arctan\frac{y}{x}-y^2\arctan\frac{x}{y}$; (2) $z=\ln\frac{\sqrt{x^2+y^2}-x}{\sqrt{x^2+y^2}+x}.$

解 (1) $\frac{\partial z}{\partial x}=2x\arctan\frac{y}{x}-x^2\frac{1}{1+\left(\frac{y}{x}\right)^2}\frac{y}{x^2}-y^2\frac{1}{1+\left(\frac{x}{y}\right)^2}\frac{1}{y}$

$$=2x\arctan\frac{y}{x}-y.$$

同理 $\frac{\partial z}{\partial y}=x-2y\arctan\frac{x}{y}.$

(2) $z=\ln(\sqrt{x^2+y^2}-x)-\ln(\sqrt{x^2+y^2}+x).$

$$\frac{\partial z}{\partial x}=\frac{\frac{x}{\sqrt{x^2+y^2}}-1}{\sqrt{x^2+y^2}-x}-\frac{\frac{x}{\sqrt{x^2+y^2}}+1}{\sqrt{x^2+y^2}+x}=-\frac{2}{\sqrt{x^2+y^2}}.$$

同理 $\frac{\partial z}{\partial y}=\frac{2x}{y\sqrt{x^2+y^2}}.$

2. 计算下列各题的近似值.

(1) $\sqrt{1.02^3+1.97^3}$; (2) $1.02^{4.05}$; (3) $\sqrt{1.04^{1.99}+\ln 1.02}.$

解 (1) 设函数 $f(x,y)=\sqrt{x^3+y^3}$, 则

$$\left.\frac{\partial f}{\partial x}\right|_{(1,2)}=\frac{3x^2}{2\sqrt{x^3+y^3}},\quad \left.\frac{\partial f}{\partial y}\right|_{(1,2)}=\frac{3y^2}{2\sqrt{x^3+y^3}}.$$

因为 $\quad f(x_0+\Delta x,y_0+\Delta y)\approx f'_x(x_0,y_0)\Delta x+f'_y(x_0,y_0)\Delta y+f(x_0,y_0),$

取 $x_0=1,\Delta x=0.02,y_0=2,\Delta y=-0.03$, 代入上式得

$$\text{原式}\approx\frac{1}{2}\times 0.02+2\times(-0.03)+3=2.95.$$

(2) 设 $f(x,y)=x^y$, 则 $f'_x(x,y)=yx^{y-1},\ f'_y(x,y)=x^y\ln x.$

因为 $f(x_0+\Delta x,y_0+\Delta y)\approx f'_x(x_0,y_0)\Delta x+f'_y(x_0,y_0)\Delta y+f(x_0,y_0),$

取 $x_0=1,\Delta x=0.02,y_0=4,\Delta y=0.05$, 代入上式得

$$\text{原式}\approx 4\times 0.02+0\times 0.05+1=1.08.$$

(3) 令 $f(x, y, z) = \sqrt{x^y + \ln z}$，则

$$\frac{\partial f}{\partial x} = \frac{1}{2\sqrt{x^y+\ln z}} y x^{y-1}, \quad \frac{\partial f}{\partial y} = \frac{1}{2\sqrt{x^y+\ln z}} x^y \ln x, \quad \frac{\partial f}{\partial z} = \frac{1}{2\sqrt{x^y+\ln z}} \frac{1}{z}.$$

因为
$$f(x_0+\Delta x, y_0+\Delta y, z_0+\Delta z) \approx f'_x(x_0, y_0, z_0)\Delta x + f'_y(x_0, y_0, z_0)\Delta y +$$
$$f'_z(x_0, y_0, z_0)\Delta z + f(x_0, y_0, z_0),$$

取 $x_0=1$，$\Delta x=0.04$，$y_0=2$，$\Delta y=-0.01$，$z_0=1$，$\Delta z=0.02$，代入上式得

$$\left.\frac{\partial f}{\partial x}\right|_{(1,2,1)}=1, \quad \left.\frac{\partial f}{\partial y}\right|_{(1,2,1)}=0, \quad \left.\frac{\partial f}{\partial z}\right|_{(1,2,1)}=\frac{1}{2},$$

所以　　　　　　原式 $\approx 1\times 0.04+0\times(-0.01)+\frac{1}{2}\times 0.02+1=1.05.$

3. 曲线 $\begin{cases} z=\dfrac{x^2+y^2}{4}, \\ y=4 \end{cases}$，在点 $(2, 4, 5)$ 处的切线与 x 轴的正向所成的角度是多少？

解　该问题即求函数在点 $(2, 4, 5)$ 处与 x 轴方向切线的斜率．

$$\frac{\partial z}{\partial x} = \frac{1}{2}x,$$

所以　　　　　　　　$\left.\dfrac{\partial z}{\partial x}\right|_{(2,4,5)} = \dfrac{1}{2}\times 2 = 1$，

所以 $\tan\alpha=1$，$\alpha=\dfrac{\pi}{4}$，则曲线在点 $(2, 4, 5)$ 处的切线与 x 轴正向成 $\dfrac{\pi}{4}$ 角度．

习 题 9-3

(A)

1. 求下列函数的导数或偏导数．

(1) $u=e^x\cos(x+y)$，$x=t^3$，$y=\ln t$，求 $\dfrac{du}{dt}$；

(2) $z=f(x, y)$，$y=\varphi(x)$，求 $\dfrac{dz}{dx}$；

(3) $z=u^2v^3+2\sin t$，$u=e^t$，$v=\cos t$，求 $\dfrac{dz}{dt}$；

(4) $z=\ln(u^2+v^2)$，$u=x-y$，$v=xy$，求 $\dfrac{\partial z}{\partial x}$，$\dfrac{\partial z}{\partial y}$；

(5) $u=f(x, y, z)$，$x=s^2+t^2$，$y=\cos(s-t)$，$z=st$，求 $\dfrac{\partial u}{\partial s}$，$\dfrac{\partial u}{\partial t}$；

(6) $u=f(x, y, z, w)$，$x=\varphi(y, z)$，$w=\psi(y, z)$，求 $\dfrac{\partial u}{\partial y}$，$\dfrac{\partial u}{\partial z}$；

(7) $w=f(x, u, v)$，$u=g(x, y)$，$v=h(x, y)$，求 $\dfrac{\partial w}{\partial x}$，$\dfrac{\partial w}{\partial y}$；

(8) $u=f(x^2+y^2+z^2)$，求 $\dfrac{\partial u}{\partial x}$，$\dfrac{\partial u}{\partial y}$，$\dfrac{\partial u}{\partial z}$；

(9) $u=f\left(x, \dfrac{x}{y}\right)$，求 $\dfrac{\partial u}{\partial x}$，$\dfrac{\partial u}{\partial y}$．

解 (1)由题意,该复合函数关系如图 9-5 所示.

$$\frac{\partial u}{\partial x} = e^x\cos(x+y) - e^x\sin(x+y),$$

$$\frac{\partial u}{\partial y} = -e^x\sin(x+y),$$

$$\frac{dx}{dt} = 3t^2, \quad \frac{dy}{dt} = \frac{1}{t},$$

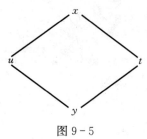

图 9-5

则 $\dfrac{du}{dt} = \dfrac{\partial u}{\partial x}\dfrac{dx}{dt} + \dfrac{\partial u}{\partial y}\dfrac{dy}{dt} = e^{t^3}\left[3t^2\cos(t^3+\ln t) - \left(3t^2+\dfrac{1}{t}\right)\sin(t^3+\ln t)\right].$

(2)由题意,该复合函数关系如图 9-6 所示.

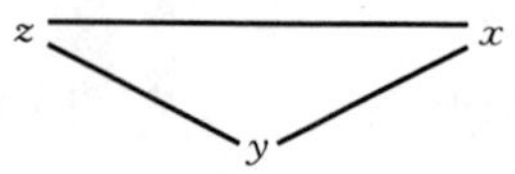

$$\frac{dz}{dx} = \frac{\partial f}{\partial x} + \frac{\partial f}{\partial y}\frac{dy}{dx} = \frac{\partial f}{\partial x} + \frac{\partial f}{\partial y}\varphi'(x).$$

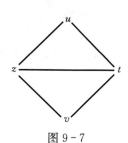

图 9-6

(3)由题意,该复合函数关系如图 9-7 所示.

$$\frac{\partial z}{\partial u} = 2uv^3, \quad \frac{\partial z}{\partial v} = 3u^2v^2, \quad \frac{\partial z}{\partial t} = 2\cos t,$$

$$\frac{du}{dt} = e^t, \quad \frac{dv}{dt} = -\sin t,$$

则 $\dfrac{dz}{dt} = \dfrac{\partial z}{\partial t} + \dfrac{\partial z}{\partial u}\dfrac{du}{dt} + \dfrac{\partial z}{\partial v}\dfrac{dv}{dt}$

$= 2\cos t + 2uv^3 e^t - 3u^2v^2\sin t$

$= 2\cos t + 2e^{2t}\cos^3 t - 3e^{2t}\cos^2 t\sin t.$

图 9-7

(4)由题意,该复合函数关系如图 9-8 所示.

$$\frac{\partial z}{\partial u} = \frac{2u}{u^2+v^2}, \quad \frac{\partial z}{\partial v} = \frac{2v}{u^2+v^2},$$

$$\frac{\partial u}{\partial x} = 1, \quad \frac{\partial u}{\partial y} = -1,$$

$$\frac{\partial v}{\partial x} = y, \quad \frac{\partial v}{\partial y} = x,$$

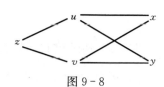

图 9-8

所以 $\dfrac{\partial z}{\partial x} = \dfrac{\partial z}{\partial u}\dfrac{\partial u}{\partial x} + \dfrac{\partial z}{\partial v}\dfrac{\partial v}{\partial x} = \dfrac{2u}{u^2+v^2} + \dfrac{2v}{u^2+v^2}y = \dfrac{2(x-y)+2xy^2}{(x-y)^2+(xy)^2};$

$\dfrac{\partial z}{\partial y} = \dfrac{\partial z}{\partial u}\dfrac{\partial u}{\partial y} + \dfrac{\partial z}{\partial v}\dfrac{\partial v}{\partial y} = \dfrac{-2u}{u^2+v^2} + \dfrac{2v}{u^2+v^2}x = \dfrac{2(y-x)+2x^2y}{(x-y)^2+(xy)^2}.$

(5)由题意,该复合函数关系如图 9-9 所示.

$$\frac{\partial u}{\partial x} = \frac{\partial f}{\partial x}, \quad \frac{\partial x}{\partial s} = 2s, \quad \frac{\partial x}{\partial t} = 2t,$$

$$\frac{\partial u}{\partial y} = \frac{\partial f}{\partial y}, \quad \frac{\partial y}{\partial s} = -\sin(s-t), \quad \frac{\partial y}{\partial t} = \sin(s-t),$$

$$\frac{\partial u}{\partial z} = \frac{\partial f}{\partial z}, \quad \frac{\partial z}{\partial s} = t, \quad \frac{\partial z}{\partial t} = s,$$

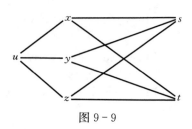

图 9-9

所以 $\dfrac{\partial u}{\partial s} = \dfrac{\partial u}{\partial x}\dfrac{\partial x}{\partial s} + \dfrac{\partial u}{\partial y}\dfrac{\partial y}{\partial s} + \dfrac{\partial u}{\partial z}\dfrac{\partial z}{\partial s} = \dfrac{\partial f}{\partial x}2s - \dfrac{\partial f}{\partial y}\sin(s-t) + \dfrac{\partial f}{\partial z}t;$

$$\frac{\partial u}{\partial t}=\frac{\partial u}{\partial x}\frac{\partial x}{\partial t}+\frac{\partial u}{\partial y}\frac{\partial y}{\partial t}+\frac{\partial u}{\partial z}\frac{\partial z}{\partial t}=\frac{\partial f}{\partial x}2t+\frac{\partial f}{\partial y}\sin(s-t)+\frac{\partial f}{\partial z}s.$$

(6) 由题意，该函数复合关系如图 9-10 所示.

$$\frac{\partial u}{\partial y}=\frac{\partial f}{\partial x}\frac{\partial x}{\partial y}+\frac{\partial f}{\partial y}+\frac{\partial f}{\partial w}\frac{\partial w}{\partial y};$$

$$\frac{\partial u}{\partial z}=\frac{\partial f}{\partial x}\frac{\partial x}{\partial z}+\frac{\partial f}{\partial z}+\frac{\partial f}{\partial w}\frac{\partial w}{\partial z}.$$

(7) 由题意，该函数复合关系如图 9-11 所示.

$$\frac{\partial w}{\partial x}=\frac{\partial f}{\partial x}+\frac{\partial f}{\partial u}\frac{\partial u}{\partial x}+\frac{\partial f}{\partial v}\frac{\partial v}{\partial x};$$

$$\frac{\partial w}{\partial y}=\frac{\partial f}{\partial u}\frac{\partial u}{\partial y}+\frac{\partial f}{\partial v}\frac{\partial v}{\partial y}.$$

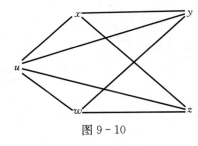
图 9-10

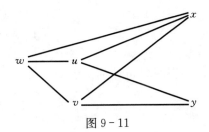
图 9-11

(8) 若令 $v=x^2+y^2+z^2$，则

$$\frac{\partial u}{\partial x}=2x\frac{\mathrm{d}f}{\mathrm{d}v},\quad \frac{\partial u}{\partial y}=2y\frac{\mathrm{d}f}{\mathrm{d}v},\quad \frac{\partial u}{\partial z}=2z\frac{\mathrm{d}f}{\mathrm{d}v}.$$

(9) 若令 $v=\dfrac{x}{y}$，则

$$\frac{\partial u}{\partial x}=\frac{\partial f}{\partial x}+\frac{\partial f}{\partial v}\frac{\partial v}{\partial x}=\frac{\partial f}{\partial x}+\frac{1}{y}\frac{\partial f}{\partial v};$$

$$\frac{\partial u}{\partial y}=\frac{\partial f}{\partial v}\frac{\partial v}{\partial y}=-\frac{\partial f}{\partial v}\frac{x}{y^2}.$$

2. 求下列方程所确定的隐函数的导数.

(1) $\dfrac{x^2}{a^2}+\dfrac{y^2}{b^2}=1$； (2) $y^x=x^y$；

(3) $\sin(xy)=x^2y^2+\mathrm{e}^{xy}$.

解 (1) 方程两端同时对 x 求导，且视 y 为 x 的函数，则有

$$\frac{2x}{a^2}+\frac{2y}{b^2}y'=0,$$

所以
$$y'=-\frac{b^2x}{a^2y}.$$

(2) 方程两端同时取对数得

$$x\ln y=y\ln x,$$

方程两端同时对 x 求导得

$$\ln y + x\frac{1}{y}y' = y'\ln x + y\frac{1}{x},$$

所以
$$y' = \frac{y^2 - xy\ln y}{x^2 - xy\ln x}.$$

(3) 方程两端同时对 x 求导得
$$\cos(xy)(y+xy') = 2xy^2 + 2x^2yy' + e^{xy}(y+xy'),$$

所以
$$y' = \frac{2xy^2 + ye^{xy} - y\cos(xy)}{x\cos(xy) - 2x^2y - xe^{xy}} = -\frac{y}{x}.$$

3. 求下列方程所确定函数 $z=f(x,y)$ 的全微分.

(1) $yz = \arctan(xz)$； (2) $xyz = e^z$；

(3) $2xz - 2xyz + \ln(xyz) = 0$.

解 (1) 方程两端同时对 x 求偏导得
$$y\frac{\partial z}{\partial x} = \frac{1}{1+(xz)^2}\left(z + x\frac{\partial z}{\partial x}\right),$$

所以
$$\frac{\partial z}{\partial x} = \frac{z}{x^2yz^2 + y - x}.$$

同理，方程两端同时对 y 求偏导得
$$\frac{\partial z}{\partial y} = \frac{-z(1+x^2z^2)}{x^2yz^2 + y - x}.$$

所以
$$dz = \frac{\partial z}{\partial x}dx + \frac{\partial z}{\partial y}dy = \frac{z}{y(1+x^2z^2)-x}[dx - (1+x^2z^2)dy].$$

(2) 方程两端同时对 x 求偏导得
$$yz + xy\frac{\partial z}{\partial x} = e^z\frac{\partial z}{\partial x},$$

所以
$$\frac{\partial z}{\partial x} = \frac{yz}{e^z - xy}.$$

方程两端同时对 y 求偏导得
$$xz + xy\frac{\partial z}{\partial y} = e^z\frac{\partial z}{\partial y},$$

所以
$$\frac{\partial z}{\partial y} = \frac{xz}{e^z - xy}.$$

所以
$$dz = \frac{\partial z}{\partial x}dx + \frac{\partial z}{\partial y}dy = \frac{z}{e^z - xy}(ydx + xdy)$$
$$= \frac{z}{z-1}\left(\frac{1}{x}dx + \frac{1}{y}dy\right).$$

(3) 方程两端同时对 x 求偏导得
$$2z + 2x\frac{\partial z}{\partial x} - 2yz - 2xy\frac{\partial z}{\partial x} + \frac{1}{xyz}\left(yz + xy\frac{\partial z}{\partial x}\right) = 0,$$

所以
$$\frac{\partial z}{\partial x} = \frac{2yz - 2z - \frac{1}{x}}{2x - 2xy + \frac{1}{z}} = -\frac{z}{x}.$$

同理，两端同时对 y 求偏导得

$$\frac{\partial z}{\partial y} = \frac{2xz - \frac{1}{y}}{2x - 2xy + \frac{1}{z}} = \frac{z(2xyz - 1)}{y(2xz - 2xyz + 1)}.$$

所以

$$dz = \frac{\partial z}{\partial x}dx + \frac{\partial z}{\partial y}dy = -\frac{z}{x}dx + \frac{z(2xyz-1)}{y(2xz-2xyz+1)}dy.$$

(B)

1. 设 $\frac{x}{z} = \ln\frac{z}{y}$，求 $\frac{\partial z}{\partial x}$ 及 $\frac{\partial z}{\partial y}$.

解 令 $F(x, y, z) = \frac{x}{z} - \ln\frac{z}{y}$，则

$$F'_x = \frac{1}{z},\ F'_y = -\frac{y}{z}\cdot\left(-\frac{z}{y^2}\right) = \frac{1}{y},\ F'_z = -\frac{x}{z^2} \cdot -\frac{y}{z}\frac{1}{y} = -\frac{x+z}{z^2},$$

于是当 $F'_z \neq 0$ 时，有

$$\frac{\partial z}{\partial x} = -\frac{F'_x}{F'_z} = -\frac{1}{z}\bigg/\left(-\frac{x+z}{z^2}\right) = \frac{z}{x+z},$$

$$\frac{\partial z}{\partial y} = -\frac{F'_y}{F'_z} = -\frac{1}{y}\bigg/\left(-\frac{x+z}{z^2}\right) = \frac{z^2}{y(x+z)}.$$

2. 证明：如果 $F(x, y, z) = 0$ 成立，且 F 是可微的，则 $\frac{\partial x}{\partial y}\frac{\partial y}{\partial z}\frac{\partial z}{\partial x} = -1$.

证 由隐函数微分法．

$$\frac{\partial x}{\partial y} = -\frac{\partial F}{\partial y}\bigg/\frac{\partial F}{\partial x},\ \frac{\partial y}{\partial z} = -\frac{\partial F}{\partial z}\bigg/\frac{\partial F}{\partial y},\ \frac{\partial z}{\partial x} = -\frac{\partial F}{\partial x}\bigg/\frac{\partial F}{\partial z},$$

则

$$\frac{\partial x}{\partial y}\frac{\partial y}{\partial z}\frac{\partial z}{\partial x} = -1.$$

3. 验证下列各式（其中 f 为任意可微函数）．

(1) 设 $u = \sin x + f(\sin y - \sin x)$，验证 $\frac{\partial u}{\partial y}\cos x + \frac{\partial u}{\partial x}\cos y = \cos x\cos y$；

(2) 设 $z = \frac{y}{f(x^2 - y^2)}$，验证 $\frac{1}{x}\frac{\partial z}{\partial x} + \frac{1}{y}\frac{\partial z}{\partial y} = \frac{z}{y^2}$.

证 (1) $\frac{\partial u}{\partial x} = \cos x + f'(\sin y - \sin x)(-\cos x)$,

$$\frac{\partial u}{\partial y} = f'(\sin y - \sin x)\cos y,$$

则 $\frac{\partial u}{\partial y}\cos x + \frac{\partial u}{\partial x}\cos y = \cos x\cos y f'(\sin y - \sin x) + \cos x\cos y - \cos x\cos y f'(\sin y - \sin x)$

$$= \cos x\cos y.$$

(2) 令 $u = x^2 - y^2$，

$$\frac{\partial z}{\partial x} = \frac{-y\cdot f'_u\cdot 2x}{f^2(u)} = -\frac{2xyf'_u}{f^2(u)},$$

$$\frac{\partial z}{\partial y} = \frac{f(u) - y\cdot f'_u\cdot(-2y)}{f^2(u)} = \frac{1}{f(u)} + \frac{2y^2 f'_u}{f^2(u)},$$

所以 $\dfrac{1}{x}\dfrac{\partial z}{\partial x}+\dfrac{1}{y}\dfrac{\partial z}{\partial y}=-\dfrac{2yf'_u}{f^2(u)}+\dfrac{1}{yf(u)}+\dfrac{2yf'_u}{f^2(u)}=\dfrac{1}{yf(u)}=\dfrac{z}{y^2}.$

习 题 9-4

(A)

1. 求下列函数的二阶偏导数 $\dfrac{\partial^2 z}{\partial x^2},\ \dfrac{\partial^2 z}{\partial y^2},\ \dfrac{\partial^2 z}{\partial x\partial y}.$

(1) $z=x^2 y e^y$；

(2) $z=\dfrac{x}{x^2+y^2}$；

(3) $z=(\cos y+x\sin y)e^x$；

(4) $z=x^2\arctan\dfrac{y}{x}-y^2\arctan\dfrac{x}{y}.$

解 (1) $\dfrac{\partial z}{\partial x}=2xye^y,\quad \dfrac{\partial z}{\partial y}=x^2(y+1)e^y,$

所以 $\dfrac{\partial^2 z}{\partial x^2}=2ye^y,\quad \dfrac{\partial^2 z}{\partial x\partial y}=2x(y+1)e^y,\quad \dfrac{\partial^2 z}{\partial y^2}=x^2(y+2)e^y.$

(2) $\dfrac{\partial z}{\partial x}=\dfrac{x^2+y^2-2x^2}{(x^2+y^2)^2}=\dfrac{y^2-x^2}{(x^2+y^2)^2},\quad \dfrac{\partial z}{\partial y}=\dfrac{-2xy}{(x^2+y^2)^2},$

所以 $\dfrac{\partial^2 z}{\partial x^2}=\dfrac{2x(x^2-3y^2)}{(x^2+y^2)^3},\quad \dfrac{\partial^2 z}{\partial x\partial y}=\dfrac{2y(3x^2-y^2)}{(x^2+y^2)^3},\quad \dfrac{\partial^2 z}{\partial y^2}=\dfrac{2x(3y^2-x^2)}{(x^2+y^2)^3}.$

(3) $\dfrac{\partial z}{\partial x}=e^x\sin y+(\cos y+x\sin y)e^x,$

$\dfrac{\partial z}{\partial y}=(-\sin y+x\cos y)e^x,$

所以 $\dfrac{\partial^2 z}{\partial x^2}=2e^x\sin y+(\cos y+x\sin y)e^x,$

$\dfrac{\partial^2 z}{\partial x\partial y}=(\cos y-\sin y+x\cos y)e^x,$

$\dfrac{\partial^2 z}{\partial y^2}=(-\cos y-x\sin y)e^x.$

(4) $\dfrac{\partial z}{\partial x}=2x\arctan\dfrac{y}{x}+x^2\dfrac{1}{1+\left(\dfrac{y}{x}\right)^2}\left(-\dfrac{y}{x^2}\right)-y^2\dfrac{1}{1+\left(\dfrac{x}{y}\right)^2}\dfrac{1}{y}$

$=2x\arctan\dfrac{y}{x}-y,$

$\dfrac{\partial z}{\partial y}=x^2\dfrac{1}{1+\left(\dfrac{y}{x}\right)^2}\dfrac{1}{x}-2y\arctan\dfrac{x}{y}-y^2\dfrac{1}{1+\left(\dfrac{x}{y}\right)^2}\left(-\dfrac{x}{y^2}\right)$

$=x-2y\arctan\dfrac{x}{y},$

所以 $\dfrac{\partial^2 z}{\partial x^2}=2\arctan\dfrac{y}{x}-\dfrac{2xy}{x^2+y^2},\quad \dfrac{\partial^2 z}{\partial x\partial y}=\dfrac{x^2-y^2}{x^2+y^2},\quad \dfrac{\partial^2 z}{\partial y^2}=\dfrac{2xy}{x^2+y^2}-2\arctan\dfrac{x}{y}.$

2. 验证 $z=\ln(e^x+e^y)$ 满足方程 $\dfrac{\partial^2 z}{\partial x^2}\dfrac{\partial^2 z}{\partial y^2}-\left(\dfrac{\partial^2 z}{\partial x\partial y}\right)^2=0.$

证 $\dfrac{\partial z}{\partial x}=\dfrac{e^x}{e^x+e^y}$, $\dfrac{\partial z}{\partial y}=\dfrac{e^y}{e^x+e^y}$,

$\dfrac{\partial^2 z}{\partial x\partial y}=\dfrac{-e^{x+y}}{(e^x+e^y)^2}$, $\dfrac{\partial^2 z}{\partial x^2}=\dfrac{e^{x+y}}{(e^x+e^y)^2}$, $\dfrac{\partial^2 z}{\partial y^2}=\dfrac{e^{x+y}}{(e^x+e^y)^2}$,

所以 $$\dfrac{\partial^2 z}{\partial x^2}\dfrac{\partial^2 z}{\partial y^2}-\left(\dfrac{\partial^2 z}{\partial x\partial y}\right)^2=0.$$

3. 设 $u=\dfrac{1}{\sqrt{x^2+y^2+z^2}}$，求证：$\dfrac{\partial^2 u}{\partial x^2}+\dfrac{\partial^2 u}{\partial y^2}+\dfrac{\partial^2 u}{\partial z^2}=0.$

证 $\dfrac{\partial u}{\partial x}=-x(x^2+y^2+z^2)^{-\frac{3}{2}}$,

$\dfrac{\partial^2 u}{\partial x^2}=3x^2(x^2+y^2+z^2)^{-\frac{5}{2}}-(x^2+y^2+z^2)^{-\frac{3}{2}}.$

同理 $\dfrac{\partial^2 u}{\partial y^2}=3y^2(x^2+y^2+z^2)^{-\frac{5}{2}}-(x^2+y^2+z^2)^{-\frac{3}{2}}$,

$\dfrac{\partial^2 u}{\partial z^2}=3z^2(x^2+y^2+z^2)^{-\frac{5}{2}}-(x^2+y^2+z^2)^{-\frac{3}{2}}$,

则 $$\dfrac{\partial^2 u}{\partial x^2}+\dfrac{\partial^2 u}{\partial y^2}+\dfrac{\partial^2 u}{\partial z^2}=0.$$

4. 设 $x^2+y^2+z^2=4z$，求 $\dfrac{\partial^2 z}{\partial x^2}$.

解 等式两端同时对 x 求偏导得
$$2x+2z\dfrac{\partial z}{\partial x}=4\dfrac{\partial z}{\partial x},$$

所以 $$\dfrac{\partial z}{\partial x}=\dfrac{x}{2-z},$$

$$\dfrac{\partial^2 z}{\partial x^2}=\dfrac{(2-z)^2+x^2}{(2-z)^3}=\dfrac{4-y^2}{(2-z)^3}.$$

5. 设 $e^z-xyz=0$，求 $\dfrac{\partial^2 z}{\partial x^2}$.

解 等式两端同时对 x 求偏导得
$$e^z\dfrac{\partial z}{\partial x}-yz-xy\dfrac{\partial z}{\partial x}=0,$$

所以 $$\dfrac{\partial z}{\partial x}=\dfrac{yz}{e^z-xy}.$$

上式两端再同时对 x 求偏导得
$$e^z\left(\dfrac{\partial z}{\partial x}\right)^2+e^z\dfrac{\partial^2 z}{\partial x^2}-2y\dfrac{\partial z}{\partial x}-xy\dfrac{\partial^2 z}{\partial x^2}=0,$$

所以 $$\dfrac{\partial^2 z}{\partial x^2}=\dfrac{2y^2ze^z-2xy^3z-y^2z^2e^z}{(e^z-xy)^3}.$$

6. 设 $z^3-3xyz=0$，求 $\dfrac{\partial^2 z}{\partial x\partial y}$.

解 等式两端同时对 x 求偏导得
$$3z^2\dfrac{\partial z}{\partial x}-3yz-3xy\dfrac{\partial z}{\partial x}=0,$$

所以
$$\frac{\partial z}{\partial x} = \frac{yz}{z^2 - xy}.$$

同理
$$\frac{\partial z}{\partial y} = \frac{xz}{z^2 - xy}.$$

所以
$$\frac{\partial^2 z}{\partial x \partial y} = \frac{z(z^4 - 2xyz^2 - x^2 y^2)}{(z^2 - xy)^3}.$$

(B)

1. 设 $z = f(x^2 + y^2)$，其中 f 具有二阶导数，求 $\frac{\partial^2 z}{\partial x^2}$，$\frac{\partial^2 z}{\partial x \partial y}$，$\frac{\partial^2 z}{\partial y^2}$.

解 令 $u = x^2 + y^2$，则 $z = f(u)$. 记 $f' = f'(u)$，$f'' = f''(u)$.

$\frac{\partial z}{\partial x} = f'(u) \cdot \frac{\partial u}{\partial x} = 2x f'$，$\frac{\partial z}{\partial y} = f'(u) \cdot \frac{\partial u}{\partial y} = 2y f'$，

$\frac{\partial^2 z}{\partial x^2} = 2f' + 2x f'' \cdot \frac{\partial u}{\partial x} = 2f' + 4x^2 f''$，

$\frac{\partial^2 z}{\partial x \partial y} = 2x f'' \cdot \frac{\partial u}{\partial y} = 4xy f''$，

$\frac{\partial^2 z}{\partial y^2} = 2f' + 2y f'' \cdot \frac{\partial u}{\partial y} = 2f' + 4y^2 f''$.

2. 求下列函数的偏导数（其中 f 具有二阶连续偏导数）.

(1) $u = f(x, y)$，其中 $x = r\cos\theta$，$y = r\sin\theta$，求 $\frac{\partial u}{\partial r}$，$\frac{\partial u}{\partial \theta}$，$\frac{\partial^2 u}{\partial r^2}$；

(2) $u = f\left(x, \frac{x}{y}\right)$，求 $\frac{\partial^2 u}{\partial x^2}$，$\frac{\partial^2 u}{\partial x \partial y}$，$\frac{\partial^2 u}{\partial y^2}$；

(3) $u = f(x, xy, xyz)$，求 $\frac{\partial^2 u}{\partial x^2}$，$\frac{\partial^2 u}{\partial x \partial y}$.

解 (1) $\frac{\partial u}{\partial r} = \frac{\partial f}{\partial x} \frac{\partial x}{\partial r} + \frac{\partial f}{\partial y} \frac{\partial y}{\partial r} = \frac{\partial f}{\partial x} \cos\theta + \frac{\partial f}{\partial y} \sin\theta$，

$\frac{\partial u}{\partial \theta} = \frac{\partial f}{\partial x} \frac{\partial x}{\partial \theta} + \frac{\partial f}{\partial y} \frac{\partial y}{\partial \theta} = -\frac{\partial f}{\partial x} r\sin\theta + \frac{\partial f}{\partial y} r\cos\theta$，

$\frac{\partial^2 u}{\partial r^2} = \left(\frac{\partial^2 f}{\partial x^2} \frac{\partial x}{\partial r} + \frac{\partial^2 f}{\partial x \partial y} \frac{\partial y}{\partial r}\right)\cos\theta + \left(\frac{\partial^2 f}{\partial y \partial x} \frac{\partial x}{\partial r} + \frac{\partial^2 f}{\partial y^2} \frac{\partial y}{\partial r}\right)\sin\theta$

$= \frac{\partial^2 f}{\partial x^2} \cos^2\theta + 2 \frac{\partial^2 f}{\partial x \partial y} \sin\theta\cos\theta + \frac{\partial^2 f}{\partial y^2} \sin^2\theta$.

(2) $\frac{\partial u}{\partial x} = f_1' + f_2' \frac{1}{y}$，$\frac{\partial u}{\partial y} = f_2' \left(-\frac{x}{y^2}\right) = -\frac{x}{y^2} f_2'$，

$\frac{\partial^2 u}{\partial x^2} = f_{11}'' + f_{12}'' \frac{1}{y} + \frac{1}{y}\left(f_{21}'' + f_{22}'' \frac{1}{y}\right) = f_{11}'' + \frac{2}{y} f_{12}'' + \frac{1}{y^2} f_{22}''$，

$\frac{\partial^2 u}{\partial x \partial y} = f_{12}'' \cdot \left(-\frac{x}{y^2}\right) + f_{22}'' \cdot \left(-\frac{x}{y^2}\right)\frac{1}{y} - \frac{1}{y^2} f_2' = -\frac{x}{y^2} f_{12}'' - \frac{x}{y^3} f_{22}'' - \frac{1}{y^2} f_2'$，

$\frac{\partial^2 u}{\partial y^2} = \frac{2x}{y^3} f_2' + \left(-\frac{x}{y^2}\right) f_{22}'' \left(-\frac{x}{y^2}\right) = \frac{2x}{y^3} f_2' + \frac{x^2}{y^4} f_{22}''$.

(3) 用 1, 2, 3 分别表示第一变量 x, 第二变量 xy, 第三变量 xyz.

$$\frac{\partial u}{\partial x}=f_1'+f_2'y+f_3'yz, \quad \frac{\partial u}{\partial y}=f_2'x+f_3'xz,$$

$$\frac{\partial^2 u}{\partial x^2}=(f_{11}''+f_{12}''y+f_{13}''yz)+y(f_{21}''+f_{22}''y+f_{23}''yz)+yz(f_{31}''+yf_{32}''+yzf_{33}'')$$

$$=f_{11}''+y^2f_{22}''+y^2z^2f_{33}''+2yf_{12}''+2yzf_{13}''+2y^2zf_{23}'',$$

$$\frac{\partial^2 u}{\partial x \partial y}=(f_{12}''x+f_{13}''xz)+y(f_{22}''x+f_{23}''xz)+yz(f_{32}''x+f_{33}''xz)+f_2'+zf_3'$$

$$=xyf_{22}''+xyz^2f_{33}''+xf_{12}''+xzf_{13}''+2xyzf_{23}''+f_2'+zf_3'.$$

3. 设 $y=\varphi(x+at)+\psi(x-at)$, 其中 φ, ψ 是任意二次可微函数, 证明:

$$\frac{\partial^2 y}{\partial t^2}=a^2\frac{\partial^2 y}{\partial x^2}.$$

证 $\dfrac{\partial y}{\partial t}=a\varphi'(x+at)-a\psi'(x-at)$, $\dfrac{\partial y}{\partial x}=\varphi'(x+at)+\psi'(x-at)$,

$$\frac{\partial^2 y}{\partial t^2}=a^2\varphi''(x+at)+a^2\psi''(x-at), \quad \frac{\partial^2 y}{\partial x^2}=\varphi''(x+at)+\psi''(x-at),$$

显然

$$\frac{\partial^2 y}{\partial t^2}=a^2\frac{\partial^2 y}{\partial x^2}.$$

习 题 9-5

(A)

1. 求下列函数的极值.

(1) $f(x, y)=4(x-y)-x^2-y^2$;

(2) $f(x, y)=xy+x^3+y^3$;

(3) $f(x, y)=1-\sqrt{x^2+y^2}$;

(4) $f(x, y)=e^{2x}(x+y^2+2y)$;

(5) $f(x, y)=x^2+y^2-2\ln x-2\ln y$, $x>0$, $y>0$;

(6) $f(x, y)=\sin x+\sin y+\sin(x+y)$, $0 \leqslant x \leqslant \dfrac{\pi}{2}$, $0 \leqslant y \leqslant \dfrac{\pi}{2}$.

解 (1) 由 $\begin{cases}\dfrac{\partial f}{\partial x}=4-2x=0, \\ \dfrac{\partial f}{\partial y}=-4-2y=0,\end{cases}$ 解得 $\begin{cases}x=2, \\ y=-2.\end{cases}$

记 $A=\dfrac{\partial^2 f}{\partial x^2}=-2$, $B=\dfrac{\partial^2 f}{\partial x \partial y}=0$, $C=\dfrac{\partial^2 f}{\partial y^2}=-2$, 则

$$B^2-AC=-4<0, \text{ 且 } A<0,$$

则 $f(x, y)$ 在点 $(2, -2)$ 处取得极大值 $f(2, -2)=8$.

(2) 由 $\begin{cases}\dfrac{\partial f}{\partial x}=y+3x^2=0, \\ \dfrac{\partial f}{\partial y}=x+3y^2=0,\end{cases}$ 解得 $\begin{cases}x=0, \\ y=0,\end{cases}$ $\begin{cases}x=-\dfrac{1}{3}, \\ y=-\dfrac{1}{3}.\end{cases}$

令 $A = \dfrac{\partial^2 f}{\partial x^2} = 6x$, $B = \dfrac{\partial^2 f}{\partial x \partial y} = 1$, $C = \dfrac{\partial^2 f}{\partial y^2} = 6y$, 则

在点 $(0, 0)$ 处, $B^2 - AC = 1 > 0$, $f(x, y)$ 在点 $(0, 0)$ 无极值; 在点 $\left(-\dfrac{1}{3}, -\dfrac{1}{3}\right)$ 处, $B^2 - AC = -3 < 0$, $A = -2 < 0$, 所以 $f(x, y)$ 在点 $\left(-\dfrac{1}{3}, -\dfrac{1}{3}\right)$ 处有极大值 $f\left(-\dfrac{1}{3}, -\dfrac{1}{3}\right) = \dfrac{1}{27}$.

(3) 因为 $\dfrac{\partial f}{\partial x} = \dfrac{-x}{\sqrt{x^2+y^2}}$, $\dfrac{\partial f}{\partial y} = \dfrac{-y}{\sqrt{x^2+y^2}}$,

所以函数 $z = f(x, y)$ 没有驻点, 但点 $(0, 0)$ 是偏导数不存在的点 $f(0, 0) = 1$, 而对于一切点 $(x, y) \neq (0, 0)$, 都有 $f(x, y) < 1 = f(0, 0)$, 所以 $f(x, y)$ 在点 $(0, 0)$ 取得极大值 $f(0, 0) = 1$.

(4) 由 $\begin{cases} f'_x = e^{2x}(2x + 2y^2 + 4y + 1) = 0, \\ f'_y = 2e^{2x}(y+1) = 0, \end{cases}$ 解得 $\begin{cases} x = \dfrac{1}{2}, \\ y = -1. \end{cases}$

$f''_{xx} = 4e^{2x}(x + y^2 + 2y + 1)$, $f''_{xx}\left(\dfrac{1}{2}, -1\right) = 2e$,

$f''_{xy} = 4e^{2x}(y+1)$, $f''_{xy}\left(\dfrac{1}{2}, -1\right) = 0$,

$f''_{yy} = 2e^{2x}$, $f''_{yy}\left(\dfrac{1}{2}, -1\right) = 2e$.

$B^2 - AC = 0 - 4e^2 < 0$, 而 $A = 2e > 0$,

所以 $f(x, y)$ 在点 $\left(\dfrac{1}{2}, -1\right)$ 处取得极小值 $f\left(\dfrac{1}{2}, -1\right) = -\dfrac{e}{2}$.

(5) $\begin{cases} f'_x = 2x - \dfrac{2}{x} = 0, \\ f'_y = 2y - \dfrac{2}{y} = 0, \end{cases}$ 在定义域 $(x > 0, y > 0)$ 内只有一个驻点 $(1, 1)$.

$f''_{xx} = 2 + \dfrac{2}{x^2}$, $f''_{xy} = 0$, $f''_{yy} = 2 + \dfrac{2}{y^2}$,

在点 $(1, 1)$ 处, $B^2 - AC = 0 - 4 \times 4 = -16 < 0$, 而 $A = 4 > 0$, 所以 $f(x, y)$ 在点 $(1, 1)$ 处取得极小值 $f(1, 1) = 2$.

(6) 由 $\begin{cases} f'_x = \cos x + \cos(x+y) = 0, \\ f'_y = \cos y + \cos(x+y) = 0, \end{cases}$ 解得 $\begin{cases} x = \dfrac{\pi}{3}, \\ y = \dfrac{\pi}{3}, \end{cases}$ $\left(\text{定义域为 } 0 \leqslant x \leqslant \dfrac{\pi}{2}, 0 \leqslant y \leqslant \dfrac{\pi}{2}\right)$.

$f''_{xx} = -\sin x - \sin(x+y)$, $f''_{xy} = -\sin(x+y)$, $f''_{yy} = -\sin y - \sin(x+y)$,

$B^2 - AC = \left(-\dfrac{\sqrt{3}}{2}\right)^2 - (-\sqrt{3}) \times (-\sqrt{3}) = -\dfrac{9}{4} < 0$, 而 $A = -\sqrt{3} < 0$,

所以 $f(x, y)$ 在点 $\left(\dfrac{\pi}{3}, \dfrac{\pi}{3}\right)$ 处取得极大值 $f\left(\dfrac{\pi}{3}, \dfrac{\pi}{3}\right) = \dfrac{3\sqrt{3}}{2}$.

2. 求由方程 $x^2 + y^2 + z^2 - 2x + 2y - 4z - 10 = 0$ 所确定的隐函数 $z(x, y)$ 的极值.

解 方程两端分别同时对 x, y 求导得

$$\begin{cases} 2x+2z\dfrac{\partial z}{\partial x}-2-4\dfrac{\partial z}{\partial x}=0, \\ 2y+2z\dfrac{\partial z}{\partial y}+2-4\dfrac{\partial z}{\partial y}=0. \end{cases}$$

令 $\begin{cases} \dfrac{\partial z}{\partial x}=\dfrac{1-x}{z-2}=0, \\ \dfrac{\partial z}{\partial y}=\dfrac{-1-y}{z-2}=0, \end{cases}$ 解得 $\begin{cases} x=1, \\ y=-1. \end{cases}$

令 $A=\dfrac{\partial^2 z}{\partial x^2}=-\dfrac{(z-2)^2+(1-x)^2}{(z-2)^3}$, $B=\dfrac{\partial^2 z}{\partial x\partial y}=\dfrac{(1-x)(1+y)}{(z-2)^3}$, $C=\dfrac{\partial^2 z}{\partial y^2}=-\dfrac{(z-2)^2+(1+y)^2}{(z-2)^3}$.

当 $x=1$, $y=-1$ 时, $z=6$ 或 $z=-2$.

将 $x=1$, $y=-1$, $z=6$ 代入 $A=-\dfrac{1}{4}$, $B=0$, $C=-\dfrac{1}{4}$, $B^2-AC<0$, $A<0$, 则 $z(1, -1)=6$ 为极大值.

将 $x=1$, $y=-1$, $z=-2$ 代入 $A=\dfrac{1}{4}$, $B=0$, $C=\dfrac{1}{4}$, $B^2-AC<0$, $A>0$, 则 $z(1, -1)=-2$ 为极小值.

3. 求下列函数在指定条件下的条件极值.

(1) $f(x, y)=x+y$, 如果 $x^2+y^2=1$;

(2) $f(x, y)=\dfrac{1}{x}+\dfrac{4}{y}$, 如果 $x+y=3$;

(3) $f(x, y)=-xy$, 如果 $x^2+y^2=1$;

(4) $f(x, y, z)=x-2y+2z$, 如果 $x^2+y^2+z^2=1$;

(5) $z=xy-1$, 如果 $(x-1)(y-1)=1$, 且 $x>0$, $y>0$;

(6) $z=x+y$, 如果 $\dfrac{1}{x}+\dfrac{1}{y}=1$, 且 $x>0$, $y>0$.

解 (1) 设拉格朗日函数为
$$F(x, y, \lambda)=x+y+\lambda(x^2+y^2-1).$$

令 $\begin{cases} F'_x=1+2\lambda x=0, \\ F'_y=1+2\lambda y=0, \\ F'_\lambda=x^2+y^2-1=0, \end{cases}$ 解得

$$\begin{cases} x=\dfrac{1}{\sqrt{2}}, \\ y=\dfrac{1}{\sqrt{2}}, \\ \lambda=-\dfrac{1}{\sqrt{2}}, \end{cases} \text{或} \begin{cases} x=-\dfrac{1}{\sqrt{2}}, \\ y=-\dfrac{1}{\sqrt{2}}, \\ \lambda=\dfrac{1}{\sqrt{2}}. \end{cases}$$

令 $A=F''_{xx}=2\lambda$, $B=F''_{xy}=0$, $C=F''_{yy}=2\lambda$, 则 $B^2-AC=-4\lambda^2<0$.

当 $\lambda=-\dfrac{1}{\sqrt{2}}$ 时, $A<0$, $f\left(\dfrac{1}{\sqrt{2}}, \dfrac{1}{\sqrt{2}}\right)=\sqrt{2}$ 为极大值.

当 $\lambda=\dfrac{1}{\sqrt{2}}$ 时, $A>0$, $f\left(-\dfrac{1}{\sqrt{2}}, -\dfrac{1}{\sqrt{2}}\right)=-\sqrt{2}$ 为极小值.

(2)设拉格朗日函数为
$$F(x, y, \lambda) = \frac{1}{x} + \frac{4}{y} + \lambda(x+y-3),$$

令 $\begin{cases} F'_x = -\frac{1}{x^2} + \lambda = 0, \\ F'_y = -\frac{4}{y^2} + \lambda = 0, \\ F'_\lambda = x+y-3 = 0, \end{cases}$ 解得 $\begin{cases} x=1, \\ y=2, \\ \lambda=1, \end{cases}$ 或 $\begin{cases} x=-3, \\ y=6, \\ \lambda=\frac{1}{9}. \end{cases}$

令 $A=F''_{xx}=2x^{-3}$,$B=0$,$C=F''_{yy}=8y^{-3}$,当 $x=1$,$y=2$,$\lambda=1$ 时,$B^2-AC<0$,$A>0$,所以 $f(1,2)=1+2=3$ 为极小值;当 $x=-3$,$y=6$,$\lambda=\frac{1}{9}$ 时,$B^2-AC>0$,取不到极值.

(3)~(6)方法同上,答案如下:

(3)极小值点为 $\left(\frac{1}{\sqrt{2}},\frac{1}{\sqrt{2}}\right)$,$\left(-\frac{1}{\sqrt{2}},-\frac{1}{\sqrt{2}}\right)$ 极小值为 $-\frac{1}{2}$;

极大值点为 $\left(-\frac{1}{\sqrt{2}},\frac{1}{\sqrt{2}}\right)$,$\left(\frac{1}{\sqrt{2}},-\frac{1}{\sqrt{2}}\right)$,极大值为 $\frac{1}{2}$.

(4)极大值点为 $\left(\frac{1}{3},-\frac{2}{3},\frac{2}{3}\right)$,极大值为 3;

极小值点为 $\left(-\frac{1}{3},\frac{2}{3},-\frac{2}{3}\right)$,极小值为 -3.

(5)极小值点为 $(2,2)$,极小值为 $z(2,2)=3$.

(6)极小值点为 $(2,2)$,极小值为 $z(2,2)=4$.

4. 某工厂生产的一种产品同时在两个市场销售,售价分别为 p_1,p_2,销售量分别为 q_1,q_2,需求函数分别为 $q_1=24-0.2p_1$,$q_2=10-0.05p_2$,总成本函数为 $c=35+40(q_1+q_2)$,试问厂家应如何确定两个市场的售价,才能使其获得的总利润最大?最大总利润为多少?

解 设总利润函数为
$$\begin{aligned} L(p_1,p_2) &= p_1q_1+p_2q_2-c \\ &= p_1q_1+p_2q_2-35-40q_1-40q_2 \\ &= (p_1-40)(24-0.2p_1)+(p_2-40)(10-0.05p_2)-35 \\ &= -0.2p_1^2+32p_1-0.05p_2^2+12p_2-1395. \end{aligned}$$

令 $\begin{cases} L'_{p_1}=-0.4p_1+32=0, \\ L'_{p_2}=-0.1p_2+12=0, \end{cases}$ 解得 $\begin{cases} p_1=80, \\ p_2=120. \end{cases}$

唯一驻点,由题意 $L(p_1,p_2)$ 在 $(80,120)$ 取得最大值,最大值为 $L(80,120)=605$.

5. 求椭圆 $\frac{x^2}{a^2}+\frac{y^2}{b^2}=1$ 内接矩形的最大面积.

解 设矩形的边长分别为 $2x$,$2y$,其中 $x>0$,$y>0$,则矩形的面积为
$$f(x,y)=2x \cdot 2y=4xy.$$

设拉格朗日函数为
$$F(x,y)=4xy-\lambda\left(\frac{x^2}{a^2}+\frac{y^2}{b^2}-1\right),$$

令 $\begin{cases} F'_x = 4y - \dfrac{2\lambda x}{a^2} = 0, \\ F'_y = 4x - \dfrac{2\lambda y}{b^2} = 0, \\ \dfrac{x^2}{a^2} + \dfrac{y^2}{b^2} = 1, \end{cases}$ 解得 $\begin{cases} x = \dfrac{a}{\sqrt{2}}, \\ y = \dfrac{b}{\sqrt{2}}, \end{cases}$ 所以矩形的最大面积为

$$f(x, y) = 4xy = 4 \cdot \frac{a}{\sqrt{2}} \cdot \frac{b}{\sqrt{2}} = 2ab.$$

6. 某地区用 k 单位资金投资三个项目，投资额分别为 x，y，z 个单位，所获得的利益为 $R = x^\alpha y^\beta z^\gamma$，其中 α，β，γ 为正的常数，问如何分配这 k 单位投资额才能使效益最大？最大效益为多少？

解 构造拉格朗日函数
$$F(x, y, z, \lambda) = x^\alpha y^\beta z^\gamma + \lambda(x + y + z - k),$$
根据题意，令
$$\begin{cases} F'_x = \alpha x^{\alpha-1} y^\beta z^\gamma + \lambda = 0, \\ F'_y = \beta x^\alpha y^{\beta-1} z^\gamma + \lambda = 0, \\ F'_z = \gamma x^\alpha y^\beta z^{\gamma-1} + \lambda = 0, \\ F'_\lambda = x + y + z - k = 0, \end{cases}$$

解得
$$x = \frac{\alpha k}{\alpha + \beta + \gamma}, \quad y = \frac{\beta k}{\alpha + \beta + \gamma}, \quad z = \frac{\gamma k}{\alpha + \beta + \gamma},$$

最大效益为
$$R = \alpha^\alpha \beta^\beta \gamma^\gamma \left(\frac{k}{\alpha + \beta + \gamma}\right)^{\alpha + \beta + \gamma}.$$

(B)

1. 一帐幕下部为圆柱形，上部覆以圆锥形的篷顶。设帐幕的容积为一定数 k，今要使所用布最少，试证幕布尺寸间应有关系式 $R = \sqrt{5} H$，$h = 2H$，其中，R，H 各为圆柱形的底半径和高，h 为圆锥形的高。

证 设所用幕布面积为 S，则
$$S = 2\pi R H + \pi R \sqrt{R^2 + h^2},$$
附加条件为
$$V = \pi R^2 H + \frac{1}{3} \pi R^2 h = k.$$

设 $F(R, H, h) = 2\pi RH + \pi R \sqrt{R^2 + h^2} + \lambda\left(\pi R^2 H + \dfrac{1}{3}\pi R^2 h - k\right)$，令

$$\begin{cases} F'_R = 2\pi H + \pi \sqrt{R^2 + H^2} + \dfrac{\pi R^2}{\sqrt{R^2 + h^2}} + 2\lambda \pi RH + \dfrac{2}{3}\lambda \pi Rh = 0, & (1) \\ F'_H = 2\pi R + \lambda \pi R^2 = 0, & (2) \\ F'_h = \dfrac{\pi R h}{\sqrt{R^2 + h^2}} + \dfrac{1}{3}\lambda \pi R^2 = 0, & (3) \\ \pi R^2 H + \dfrac{1}{3}\pi R^2 h = k, & (4) \end{cases}$$

由方程(2)得
$$\lambda = -\frac{2}{R}, \qquad (5)$$
将(5)代入方程(3)得
$$R^2 = \frac{5}{4}h^2. \qquad (6)$$
将(5)、(6)代入方程(1)得
$$2\pi H + \frac{3}{2}\pi h + \frac{5}{6}\pi h - 4\pi H - \frac{4}{3}\pi h = 0,$$
整理得 $-2\pi H + \pi h = 0$,所以 $h = 2H$.

将 $h = 2H$ 代入(6)式,得 $R = \sqrt{5}H$,所以当 $R = \sqrt{5}H$,$h = 2H$ 时,所用幕布面积最小.

2. 求曲线 $y = \sqrt{x}$ 上动点到定点 $(a, 0)$ 的最小距离.

解 设 (x, y) 为曲线 $y = \sqrt{x}$ 上的任意一点,则 (x, y) 到定点 $(a, 0)$ 的距离为
$$r = \sqrt{(x-a)^2 + y^2},$$
于是问题变成在 $y = \sqrt{x}$ 条件下求 r 的最小值,而欲求 r 的最小值等价于求 r^2 的最小值,因此设拉格朗日函数为
$$F(x, y, \lambda) = (x-a)^2 + y^2 + \lambda(\sqrt{x} - y).$$

令
$$\begin{cases} F'_x = 2(x-a) + \dfrac{\lambda}{2\sqrt{x}} = 0, \\ F'_y = 2y - \lambda = 0, \\ F'_\lambda = \sqrt{x} - y = 0, \end{cases} \quad 解得 \begin{cases} x = a - \dfrac{1}{2}, \\ y^2 = a - \dfrac{1}{2}. \end{cases}$$

当 $a \geqslant \dfrac{1}{2}$ 时,$y = \sqrt{a - \dfrac{1}{2}}$ 代入 r 求出极值
$$r = \sqrt{\left(a - \dfrac{1}{2} - a\right)^2 + a - \dfrac{1}{2}} = \sqrt{a - \dfrac{1}{4}}.$$

当 $a < \dfrac{1}{2}$ 时,$r^2 = (x-a)^2 + y^2 \geqslant (x-a)^2$,而等号只有当 $y = 0$ 时成立,此时由 $y = \sqrt{x}$ 知 $x = 0$,所以 $r^2 = a^2$ 是当 $a < \dfrac{1}{2}$ 时的最小值,即 $r = |a|$.

3. 将长为 2m 的铁丝分成三段,依次围成圆、正方形和正三角形. 三个图形的面积之和是否存在最小值?若存在,求出最小值.

解 设圆的周长为 x,正方形的周长为 y,正三角形的周长为 z,则 $x + y + z = 2$ 为限制条件,目标函数为
$$S = \frac{x^2}{4\pi} + \frac{y^2}{16} + \frac{\sqrt{3}}{4}\frac{z^2}{9} = \frac{x^2}{4\pi} + \frac{y^2}{16} + \frac{z^2}{12\sqrt{3}},$$
拉格朗日函数为
$$F(x, y, z, \lambda) = \frac{x^2}{4\pi} + \frac{y^2}{16} + \frac{z^2}{12\sqrt{3}} + \lambda(x + y + z - 2).$$

由 $\begin{cases} F'_x = \dfrac{x}{2\pi} + \lambda = 0, \\ F'_y = \dfrac{y}{8} + \lambda = 0, \\ F'_z = \dfrac{z}{6\sqrt{3}} + \lambda = 0, \\ F'_\lambda = x + y + z - 2 = 0, \end{cases}$ 解得 $\begin{cases} x = \dfrac{4\pi}{A}, \\ y = \dfrac{16}{A}, \\ z = \dfrac{12\sqrt{3}}{A}, \end{cases}$ 这里 $A = 2\pi + 8 + 6\sqrt{3}$.

由实际问题的背景可知

$$S_{\min} = \frac{4\pi}{A^2} + \frac{16}{A^2} + \frac{12\sqrt{3}}{A^2} = \frac{4\pi + 16 + 12\sqrt{3}}{A^2}$$

$$= \frac{4\pi + 16 + 12\sqrt{3}}{(2\pi + 8 + 6\sqrt{3})^2} = \frac{1}{\pi + 4 + 3\sqrt{3}}.$$

4. 已知曲线 C: $\begin{cases} x^2 + 2y^2 - z = 6, \\ 4x + 2y + z = 30, \end{cases}$ 求 C 上的点到 xOy 坐标面距离的最大值.

解 设拉格朗日函数为

$$F(x, y, z, \lambda, \mu) = z^2 + \lambda(x^2 + 2y^2 - z - 6) + \mu(4x + 2y + z - 30).$$

令 $\begin{cases} F'_x = 2x\lambda + 4\mu = 0, \\ F'_y = 4y\lambda + 2\mu = 0, \\ F'_z = 2z - \lambda + \mu = 0, \\ F'_\lambda = x^2 + 2y^2 - z - 6 = 0, \\ F'_\mu = 4x + 2y + z - 30 = 0, \end{cases}$ 解得 $\begin{cases} x = 4, \\ y = 1, \\ z = 12, \end{cases}$ 或 $\begin{cases} x = -8, \\ y = -2, \\ z = 66, \end{cases}$

所以 C 上的点 $(-8, -2, 66)$ 到 xOy 坐标面的距离最大, 为 66.

自测题九

一、填空题

1. 由方程 $xyz + \sqrt{x^2 + y^2 + z^2} = \sqrt{2}$ 所确定的函数 $z = z(x, y)$ 在点 $(1, 0, -1)$ 处的全微分 $dz = $ _____ .

解 令 $F(x, y, z) = xyz + \sqrt{x^2 + y^2 + z^2} - \sqrt{2}$, 则

$$\left.\frac{\partial z}{\partial x}\right|_{(1,0,-1)} = -\left.\frac{F'_x}{F'_z}\right|_{(1,0,-1)} = -\left.\frac{yz + \dfrac{2x}{2\sqrt{x^2+y^2+z^2}}}{xy + \dfrac{2z}{2\sqrt{x^2+y^2+z^2}}}\right|_{(1,0,-1)} = 1,$$

$$\left.\frac{\partial z}{\partial y}\right|_{(1,0,-1)} = -\left.\frac{F'_y}{F'_z}\right|_{(1,0,-1)} = -\left.\frac{xz + \dfrac{2y}{2\sqrt{x^2+y^2+z^2}}}{xy + \dfrac{2z}{2\sqrt{x^2+y^2+z^2}}}\right|_{(1,0,-1)} = -\sqrt{2},$$

所以 $$dz = \frac{\partial z}{\partial x}dx + \frac{\partial z}{\partial y}dy = dx - \sqrt{2}\,dy.$$

2. 极限 $\lim\limits_{\substack{x\to 0\\y\to 0}}\dfrac{\sqrt{x^2y^2+1}-1}{x^2+y^2}=$ _____ .

解 $\lim\limits_{\substack{x\to 0\\y\to 0}}\dfrac{\sqrt{x^2y^2+1}-1}{x^2+y^2}=\lim\limits_{\substack{x\to 0\\y\to 0}}\dfrac{x^2y^2}{(x^2+y^2)(\sqrt{x^2y^2+1}+1)}=0.$

3. 设 $f(x,y)=x+(y-1)\arcsin\sqrt{\dfrac{x}{y}}$，则 $f'_x(x,1)=$ _____ .

解 $f'_x(x,y)=1+(y-1)\dfrac{\dfrac{1}{2y\sqrt{\dfrac{x}{y}}}}{\sqrt{1-\dfrac{x}{y}}}$，所以 $f'_x(x,1)=1.$

4. 函数 $z=\ln(x-y)+\dfrac{\sqrt{x}}{\sqrt{1-x^2-y^2}}$ 的定义域为 _____ .

答案：$\{(x,y)\mid x>y,\ x\geqslant 0,\ x^2+y^2<1\}.$

二、选择题

1. 二元函数 $f(x,y)$ 在点 (x_0,y_0) 处的两个偏导数存在是 $f(x,y)$ 在该点连续的( ).
(A) 充分条件而非必要条件；　　　　(B) 必要条件而非充分条件；
(C) 充分必要条件；　　　　　　　　(D) 既非充分条件又非必要条件.

解 选 D.

2. 已知 $z=x+y+\dfrac{1}{xy}$，则 $\dfrac{\partial z}{\partial x}$ 在点 $(1,1)$ 处的值是( ).
(A) 1；　　　　(B) 0；　　　　(C) 2；　　　　(D) 5.

解 选 B. $\dfrac{\partial z}{\partial x}\bigg|_{(1,1)}=1+(-1)(xy)^{-2}y\big|_{(1,1)}=0.$

3. 设 $z=\varphi(x+y)+\psi(x-y)$，则必有( ).
(A) $z''_{xx}-z''_{yy}=0$；　　　　　　　　(B) $z''_{xx}+z''_{yy}=0$；
(C) $z''_{xy}=0$；　　　　　　　　　　　(D) $z''_{xx}+z''_{xy}=0.$

解 选 A. $z'_x=\varphi'+\psi'$，$z''_{xx}=\varphi''+\psi''$；$z'_y=\varphi'-\psi'$，$z''_{yy}=\varphi''+\psi''.$

三、计算与证明题

1. 设 $z=f(e^x\sin y,x^2+y^2)$，其中 f 具有二阶连续偏导数，求 $\dfrac{\partial^2 z}{\partial x\partial y}.$

解 $\dfrac{\partial z}{\partial x}=f'_1 e^x\sin y+2xf'_2,$

$\dfrac{\partial^2 z}{\partial x\partial y}=(f''_{11}e^x\cos y+2yf''_{12})e^x\sin y+f'_1 e^x\cos y+2x(f''_{21}e^x\cos y+2yf''_{22})$

$\xlongequal{f''_{12}=f''_{21}} f'_1 e^x\cos y+f''_{11}e^{2x}\sin y\cos y+2e^x(y\sin y+x\cos y)f''_{12}+4xyf''_{22}.$

2. 设函数 $z(x,y)$ 由方程 $F\left(x+\dfrac{z}{y},y+\dfrac{z}{x}\right)=0$ 所确定，证明：

$$x\dfrac{\partial z}{\partial x}+y\dfrac{\partial z}{\partial y}=z-xy.$$

解 因为
$$\frac{\partial z}{\partial x}=-\frac{F'_x}{F'_z}=-\frac{F'_1-\frac{z}{x^2}F'_2}{\frac{1}{y}F'_1+\frac{1}{x}F'_2},$$

$$\frac{\partial z}{\partial y}=-\frac{F'_y}{F'_z}=-\frac{-\frac{z}{y^2}F'_1+F'_2}{\frac{1}{y}F'_1+\frac{1}{x}F'_2},$$

所以 $x\dfrac{\partial z}{\partial x}+y\dfrac{\partial z}{\partial y}=-x\dfrac{F'_1-\frac{z}{x^2}F'_2}{\frac{1}{y}F'_1+\frac{1}{x}F'_2}-y\dfrac{-\frac{z}{y^2}F'_1+F'_2}{\frac{1}{y}F'_1+\frac{1}{x}F'_2}=z-xy.$

3. 设 $u=x^{y^z}$,求 $\dfrac{\partial u}{\partial x}$,$\dfrac{\partial u}{\partial y}$,$\dfrac{\partial u}{\partial z}$.

解 $\dfrac{\partial u}{\partial x}=y^z\cdot x^{y^z-1}$,$\dfrac{\partial u}{\partial y}=x^{y^z}\ln x\cdot z\cdot y^{z-1}$,$\dfrac{\partial u}{\partial z}=x^{y^z}\cdot\ln x\cdot y^z\cdot\ln y.$

4. 设 u 是 x,y,z 的函数,由方程 $u^2+z^2+y^2-x=0$ 确定,其中 $z=xy^2+y\ln y-y$,求 $\dfrac{\partial u}{\partial x}$.

解 设 $F(x,y,z,u)=u^2+z^2+y^2-x$,则
$$\frac{\partial u}{\partial x}=-\frac{F'_x}{F'_u}=-\frac{-1+2z\,(xy^2+y\ln y-y)'_x}{2u}=\frac{1-2y^2z}{2u}.$$

多元函数积分学

一、基本内容

1. 二重积分的概念和性质

(1)定义:设 $f(x, y)$ 是有界闭区域 D 上的有界函数,将闭区域 D 任意分成 n 个小闭区域:$\Delta\sigma_1, \Delta\sigma_2, \cdots, \Delta\sigma_n$,其中 $\Delta\sigma_i$ 表示第 i 个小区域,也表示它的面积.在每个 $\Delta\sigma_i$ 上任取一点 (ξ_i, η_i),作乘积 $f(\xi_i, \eta_i)\Delta\sigma_i (i=1, 2, \cdots, n)$,作和 $\sum_{i=1}^{n} f(\xi_i, \eta_i)\Delta\sigma_i$. 如果当各小闭区域的直径(闭区域的直径是指区域内任意两点间距离的最大值)中的最大值 λ 趋于零时,这个和式极限总存在,则称此极限为函数 $f(x, y)$ 在闭区域 D 上的二重积分,记作 $\iint\limits_{D} f(x, y)\mathrm{d}\sigma$,即

$$\iint\limits_{D} f(x, y)\mathrm{d}\sigma = \lim_{\lambda \to 0} \sum_{i=1}^{n} f(\xi_i, \eta_i)\Delta\sigma_i,$$

其中 $f(x, y)$ 称为被积函数,$f(x, y)\mathrm{d}\sigma$ 称为被积表达式,$\mathrm{d}\sigma$ 称为面积元素,x, y 称为积分变量,D 称为积分区域.

二重积分的几何意义是以区域 D 为底,以 $f(x, y)$ 为顶的曲顶柱体的体积.

(2)性质:

① $\iint\limits_{D} kf(x, y)\mathrm{d}\sigma = k\iint\limits_{D} f(x, y)\mathrm{d}\sigma$($k$ 为常数);

② $\iint\limits_{D} [c_1 f(x, y) \pm c_2 g(x, y)]\mathrm{d}\sigma = c_1 \iint\limits_{D} f(x, y)\mathrm{d}\sigma \pm c_2 \iint\limits_{D} g(x, y)\mathrm{d}\sigma$;

③设区域 D 分为两个闭区域 D_1 与 D_2,且 D_1 与 D_2 除边界点外无公共点,则

$$\iint\limits_{D} f(x, y)\mathrm{d}\sigma = \iint\limits_{D_1} f(x, y)\mathrm{d}\sigma + \iint\limits_{D_2} f(x, y)\mathrm{d}\sigma;$$

④若在 D 上,$f(x, y) \leqslant g(x, y)$,则有不等式

$$\iint\limits_{D} f(x, y)\mathrm{d}\sigma \leqslant \iint\limits_{D} g(x, y)\mathrm{d}\sigma;$$

⑤若在 D 上,$f(x, y) = 1$,σ 为 D 的面积,则

$$\iint\limits_{D} 1\mathrm{d}\sigma = \iint\limits_{D} \mathrm{d}\sigma = \sigma;$$

⑥若在 D 上,$\alpha \leqslant f(x, y) \leqslant \beta$,$\sigma$ 为 D 的面积,则有

$$\alpha\sigma \leqslant \iint_D f(x, y)\mathrm{d}\sigma \leqslant \beta\sigma;$$

⑦二重积分的中值定理:设函数 $f(x, y)$ 在闭区域 D 上连续,σ 为 D 的面积,则在 D 上至少存在一点 (ξ, η),使得

$$\iint_D f(x, y)\mathrm{d}\sigma = f(\xi, \eta)\sigma.$$

2. 二重积分的计算

(1)在直角坐标系下计算:设 $f(x, y)$ 在闭区域 D 上连续或可积,若积分区域 D:$a \leqslant x \leqslant b$,$y_1(x) \leqslant y \leqslant y_2(x)$(图 10-1),其中 $y_1(x)$,$y_2(x)$ 在区间 $[a, b]$ 上连续,则

$$\iint_D f(x, y)\mathrm{d}\sigma = \int_a^b \mathrm{d}x \int_{y_1(x)}^{y_2(x)} f(x, y)\mathrm{d}y.$$

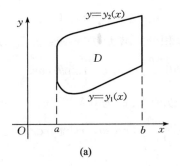 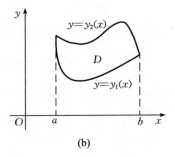

图 10-1

若积分区域 D:$c \leqslant y \leqslant d$,$x_1(y) \leqslant x \leqslant x_2(y)$(图 10-2),其中 $x_1(y)$,$x_2(y)$ 在区间 $[c, d]$ 上连续,则

$$\iint_D f(x, y)\mathrm{d}\sigma = \int_c^d \mathrm{d}y \int_{x_1(y)}^{x_2(y)} f(x, y)\mathrm{d}x.$$

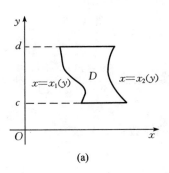 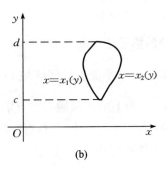

图 10-2

(2)在极坐标系下计算:极坐标 (r, θ) 与直角坐标的关系为 $\begin{cases} x = r\cos\theta, \\ y = r\sin\theta, \end{cases}$ 在极坐标系中的面积元素为 $\mathrm{d}\sigma = r\mathrm{d}r\mathrm{d}\theta$(图 10-3),于是在极坐标系下二重积分就变为

$$\iint_D f(x, y)\mathrm{d}\sigma = \iint_D f(r\cos\theta, r\sin\theta)r\mathrm{d}r\mathrm{d}\theta.$$

在极坐标系下计算二重积分的基本方法也是化为累次积分.

确定内、外层积分限的方法可分三种情况.

① 极点 O 在区域 D 的外部(图 10-4)：设积分区域 D 可表示为 $\alpha\leqslant\theta\leqslant\beta$，$r_1(\theta)\leqslant r\leqslant r_2(\theta)$，则

$$\iint_D f(r\cos\theta,\ r\sin\theta)r\mathrm{d}r\mathrm{d}\theta = \int_\alpha^\beta \mathrm{d}\theta \int_{r_1(\theta)}^{r_2(\theta)} f(r\cos\theta,\ r\sin\theta)r\mathrm{d}r.$$

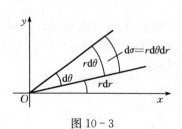

图 10-3　　　　　　　　图 10-4

② 极点 O 在区域 D 的边界上(图 10-5)：设积分区域 D 为 $\alpha\leqslant\theta\leqslant\beta$，$0\leqslant r\leqslant r(\theta)$，则

$$\iint_D f(r\cos\theta,\ r\sin\theta)r\mathrm{d}r\mathrm{d}\theta = \int_\alpha^\beta \mathrm{d}\theta \int_0^{r(\theta)} f(r\cos\theta,\ r\sin\theta)r\mathrm{d}r.$$

③ 极点 O 在区域 D 的内部(图 10-6)：设积分区域 D 为 $0\leqslant\theta\leqslant 2\pi$，$0\leqslant r\leqslant r(\theta)$，则

$$\iint_D f(r\cos\theta,\ r\sin\theta)r\mathrm{d}r\mathrm{d}\theta = \int_0^{2\pi} \mathrm{d}\theta \int_0^{r(\theta)} f(r\cos\theta,\ r\sin\theta)r\mathrm{d}r.$$

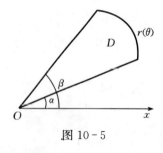 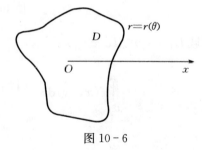

图 10-5　　　　　　　　图 10-6

3. 二重积分的换元法

设 $f(x,y)$ 在 xOy 平面上的闭区域 D 上连续，变换 $\begin{cases}x=x(u,v),\\ y=y(u,v)\end{cases}$ 将 uOv 平面上的闭区域 D' 变为 xOy 平面上的闭区域 D，且满足：

(1) $x(u,v)$，$y(u,v)$ 在 D' 上具有一阶连续偏导数；

(2) 在 D' 上的雅可比式

$$J(u,v) = \frac{\partial(x,y)}{\partial(u,v)} = \begin{vmatrix}\dfrac{\partial x}{\partial u} & \dfrac{\partial x}{\partial v}\\[6pt] \dfrac{\partial y}{\partial u} & \dfrac{\partial y}{\partial v}\end{vmatrix} \neq 0;$$

(3) 交换 $J:D'\to D$ 是一对一的，则有二重积分换元公式：

$$\iint_D f(x,y)\mathrm{d}x\mathrm{d}y = \iint_{D'} f[x(u,v),\ y(u,v)]|J(u,v)|\mathrm{d}u\mathrm{d}v.$$

4. 三重积分的概念及其计算法

(1) 三重积分是二重积分在三维空间区域 Ω 上的推广，其定义为：设 $f(x,y,z)$ 是空间有界闭区域 Ω 上的有界函数，将 Ω 任意分成 n 个小闭区域：$\Delta V_1, \Delta V_2, \cdots, \Delta V_n$，其中 ΔV_i 表示第 i 个小闭区域，也表示它的体积。取 $\lambda = \max\limits_{1\leqslant i \leqslant n}\{\lambda_i\}$，$\lambda_i$ 表示小闭区域 ΔV_i 的直径。$\forall$ 取 $(\xi_i, \eta_i, \zeta_i) \in \Delta V_i$，作乘积 $f(\xi_i, \eta_i, \zeta_i)\Delta V_i (i=1, 2, \cdots, n)$，作和 $\sum\limits_{i=1}^{n} f(\xi_i, \eta_i, \zeta_i)\Delta V_i$。如果 $\lambda \to 0$ 时，和的极限总存在，则称此极限为函数 $f(x,y,z)$ 在闭区域 Ω 上的三重积分，记作

$$\iiint\limits_{\Omega} f(x, y, z)\mathrm{d}V = \lim_{\lambda \to 0}\sum_{i=1}^{n} f(\xi_i, \eta_i, \zeta_i)\Delta V_i.$$

例如，若空间物体的密度为 $\rho(x,y,z)$，则其质量为

$$M = \iiint\limits_{\Omega} \rho(x, y, z)\mathrm{d}V.$$

(2) 三重积分有与二重积分完全类似的几条性质（略）。

(3) 三重积分的计算：原则上是化为累次积分（三次积分）进行计算。

若 Ω 为简单闭区域，且可表示为 $\Omega = \{(x, y, z) \mid a \leqslant x \leqslant b, y_1(x) \leqslant y \leqslant y_2(x), z_1(x, y) \leqslant z \leqslant z_2(x, y)\}$，则

$$\iiint\limits_{\Omega} f(x, y, z)\mathrm{d}V = \int_a^b \mathrm{d}x \int_{y_1(x)}^{y_2(x)} \mathrm{d}y \int_{z_1(x,y)}^{z_2(x,y)} f(x, y, z)\mathrm{d}z.$$

特别地，若 Ω 是长方体：$[a, b; c, d; e, f]$，则

$$\iiint\limits_{\Omega} f(x, y, z)\mathrm{d}V = \int_a^b \mathrm{d}x \int_c^d \mathrm{d}y \int_e^f f(x, y, z)\mathrm{d}z.$$

若 D 是 Ω 在 xOy 平面上的投影区域，则

$$\iiint\limits_{\Omega} f(x, y, z)\mathrm{d}V = \iint\limits_{D_{xy}} \mathrm{d}\sigma \int_{z_1(x,y)}^{z_2(x,y)} f(x, y, z)\mathrm{d}z,$$

这是"先一后二法"；此外还有"先二后一法"

$$\iiint\limits_{\Omega} f(x, y, z)\mathrm{d}V = \int_{z_1}^{z_2} \mathrm{d}z \iint\limits_{D_z} f(x, y, z)\mathrm{d}x\mathrm{d}y,$$

其中 D_z 是竖坐标 z 平行于 xOy 的平面截 Ω 所得的截面区域。

5. 利用柱面坐标和球面坐标计算三重积分

(1) 利用柱面坐标计算三重积分：点 M 的直角坐标与柱面坐标的关系为

$$\begin{cases} x = r\cos\theta, \\ y = r\sin\theta, \\ z = z, \end{cases}$$

r, θ, z 的变化范围为 $0 \leqslant r < +\infty$，$0 \leqslant \theta \leqslant 2\pi$，$-\infty < z < +\infty$。

体积元素：$\mathrm{d}V = r\mathrm{d}r\mathrm{d}\theta\mathrm{d}z$，$|J| = r$。

计算公式：$\iiint\limits_{\Omega} f(x, y, z)\mathrm{d}x\mathrm{d}y\mathrm{d}z = \iiint\limits_{\Omega} f(r\cos\theta, r\sin\theta, z)r\mathrm{d}r\mathrm{d}\theta\mathrm{d}z.$

适用时机：适用于 Ω 为柱形域、锥形域 $z \leqslant k(x^2 + y^2)$ 或 $f(x^2 + y^2)$ 型的被积函数，这时可化简 $x^2 + y^2 = r^2$。

(2)利用球面坐标计算三重积分：点 M 的直角坐标与球面坐标的关系为
$$\begin{cases} x = r\sin\varphi\cos\theta, \\ y = r\sin\varphi\sin\theta, \\ z = r\cos\varphi, \end{cases}$$

r,φ,θ 的变化范围为 $0 \leqslant r < +\infty$，$0 \leqslant \varphi \leqslant \pi$，$0 \leqslant \theta \leqslant 2\pi$。粗略地讲，变量 r 刻画点 M 到原点的距离，即"远近"；变量 φ 刻画点 M 在空间的上下位置，即"上下"；变量 θ 刻画点 M 在水平面上的方位，即"水平面上方位"。

体积元素：$\mathrm{d}V = r^2\sin\varphi \mathrm{d}r\mathrm{d}\theta\mathrm{d}\varphi$，$|J| = r^2\sin\varphi$。

计算公式：
$$\iiint_\Omega f(x,y,z)\mathrm{d}V = \iiint_\Omega f(r\sin\varphi\cos\theta, r\sin\varphi\sin\theta, r\cos\varphi)r^2\sin\varphi \mathrm{d}r\mathrm{d}\varphi\mathrm{d}\theta.$$

适用时机：适用于 Ω 为球形域（或空心域、部分球形）或 $f(x^2+y^2+z^2)$ 型的被积函数，这时可化简 $x^2+y^2+z^2 = r^2$。

6. 含参变量的积分

(1)概念：
$$\varphi(x) = \int_\alpha^\beta f(x,y)\mathrm{d}y \quad (a \leqslant x \leqslant b) \tag{1}$$

称为含参变量 x 的积分，它是 x 的函数。

(2)性质：

定理 1（连续性 1） 设 $f(x,y)$ 在矩形域 $R = [a,b;\alpha,\beta]$ 上连续，则函数(1)在区间 $[a,b]$ 上也连续。

定理 2（可积性） 设 $f(x,y) \in C(R = [a,b;\alpha,\beta])$，则
$$\int_a^b \mathrm{d}x \int_\alpha^\beta f(x,y)\mathrm{d}y = \int_\alpha^\beta \mathrm{d}y \int_a^b f(x,y)\mathrm{d}x.$$

定理 3（可微性 1） 若 $f(x,y) \in C(R)$，$\dfrac{\partial f(x,y)}{\partial x} \in C(R)$，$R = [a,b;\alpha,\beta]$，则函数(1)在区间 $[a,b]$ 上可微，且
$$\varphi'(x) = \frac{\mathrm{d}}{\mathrm{d}x}\int_\alpha^\beta f(x,y)\mathrm{d}y = \int_\alpha^\beta \frac{\partial f(x,y)}{\partial x}\mathrm{d}y.$$

(3)变动积分限之含参量的积分及其性质：
$$\varphi(x) = \int_{\alpha(x)}^{\beta(x)} f(x,y)\mathrm{d}y. \tag{2}$$

定理 4（连续性 2） 设 $f(x,y) \in C(R = [a,b;\alpha,\beta])$，$\alpha(x) \in C(I = [a,b])$，$\beta(x) \in C(I)$，且 $\alpha \leqslant \alpha(x) \leqslant \beta$，$\alpha \leqslant \beta(x) \leqslant \beta(a \leqslant x \leqslant b)$，则函数(2)在区间 $[a,b]$ 上也连续。

定理 5（可微性 2） 若 $f(x,y) \in C(R)$，$\dfrac{\partial f(x,y)}{\partial x} \in C(R)$，$R = [a,b;\alpha,\beta]$，且 $\alpha(x),\beta(x)$ 在 $[a,b]$ 上可微，$\alpha \leqslant \alpha(x) \leqslant \beta$，$\alpha \leqslant \beta(x) \leqslant \beta(a \leqslant x \leqslant b)$，则函数(2)在区间 $[a,b]$ 上可微，且有莱布尼茨公式
$$\varphi'(x) = \frac{\mathrm{d}}{\mathrm{d}x}\int_{\alpha(x)}^{\beta(x)} f(x,y)\mathrm{d}y$$
$$= \int_{\alpha(x)}^{\beta(x)} \frac{\partial f(x,y)}{\partial x}\mathrm{d}y + f(x,\beta(x))\beta'(x) - f(x,\alpha(x))\alpha'(x).$$

二、基本要求

1. 熟练掌握二重积分及三重积分的性质.
2. 熟悉重积分的各种计算方法,特别是二重积分化为累次积分、极坐标系下二重积分的计算以及三重积分化为柱面坐标和球面坐标进行计算,必须非常熟练.
3. 了解二重积分的简单应用及广义二重积分的概念.

三、习题解答

习 题 10-1

(A)

1. 确定积分 $I_1 = \iint\limits_{D_1}(x^2+y^2)^3 d\sigma$ 与 $I_2 = \iint\limits_{D_2}(x^2+y^2)^3 d\sigma$ 之间的关系,其中,$D_1=\{(x,y) \mid -1 \leqslant x \leqslant 1, -2 \leqslant y \leqslant 2\}$,$D_2=\{(x,y) \mid 0 \leqslant x \leqslant 1, 0 \leqslant y \leqslant 2\}$.

解 显然 I_1 与 I_2 所对应的函数关系式相同,且关于 x,y 为对称函数,作出 D_1 与 D_2 图形可看出,D_2 的面积为 D_1 面积的 $\frac{1}{4}$,则有 $I_1 = 4I_2$.

2. 利用二重积分定义证明:

(1) $\iint\limits_D d\sigma = \sigma$(其中 σ 为 D 的面积);

(2) $\iint\limits_D kf(x,y) d\sigma = k \iint\limits_D f(x,y) d\sigma$(其中 k 为常数).

证 (1)由二重积分定义,由于 $f(x,y) \equiv 1$,所以

$$\iint\limits_D d\sigma = \lim_{\lambda \to 0} \sum_{i=1}^{n} f(\xi_i, \eta_i) \Delta\sigma_i = \lim_{\lambda \to 0} \sum_{i=1}^{n} \Delta\sigma_i = \sigma.$$

(2)由二重积分定义

$$\iint\limits_D kf(x,y) d\sigma = \lim_{\lambda \to 0} \sum_{i=1}^{n} kf(\xi_i, \eta_i) \Delta\sigma_i = k \lim_{\lambda \to 0} \sum_{i=1}^{n} f(\xi_i, \eta_i) \Delta\sigma_i = k \iint\limits_D f(x,y) d\sigma.$$

3. 利用二重积分的性质估计下列各积分的值.

(1) $I = \iint\limits_D (x+y+1) d\sigma$,$D=\{(x,y) \mid 0 \leqslant x \leqslant 1, 0 \leqslant y \leqslant 2\}$;

(2) $I = \iint\limits_D (x^2+4y^2+9) d\sigma$,$D=\{(x,y) \mid x^2+y^2 \leqslant 4\}$.

解 (1)首先根据区域 D 确定被积函数的最大值和最小值 $1 \leqslant f(x,y) \leqslant 4$,则有

$$\sigma \leqslant \iint\limits_D f(x,y) d\sigma \leqslant 4\sigma,$$

即有

$$2 \leqslant \iint\limits_D (x+y+1) d\sigma \leqslant 8.$$

(2)被积函数在积分区域上的最大值和最小值 $9 \leqslant f(x,y) \leqslant 25$,则由重积分的性质可知

$$9\sigma \leqslant \iint\limits_D f(x, y) \mathrm{d}\sigma \leqslant 25\sigma,$$

即有 $$36\pi \leqslant \iint\limits_D (x^2 + 4y^2 + 9) \mathrm{d}\sigma \leqslant 100\pi.$$

(B)

1. 已知平面区域 $D = \left\{(x, y) \mid |x| + |y| \leqslant \dfrac{\pi}{2}\right\}$，记 $I_1 = \iint\limits_D \sqrt{x^2 + y^2} \mathrm{d}x\mathrm{d}y$, $I_2 = \iint\limits_D \sin\sqrt{x^2 + y^2} \mathrm{d}x\mathrm{d}y$, $I_3 = \iint\limits_D (1 - \cos\sqrt{x^2 + y^2}) \mathrm{d}x\mathrm{d}y$，则（　　）.

(A) $I_3 < I_2 < I_1$;   (B) $I_2 < I_1 < I_3$;   (C) $I_1 < I_2 < I_3$;   (D) $I_2 < I_3 < I_1$.

解 选 A. 比较积分大小，积分区域一致，则比较被积函数相对大小即可. 由 $|x| + |y| \leqslant \dfrac{\pi}{2}$，得 $x^2 + y^2 \leqslant \left(\dfrac{\pi}{2}\right)^2$，令 $u = \sqrt{x^2 + y^2}$，则 $0 \leqslant u \leqslant \dfrac{\pi}{2}$. 令 $f(u) = u - \sin u$，则 $f'(u) = 1 - \cos u > 0$，故 $f(u)$ 单调递增. 又因为 $f(0) = 0$，所以 $f(u) = u - \sin u > 0$，即 $u > \sin u$，从而有 $\iint\limits_D \sqrt{x^2 + y^2} \mathrm{d}x\mathrm{d}y > \iint\limits_D \sin\sqrt{x^2 + y^2} \mathrm{d}x\mathrm{d}y$. 令 $g(u) = 1 - \cos u - \sin u$, $g'(u) = \sin u - \cos u$, $g'\left(\dfrac{\pi}{4}\right) = 0$. $g(u)$ 在 $\left(0, \dfrac{\pi}{4}\right)$ 上单调递减，在 $\left(\dfrac{\pi}{4}, \dfrac{\pi}{2}\right)$ 上单调递增，又因为 $g(0) = 0$, $g\left(\dfrac{\pi}{2}\right) = 0$，故 $g(u) < 0$，即 $1 - \cos u < \sin u$，从而

$$\iint\limits_D \sin\sqrt{x^2 + y^2} \mathrm{d}x\mathrm{d}y > \iint\limits_D (1 - \cos\sqrt{x^2 + y^2}) \mathrm{d}x\mathrm{d}y.$$

2. 比较积分 $I_1 = \iint\limits_D (x + y)^2 \mathrm{d}\sigma$ 与积分 $I_2 = \iint\limits_D (x + y)^3 \mathrm{d}\sigma$ 的大小，其中区域 D 由 $(x - 2)^2 + (y - 1)^2 = 2$ 所围成.

解 利用极坐标变换，设 $x = 2 + r\cos\theta$, $y = 1 + r\sin\theta (0 \leqslant r \leqslant \sqrt{2}, 0 \leqslant \theta \leqslant 2\pi)$，从而当 $(x, y) \in D$ 时，有 $x + y = 3 + r(\sin\theta + \cos\theta) = 3 + \sqrt{2}r\sin(\theta + \pi/4)$，于是有 $1 = 3 - \sqrt{2} \times \sqrt{2} \leqslant x + y \leqslant 3 + \sqrt{2} \times \sqrt{2} = 5$，因此有 $I_1 \leqslant I_2$.

习 题 10-2

(A)

1. 计算下列各二重积分.

(1) $\iint\limits_D \sqrt{xy} \mathrm{d}x\mathrm{d}y$, $D = \{(x, y) \mid 0 \leqslant x \leqslant a, 0 \leqslant y \leqslant b\}$;

(2) $\iint\limits_D \mathrm{e}^{x+y} \mathrm{d}x\mathrm{d}y$, $D = \{(x, y) \mid 0 \leqslant x \leqslant 1, 0 \leqslant y \leqslant 1\}$;

(3) $\iint\limits_D x^2 y\cos(xy^2) \mathrm{d}x\mathrm{d}y$, $D = \left\{(x, y) \mid 0 \leqslant x \leqslant \dfrac{\pi}{2}, 0 \leqslant y \leqslant 2\right\}$.

解 (1) $\iint\limits_D \sqrt{xy} \mathrm{d}x\mathrm{d}y = \int_0^a \sqrt{x} \mathrm{d}x \int_0^b \sqrt{y} \mathrm{d}y = \dfrac{2}{3} a^{\frac{3}{2}} \cdot \dfrac{2}{3} b^{\frac{3}{2}} = \dfrac{4}{9} (ab)^{\frac{3}{2}}$;

(2) $\iint\limits_D \mathrm{e}^{x+y} \mathrm{d}x\mathrm{d}y = \int_0^1 \mathrm{e}^x \mathrm{d}x \int_0^1 \mathrm{e}^y \mathrm{d}y = \int_0^1 \mathrm{e}^x (\mathrm{e} - 1) \mathrm{d}x = (\mathrm{e} - 1)^2$;

(3) $\iint\limits_{D} x^2 y\cos(xy^2)\mathrm{d}x\mathrm{d}y = \int_0^{\frac{\pi}{2}} x^2 \mathrm{d}x \int_0^2 y\cos(xy^2)\mathrm{d}y = \int_0^{\frac{\pi}{2}} x^2 \cdot \frac{1}{2x}\sin 4x \mathrm{d}x$

$= -\frac{1}{8}x\cos 4x \Big|_0^{\frac{\pi}{2}} + \frac{1}{8}\int_0^{\frac{\pi}{2}} \cos 4x \mathrm{d}x = -\frac{\pi}{16}.$

2. 化二重积分 $\iint\limits_{D} f(x, y)\mathrm{d}x\mathrm{d}y$ 为二次积分(分别列出按两个变量的不同次序的两个二次积分)，其中积分区域 D 为

(1) D 是由直线 $y=x$ 与抛物线 $y^2=2x$ 所围成的区域；

(2) D 是由 $y=0$，$y=x^3(x>0)$ 及 $x+y=2$ 所围成的区域；

(3) D 是由 $y=x^2$，$y=4-x^2$ 所围成的区域；

(4) D 是由 $y=2x$，$2y-x=0$，$xy=2$ 所围成的在第一象限中的区域；

(5) D 为椭圆 $\dfrac{x^2}{4}+\dfrac{y^2}{9}=1$ 所围成的区域；

(6) D 为圆 $(x-1)^2+(y-2)^2=9$ 所围成的区域.

解 (1) 积分区域 D 如图 10-7 所示.

先 y 后 x 的二次积分为

$$\iint\limits_{D} f(x, y)\mathrm{d}x\mathrm{d}y = \int_0^2 \mathrm{d}x \int_x^{\sqrt{2x}} f(x, y)\mathrm{d}y;$$

先 x 后 y 的二次积分为

$$\iint\limits_{D} f(x, y)\mathrm{d}x\mathrm{d}y = \int_0^2 \mathrm{d}y \int_{\frac{y^2}{2}}^{y} f(x, y)\mathrm{d}x.$$

(2) 积分区域 D 如图 10-8 所示.

先 y 后 x 的二次积分为

$$\iint\limits_{D} f(x, y)\mathrm{d}x\mathrm{d}y = \iint\limits_{D_1} f(x, y)\mathrm{d}x\mathrm{d}y + \iint\limits_{D_2} f(x, y)\mathrm{d}x\mathrm{d}y$$

$$= \int_0^1 \mathrm{d}x \int_0^{x^3} f(x, y)\mathrm{d}y + \int_1^2 \mathrm{d}x \int_0^{2-x} f(x, y)\mathrm{d}y;$$

先 x 后 y 的二次积分为

$$\iint\limits_{D} f(x, y)\mathrm{d}x\mathrm{d}y = \int_0^1 \mathrm{d}y \int_{\sqrt[3]{y}}^{2-y} f(x, y)\mathrm{d}x.$$

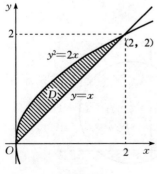

图 10-7

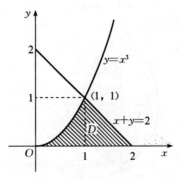

图 10-8

(3) 积分区域 D 如图 10-9 所示.

先 y 后 x 的二次积分为
$$\iint_D f(x,y)\mathrm{d}x\mathrm{d}y = \int_{-\sqrt{2}}^{\sqrt{2}}\mathrm{d}x\int_{x^2}^{4-x^2} f(x,y)\mathrm{d}y;$$

先 x 后 y 的二次积分为
$$\iint_D f(x,y)\mathrm{d}x\mathrm{d}y = \int_0^2 \mathrm{d}y\int_{-\sqrt{y}}^{\sqrt{y}} f(x,y)\mathrm{d}x + \int_2^4 \mathrm{d}y\int_{-\sqrt{4-y}}^{\sqrt{4-y}} f(x,y)\mathrm{d}x.$$

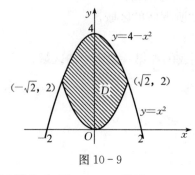

图 10-9

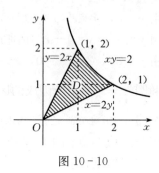

图 10-10

(4) 积分区域 D 如图 10-10 所示.

先 y 后 x 的二次积分为
$$\iint_D f(x,y)\mathrm{d}x\mathrm{d}y = \int_0^1 \mathrm{d}x\int_{\frac{x}{2}}^{2x} f(x,y)\mathrm{d}y + \int_1^2 \mathrm{d}x\int_{\frac{x}{2}}^{\frac{2}{x}} f(x,y)\mathrm{d}y;$$

先 x 后 y 的二次积分为
$$\iint_D f(x,y)\mathrm{d}x\mathrm{d}y = \int_0^1 \mathrm{d}y\int_{\frac{y}{2}}^{2y} f(x,y)\mathrm{d}x + \int_1^2 \mathrm{d}y\int_{\frac{y}{2}}^{\frac{2}{y}} f(x,y)\mathrm{d}x.$$

(5) 积分区域 D 如图 10-11 所示.

先 y 后 x 的二次积分为
$$\iint_D f(x,y)\mathrm{d}x\mathrm{d}y = \int_{-2}^{2}\mathrm{d}x\int_{-\frac{3}{2}\sqrt{4-x^2}}^{\frac{3}{2}\sqrt{4-x^2}} f(x,y)\mathrm{d}y;$$

先 x 后 y 的二次积分为
$$\iint_D f(x,y)\mathrm{d}x\mathrm{d}y = \int_{-3}^{3}\mathrm{d}y\int_{-\frac{2}{3}\sqrt{9-y^2}}^{\frac{2}{3}\sqrt{9-y^2}} f(x,y)\mathrm{d}x.$$

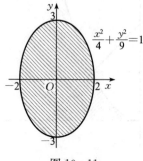

图 10-11

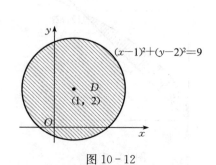

图 10-12

(6)积分区域 D 如图 10-12 所示.

先 y 后 x 的二次积分为

$$\iint\limits_{D} f(x,y)\mathrm{d}x\mathrm{d}y = \int_{-2}^{4}\mathrm{d}x\int_{2-\sqrt{9-(x-1)^2}}^{2+\sqrt{9-(x-1)^2}} f(x,y)\mathrm{d}y;$$

先 x 后 y 的二次积分为

$$\iint\limits_{D} f(x,y)\mathrm{d}x\mathrm{d}y = \int_{-1}^{5}\mathrm{d}y\int_{1-\sqrt{9-(y-2)^2}}^{1+\sqrt{9-(y-2)^2}} f(x,y)\mathrm{d}x.$$

3. 计算下列各二重积分.

(1) $\iint\limits_{D} x\sqrt{y}\,\mathrm{d}x\mathrm{d}y$,其中 D 为 $y=\sqrt{x}$,$y=x^2$ 所围成的区域;

(2) $\iint\limits_{D} \cos(x+y)\mathrm{d}x\mathrm{d}y$,其中 D 为 $x=0$,$y=\pi$,$y=x$ 所围成的区域;

(3) $\iint\limits_{D} x\mathrm{d}x\mathrm{d}y$,其中 D 为 $y=x^2$,$y=x^3$ 所围成的区域;

(4) $\iint\limits_{D} (x^2+y^2-x)\mathrm{d}x\mathrm{d}y$,其中 D 为 $y=2$,$y=x$ 及 $y=2x$ 所围成的区域;

(5) $\iint\limits_{D} \dfrac{x^2}{y^2}\mathrm{d}x\mathrm{d}y$,其中 D 为 $x=2$,$y=x$ 及 $xy=1$ 所围成的区域.

解 (1)积分区域 D 如图 10-13 所示.

$$\iint\limits_{D} x\sqrt{y}\,\mathrm{d}x\mathrm{d}y = \int_{0}^{1}x\mathrm{d}x\int_{x^2}^{\sqrt{x}}\sqrt{y}\,\mathrm{d}y = \int_{0}^{1}\dfrac{2}{3}(x^{\frac{7}{4}}-x^4)\mathrm{d}x = \dfrac{6}{55}.$$

(2)积分区域 D 如图 10-14 所示.

$$\iint\limits_{D} \cos(x+y)\mathrm{d}x\mathrm{d}y = \int_{0}^{\pi}\mathrm{d}x\int_{x}^{\pi}\cos(x+y)\mathrm{d}y = -\int_{0}^{\pi}(\sin x+\sin 2x)\mathrm{d}x = -2.$$

(3)积分区域 D 如图 10-15 所示.

$$\iint\limits_{D} x\mathrm{d}x\mathrm{d}y = \int_{0}^{1}x\mathrm{d}x\int_{x^3}^{x^2}\mathrm{d}y = \int_{0}^{1}(x^3-x^4)\mathrm{d}x = \dfrac{1}{20}.$$

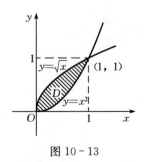

图 10-13

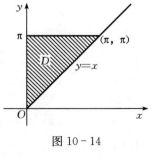

图 10-14

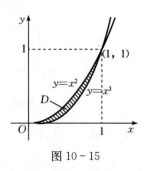

图 10-15

(4)积分区域 D 如图 10-16 所示.

$$\iint_D (x^2+y^2-x)\mathrm{d}x\mathrm{d}y = \int_0^2 \mathrm{d}y \int_{\frac{y}{2}}^{y}(x^2+y^2-x)\mathrm{d}x = \int_0^2 \left(\frac{1}{3}x^3-\frac{1}{2}x^2+y^2x\right)\bigg|_{\frac{y}{2}}^{y}\mathrm{d}y$$
$$= \int_0^2 \left(\frac{19}{24}y^3 - \frac{3}{8}y^2\right)\mathrm{d}y = \frac{13}{6}.$$

(5) 积分区域 D 如图 10-17 所示.
$$\iint_D \frac{x^2}{y^2}\mathrm{d}x\mathrm{d}y = \int_1^2 x^2 \mathrm{d}x \int_{\frac{1}{x}}^{x} \frac{1}{y^2}\mathrm{d}y = \int_1^2 x^2\left(x-\frac{1}{x}\right)\mathrm{d}x = \frac{9}{4}.$$

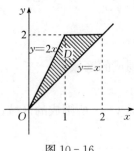

图 10-16

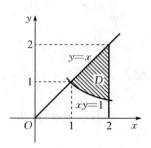

图 10-17

4. 作出下列各二次积分所对应的二重积分区域 D, 并交换积分次序.

(1) $\int_1^3 \mathrm{d}x \int_2^5 f(x,y)\mathrm{d}y$;

(2) $\int_1^{\mathrm{e}} \mathrm{d}x \int_0^{\ln x} f(x,y)\mathrm{d}y$;

(3) $\int_0^1 \mathrm{d}y \int_{-\sqrt{1-y^2}}^{\sqrt{1-y^2}} f(x,y)\mathrm{d}x$;

(4) $\int_0^1 \mathrm{d}x \int_0^{x^2} f(x,y)\mathrm{d}y + \int_1^3 \mathrm{d}x \int_0^{\frac{1}{2}(3-x)} f(x,y)\mathrm{d}y$.

解 积分区域如图 10-18~图 10-21 所示.

(1) $\int_1^3 \mathrm{d}x \int_2^5 f(x,y)\mathrm{d}y = \int_2^5 \mathrm{d}y \int_1^3 f(x,y)\mathrm{d}x$;

(2) $\int_1^{\mathrm{e}} \mathrm{d}x \int_0^{\ln x} f(x,y)\mathrm{d}y = \int_0^1 \mathrm{d}y \int_{\mathrm{e}^y}^{\mathrm{e}} f(x,y)\mathrm{d}x$;

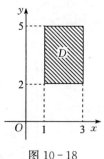

图 10-18

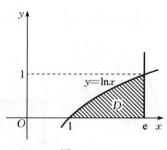

图 10-19

(3) $\int_0^1 \mathrm{d}y \int_{-\sqrt{1-y^2}}^{\sqrt{1-y^2}} f(x,y)\mathrm{d}x = \int_{-1}^1 \mathrm{d}x \int_0^{\sqrt{1-x^2}} f(x,y)\mathrm{d}y$;

(4) $\int_0^1 \mathrm{d}x \int_0^{x^2} f(x,y)\mathrm{d}y + \int_1^3 \mathrm{d}x \int_0^{\frac{1}{2}(3-x)} f(x,y)\mathrm{d}y = \int_0^1 \mathrm{d}y \int_{\sqrt{y}}^{3-2y} f(x,y)\mathrm{d}x$.

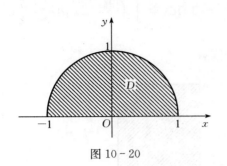

图 10-20

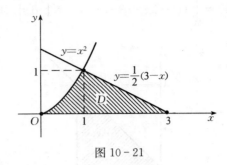

图 10-21

5. 利用二重积分求由下列曲线所围成的区域的面积.

(1) $y^2 = \dfrac{b^2}{a} x$, $y = \dfrac{b}{a} x (a>0, b>0)$;

(2) $xy = a^2$, $xy = 2a^2 (a>0)$, $y = x$, $y = 2x$, 在第一象限内.

解 (1) 曲线所围成的区域记为 D(图 10-22), 则其面积为

$$A = \iint\limits_{D} d\sigma = \int_0^a dx \int_{\frac{b}{a}x}^{\frac{b}{\sqrt{a}}\sqrt{x}} dy = \int_0^a \left(\dfrac{b}{\sqrt{a}} \sqrt{x} - \dfrac{b}{a} x \right) dx = \dfrac{ab}{6}.$$

(2) 易求得四条线的交点为 $A(a, a)$, $B(\sqrt{2}a, \sqrt{2}a)$, $C\left(\dfrac{a}{\sqrt{2}}, \sqrt{2}a\right)$, $D(a, 2a)$, 曲线所围成的区域记为 D_1(图 10-23), 则其面积为

$$A = \iint\limits_{D_1} d\sigma = \int_{\frac{a}{\sqrt{2}}}^{a} dx \int_{\frac{a^2}{x}}^{2x} dy + \int_a^{\sqrt{2}a} dx \int_{x}^{\frac{2a^2}{x}} dy$$

$$= \int_{\frac{a}{\sqrt{2}}}^{a} \left(2x - \dfrac{a^2}{x} \right) dx + \int_a^{\sqrt{2}a} \left(\dfrac{2a^2}{x} - x \right) dx = \dfrac{a^2}{2} \ln 2.$$

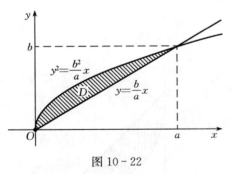

图 10-22

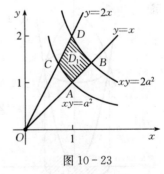

图 10-23

6. 设平面薄片所占区域 D 是由直线 $y=0$, $x=1$, $y=x$ 所围成, 它的面密度为 $\mu(x, y) = x^2 + y^2$, 求薄片的质量.

解 积分区域如图 10-24 所示, 该薄片的质量为

$$M = \iint\limits_{D} (x^2 + y^2) dx dy = \int_0^1 dx \int_0^x (x^2 + y^2) dy = \int_0^1 \dfrac{4}{3} x^3 dx = \dfrac{1}{3}.$$

7. 计算由平面 $x=0$, $y=0$, $z=0$, $x=1$, $y=1$ 及 $2x+3y+z=6$ 所围成立体的体积.

解 所围成的立体为以 $z = 6-2x-3y$ 为顶, 以 D 为底的曲顶柱体(D 如图 10-25 所示), 所以其体积为

$$V = \iint\limits_{D}(6-2x-3y)\mathrm{d}x\mathrm{d}y = \int_0^1 \mathrm{d}x \int_0^1 (6-2x-3y)\mathrm{d}y = \int_0^1 \left(\frac{9}{2}-2x\right)\mathrm{d}x = \frac{7}{2}.$$

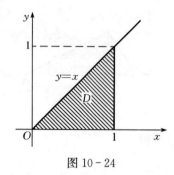

图 10 - 24

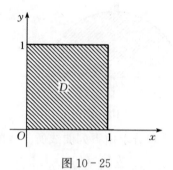

图 10 - 25

8. 求由曲面 $z=x^2+2y^2$ 及 $z=6-2x^2-y^2$ 所围成立体体积.

解 易求得两曲面交线在 xOy 平面的投影曲线为
$$\begin{cases} x^2+y^2=2, \\ z=0, \end{cases}$$
所围成的立体在 xOy 平面的投影设为 D，如图 10 - 26 所示，则 D 为
$$x^2+y^2 \leqslant 2,$$
所以立体的体积为
$$V = \iint\limits_{D}(6-2x^2-y^2-x^2-2y^2)\mathrm{d}x\mathrm{d}y = 3\iint\limits_{D}(2-x^2-y^2)\mathrm{d}x\mathrm{d}y$$
$$= 3\int_0^{2\pi}\mathrm{d}\theta\int_0^{\sqrt{2}}(2-r^2)r\mathrm{d}r = 3\cdot 2\pi\left(r^2-\frac{1}{4}r^4\right)\Big|_0^{\sqrt{2}} = 6\pi.$$

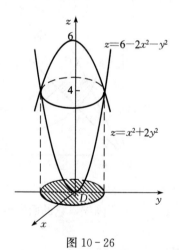

图 10 - 26

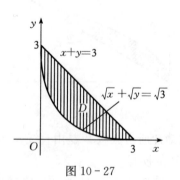

图 10 - 27

9. 求由曲线 $\sqrt{x}+\sqrt{y}=\sqrt{3}$ 和 $x+y=3$ 所围成区域的面积.

解 积分区域 D 如图 10 - 27 所示，则其面积为
$$A = \iint\limits_{D}\mathrm{d}\sigma = \int_0^3 \mathrm{d}x \int_{(\sqrt{3}-\sqrt{x})^2}^{3-x}\mathrm{d}y = \int_0^3(2\sqrt{3}\sqrt{x}-2x)\mathrm{d}x = 3.$$

10. 求由曲线 $y=\sin x$，$y=\cos x$ 和 $x=0$ 所围成区域的面积(第一象限部分).

解 易求得 $y=\sin x$ 与 $y=\cos x$ 的交点为 $\left(\dfrac{\pi}{4}, \dfrac{\sqrt{2}}{2}\right)$，设所围成的区域为 D，如图 10-28 所示，则其面积为

$$A = \iint\limits_{D} d\sigma = \int_0^{\frac{\pi}{4}} dx \int_{\sin x}^{\cos x} dy = \int_0^{\frac{\pi}{4}} (\cos x - \sin x) dx = \sqrt{2} - 1.$$

11. 利用二重积分计算由下列曲面所围成立体的体积.

(1) $\dfrac{x}{a} + \dfrac{y}{b} + \dfrac{z}{c} = 1$，$x=0$，$y=0$，$z=0$，且 $a, b, c > 0$；

(2) $(x-1)^2 + (y-1)^2 = 1$，$xy=z$，$z=0$；

(3) $z = \dfrac{1}{2}y^2$，$2x+3y-12=0$，$x=0$，$y=0$，$z=0$；

(4) 计算以 xOy 面上圆周 $x^2 + y^2 = ax$ 围成的区域为底，以曲面 $z = x^2 + y^2$ 为顶的曲顶柱体的体积.

解 (1) 如图 10-29 所示，所围立体是一个四面体.

$$V = \iint\limits_{D} c\left(1 - \dfrac{x}{a} - \dfrac{y}{b}\right) dx dy = \int_0^a dx \int_0^{b\left(1-\frac{x}{a}\right)} c\left(1 - \dfrac{x}{a} - \dfrac{y}{b}\right) dy$$

$$= \dfrac{bc}{2} \int_0^a \left(1 - \dfrac{x}{a}\right)^2 dx = \dfrac{abc}{6}.$$

(2) 如图 10-30 所示，所围成的立体是以 $z = xy$ 为顶，以 $D : \begin{cases} (x-1)^2 + (y-1)^2 \leqslant 1, \\ z=0 \end{cases}$ 为底的曲顶柱体，则其体积为

$$V = \iint\limits_{D} xy \, dx dy \left(\diamondsuit \begin{cases} x-1 = r\cos\theta, \\ y-1 = r\sin\theta, \end{cases}\right) = \int_0^{2\pi} d\theta \int_0^1 (1 + r\cos\theta)(1 + r\sin\theta) r \, dr$$

$$= \int_0^{2\pi} \left(\dfrac{1}{2} + \dfrac{1}{4}\sin\theta\cos\theta + \dfrac{1}{3}\cos\theta + \dfrac{1}{3}\sin\theta\right) d\theta = \pi.$$

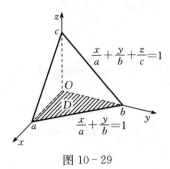

图 10-29   图 10-30

(3) 如图 10-31 所示，所围成的立体是以 $z = \dfrac{1}{2}y^2$ 为顶，以 $D : \begin{cases} 2x+3y-12=0, \\ z=0 \end{cases}$ 为底的曲顶柱体，则其体积为

$$V = \iint\limits_{D} \dfrac{1}{2} y^2 \, dx dy = \int_0^6 dx \int_0^{4-\frac{2}{3}x} \dfrac{1}{2} y^2 \, dy = \int_0^6 \dfrac{1}{6} \left(4 - \dfrac{2}{3}x\right)^3 dx = 16.$$

(4) 利用极坐标，积分区域 D 如图 10-32 所示，由对称性得

$$V = \iint\limits_{D} (x^2 + y^2) dx dy = 2 \iint\limits_{D_1} (x^2 + y^2) dx dy$$

$$= 2\int_0^{\frac{\pi}{2}} d\theta \int_0^{a\cos\theta} r^2 r dr = \frac{a^4}{2}\int_0^{\frac{\pi}{2}} \cos^4\theta d\theta = \frac{3\pi}{32}a^4.$$

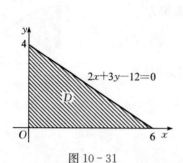

图 10-31　　　　　　　　图 10-32

注：利用对称性计算二重积分必须验证两个条件：

(1)积分区域是对称的；

(2)被积函数关于 x 和 y 是偶函数．

只有这两个条件同时满足，才可使用对称性；只满足(1)时利用对称性是错误的，这一点读者要注意．

12. 把下列积分化为极坐标形式．

(1) $\iint_D f(x, y)dxdy$，D 为圆环：$1 \leqslant x^2+y^2 \leqslant 4$；

(2) $\int_0^R dx \int_0^{\sqrt{R^2-x^2}} f(x, y) dy$；

(3) $\int_0^{2R} dy \int_0^{\sqrt{2Ry-y^2}} f(x^2+y^2) dx$．

解　(1)积分区域 D 如图 10-33 所示，则

$$\iint_D f(x, y)dxdy = \int_0^{2\pi} d\theta \int_1^2 f(r\cos\theta, r\sin\theta) r dr.$$

(2)积分区域 D 如图 10-34 所示，则

$$\int_0^R dx \int_0^{\sqrt{R^2-x^2}} f(x, y) dy = \int_0^{\frac{\pi}{2}} d\theta \int_0^R f(r\cos\theta, r\sin\theta) r dr.$$

(3)积分区域 D 如图 10-35 所示，则

$$\int_0^{2R} dy \int_0^{\sqrt{2Ry-y^2}} f(x^2+y^2) dx = \int_0^{\frac{\pi}{2}} d\theta \int_0^{2R\sin\theta} f(r^2) r dr.$$

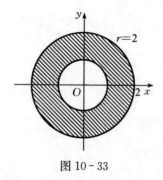 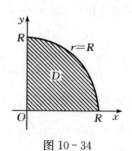 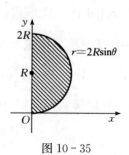

图 10-33　　　　　　　图 10-34　　　　　　　图 10-35

(B)

1. 计算下列各二重积分.

(1) $\iint\limits_{D} \dfrac{y\mathrm{d}x\mathrm{d}y}{(1+x^2+y^2)^{\frac{3}{2}}}$, $D=\{(x, y)\mid 0\leqslant x\leqslant 1, 0\leqslant y\leqslant 1\}$;

(2) $\iint\limits_{D} xf(x, y)\mathrm{d}x\mathrm{d}y$, 其中 $f(x, y)=y\sqrt{1-x^2}+x\iint\limits_{D} f(x, y)\mathrm{d}x\mathrm{d}y$, $D=\{(x, y)\mid x^2+y^2\leqslant 1, y\geqslant 0\}$.

解 (1) $\iint\limits_{D} \dfrac{y\mathrm{d}x\mathrm{d}y}{(1+x^2+y^2)^{\frac{3}{2}}} = \int_0^1 \mathrm{d}x \int_0^1 \dfrac{y\mathrm{d}y}{(1+x^2+y^2)^{\frac{3}{2}}} = \int_0^1 \dfrac{-1}{\sqrt{1+x^2+y^2}}\Big|_0^1 \mathrm{d}x$

$= \int_0^1 \left(\dfrac{1}{\sqrt{1+x^2}} - \dfrac{1}{\sqrt{2+x^2}}\right)\mathrm{d}x$

$= \int_0^1 \dfrac{1}{\sqrt{1+x^2}}\mathrm{d}x - \int_0^1 \dfrac{1}{\sqrt{2+x^2}}\mathrm{d}x$ (用换元法)

$= \ln\left|\sqrt{1+x^2}+x\right|\Big|_0^1 - \ln\left|\sqrt{2+x^2}+x\right|\Big|_0^1$

$= \ln \dfrac{2+\sqrt{2}}{1+\sqrt{3}}$.

(2) 积分区域 D 如图 10-36 所示, 对 $f(x, y)=y\sqrt{1-x^2}+x\iint\limits_{D} f(x, y)\mathrm{d}x\mathrm{d}y$ 两边积分, 得

$$\iint\limits_{D} f(x, y)\mathrm{d}x\mathrm{d}y = \iint\limits_{D} y\sqrt{1-x^2}\,\mathrm{d}x\mathrm{d}y + \iint\limits_{D} x\mathrm{d}x\mathrm{d}y \iint\limits_{D} f(x, y)\mathrm{d}x\mathrm{d}y,$$

其中 $\iint\limits_{D} y\sqrt{1-x^2}\,\mathrm{d}x\mathrm{d}y = 2\int_0^1 \mathrm{d}x \int_0^{\sqrt{1-x^2}} y\sqrt{1-x^2}\,\mathrm{d}y = 2\int_0^1 \sqrt{1-x^2}\cdot\dfrac{1}{2}(1-x^2)\mathrm{d}x$

$= \int_0^1 (1-x^2)^{\frac{3}{2}}\mathrm{d}x \xrightarrow{x=\sin t} \int_0^{\frac{\pi}{2}} \cos^4 t\,\mathrm{d}t = \dfrac{3}{4}\cdot\dfrac{1}{2}\cdot\dfrac{\pi}{2} = \dfrac{3\pi}{16}$,

且 $\iint\limits_{D} x\mathrm{d}x\mathrm{d}y = 0$, 所以 $\iint\limits_{D} f(x, y)\mathrm{d}x\mathrm{d}y = \dfrac{3\pi}{16}$, 从而

$\iint\limits_{D} xf(x, y)\mathrm{d}x\mathrm{d}y = \iint\limits_{D} \left(xy\sqrt{1-x^2} + \dfrac{3\pi}{16}x^2\right)\mathrm{d}x\mathrm{d}y = \dfrac{3\pi}{16}\iint\limits_{D} x^2\mathrm{d}x\mathrm{d}y$

$= \dfrac{3\pi}{16}\int_0^1 \mathrm{d}x \int_0^{\sqrt{1-x^2}} x^2\mathrm{d}y = \dfrac{3\pi}{16}\int_0^1 x^2\sqrt{1-x^2}\,\mathrm{d}x$

$\xrightarrow{x=\sin t} \dfrac{3\pi}{16}\int_0^{\frac{\pi}{2}} \sin^2 t\cos^2 t\,\mathrm{d}t = \dfrac{3\pi}{16}\int_0^{\frac{\pi}{2}} \sin^2 t(1-\sin^2 t)\mathrm{d}t$

$= \dfrac{3\pi}{16}\left(\dfrac{1}{2}\cdot\dfrac{\pi}{2} - \dfrac{3}{4}\cdot\dfrac{1}{2}\cdot\dfrac{\pi}{2}\right) = \dfrac{3\pi^2}{256}$.

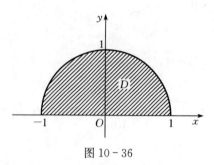
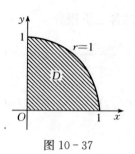

图 10-36　　　　　　　图 10-37

2. 利用极坐标计算下列各题.

(1) $\iint\limits_{D}(x^2+y^2)\sqrt{a^2-x^2-y^2}\,d\sigma$, $D=\{(x, y)\mid x^2+y^2\leqslant a^2\}$;

(2) $\iint\limits_{D}\ln(1+x^2+y^2)\,d\sigma$, $D=\{(x, y)\mid x^2+y^2\leqslant 1, x\geqslant 0, y\geqslant 0\}$.

解 (1) $\iint\limits_{D}(x^2+y^2)\sqrt{a^2-x^2-y^2}\,d\sigma$

$= \iint\limits_{D} r^2\sqrt{a^2-r^2}\,rdr = \int_0^{2\pi}d\theta\int_0^a r^2\sqrt{a^2-r^2}\,rdr$

$= 2\pi\int_0^a\left(-\frac{1}{2}r^2\sqrt{a^2-r^2}\right)d(a^2-r^2) = 2\pi\int_0^a\left(-\frac{1}{3}r^2\right)d(a^2-r^2)^{\frac{3}{2}}$

$= 2\pi\left[-\frac{1}{3}(a^2-r^2)^{\frac{3}{2}}r^2\Big|_0^a + \frac{1}{3}\int_0^a(a^2-r^2)^{\frac{3}{2}}d(r^2)\right]$

$= -\frac{2\pi}{3}\int_0^a(a^2-r^2)^{\frac{3}{2}}d(a^2-r^2) = \frac{4\pi}{15}a^5$.

(2) 积分区域 D 如图 10-37 所示,所以

$\iint\limits_{D}\ln(1+x^2+y^2)\,d\sigma = \int_0^{\frac{\pi}{2}}d\theta\int_0^1\ln(1+r^2)\,rdr = \frac{\pi}{2}\int_0^1\ln(1+r^2)\,d\left(\frac{r^2}{2}\right)$

$= \frac{\pi}{2}\left[\frac{r^2}{2}\ln(1+r^2)\Big|_0^1 + \int_0^1\frac{r^2}{2}\cdot\frac{2r}{1+r^2}dr\right] = \frac{\pi}{2}\left[\frac{1}{2}\ln 2 - \frac{1}{2}\int_0^1\frac{r^2}{1+r^2}d(r^2)\right]$

$= \frac{\pi}{2}\left[\frac{1}{2}\ln 2 - \frac{1}{2}\int_0^1\left(1-\frac{1}{1+r^2}\right)d(r^2)\right] = \frac{\pi}{2}\left\{\frac{1}{2}\ln 2 - \frac{1}{2}[r^2-\ln(1+r^2)]\Big|_0^1\right\}$

$= \frac{\pi}{4}(2\ln 2 - 1)$.

3. 已知平面区域 $D=\{(x, y)\mid |x|\leqslant y, (x^2+y^2)^3\leqslant y^4\}$,计算二重积分 $\iint\limits_{D}\frac{x+y}{\sqrt{x^2+y^2}}dxdy$.

解 $\iint\limits_{D}\frac{x+y}{\sqrt{x^2+y^2}}dxdy = \iint\limits_{D}\frac{x}{\sqrt{x^2+y^2}}dxdy + \iint\limits_{D}\frac{y}{\sqrt{x^2+y^2}}dxdy$,

显然有 $\iint\limits_{D}\frac{x}{\sqrt{x^2+y^2}}dxdy = 0$,所以

$$\iint\limits_{D}\frac{x+y}{\sqrt{x^2+y^2}}dxdy = \iint\limits_{D}\frac{y}{\sqrt{x^2+y^2}}dxdy.$$

由 $(x^2+y^2)^3 = y^4$ 的极坐标方程为 $r=\sin^2\theta$,利用对称性可得

$$\iint\limits_{D} \frac{x+y}{\sqrt{x^2+y^2}} \mathrm{d}x\mathrm{d}y = \iint\limits_{D} \frac{y}{\sqrt{x^2+y^2}} \mathrm{d}x\mathrm{d}y = 2\iint\limits_{D_1} \frac{r\sin\theta}{r} \cdot r\mathrm{d}r\mathrm{d}\theta = 2\int_{\frac{\pi}{4}}^{\frac{\pi}{2}} \left(\int_{0}^{\sin^2\theta} r\sin\theta \mathrm{d}r\right) \mathrm{d}\theta$$

$$= \int_{\frac{\pi}{4}}^{\frac{\pi}{2}} \sin^5\theta \mathrm{d}\theta = -\int_{\frac{\pi}{4}}^{\frac{\pi}{2}} (1 - 2\cos^2\theta + \cos^4\theta) \mathrm{d}\cos\theta$$

$$= -\left(\cos\theta - \frac{2}{3}\cos^3\theta + \frac{1}{5}\cos^5\theta\right) \bigg|_{\frac{\pi}{4}}^{\frac{\pi}{2}}$$

$$= \frac{\sqrt{2}}{2} - \frac{2}{3} \cdot \frac{2\sqrt{2}}{8} + \frac{1}{5} \cdot \frac{4\sqrt{2}}{32} = \frac{43}{120}\sqrt{2}.$$

4. 平面区域 D 是由直线 $x=1$，$x=2$，$y=x$ 与 x 轴围成，计算二重积分 $\iint\limits_{D} \frac{\sqrt{x^2+y^2}}{x} \mathrm{d}x\mathrm{d}y$.

解
$$\iint\limits_{D} \frac{\sqrt{x^2+y^2}}{x} \mathrm{d}x\mathrm{d}y = \int_{0}^{\frac{\pi}{4}} \mathrm{d}\theta \int_{\frac{1}{\cos\theta}}^{\frac{2}{\cos\theta}} \frac{1}{\cos\theta} \cdot r\mathrm{d}r$$

$$= \int_{0}^{\frac{\pi}{4}} \frac{1}{\cos\theta} \cdot \frac{1}{2} \cdot \left(\frac{4}{\cos^2\theta} - \frac{1}{\cos^2\theta}\right) \mathrm{d}\theta$$

$$= \frac{3}{2} \int_{0}^{\frac{\pi}{4}} \frac{1}{\cos^3\theta} \mathrm{d}\theta = \frac{3}{2} \int_{0}^{\frac{\pi}{4}} \sec\theta \mathrm{d}\tan\theta$$

$$= \frac{3}{2} \left(\sec\theta\tan\theta \bigg|_{0}^{\frac{\pi}{4}} - \int_{0}^{\frac{\pi}{4}} \tan^2\theta\sec\theta \mathrm{d}\theta\right)$$

$$= \frac{3\sqrt{2}}{2} - \frac{3}{2} \int_{0}^{\frac{\pi}{4}} \tan^2\theta\sec\theta \mathrm{d}\theta$$

$$= \frac{3\sqrt{2}}{2} - \frac{3}{2} \int_{0}^{\frac{\pi}{4}} (\sec^2\theta - 1)\sec\theta \mathrm{d}\theta$$

$$= \frac{3\sqrt{2}}{2} - \frac{3}{2} \int_{0}^{\frac{\pi}{4}} \sec^3\theta \mathrm{d}\theta + \frac{3}{2} \int_{0}^{\frac{\pi}{4}} \sec\theta \mathrm{d}\theta$$

$$= \frac{3\sqrt{2}}{2} - \frac{3}{2} \int_{0}^{\frac{\pi}{4}} \sec^3\theta \mathrm{d}\theta + \frac{3}{2} \ln|\sec\theta + \tan\theta| \bigg|_{0}^{\frac{\pi}{4}}$$

$$= \frac{3\sqrt{2}}{2} - \frac{3}{2} \int_{0}^{\frac{\pi}{4}} \sec^3\theta \mathrm{d}\theta + \frac{3}{2} \ln(\sqrt{2} + 1),$$

可得
$$\int_{0}^{\frac{\pi}{4}} \sec^3\theta \mathrm{d}\theta = \frac{\sqrt{2}}{2} + \frac{1}{2} \ln(\sqrt{2} + 1),$$

因此
$$\iint\limits_{D} \frac{\sqrt{x^2+y^2}}{x} \mathrm{d}x\mathrm{d}y = \frac{3}{2}\left[\frac{\sqrt{2}}{2} + \frac{1}{2}\ln(\sqrt{2}+1)\right] = \frac{3\sqrt{2}}{4} + \frac{1}{4}\ln(\sqrt{2}+1).$$

5. 设有界区域 D 是 $x^2+y^2=1$ 和直线 $y=x$ 以及 x 轴在第一象限围成的部分，计算二重积分 $\iint\limits_{D} \mathrm{e}^{(x+y)^2}(x^2-y^2)\mathrm{d}x\mathrm{d}y$.

解
$$\iint\limits_{D} \mathrm{e}^{(x+y)^2}(x^2-y^2)\mathrm{d}x\mathrm{d}y = \frac{1}{2}\int_{0}^{\frac{\pi}{4}} \cos2\theta \mathrm{d}\theta \int_{0}^{1} \mathrm{e}^{r^2(\cos\theta+\sin\theta)^2} r^2 \mathrm{d}r^2$$

$$= \frac{1}{2}\int_{0}^{\frac{\pi}{4}} \cos2\theta \mathrm{d}\theta \int_{0}^{1} \frac{1}{(\cos\theta+\sin\theta)^2} \cdot r^2 \mathrm{d}\mathrm{e}^{r^2(\cos\theta+\sin\theta)^2}$$

$$= \frac{1}{2}\int_{0}^{\frac{\pi}{4}} \cos2\theta \mathrm{d}\theta \cdot \frac{1}{(\cos\theta+\sin\theta)^2} \left[r^2 \mathrm{e}^{r^2(\cos\theta+\sin\theta)^2} \bigg|_{0}^{1} - \int_{0}^{1} \mathrm{e}^{r^2(\cos\theta+\sin\theta)^2} \mathrm{d}r^2\right]$$

$$= \frac{1}{2}\int_0^{\frac{\pi}{4}} \cos 2\theta d\theta \cdot \frac{1}{(\cos\theta+\sin\theta)^2}\left[e^{(\cos\theta+\sin\theta)^2} - \frac{1}{(\cos\theta+\sin\theta)^2}e^{r^2(\cos\theta+\sin\theta)^2}\Big|_0^1\right]$$

$$= \frac{1}{2}\int_0^{\frac{\pi}{4}} \cos 2\theta \left\{\frac{1}{(\cos\theta+\sin\theta)^2}e^{(\cos\theta+\sin\theta)^2} - \frac{1}{(\cos\theta+\sin\theta)^4}\left[e^{(\cos\theta+\sin\theta)^2}-1\right]\right\}d\theta$$

$$= \frac{1}{2}\int_0^{\frac{\pi}{4}} \left\{\frac{\cos\theta-\sin\theta}{\cos\theta+\sin\theta}e^{(\cos\theta+\sin\theta)^2} - \frac{\cos\theta-\sin\theta}{(\cos\theta+\sin\theta)^3}\left[e^{(\cos\theta+\sin\theta)^2}-1\right]\right\}d\theta,$$

令 $u=\cos\theta+\sin\theta$，换元可得

$$上式 = \frac{1}{2}\int_1^{\sqrt{2}}\left[\frac{1}{u}e^{u^2} - \frac{1}{u^3}(e^{u^2}-1)\right]du,$$

其中
$$\int_1^{\sqrt{2}}\frac{1}{u}e^{u^2}du = \int_1^{\sqrt{2}}u^{-2}d\left(\frac{1}{2}e^{u^2}\right) = \frac{1}{2u^2}e^{u^2}\Big|_1^{\sqrt{2}} - \int_1^{\sqrt{2}}\left(\frac{1}{2}e^{u^2}\right)\cdot(-2u^{-3})du$$

$$= \frac{1}{4}e^2 - \frac{1}{2}e + \int_1^{\sqrt{2}}\frac{e^{u^2}}{u^3}du,$$

所以
$$原式 = \frac{1}{8}e^2 - \frac{1}{4}e + \frac{1}{2}\int_1^{\sqrt{2}}\frac{1}{u^3}du = \frac{1}{8}e^2 - \frac{1}{4}e + \frac{1}{8}.$$

习 题 10-3

(A)

1. 计算 $\iint\limits_D e^{-x-y}dxdy$，$D$ 为平面第一象限.

解 设 $a>0$，则
$$\iint\limits_D e^{-x-y}dxdy = \lim_{a\to+\infty}\int_0^a e^{-x}dx\int_0^a e^{-y}dy = \lim_{a\to+\infty}\left(\int_0^a e^{-x}dx\right)^2$$
$$= \lim_{a\to+\infty}(-e^{-x}\Big|_0^a)^2 = \lim_{a\to+\infty}(1-e^{-a})^2 = 1.$$

2. 计算 $\iint\limits_D \ln\frac{1}{\sqrt{x^2+y^2}}dxdy$，$D$ 为圆 $x^2+y^2=a^2$ 所围成的区域.

解 显然被积函数 $f(x,y)=\ln\frac{1}{\sqrt{x^2+y^2}}$ 在 D 内有不连续点 $(0,0)$，现作以 $(0,0)$ 为中心，以 ρ 为半径的圆域 Δ，则在区域 $S=D-\Delta$ 上，有

$$\iint\limits_S \ln\frac{1}{\sqrt{x^2+y^2}}dxdy = \int_0^{2\pi}d\theta\int_\rho^a (-\ln r)rdr = 2\pi\int_\rho^a(-\ln r)d\left(\frac{r^2}{2}\right)$$
$$= 2\pi\left[\left(-\frac{r^2}{2}\ln r\right)\Big|_\rho^a + \frac{1}{4}r^2\Big|_\rho^a\right] = \frac{1}{2}\pi(2\rho^2\ln\rho - 2a^2\ln a + a^2 - \rho^2),$$

则
$$原式 = \lim_{\rho\to 0}\iint\limits_S \ln\frac{1}{\sqrt{x^2+y^2}}dxdy = \lim_{\rho\to 0}\frac{1}{2}\pi(2\rho^2\ln\rho - 2a^2\ln a + a^2 - \rho^2)$$
$$= \frac{a^2}{2}\pi(1-2\ln a).$$

3. 讨论广义二重积分 $\iint\limits_D \frac{ydxdy}{\sqrt{x}}$ 的敛散性，其中 D 是由 $x=0$，$x=1$，$y=0$，$y=1$ 围成的正方形区域.

解 $\iint\limits_{D} \dfrac{y\mathrm{d}x\mathrm{d}y}{\sqrt{x}} = \lim\limits_{a \to 0^+}\int_a^1 \mathrm{d}x \int_0^1 \dfrac{y}{\sqrt{x}}\mathrm{d}y = \lim\limits_{a \to 0^+}\int_a^1 \dfrac{1}{2}\dfrac{1}{\sqrt{x}}\mathrm{d}x = \lim\limits_{a \to 0^+}\sqrt{x}\Big|_a^1 = 1,$

所以广义二重积分收敛.

(B)

1. 讨论广义二重积分 $\iint\limits_{D} \dfrac{\mathrm{d}x\mathrm{d}y}{(x^2+y^2)^n}$ 的敛散性，其中 D 是以原点为圆心、以 1 为半径的圆的外部.

解 当 $n=1$ 时，原式 $= \lim\limits_{R \to +\infty}\int_0^{2\pi}\mathrm{d}\theta \int_1^R \dfrac{r}{r^2}\mathrm{d}r = 2\pi\lim\limits_{R \to +\infty}\ln R = +\infty.$

当 $n \neq 1$ 时，原式 $= \lim\limits_{R \to +\infty}\int_0^{2\pi}\mathrm{d}\theta \int_1^R \dfrac{r}{r^{2n}}\mathrm{d}r = 2\pi\lim\limits_{R \to +\infty}\left[\dfrac{1}{2-2n}r^{2-2n}\right]_1^R$

$$= 2\pi\lim\limits_{R \to +\infty}\dfrac{1}{2-2n}(R^{2-2n}-1) = \begin{cases} \dfrac{\pi}{n-1}, & n > 1, \\ \infty, & n < 1. \end{cases}$$

所以广义二重积分 $\iint\limits_{D} \dfrac{\mathrm{d}x\mathrm{d}y}{(x^2+y^2)^n}$，当 $n>1$ 时收敛；当 $n \leqslant 1$ 时发散.

2. 计算 $\int_{-\infty}^{+\infty}\int_{-\infty}^{+\infty}\dfrac{1}{2\pi\sigma_1\sigma_2}\mathrm{e}^{-\frac{(x-\mu_1)^2}{2\sigma_1^2}-\frac{(y-\mu_2)^2}{2\sigma_2^2}}\mathrm{d}x\mathrm{d}y\ (\sigma_1 > 0,\ \sigma_2 > 0).$

解 令 $u = \dfrac{x-\mu_1}{\sqrt{2}\sigma_1},\ v = \dfrac{y-\mu_2}{\sqrt{2}\sigma_2}$，则得

$$\begin{cases} x = \sqrt{2}\sigma_1 u + \mu_1, \\ y = \sqrt{2}\sigma_2 v + \mu_2, \end{cases} J = \dfrac{\partial(x,\ y)}{\partial(u,\ v)} = 2\sigma_1\sigma_2,$$

所以 $\int_{-\infty}^{+\infty}\int_{-\infty}^{+\infty}\dfrac{1}{2\pi\sigma_1\sigma_2}\mathrm{e}^{-\frac{(x-\mu_1)^2}{2\sigma_1^2}-\frac{(y-\mu_2)^2}{2\sigma_2^2}}\mathrm{d}x\mathrm{d}y = \dfrac{1}{\pi}\int_{-\infty}^{+\infty}\int_{-\infty}^{+\infty}\mathrm{e}^{-u^2-v^2}\mathrm{d}u\mathrm{d}v = 1.$

习题 10-4

(A)

1. 求锥面 $z = \sqrt{x^2+y^2}$ 被柱面 $z^2 = 2x$ 所截部分的曲面面积.

解 锥面 $z = \sqrt{x^2+y^2}$ 被截下部分在 xOy 面上的投影区域 D_{xy}：$x^2+y^2 \leqslant 2x$（半径为 1 的圆，其面积 $\sigma = \pi$），则

$$\dfrac{\partial z}{\partial x} = \dfrac{x}{\sqrt{x^2+y^2}},\ \dfrac{\partial z}{\partial y} = \dfrac{y}{\sqrt{x^2+y^2}},$$

所以 $\sqrt{1+\left(\dfrac{\partial z}{\partial x}\right)^2+\left(\dfrac{\partial z}{\partial y}\right)^2} = \sqrt{2},$

所以所求的面积为

$$A = \iint\limits_{D_{xy}}\sqrt{2}\,\mathrm{d}\sigma = \sqrt{2}\iint\limits_{D_{xy}}\mathrm{d}\sigma = \sqrt{2}\pi.$$

2. 求平面 $\dfrac{x}{a}+\dfrac{y}{b}+\dfrac{z}{c}=1$ 被三个坐标面所割出部分的面积.

解 所求部分在 xOy 面上的投影区域 D_{xy} 为图 10 - 38 中阴影部分，$z=c\left(1-\dfrac{x}{a}-\dfrac{y}{b}\right)$，则

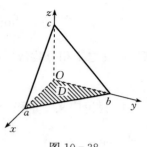

图 10 - 38

$$\dfrac{\partial z}{\partial x}=-\dfrac{c}{a},\ \dfrac{\partial z}{\partial y}=-\dfrac{c}{b},$$

所以 $\sqrt{1+\left(\dfrac{\partial z}{\partial x}\right)^2+\left(\dfrac{\partial z}{\partial y}\right)^2}=\sqrt{1+\left(\dfrac{c}{a}\right)^2+\left(\dfrac{c}{b}\right)^2}.$

所以所求的面积为

$$A=\iint\limits_{D_{xy}}\sqrt{1+\left(\dfrac{c}{a}\right)^2+\left(\dfrac{c}{b}\right)^2}\,d\sigma=\sqrt{1+\left(\dfrac{c}{a}\right)^2+\left(\dfrac{c}{b}\right)^2}\cdot\dfrac{1}{2}ab$$
$$=\dfrac{1}{2}\sqrt{a^2b^2+b^2c^2+c^2a^2}.$$

3. 求柱面 $x^2+y^2=2x$ 被锥面 $z=\sqrt{x^2+y^2}$ 割下部分的曲面面积.

解 由对称性知，本题所求锥面所围的柱面面积为第一象限的 4 倍，对于右半平面，柱面方程为 $y=\sqrt{2x-x^2}$，故有（在 xOz 平面投影）D_{xz}：$z^2\leqslant 2x$，

$$\dfrac{\partial y}{\partial x}=\dfrac{x-1}{\sqrt{2x-x^2}}=\dfrac{x-1}{y},\ \dfrac{\partial y}{\partial z}=0,$$

所以 $\sqrt{1+\left(\dfrac{\partial y}{\partial x}\right)^2+\left(\dfrac{\partial y}{\partial z}\right)^2}=\dfrac{1}{\sqrt{2x-x^2}},$

所以所求的面积为

$$A=\iint\limits_{D_{xz}}\sqrt{1+\left(\dfrac{\partial y}{\partial x}\right)^2+\left(\dfrac{\partial y}{\partial z}\right)^2}\,d\sigma=4\iint\limits_{z^2\leqslant 2x}\dfrac{1}{\sqrt{2x-x^2}}\,d\sigma$$
$$=4\int_0^1\dfrac{1}{\sqrt{2x-x^2}}dx\int_0^{\sqrt{2x}}dz=8\sqrt{2}(\sqrt{2}-1).$$

4. 求球体 $x^2+y^2+z^2\leqslant 4a^2$ 被圆柱面 $x^2+y^2=2ax$ 所截得（含在圆柱面内的部分）立体的体积.

解 由对称性，立体体积为第一卦限部分的 4 倍.

$$V=4\iint\limits_D\sqrt{4a^2-x^2-y^2}\,dxdy,$$

其中 D 为半圆周 $y=\sqrt{2ax-x^2}$ 及 x 轴所围成的闭区域，在极坐标系中，D 可表示为

$$0\leqslant\theta\leqslant\dfrac{\pi}{2},\ 0\leqslant r\leqslant 2a\cos\theta,$$

于是 $V=4\iint\limits_D\sqrt{4a^2-r^2}\,rdrd\theta=4\int_0^{\frac{\pi}{2}}d\theta\int_0^{2a\cos\theta}\sqrt{4a^2-r^2}\,rdr=\dfrac{32}{3}a^2\left(\dfrac{\pi}{2}-\dfrac{2}{3}\right).$

5. 求半径为 R 的球的表面积.

解 上半球面方程为 $z=\sqrt{R^2-x^2-y^2}$，$x^2+y^2\leqslant R^2$. 球面的面积 A 为上半球面面积的两倍.

$$\frac{\partial z}{\partial x} = \frac{-x}{\sqrt{R^2-x^2-y^2}}, \quad \frac{\partial z}{\partial y} = \frac{-y}{\sqrt{R^2-x^2-y^2}},$$

$$\sqrt{1+\left(\frac{\partial z}{\partial x}\right)^2+\left(\frac{\partial z}{\partial y}\right)^2} = \frac{R}{\sqrt{R^2-x^2-y^2}},$$

所以
$$A = 2\iint\limits_{x^2+y^2 \leqslant R^2}\sqrt{1+\left(\frac{\partial z}{\partial x}\right)^2+\left(\frac{\partial z}{\partial y}\right)^2}\,dxdy$$

$$= 2\iint\limits_{x^2+y^2 \leqslant R^2}\frac{R}{\sqrt{R^2-x^2-y^2}}\,dxdy$$

$$= 2R\int_0^{2\pi}d\theta\int_0^R\frac{rdr}{\sqrt{R^2-r^2}} = 4\pi R^2.$$

(**B**)

1. 设平面薄片所占区域 D 是由抛物线 $y=x^2$ 及直线 $y=x$ 所围成，它在点 (x,y) 处的面密度为 $\mu(x,y)=x^2y$，求该薄片的重心.

解 如图 10-39 所示，薄片的总质量

$$M = \iint\limits_D x^2y\,dxdy = \int_0^1 x^2 dx\int_{x^2}^x y\,dy = \frac{1}{2}\int_0^1 x^2(x^2-x^4)dx = \frac{1}{35},$$

$$M_y = \iint\limits_D x\cdot x^2y\,dxdy = \int_0^1 x^3 dx\int_{x^2}^x y\,dy = \frac{1}{2}\int_0^1 x^3(x^2-x^4)dx = \frac{1}{48},$$

$$M_x = \iint\limits_D y\cdot x^2y\,dxdy = \int_0^1 x^2 dx\int_{x^2}^x y^2\,dy = \frac{1}{3}\int_0^1 x^2(x^3-x^6)dx = \frac{1}{54},$$

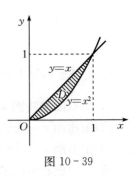

图 10-39

所以 $\bar{x}=\dfrac{M_y}{M}=\dfrac{35}{48}$，$\bar{y}=\dfrac{M_x}{M}=\dfrac{35}{54}$，故薄片的重心坐标为 $\left(\dfrac{35}{48},\dfrac{35}{54}\right)$.

2. 求由正弦曲线 $y=\sin x$，x 轴及直线 $x=\dfrac{\pi}{4}$ 所围成的平面图形的重心（设密度为常数）.

解 如图 10-40 所示.

$$A = \iint\limits_D d\sigma = \int_0^{\frac{\pi}{4}}dx\int_0^{\sin x}dy = \int_0^{\frac{\pi}{4}}\sin x\,dx = \frac{1}{2}(2-\sqrt{2}),$$

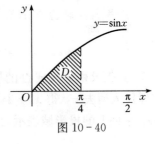

图 10-40

$$\iint\limits_D x\,d\sigma = \int_0^{\frac{\pi}{4}}x\,dx\int_0^{\sin x}dy = \int_0^{\frac{\pi}{4}}x\sin x\,dx = \frac{\sqrt{2}}{8}(4-\pi),$$

$$\iint\limits_D y\,d\sigma = \int_0^{\frac{\pi}{4}}dx\int_0^{\sin x}y\,dy = \frac{1}{2}\int_0^{\frac{\pi}{4}}\sin^2 x\,dx = \frac{1}{2}\int_0^{\frac{\pi}{4}}\frac{1-\cos 2x}{2}dx = \frac{1}{16}(\pi-2),$$

所以
$$\bar{x} = \frac{1}{A}\iint\limits_D x\,d\sigma = \frac{\dfrac{\sqrt{2}}{8}(4-\pi)}{\dfrac{1}{2}(2-\sqrt{2})} = \left(1-\frac{\pi}{4}\right)(\sqrt{2}+1),$$

$$\bar{y} = \frac{1}{A}\iint\limits_D y\,d\sigma = \frac{\dfrac{1}{16}(\pi-2)}{\dfrac{1}{2}(2-\sqrt{2})} = \frac{1}{8}\left(\frac{\pi}{2}-1\right)(\sqrt{2}+2),$$

所以所围平面图形的重心为 $\left(\left(1-\dfrac{\pi}{4}\right)(\sqrt{2}+1),\ \dfrac{1}{8}\left(\dfrac{\pi}{2}-1\right)(\sqrt{2}+2)\right)$.

3. 求由两个底圆半径都等于 ρ 的直交圆柱面所围成立体的体积.

解 设这两个圆柱面的方程分别为
$$x^2+y^2=\rho^2 \text{ 及 } x^2+z^2=\rho^2.$$

利用立体关于坐标平面的对称性，只要算出它在第一卦限部分的体积 V_1，然后再乘以 8 即可.

第一卦限部分是以 $D=\{(x, y)\mid 0\leqslant x\leqslant\rho, 0\leqslant y\leqslant\sqrt{\rho^2-x^2}\}$ 为底，以 $z=\sqrt{\rho^2-x^2}$ 为顶的曲顶柱体，于是

$$V=8\iint_D \sqrt{\rho^2-x^2}\,d\sigma=8\int_0^\rho dx\int_0^{\sqrt{\rho^2-x^2}}\sqrt{\rho^2-x^2}\,dy$$
$$=8\int_0^\rho (\rho^2-x^2)\,dx=\frac{16}{3}\rho^3.$$

习 题 10-5

(A)

1. 化三重积分 $I=\iiint_\Omega f(x, y, z)\,dxdydz$ 为三次积分，其中积分区域 Ω 分别是：

(1) 由双曲抛物面 $xy=z$ 及平面 $x+y-1=0$，$z=0$ 所围成的闭区域；

(2) 由曲面 $z=x^2+y^2$ 及平面 $z=1$ 所围成的闭区域；

(3) 由曲面 $z=x^2+2y^2$ 及平面 $z=2-x^2$ 所围成的闭区域.

解 (1) 把积分区域 Ω 表示为 $0\leqslant x\leqslant 1$，$0\leqslant y\leqslant 1-x$，$0\leqslant z\leqslant xy$，所以
$$I=\int_0^1 dx\int_0^{1-x} dy\int_0^{xy} f(x, y, z)\,dz.$$

(2) 积分区域 Ω 在 xOy 平面上的投影域表示为 $x^2+y^2\leqslant 1(z=0)$，所以
$$I=\int_{-1}^1 dx\int_{-\sqrt{1-x^2}}^{\sqrt{1-x^2}} dy\int_{x^2+y^2}^1 f(x, y, z)\,dz.$$

(3) 先求积分区域 Ω 的投影域，为此，先求两个曲面的交线和投影柱面，由题设，两个方程代入消去 z，得 $x^2+2y^2=2-x^2$，即 $x^2+y^2=1$，此为交线所在的投影柱面，故 Ω 在 xOy 平面上的投影域表示为 $x^2+y^2\leqslant 1(z=0)$，所以
$$I=\int_{-1}^1 dx\int_{-\sqrt{1-x^2}}^{\sqrt{1-x^2}} dy\int_{x^2+2y^2}^{2-x^2} f(x, y, z)\,dz.$$

注：由以上几题可见，化三重积分为累次积分的关键是确定(想象或绘出)积分区域 Ω 的形状；并向适当的坐标面投影、确定投影区域 D(这也是"先一后二"法中二重积分的积分区域)的形状；再把 D 向适当的坐标轴投影，可得出单积分的积分区间，于是可把 Ω 表示为界限 x，y，z 变化范围的三个不等式(组)，这样便可确定化三重积分为三次积分的各积分上、下限. 因此，读者应复习和熟悉空间解析几何中有关曲面和方程及投影的相关知识.

2. 计算 $\iiint_\Omega xy^2z^3\,dxdydz$，其中 Ω 是由曲面 $z=xy$ 与平面 $y=x$，$x=1$ 和 $z=0$ 所围成的闭区域.

解 Ω 向 xOy 面的投影域为三角形区域 D_{xy}：$0\leqslant x\leqslant 1$，$0\leqslant y\leqslant x$.

$$\iiint_\Omega xy^2z^3\,dxdydz = \int_0^1 dx\int_0^x dy\int_0^{xy} xy^2z^3\,dz = \int_0^1 dx\int_0^x xy^2\cdot\frac{1}{4}z^4\Big|_0^{xy}dy = \frac{1}{4}\int_0^1 x^5\,dx\int_0^x y^6\,dy$$
$$= \frac{1}{4}\int_0^1 x^5\left(\frac{1}{7}y^7\right)\Big|_0^x dx = \frac{1}{28}\int_0^1 x^{12}\,dx = \frac{1}{364}.$$

3. 计算 $\iiint_\Omega \dfrac{dxdydz}{(1+x+y+z)^3}$，其中 Ω 是由平面 $x=0$，$y=0$，$z=0$，$x+y+z=1$ 所围成的四面体．

解 Ω 向 xOy 面的投影域为三角形区域 D_{xy}：$0\leqslant x\leqslant 1$，$0\leqslant y\leqslant 1-x$.

$$\iiint_\Omega \frac{dxdydz}{(1+x+y+z)^3} = \int_0^1 dx\int_0^{1-x} dy\int_0^{1-x-y}\frac{dz}{(1+x+y+z)^3}$$
$$= \int_0^1 dx\int_0^{1-x} dy\int_0^{1-x-y}\frac{d(1+x+y+z)}{(1+x+y+z)^3}$$
$$= \int_0^1 dx\int_0^{1-x}\left[-\frac{1}{2}(1+x+y+z)^{-2}\right]\Big|_0^{1-x-y}dy$$
$$= -\frac{1}{2}\int_0^1 dx\int_0^{1-x}\left[\frac{1}{4}-\frac{1}{(1+x+y)^2}\right]dy$$
$$= -\frac{1}{2}\int_0^1\left(\frac{1}{4}y+\frac{1}{1+x+y}\right)\Big|_0^{1-x}dx$$
$$= -\frac{1}{2}\int_0^1\left[\frac{1}{4}(1-x)+\frac{1}{2}-\frac{1}{1+x}\right]dx$$
$$= -\frac{1}{2}\left[\frac{3}{4}x-\frac{1}{8}x^2-\ln(1+x)\right]\Big|_0^1$$
$$= \frac{1}{2}\left(\ln 2-\frac{5}{8}\right).$$

4. 计算 $\iiint_\Omega xyz\,dxdydz$，其中 Ω 是球面 $x^2+y^2+z^2=1$ 及三个坐标面所围成的第一卦限内的闭区域．

解 Ω 向 xOy 面的投影域为第一卦限内的 $\dfrac{1}{4}$ 单位圆域 D_{xy}：$0\leqslant x\leqslant 1$，$0\leqslant y\leqslant\sqrt{1-x^2}$.

$$\iiint_\Omega xyz\,dxdydz = \int_0^1 dx\int_0^{\sqrt{1-x^2}}dy\int_0^{\sqrt{1-x^2-y^2}}xyz\,dz$$
$$= \int_0^1 x\,dx\int_0^{\sqrt{1-x^2}}y\cdot\frac{1}{2}z^2\Big|_0^{\sqrt{1-x^2-y^2}}dy$$
$$= \frac{1}{2}\int_0^1 x\,dx\int_0^{\sqrt{1-x^2}}y\cdot(1-x^2-y^2)\,dy$$
$$= \frac{1}{2}\int_0^1 x\cdot\left(\frac{1}{2}y^2-\frac{1}{2}x^2y^2-\frac{1}{4}y^4\right)\Big|_0^{\sqrt{1-x^2}}dx$$
$$= \frac{1}{4}\int_0^1 x\cdot\left[(1-x^2)(1-x^2)-\frac{1}{2}(1-x^2)^2\right]dx$$
$$= \frac{1}{8}\int_0^1 x\cdot(1-2x^2+x^4)\,dx$$

$$= \frac{1}{8}\left(\frac{1}{2}x^2 - \frac{2}{4}x^4 + \frac{1}{6}x^6\right)\Big|_0^1 = \frac{1}{48}.$$

5. 计算 $\iiint_\Omega xz\,dxdydz$，其中 Ω 是由平面 $z=0$，$z=y$，$y=1$ 以及抛物柱面 $y=x^2$ 所围成的闭区域．

解 Ω 在 xOy 面上的投影域是由 $y=x^2$ 与 $y=1$ 所围成的区域 D_{xy}（读者想象图形），将 $y=x^2$ 与 $y=1$ 联立消去 y，得 $x^2=1$，即 $x=\pm 1$，所以 D_{xy}：$-1 \leqslant x \leqslant 1$，$x^2 \leqslant y \leqslant 1$，所以

$$\iiint_\Omega xz\,dxdydz = \int_{-1}^1 dx\int_{x^2}^1 dy\int_0^y xz\,dz = \int_{-1}^1 x\,dx\int_{x^2}^1 \frac{1}{2}z^2\Big|_0^y dy$$

$$= \frac{1}{2}\int_{-1}^1 x\,dx\int_{x^2}^1 y^2\,dy = \frac{1}{6}\int_{-1}^1 x\cdot y^3\Big|_{x^2}^1 dx$$

$$= \frac{1}{6}\int_{-1}^1 x\cdot(1-x^6)\,dx = 0\,（奇函数的积分）.$$

(B)

1. 化三重积分 $I = \iiint_\Omega f(x, y, z)\,dxdydz$ 为三次积分，其中积分区域 Ω 分别是：

(1) 由曲面 $cz=xy(c>0)$，$\dfrac{x^2}{a^2}+\dfrac{y^2}{b^2}=1$，$z=0$ 所围成的在第一卦限内的闭区域；

(2) 由曲面 $z=x^2+y^2$，$y=x^2$ 及平面 $y=1$，$z=0$ 所围成的闭区域．

解 (1) 积分区域 Ω 是由位于第一卦限内的 $\dfrac{1}{4}$ 椭圆柱去截鞍面而得，故可把 Ω 表示为

$$0 \leqslant x \leqslant a,\quad 0 \leqslant y \leqslant \frac{b}{a}\sqrt{a^2-x^2},\quad 0 \leqslant z \leqslant \frac{xy}{c},$$

所以

$$I = \int_0^a dx\int_0^{\frac{b}{a}\sqrt{a^2-x^2}} dy\int_0^{\frac{xy}{c}} f(x, y, z)\,dz.$$

(2) 积分区域 Ω 可表示为 $-1 \leqslant x \leqslant 1$，$x^2 \leqslant y \leqslant 1$，$0 \leqslant z \leqslant x^2+y^2$，所以

$$I = \int_{-1}^1 dx\int_{x^2}^1 dy\int_0^{x^2+y^2} f(x, y, z)\,dz.$$

2. 计算 $\iiint_\Omega z\,dxdydz$，其中 Ω 是由锥面 $z=\dfrac{h}{R}\sqrt{x^2+y^2}$ 与平面 $z=h(R>0, h>0)$ 所围成的闭区域．

解 将锥面与平面的方程联立消去 z，得投影柱面方程

$$\sqrt{x^2+y^2}=R,\quad 即\ x^2+y^2=R^2,$$

故 Ω 在 xOy 平面上的投影区域

$$D_{xy}:\ -R \leqslant x \leqslant R,\ -\sqrt{R^2-x^2} \leqslant y \leqslant \sqrt{R^2-x^2}.$$

$$\iiint_\Omega z\,dxdydz = \int_{-R}^R dx\int_{-\sqrt{R^2-x^2}}^{\sqrt{R^2-x^2}} dy\int_{\frac{h}{R}\sqrt{x^2+y^2}}^h z\,dz = \int_{-R}^R dx\int_0^{\sqrt{R^2-x^2}}\left[h^2 - \frac{h^2}{R^2}(x^2+y^2)\right]dy$$

$$= \int_{-R}^R \left(h^2 y - \frac{h^2}{R^2}x^2 y - \frac{h^2}{R^2}\cdot\frac{1}{3}y^3\right)\Big|_0^{\sqrt{R^2-x^2}} dx$$

$$= 2\int_0^R \left\{h^2\sqrt{R^2-x^2} - \frac{h^2}{R^2}\left[x^2 + \frac{1}{3}(R^2-x^2)\right]\sqrt{R^2-x^2}\right\}dx$$

$$= \frac{4}{3}\int_0^R \left(h^2 - \frac{h^2}{R^2}x^2\right)\sqrt{R^2-x^2}\,\mathrm{d}x\,(\diamondsuit\ x=R\sin\theta)$$

$$= \frac{4}{3}\int_0^{\frac{\pi}{2}} h^2\cos^2\theta \cdot R\cos\theta \cdot R\cos\theta\,\mathrm{d}\theta$$

$$= \frac{4}{3}h^2R^2 \cdot \frac{3\cdot 1}{4\cdot 2}\cdot\frac{\pi}{2} = \frac{\pi}{4}h^2R^2(华里斯公式).$$

3. 设有一物体，占有空间闭区域 Ω：$0\leqslant x\leqslant 1$，$0\leqslant y\leqslant 1$，$0\leqslant z\leqslant 1$，在点 (x,y,z) 处的密度为 $\rho(x,y,z)=x+y+z$，计算该物体的质量．

解 该物体的质量

$$M = \iiint_\Omega \rho(x,y,z)\mathrm{d}V = \iiint_\Omega (x+y+z)\mathrm{d}x\mathrm{d}y\mathrm{d}z = \int_0^1\mathrm{d}x\int_0^1\mathrm{d}y\int_0^1(x+y+z)\mathrm{d}z$$

$$= \int_0^1\mathrm{d}x\int_0^1 \left(xz+yz+\frac{1}{2}z^2\right)\Big|_0^1\mathrm{d}y = \int_0^1\mathrm{d}x\int_0^1\left(x+y+\frac{1}{2}\right)\mathrm{d}y$$

$$= \int_0^1\left(xy+\frac{1}{2}y^2+\frac{1}{2}y\right)\Big|_0^1\mathrm{d}x = \int_0^1(x+1)\mathrm{d}x = \frac{3}{2}.$$

4. 如果三重积分 $\iiint_\Omega f(x,y,z)\mathrm{d}x\mathrm{d}y\mathrm{d}z$ 的被积函数 $f(x,y,z)$ 是三个函数 $f_1(x)$，$f_2(y)$，$f_3(z)$ 的乘积，即 $f(x,y,z)=f_1(x)f_2(y)f_3(z)$，积分区域 Ω 为 $a\leqslant x\leqslant b$，$c\leqslant y\leqslant d$，$l\leqslant z\leqslant m$，证明：这个三重积分等于三个单积分的乘积，即

$$\iiint_\Omega f_1(x)f_2(y)f_3(z)\mathrm{d}x\mathrm{d}y\mathrm{d}z = \int_a^b f_1(x)\mathrm{d}x\int_c^d f_2(y)\mathrm{d}y\int_l^m f_3(z)\mathrm{d}z.$$

证
$$\iiint_\Omega f_1(x)f_2(y)f_3(z)\mathrm{d}x\mathrm{d}y\mathrm{d}z = \int_a^b\mathrm{d}x\int_c^d\mathrm{d}y\int_l^m f_1(x)f_2(y)f_3(z)\mathrm{d}z$$

$$= \int_a^b\mathrm{d}x\int_c^d f_1(x)f_2(y)\mathrm{d}y\int_l^m f_3(z)\mathrm{d}z$$

$$= \int_a^b f_1(x)\mathrm{d}x\int_c^d f_2(y)\mathrm{d}y\int_l^m f_3(z)\mathrm{d}z.$$

习 题 10-6

（A）

1. 利用柱面坐标计算下列三重积分．

(1) $\iiint_\Omega z\mathrm{d}V$，其中 Ω 是由曲面 $z=\sqrt{2-x^2-y^2}$ 与 $z=x^2+y^2$ 所围成的闭区域；

(2) $\iiint_\Omega (x^2+y^2)\mathrm{d}V$，其中 Ω 是由曲面 $x^2+y^2=2z$ 与 $z=2$ 所围成的闭区域；

(3) $\iiint_\Omega xy\mathrm{d}V$，其中 Ω 是由柱面 $x^2+y^2=1$ 及平面 $z=1$，$z=0$，$x=0$，$y=0$ 所围成的在第一卦限内的闭区域；

(4) $\iiint_\Omega (x^2+y^2)\mathrm{d}V$，其中 Ω 是由曲面 $4z^2=25(x^2+y^2)$ 及平面 $z=5$ 所围成的闭区域．

解 (1) 联立 Ω 的曲面（上半球面与上半抛物面）方程，得交线
$$x^2+y^2=1(z=1).$$

投影柱面 $x^2+y^2=1$，Ω 在 xOy 面上的投影域为
$$D_{xy}: x^2+y^2\leqslant 1(z=0).$$
引入柱坐标，则 Ω 为
$$0\leqslant\theta\leqslant 2\pi,\ 0\leqslant r\leqslant 1,\ r^2\leqslant z\leqslant\sqrt{2-r^2},$$
所以
$$\iiint_\Omega z\mathrm{d}V=\iiint_\Omega zr\mathrm{d}r\mathrm{d}\theta\mathrm{d}z=\int_0^{2\pi}\mathrm{d}\theta\int_0^1\mathrm{d}r\int_{r^2}^{\sqrt{2-r^2}}rz\mathrm{d}z$$
$$=2\pi\int_0^1 r\cdot\frac{1}{2}(2-r^2-r^4)\mathrm{d}r=\pi\left(r^2-\frac{1}{4}r^4-\frac{1}{6}r^6\right)\Big|_0^1=\frac{7}{12}\pi.$$

(2) $x^2+y^2=2z$ 与 $z=2$ 的交线是平面 $z=2$ 上的圆 $x^2+y^2=4(z=2)$，故 Ω 在 xOy 面上的投影域
$$D_{xy}: x^2+y^2\leqslant 4(z=0).$$
引入柱坐标，则 Ω 可表示为
$$0\leqslant\theta\leqslant 2\pi,\ 0\leqslant r\leqslant 2,\ \frac{r^2}{2}\leqslant z\leqslant 2,$$
所以
$$\iiint_\Omega(x^2+y^2)\mathrm{d}V=\iiint_\Omega r^2\cdot r\mathrm{d}r\mathrm{d}\theta\mathrm{d}z=\int_0^{2\pi}\mathrm{d}\theta\int_0^2 r^3\mathrm{d}r\int_{\frac{r^2}{2}}^2\mathrm{d}z$$
$$=2\pi\int_0^2 r^3\left(2-\frac{r^2}{2}\right)\mathrm{d}r=2\pi\left(\frac{2}{4}r^4-\frac{1}{12}r^6\right)\Big|_0^2=\frac{16}{3}\pi.$$

(3) 显见应采用柱坐标计算，Ω 在 xOy 平面上的投影是位于第一象限的 $\frac{1}{4}$ 单位圆，所以
$$0\leqslant\theta\leqslant\frac{\pi}{2}(0\leqslant r\leqslant 1),$$
所以
$$\iiint_\Omega xy\mathrm{d}V=\iiint_\Omega r\cos\theta\cdot r\sin\theta\cdot r\mathrm{d}r\mathrm{d}\theta\mathrm{d}z=\int_0^{\frac{\pi}{2}}\mathrm{d}\theta\int_0^1\mathrm{d}r\int_0^{r^3}\sin\theta\cos\theta\mathrm{d}z$$
$$=\int_0^{\frac{\pi}{2}}\sin\theta\cos\theta\cdot\frac{1}{4}r^4\Big|_0^1\mathrm{d}\theta=\frac{1}{8}.$$

(4) Ω 为锥体，宜用柱坐标计算，将 $z=5$ 代入锥面方程，得平面 $z=5$ 与锥面的交线
$$x^2+y^2=4(z=5),$$
故 Ω 在 xOy 平面上的投影域
$$D_{xy}: x^2+y^2\leqslant 4(z=0).$$
又由曲面方程或绘图知
$$\frac{|z|}{r}=\frac{5}{2},\ z=\frac{5}{2}r, \tag{1}$$
所以
$$\iiint_\Omega(x^2+y^2)\mathrm{d}V=\iiint_\Omega r^2\cdot r\mathrm{d}r\mathrm{d}\theta\mathrm{d}z=\int_0^{2\pi}\mathrm{d}\theta\int_0^2 r^3\mathrm{d}r\int_{\frac{5}{2}r}^5\mathrm{d}z$$
$$=2\pi\int_0^2 r^3\left(5-\frac{5}{2}r\right)\mathrm{d}r=2\pi\left(\frac{5}{4}r^4-\frac{1}{2}r^5\right)\Big|_0^2=8\pi.$$

注：由(1)，$\frac{5}{2}r\leqslant z\leqslant 5$，很容易误认为 $0\leqslant z\leqslant 5$，否则 Ω 是柱形域而非题设的锥形域，读者自绘图比较一下这两种确定 z 的变化范围，从中汲取经验教训。

2. 利用球面坐标计算下列三重积分.

(1) $\iiint\limits_{\Omega}(x^2+y^2+z^2)\mathrm{d}V$,其中 Ω 是由球面 $x^2+y^2+z^2=1$ 所围成的闭区域;

(2) $\iiint\limits_{\Omega}(x^2+y^2)\mathrm{d}V$,其中闭区域 Ω 是由两个半球面 $z=\sqrt{A^2-x^2-y^2}$, $z=\sqrt{a^2-x^2-y^2}$ ($A>a>0$) 及平面 $z=0$ 所确定.

解 (1) Ω 在 xOy 面上的投影域
$$D_{xy}:\ x^2+y^2\leqslant 1(z=0).$$
引入球坐标,由球心在原点知
$$\iiint\limits_{\Omega}(x^2+y^2+z^2)\mathrm{d}V=\iiint\limits_{\Omega}r^2\cdot r^2\sin\varphi\mathrm{d}r\mathrm{d}\theta\mathrm{d}\varphi=\int_0^{2\pi}\mathrm{d}\theta\int_0^1 r^4\mathrm{d}r\int_0^{\pi}\sin\varphi\mathrm{d}\varphi=\frac{4}{5}\pi.$$

(2) Ω 是上半空心球,观察被积函数,适用柱坐标,但优先照顾化简 Ω,宜用球坐标计算.
$$0\leqslant\theta\leqslant 2\pi,\ 0\leqslant\varphi\leqslant\frac{\pi}{2},\ a\leqslant r\leqslant A.$$
$$\iiint\limits_{\Omega}(x^2+y^2)\mathrm{d}V=\iiint\limits_{\Omega}r^2(\cos^2\theta+\sin^2\theta)\sin^2\varphi\cdot r^2\sin\varphi\mathrm{d}r\mathrm{d}\theta\mathrm{d}\varphi=\int_0^{2\pi}\mathrm{d}\theta\int_0^{\frac{\pi}{2}}\sin^3\varphi\mathrm{d}\varphi\int_a^A r^4\mathrm{d}r$$
$$=2\pi\cdot\frac{1}{5}(A^5-a^5)\cdot\frac{2}{3}=\frac{4}{15}\pi(A^5-a^5).$$

3. 利用三重积分计算由下列曲面所围成立体的体积.

(1) $z=6-x^2-y^2$ 及 $z=\sqrt{x^2+y^2}$;

(2) $z=\sqrt{x^2+y^2}$ 及 $z=x^2+y^2$.

解 (1) (求这类由曲面所围成立体 Ω 的体积,应该用公式 $V=\iiint\limits_{\Omega}\mathrm{d}V$ 来计算.)

Ω 的上半曲面是抛物面,下方是开口朝上的锥面,宜用柱坐标计算.

由 $\sqrt{x^2+y^2}\leqslant z\leqslant 6-x^2-y^2$,得 $r\leqslant z\leqslant 6-r^2$.

又两曲面的交线为
$$(x^2+y^2)+\sqrt{x^2+y^2}-6=0,$$
解得
$$x^2+y^2=4(z=2),$$
故 Ω 在 xOy 平面上的投影是圆域
$$D_{xy}:\ x^2+y^2\leqslant 4(z=0),$$
所以
$$V=\iiint\limits_{\Omega}\mathrm{d}V=\int_0^{2\pi}\mathrm{d}\theta\int_0^2\mathrm{d}r\int_r^{6-r^2}r\mathrm{d}z=2\pi\int_0^2 r(6-r^2-r)\mathrm{d}r$$
$$=2\pi\left(3r^2-\frac{1}{4}r^4-\frac{1}{3}r^3\right)\Big|_0^2=\frac{32}{3}\pi.$$

(2) Ω 是由上顶为锥面、下底为抛物面的两个曲面围成(图略),显见宜用柱面坐标计算,易得两曲面的交线
$$x^2+y^2=1(z=1),$$
它在 xOy 平面上的投影为

$$x^2+y^2\leqslant 1(z=0).$$
$$D_{xy}: 0\leqslant\theta\leqslant 2\pi,\ 0\leqslant r\leqslant 1.$$

又 $x^2+y^2\leqslant z\leqslant\sqrt{x^2+y^2}$,故

$$V=\iiint_\Omega dV=\int_0^{2\pi}d\theta\int_0^1 dr\int_{r^2}^r rdz=2\pi\int_0^1 r(r-r^2)dr$$
$$=2\pi\left(\frac{1}{3}r^3-\frac{1}{4}r^4\right)\Big|_0^1=\frac{\pi}{6}.$$

4. 球心在原点、半径为 R 的球体,在其上任意一点的密度的大小与这点到球心的距离成正比,求球体的质量.

解 密度函数 $\rho(x,\ y,\ z)=k\sqrt{x^2+y^2+z^2}$,$k$ 为比例系数,质量元素
$$dM=k\sqrt{x^2+y^2+z^2}dV.$$

本题的 Ω 是球体,宜用球坐标计算,故
$$M=k\int_0^{2\pi}d\theta\int_0^\pi d\varphi\int_0^R r\cdot r^2\sin\varphi dr=2\pi k\cdot\cos\varphi\Big|_\pi^0\cdot\frac{1}{4}r^4\Big|_0^R=k\pi R^4.$$

5. 利用三重积分计算下列曲面所围成立体的重心(设密度 $\rho=1$).

(1) $z^2=x^2+y^2$,$z=1$;

(2) $z=\sqrt{A^2-x^2-y^2}$,$z=\sqrt{a^2-x^2-y^2}(A>a>0)$,$z=0$.

解 (1)(重心没有可加性;可视物体的质量集中在重心处,利用静力矩(有可加性)求重心)此为锥体,由对称性易知 $\bar x=\bar y=0$,显见应该用柱坐标计算下列三重积分,由投影
$$D_{xy}:\ x^2+y^2\leqslant 1(z=0)\text{ 和 }\sqrt{x^2+y^2}\leqslant z\leqslant 1,$$
从而 $r\leqslant z\leqslant 1$.
$$M=\iiint_\Omega dV=\int_0^{2\pi}d\theta\int_0^1 dr\int_r^1 rdz=2\pi\int_0^1 r(1-r)dr$$
$$=2\pi\left(\frac{1}{2}r^2-\frac{1}{3}r^3\right)\Big|_0^1=\frac{\pi}{3}.$$

而静力矩
$$M_{xy}=\iiint_\Omega\rho zdV=\int_0^{2\pi}d\theta\int_0^1 dr\int_r^1 rzdz=2\pi\int_0^1\frac{r}{2}(1-r^2)dr$$
$$=\pi\left(\frac{1}{2}r^2-\frac{1}{4}r^4\right)\Big|_0^1=\frac{\pi}{4},$$

所以 $\bar z=\dfrac{M_{xy}}{M}=\dfrac{3}{4}$,故重心坐标为 $\left(0,\ 0,\ \dfrac{3}{4}\right)$.

(2) Ω 为空心上半球,宜用球坐标计算,其投影域为
$$a^2\leqslant x^2+y^2\leqslant A^2(z=0)\text{ 和 } x^2+y^2\leqslant z\leqslant 1,$$
从而 $0\leqslant\theta\leqslant 2\pi,\ 0\leqslant\varphi\leqslant\dfrac{\pi}{2},\ a\leqslant r\leqslant A$,
$$M=\iiint_\Omega dV=\int_0^{2\pi}d\theta\int_0^{\frac{\pi}{2}}d\varphi\int_a^A r^2\sin\varphi dr$$
$$=2\pi\cos\varphi\Big|_{\frac{\pi}{2}}^0\cdot\frac{1}{3}r^3\Big|_a^A=\frac{2}{3}\pi(A^3-a^3).$$

而静力矩
$$M_{xy} = \iiint_\Omega \rho z \mathrm{d}V = \int_0^{2\pi} \mathrm{d}\theta \int_0^{\frac{\pi}{2}} \mathrm{d}\varphi \int_a^A r\cos\varphi \cdot r^2 \sin\varphi \mathrm{d}r$$
$$= 2\pi \cdot \frac{1}{2}\sin^2\varphi \Big|_0^{\frac{\pi}{2}} \cdot \frac{1}{4} r^4 \Big|_a^A = \frac{1}{4}\pi(A^4 - a^4),$$

所以
$$\bar{z} = \frac{M_{xy}}{M} = \frac{3}{8} \frac{A^4 - a^4}{A^3 - a^3}.$$

又由 Ω 的对称性和 $\rho=1$，知 $\bar{x}=\bar{y}=0$，故重心坐标为 $\left(0, 0, \dfrac{3}{8}\dfrac{A^4-a^4}{A^3-a^3}\right)$。

6. 一均匀物体(密度 ρ 为常量)占有的闭区域 Ω 由曲面 $z=x^2+y^2$ 和平面 $z=0$，$|x|=|a|$，$|y|=a$ 围成。

(1) 求物体的体积；

(2) 求物体的重心；

(3) 求物体关于 z 轴的转动惯量。

解 Ω 在 xOy 平面的投影域为正方形
$$D_{xy}: -a \leqslant x \leqslant a, \; -a \leqslant y \leqslant a, \; \text{而 } 0 \leqslant z \leqslant x^2+y^2.$$
考察 D_{xy}，可见宜用直角坐标计算本题的体积 V，重心 $\bar{z}$，惯矩 J_z。

(1) $V = \iiint_\Omega \mathrm{d}V = \int_{-a}^a \mathrm{d}x \int_{-a}^a \mathrm{d}y \int_0^{x^2+y^2} \mathrm{d}z = \int_{-a}^a \mathrm{d}x \int_{-a}^a (x^2+y^2)\mathrm{d}y$

$= 4\int_0^a \left(ax^2 + \dfrac{1}{3}a^3\right)\mathrm{d}x = 4\left(\dfrac{a}{3}x^3 + \dfrac{1}{3}a^3 x\right)\Big|_0^a = \dfrac{8}{3}a^4.$

(2) 由 ρ=常量和 Ω 关于 x，y 的对称性(或图形关于 xOz，yOz 平面的对称性)，知 $\bar{x}=\bar{y}=0$。

静力矩
$$M_{xy} = \iiint_\Omega \rho z \mathrm{d}V = \rho \int_{-a}^a \mathrm{d}x \int_{-a}^a \mathrm{d}y \int_0^{x^2+y^2} z \mathrm{d}z$$
$$= 4\rho \int_0^a \mathrm{d}x \int_0^a \frac{1}{2}(x^2+y^2)^2 \mathrm{d}y = 2\rho \int_0^a \mathrm{d}x \int_0^a (x^4 + 2x^2 y^2 + y^4) \mathrm{d}y$$
$$= 2\rho \int_0^a \left(ax^4 + \frac{2}{3}a^3 x^2 + \frac{1}{5}a^5\right)\mathrm{d}x = \frac{56}{45}\rho a^6,$$

所以 $\bar{z} = \dfrac{M_{xy}}{M} = \dfrac{7}{15}a^2$，故重心坐标为 $\left(0, 0, \dfrac{7}{15}a^2\right)$。

(3) $J_z = \iiint_\Omega \rho(x^2+y^2)\mathrm{d}V = \rho \int_{-a}^a \mathrm{d}x \int_{-a}^a \mathrm{d}y \int_0^{x^2+y^2} (x^2+y^2)\mathrm{d}z$

$= 4\rho \int_0^a \mathrm{d}x \int_0^a (x^2+y^2)^2 \mathrm{d}y = 4\rho \int_0^a \left(ax^4 + \dfrac{2}{3}a^3 x^2 + \dfrac{1}{5}a^5\right)\mathrm{d}x = \dfrac{112}{45}\rho a^6.$

7. 求半径为 a，高为 h 的均匀圆柱体对于过中心而平行于母线的轴的转动惯量(设密度 $\rho=1$)。

解 建立坐标系，使原点在圆柱下底中心，z 轴与母线平行，显见宜用柱坐标计算，则所求转动惯量

$$J_z = \iiint_\Omega \rho(x^2+y^2)dV = \rho\int_0^{2\pi}d\theta\int_0^a dr\int_0^h r^2 \cdot rdz$$
$$= \rho \cdot 2\pi \cdot \frac{1}{4}a^4 \cdot h = \frac{1}{2}Ma^2,$$

其中 $M=\pi a^2 h\rho$ 为圆柱体的质量.

(B)

1. 利用球面坐标计算下列三重积分.

(1) $\iiint_\Omega z dV$,其中闭区域 Ω 是由不等式 $x^2+y^2+(z-a)^2 \leqslant a^2$,$x^2+y^2 \leqslant z^2$ 所确定;

(2) $\iiint_\Omega \sqrt{x^2+y^2+z^2}dV$,其中 Ω 是由球面 $x^2+y^2+z^2=z$ 所围成的闭区域.

解 (1) Ω 由 xOy 平面上方的球体与上半锥体所确定,宜用球坐标计算.为了确定引入球坐标后化为累次积分的积分限,一是要确定 Ω 在 xOy 平面上的投影域 D_{xy};二是要确定角 φ 和 r 的变化范围.

用代入法消去 z,易得与题设对应的球面与半锥面的交线为
$$z^2+(z-a)^2=a^2,\text{ 解得 }z=a,\text{ 即 }x^2+y^2=a^2,$$
故 Ω 在 xOy 平面上的投影域
$$D_{xy}: x^2+y^2 \leqslant a^2 (z=0).$$

又上述球面和锥面与 yOz 平面的交线分别为
$$y^2+(z-a)^2=a^2 \text{ 与 } y^2=z^2 (x=0).$$

读者想象该圆和 $y=z$ 的位置,或画图易知
$$0 \leqslant r \leqslant 2a\cos\varphi \left(0 \leqslant \varphi \leqslant \frac{\pi}{4}\right).$$

$$\iiint_\Omega z dV = \iiint_\Omega r\cos\varphi \cdot r^2\sin\varphi dr d\theta d\varphi = \int_0^{2\pi}d\theta\int_0^{\frac{\pi}{4}}d\varphi\int_0^{2a\cos\varphi}r^3\sin\varphi\cos\varphi dr$$
$$= 2\pi\int_0^{\frac{\pi}{4}}\sin\varphi\cos\varphi \cdot \frac{1}{4}(16a^4\cos^4\varphi)d\varphi = -8\pi a^4 \cdot \frac{1}{6}\cos^6\varphi\Big|_0^{\frac{\pi}{4}} = \frac{7}{6}\pi a^4.$$

(2)(无论是考虑 Ω,还是考虑化简被积函数,都应采用球坐标计算)

球面方程为 $x^2+y^2+\left(z-\frac{1}{2}\right)^2=\frac{1}{4}$,这是球心在点 $\left(0,0,\frac{1}{2}\right)$,半径为 $\frac{1}{2}$ 的球面,它位于 xOy 平面的上方,且与 xOy 平面相切,故
$$0 \leqslant \theta \leqslant 2\pi,\ 0 \leqslant \varphi \leqslant \frac{\pi}{2},\ 0 \leqslant r \leqslant \cos\varphi.$$

$$\iiint_\Omega \sqrt{x^2+y^2+z^2}dV = \iiint_\Omega r \cdot r^2\sin\varphi dr d\theta d\varphi = \int_0^{2\pi}d\theta\int_0^{\frac{\pi}{2}}\sin\varphi d\varphi\int_0^{\cos\varphi}r^3 dr$$
$$= 2\pi\int_0^{\frac{\pi}{2}}\frac{1}{4}\cos^4\varphi\sin\varphi d\varphi = \frac{\pi}{10}.$$

2. 利用三重积分计算由下列曲面所围成立体的体积.

(1) $x^2+y^2+z^2=2az(a>0)$ 及 $x^2+y^2=z^2$(含有 z 轴的部分);

(2) $z=\sqrt{5-x^2-y^2}$ 及 $x^2+y^2=4z$.

解 (1)Ω 为上部球锥形，宜用球坐标计算，读者绘草图易知，球与锥的交线：
$$\begin{cases} x^2+y^2+z^2=2az, \\ x^2+y^2=z^2 \end{cases} \Rightarrow \begin{cases} z=a, \\ x^2+y^2=a^2. \end{cases}$$
它在 xOy 平面上的投影为 $x^2+y^2=a^2(z=0)$，故 $0\leqslant\theta\leqslant 2\pi$.

上半锥与平面 $x=0$ 的交线为 $z=\pm y$，从而
$$0\leqslant\varphi\leqslant\frac{\pi}{4}, \quad 0\leqslant r\leqslant 2a\cos\varphi,$$

故 $$V=\iiint\limits_{\Omega}\mathrm{d}V=\int_0^{2\pi}\mathrm{d}\theta\int_0^{\frac{\pi}{4}}\mathrm{d}\varphi\int_0^{2a\cos\varphi}r^2\sin\varphi\mathrm{d}r=2\pi\int_0^{\frac{\pi}{4}}\frac{1}{3}(2a\cos\varphi)^3\sin\varphi\mathrm{d}\varphi$$
$$=-\frac{16}{3}\pi a^3\int_0^{\frac{\pi}{4}}\cos^3\varphi\mathrm{d}\cos\varphi=\frac{4}{3}\pi a^3\cos^4\varphi\bigg|_{\frac{\pi}{4}}^{0}=\pi a^3.$$

(2)Ω 是由上半球面与向上的抛物面所围成，考察两曲面的方程，显见宜用柱面坐标计算，易得两曲面的交线
$$\begin{cases} z=\sqrt{5-x^2-y^2}, \\ x^2+y^2=4z \end{cases} \Rightarrow \begin{cases} z=1, \\ x^2+y^2=4. \end{cases}$$
它在 xOy 平面上的投影为 $D_{xy}: x^2+y^2\leqslant 4(z=0)$，从而 $0\leqslant\theta\leqslant 2\pi$，$0\leqslant r\leqslant 2$.

将柱坐标变换 $\begin{cases} x=r\cos\theta, \\ y=r\sin\theta \end{cases}$ 代入
$$\frac{x^2+y^2}{4}\leqslant z\leqslant\sqrt{5-x^2-y^2},$$
得 $\frac{r^2}{4}\leqslant z\leqslant\sqrt{5-r^2}$，故
$$V=\iiint\limits_{\Omega}\mathrm{d}V=\int_0^{2\pi}\mathrm{d}\theta\int_0^2\mathrm{d}r\int_{\frac{r^2}{4}}^{\sqrt{5-r^2}}r\mathrm{d}z=2\pi\int_0^2 r\left(\sqrt{5-r^2}-\frac{r^2}{4}\right)\mathrm{d}r$$
$$=\pi\left[\int_0^2\sqrt{5-r^2}\mathrm{d}(r^2)-\int_0^2\frac{r^3}{2}\mathrm{d}r\right]=\left[-\frac{2}{3}\pi(5-r^2)^{\frac{3}{2}}-\frac{\pi}{8}r^4\right]\bigg|_0^2$$
$$=\frac{2\pi}{3}(5\sqrt{5}-4).$$

3. 计算（设密度 $\rho=1$）.

(1)利用三重积分计算由 $z=x^2+y^2$，$x+y=a$，$x=0$，$y=0$，$z=0$ 所围成立体的重心；

(2)球体 $x^2+y^2+z^2\leqslant 2Rz$ 内，各点处的密度的大小等于该点到坐标原点距离的平方，试求这个球体的重心.

解 (1)考察 Ω 及其投影 D_{xy}，显见采用直角坐标系计算. Ω 在 xOy 平面的投影域为
$$D_{xy}: 0\leqslant x\leqslant a, \quad 0\leqslant y\leqslant a-x,$$

质量 $$M=\iiint\limits_{\Omega}\mathrm{d}V=\int_0^a\mathrm{d}x\int_0^{a-x}\mathrm{d}y\int_0^{x^2+y^2}\mathrm{d}z=\int_0^a\mathrm{d}x\int_0^{a-x}(x^2+y^2)\mathrm{d}y$$
$$=\int_0^a\left[x^2(a-x)+\frac{1}{3}(a-x)^3\right]\mathrm{d}x=\frac{a^4}{6},$$

而静力矩
$$M_{yz}=\iiint\limits_{\Omega}\rho x\mathrm{d}V=\int_0^a x\mathrm{d}x\int_0^{a-x}\mathrm{d}y\int_0^{x^2+y^2}\mathrm{d}z$$

$$= \int_0^a x\mathrm{d}x \int_0^{a-x} (x^2+y^2)\mathrm{d}y = \int_0^a \left[x^3(a-x) + \frac{x}{3}(a-x)^3 \right] \mathrm{d}x$$

$$= \left(\frac{a}{4}x^4 - \frac{1}{5}x^5 \right) \bigg|_0^a - \frac{1}{3}\int_0^a (a-x)^4 \mathrm{d}x + \frac{1}{3}\int_0^a a(a-x)^3 \mathrm{d}x$$

$$= \frac{1}{20}a^5 + \frac{1}{15}(a-x)^5 \bigg|_0^a - \frac{a}{12}(a-x)^4 \bigg|_0^a = \frac{a^5}{15},$$

所以 $\bar{x} = \frac{M_{yz}}{M} = \frac{2}{5}a$. 由 x 与 y 的对称性, 知 $\bar{y} = \bar{x} = \frac{2}{5}a$.

$$M_{xy} = \iiint_\Omega \rho z \mathrm{d}V = \int_0^a \mathrm{d}x \int_0^{a-x} \mathrm{d}y \int_0^{x^2+y^2} z\mathrm{d}z = \int_0^a \mathrm{d}x \int_0^{a-x} \frac{1}{2}(x^2+y^2)^2 \mathrm{d}y$$

$$= \frac{1}{2}\int_0^a \left[x^4(a-x) + \frac{2}{3}x^2(a-x)^3 + \frac{1}{5}(a-x)^5 \right] \mathrm{d}x$$

$$= \frac{1}{2}\left\{ \left[a \cdot \frac{1}{5}x^5 - \frac{1}{6}x^6 - \frac{1}{30}(a-x)^6 \right] \bigg|_0^a + \frac{2}{3}\int_0^a \left[(a-x)^5 + 2ax(a-x)^3 - a^2(a-x)^3 \right] \mathrm{d}x \right\}$$

$$= \frac{7}{180}a^6,$$

所以 $\bar{z} = \frac{M_{xy}}{M} = \frac{7}{30}a^2$, 故重心坐标为 $\left(\frac{2}{5}a, \frac{2}{5}a, \frac{7}{30}a^2 \right)$.

(2) 由于此球体关于 zOx, yOz 平面对称, 显见 $\bar{x} = \bar{y} = 0$. 下面求 $\bar{z}$.

Ω 为球体, 宜用球坐标计算三重积分, 将球坐标代入球面方程, 得
$$0 \leqslant z \leqslant 2R\cos\varphi,$$
从而 $0 \leqslant \theta \leqslant 2\pi$, $0 \leqslant \varphi \leqslant \frac{\pi}{2}$.

$$M = \iiint_\Omega \mathrm{d}V = \int_0^{2\pi} \mathrm{d}\theta \int_0^{\frac{\pi}{2}} \mathrm{d}\varphi \int_0^{2R\cos\varphi} r^2 \cdot r^2 \sin\varphi \mathrm{d}r = 2\pi \int_0^{\frac{\pi}{2}} \sin\varphi \cdot \frac{1}{5}(2R\cos\varphi)^5 \mathrm{d}\varphi$$

$$= -\frac{64}{5}\pi R^5 \cdot \frac{1}{6}\cos^6\varphi \bigg|_0^{\frac{\pi}{2}} = \frac{32}{15}\pi R^5.$$

而静力矩

$$M_{xy} = \iiint_\Omega \rho z \mathrm{d}V = \int_0^{2\pi} \mathrm{d}\theta \int_0^{\frac{\pi}{2}} \mathrm{d}\varphi \int_0^{2R\cos\varphi} r^2 \cdot r\cos\varphi \cdot r^2 \sin\varphi \mathrm{d}r$$

$$= 2\pi \int_0^{\frac{\pi}{2}} \sin\varphi \cos\varphi \cdot \frac{1}{6}(2R\cos\varphi)^6 \mathrm{d}\varphi$$

$$= \frac{64}{3}\pi R^6 \left(-\frac{1}{8}\cos^8\varphi \right) \bigg|_0^{\frac{\pi}{2}} = \frac{8}{3}\pi R^6,$$

所以 $\bar{z} = \frac{M_{xy}}{M} = \frac{5}{4}R$, 故该球体的重心坐标为 $\left(0, 0, \frac{5}{4}R \right)$.

4. 求均匀柱体 $x^2+y^2 \leqslant R^2$, $0 \leqslant z \leqslant h$ 对于位于点 $M_0(0, 0, a)(a<h)$ 处的单位质量的质点的引力.

解 (用元素法具体分析解题)

记引力 $\boldsymbol{F} = \{F_x, F_y, F_z\}$, 设引力系数为 k, 密度为 ρ, r 为柱体 Ω 上的点 $P(x, y, z)$ 与 M_0 的距离, 则分引力元素:

$$dF_x = k\frac{\rho x dV}{[\sqrt{x^2+y^2+(z-a)^2}]^3}, \quad dF_y = k\frac{\rho y dV}{[\sqrt{x^2+y^2+(z-a)^2}]^3}, \quad dF_z = k\frac{\rho(z-a)dV}{[\sqrt{x^2+y^2+(z-a)^2}]^3}.$$

由 Ω 的对称性及 dF_x, dF_y 中函数为 x, y 的奇函数,知 $F_x = F_y = 0$.

宜用柱坐标计算 F_z,或用"先二后一"法和极坐标计算 F_z.

$$F_z = \iiint_\Omega dF_z = \iiint_\Omega k\frac{\rho(z-a)}{[\sqrt{x^2+y^2+(z-a)^2}]^3}dV$$

$$= k\rho\int_0^h (z-a)dz \iint_{x^2+y^2 \leqslant R^2} \frac{1}{[x^2+y^2+(z-a)^2]^{\frac{3}{2}}}dxdy$$

$$= k\rho\int_0^h (z-a)dz \cdot \int_0^{2\pi} d\theta \int_0^R \frac{rdr}{[r^2+(z-a)^2]^{\frac{3}{2}}}$$

$$= 2\pi k\rho\int_0^h (z-a)dz \cdot \int_0^R \frac{1}{2}\frac{d[r^2+(z-a)^2]}{[r^2+(z-a)^2]^{\frac{3}{2}}}$$

$$= 2\pi k\rho\int_0^h (z-a) \cdot \frac{-1}{[r^2+(z-a)^2]^{\frac{1}{2}}}\Big|_0^R dz \quad (z<a)$$

$$= 2\pi k\rho\int_0^h (z-a) \cdot \left\{\frac{1}{a-z} - \frac{1}{[R^2+(z-a)^2]^{\frac{1}{2}}}\right\}dz$$

$$= -2\pi k\rho\int_0^h \left[1 + \frac{2(z-a)}{2\sqrt{R^2+(z-a)^2}}\right]dz$$

$$= -2\pi k\rho[z + \sqrt{R^2+(z-a)^2}]_0^h$$

$$= 2\pi k\rho[\sqrt{R^2+a^2} - h - \sqrt{R^2+(h-a)^2}],$$

故引力 $\boldsymbol{F} = \{0, 0, 2\pi k\rho[\sqrt{R^2+a^2} - h - \sqrt{R^2+(h-a)^2}]\}$.

5. 利用球面坐标计算下列三重积分.

(1) 计算 $\iiint_\Omega z^2 dxdydz$,其中 Ω 是两个球:$x^2+y^2+z^2 \leqslant R^2$ 与 $x^2+y^2+z^2 \leqslant 2Rz(R>0)$ 的公共部分;

(2) 计算 $\iiint_\Omega (x^2+y^2+z^2)dxdydz$,其中 Ω 是由曲线 $\begin{cases} y^2=2z \\ x=0 \end{cases}$,绕 z 轴旋转一周而形成的曲面与平面 $z=4$ 所围成的闭区域.

解 (1) 两球面的交线在 xOy 平面上的投影为圆 $x^2+y^2 = \frac{3}{4}R^2$,利用柱面坐标得

$$\iiint_\Omega z^2 dxdydz = \int_0^{2\pi} d\theta \int_0^{\frac{\sqrt{3}}{2}R} rdr \int_{R-\sqrt{R^2-r^2}}^{\sqrt{R^2-r^2}} z^2 dz$$

$$= 2\pi\int_0^{\frac{\sqrt{3}}{2}R} \frac{1}{3}r[(R^2-r^2)^{\frac{3}{2}} - (R-\sqrt{R^2-r^2})^3]dr$$

$$= -\frac{\pi}{3}\int_0^{\frac{\sqrt{3}}{2}R} (R^2-r^2)^{\frac{3}{2}}d(R^2-r^2) + \frac{\pi}{3}\int_0^{\frac{\sqrt{3}}{2}R} (R-\sqrt{R^2-r^2})d(R^2-r^2)$$

$$= -\frac{\pi}{3} \cdot \frac{2}{5}(R^2-r^2)^{\frac{3}{2}}\Big|_0^{\frac{\sqrt{3}}{2}R} + \frac{\pi}{3}\int_0^{\frac{\sqrt{3}}{2}R}[R^3 - 3R^2\sqrt{R^2-r^2} + 3R(R^2-r^2) - (R^2-r^2)^{\frac{3}{2}}]d(R^2-r^2)$$

$$= \frac{59}{480}\pi R^5.$$

(2)旋转曲面方程为 $x^2+y^2=2z$，曲面为 $\begin{cases} x^2+y^2=2z \\ z=4 \end{cases}$，向 xOy 平面的投影域为

$$D_{xy}: \begin{cases} x^2+y^2=8, \\ z=0, \end{cases}$$

利用柱面坐标得

$$\iiint\limits_{\Omega}(x^2+y^2+z^2)dxdydz = \int_0^{2\pi}d\theta\int_0^{\sqrt{8}}rdr\int_{\frac{r^2}{2}}^{4}(r^2+z)dz$$

$$= 2\pi\int_0^{\sqrt{8}}\left(4r^3+8r-\frac{5}{8}r^5\right)dr = \frac{256\pi}{3}.$$

习 题 10-7

(A)

1. 求下列含参变量的积分所确定的函数的极限．

(1) $\lim\limits_{x\to 0}\int_x^{1+x}\dfrac{dy}{1+x^2+y^2}$；　　　　(2) $\lim\limits_{x\to 0}\int_{-1}^{1}\sqrt{x^2+y^2}dy$；

(3) $\lim\limits_{x\to 0}\int_0^2 y^2\cos(xy)dy$．

解 （求含参量积分的极限，先用定理 1 或 4（连续性）判别（1）或（2）中的函数 $\varphi(x)$ 或 $\Phi(x)$ 是否连续；若连续，则有 $\lim\limits_{x\to x_0}\varphi(x)=\varphi(x_0)$ 或 $\lim\limits_{x\to x_0}\Phi(x)=\Phi(x_0)$，即可交换极限运算与函数符号的顺序，或可代值计算．）

(1) 显见 $\dfrac{1}{1+x^2+y^2}\in C(\mathbf{R}^2)$，$\alpha(x)=x\in C(\mathbf{R})$，$\beta(x)=1+x\in C(\mathbf{R})$，由定理 4，积分

$$\Phi(x)=\int_x^{1+x}\dfrac{dy}{1+x^2+y^2}.$$

在原点的邻域 $U(x)$ 内连续，且

$$\lim\limits_{x\to 0}\int_x^{1+x}\dfrac{dy}{1+x^2+y^2}=\lim\limits_{x\to 0}\Phi(x)=\Phi(0)=\int_0^1\dfrac{dy}{1+y^2}=\arctan y\Big|_0^1=\dfrac{\pi}{4}.$$

(2) $\varphi(x)=\int_{-1}^{1}\sqrt{x^2+y^2}dy$ 满足定理 1 要求的连续条件（这里 $f(x,y)=\sqrt{x^2+y^2}\in C(\mathbf{R}^2)$，所以 $\varphi(x)\in C(\mathbf{R})$），且

$$\lim\limits_{x\to 0}\int_{-1}^{1}\sqrt{x^2+y^2}dy=\lim\limits_{x\to 0}\varphi(x)=\varphi(0)=\int_{-1}^{1}\sqrt{y^2}dy=2\int_0^1 ydy=y^2\Big|_0^1=1.$$

(3) $f(x,y)=y^2\cos(xy)\in C(\mathbf{R}^2)$，所以 $\varphi(x)=\int_0^2 y^2\cos(xy)dy$ 连续．

$$\lim\limits_{x\to 0}\int_0^2 y^2\cos(xy)dy=\lim\limits_{x\to 0}\varphi(x)=\varphi(0)=\int_0^2 y^2 dy=\dfrac{1}{3}y^3\Big|_0^2=\dfrac{8}{3}.$$

2. 求下列函数的导数．

(1) $\varphi(x)=\int_{\sin x}^{\cos x}(y^2\sin x - y^3)dy$；　　　　(2) $\varphi(x)=\int_0^x \dfrac{\ln(1+xy)}{y}dy$；

(3) $\varphi(x)=\int_{x^2}^{x^3}\arctan\dfrac{y}{x}dy$；　　　　(4) $\varphi(x)=\int_x^{x^2}e^{-xy^2}dy$．

解 运用求变动积分限导数的莱布尼茨公式演算，显见各被积函数满足定理 5 中相应的连续条件，而 $\dfrac{\partial f(x,y)}{\partial x}$ 的连续条件及上、下限中，$\alpha(x)$ 与 $\beta(x)$ 的可微条件可在演算过程中顺便观察验明，下面仅给出各题的计算过程.

(1) $\varphi'(x) = \displaystyle\int_{\sin x}^{\cos x} y^2 \cos x \, dy - (\cos^2 x \sin x - \cos^3 x)\sin x - (\sin^2 x \sin x - \sin^3 x)\cos x$

$= \dfrac{1}{3}\cos x(\cos^3 x - \sin^3 x) - \sin x \cos^2 x(\sin x - \cos x)$

$= \dfrac{1}{3}\cos x(\cos x - \sin x)(1 + \sin x \cos x + 3\sin x \cos x)$

$= \dfrac{1}{3}\cos x(\cos x - \sin x)(1 + 2\sin 2x).$

(2) $\varphi'(x) = \displaystyle\int_0^x \dfrac{y}{y(1+xy)} dy + \dfrac{\ln(1+x^2)}{x} \cdot 1 + 0$

$= \dfrac{\ln(1+xy)}{x}\Big|_0^x + \dfrac{\ln(1+x^2)}{x} = \dfrac{2}{x}\ln(1+x^2).$

(3) $\varphi'(x) = \displaystyle\int_{x^2}^{x^3} \dfrac{-\dfrac{y}{x^2}}{1+\left(\dfrac{y}{x}\right)^2} dy + \arctan\dfrac{x^3}{x} \cdot 3x^2 - \arctan\dfrac{x^2}{x} \cdot 2x$

$= -\displaystyle\int_{x^2}^{x^3} \dfrac{y}{x^2+y^2} dy + 3x^2 \arctan(x^2) - 2x \arctan x$

$= -\dfrac{1}{2}\ln(x^2+y^2)\Big|_{x^2}^{x^3} + 3x^2 \arctan(x^2) - 2x \arctan x$

$= \ln\sqrt{\dfrac{x^2+1}{x^4+1}} + 3x^2\arctan(x^2) - 2x\arctan x.$

(4) $\varphi'(x) = \displaystyle\int_x^{x^2} e^{-xy^2}(-y^2) dy + e^{-x \cdot x^4}(2x) - e^{-x \cdot x^2} \cdot 1$

$= 2x e^{-x^5} - e^{-x^3} - \displaystyle\int_x^{x^2} y^2 e^{-xy^2} dy.$

3. 设 $F(x) = \displaystyle\int_0^x (x+y) f(y) dy$，其中 $f(x)$ 为可微分的函数，求 $F''(x)$.

解 由莱布尼茨公式得

$$F'(x) = \int_0^x (1+0) f(y) dy + (x+x) f(x) \cdot 1 - 0$$

$$= \int_0^x f(y) dy + 2x f(x),$$

所以 $\qquad F''(x) = f(x) + 2f(x) + 2x f'(x) = 3f(x) + 2x f'(x).$

(B)

1. 应用对参数的微分法计算下列积分.

(1) $I = \displaystyle\int_0^{\frac{\pi}{2}} \ln\dfrac{1+a\cos x}{1-a\cos x} \cdot \dfrac{1}{\cos x} dx \, (|a|<1);$

(2) $I = \displaystyle\int_0^{\frac{\pi}{2}} \ln(\cos^2 x + a^2 \sin^2 x) dx \, (a>0).$

解 (1)记 $I=\varphi(a)$,则 $\varphi(0)=0$,由定理3,对参变量 a 求导得

$$\varphi'(a) = \int_0^{\frac{\pi}{2}} \left[\frac{1-a\cos x}{1+a\cos x} \cdot \frac{\cos x(1-a\cos x) - (1+a\cos x)(-\cos x)}{(1-a\cos x)^2} \cdot \frac{1}{\cos x} \right] dx$$

$$= \int_0^{\frac{\pi}{2}} \frac{2}{1-a^2\cos^2 x} dx = 2\int_0^{\frac{\pi}{2}} \frac{1}{\tan^2 x + 1 - a^2} d\tan x$$

$$= \frac{2}{\sqrt{1-a^2}} \arctan \frac{\tan x}{\sqrt{1-a^2}} \Big|_0^{\frac{\pi}{2}} = \frac{2}{\sqrt{1-a^2}} \cdot \frac{\pi}{2} = \frac{\pi}{\sqrt{1-a^2}},$$

所以
$$I = \varphi(a) = \varphi(a) - \varphi(0) = \int_0^a \varphi'(x) dx$$

$$= \int_0^a \frac{\pi}{\sqrt{1-a^2}} dx = \pi \arcsin x \Big|_0^a = \pi \arcsin a.$$

(2)记 $I=\varphi(a)$,则 $a=1$,显见 $I = \int_0^{\frac{\pi}{2}} \ln 1 dx = 0$,下设 $a \neq 1$,因为

$$\varphi'(a) = \int_0^{\frac{\pi}{2}} \frac{2a\sin^2 x}{\cos^2 x + a^2\sin^2 x} dx = 2a \int_0^{\frac{\pi}{2}} \frac{\tan^2 x}{1+a^2\tan^2 x} dx$$

$$\xrightarrow{\tan x = t} \frac{2}{a} \int_0^{+\infty} \frac{t^2}{\left(t^2 + \frac{1}{a^2}\right)(t^2+1)} dt$$

$$= \frac{2}{a}\left(\frac{a^2}{a^2-1}\arctan t - \frac{a^2}{a^2-1}\arctan at \right)\Big|_0^{+\infty} = \frac{\pi}{a+1},$$

所以
$$I = \varphi(a) = \varphi(a) - \varphi(1) = \int_1^a \varphi'(x) dx = \int_1^a \frac{\pi}{x+1} dx$$

$$= \pi \ln(x+1) \Big|_1^a = \pi[\ln(a+1) - \ln 2] = \pi \ln \frac{a+1}{2}.$$

2. 计算下列积分.

(1) $\int_0^1 \frac{\arctan x}{x} \frac{1}{\sqrt{1-x^2}} dx$; (2) $\int_0^1 \sin\left(\ln\frac{1}{x}\right) \frac{x^b - x^a}{\ln x} dx (0 < a < b)$.

解 利用含参量积分的可积性,即定理2计算,交换积分次序化为容易计算的积分.

(1)因为 $\frac{\arctan x}{x} = \int_0^1 \frac{1}{1+x^2 y^2} dy$($y$ 为参变量),所以

$$\int_0^1 \frac{\arctan x}{x} \frac{1}{\sqrt{1-x^2}} dx = \int_0^1 \frac{1}{\sqrt{1-x^2}} dx \int_0^1 \frac{1}{1+x^2 y^2} dy = \int_0^1 dy \int_0^1 \frac{1}{(1+x^2 y^2)\sqrt{1-x^2}} dx$$

$$\xrightarrow{x = \sin\theta} \int_0^1 dy \int_0^{\frac{\pi}{2}} \frac{\cos\theta}{(1+\sin^2\theta y^2)\cos\theta} d\theta$$

$$= \int_0^1 dy \int_0^{\frac{\pi}{2}} \frac{1}{1+\sin^2\theta y^2} d\theta = \int_0^1 dy \int_0^{\frac{\pi}{2}} \frac{1}{1+\tan^2\theta(1+y^2)} d\tan\theta$$

$$= \int_0^1 \frac{1}{\sqrt{1+y^2}} \arctan(\sqrt{1+y^2}\tan\theta)\Big|_0^{\frac{\pi}{2}} dy$$

$$= \int_0^1 \frac{\pi}{2\sqrt{1+y^2}} dy = \frac{\pi}{2}\ln(1+\sqrt{2}).$$

(2)因为 $\dfrac{x^b-x^a}{\ln x}=\int_a^b x^y \mathrm{d}y$ ($0\leqslant x\leqslant 1$,y 为参变量),所以

$$\int_0^1 \sin\left(\ln\dfrac{1}{x}\right)\dfrac{x^b-x^a}{\ln x}\mathrm{d}x=\int_0^1 \sin\left(\ln\dfrac{1}{x}\right)\mathrm{d}x\int_a^b x^y\mathrm{d}y=\int_a^b \mathrm{d}y\int_0^1 \sin\left(\ln\dfrac{1}{x}\right)x^y\mathrm{d}x.$$

这里补充定义 $\sin\left(\ln\dfrac{1}{x}\right)x^y\Big|_{x=0}=0$,从而该二元函数在矩形域 $[0,1;a,b]$ 上连续,故可交换上式的积分顺序,再作代换,令 $x=\mathrm{e}^{-t}$,则

$$\int_a^b \mathrm{d}y\int_0^1 \sin\left(\ln\dfrac{1}{x}\right)x^y\mathrm{d}x=\int_0^{+\infty}\mathrm{e}^{-(y+1)t}\sin t\,\mathrm{d}t$$

$$=\dfrac{1}{1+(1+y)^2}[-(y+1)\sin t-\cos t]\mathrm{e}^{-(y+1)t}\Big|_0^{+\infty}$$

$$=\dfrac{1}{1+(1+y)^2},$$

所以
$$\int_0^1 \sin\left(\ln\dfrac{1}{x}\right)\dfrac{x^b-x^a}{\ln x}\mathrm{d}x=\int_a^b \dfrac{1}{1+(1+y)^2}\mathrm{d}y=\arctan(1+y)\big|_a^b$$

$$=\arctan(1+b)-\arctan(1+a).$$

自测题十

一、选择题

1. 估计积分 $I=\iint\limits_{|x|+|y|\leqslant 10}\dfrac{1}{\cos^2 x+\cos^2 y+100}\mathrm{d}x\mathrm{d}y$ 的值,则正确的是( ).

(A) $0.5<I<1.04$; (B) $1.04<I<1.96$;
(C) $1.96<I<2$;   (D) $2<I<2.14$.

解 选 C. 积分区域 D 如图 10-41 所示,面积为 200,被积函数

$$\dfrac{1}{102}\leqslant\dfrac{1}{\cos^2 x+\cos^2 y+100}\leqslant\dfrac{1}{100},$$

所以 $\dfrac{200}{102}\leqslant I\leqslant\dfrac{200}{100}$,即 $1.96<I<2$.

2. 设 $f(x,y)$ 为连续函数,则 $\int_0^{\frac{\pi}{4}}\mathrm{d}\theta\int_0^1 f(r\cos\theta,r\sin\theta)r\mathrm{d}r=$ ( ).

(A) $\int_0^{\frac{\sqrt{2}}{2}}\mathrm{d}x\int_x^{\sqrt{1-x^2}}f(x,y)\mathrm{d}y$; (B) $\int_0^{\frac{\sqrt{2}}{2}}\mathrm{d}x\int_0^{\sqrt{1-x^2}}f(x,y)\mathrm{d}y$;
(C) $\int_0^{\frac{\sqrt{2}}{2}}\mathrm{d}y\int_y^{\sqrt{1-y^2}}f(x,y)\mathrm{d}x$; (D) $\int_0^{\frac{\sqrt{2}}{2}}\mathrm{d}y\int_0^{\sqrt{1-y^2}}f(x,y)\mathrm{d}x$.

解 选 C. 极坐标下积分区域为 $\Omega=\left\{(r,\theta)\,\Big|\,0\leqslant\theta\leqslant\dfrac{\pi}{4},\,0\leqslant r\leqslant 1\right\}$,如图 10-42 所示,化为直角坐标系为

$$D=\left\{(x,y)\,\Big|\,0\leqslant y\leqslant\dfrac{\sqrt{2}}{2},\,y\leqslant x\leqslant\sqrt{1-y^2}\right\}.$$

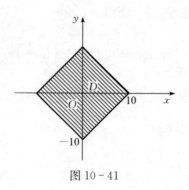
图 10-41

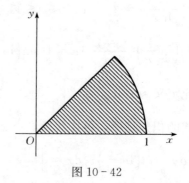
图 10-42

3. 设 $D: x^2+y^2 \leqslant a^2$，当 $a = ($　　$)$ 时，有 $\iint\limits_{D} \sqrt{a^2-x^2-y^2}\,dxdy = \pi$.

(A) 1；　　　　(B) $\sqrt[3]{\dfrac{3}{2}}$；　　　　(C) $\sqrt[3]{\dfrac{3}{4}}$；　　　　(D) $\sqrt[3]{\dfrac{1}{2}}$.

解 选 B. 在极坐标系下计算：
$$\iint\limits_{D}\sqrt{a^2-x^2-y^2}\,dxdy = \int_0^{2\pi}d\theta\int_0^a \sqrt{a^2-r^2}\,rdr = \frac{2}{3}\pi a^3 = \pi,$$
所以 $a=\sqrt[3]{\dfrac{3}{2}}$.

4. 设 $I_1 = \iint\limits_{D} \cos\sqrt{x^2+y^2}\,d\sigma$，$I_2 = \iint\limits_{D}\cos(x^2+y^2)\,d\sigma$，$I_3 = \iint\limits_{D}\cos(x^2+y^2)^2\,d\sigma$，其中 $D = \{(x,y)\,|\,x^2+y^2\leqslant 1\}$，则(　　).

(A) $I_3 > I_2 > I_1$；　　　　　　　　(B) $I_1 > I_2 > I_3$；

(C) $I_2 > I_1 > I_3$；　　　　　　　　(D) $I_3 > I_1 > I_2$.

解 选 A. 当 $x^2+y^2\leqslant 1$ 时，$\sqrt{x^2+y^2}\geqslant x^2+y^2\geqslant (x^2+y^2)^2$，并且当 $0\leqslant x\leqslant \dfrac{\pi}{2}$ 时，$\cos x$ 为单调递减函数，所以
$$\cos\sqrt{x^2+y^2}\leqslant \cos(x^2+y^2)\leqslant \cos(x^2+y^2)^2.$$

5. 极坐标系下的二次积分 $\displaystyle\int_{-\frac{\pi}{2}}^{\frac{\pi}{2}}d\theta\int_0^{\cos\theta}f(r\cos\theta,r\sin\theta)rdr$，在直角坐标系下的二次积分为(　　).

(A) $2\displaystyle\int_0^1 dx\int_0^{\sqrt{1-x^2}} f(x,y)dy$；　　　　(B) $2\displaystyle\int_0^1 dx\int_0^{\sqrt{x-x^2}}f(x,y)dy$；

(C) $\displaystyle\int_0^1 dx\int_{-\sqrt{x-x^2}}^{\sqrt{x-x^2}}f(x,y)dy$；　　　(D) $4\displaystyle\int_0^1 dx\int_0^{\sqrt{1-x^2}}f(x,y)dy$.

解 选 C. 由极坐标系下的二次积分可得积分区域如图 10-43 所示，故在直角坐标系下的积分区域
$$D = \{(x,y)\,|\,0\leqslant x\leqslant 1,\,-\sqrt{x-x^2}\leqslant y\leqslant \sqrt{x-x^2}\,\}.$$

6. 改变积分次序，则 $\displaystyle\int_0^a dx\int_{\sqrt{a^2-x^2}}^{x+2a}f(x,y)dy=($　　$)$.

(A) $\int_0^{3a} \mathrm{d}y \int_{\sqrt{a^2-y^2}}^{y-2a} f(x, y) \mathrm{d}x$;

(B) $\int_0^{a} \mathrm{d}y \int_{\sqrt{a^2-y^2}}^{y-2a} f(x, y) \mathrm{d}x$;

(C) $\int_0^{a} \mathrm{d}y \int_{\sqrt{a^2-y^2}}^{a} f(x, y) \mathrm{d}x + \int_a^{3a} \mathrm{d}y \int_{y-2a}^{a} f(x, y) \mathrm{d}x$;

(D) $\int_0^{a} \mathrm{d}y \int_{\sqrt{a^2-y^2}}^{a} f(x, y) \mathrm{d}x + \int_a^{2a} \mathrm{d}y \int_0^{a} f(x, y) \mathrm{d}x + \int_{2a}^{3a} \mathrm{d}y \int_{y-2a}^{a} f(x, y) \mathrm{d}x$.

解 选 D. 由 $\int_0^a \mathrm{d}x \int_{\sqrt{a^2-x^2}}^{x+2a} f(x, y)\mathrm{d}y$ 画出积分区域如图 10-44 所示.

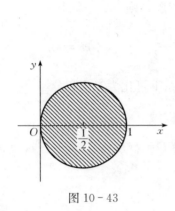
图 10-43

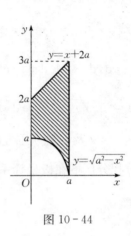
图 10-44

二、填空题

1. $\lim_{r \to 0} \dfrac{1}{\pi r^2} \iint_D \mathrm{e}^{x^2-y^2} \cos(x+y) \mathrm{d}x\mathrm{d}y = $ _____.(其中 $D = \{(x, y) \mid x^2 + y^2 \leqslant r^2\}$)

解 由二重积分的中值定理得

$$\frac{1}{\pi r^2} \iint_D \mathrm{e}^{x^2-y^2} \cos(x+y) \mathrm{d}x\mathrm{d}y = \mathrm{e}^{\xi^2-\eta^2} \cos(\xi+\eta),$$

所以 $\lim_{r \to 0} \dfrac{1}{\pi r^2} \iint_D \mathrm{e}^{x^2-y^2} \cos(x+y) \mathrm{d}x\mathrm{d}y = \lim_{\xi, \eta \to 0} \mathrm{e}^{\xi^2-\eta^2} \cos(\xi+\eta) = 1.$

2. 交换积分次序,有 $\int_0^{2a} \mathrm{d}x \int_{\sqrt{2ax-x^2}}^{\sqrt{2ax}} f(x, y)\mathrm{d}y = $ _____.

解 由 $\int_0^{2a} \mathrm{d}x \int_{\sqrt{2ax-x^2}}^{\sqrt{2ax}} f(x, y)\mathrm{d}y$ 画出积分区域如图 10-45 所示,故等价于

$$\int_0^a \mathrm{d}y \int_{\frac{y^2}{2a}}^{a-\sqrt{a^2-y^2}} f(x, y)\mathrm{d}x + \int_0^a \mathrm{d}y \int_{a+\sqrt{a^2-y^2}}^{2a} f(x, y)\mathrm{d}x + \int_a^{2a} \mathrm{d}y \int_{\frac{y^2}{2a}}^{2a} f(x, y)\mathrm{d}x.$$

3. 广义二重积分 $I = \int_{\frac{1}{2}}^1 \mathrm{d}x \int_{1-x}^x f(x, y)\mathrm{d}y + \int_1^{+\infty} \mathrm{d}x \int_0^x f(x, y)\mathrm{d}y$,交换积分次序得 _____.

解 根据广义二重积分画出积分区域如图 10-46 所示,故交换积分次序后有

$$\int_0^{\frac{1}{2}} \mathrm{d}y \int_{1-y}^{+\infty} f(x, y)\mathrm{d}x + \int_{\frac{1}{2}}^{+\infty} \mathrm{d}y \int_y^{+\infty} f(x, y)\mathrm{d}x.$$

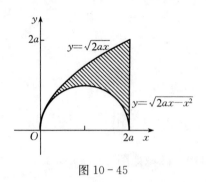

图 10 - 45

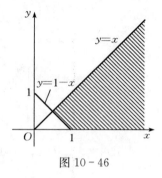

图 10 - 46

4. 设 D 由直线 $x=0$，$x-y=1$，$x+y=1$ 围成，则 $\iint\limits_{D} e^{x^2} y dxdy = $ _____．

解 $I = \iint\limits_{D} e^{x^2} y dxdy = \int_0^1 dx \int_{x-1}^{1-x} e^{x^2} y dy = \int_0^1 \frac{1}{2} e^{x^2} y^2 \big|_{x-1}^{1-x} dx = 0$.

5. 二重积分 $I = \iint\limits_{D} \sqrt{x^2+y^2} dxdy$ 在极坐标系下可化为二次积分 _____，其中 D 由圆 $x^2+y^2=2x$，直线 $y=x$ 及 x 轴所围成的平面闭区域．

解 二重积分积分区域在极坐标系下可化为 $D = \left\{ (r, \theta) \big| 0 \leqslant \theta \leqslant \frac{\pi}{4},\ 0 \leqslant r \leqslant 2\cos\theta \right\}$，所以答案为 $\int_0^{\frac{\pi}{4}} d\theta \int_0^{2\cos\theta} r^2 dr$.

6. 设 $a>0$，$f(x)=g(x)=\begin{cases} a, & 0 \leqslant x \leqslant 1, \\ 0, & \text{其他,} \end{cases}$ 而 D 表示全平面，则 $I = \iint\limits_{D} f(x)g(y-x)dxdy = $ _____．

解 $g(y-x) = \begin{cases} a, & 0 \leqslant y-x \leqslant 1, \\ 0, & \text{其他,} \end{cases}$ 所以被积函数

$$f(x)g(y-x) = \begin{cases} a^2, & 0 \leqslant x \leqslant 1,\ 0 \leqslant y-x \leqslant 1, \\ 0, & \text{其他,} \end{cases}$$

其中假设 $D_1 = \{(x, y) \mid 0 \leqslant x \leqslant 1,\ 0 \leqslant y-x \leqslant 1\}$，所以

$$I = \iint\limits_{D} f(x)g(y-x)dxdy = \iint\limits_{D_1} a^2 dxdy = \int_0^1 dx \int_x^{1+x} a^2 dy = a^2.$$

三、计算题

1. 计算下列各二重积分．

(1) $I = \iint\limits_{D} (x^2+y^2) dxdy$，$D$ 由 $y=x$，$y=x+a$，$y=a$，$y=3a$ 所围成，其中 $a>0$；

(2) $I = \iint\limits_{D} xy^2 dxdy$，其中 D 是由抛物线 $y^2=2px$ 与直线 $x=\dfrac{p}{2}(p>0)$ 所围成的区域；

(3) $I = \iint\limits_{D} (x^2+y^2) dxdy$，其中 $D = \{(x, y) \mid 0 \leqslant x \leqslant 1,\ \sqrt{x} \leqslant y \leqslant 2\sqrt{x}\}$；

(4) $I = \iint\limits_{D} \sqrt{x} dxdy$，其中 $D = \{(x, y) \mid x^2+y^2 \leqslant x\}$．

解 各题的积分区域 D 如图 10-47 所示.

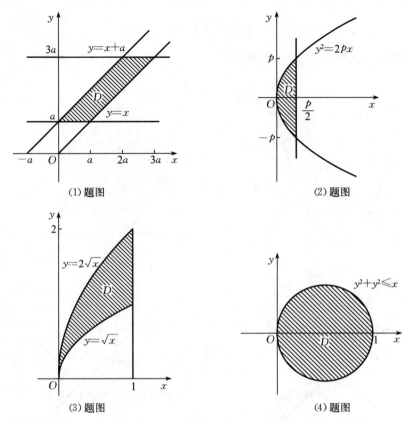

图 10-47

(1)积分区域 $D=\{(x, y) | a \leqslant y \leqslant 3a, y-a \leqslant x \leqslant y\}$,所以
$$I = \int_a^{3a} dy \int_{y-a}^y (x^2+y^2) dx = \int_a^{3a} \left(2ay^2 - a^2 y + \frac{a^3}{3}\right) dy = 14a^4.$$

(2)积分区域 $D=\left\{(x, y) | -p \leqslant y \leqslant p, \frac{y^2}{2p} \leqslant x \leqslant \frac{p}{2}\right\}$,所以
$$I = \int_{-p}^p dy \int_{\frac{y^2}{2p}}^{\frac{p}{2}} xy^2 dx = \int_{-p}^p \left(\frac{p^2}{8} y^2 - \frac{1}{8p^2} y^6\right) dy = \frac{p^5}{21}.$$

(3)积分区域 $D=\{(x, y) | 0 \leqslant x \leqslant 1, \sqrt{x} \leqslant y \leqslant 2\sqrt{x}\}$,所以
$$I = \int_0^1 dx \int_{\sqrt{x}}^{2\sqrt{x}} (x^2+y^2) dy = \int_0^1 \left(x^{\frac{5}{2}} + \frac{7}{3} x^{\frac{3}{2}}\right) dx = \frac{128}{105}.$$

(4)积分区域 $D=\{(x, y) | x^2+y^2 \leqslant x\}$,所以
$$I = \int_{-\frac{\pi}{2}}^{\frac{\pi}{2}} d\theta \int_0^{\cos\theta} \sqrt{r\cos\theta} \, r dr = \frac{2}{5} \int_{-\frac{\pi}{2}}^{\frac{\pi}{2}} \cos^3\theta \, d\theta = \frac{2}{5} \int_{-\frac{\pi}{2}}^{\frac{\pi}{2}} (1-\sin^2\theta) d(\sin\theta) = \frac{8}{15}.$$

2. 改变下列积分的积分次序.

(1) $I = \int_{-1}^0 dy \int_{-1-\sqrt{1+y}}^{-1+\sqrt{1+y}} f(x, y) dx + \int_0^3 dy \int_{y-2}^{-1+\sqrt{1+y}} f(x, y) dx$;

(2) $I = \int_{-\sqrt{2}}^{\sqrt{2}} dx \int_{x^2}^{4-x^2} f(x, y) dy$;

(3) $I = \int_0^1 dx \int_{1-x}^{\sqrt{1-x^2}} f(x, y) dy$;

(4) $I = \int_{-1}^0 dy \int_{-(1+y)}^{1+y} f(x, y) dx + \int_0^1 dy \int_{y-1}^{1-y} f(x, y) dx$.

解 各题的积分区域如图 10 - 48 所示,

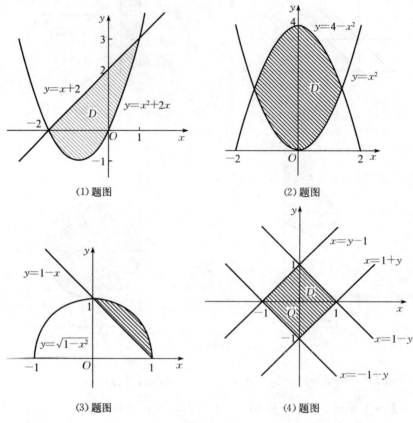

图 10 - 48

(1) $I = \int_{-2}^1 dx \int_{x^2+2x}^{x+2} f(x, y) dy$.

(2) $I = \int_0^2 dy \int_{-\sqrt{y}}^{\sqrt{y}} f(x, y) dx + \int_2^4 dy \int_{-\sqrt{4-y}}^{\sqrt{4-y}} f(x, y) dx$.

(3) $I = \int_0^1 dy \int_{1-y}^{\sqrt{1-y^2}} f(x, y) dx$.

(4) $I = \int_{-1}^0 dx \int_{-(1+x)}^{1+x} f(x, y) dy + \int_0^1 dx \int_{x-1}^{1-x} f(x, y) dy$.

3. 利用极坐标计算下列二重积分.

(1) $I = \iint_D e^{-x^2-y^2} dxdy$, 其中 D 为圆域 $x^2+y^2 \leqslant 1$;

(2) $I = \iint_D |xy| dxdy$, 其中 D 为圆域 $x^2+y^2 \leqslant a^2$;

(3) $I = \iint\limits_D (x+y)\mathrm{d}x\mathrm{d}y$，其中 $D = \{(x, y) \mid x^2+y^2 \leqslant x+y\}$；

(4) $I = \iint\limits_D f'(x^2+y^2)\mathrm{d}x\mathrm{d}y$，其中 D 为圆域 $x^2+y^2 \leqslant R^2$.

解 (1) 化为极坐标，积分区域 $D = \{(r, \theta) \mid 0 \leqslant \theta \leqslant 2\pi, 0 \leqslant r \leqslant 1\}$，所以
$$I = \int_0^{2\pi}\mathrm{d}\theta\int_0^1 \mathrm{e}^{-r^2}r\mathrm{d}r = \int_0^{2\pi}\left(\frac{1}{2} - \frac{1}{2}\mathrm{e}^{-1}\right)\mathrm{d}\theta = \pi(1-\mathrm{e}^{-1}).$$

(2) 化为极坐标，积分区域 $D = \{(r, \theta) \mid 0 \leqslant \theta \leqslant 2\pi, 0 \leqslant r \leqslant a\}$，所以
$$I = \int_0^{2\pi}\mathrm{d}\theta\int_0^a |\sin\theta\cos\theta| r^3 \mathrm{d}r = \frac{a^4}{4}\int_0^{2\pi} |\sin\theta\cos\theta|\mathrm{d}\theta = \frac{a^4}{2}.$$

(3) 化为极坐标，积分区域 $D = \{(r, \theta) \mid 0 \leqslant \theta \leqslant 2\pi, 0 \leqslant r \leqslant \sin\theta+\cos\theta\}$，所以
$$I = \int_0^{2\pi}\mathrm{d}\theta\int_0^{\sin\theta+\cos\theta}(\sin\theta+\cos\theta)r^2\mathrm{d}r = \frac{1}{3}\int_0^{2\pi}(\sin^2 2\theta + 2\sin 2\theta + 1)\mathrm{d}\theta = \frac{\pi}{2}.$$

(4) 化为极坐标，积分区域 $D = \{(r, \theta) \mid 0 \leqslant \theta \leqslant 2\pi, 0 \leqslant r \leqslant R\}$，所以
$$I = \int_0^{2\pi}\mathrm{d}\theta\int_0^R f'(r^2)r\mathrm{d}r = \int_0^{2\pi}\mathrm{d}\theta\int_0^R \frac{1}{2}f'(r^2)\mathrm{d}r^2$$
$$= \frac{1}{2}\int_0^{2\pi}[f(R^2) - f(0)]\mathrm{d}\theta = \pi[f(R^2) - f(0)].$$

4. 选择适当的积分次序计算下列二重积分.

(1) $I = \int_0^1 f(x)\mathrm{d}x$，其中 $f(x) = \int_0^{\sqrt{x}} \mathrm{e}^{-\frac{y^2}{2}}\mathrm{d}y$；

(2) $I = \int_1^2 \mathrm{d}y \int_{\sqrt{y-1}}^1 \frac{\sin x}{x}\mathrm{d}x$；

(3) $I = \iint\limits_D x^2 \mathrm{e}^{-y^2}\mathrm{d}x\mathrm{d}y$，其中 D 是由直线 $y=x$，$y=1$ 及 y 轴所围成的闭区域；

(4) $I = \iint\limits_D \frac{\mathrm{e}^{xy}}{y^y - 1}\mathrm{d}x\mathrm{d}y$，其中 D 是由 $y = \mathrm{e}^x$，$y=2$ 及 y 轴所围成的闭区域.

解 各题的积分区域如图 10-49 所示，

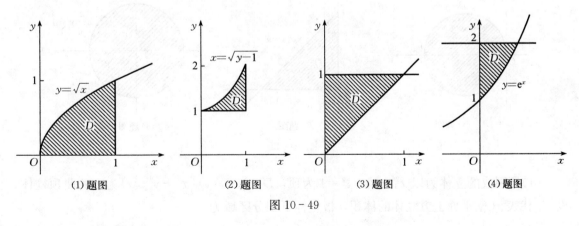

图 10-49

(1) $I = \int_0^1 \mathrm{d}x \int_0^{\sqrt{x}} \mathrm{e}^{-\frac{y^2}{2}}\mathrm{d}y = \int_0^1 \mathrm{d}y \int_{y^2}^1 \mathrm{e}^{-\frac{y^2}{2}}\mathrm{d}x = \int_0^1 \mathrm{e}^{-\frac{y^2}{2}}(1-y^2)\mathrm{d}y$

$$= \int_0^1 d(e^{-\frac{y^2}{2}}y) = e^{-\frac{y^2}{2}}y\big|_0^1 = e^{-\frac{1}{2}}.$$

(2) $I = \int_1^2 dy \int_{\sqrt{y-1}}^1 \frac{\sin x}{x} dx = \int_0^1 dx \int_1^{x^2+1} \frac{\sin x}{x} dy = \int_0^1 \sin x \cdot x dx = \sin 1 - \cos 1.$

(3) $I = \iint_D x^2 e^{-y^2} dxdy = \int_0^1 dy \int_0^y x^2 e^{-y^2} dx = \int_0^1 \frac{y^3}{3} \cdot e^{-y^2} dy = \frac{1}{6} \int_0^1 y^2 \cdot e^{-y^2} dy^2.$

令 $y^2 = t$，$y=0$，$t=0$；$y=1$，$t=1$，则 $I = \frac{1}{6} \int_0^1 t e^{-t} dt = \frac{1}{6} - \frac{1}{3e}.$

(4) $I = \iint_D \frac{e^{xy}}{y^y - 1} dxdy = \int_1^2 dy \int_0^{\ln y} \frac{e^{xy}}{y^y - 1} dx$

$= \int_1^2 \frac{1}{y^y - 1} \cdot \frac{1}{y} \cdot (e^{xy}\big|_0^{\ln y}) dy = \int_1^2 \frac{1}{y} dy = \ln 2.$

5. 计算二重积分 $I = \iint_D e^{-(x^2+y^2-\pi)} \sin(x^2+y^2) dxdy$，其中 $D = \{(x, y) \mid x^2+y^2 \leqslant \pi\}.$

解 将积分区域化为极坐标：$D = \{(r, \theta) \mid 0 \leqslant \theta \leqslant 2\pi, 0 \leqslant r \leqslant \sqrt{\pi}\}$，所以

$$I = \iint_D e^{-(x^2+y^2-\pi)} \sin(x^2+y^2) dxdy = \int_0^{2\pi} d\theta \int_0^{\sqrt{\pi}} e^{-(r^2-\pi)} \cdot \sin r^2 \cdot r dr.$$

令 $r^2 = t$，$r=0$，$t=0$；$r=\sqrt{\pi}$，$t=\pi$，所以

$$I = \frac{e^\pi}{2} \int_0^{2\pi} d\theta \int_0^\pi e^{-t} \sin t dt = \frac{e^\pi}{2} \int_0^{2\pi} \frac{e^{-\pi}+1}{2} d\theta = \frac{\pi(1+e^\pi)}{2}.$$

6. 求由下列曲面所围成的立体 V 的体积.

(1) V 是由 $x^2+y^2=x$ 与 $x^2+y^2+z^2=1$ 所围的立体；

(2) V 是由 $z=x^2+y^2$ 与 $x+y=1$ 以及各坐标面所围的立体；

(3) V 是由 $z=2-x^2-y^2$ 与 $z=x^2+y^2$ 所围的立体.

解 各题的积分区域如图 10-50 所示，

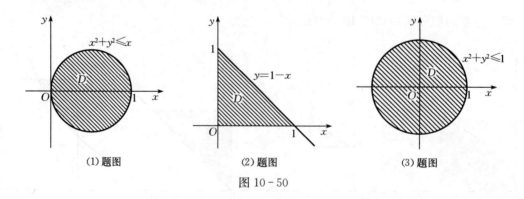

图 10-50

(1) 所围成的立体为以 $x^2+y^2+z^2=1$ 为顶，$D = \{(x, y) \mid x^2+y^2 \leqslant x\}$ 为底的曲顶柱体，设 V_1 代表 xOy 平面上方立体的体积，极坐标下积分区域为

$$D = \left\{(r, \theta) \mid -\frac{\pi}{2} \leqslant \theta \leqslant \frac{\pi}{2}, 0 \leqslant r \leqslant \cos\theta\right\},$$

所以其体积为

$$V = 2V_1 = 2\int_{-\frac{\pi}{2}}^{\frac{\pi}{2}} d\theta \int_0^{\cos\theta} (1-r^2)^{\frac{1}{2}} \cdot r dr = -\int_{-\frac{\pi}{2}}^{\frac{\pi}{2}} d\theta \int_0^{\cos\theta} (1-r^2)^{\frac{1}{2}} d(1-r^2)$$

$$= -\frac{2}{3}\int_{-\frac{\pi}{2}}^{\frac{\pi}{2}} [(\sin^2\theta)^{\frac{3}{2}} - 1] d\theta = -\frac{2}{3}\left[\int_0^{\frac{\pi}{2}} (\sin^3\theta - 1) d\theta + \int_{-\frac{\pi}{2}}^0 (-\sin^3\theta - 1) d\theta\right]$$

$$= -\frac{2}{3}\left[-\int_0^{\frac{\pi}{2}} (1-\cos^2\theta) d(\cos\theta) - \frac{\pi}{2} + \int_{-\frac{\pi}{2}}^0 (1-\cos^2\theta) d(\cos\theta) - \frac{\pi}{2}\right]$$

$$= \frac{2\pi}{3} - \frac{8}{9}.$$

(2) 所围成的立体为以 $z = x^2 + y^2$ 为顶,以 $D = \{(x, y) \mid 0 \leqslant x \leqslant 1, 0 \leqslant y \leqslant 1-x\}$ 为底的曲顶柱体,则

$$V = \int_0^1 dx \int_0^{1-x} (x^2 + y^2) dy = \int_0^1 \left(2x^2 - \frac{4}{3}x^3 - x + \frac{1}{3}\right) dx = \frac{1}{6}.$$

(3) 易求得两曲面交线在 xOy 平面的投影曲线为

$$\begin{cases} x^2 + y^2 = 1, \\ z = 0, \end{cases}$$

所围成的立体在 xOy 平面的投影设为 D,则 D 为 $x^2 + y^2 \leqslant 1$,所以

$$V = \iint_D (2 - x^2 - y^2 - x^2 - y^2) dx dy = \int_0^{2\pi} d\theta \int_0^1 (2 - 2r^2) r dr = \pi.$$

7. 计算下列广义二重积分.

(1) $I = \iint_D \dfrac{1}{x^2 + y^2} dx dy$,其中 $D = \{(x, y) \mid x \geqslant 1, y \geqslant x^2\}$;

(2) $I = \int_0^{+\infty} dx \int_x^{2x} e^{-y^2} dy$.

解 各题的积分区域如图 10-51 所示,

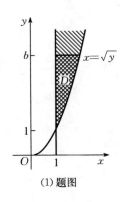
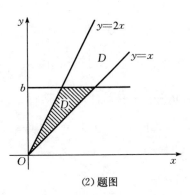

(1)题图   (2)题图

图 10-51

(1) 设 $D_b = \{(x, y) \mid 1 \leqslant x \leqslant \sqrt{y}, 1 \leqslant y \leqslant b\}$,则

$$\iint_{D_b} \frac{1}{x^2+y^2} dx dy = \int_1^{\sqrt{b}} dx \int_{x^2}^b \frac{1}{x^2+y^2} dy = \int_1^{\sqrt{b}} \frac{1}{x^2} \arctan\frac{b}{x^2} dx - \frac{\pi}{4}\int_1^{\sqrt{b}} \frac{1}{x^2} dx,$$

而

$$\frac{\pi}{4}\int_1^{\sqrt{b}} \frac{1}{x^2} dx = \frac{\pi}{4}\left(1 - \frac{1}{\sqrt{b}}\right).$$

对于 $\int_1^{\sqrt{b}} \frac{1}{x^2}\arctan\frac{b}{x^2}\mathrm{d}x$，令 $\frac{1}{x} = t$，则

$$\int_1^{\sqrt{b}} \frac{1}{x^2}\arctan\frac{b}{x^2}\mathrm{d}x = -\int_1^{\frac{1}{\sqrt{b}}} \arctan(bt^2)\mathrm{d}t = \arctan b - \frac{\pi}{4\sqrt{b}} + 2b\int_1^{\frac{1}{\sqrt{b}}} \frac{t^2}{1+b^2t^4}\mathrm{d}t,$$

其中
$$\begin{aligned}
2b\int_1^{\frac{1}{\sqrt{b}}} \frac{t^2}{1+b^2t^4}\mathrm{d}t &= 2b\int_1^{\frac{1}{\sqrt{b}}} \frac{t^2}{(bt^2+1)^2 - 2bt^2}\mathrm{d}t \\
&= 2b\int_1^{\frac{1}{\sqrt{b}}} \frac{t^2}{(bt^2+\sqrt{2b}t+1)(bt^2-\sqrt{2b}t+1)}\mathrm{d}t \\
&= \frac{b}{\sqrt{2b}}\int_1^{\frac{1}{\sqrt{b}}} \left(\frac{t}{bt^2-\sqrt{2b}t+1} - \frac{t}{bt^2+\sqrt{2b}t+1}\right)\mathrm{d}t \\
&= \frac{1}{\sqrt{2b}}\left[\int_1^{\frac{1}{\sqrt{b}}} \frac{t}{t^2-\sqrt{\frac{2}{b}}t+\frac{1}{b}}\mathrm{d}t - \int_1^{\frac{1}{\sqrt{b}}} \frac{t}{bt^2+\sqrt{\frac{2}{b}}t+\frac{1}{b}}\mathrm{d}t\right] \\
&= \frac{1}{\sqrt{2b}}\left\{\left[\frac{1}{2}\ln\left(t^2-\sqrt{\frac{2}{b}}t+\frac{1}{b}\right) + \arctan\frac{2\sqrt{b}t-\sqrt{2}}{\sqrt{2}}\right] - \right. \\
&\quad\left.\left[\frac{1}{2}\ln\left(t^2+\sqrt{\frac{2}{b}}t+\frac{1}{b}\right) - \arctan\frac{2\sqrt{b}t+\sqrt{2}}{\sqrt{2}}\right]\right\}\Big|_1^{\frac{1}{\sqrt{b}}} \\
&= \frac{1}{\sqrt{2b}}\left[\frac{1}{2}\ln\frac{bt^2-\sqrt{2b}t+1}{bt^2+\sqrt{2b}t+1} + \arctan\frac{2\sqrt{b}t-\sqrt{2}}{\sqrt{2}} + \arctan\frac{2\sqrt{b}t+\sqrt{2}}{\sqrt{2}}\right]\Big|_1^{\frac{1}{\sqrt{b}}}.
\end{aligned}$$

显然有 $D_b \to D$（当 $b \to +\infty$ 时），于是有

$$\begin{aligned}
I &= \iint_D \frac{1}{x^2+y^2}\mathrm{d}x\mathrm{d}y = \lim_{b\to+\infty}\iint_{D_b} \frac{1}{x^2+y^2}\mathrm{d}x\mathrm{d}y \\
&= \lim_{b\to+\infty}\left(\int_1^{\sqrt{b}} \frac{1}{x^2}\arctan\frac{b}{x^2}\mathrm{d}x - \frac{\pi}{4}\int_1^{\sqrt{b}} \frac{1}{x^2}\mathrm{d}x\right) = \frac{\pi}{4}.
\end{aligned}$$

(2) 设 $D_b = \left\{(x,y) \mid 0 \leqslant y \leqslant b, \frac{y}{2} \leqslant x \leqslant y\right\}$，则

$$\iint_{D_b} \mathrm{e}^{-y^2}\mathrm{d}x\mathrm{d}y = \int_0^b \mathrm{d}y\int_{\frac{y}{2}}^y \mathrm{e}^{-y^2}\mathrm{d}x = \frac{1}{2}\int_0^b \mathrm{e}^{-y^2}\cdot y\mathrm{d}y = -\frac{1}{4}(\mathrm{e}^{-b^2}-1).$$

显然有 $D_b \to D$（当 $b \to +\infty$ 时），于是有

$$I = \int_0^{+\infty}\mathrm{d}x\int_x^{2x}\mathrm{e}^{-y^2}\mathrm{d}y = \lim_{b\to+\infty}\iint_{D_b}\mathrm{e}^{-y^2}\mathrm{d}x\mathrm{d}y = \frac{1}{4}.$$

第十一章

级　　数

一、基本内容

1. 级数的概念

(1)无穷级数：设已给数列 $u_1, u_2, \cdots, u_n, \cdots$，则式子

$$u_1+u_2+\cdots+u_n+\cdots(\text{或简写成} \sum_{n=1}^{\infty} u_n)$$

称为无穷级数，简称级数，其中第 n 项 u_n 叫作级数的通项或一般项．

各项都是常数的级数 $\sum_{n=1}^{\infty} u_n$ 叫作常数项级数，各项都是函数的级数 $\sum_{n=1}^{\infty} u_n(x)$ 叫作函数项级数．

(2)正项级数：若常数项级数 $\sum_{n=1}^{\infty} u_n$ 的每一项非负，即 $u_n \geq 0$，则称级数 $\sum_{n=1}^{\infty} u_n$ 为正项级数．

(3)任意项级数：各项具有任意正负号的级数，即为任意项级数．

(4)交错级数：若级数的各项是正负相间的级数，即

$$u_1-u_2+u_3-u_4+\cdots+(-1)^{n-1}u_n+\cdots,$$

其中 $u_n>0(n=1, 2, \cdots)$，这样的级数称为交错级数．

(5)幂级数：形如

$$a_0+a_1(x-x_0)+a_2(x-x_0)^2+\cdots+a_n(x-x_0)^n+\cdots$$

的函数项级数叫作 $x-x_0$ 的幂级数，其中 $a_0, a_1, a_2, \cdots, a_n, \cdots$ 叫作幂级数的系数．

特别地，当 $x_0=0$ 时，上述级数变成

$$a_0+a_1x+a_2x^2+\cdots+a_nx^n+\cdots,$$

称为 x 的幂级数．

2. 级数的性质

(1)级数的基本性质：

性质 1　若级数 $\sum_{n=1}^{\infty} u_n$ 收敛，其和为 s，又 k 为常数，则级数 $\sum_{n=1}^{\infty} ku_n$ 也收敛，其和为 ks．

性质 2　设有两个收敛级数 $\sum_{n=1}^{\infty} u_n$ 和 $\sum_{n=1}^{\infty} v_n$，且 $\sum_{n=1}^{\infty} u_n$ 和 $\sum_{n=1}^{\infty} v_n$ 分别收敛于 s 和 σ，则级数 $\sum_{n=1}^{\infty}(u_n \pm v_n)$ 也收敛，且收敛于 $s \pm \sigma$．

性质 3　收敛级数加括号后不改变敛散性，仍收敛于原来的和．
性质 4　在收敛级数中加上或去掉有限项不改变级数的敛散性．

(2) 幂级数的性质：

① 设 $(-R_1, R_1)$，$(-R_2, R_2)$ 分别是幂级数 $f(x) = \sum_{n=0}^{\infty} a_n x^n$，$g(x) = \sum_{n=0}^{\infty} b_n x^n$ 的收敛区间，令 $R = \min\{R_1, R_2\}$，则在区间 $(-R, R)$ 内有

$$f(x) \pm g(x) = \sum_{n=0}^{\infty} (a_n + b_n) x^n,$$

$$f(x) g(x) = \sum_{n=0}^{\infty} (a_0 b_n + a_1 b_{n-1} + \cdots + a_n b_0) x^n.$$

② 幂级数的和函数 $s(x) = \sum_{n=0}^{\infty} a_n x^n$ 在其收敛区间 $(-R, R)$ 内连续．

③ 幂级数的和函数 $s(x) = \sum_{n=0}^{\infty} a_n x^n$ 在其收敛区间 $(-R, R)$ 内可导，且有逐项求导公式

$$s'(x) = \Big(\sum_{n=0}^{\infty} a_n x^n\Big)' = \sum_{n=0}^{\infty} n a_n x^{n-1}.$$

④ 幂级数的和函数 $s(x) = \sum_{n=0}^{\infty} a_n x^n$ 在其收敛区间 $(-R, R)$ 内是可积的，且有逐项积分公式

$$\int_0^x s(x) \mathrm{d}x = \int_0^x \Big(\sum_{n=0}^{\infty} a_n x^n\Big) \mathrm{d}x = \sum_{n=0}^{\infty} \int_0^x a_n x^n \mathrm{d}x = \sum_{n=0}^{\infty} \frac{a_n}{n+1} x^{n+1}.$$

3. 级数收敛的必要条件

(1) 如果级数 $\sum_{n=1}^{\infty} u_n$ 收敛，则 $\lim_{n \to \infty} u_n = 0$.

(2) 正项级数 $\sum_{n=1}^{\infty} u_n$ 收敛的充分必要条件是它的前 n 项和数列有界．

4. 级数敛散性的判别

(1) 定义判别法：当 $n \to \infty$ 时，如果前 n 项和数列 $\{s_n\}$ 以某一常数 s 为极限，即

$$\lim_{n \to \infty} s_n = s,$$

则级数 $\sum_{n=1}^{\infty} u_n$ 收敛，且其和为 s.

(2) 比较判别法：设 $\sum_{n=1}^{\infty} u_n$ 和 $\sum_{n=1}^{\infty} v_n$ 为两个正项级数，

① 若级数 $\sum_{n=1}^{\infty} v_n$ 收敛，且 $u_n \leqslant v_n (n=1, 2, \cdots)$，则级数 $\sum_{n=1}^{\infty} u_n$ 亦收敛；

② 若级数 $\sum_{n=1}^{\infty} v_n$ 发散，且 $u_n \geqslant v_n (n=1, 2, \cdots)$，则级数 $\sum_{n=1}^{\infty} u_n$ 亦发散．

(3) 比值判别法：设正项级数 $\sum_{n=1}^{\infty} u_n$ 的后项与前项之比的极限为 ρ，即

$$\lim_{n \to \infty} \frac{u_{n+1}}{u_n} = \rho,$$

则当 $\rho<1$ 时,级数 $\sum_{n=1}^{\infty}u_n$ 收敛;当 $\rho>1\left(\text{或}\lim_{n\to\infty}\frac{u_{n+1}}{u_n}=\infty\right)$ 时,级数 $\sum_{n=1}^{\infty}u_n$ 发散;当 $\rho=1$ 时,级数可能收敛也可能发散.

(4) 交错级数收敛判别法:若交错级数 $\sum_{n=1}^{\infty}(-1)^{n-1}u_n$ 满足条件:

① $u_n\geqslant u_{n+1}(n=1,2,\cdots)$;

② $\lim_{n\to\infty}u_n=0$,

则交错级数收敛,且其和 $s\leqslant u_1$,其余项 r_n 的绝对值 $|r_n|\leqslant u_{n+1}$.

(5) 幂级数的收敛判别:若幂级数 $\sum_{n=0}^{\infty}a_n x^n$ 当 $x=x_0(x_0\neq 0)$ 时收敛,则对一切满足不等式 $|x|<x_0$ 的点 x,级数 $\sum_{n=0}^{\infty}a_n x^n$ 也收敛;若 $x=x_0$ 时发散,则对一切满足不等式 $|x|>x_0$ 的点 x,级数 $\sum_{n=0}^{\infty}a_n x^n$ 也发散.

5. 函数展成幂级数及幂级数收敛半径的求法

(1) 幂级数收敛半径的求法:设极限 $\lim_{n\to\infty}\left|\frac{a_{n+1}}{a_n}\right|=\rho$,

① 当 $0<\rho<+\infty$ 时,$R=\frac{1}{\rho}$;

② 当 $\rho=0$ 时,$R=+\infty$;

③ 当 $\rho=+\infty$ 时,$R=0$.

(2) 函数展成幂级数的方法:

① 直接展开法:

(Ⅰ) 求出 $f(x)$ 的各阶导数 $f'(x),f''(x),\cdots,f^{(n)}(x),\cdots$;

(Ⅱ) 计算 $f'(0),f''(0),\cdots,f^{(n)}(0),\cdots$;

(Ⅲ) 写出幂级数

$$f(0)+f'(0)x+\frac{f''(0)}{2!}x^2+\cdots+\frac{f^{(n)}(0)}{n}x^n+\cdots,$$

并求出它的收敛区间;

(Ⅳ) 考察当 x 在收敛区间内时,余项 $R_n(x)$ 的极限是否为零,若为零,则由 (Ⅲ) 所求得的幂级数就是 $f(x)$ 的幂级数展开式.

② 间接展开法:

(Ⅰ) 变量置换法:就是利用一些已知函数的幂级数展开式及幂级数性质,将某函数展开成幂级数.

(Ⅱ) 逐项积分法.

(Ⅲ) 逐项微分法.

6. 傅里叶级数

(1) 三角级数:形如

$$\frac{a_0}{2}+\sum_{n=1}^{\infty}(a_n\cos nx+b_n\sin nx) \tag{1}$$

的级数叫作**三角级数**,它在电工学中有重要应用.

三角函数系
$$1, \cos x, \sin x, \cos 2x, \sin 2x, \cdots, \cos nx, \sin nx, \cdots \quad (2)$$
在$[-\pi, \pi]$上正交,是指(2)式中任何两个不同函数之积在$[-\pi, \pi]$上的积分都等于零,但
$$\int_{-\pi}^{\pi} 1^2 dx = 2\pi, \int_{-\pi}^{\pi} \sin^2 nx\, dx = \int_{-\pi}^{\pi} \cos^2 nx\, dx = \pi\ (n \in \mathbf{N}).$$

(2)函数展成傅里叶级数:在(1)式中,如果系数
$$\begin{cases} a_n = \dfrac{1}{\pi}\int_{-\pi}^{\pi} f(x)\cos nx\, dx (n=0, 1, 2, \cdots) \\ b_n = \dfrac{1}{\pi}\int_{-\pi}^{\pi} f(x)\sin nx\, dx (n=1, 2, \cdots), \end{cases} \quad (3)$$

则称(1)式为函数$f(x)$在$[-\pi, \pi]$上的**傅里叶级数**,记为
$$f(x) \sim \frac{a_0}{2} + \sum_{n=1}^{\infty} (a_n\cos nx + b_n\sin nx), \quad (1')$$
其中系数(3)称为$f(x)$的**傅里叶系数**.

定理(狄利克雷(Dirichlet)充分条件) 设$f(x)$是周期为2π的周期函数,且满足条件:

①在一个周期内它连续或分段连续(只有有限个第一类间断点);

②分段单调,即在一个周期内至多只有有限个极值点,

则$f(x)$的傅里叶系数$(1')$收敛,且

当x是$f(x)$的连续点时,级数收敛于$f(x)$,即$(1')$式中的写出号"$\sim$"可换成"$=$"号,这时我们说将$f(x)$展成了傅里叶级数;

当x是$f(x)$的间断点时,级数收敛于算术平均值:
$$\frac{f(x-0)+f(x+0)}{2}.$$

对于非周期函数,可作**周期延拓**,只要满足收敛定理的条件,也可展开成傅里叶级数.

(3)奇函数和偶函数的傅里叶级数:奇函数与偶函数的傅里叶级数分别为只含正弦项或余弦项的三角级数,即正弦级数或余弦级数,一般地,有如下定理:

定理 设$f(x)$是周期为2π的周期函数,它在一个周期上可积,则

①当$f(x)$为奇函数时,其傅里叶系数为
$$a_n = 0 (n=0, 1, 2, \cdots),$$
$$b_n = \frac{2}{\pi}\int_0^{\pi} f(x)\sin nx\, dx (n=1, 2, \cdots).$$

②当$f(x)$为偶函数时,其傅里叶系数为
$$a_n = \frac{2}{\pi}\int_0^{\pi} f(x)\cos nx\, dx (n=0, 1, 2, \cdots),$$
$$b_n = 0 (n=1, 2, \cdots).$$

(4)函数展开成正弦级数或余弦级数:这时只需将函数作奇延拓或偶延拓,并用上述公式计算.

二、基本要求

1. 掌握级数的有关概念和性质，会用性质判定级数的敛散性．
2. 熟练掌握正项级数、交错级数收敛的判别方法，并能熟练地进行级数敛散性的判定．
3. 会求幂级数的收敛半径和收敛区间．
4. 会用直接、间接方法把函数展成幂级数．
5. 会把周期为 2π 的函数在 $[-\pi,\pi]$ 上展成傅里叶级数，对非周期函数会作周期延拓，并展成傅里叶级数．

三、习题解答

习题 11-1

(A)

1. 写出下列级数的通项．

(1) $1+\dfrac{1}{3}+\dfrac{1}{5}+\dfrac{1}{7}+\cdots$；

(2) $1-\dfrac{1}{3}+\dfrac{1}{7}-\dfrac{1}{15}+\dfrac{1}{31}-\cdots$；

(3) $\dfrac{1}{1\cdot 2}+\dfrac{1\cdot 3}{1\cdot 2\cdot 3}+\dfrac{1\cdot 3\cdot 5}{1\cdot 2\cdot 3\cdot 4}+\cdots$；

(4) $\dfrac{2}{\ln 2}-\dfrac{3}{2\ln 3}+\dfrac{4}{3\ln 4}-\cdots$．

解 (1) 由所给级数知，通项 $u_n=\dfrac{1}{2n-1}$；

(2) 因 $u_1=1$，$u_2=-\dfrac{1}{3}=(-1)^{2-1}\dfrac{1}{4-1}$，$u_3=\dfrac{1}{7}=(-1)^{3-1}\dfrac{1}{2^3-1}$，…，

所以通项 $u_n=(-1)^{n-1}\dfrac{1}{2^n-1}$；

(3) 由所给级数知，通项 $u_n=\dfrac{(2n-1)!!}{(n+1)!}$；

(4) 由所给级数知，通项 $u_n=\dfrac{(-1)^{n-1}(n+1)}{n\ln(n+1)}$．

2. 判断下列级数的敛散性．

(1) $\dfrac{1}{4}-\dfrac{3}{4^2}+\dfrac{3^2}{4^3}-\dfrac{3^3}{4^4}+\cdots$；

(2) $2^3+\left(\dfrac{3}{2}\right)^3+\left(\dfrac{4}{3}\right)^3+\left(\dfrac{5}{4}\right)^3+\cdots$；

(3) $\dfrac{1}{2}+\dfrac{2}{3}+\dfrac{3}{4}+\dfrac{4}{5}+\cdots$；

(4) $\left(\dfrac{1}{2}+\dfrac{1}{3}\right)+\left(\dfrac{1}{2^2}+\dfrac{1}{3^2}\right)+\left(\dfrac{1}{2^3}+\dfrac{1}{3^3}\right)+\cdots$．

解 (1) 解法一：原级数可化为

$$\left(\dfrac{1}{4}+\dfrac{3^2}{4^3}+\cdots+\dfrac{3^{2n-2}}{4^{2n-1}}+\cdots\right)-\left(\dfrac{3}{4^2}+\dfrac{3^3}{4^4}+\cdots+\dfrac{3^{2n-1}}{4^{2n}}+\cdots\right)=\sum_{n=1}^{\infty}\dfrac{3^{2n-2}}{4^{2n-1}}-\sum_{n=1}^{\infty}\dfrac{3^{2n-1}}{4^{2n}},$$

因为上面两个级数都是公比为 $q=\left(\dfrac{3}{4}\right)^2<1$ 的等比级数，所以由级数性质可知，原级数收敛．

解法二：因 $S_{2n}=\dfrac{1}{4}-\dfrac{3}{4^2}+\dfrac{3^2}{4^3}-\dfrac{3^3}{4^4}+\cdots+\dfrac{3^{2n-2}}{4^{2n-1}}-\dfrac{3^{2n-1}}{4^{2n}}=\dfrac{\dfrac{1}{4}\left[1-\left(-\dfrac{3}{4}\right)^{2n}\right]}{1-\left(-\dfrac{3}{4}\right)},$

$$\lim_{n\to\infty}S_{2n}=\lim_{n\to\infty}\frac{\frac{1}{4}\left[1-\left(-\frac{3}{4}\right)^{2n}\right]}{1-\left(-\frac{3}{4}\right)}=\frac{1}{7}, \quad \lim_{n\to\infty}S_{2n-1}=\lim_{n\to\infty}\frac{\frac{1}{4}\left[1-\left(-\frac{3}{4}\right)^{2n-1}\right]}{1-\left(-\frac{3}{4}\right)}=\frac{1}{7},$$

所以原级数收敛.

(2)因为 $\lim\limits_{n\to\infty}u_n=\lim\limits_{n\to\infty}\left(\dfrac{n+1}{n}\right)^3=1\neq 0$,由必要条件可知,级数发散.

(3)因为 $\lim\limits_{n\to\infty}u_n=\lim\limits_{n\to\infty}\dfrac{n}{n+1}=1\neq 0$,由必要条件可知,级数发散.

(4)原级数可化为

$$\left(\frac{1}{2}+\frac{1}{2^2}+\cdots+\frac{1}{2^n}+\cdots\right)+\left(\frac{1}{3}+\frac{1}{3^2}+\cdots+\frac{1}{3^n}+\cdots\right)=\sum_{n=1}^{\infty}\frac{1}{2^n}+\sum_{n=1}^{\infty}\frac{1}{3^n},$$

因为上面两个级数分别是公比为 $q=\dfrac{1}{2}<1$ 和 $q=\dfrac{1}{3}<1$ 的等比级数,所以所给级数收敛.

3. 利用级数性质判定下列级数的敛散性.

(1) $\sum\limits_{n=1}^{\infty}\left(\dfrac{1}{2^n}-\dfrac{1}{5^n}\right)$; (2) $\sum\limits_{n=1}^{\infty}\left(\dfrac{1}{6^n}-\dfrac{1}{10n}\right)$.

解 (1)因为 $\sum\limits_{n=1}^{\infty}\left(\dfrac{1}{2^n}-\dfrac{1}{5^n}\right)=\sum\limits_{n=1}^{\infty}\dfrac{1}{2^n}-\sum\limits_{n=1}^{\infty}\dfrac{1}{5^n},$

而 $\sum\limits_{n=1}^{\infty}\dfrac{1}{2^n}$ 和 $\sum\limits_{n=1}^{\infty}\dfrac{1}{5^n}$ 均收敛,所以所给级数收敛.

(2)因为 $\sum\limits_{n=1}^{\infty}\left(\dfrac{1}{6^n}-\dfrac{1}{10n}\right)=\sum\limits_{n=1}^{\infty}\dfrac{1}{6^n}-\sum\limits_{n=1}^{\infty}\dfrac{1}{10n},$

而 $\sum\limits_{n=1}^{\infty}\dfrac{1}{6^n}$ 是公比为 $q=\dfrac{1}{6}<1$ 的等比级数,收敛;而对 $\sum\limits_{n=1}^{\infty}\dfrac{1}{10n}=\dfrac{1}{10}\sum\limits_{n=1}^{\infty}\dfrac{1}{n}$,发散,故所给级数发散.

(B)

1. 利用级数性质判定级数 $\sum\limits_{n=1}^{\infty}\left(\dfrac{1}{3^n}-\dfrac{1}{n(n+1)}\right)$ 的敛散性.

解 因为 $\sum\limits_{n=1}^{\infty}\left(\dfrac{1}{3^n}-\dfrac{1}{n(n+1)}\right)=\sum\limits_{n=1}^{\infty}\dfrac{1}{3^n}-\sum\limits_{n=1}^{\infty}\dfrac{1}{n(n+1)},$

而 $\sum\limits_{n=1}^{\infty}\dfrac{1}{3^n}$ 是公比为 $q=\dfrac{1}{3}<1$ 的等比级数,收敛;而对 $\sum\limits_{n=1}^{\infty}\dfrac{1}{n(n+1)}$ 来说,其前 n 项和 S_n 为

$$S_n=\frac{1}{1\cdot 2}+\frac{1}{2\cdot 3}+\cdots+\frac{1}{n(n+1)}$$

$$=\left(1-\frac{1}{2}\right)+\left(\frac{1}{2}-\frac{1}{3}\right)+\cdots+\left(\frac{1}{n}-\frac{1}{n+1}\right)$$

$$=1-\frac{1}{n+1},$$

所以 $\lim\limits_{n\to\infty}S_n=1$,即 $\sum\limits_{n=1}^{\infty}\dfrac{1}{n(n+1)}$ 收敛,故所给级数收敛.

2. 根据定义判定下列级数的敛散性.

(1) $\sin\dfrac{\pi}{6}+\sin\dfrac{2\pi}{6}+\cdots+\sin\dfrac{n\pi}{6}+\cdots$; (2) $\sum\limits_{n=1}^{\infty}\dfrac{1}{4n^2-1}$.

解 (1) $S_n=\sin\dfrac{\pi}{6}+\sin\dfrac{2\pi}{6}+\cdots+\sin\dfrac{n\pi}{6}$

$=\dfrac{1}{2\sin\dfrac{\pi}{12}}\left(2\sin\dfrac{\pi}{12}\sin\dfrac{\pi}{6}+2\sin\dfrac{\pi}{12}\sin\dfrac{2\pi}{6}+\cdots+2\sin\dfrac{\pi}{12}\sin\dfrac{n\pi}{6}\right)$

$=\dfrac{1}{2\sin\dfrac{\pi}{12}}\left[\left(\cos\dfrac{\pi}{12}-\cos\dfrac{3\pi}{12}\right)+\left(\cos\dfrac{3\pi}{12}-\cos\dfrac{5\pi}{12}\right)+\cdots+\left(\cos\dfrac{2n-1}{12}\pi-\cos\dfrac{2n+1}{12}\pi\right)\right]$

$=\dfrac{1}{2\sin\dfrac{\pi}{12}}\left(\cos\dfrac{\pi}{12}-\cos\dfrac{2n+1}{12}\pi\right),$

因为 $\lim\limits_{n\to\infty}\cos\dfrac{2n+1}{12}\pi$ 不存在,所以 $\lim\limits_{n\to\infty}S_n$ 不存在,故该级数发散.

(2) $S_n=\sum\limits_{k=1}^{n}\dfrac{1}{4k^2-1}=\sum\limits_{k=1}^{n}\dfrac{1}{2}\left(\dfrac{1}{2k-1}-\dfrac{1}{2k+1}\right)=\dfrac{1}{2}-\dfrac{1}{2}\cdot\dfrac{1}{2n+1}$,

因为 $\lim\limits_{n\to\infty}S_n=\lim\limits_{n\to\infty}\left(\dfrac{1}{2}-\dfrac{1}{2}\cdot\dfrac{1}{2n+1}\right)=\dfrac{1}{2}$,故该级数收敛.

3. 已知级数 $\sum\limits_{n=1}^{\infty}u_n$ 的前 n 项部分和 $S_n=\dfrac{1}{2}\left(1-\dfrac{1}{3^n}\right)$,判定该级数的敛散性.

解 由 $u_n=S_n-S_{n-1}$ 可知

$$u_n=\dfrac{1}{2}\left(1-\dfrac{1}{3^n}\right)-\dfrac{1}{2}\left(1-\dfrac{1}{3^{n-1}}\right)=\dfrac{1}{2}\left(\dfrac{1}{3^{n-1}}-\dfrac{1}{3^n}\right)=\dfrac{1}{3^n}=\left(\dfrac{1}{3}\right)^n,$$

故级数 $\sum\limits_{n=1}^{\infty}u_n=\sum\limits_{n=1}^{\infty}\left(\dfrac{1}{3}\right)^n$ 是等比级数,公比为 $\dfrac{1}{3}$,所以该级数收敛.

习题 11-2

(A)

1. 用比较判别法判定下列级数的敛散性.

(1) $\sum\limits_{n=1}^{\infty}\dfrac{1}{\sqrt{2n(2n+1)}}$; (2) $\sum\limits_{n=1}^{\infty}\dfrac{1}{(n+1)\sqrt{n}}$;

(3) $\sum\limits_{n=1}^{\infty}\dfrac{1}{n}\sin\dfrac{1}{n}$; (4) $\sum\limits_{n=1}^{\infty}\dfrac{3^n+1}{2^n}$.

解 (1) 因为 $u_n=\dfrac{1}{\sqrt{2n(2n+1)}}>\dfrac{1}{\sqrt{(2n+1)^2}}=\dfrac{1}{2n+1}>\dfrac{1}{2(n+1)}$,

而 $\sum\limits_{n=1}^{\infty}\dfrac{1}{2(n+1)}=\dfrac{1}{2}\sum\limits_{n=1}^{\infty}\dfrac{1}{n+1}$,且 $\sum\limits_{n=1}^{\infty}\dfrac{1}{n+1}$ 是发散的,由比较判别法知,$\sum\limits_{n=1}^{\infty}\dfrac{1}{\sqrt{2n(2n+1)}}$ 发散.

(2) 因为 $\dfrac{1}{(n+1)\sqrt{n}}\leqslant\dfrac{1}{n^{\frac{3}{2}}}$,而 $\sum\limits_{n=1}^{\infty}\dfrac{1}{n^{\frac{3}{2}}}$ 是 $p=\dfrac{3}{2}$ 的 p 级数,该 p 级数收敛,所以 $\sum\limits_{n=1}^{\infty}\dfrac{1}{(n+1)\sqrt{n}}$

收敛.

(3) 因 $\frac{1}{n}\sin\frac{1}{n} \leqslant \frac{1}{n^2}$，而级数 $\sum_{n=1}^{\infty}\frac{1}{n^2}$ 收敛，由比较判别法知，$\sum_{n=1}^{\infty}\frac{1}{n}\sin\frac{1}{n}$ 收敛.

(4) 因为 $\lim_{n\to\infty}u_n = \lim_{n\to\infty}\frac{3^n+1}{2^n} = \lim_{n\to\infty}\left(\frac{3}{2}\right)^n + \lim_{n\to\infty}\frac{1}{2^n} \neq 0$，所以 $\sum_{n=1}^{\infty}\frac{3^n+1}{2^n}$ 发散.

2. 用比值判别法判定下列级数的敛散性.

(1) $\sum_{n=1}^{\infty}\frac{n}{2^n}$；   (2) $\sum_{n=1}^{\infty}\frac{3^n}{n!}$；

(3) $\sum_{n=1}^{\infty}\frac{1}{3^n}\left(\frac{e}{2}\right)^n$；   (4) $\sum_{n=1}^{\infty}\frac{2n+1}{n^n}$.

解 (1) 因为 $\lim_{n\to\infty}\frac{u_{n+1}}{u_n} = \lim_{n\to\infty}\frac{n+1}{2^{n+1}}\cdot\frac{2^n}{n} = \frac{1}{2}\lim_{n\to\infty}\frac{n+1}{n} = \frac{1}{2} < 1$，所以 $\sum_{n=1}^{\infty}\frac{n}{2^n}$ 收敛.

(2) 因为 $\lim_{n\to\infty}\frac{u_{n+1}}{u_n} = \lim_{n\to\infty}\frac{3^{n+1}}{(n+1)!}\cdot\frac{n!}{3^n} = 3\lim_{n\to\infty}\frac{1}{n+1} = 0 < 1$，所以 $\sum_{n=1}^{\infty}\frac{3^n}{n!}$ 收敛.

(3) 因为 $\lim_{n\to\infty}\frac{u_{n+1}}{u_n} = \lim_{n\to\infty}\frac{1}{3^{n+1}}\cdot\left(\frac{e}{2}\right)^{n+1}\frac{3^n\cdot 2^n}{e^n} = \lim_{n\to\infty}\frac{e}{6} = \frac{e}{6} < 1$，所以 $\sum_{n=1}^{\infty}\frac{1}{3^n}\left(\frac{e}{2}\right)^n$ 收敛.

(4) 因为 $\lim_{n\to\infty}\frac{u_{n+1}}{u_n} = \lim_{n\to\infty}\frac{2n+3}{(n+1)^{n+1}}\cdot\frac{n^n}{2n+1} = \lim_{n\to\infty}\frac{2n+3}{2n+1}\cdot\left(\frac{n}{n+1}\right)^n\frac{1}{n+1} = 0 < 1$，所以 $\sum_{n=1}^{\infty}\frac{2n+1}{n^n}$ 收敛.

3. 判定下列级数的敛散性.

(1) $\sum_{n=1}^{\infty}\frac{n!}{n^n}$；   (2) $\sum_{n=1}^{\infty}\frac{(-1)^n+2n}{n^3}$；

(3) $\sum_{n=1}^{\infty}\sqrt{\frac{n-1}{n+1}}$；   (4) $\sum_{n=1}^{\infty}n\left(\frac{2}{3}\right)^n$.

解 (1) 因为 $\lim_{n\to\infty}\frac{u_{n+1}}{u_n} = \lim_{n\to\infty}\frac{(n+1)!}{(n+1)^{n+1}}\cdot\frac{n^n}{n!} = \lim_{n\to\infty}\left(\frac{n}{n+1}\right)^n = \lim_{n\to\infty}\frac{1}{\left(1+\frac{1}{n}\right)^n} = \frac{1}{e} < 1$，所以 $\sum_{n=1}^{\infty}\frac{n!}{n^n}$ 收敛.

(2) 因为 $u_n = \frac{(-1)^n+2n}{n^3} \leqslant \frac{1+2n}{n^3} = \frac{1}{n^3}+\frac{2}{n^2}$，而 $\sum_{n=1}^{\infty}\frac{1}{n^3}$ 和 $\sum_{n=1}^{\infty}\frac{2}{n^2}$ 都收敛，所以 $\sum_{n=1}^{\infty}\frac{(-1)^n+2n}{n^3}$ 收敛.

(3) 因为 $\lim_{n\to\infty}\frac{u_{n+1}}{u_n} = \lim_{n\to\infty}\sqrt{\frac{n}{n+2}}\cdot\sqrt{\frac{n+1}{n-1}} = 1$，此法判别失效，而又因 $\lim_{n\to\infty}u_n = \lim_{n\to\infty}\sqrt{\frac{n-1}{n+1}} = 1$，由级数收敛的必要条件可知，级数发散.

(4) 因为 $\lim_{n\to\infty}\frac{u_{n+1}}{u_n} = \lim_{n\to\infty}(n+1)\left(\frac{2}{3}\right)^{n+1}\cdot\frac{1}{n}\left(\frac{3}{2}\right)^n = \lim_{n\to\infty}\frac{2}{3}\cdot\frac{n+1}{n} = \frac{2}{3} < 1$，所以 $\sum_{n=1}^{\infty}n\left(\frac{2}{3}\right)^n$ 收敛.

(B)

1. 判断下列正项级数的敛散性.

(1) $\sum_{n=1}^{\infty} \dfrac{n^{n+\frac{1}{n}}}{\left(n+\frac{1}{n}\right)^n}$;　　　　(2) $\sum_{n=1}^{\infty} \dfrac{n\cos^2 \frac{n\pi}{3}}{2^n}$.

解 (1)因为 $u_n = \dfrac{n^{n+\frac{1}{n}}}{\left(n+\frac{1}{n}\right)^n} = \dfrac{n^{\frac{1}{n}}}{\left(1+\frac{1}{n^2}\right)^n} = \dfrac{n^{\frac{1}{n}}}{\left[\left(1+\frac{1}{n^2}\right)^{n^2}\right]^{\frac{1}{n}}}$,

$$\lim_{n\to\infty} u_n = \lim_{n\to\infty} \dfrac{n^{\frac{1}{n}}}{\left[\left(1+\frac{1}{n^2}\right)^{n^2}\right]^{\frac{1}{n}}} = \lim_{n\to\infty} \dfrac{e^{\frac{1}{n}\ln n}}{\left[\left(1+\frac{1}{n^2}\right)^{n^2}\right]^{\frac{1}{n}}} = \dfrac{e^0}{e^0} = 1,$$

故级数发散.

(2)因为 $u_n = \dfrac{n\cos^2 \frac{n\pi}{3}}{2^n} \leqslant \dfrac{n}{2^n}$, 而级数 $\sum_{n=1}^{\infty} \dfrac{n}{2^n} = \sum_{n=1}^{\infty} v_n$, 根据比值法 $\lim_{n\to\infty} \dfrac{v_{n+1}}{v_n} = \lim_{n\to\infty} \dfrac{n+1}{2^{n+1}} \cdot \dfrac{2^n}{n} = \dfrac{1}{2} < 1$, 可知级数 $\sum_{n=1}^{\infty} \dfrac{n}{2^n}$ 收敛, 故根据比较判别法可知, 原级数收敛.

2. 设 $u_n = \dfrac{1}{2} \cdot \dfrac{3}{4} \cdot \cdots \cdot \dfrac{2n-1}{2n}$, 讨论级数 $\sum_{n=1}^{\infty} u_n^2$ 的敛散性.

解 由 $u_n^2 = \dfrac{1}{2} \cdot \dfrac{1}{2} \cdot \dfrac{3}{4} \cdot \dfrac{3}{4} \cdot \cdots \cdot \dfrac{2n-1}{2n} \cdot \dfrac{2n-1}{2n} > \dfrac{1}{2} \cdot \dfrac{1}{2} \cdot \dfrac{2}{3} \cdot \dfrac{3}{4} \cdot \cdots \cdot \dfrac{2n-2}{2n-1} \cdot \dfrac{2n-1}{2n} = \dfrac{1}{4n}$, 因为级数 $\sum_{n=1}^{\infty} \dfrac{1}{4n}$ 发散, 故根据比较判别法可知, 级数 $\sum_{n=1}^{\infty} u_n^2$ 发散.

3. 用比较判别法判断 $\sum_{n=1}^{\infty} \left(\dfrac{1}{n} - \ln \dfrac{n+1}{n}\right)$ 的敛散性.

解 由于 $\ln(1+x) < x (x \neq 0, -1 < x < +\infty)$, 所以
$$\dfrac{1}{n} - \ln \dfrac{n+1}{n} = \dfrac{1}{n} - \ln\left(1+\dfrac{1}{n}\right) > 0.$$

而 $-\ln \dfrac{n+1}{n} = \ln \dfrac{n}{n+1} = \ln\left(1-\dfrac{1}{n+1}\right) < -\dfrac{1}{n+1}$,

有 $\dfrac{1}{n} - \ln \dfrac{n+1}{n} < \dfrac{1}{n} - \dfrac{1}{n+1} = \dfrac{1}{n(n+1)}$.

而级数 $\sum_{n=1}^{\infty} \dfrac{1}{n(n+1)}$ 收敛, 故级数 $\sum_{n=1}^{\infty} \left(\dfrac{1}{n} - \ln \dfrac{n+1}{n}\right)$ 也收敛.

习题 11-3

(A)

1. 判定下列交错级数的敛散性.

(1) $\sum_{n=1}^{\infty} (-1)^{n-1} \dfrac{1}{\sqrt{n}}$;　　　　(2) $\sum_{n=1}^{\infty} (-1)^{n-1} \dfrac{n}{2n-1}$;

(3) $\sum_{n=1}^{\infty} (-1)^{n+1} \dfrac{1}{\ln(n+1)}$;　　　　(4) $\sum_{n=1}^{\infty} (-1)^{n+1} \left(\dfrac{1}{2^n} + \dfrac{1}{n}\right)$.

解 (1)因为 $u_{n+1} = \dfrac{1}{\sqrt{n+1}} < \dfrac{1}{\sqrt{n}} = u_n (n=1, 2, \cdots)$，且有

$$\lim_{n\to\infty} u_n = \lim_{n\to\infty} \dfrac{1}{\sqrt{n}} = 0,$$

所以级数 $\sum\limits_{n=1}^{\infty}(-1)^{n-1}\dfrac{1}{\sqrt{n}}$ 收敛.

(2)因为 $\lim\limits_{n\to\infty} u_n = \lim\limits_{n\to\infty}\dfrac{n}{2n-1} = \dfrac{1}{2} \neq 0$，所以级数 $\sum\limits_{n=1}^{\infty}(-1)^{n-1}\dfrac{n}{2n-1}$ 发散.

(3)因为 $u_{n+1} = \dfrac{1}{\ln(n+2)} < \dfrac{1}{\ln(n+1)} = u_n (n=1, 2, \cdots)$，且有

$$\lim_{n\to\infty} u_n = \lim_{n\to\infty} \dfrac{1}{\ln(n+1)} = 0,$$

所以级数 $\sum\limits_{n=1}^{\infty}(-1)^{n+1}\dfrac{1}{\ln(n+1)}$ 收敛.

(4)因为 $u_{n+1} = \dfrac{1}{2^{n+1}} + \dfrac{1}{n+1} < \dfrac{1}{2^n} + \dfrac{1}{n} = u_n (n=1, 2, \cdots)$，且有

$$\lim_{n\to\infty} u_n = \lim_{n\to\infty}\left(\dfrac{1}{2^n} + \dfrac{1}{n}\right) = 0,$$

所以级数 $\sum\limits_{n=1}^{\infty}(-1)^{n+1}\left(\dfrac{1}{2^n} + \dfrac{1}{n}\right)$ 收敛.

2. 判定下列级数的敛散性；如果收敛，说明是绝对收敛还是条件收敛.

(1) $\sum\limits_{n=1}^{\infty}(-1)^{n-1}\dfrac{1}{1+n^2}$；

(2) $\sum\limits_{n=1}^{\infty}(-1)^{n-1}\dfrac{1}{n\cdot 2^n}$；

(3) $\sum\limits_{n=1}^{\infty}(-1)^{n-1}\dfrac{n^2}{(n+1)(n+2)}$；

(4) $\sum\limits_{n=1}^{\infty}(-1)^{n-1}\dfrac{1}{\sqrt[4]{n}}$.

解 (1)因为 $|u_n| = \dfrac{1}{1+n^2} < \dfrac{1}{n^2}(n=1, 2, \cdots)$，而级数 $\sum\limits_{n=1}^{\infty}\dfrac{1}{n^2}$ 收敛，所以级数 $\sum\limits_{n=1}^{\infty}(-1)^{n-1}\dfrac{1}{1+n^2}$ 绝对收敛.

(2)因为 $\lim\limits_{n\to\infty}\left|\dfrac{u_{n+1}}{u_n}\right| = \lim\limits_{n\to\infty}\dfrac{n\cdot 2^n}{(n+1)2^{n+1}} = \lim\limits_{n\to\infty}\dfrac{1}{2}\cdot\dfrac{n}{n+1} = \dfrac{1}{2} < 1$，所以级数 $\sum\limits_{n=1}^{\infty}(-1)^{n-1}\dfrac{1}{n\cdot 2^n}$ 绝对收敛.

(3)因为 $\lim\limits_{n\to\infty} u_n = \lim\limits_{n\to\infty}\dfrac{n^2}{(n+1)(n+2)} = 1 \neq 0$，所以级数 $\sum\limits_{n=1}^{\infty}(-1)^{n-1}\dfrac{n^2}{(n+1)(n+2)}$ 发散.

(4)因为 $u_{n+1} = \dfrac{1}{\sqrt[4]{n+1}} < \dfrac{1}{\sqrt[4]{n}} = u_n (n=1, 2, \cdots)$，且 $\lim\limits_{n\to\infty} u_n = \lim\limits_{n\to\infty}\dfrac{1}{\sqrt[4]{n}} = 0$，所以级数 $\sum\limits_{n=1}^{\infty}(-1)^{n-1}\dfrac{1}{\sqrt[4]{n}}$ 收敛.

又因为 $\sum\limits_{n=1}^{\infty}\dfrac{1}{\sqrt[4]{n}}$ 是 $p = \dfrac{1}{4} < 1$ 的 p 级数，该 p 级数发散，从而知级数 $\sum\limits_{n=1}^{\infty}(-1)^{n-1}\dfrac{1}{\sqrt[4]{n}}$ 条件收敛.

(B)

1. 判定下列级数的敛散性；如果收敛，说明是绝对收敛还是条件收敛.

(1) $\sum_{n=1}^{\infty}(-1)^{n+1}\dfrac{2^{n^2}}{n!}$； (2) $\sum_{n=1}^{\infty}(-1)^{n+1}\dfrac{1}{\ln(n+1)}$.

解 (1) 级数的一般项 $u_n=(-1)^{n+1}\dfrac{2^{n^2}}{n!}$，因为

$$\lim_{n\to\infty}|u_n|=\lim_{n\to\infty}\dfrac{2^{n^2}}{n!}=\lim_{n\to\infty}\dfrac{(2^n)^n}{n!}=\lim_{n\to\infty}\dfrac{2^n}{n}\cdot\dfrac{2^n}{n-1}\cdots\dfrac{2^n}{3}\cdot\dfrac{2^n}{2}\cdot\dfrac{2^n}{1}=\infty,$$

故该级数发散.

(2) 因为 $u_n\geqslant u_{n+1}$，并且 $\lim\limits_{n\to\infty}u_n=0$，所以该级数是收敛的.

又因为 $\dfrac{1}{\ln(n+1)}\geqslant\dfrac{1}{n+1}$，而级数 $\sum\limits_{n=1}^{\infty}\dfrac{1}{n+1}$ 发散，故级数 $\sum\limits_{n=1}^{\infty}|(-1)^{n+1}u_n|=\sum\limits_{n=1}^{\infty}\dfrac{1}{\ln(n+1)}$ 发散，从而原级数条件收敛.

2. 求证：$\lim\limits_{n\to\infty}\dfrac{n^n}{(n!)^2}=0$.

解 作级数 $\sum\limits_{i=1}^{\infty}\dfrac{n^n}{(n!)^2}$，而

$$\lim_{n\to\infty}\dfrac{\dfrac{(n+1)^{n+1}}{(n+1)!^2}}{\dfrac{n^n}{(n!)^2}}=\lim_{n\to\infty}\dfrac{\left(1+\dfrac{1}{n}\right)^n}{n+1}=0,$$

所以级数 $\sum\limits_{i=1}^{\infty}\dfrac{n^n}{(n!)^2}$ 收敛，由级数收敛的必要条件知 $\lim\limits_{n\to\infty}\dfrac{n^n}{(n!)^2}=0$.

3. 分情况讨论级数 $\sum\limits_{n=1}^{\infty}(-1)^{n-1}\dfrac{a^n}{n}(a\neq 0)$ 的敛散性；如果收敛，是绝对收敛还是条件收敛？

解 因为 $|u_n|=\dfrac{|a|^n}{n}$，因为

$$\lim_{n\to\infty}\left|\dfrac{u_{n+1}}{u_n}\right|=\lim_{n\to\infty}\dfrac{|a|^{n+1}}{n+1}\cdot\dfrac{n}{|a|^n}=|a|,$$

所以当 $|a|<1$ 时，级数绝对收敛；当 $|a|>1$ 时，级数发散.

当 $a=-1$ 时，$u_n=(-1)^{n-1}\dfrac{(-1)^n}{n}=-\dfrac{1}{n}$ 发散.

当 $a=1$ 时，$u_n=(-1)^{n-1}\dfrac{1}{n}$，由莱布尼茨判别法可知，级数收敛，是条件收敛.

习 题 11-4

(A)

1. 求下列幂级数的收敛半径和收敛域.

(1) $x+\dfrac{x^2}{3}+\dfrac{x^3}{5}+\cdots+\dfrac{x^n}{2n-1}+\cdots$；

(2) $1+3x+\dfrac{3^2}{2!}x^2+\dfrac{3^3}{3!}x^3+\cdots+\dfrac{3^n}{n!}x^n+\cdots$;

(3) $\dfrac{x}{2}+2\left(\dfrac{x}{2}\right)^2+3\left(\dfrac{x}{2}\right)^3+\cdots+n\left(\dfrac{x}{2}\right)^n+\cdots$;

(4) $1+x+2!\ x^2+3!\ x^3+\cdots+n!\ x^n+\cdots$.

解 (1) 因为 $\lim\limits_{n\to\infty}\left|\dfrac{a_{n+1}}{a_n}\right|=\lim\limits_{n\to\infty}\dfrac{2n-1}{2n+1}=1$,所以所求幂级数的收敛半径为 $R=1$.

当 $x=-1$ 时,所给级数 $\sum\limits_{n=1}^{\infty}\dfrac{(-1)^n}{2n-1}$ 为交错级数,由于 $u_{n+1}=\dfrac{1}{2n+1}<\dfrac{1}{2n-1}=u_n$,且 $\lim\limits_{n\to\infty}u_n=\lim\limits_{n\to\infty}\dfrac{1}{2n-1}=0$,故级数 $\sum\limits_{n=1}^{\infty}\dfrac{(-1)^n}{2n-1}$ 收敛.

当 $x=1$ 时,所给级数为 $\sum\limits_{n=1}^{\infty}\dfrac{1}{2n-1}$,由于 $u_n=\dfrac{1}{2n-1}>\dfrac{1}{2n}$,而 $\sum\limits_{n=1}^{\infty}\dfrac{1}{2n}=\dfrac{1}{2}\sum\limits_{n=1}^{\infty}\dfrac{1}{n}$ 为调和级数,该级数发散,故级数 $\sum\limits_{n=1}^{\infty}\dfrac{1}{2n-1}$ 发散.

所以原级数的收敛域为 $[-1,1)$.

(2) 因为 $\lim\limits_{n\to\infty}\left|\dfrac{a_{n+1}}{a_n}\right|=\lim\limits_{n\to\infty}\dfrac{3^{n+1}}{(n+1)!}\cdot\dfrac{n!}{3^n}=\lim\limits_{n\to\infty}\dfrac{3}{n+1}=0$,所以所求幂级数的收敛半径为 $R=\infty$,其收敛域为 $(-\infty,+\infty)$.

(3) 因为 $\lim\limits_{n\to\infty}\left|\dfrac{a_{n+1}}{a_n}\right|=\lim\limits_{n\to\infty}\dfrac{n+1}{2^{n+1}}\cdot\dfrac{2^n}{n}=\lim\limits_{n\to\infty}\dfrac{n+1}{2n}=\dfrac{1}{2}$,所以所求幂级数的收敛半径为 $R=2$.

当 $x=-2$ 时,级数为 $\sum\limits_{n=1}^{\infty}(-1)^n n$,发散;

当 $x=2$ 时,级数为 $\sum\limits_{n=1}^{\infty}n$ 发散,

所以所给级数的收敛域为 $(-2,2)$.

(4) 因为 $\lim\limits_{n\to\infty}\left|\dfrac{a_{n+1}}{a_n}\right|=\lim\limits_{n\to\infty}\dfrac{(n+1)!}{n!}=\lim\limits_{n\to\infty}(n+1)=+\infty$,所以所求幂级数的收敛半径为 $R=0$,其收敛域仅包含 $x=0$ 这一点.

2. 求下列级数的和函数.

(1) $\sum\limits_{n=1}^{\infty}\dfrac{nx^{n-1}}{a^n}$,$|x|<a$;

(2) $\sum\limits_{n=1}^{\infty}\dfrac{x^n}{na^{n-1}}$,$x\in[-a,a)$;

(3) $\sum\limits_{n=1}^{\infty}(-1)^n 2nx^{2n-1}$,$|x|<1$;

(4) $\sum\limits_{n=1}^{\infty}\dfrac{x^{2n-1}}{2n-1}$,$|x|<1$.

解 (1) 设 $f(x)=\sum\limits_{n=1}^{\infty}\dfrac{nx^{n-1}}{a^n}$,在 $|x|<a$ 内逐项积分,得

$$\int_0^x f(x)\mathrm{d}x=\int_0^x\left(\sum\limits_{n=1}^{\infty}\dfrac{nx^{n-1}}{a^n}\right)\mathrm{d}x=\sum\limits_{n=1}^{\infty}\int_0^x\dfrac{nx^{n-1}}{a^n}\mathrm{d}x$$

$$=\sum\limits_{n=1}^{\infty}\dfrac{x^n}{a^n}\left(\text{因为}|x|<a,\text{所以}\left|\dfrac{x}{a}\right|<1\right)$$

$$= \frac{\dfrac{x}{a}}{1-\dfrac{x}{a}} = \frac{x}{a-x},$$

再对上式两端求导得

$$f(x) = \left(\frac{x}{a-x}\right)' = \frac{a}{(a-x)^2}.$$

(2) 设 $f(x) = \sum_{n=1}^{\infty} \dfrac{x^n}{na^{n-1}}$，则对 $f(x)$ 在 $[-a, a)$ 内逐项求导得

$$f'(x) = \sum_{n=1}^{\infty} \frac{x^{n-1}}{a^{n-1}} = \frac{a}{a-x}, \quad x \in [-a, a),$$

所以
$$f(x) = \int_0^x \frac{a}{a-x} \mathrm{d}x = -a\ln(a-x) + a\ln a = a\ln\frac{a}{a-x}.$$

(3) 设 $f(x) = \sum_{n=1}^{\infty} (-1)^n 2n x^{2n-1}$，$|x| < 1$，在 $|x| < 1$ 内逐项积分得

$$\int_0^x f(x) \mathrm{d}x = \int_0^x \left(\sum_{n=1}^{\infty} (-1)^n 2n x^{2n-1}\right) \mathrm{d}x = \sum_{n=1}^{\infty} (-1)^n \int_0^x 2n x^{2n-1} \mathrm{d}x$$

$$= \sum_{n=1}^{\infty} (-1)^n x^{2n} = \frac{-x^2}{1+x^2},$$

所以
$$f(x) = \left(\frac{-x^2}{1+x^2}\right)' = \frac{-2x(1+x^2) + 2x^3}{(1+x^2)^2} = \frac{-2x}{(1+x^2)^2}.$$

(4) 设 $f(x) = \sum_{n=1}^{\infty} \dfrac{x^{2n-1}}{2n-1}$，即

$$f(x) = \sum_{n=1}^{\infty} \frac{x^{2n-1}}{2n-1} = x + \frac{x^3}{3} + \frac{x^5}{5} + \cdots + \frac{x^{2n-1}}{2n-1} + \cdots,$$

则由 $\int_0^x f'(x) \mathrm{d}x = f(x) - f(0)$，得

$$f(x) = f(0) + \int_0^x f'(x) \mathrm{d}x = \int_0^x \left(\sum_{n=1}^{\infty} \frac{x^{2n-1}}{2n-1}\right)' \mathrm{d}x = \int_0^x \sum_{n=1}^{\infty} x^{2n-2} \mathrm{d}x$$

$$= \int_0^x \frac{1}{1-x^2} \mathrm{d}x = \frac{1}{2} \ln \frac{1+x}{1-x} \quad (-1 < x < 1).$$

(B)

1. 利用逐项求导或逐项积分，求下列级数的和函数.

(1) $\sum_{n=1}^{\infty} \dfrac{n(n+1)}{2} x^{n-1}$，$|x| < 1$；　　(2) $\sum_{n=0}^{\infty} (2n+1) x^n$，$|x| < 1$.

解 (1) 设 $f''(x) = \sum_{n=1}^{\infty} \dfrac{n(n+1)}{2} x^{n-1}$，$|x| < 1$，则

$$f'(x) = \sum_{n=1}^{\infty} \int_0^x \frac{n(n+1)}{2} x^{n-1} \mathrm{d}x = \int_0^x f''(x) \mathrm{d}x = \sum_{n=1}^{\infty} \frac{n+1}{2} x^n, \quad |x| < 1,$$

$$f(x) = \sum_{n=1}^{\infty} \int_0^x \frac{n+1}{2} x^n \mathrm{d}x = \frac{1}{2} \sum_{n=1}^{\infty} x^{n+1} = \frac{1}{2} \frac{x^2}{1-x},$$

所以
$$f'(x) = \frac{1}{2} \frac{2x(1-x) + x^2}{(1-x)^2} = \frac{2x - x^2}{2(1-x)^2},$$

$$f''(x) = \frac{2(1-x)(1-x)^2 + (2x-x^2) \cdot 2(1-x)}{2(1-x)^4}$$

$$= \frac{(1-x)^2 + (2x-x^2)}{(1-x)^3} = \frac{1}{(1-x)^3}.$$

(2) 设 $f(x) = \sum_{n=0}^{\infty}(2n+1)x^n$，则

$$f(x) = \sum_{n=0}^{\infty}(2n+1)x^n = \sum_{n=0}^{\infty} 2nx^n + \sum_{n=0}^{\infty} x^n = 2x\sum_{n=0}^{\infty} nx^{n-1} + \frac{1}{1-x}$$

$$= 2x\left(\sum_{n=0}^{\infty} x^n\right)' + \frac{1}{1-x} = 2x\left(\frac{1}{1-x}\right)' + \frac{1}{1-x} = \frac{1+x}{(1-x)^2}.$$

2. 求下列幂级数的收敛域．

(1) $\sum_{n=1}^{\infty} \frac{2n-1}{2^n} x^{2n-2}$； (2) $\sum_{n=1}^{\infty} \frac{(x-5)^n}{\sqrt{n}}$．

解 (1) 级数的一般项为 $u_n = \frac{2n-1}{2^n} x^{2n-2}$．

因为 $\lim_{n\to\infty} \left|\frac{u_{n+1}}{u_n}\right| = \lim_{n\to\infty}\left|\frac{(2n+1)x^{2n}}{2^{n+1}} \cdot \frac{2^n}{(2n-1)x^{2n-2}}\right| = \frac{1}{2}x^2$，由比值判别法，当 $\frac{1}{2}x^2 < 1$，即 $|x| < \sqrt{2}$ 时，幂级数绝对收敛；当 $\frac{1}{2}x^2 > 1$，即 $|x| > \sqrt{2}$ 时，幂级数发散，故收敛半径为 $R = \sqrt{2}$．

因为当 $x = \pm\sqrt{2}$ 时，幂级数成为 $\sum_{n=1}^{\infty}\frac{2n-1}{2}$，是发散的，所以收敛域为 $(-\sqrt{2}, \sqrt{2})$．

(2) $\lim_{n\to\infty}\left|\frac{a_{n+1}}{a_n}\right| = \lim_{n\to\infty}\frac{\sqrt{n}}{\sqrt{n+1}} = 1$，故收敛半径 $R = 1$，即当 $-1 < x - 5 < 1$ 时，级数收敛；当 $|x - 5| > 1$ 时，级数发散．

因为当 $x - 5 = -1$，即 $x = 4$ 时，幂级数成为 $\sum_{n=1}^{\infty}\frac{(-1)^n}{\sqrt{n}}$，是收敛的；当 $x - 5 = 1$，即 $x = 6$ 时，幂级数成为 $\sum_{n=1}^{\infty}\frac{1}{\sqrt{n}}$，是发散的，所以收敛域为 $[4, 6)$．

3. 设幂级数 $\sum_{n=0}^{\infty} a_n x^n$ 的收敛半径为 3，求幂级数 $\sum_{n=0}^{\infty} na_n (x-1)^{n+1}$ 的收敛区间．

解 对幂级数求导得 $\left(\sum_{n=0}^{\infty} a_n x^n\right)' = \sum_{n=0}^{\infty} na_n x^{n-1}$，对幂级数逐项求导后，收敛半径不变，所以幂级数 $\sum_{n=0}^{\infty} na_n x^{n-1}$ 的收敛半径也是 3．又因为 $\sum_{n=0}^{\infty} na_n (x-1)^{n+1} = (x-1)^2 \sum_{n=0}^{\infty} na_n (x-1)^{n-1}$，从而 $\sum_{n=0}^{\infty} na_n (x-1)^{n+1}$ 的收敛半径是 3，其收敛区间为 $(-2, 4)$．

习 题 11-5

(A)

1. 将下列函数展成 x 的幂级数，并求收敛域．

(1) $\cos^2 x$； (2) $\arctan x$；

(3) $\dfrac{x}{1-x^2}$;   (4) $\ln\left(1-\dfrac{x}{2}\right)$.

解 (1)因为 $\cos^2 x = \dfrac{1+\cos 2x}{2}$，而

$$\cos x = \sum_{n=0}^{\infty}(-1)^n \dfrac{x^{2n}}{(2n)!}, \quad x \in (-\infty, +\infty),$$

所以
$$\cos 2x = \sum_{n=0}^{\infty}(-1)^n \dfrac{(2x)^{2n}}{(2n)!}, \quad x \in (-\infty, +\infty),$$

所以 $\cos^2 x = \dfrac{1}{2} + \dfrac{1}{2}\sum_{n=0}^{\infty}(-1)^n \dfrac{(2x)^{2n}}{(2n)!} = 1 + \dfrac{1}{2}\sum_{n=1}^{\infty}(-1)^n \dfrac{2^{2n}x^{2n}}{(2n)!}, \quad x \in (-\infty, +\infty)$

(2)因为 $(\arctan x)' = \dfrac{1}{1+x^2}$，而

$$\dfrac{1}{1+x^2} = 1 - x^2 + x^4 - x^6 + \cdots + (-1)^n x^{2n} + \cdots, \quad |x|<1,$$

所以 $\arctan x = \displaystyle\int_0^x \dfrac{1}{1+x^2}\mathrm{d}x = \int_0^x (1-x^2+x^4-x^6+\cdots+(-1)^n x^{2n}+\cdots)\mathrm{d}x$

$$= x - \dfrac{x^3}{3} + \dfrac{x^5}{5} - \dfrac{x^7}{7} + \cdots + (-1)^n \dfrac{x^{2n+1}}{2n+1} + \cdots, \quad |x|<1.$$

又因当 $x=-1$ 时，级数 $\displaystyle\sum_{n=0}^{\infty}(-1)^n \dfrac{x^{2n+1}}{2n+1}$ 变为 $\displaystyle\sum_{n=0}^{\infty}\dfrac{(-1)^{3n+1}}{2n+1}$ 是交错级数且收敛，且 $\arctan(-1) = -\dfrac{\pi}{4}$ 有意义；

当 $x=1$ 时，级数 $\displaystyle\sum_{n=0}^{\infty}(-1)^n \dfrac{x^{2n+1}}{2n+1}$ 变为 $\displaystyle\sum_{n=0}^{\infty}\dfrac{(-1)^n}{2n+1}$ 也是交错级数且收敛，且 $\arctan 1 = \dfrac{\pi}{4}$ 有意义.

所以把 $\arctan x$ 展成幂级数后，其收敛域为 $[-1, 1]$.

(3)因 $\dfrac{x}{1-x^2} = x\left(\dfrac{1}{1-x^2}\right)$，且

$$\dfrac{1}{1-x} = 1 + x + x^2 + \cdots + x^n + \cdots, \quad |x|<1,$$

将上式中的 x 换成 x^2，得

$$\dfrac{1}{1-x^2} = 1 + x^2 + x^4 + \cdots + x^{2n} + \cdots, \quad |x|<1,$$

从而
$$\dfrac{x}{1-x^2} = x + x^3 + x^5 + \cdots + x^{2n+1} + \cdots, \quad |x|<1.$$

(4)因为 $\ln(1+x) = x - \dfrac{x^2}{2} + \dfrac{x^3}{3} - \dfrac{x^4}{4} + \cdots + (-1)^{n-1}\dfrac{x^n}{n} + \cdots, \quad x \in (-1, 1]$,

所以 $\ln\left(1-\dfrac{x}{2}\right) = -\dfrac{x}{2} - \dfrac{\left(-\dfrac{x}{2}\right)^2}{2} + \dfrac{\left(-\dfrac{x}{2}\right)^3}{3} - \dfrac{\left(-\dfrac{x}{2}\right)^4}{4} + \cdots + (-1)^{n-1}\dfrac{\left(-\dfrac{x}{2}\right)^n}{n} + \cdots$

$$= \sum_{n=1}^{\infty}(-1)^{2n-1}\dfrac{x^n}{2^n n} = -\sum_{n=1}^{\infty}\dfrac{x^n}{2^n n}, \quad x \in (-2, 2).$$

又因当 $x=-2$ 时，级数 $\sum_{n=1}^{\infty}\frac{x^n}{2^n n}$ 变为 $\sum_{n=1}^{\infty}\frac{(-1)^n}{n}$，收敛；

当 $x=2$ 时，级数 $\sum_{n=1}^{\infty}\frac{x^n}{2^n n}$ 变为 $\sum_{n=1}^{\infty}\frac{1}{n}$，调和级数发散，

所以 $\ln\left(1-\frac{x}{2}\right)$ 展成幂级数后，其收敛域为 $[-2, 2)$.

2. 将函数 $\ln x$ 和 $\frac{1}{x}$ 分别展开成 $x-1$ 的幂级数，将 a^x 展开成 x 的幂级数，并求收敛域.

解 （1）$\ln x = \ln[1+(x-1)]$
$$= (x-1) - \frac{(x-1)^2}{2} + \frac{(x-1)^3}{3} - \frac{(x-1)^4}{4} + \cdots + (-1)^n\frac{(x-1)^n}{n} + \cdots,$$

其收敛域为 $(0, 2]$.

（2）因 $\frac{1}{x} = \frac{1}{1-(1-x)}$，而由 $\frac{1}{1-x} = 1+x+x^2+\cdots+x^n+\cdots$，$x\in(-1, 1)$，得

$$\frac{1}{x} = 1+(1-x)+(1-x)^2+\cdots+(1-x)^n+\cdots, \quad -1<1-x<1$$

$$= 1-(x-1)+(x-1)^2-\cdots+(-1)^n(x-1)^n+\cdots, \quad 0<x<2.$$

（3）因 $a^x = e^{x\ln a}$，由 $e^x = 1+x+\frac{x^2}{2!}+\cdots+\frac{x^n}{n!}+\cdots$，$x\in(-\infty, +\infty)$，得

$$a^x = e^{x\ln a} = 1+x\ln a+\frac{(x\ln a)^2}{2!}+\cdots+\frac{(x\ln a)^n}{n!}+\cdots$$

$$= 1+x\ln a+\frac{(\ln a)^2}{2!}x^2+\cdots+\frac{(\ln a)^n}{n!}x^n+\cdots, \quad x\in(-\infty, +\infty).$$

*3. 利用幂级数计算下列各数的近似值.

(1) $\cos 2°$（精确到 0.0001）；   (2) $\sqrt[3]{0.999}$（精确到 0.00001）.

解 （1）因 $\cos 2° = \cos\left(\frac{\pi}{180}\times 2\right) = \cos\frac{\pi}{90}$，

在 $\cos x$ 的展开式中令 $x=\frac{\pi}{90}$，得

$$\cos 2° = 1-\frac{1}{2!}\left(\frac{\pi}{90}\right)^2+\frac{1}{4!}\left(\frac{\pi}{90}\right)^4-\cdots+\frac{(-1)^n}{(2n)!}\left(\frac{\pi}{90}\right)^{2n}+\cdots.$$

右端是一个交错级数且收敛，取前两项之和作为 $\cos 2°$ 的近似值，得

$$\cos 2° = \cos\frac{\pi}{90} \approx 1-\frac{1}{2!}\left(\frac{\pi}{90}\right)^2 \approx 0.99939 \approx 0.9994,$$

其误差 $|r_n| \leq u_{n+1} = \frac{1}{4!}\left(\frac{\pi}{90}\right)^4 \approx 6.2\times 10^{-8} < 0.0001$.

（2）$\sqrt[3]{0.999} = \sqrt[3]{1-0.001} = \sqrt[3]{1-\frac{1}{1000}}$，在公式

$$(1+x)^m = 1+mx+\frac{m(m-1)}{2!}x^2+\cdots+\frac{m(m-1)\cdots(m-n+1)}{n!}x^n+\cdots$$

中，令 $m=\frac{1}{3}$，$x=-\frac{1}{1000}$，得

$$\sqrt[3]{0.999} = \sqrt[3]{1-\frac{1}{1000}} = 1 - \frac{1}{3} \times \frac{1}{1000} + \frac{\frac{1}{3}\left(\frac{1}{3}-1\right)}{2!}\left(-\frac{1}{1000}\right)^2 + \cdots,$$

其右端是一个收敛的交错级数,其产生的误差为 $|r_n| \leqslant u_{n+1}$,而

$$u_3 = \left|\frac{\frac{1}{3}\left(\frac{1}{3}-1\right)}{2!}\left(-\frac{1}{1000}\right)^2\right| < 0.000001 < 0.00001,$$

所以有
$$\sqrt[3]{0.999} \approx 1 - \frac{1}{3} \times \frac{1}{1000} \approx 0.9997.$$

(B)

1. 将下列函数展开成幂级数,并求收敛域.

(1) $\sin\left(x+\frac{\pi}{4}\right)$; (2) $\frac{1}{4}\ln\frac{1+x}{1-x} + \frac{1}{2}\arctan x - x$.

解 (1) 因 $\sin x = \sum_{n=1}^{\infty}(-1)^n \frac{x^{2n-1}}{(2n-1)!}$, $\cos x = \sum_{n=0}^{\infty}(-1)^n \frac{x^{2n}}{(2n)!}$, $x \in (-\infty, +\infty)$,

又 $\sin\left(x+\frac{\pi}{4}\right) = \frac{\sqrt{2}}{2}(\sin x + \cos x)$,所以

$$\sin\left(x+\frac{\pi}{4}\right) = \frac{\sqrt{2}}{2}\left[\sum_{n=1}^{\infty}(-1)^n \frac{x^{2n-1}}{(2n-1)!} + \sum_{n=0}^{\infty}(-1)^n \frac{x^{2n}}{(2n)!}\right]$$

$$= \frac{\sqrt{2}}{2}\sum_{n=0}^{\infty}(-1)^n \left[\frac{x^{2n+1}}{(2n+1)!} + \frac{x^{2n}}{(2n)!}\right], x \in (-\infty, +\infty).$$

(2) 令 $f(x) = \frac{1}{4}\ln\frac{1+x}{1-x} + \frac{1}{2}\arctan x - x$,则

$$f'(x) = \frac{1}{4}\left(\frac{1}{1+x} + \frac{1}{1-x}\right) + \frac{1}{2}\frac{1}{1+x^2} - 1 = \frac{1}{1-x^4} - 1,$$

而由 $\frac{1}{1-x} = 1 + x + x^2 + \cdots + x^n + \cdots$,$-1 < x < 1$,得

$$\frac{1}{1-x^4} - 1 = \sum_{n=1}^{\infty} x^{4n}(-1 < x < 1),$$

所以
$$f(x) = f(0) + \sum_{n=1}^{\infty}\int_0^x x^{4n}\,\mathrm{d}x = \sum_{n=1}^{\infty}\frac{x^{4n+1}}{4n+1}(-1 < x < 1).$$

又因当 $x = -1$ 时,级数 $\sum_{n=1}^{\infty}\frac{(-1)^{4n+1}}{4n+1}$ 收敛;当 $x = 1$ 时,级数 $\sum_{n=1}^{\infty}\frac{1}{4n+1}$ 发散,所以 $\frac{1}{4}\ln\frac{1+x}{1-x} + \frac{1}{2}\arctan x - x$ 展开成幂级数后,其收敛域为 $[-1, 1)$.

2. 将函数 $f(x) = \cos x$ 展开成 $\left(x+\frac{\pi}{3}\right)$ 的幂级数.

解 因 $\sin x = \sum_{n=1}^{\infty}(-1)^n \frac{x^{2n-1}}{(2n-1)!}$, $\cos x = \sum_{n=0}^{\infty}(-1)^n \frac{x^{2n}}{(2n)!}$, $x \in (-\infty, +\infty)$,

$$\cos x = \cos\left[\left(x+\frac{\pi}{3}\right) - \frac{\pi}{3}\right] = \cos\left(x+\frac{\pi}{3}\right)\cos\frac{\pi}{3} + \sin\left(x+\frac{\pi}{3}\right)\sin\frac{\pi}{3}$$

$$= \frac{1}{2}\cos\left(x+\frac{\pi}{3}\right) + \frac{\sqrt{3}}{2}\sin\left(x+\frac{\pi}{3}\right)$$

$$= \frac{1}{2}\sum_{n=0}^{\infty}\frac{(-1)^n}{(2n)!}\left(x+\frac{\pi}{3}\right)^{2n}+\frac{\sqrt{3}}{2}\sum_{n=0}^{\infty}\frac{(-1)^n}{(2n+1)!}\left(x+\frac{\pi}{3}\right)^{2n+1}$$

$$= \frac{1}{2}\sum_{n=0}^{\infty}(-1)^n\left[\frac{1}{(2n)!}\left(x+\frac{\pi}{3}\right)^{2n}+\frac{\sqrt{3}}{(2n+1)!}\left(x+\frac{\pi}{3}\right)^{2n+1}\right],\ x\in(-\infty,+\infty).$$

*3. 利用幂级数计算下列各数的近似值.

(1) $\int_0^1 \frac{\sin x}{x}\mathrm{d}x$（精确到 0.0001）；   (2) $\int_0^{\frac{1}{5}} \sqrt[3]{1+x^2}\mathrm{d}x$（精确到 0.0001）.

解 (1) 由于 $\lim\limits_{x\to 0}\frac{\sin x}{x}=1$，因此所给积分不是广义积分，若定义函数 $\frac{\sin x}{x}$ 在 $x=0$ 处的值为 1，则 $\frac{\sin x}{x}$ 在 $[0,1]$ 上连续，又

$$\frac{\sin x}{x}=1-\frac{x^2}{3!}+\frac{x^4}{5!}-\frac{x^6}{7!}+\cdots,\ x\in(-\infty,+\infty),$$

所以

$$\int_0^1 \frac{\sin x}{x}\mathrm{d}x=1-\frac{1}{3\cdot 3!}+\frac{1}{5\cdot 5!}-\frac{1}{7\cdot 7!}+\cdots.$$

因为第四项

$$\frac{1}{7\cdot 7!}<\frac{1}{30000}<0.00003<0.0001,$$

所以取前三项的和作为积分近似值

$$\int_0^1 \frac{\sin x}{x}\mathrm{d}x\approx 1-\frac{1}{3\cdot 3!}+\frac{1}{5\cdot 5!}\approx 0.9461.$$

(2) 因 $\sqrt[3]{1+x^2}=1+\frac{1}{3}x^2+\frac{\frac{1}{3}\left(\frac{1}{3}-1\right)}{2!}x^4+\cdots$，所以有

$$\int_0^{\frac{1}{5}} \sqrt[3]{1+x^2}\mathrm{d}x=\frac{1}{5}+\frac{1}{9}\cdot\frac{1}{125}-\frac{1}{9}\cdot\frac{1}{5}\cdot\left(\frac{1}{5}\right)^5+\cdots,$$

因 $\frac{1}{9}\cdot\frac{1}{5}\cdot\left(\frac{1}{5}\right)^5<0.0001$，所以

$$\int_0^{\frac{1}{5}} \sqrt[3]{1+x^2}\mathrm{d}x\approx\frac{1}{5}+\frac{1}{9}\cdot\frac{1}{125}\approx 0.2009.$$

习 题 11-6

(A)

1. 下列周期函数 $f(x)$ 的周期为 2π，试将 $f(x)$ 展开成傅里叶级数，如果 $f(x)$ 在 $[-\pi,\pi]$ 上的表达式为

(1) $f(x)=3x^2+1(-\pi\leqslant x<\pi)$；

(2) $f(x)=\mathrm{e}^{2x}(-\pi\leqslant x<\pi)$；

(3) $f(x)=\begin{cases}bx, & -\pi\leqslant x<0,\\ ax, & 0\leqslant x<\pi\end{cases}$ (a,b 为常数，且 $a>b>0$).

解 (1) $a_0=\frac{1}{\pi}\int_{-\pi}^{\pi}(3x^2+1)\mathrm{d}x=\frac{2}{\pi}(x^3+x)\Big|_0^{\pi}=2(\pi^2+1)$，

$a_n=\frac{1}{\pi}\int_{-\pi}^{\pi}(3x^2+1)\cos nx\,\mathrm{d}x=\frac{2}{n\pi}\int_0^{\pi}(3x^2+1)\mathrm{d}\sin nx$

$$= \frac{2}{n\pi}\Big[(3x^2+1)\sin nx\big|_0^\pi - 6\int_0^\pi x\sin nx\,dx\Big]$$

$$= \frac{12}{n^2\pi}\int_0^\pi x\,d\cos nx = \frac{12}{n^2\pi}\Big(x\cos nx\big|_0^\pi - \int_0^\pi \cos nx\,dx\Big)$$

$$= \frac{12}{n^2\pi}(-1)^n\pi = (-1)^n\frac{12}{n^2}\,(n=1,\ 2,\ \cdots),$$

$$b_n = \frac{1}{\pi}\int_{-\pi}^{\pi}(3x^2+1)\sin nx\,dx = 0\,(n=1,\ 2,\ \cdots),$$

又 $f(x)=(3x^2+1)\in C[-\pi,\ \pi)$，且 $f(-\pi+0)=f(\pi-0)=3\pi^2+1$，所以

$$3x^2+1 = \pi^2+1+12\sum_{n=1}^{\infty}\frac{(-1)^n}{n^2}\cos nx\,(-\infty<x<+\infty).$$

(2) $a_0 = \frac{1}{\pi}\int_{-\pi}^{\pi}e^{2x}\,dx = \frac{1}{2\pi}e^{2x}\big|_{-\pi}^{\pi} = \frac{e^{2\pi}-e^{-2\pi}}{2\pi},$

$$a_n = \frac{1}{\pi}\int_{-\pi}^{\pi}e^{2x}\cos nx\,dx = \frac{1}{2\pi}\int_{-\pi}^{\pi}\cos nx\,de^{2x}$$

$$= \frac{1}{2\pi}\Big(e^{2x}\cos nx\big|_{-\pi}^{\pi} + n\int_{-\pi}^{\pi}e^{2x}\sin nx\,dx\Big)$$

$$= \frac{(-1)^n(e^{2\pi}-e^{-2\pi})}{2\pi} + \frac{n}{4\pi}\int_{-\pi}^{\pi}\sin nx\,de^{2x}$$

$$= \frac{(-1)^n(e^{2\pi}-e^{-2\pi})}{2\pi} + \frac{n}{4\pi}\Big(e^{2x}\sin nx\big|_{-\pi}^{\pi} - n\int_{-\pi}^{\pi}e^{2x}\cos nx\,dx\Big)$$

$$= \frac{(-1)^n(e^{2\pi}-e^{-2\pi})}{2\pi} - \frac{n^2}{4\pi}\int_{-\pi}^{\pi}e^{2x}\cos nx\,dx,$$

移项得

$$a_n = \frac{2(-1)^n(e^{2\pi}-e^{-2\pi})}{\pi(n^2+4)}\,(n=1,\ 2,\ \cdots),$$

b_n 套公式计算更简单一些（积分表 $\int e^{ax}\sin bx\,dx = \frac{1}{a^2+b^2}e^{ax}(a\sin bx - b\cos bx)+C$），

$$b_n = \frac{1}{\pi}\int_{-\pi}^{\pi}e^{2x}\sin nx\,dx = \frac{1}{\pi}\Big[\frac{e^{2x}}{n^2+4}(2\sin nx - n\cos nx)\Big]\bigg|_{-\pi}^{\pi}$$

$$= \frac{n(-1)^{n+1}(e^{2\pi}-e^{-2\pi})}{\pi(n^2+4)}\,(n=1,\ 2,\ \cdots),$$

又 $f(x)=e^{2x}\in C[-\pi,\ \pi)$，但 $f(-\pi+0)=e^{-2\pi}\neq f(\pi-0)=e^{2\pi}$，所以

$$e^{2x} = \frac{e^{2\pi}-e^{-2\pi}}{\pi}\Big[\frac{1}{4}+\sum_{n=1}^{\infty}\frac{(-1)^n}{n^2+4}(2\cos nx - n\sin nx)\Big]\,(x\neq(2n+1)\pi,\ n=0,\ \pm1,\ \pm2,\ \cdots),$$

在上述间断点处，级数收敛于 $\frac{e^{2\pi}+e^{-2\pi}}{2}$.

(3) $a_0 = \frac{1}{\pi}\Big(\int_{-\pi}^{0}bx\,dx + \int_{0}^{\pi}ax\,dx\Big) = \frac{1}{2\pi}(bx^2\big|_{-\pi}^{0} + ax^2\big|_{0}^{\pi}) = \frac{\pi}{2}(a-b),$

$$a_n = \frac{1}{\pi}\Big(\int_{-\pi}^{0}bx\cos nx\,dx + \int_{0}^{\pi}ax\cos nx\,dx\Big)$$

$$= \frac{b}{\pi}\Big(\frac{x}{n}\sin nx + \frac{1}{n^2}\cos nx\Big)\bigg|_{-\pi}^{0} + \frac{a}{\pi}\Big(\frac{x}{n}\sin nx + \frac{1}{n^2}\cos nx\Big)\bigg|_{0}^{\pi}$$

$$= \frac{1}{n^2\pi}(b-a)(1-\cos n\pi) = \frac{1}{n^2\pi}(b-a)[1-(-1)^n]\,(n=1,\ 2,\ \cdots),$$

$$b_n = \frac{1}{\pi}\Big(\int_{-\pi}^{0} bx\sin nx\,\mathrm{d}x + \int_{0}^{\pi} ax\sin nx\,\mathrm{d}x\Big)$$
$$= \frac{b}{\pi}\Big(-\frac{x}{n}\cos nx + \frac{1}{n^2}\sin nx\Big)\Big|_{-\pi}^{0} + \frac{a}{\pi}\Big(-\frac{x}{n}\cos nx + \frac{1}{n^2}\sin nx\Big)\Big|_{0}^{\pi}$$
$$= \frac{b}{\pi}\Big(-\frac{\pi}{n}\cos n\pi\Big) + \frac{a}{\pi}\Big(-\frac{\pi}{n}\cos n\pi\Big)$$
$$= (-1)^{n+1}\frac{a+b}{n}\,(n=1,\,2,\,\cdots),$$

又 $f(x)\in C[-\pi,\,\pi)$，且 $f(-\pi+0)=-b\pi\neq f(\pi-0)=a\pi$，所以
$$f(x) = \frac{\pi}{4}(a-b) + \sum_{n=1}^{\infty}\Big\{\frac{[1-(-1)^n](b-a)}{n^2\pi}\cos nx + (-1)^{n+1}\frac{a+b}{n}\sin nx\Big\}$$
$$(x\neq(2n+1)\pi,\,n=0,\,\pm 1,\,\pm 2,\,\cdots),$$

在上述间断点处，级数收敛于 $\frac{\pi}{2}(a-b)$.

2. 将下列函数 $f(x)$ 展开成傅里叶级数.

(1) $f(x)=2\sin\frac{x}{3}\,(-\pi\leqslant x\leqslant\pi)$；

(2) $f(x)=\begin{cases}\mathrm{e}^x, & -\pi\leqslant x<0,\\ 1, & 0\leqslant x\leqslant\pi.\end{cases}$

解 先设上述函数已延拓成周期为 2π 的函数，不妨把延拓后的函数在区间 $[-\pi,\,\pi]$ 上仍记为 $f(x)$.

(1) 易见 $f(x)$ 为奇函数，故
$$a_n=0\,(n=0,\,1,\,2,\,\cdots),$$
$$b_n = \frac{1}{\pi}\int_{-\pi}^{\pi} 2\sin\frac{x}{3}\sin nx\,\mathrm{d}x$$
$$= \frac{1}{\pi}\int_{-\pi}^{\pi}\Big[\cos\Big(\frac{x}{3}-nx\Big)-\cos\Big(\frac{x}{3}+nx\Big)\Big]\mathrm{d}x$$
$$= \frac{2}{\pi}\int_{0}^{\pi}\Big[\cos\Big(\frac{1}{3}-n\Big)x - \cos\Big(\frac{1}{3}+n\Big)x\Big]\mathrm{d}x$$
$$= \frac{2}{\pi}\Bigg[\frac{\sin\big(\frac{1}{3}-n\big)x}{\frac{1}{3}-n}\bigg|_{0}^{\pi} - \frac{\sin\big(\frac{1}{3}+n\big)x}{\frac{1}{3}+n}\bigg|_{0}^{\pi}\Bigg]$$
$$= \frac{2}{\pi}\Bigg[\frac{\sin\big(\frac{1}{3}-n\big)\pi}{\frac{1}{3}-n} - \frac{\sin\big(\frac{1}{3}+n\big)\pi}{\frac{1}{3}+n}\Bigg]$$
$$= \frac{6}{\pi}\Bigg\{-\frac{\cos n\pi\cdot\frac{\sqrt{3}}{2}}{3n-1} - \frac{\cos n\pi\cdot\frac{\sqrt{3}}{2}}{3n+1}\Bigg\}$$
$$= (-1)^{n+1}\frac{18\sqrt{3}}{\pi}\frac{n}{9n^2-1}\,(n=1,\,2,\,\cdots),$$

又 $f(x)=2\sin\frac{x}{3}$ 在 $(-\pi,\,\pi)$ 内连续，在端点处间断，所以

$$f(x) = \frac{18\sqrt{3}}{\pi} \sum_{n=1}^{\infty} (-1)^{n+1} \frac{n\sin nx}{9n^2-1} (-\pi < x < \pi),$$

在 $x = \pm\pi$ 时,右边级数收敛于 0.

(2) $a_0 = \frac{1}{\pi} \int_{-\pi}^{\pi} f(x) dx = \frac{1}{\pi} \left(\int_{-\pi}^{0} e^x dx + \int_{0}^{\pi} dx \right) = \frac{1}{\pi}(1 - e^{-\pi}) + 1,$

$a_n = \frac{1}{\pi} \left(\int_{-\pi}^{0} e^x \cos nx\, dx + \int_{0}^{\pi} \cos nx\, dx \right)$

$= \frac{1}{\pi} \left[\frac{e^x}{1+n^2}(n\sin nx + \cos nx) \Big|_{-\pi}^{0} + \frac{1}{n}\sin nx \Big|_{0}^{\pi} \right]$

$= \frac{1-(-1)^n e^{-\pi}}{\pi(1+n^2)} (n=1, 2, \cdots),$

$b_n = \frac{1}{\pi} \left(\int_{-\pi}^{0} e^x \sin nx\, dx + \int_{0}^{\pi} \sin nx\, dx \right)$

$= \frac{1}{\pi} \left[\frac{e^x}{1+n^2}(\sin nx - n\cos nx) \Big|_{-\pi}^{0} - \frac{1}{n}\cos nx \Big|_{0}^{\pi} \right]$

$= \frac{1}{\pi} \left[\frac{-n+(-1)^n n e^{-\pi}}{1+n^2} + \frac{1-(-1)^n}{n} \right] (n=1, 2, \cdots),$

又 $f(x) \in C(-\pi, \pi)$,在 $x = \pm\pi$ 处间断,所以

$$f(x) = \frac{1}{2\pi}(1+\pi-e^{-\pi}) + \frac{1}{\pi}\sum_{n=1}^{\infty} \left\{ \frac{1-(-1)^n e^{-\pi}}{1+n^2} \cos nx + \left[\frac{-n+(-1)^n n e^{-\pi}}{1+n^2} + \frac{1-(-1)^n}{n} \right] \sin nx \right\}, x \in (-\pi, \pi),$$

在 $x = \pm\pi$ 时,级数收敛于 $\frac{e^{-\pi}+1}{2}$.

3. 在区间 $(-\pi, \pi)$ 内将函数 $f(x) = \begin{cases} x, & -\pi < x < 0, \\ 1, & x = 0, \\ 2x, & 0 < x < \pi \end{cases}$ 展开成傅里叶级数.

解 显然 $x = 0$ 是第一类间断点,且

$a_0 = \frac{1}{\pi} \int_{-\pi}^{\pi} f(x) dx = \frac{1}{\pi} \left(\int_{-\pi}^{0} x\, dx + \int_{0}^{\pi} 2x\, dx \right) = \frac{\pi}{2},$

$a_n = \frac{1}{\pi} \left(\int_{-\pi}^{0} x\cos nx\, dx + \int_{0}^{\pi} 2x\cos nx\, dx \right)$

$= \frac{1}{\pi} \left(\frac{1}{n^2} \cos nx \Big|_{-\pi}^{0} + \frac{2}{n^2} \cos nx \Big|_{0}^{\pi} \right)$

$= \frac{1}{n^2\pi}(\cos n\pi - 1) = \frac{(-1)^n - 1}{n^2 \pi} (n=1, 2, \cdots),$

$b_n = \frac{1}{\pi} \left(\int_{-\pi}^{0} x\sin nx\, dx + \int_{0}^{\pi} 2x\sin nx\, dx \right)$

$= \frac{1}{\pi} \left(-\frac{1}{n} x\cos nx \Big|_{-\pi}^{0} - \frac{2}{n} x\cos nx \Big|_{0}^{\pi} \right)$

$= \frac{3(-1)^{n+1}}{n} (n=1, 2, \cdots),$

所以 $f(x) = \frac{\pi}{4} + \sum_{n=1}^{\infty} \left[\frac{(-1)^n - 1}{n^2 \pi} \cos nx + \frac{3(-1)^{n+1}}{n} \sin nx \right], x \in (-\pi, \pi), x \neq 0,$

当 $x=0$ 时，该级数收敛到 0.

4. 设函数 $f(x)$ 在 $[-\pi,\pi]$ 上分段连续、周期为 π，证明：它的傅里叶系数 $a_{2n-1}=0$，$b_{2n-1}=0$ $(n=1,2,\cdots)$.

证 $a_{2n-1}=\dfrac{1}{\pi}\displaystyle\int_{-\pi}^{\pi}f(x)\cos(2n-1)x\mathrm{d}x$

$=\dfrac{1}{\pi}\displaystyle\int_{-\pi}^{0}f(x)\cos(2n-1)x\mathrm{d}x+\dfrac{1}{\pi}\displaystyle\int_{0}^{\pi}f(x)\cos(2n-1)x\mathrm{d}x=I_1+I_2$，

$I_2=\dfrac{1}{\pi}\displaystyle\int_{0}^{\pi}f(x)\cos(2n-1)x\mathrm{d}x\xlongequal{x=t+\pi}\dfrac{1}{\pi}\displaystyle\int_{-\pi}^{0}f(t+\pi)\cos(2n-1)(t+\pi)\mathrm{d}t$

$=-\dfrac{1}{\pi}\displaystyle\int_{-\pi}^{0}f(t)\cos(2n-1)t\mathrm{d}t=-I_1$，

所以 $a_{2n-1}=I_1+I_2=0$ $(n=1,2,\cdots)$.

同理 $b_{2n-1}=0$ $(n=1,2,\cdots)$.

(B)

1. 将函数 $f(x)=\sin^4 x(-\pi\leqslant x\leqslant\pi)$ 展开成傅里叶级数.

解 $a_0=\dfrac{1}{\pi}\displaystyle\int_{-\pi}^{\pi}f(x)\mathrm{d}x=\dfrac{1}{\pi}\displaystyle\int_{-\pi}^{\pi}\sin^4 x\mathrm{d}x=\dfrac{3}{4}$，

$a_n=\dfrac{1}{\pi}\displaystyle\int_{-\pi}^{\pi}f(x)\cos nx\mathrm{d}x=\dfrac{1}{\pi}\displaystyle\int_{-\pi}^{\pi}\sin^4 x\cos nx\mathrm{d}x$

$=\dfrac{1}{4\pi}\displaystyle\int_{-\pi}^{\pi}\left(\dfrac{3}{2}-2\cos 2x+\dfrac{1}{2}\cos 4x\right)\cos nx\mathrm{d}x$，

由三角函数系的正交性，仅当 $n=2$，$n=4$ 时，$a_n\neq 0$，此时，

$a_2=-\dfrac{1}{2\pi}\displaystyle\int_{-\pi}^{\pi}\cos 2x\cos 2x\mathrm{d}x=-\dfrac{1}{2}$，

$a_4=\dfrac{1}{8\pi}\displaystyle\int_{-\pi}^{\pi}\cos 4x\cos 4x\mathrm{d}x=\dfrac{1}{8}$.

又由于 $f(x)=\sin^4 x$ 是 $[-\pi,\pi]$ 上的偶函数，故 $b_n=0(n=1,2,\cdots)$，

$f(-\pi)=\sin^4(-\pi)=0=f(\pi)$，

故所求傅里叶级数为

$\sin^4 x=\dfrac{3}{8}-\dfrac{1}{2}\cos 2x+\dfrac{1}{8}\cos 4x(-\pi\leqslant x\leqslant\pi)$.

2. 根据函数的傅里叶级数展开式，求级数 $\displaystyle\sum_{n=1}^{\infty}\int_{-\pi}^{\pi}e^x\cos nx\mathrm{d}x$ 的和.

解 记 $\displaystyle\sum_{n=1}^{\infty}\int_{-\pi}^{\pi}e^x\cos nx\mathrm{d}x=S$，则由 $f(x)=e^x$ 在 $(-\pi,\pi)$ 内的傅里叶级数展开式，在点 $x=0$ 收敛于 $f(0)=1$，则

$\dfrac{1}{\pi}S+\dfrac{1}{2}\cdot\dfrac{1}{\pi}\displaystyle\int_{-\pi}^{\pi}e^x\mathrm{d}x=1$，

所以 $S=\pi-\dfrac{e^{\pi}-e^{-\pi}}{2}$.

3. 设周期函数 $f(x)$ 的周期为 2π，证明：$f(x)$ 的傅里叶系数为

$a_n=\dfrac{1}{\pi}\displaystyle\int_{0}^{2\pi}f(x)\cos nx\mathrm{d}x(n=0,1,2,\cdots)$，

$$b_n = \frac{1}{\pi}\int_0^{2\pi} f(x)\sin nx \, \mathrm{d}x \, (n=1,\,2,\,\cdots).$$

证 由周期函数的积分公式 $\int_a^{a+l}\varphi(x)\mathrm{d}x$ 的值与 a 无关（其中 l 为 $\varphi(x)$ 的周期），且

$$\int_a^{a+l}\varphi(x)\mathrm{d}x = \int_0^l \varphi(x)\mathrm{d}x.$$

若 $\varphi(x)$ 以 2π 为周期，则

$$\int_{-\pi}^{\pi}\varphi(x)\mathrm{d}x = \int_0^{2\pi}\varphi(x)\mathrm{d}x.$$

而此题中，$f(x)$，$\sin nx$，$\cos nx$ 均是以 2π 为周期的周期函数，故 $f(x)\sin nx$，$f(x)\cos nx$ 也是以 2π 为周期的周期函数，视它们为上式中的 $\varphi(x)$，故有

$$a_n = \frac{1}{\pi}\int_{-\pi}^{\pi} f(x)\cos nx \, \mathrm{d}x = \frac{1}{\pi}\int_0^{2\pi} f(x)\cos nx \, \mathrm{d}x \, (n=0,\,1,\,2,\,\cdots),$$

$$b_n = \frac{1}{\pi}\int_{-\pi}^{\pi} f(x)\sin nx \, \mathrm{d}x = \frac{1}{\pi}\int_0^{2\pi} f(x)\sin nx \, \mathrm{d}x \, (n=1,\,2,\,\cdots).$$

4. 设 $f(x)$ 是周期为 2π 的连续函数，且

$$f(x) = \frac{a_0}{2} + \sum_{n=1}^{\infty}(a_n\cos nx + b_n\sin nx)$$

可逐项积分，其中 a_n，b_n 为 $f(x)$ 的傅里叶系数，证明：

$$\frac{1}{\pi}\int_{-\pi}^{\pi} f^2(x)\mathrm{d}x = \frac{a_0^2}{2} + \sum_{n=1}^{\infty}(a_n^2 + b_n^2),$$

且 $\lim\limits_{n\to\infty}a_n=0$，$\lim\limits_{n\to\infty}b_n=0$.

证 $f(x) = \dfrac{a_0}{2} + \sum\limits_{n=1}^{\infty}(a_n\cos nx + b_n\sin nx)$,

$$f^2(x) = \frac{a_0}{2}f(x) + \sum_{n=1}^{\infty}[a_n f(x)\cos nx + b_n f(x)\sin nx],$$

逐项积分，得

$$\int_{-\pi}^{\pi} f^2(x)\mathrm{d}x = \frac{a_0}{2}\int_{-\pi}^{\pi} f(x)\mathrm{d}x + \sum_{n=1}^{\infty}\left[a_n\int_{-\pi}^{\pi} f(x)\cos nx \, \mathrm{d}x + b_n\int_{-\pi}^{\pi} f(x)\sin nx \, \mathrm{d}x\right]$$

$$= \frac{a_0^2}{2}\pi + \pi\sum_{n=1}^{\infty}(a_n^2 + b_n^2),$$

即

$$\frac{1}{\pi}\int_{-\pi}^{\pi} f^2(x)\mathrm{d}x = \frac{a_0^2}{2} + \sum_{n=1}^{\infty}(a_n^2 + b_n^2).$$

由上式可知，$\sum\limits_{n=1}^{\infty}(a_n^2+b_n^2)$ 收敛，从而 $\sum\limits_{n=1}^{\infty}a_n^2$ 与 $\sum\limits_{n=1}^{\infty}b_n^2$ 都收敛. 由级数收敛的必要条件可知

$$\lim_{n\to\infty}a_n=0, \quad \lim_{n\to\infty}b_n=0.$$

习 题 11-7

(A)

1. 将函数 $f(x)=\cos\dfrac{x}{2}\,(-\pi\leqslant x\leqslant\pi)$ 展开成傅里叶级数.

解 显见 $f(x)$ 为偶函数，所以 $b_n=0\,(n=1,\,2,\,\cdots)$.

$$\begin{aligned}
a_n &= \frac{2}{\pi}\int_0^\pi \cos\frac{x}{2}\cos nx\,dx \\
&= \frac{1}{\pi}\int_0^\pi\left[\cos\left(\frac{1}{2}+n\right)x + \cos\left(\frac{1}{2}-n\right)x\right]dx \\
&= \frac{1}{\pi}\left[\frac{\sin\left(\frac{1}{2}+n\right)x}{\frac{1}{2}+n}\bigg|_0^\pi + \frac{\sin\left(\frac{1}{2}-n\right)x}{\frac{1}{2}-n}\bigg|_0^\pi\right] \\
&= \frac{2}{\pi}\left(\frac{\cos n\pi}{2n+1} - \frac{\cos n\pi}{2n-1}\right) \\
&= (-1)^n\frac{2}{\pi}\left(\frac{1}{2n+1} - \frac{1}{2n-1}\right) \\
&= (-1)^{n+1}\frac{4}{\pi}\frac{1}{4n^2-1}\,(n=0,1,2,\cdots),
\end{aligned}$$

取 $n=0$，得 $a_0 = \frac{4}{\pi}$.

又 $f(x)=\cos\frac{x}{2}\in C[-\pi,\pi]$，所以

$$\cos\frac{x}{2} = \frac{2}{\pi} + \frac{4}{\pi}\sum_{n=1}^{\infty}(-1)^{n+1}\frac{\cos nx}{4n^2-1}\,(-\pi\leqslant x\leqslant\pi).$$

2. 将函数 $f(x)=\arcsin(\sin x)$ 展开成傅里叶级数．

解 $f(x)=\arcsin(\sin x)$ 是以 2π 为周期、连续的奇函数，满足收敛定理的条件．

$a_n = 0\,(n=0,1,2,\cdots)$,

$$\begin{aligned}
b_n &= \frac{2}{\pi}\int_0^\pi \arcsin(\sin x)\sin nx\,dx \\
&= \frac{2}{\pi}\left[\int_0^{\frac{\pi}{2}} x\sin nx\,dx + \int_{\frac{\pi}{2}}^\pi (\pi-x)\sin nx\,dx\right] \\
&= \begin{cases} 0, & n=2k, \\ \frac{4}{\pi}\cdot\frac{(-1)^{k-1}}{(2k-1)^2}, & n=2k-1 \end{cases}\,(k=1,2,\cdots),
\end{aligned}$$

所以 $\arcsin(\sin x) = \frac{4}{\pi}\sum_{n=1}^{\infty}(-1)^{n-1}\frac{\sin(2n-1)x}{(2n-1)^2},\ x\in(-\infty,+\infty).$

3. 设 $f(x)$ 是周期为 2π 的周期函数，它在 $[-\pi,\pi)$ 上的表达式为

$$f(x) = \begin{cases} -\frac{\pi}{2}, & -\pi\leqslant x<-\frac{\pi}{2}, \\ x, & -\frac{\pi}{2}\leqslant x<\frac{\pi}{2}, \\ \frac{\pi}{2}, & \frac{\pi}{2}\leqslant x<\pi, \end{cases}$$

将 $f(x)$ 展开成傅里叶级数．

解 显见 $f(x)$ 为奇函数，所以

$a_n = 0\,(n=0,1,2\cdots)$,

$b_n = \frac{2}{\pi}\int_0^\pi f(x)\sin nx\,dx$

$$= \frac{2}{\pi}\left(\int_0^{\frac{\pi}{2}} x\sin nx\,dx + \frac{\pi}{2}\int_{\frac{\pi}{2}}^{\pi}\sin nx\,dx\right)$$

$$= \frac{2}{\pi}\left(-\frac{x}{n}\cos nx + \frac{1}{n^2}\sin nx\right)\Big|_0^{\frac{\pi}{2}} - \frac{1}{n}\cos nx\Big|_{\frac{\pi}{2}}^{\pi}$$

$$= \frac{2}{n^2\pi}\sin\frac{n\pi}{2} - (-1)^n\frac{1}{n}.$$

又 $f(x) \in C(-\pi, \pi)$，间断点 $x=\pm\pi$，所以

$$f(x) = \frac{2}{\pi}\sum_{n=1}^{\infty}\left[\frac{1}{n^2}\sin\frac{n\pi}{2} + (-1)^{n+1}\frac{\pi}{2n}\right]\sin nx\,(x \neq (2n+1)\pi,\ n=0,\ \pm 1,\ \pm 2,\ \cdots),$$

在上述间断点处，右边级数收敛于 0.

4. 将函数 $f(x) = \frac{\pi - x}{2}\,(0 \leqslant x \leqslant \pi)$ 展开成正弦级数.

解 将此函数作奇延拓，延拓成 $[-\pi, \pi]$ 上的奇函数，则

$$a_n = 0\,(n=0,\ 1,\ 2,\ \cdots).$$

而

$$b_n = \frac{2}{\pi}\int_0^{\pi}\frac{\pi - x}{2}\sin nx\,dx$$

$$= \frac{2}{\pi}\left(\frac{x - \pi}{2n}\cos nx - \frac{1}{2n^2}\sin nx\right)\Big|_0^{\pi}$$

$$= \frac{1}{n}\,(n=1,\ 2,\ \cdots).$$

又延拓后的函数在 $x=0$ 间断，在 $(0, \pi]$ 连续，所以

$$\frac{\pi - x}{2} = \sum_{n=1}^{\infty}\frac{\sin nx}{n}\,x \in (0, \pi].$$

在 $x=0$ 处，右边级数收敛于 $\frac{1}{2}[f(0+0) + f(0-0)] = 0$，其中 $f(0-0)$ 是延拓后函数的左极限，由奇偶性知 $f(0-0) = -f(0+0) = -\frac{\pi}{2}$.

5. 将函数 $f(x) = 2x^2\,(0 \leqslant x \leqslant \pi)$ 分别展开成正弦级数和余弦级数.

解 (1) 将 $f(x)$ 作奇延拓展开成正弦级数，这时

$$a_n = 0\,(n=0,\ 1,\ 2,\ \cdots).$$

而

$$b_n = \frac{2}{\pi}\int_0^{\pi}2x^2\sin nx\,dx = -\frac{4}{n\pi}\int_0^{\pi}x^2\,d\cos nx$$

$$= -\frac{4}{\pi}\left[\left(\frac{x^2}{n}\cos nx\right)\Big|_0^{\pi} - \frac{2}{n}\int_0^{\pi}x\cos nx\,dx\right]$$

$$= -\frac{4}{\pi}\left[\frac{\pi^2}{n}(-1)^n - \frac{2}{n^2}\left(x\sin nx + \frac{1}{n}\cos nx\right)\Big|_0^{\pi}\right]$$

$$= -\frac{4}{\pi}\left\{(-1)^n\frac{\pi^2}{n} - \frac{2}{n^3}[(-1)^n - 1]\right\}$$

$$= \frac{4}{\pi}\left[-\frac{2}{n^3} + (-1)^n\left(\frac{2}{n^3} - \frac{\pi^2}{n}\right)\right].$$

又 $f(x)$ 延拓后的函数在 $x=\pi$ 处间断，在 $[0, \pi)$ 连续，所以

$$2x^2 = \frac{4}{\pi}\sum_{n=1}^{\infty}\left[-\frac{2}{n^3} + (-1)^n\left(\frac{2}{n^3} - \frac{\pi^2}{n}\right)\right]\sin nx,\ x \in [0, \pi),$$

在 $x=\pi$ 处，右边级数收敛于算术平均值 π^2.

(2)将 $f(x)$ 作偶延拓展开成余弦级数，这时
$$b_n=0(n=1,2,\cdots).$$

而
$$a_n=\frac{2}{\pi}\int_0^\pi 2x^2\cos nx\,\mathrm{d}x=\frac{4}{n\pi}\int_0^\pi x^2\,\mathrm{d}\sin nx$$
$$=\frac{4}{n\pi}\left[(x^2\sin nx)\Big|_0^\pi-2\int_0^\pi x\sin nx\,\mathrm{d}x\right]$$
$$=\frac{4}{n\pi}\left[\frac{2}{n}\left(x\cos nx-\frac{1}{n}\sin nx\right)\Big|_0^\pi\right]$$
$$=(-1)^n\frac{8}{n^2}(n=1,2,\cdots).$$

又 $a_0=\frac{2}{\pi}\int_0^\pi 2x^2\,\mathrm{d}x=\frac{4}{3}\pi^2$，$f(x)$ 作偶延拓后的函数在 $[0,\pi]$ 上都连续，所以
$$2x^2=\frac{2}{3}\pi^2+8\sum_{n=1}^\infty\frac{(-1)^n}{n^2}\cos nx,\quad x\in[0,\pi].$$

(B)

1. 将函数 $f(x)=\begin{cases}1, & 0\leqslant x\leqslant h, \\ 0, & h<x\leqslant\pi\end{cases}$ 分别展开成正弦级数和余弦级数.

解 (1)展开成正弦级数，令
$$F(x)=\begin{cases}f(x), & 0<x\leqslant\pi, \\ 0, & x=0, \\ -f(-x), & -\pi<x<0,\end{cases}$$

从而 $a_n=0(n=0,1,2,\cdots)$，
$$b_n=\frac{2}{\pi}\int_0^\pi F(x)\sin nx\,\mathrm{d}x=\frac{2}{\pi}\left(\int_0^h\sin nx\,\mathrm{d}x+\int_h^\pi 0\cdot\sin nx\,\mathrm{d}x\right)$$
$$=\frac{2(1-\cos nh)}{n\pi}(n=1,2,\cdots),$$

故
$$f(x)=\frac{2}{\pi}\sum_{n=1}^\infty\frac{1-\cos nh}{n}\sin nx,\quad x\in(0,h)\cup(h,\pi).$$

(2)展开成余弦级数，令
$$F(x)=\begin{cases}f(x), & 0\leqslant x\leqslant\pi, \\ -f(x), & -\pi<x<0,\end{cases}$$

从而 $b_n=0(n=1,2,\cdots)$，
$$a_0=\frac{2}{\pi}\int_0^h\mathrm{d}x=\frac{2}{\pi}h,$$
$$a_n=\frac{2}{\pi}\int_0^\pi F(x)\cos nx\,\mathrm{d}x=\frac{2}{\pi}\left(\int_0^h\cos nx\,\mathrm{d}x+\int_h^\pi 0\cdot\cos nx\,\mathrm{d}x\right)$$
$$=\frac{2\sin nh}{n\pi}(n=1,2,\cdots),$$

故
$$f(x)=\frac{h}{\pi}+\frac{2}{\pi}\sum_{n=1}^\infty\frac{\sin nh}{n}\cos nx,\quad x\in[0,h)\cup(h,\pi).$$

2. 将函数 $f(x)=\dfrac{\pi}{4}$ 在 $[0,\pi]$ 上展开成正弦级数，并由它推导出：

(1) $1-\dfrac{1}{3}+\dfrac{1}{5}-\dfrac{1}{7}+\cdots=\dfrac{\pi}{4}$； (2) $1-\dfrac{1}{5}+\dfrac{1}{7}-\dfrac{1}{11}+\cdots=\dfrac{\sqrt{3}}{6}\pi$.

解 $a_n=0(n=0,1,2,\cdots)$,
$$b_n=\dfrac{2}{\pi}\int_0^{\pi}\dfrac{\pi}{4}\sin nx\,\mathrm{d}x=\dfrac{1}{2}\int_0^{\pi}\sin nx\,\mathrm{d}x=-\dfrac{\cos nx}{2n}\bigg|_0^{\pi}$$
$$=-\dfrac{1}{2n}[(-1)^n-1]=\begin{cases}\dfrac{1}{2k-1}, & n=2k-1,\\ 0, & n=2k\end{cases}(k=1,2,\cdots)(n=1,2,\cdots).$$

又函数 $f(x)=\dfrac{\pi}{4}$ 在 $[0,\pi]$ 上连续，故有
$$f(x)=\dfrac{\pi}{4}=\sum_{n=1}^{\infty}\dfrac{1}{2n-1}\sin(2n-1)x.$$

当 $x=\dfrac{\pi}{2}$ 时，
$$\dfrac{\pi}{4}=\sum_{n=1}^{\infty}\dfrac{1}{2n-1}\sin\dfrac{(2n-1)\pi}{2}=1-\dfrac{1}{3}+\dfrac{1}{5}-\dfrac{1}{7}+\cdots;$$

当 $x=\dfrac{\pi}{3}$ 时，
$$\dfrac{\pi}{4}=\sum_{n=1}^{\infty}\dfrac{1}{2n-1}\sin\dfrac{(2n-1)\pi}{3}=1\cdot\dfrac{\sqrt{3}}{2}+\dfrac{1}{5}\left(-\dfrac{\sqrt{3}}{2}\right)+\dfrac{1}{7}\cdot\dfrac{\sqrt{3}}{2}-\dfrac{1}{11}\cdot\dfrac{\sqrt{3}}{2}+\cdots,$$

整理得
$$1-\dfrac{1}{5}+\dfrac{1}{7}-\dfrac{1}{11}+\cdots=\dfrac{\sqrt{3}}{6}\pi.$$

3. 将函数 $f(x)=1-x^2\ (x\in[0,\pi])$ 展开成余弦级数，并求 $\sum\limits_{n=1}^{\infty}\dfrac{(-1)^{n+1}}{n^2}$ 的和.

解 令 $F(x)=1-x^2\ (x\in[-\pi,\pi])$，则 $F(x)=f(x)(x\in[0,\pi])$. 由于在 $[-\pi,\pi]$ 上，$F(x)=1-x^2$ 是偶函数，故
$$b_n=0(n=1,2,\cdots),$$
$$a_0=\dfrac{2}{\pi}\int_0^{\pi}(1-x^2)\mathrm{d}x=2\left(1-\dfrac{\pi^2}{3}\right),$$
$$a_n=\dfrac{2}{\pi}\int_0^{\pi}f(x)\cos nx\,\mathrm{d}x=\dfrac{2}{\pi}\int_0^{\pi}(1-x^2)\cos nx\,\mathrm{d}x$$
$$=\dfrac{2}{\pi}\left(\int_0^{\pi}\cos nx\,\mathrm{d}x-\int_0^{\pi}x^2\cos nx\,\mathrm{d}x\right)=-\dfrac{2}{\pi}\int_0^{\pi}x^2\cos nx\,\mathrm{d}x$$
$$=-\dfrac{2}{\pi}\left(\dfrac{1}{n}x^2\sin nx+\dfrac{2}{n^2}x\cos nx-\dfrac{2}{n^3}\sin nx\right)\bigg|_0^{\pi}$$
$$=\dfrac{4\cdot(-1)^{n+1}}{n^2},$$

故
$$1-x^2=1-\dfrac{1}{3}\pi^2+\sum_{n=1}^{\infty}\dfrac{4(-1)^{n+1}}{n^2}\cos nx.$$

当 $x=0$ 时，

$$1 = 1 - \frac{1}{3}\pi^2 + \sum_{n=1}^{\infty} \frac{4(-1)^{n+1}}{n^2},$$

所以
$$\sum_{n=1}^{\infty} \frac{(-1)^{n+1}}{n^2} = \frac{\pi^2}{12}.$$

4. 证明：当 $0 \leqslant x \leqslant \pi$ 时，$\sum_{n=1}^{\infty} \frac{\cos n\pi x}{n^2} = \frac{x^2}{4} - \frac{\pi x}{2} + \frac{\pi^2}{6}$.

证 设 $f(x) = \frac{x^2}{4} - \frac{\pi x}{2}$，将 $f(x)$ 在 $[0, \pi]$ 上展开成余弦级数，

$$a_0 = \frac{2}{\pi} \int_0^{\pi} \left(\frac{x^2}{4} - \frac{\pi x}{2}\right) dx = -\frac{\pi^2}{3},$$

$$a_n = \frac{2}{\pi} \int_0^{\pi} \left(\frac{x^2}{4} - \frac{\pi x}{2}\right) \cos nx \, dx$$

$$= \frac{2}{n\pi} \left[\left(\frac{x^2}{4} - \frac{\pi x}{2}\right) \sin nx \Big|_0^{\pi} - \int_0^{\pi} \left(\frac{x}{2} - \frac{\pi}{2}\right) \sin nx \, dx \right]$$

$$= \frac{2}{n^2\pi} \int_0^{\pi} \left(\frac{x}{2} - \frac{\pi}{2}\right) d\cos nx$$

$$= \frac{2}{n^2\pi} \left[\left(\frac{x}{2} - \frac{\pi}{2}\right) \cos nx \Big|_0^{\pi} - \frac{1}{2} \int_0^{\pi} \cos nx \, dx \right] = \frac{1}{n^2} (n=1, 2, \cdots),$$

故
$$f(x) = \frac{x^2}{4} - \frac{\pi x}{2} = -\frac{\pi^2}{6} + \sum_{n=1}^{\infty} \frac{\cos n\pi x}{n^2}, \quad x \in [0, \pi],$$

所以
$$\sum_{n=1}^{\infty} \frac{\cos n\pi x}{n^2} = \frac{x^2}{4} - \frac{\pi x}{2} + \frac{\pi^2}{6}.$$

5. 设周期函数 $f(x)$ 的周期为 2π，证明：

(1) 如果 $f(x-\pi) = -f(x)$，则 $f(x)$ 的傅里叶系数 $a_0 = 0, a_{2k} = 0, b_{2k} = 0 (k=1, 2, \cdots)$；

(2) 如果 $f(x-\pi) = f(x)$，则 $f(x)$ 的傅里叶系数 $a_{2k+1} = 0, b_{2k+1} = 0 (k=0, 1, 2, \cdots)$.

证 利用已有傅里叶系数公式作换元证之.

(1) $a_0 = \frac{1}{\pi} \int_{-\pi}^{\pi} f(x) dx = \frac{1}{\pi} \left[\int_{-\pi}^{0} f(x) dx + \int_0^{\pi} f(x) dx \right]$

$$= \frac{1}{\pi} \left[\int_{-\pi}^{0} f(x) dx - \int_0^{\pi} f(x-\pi) dx \right]$$

$$\xlongequal{x-\pi=u} \frac{1}{\pi} \left[\int_{-\pi}^{0} f(x) dx - \int_{-\pi}^{0} f(u) du \right] = 0,$$

$a_{2k} = \frac{1}{\pi} \int_{-\pi}^{\pi} f(x) \cos 2kx \, dx$

$$= \frac{1}{\pi} \left[\int_{-\pi}^{0} f(x) \cos 2kx \, dx + \int_0^{\pi} f(x) \cos 2kx \, dx \right]$$

$$= \frac{1}{\pi} \left[\int_{-\pi}^{0} f(x) \cos 2kx \, dx - \int_0^{\pi} f(x-\pi) \cos 2kx \, dx \right]$$

$$\xlongequal{x-\pi=u} \frac{1}{\pi} \left[\int_{-\pi}^{0} f(x) \cos 2kx \, dx - \int_{-\pi}^{0} f(u) \cos(2ku + 2k\pi) du \right]$$

$$= \frac{1}{\pi} \left[\int_{-\pi}^{0} f(x) \cos 2kx \, dx - \int_{-\pi}^{0} f(u) \cos 2ku \, du \right] = 0.$$

同理 $b_{2k} = \dfrac{1}{\pi}\displaystyle\int_{-\pi}^{\pi} f(x)\sin 2kx\,dx$

$= \dfrac{1}{\pi}\left[\displaystyle\int_{-\pi}^{0} f(x)\sin 2kx\,dx + \int_{0}^{\pi} f(x)\sin 2kx\,dx\right]$

$= \dfrac{1}{\pi}\left[\displaystyle\int_{-\pi}^{0} f(x)\sin 2kx\,dx - \int_{0}^{\pi} f(x-\pi)\sin 2kx\,dx\right]$

$\xlongequal{x-\pi=u} \dfrac{1}{\pi}\left[\displaystyle\int_{-\pi}^{0} f(x)\sin 2kx\,dx - \int_{-\pi}^{0} f(u)\sin(2ku+2k\pi)\,du\right]$

$= \dfrac{1}{\pi}\left[\displaystyle\int_{-\pi}^{0} f(x)\sin 2kx\,dx - \int_{-\pi}^{0} f(u)\sin 2ku\,du\right] = 0.$

(2) 如果 $f(x-\pi) = f(x)$，则

$a_{2k+1} = \dfrac{1}{\pi}\displaystyle\int_{-\pi}^{\pi} f(x)\cos(2k+1)x\,dx$

$= \dfrac{1}{\pi}\left[\displaystyle\int_{-\pi}^{0} f(x)\cos(2k+1)x\,dx + \int_{0}^{\pi} f(x)\cos(2k+1)x\,dx\right]$

$= \dfrac{1}{\pi}\left[\displaystyle\int_{-\pi}^{0} f(x)\cos(2k+1)x\,dx + \int_{0}^{\pi} f(x-\pi)\cos(2k+1)x\,dx\right]$

$\xlongequal{x-\pi=u} \dfrac{1}{\pi}\left\{\displaystyle\int_{-\pi}^{0} f(x)\cos(2k+1)x\,dx + \int_{-\pi}^{0} f(u)\cos[(2k+1)u+(2k+1)\pi]\,du\right\}$

$= \dfrac{1}{\pi}\left[\displaystyle\int_{-\pi}^{0} f(x)\cos(2k+1)x\,dx - \int_{-\pi}^{0} f(u)\cos(2k+1)u\,du\right] = 0,$

$b_{2k+1} = \dfrac{1}{\pi}\displaystyle\int_{-\pi}^{\pi} f(x)\sin(2k+1)x\,dx$

$= \dfrac{1}{\pi}\left[\displaystyle\int_{-\pi}^{0} f(x)\sin(2k+1)x\,dx + \int_{0}^{\pi} f(x)\sin(2k+1)x\,dx\right]$

$= \dfrac{1}{\pi}\left[\displaystyle\int_{-\pi}^{0} f(x)\sin(2k+1)x\,dx + \int_{0}^{\pi} f(x-\pi)\sin(2k+1)x\,dx\right]$

$\xlongequal{x-\pi=u}$

$\dfrac{1}{\pi}\left\{\displaystyle\int_{-\pi}^{0} f(x)\sin(2k+1)x\,dx + \int_{-\pi}^{0} f(u)\sin[(2k+1)u+(2k+1)\pi]\,du\right\}$

$= \dfrac{1}{\pi}\left[\displaystyle\int_{-\pi}^{0} f(x)\sin(2k+1)x\,dx - \int_{-\pi}^{0} f(u)\sin(2k+1)u\,du\right] = 0.$

习 题 11-8

(A)

1. 将下列各周期函数展开成傅里叶级数(下面给出函数在一个周期内的表达式).

(1) $f(x) = 1 - x^2 \left(-\dfrac{1}{2} \leqslant x < \dfrac{1}{2}\right)$;

(2) $f(x) = \begin{cases} x, & -1 \leqslant x < 0, \\ 1, & 0 \leqslant x < \dfrac{1}{2}, \\ -1, & \dfrac{1}{2} \leqslant x < 1; \end{cases}$

(3) $f(x) = \begin{cases} 2x+1, & -3 \leqslant x < 0, \\ 1, & 0 \leqslant x < 3. \end{cases}$

解 (1)显见 $f(x)$ 为偶函数,所以 $b_n=0(n=1,2,\cdots)$.

$$a_0=\frac{1}{\frac{1}{2}}\int_{-\frac{1}{2}}^{\frac{1}{2}}(1-x^2)dx=4\int_0^{\frac{1}{2}}(1-x^2)dx=\frac{11}{6},$$

$$a_n=\frac{1}{\frac{1}{2}}\int_{-\frac{1}{2}}^{\frac{1}{2}}(1-x^2)\cos\frac{n\pi x}{l}dx=4\int_0^{\frac{1}{2}}(1-x^2)\cos 2n\pi x dx$$

$$=\frac{4}{2n\pi}\int_0^{\frac{1}{2}}(1-x^2)d\sin 2n\pi x$$

$$=\frac{2}{n\pi}\Big[(1-x^2)\sin 2n\pi x\Big|_0^{\frac{1}{2}}-\frac{2}{2n\pi}\int_0^{\frac{1}{2}}xd\cos 2n\pi x\Big]$$

$$=-\frac{2}{n^2\pi^2}\Big(x\cos 2n\pi x\Big|_0^{\frac{1}{2}}-\int_0^{\frac{1}{2}}\cos 2n\pi x dx\Big)$$

$$=-\frac{2}{n^2\pi^2}\Big[(-1)^n-\frac{1}{2n\pi}\sin 2n\pi x\Big|_0^{\frac{1}{2}}\Big]$$

$$=(-1)^{n+1}\frac{1}{n^2\pi^2}(n=1,2,\cdots).$$

又 $f(x)\in C(\mathbf{R})$,所以

$$1-x^2=\frac{11}{12}+\frac{1}{\pi^2}\sum_{n=1}^{\infty}\frac{(-1)^{n+1}}{n^2}\cos 2n\pi x,\ x\in(-\infty,+\infty).$$

(2) $a_0=\frac{1}{1}\int_{-1}^{1}f(x)dx=\int_{-1}^0 xdx+\int_0^{\frac{1}{2}}1dx+\int_{\frac{1}{2}}^1(-1)dx=-\frac{1}{2},$

$$a_n=\frac{1}{1}\int_{-\frac{1}{2}}^{\frac{1}{2}}f(x)\cos n\pi x dx$$

$$=\int_{-1}^0 x\cos n\pi x dx+\int_0^{\frac{1}{2}}\cos n\pi x dx+\int_{\frac{1}{2}}^1(-1)\cos n\pi x dx$$

$$=\frac{1}{n\pi}\Big[x\sin n\pi x+\frac{1}{n\pi}\cos n\pi x\Big]_{-1}^0+\frac{1}{n\pi}\sin n\pi x\Big|_0^{\frac{1}{2}}-\frac{1}{n\pi}\sin n\pi x\Big|_{\frac{1}{2}}^1$$

$$=\frac{1}{n^2\pi^2}[1-(-1)^n]+\frac{2}{n\pi}\sin\frac{n\pi}{2}(n=1,2,\cdots),$$

$$b_n=\frac{1}{1}\int_{-\frac{1}{2}}^{\frac{1}{2}}f(x)\sin n\pi x dx$$

$$=\int_{-1}^0 x\sin n\pi x dx+\int_0^{\frac{1}{2}}\sin n\pi x dx+\int_{\frac{1}{2}}^1(-1)\sin n\pi x dx$$

$$=\frac{1}{n\pi}\Big[-x\cos n\pi x+\frac{1}{n\pi}\sin n\pi x\Big]_{-1}^0-\frac{1}{n\pi}\cos n\pi x\Big|_0^{\frac{1}{2}}+\frac{1}{n\pi}\cos n\pi x\Big|_{\frac{1}{2}}^1$$

$$=-\frac{2}{n\pi}\cos\frac{n\pi}{2}+\frac{1}{n\pi}=\frac{1}{n\pi}\Big(1-2\cos\frac{n\pi}{2}\Big)(n=1,2,\cdots).$$

又 $f(x)$ 在 $(-\infty,+\infty)$ 内的间断点有 $x=2k$,$x=2k+\frac{1}{2}(k=0,\pm 1,\pm 2,\cdots)$,所以

$$f(x)=-\frac{1}{4}+\sum_{n=1}^{\infty}\Big\{\Big[\frac{1-(-1)^n}{n^2\pi^2}+\frac{2}{n\pi}\sin\frac{n\pi}{2}\Big]\cos n\pi x+\frac{1}{n\pi}\Big(1-2\cos\frac{n\pi}{2}\Big)\sin n\pi x\Big\}$$

$$\Big(x\neq 2k,\ x\neq 2k+\frac{1}{2}(k=0,\pm 1,\pm 2,\cdots)\Big),$$

在间断点 $x=2k$ 处，右边级数收敛于 $\dfrac{1}{2}$；在 $x=2k+\dfrac{1}{2}$ 处，级数收敛于 0.

$(3)\ a_0 = \dfrac{1}{3}\int_{-3}^{3} f(x)\mathrm{d}x = \dfrac{1}{3}\int_{-3}^{0}(2x+1)\mathrm{d}x + \dfrac{1}{3}\int_{0}^{3} 1\mathrm{d}x = -1,$

$\quad a_n = \dfrac{1}{3}\int_{-3}^{3} f(x)\cos\dfrac{n\pi x}{3}\mathrm{d}x$

$\quad\quad = \dfrac{1}{3}\int_{-3}^{0}(2x+1)\cos\dfrac{n\pi x}{3}\mathrm{d}x + \dfrac{1}{3}\int_{0}^{3}\cos\dfrac{n\pi x}{3}\mathrm{d}x$

$\quad\quad = \dfrac{1}{n\pi}\left[(2x+1)\sin\dfrac{n\pi x}{3}\Big|_{-3}^{0} - 2\int_{-3}^{0}\sin\dfrac{n\pi x}{3}\mathrm{d}x\right] + \dfrac{1}{n\pi}\sin\dfrac{n\pi x}{3}\Big|_{0}^{3}$

$\quad\quad = \dfrac{6}{n^2\pi^2}[1-(-1)^n]\ (n=1,\ 2,\ \cdots),$

$\quad b_n = \dfrac{1}{3}\int_{-3}^{3} f(x)\sin\dfrac{n\pi x}{3}\mathrm{d}x$

$\quad\quad = \dfrac{1}{3}\int_{-3}^{0}(2x+1)\sin\dfrac{n\pi x}{3}\mathrm{d}x + \dfrac{1}{3}\int_{0}^{3}\sin\dfrac{n\pi x}{3}\mathrm{d}x$

$\quad\quad = \dfrac{1}{n\pi}\left[-(2x+1)\cos\dfrac{n\pi x}{3}\Big|_{-3}^{0} + 2\int_{-3}^{0}\cos\dfrac{n\pi x}{3}\mathrm{d}x\right] - \dfrac{1}{n\pi}\cos\dfrac{n\pi x}{3}\Big|_{0}^{3}$

$\quad\quad = \dfrac{6}{n\pi}(-1)^{n+1}\ (n=1,\ 2,\ \cdots).$

又 $f(x)$ 在 $(-\infty, +\infty)$ 内的间断点有 $x=3(2k+1)(k=0, \pm 1, \pm 2, \cdots)$，所以

$$f(x) = -\dfrac{1}{2} + \sum_{n=1}^{\infty}\left\{\dfrac{6}{n^2\pi^2}[1-(-1)^n]\cos\dfrac{n\pi x}{3} + (-1)^{n+1}\dfrac{6}{n\pi}\sin\dfrac{n\pi x}{3}\right\}$$
$$(x \neq 3(2k+1)(k=0, \pm 1, \pm 2, \cdots)),$$

在上述间断点处级数收敛于 -2.

2. 将函数 $f(x)=x^2\ (0 \leqslant x \leqslant 2)$ 分别展开成正弦级数和余弦级数.

解 设 $f(x)$ 已作奇延拓和周期延拓，则可展开成正弦级数，这时 $a_n=0\ (n=0, 1, 2, \cdots)$，

而 $\quad b_n = \dfrac{2}{2}\int_{0}^{2} x^2\sin\dfrac{n\pi x}{2}\mathrm{d}x = -\dfrac{2}{n\pi}\int_{0}^{2} x^2\mathrm{d}\cos\dfrac{n\pi x}{2}$

$\quad\quad = -\dfrac{2}{n\pi}\left(x^2\cos\dfrac{n\pi x}{2}\Big|_{0}^{2} - 2\int_{0}^{2} x\cos\dfrac{n\pi x}{2}\mathrm{d}x\right)$

$\quad\quad = -\dfrac{2}{n\pi}\left[(-1)^n 4 - \dfrac{4}{n\pi}\int_{0}^{2} x\mathrm{d}\sin\dfrac{n\pi x}{2}\right]$

$\quad\quad = (-1)^{n+1}\dfrac{8}{n\pi} + \dfrac{8}{n^2\pi^2}\left(x\sin\dfrac{n\pi x}{2}\Big|_{0}^{2} + \dfrac{2}{n\pi}\cos\dfrac{n\pi x}{2}\Big|_{0}^{2}\right)$

$\quad\quad = (-1)^{n+1}\dfrac{8}{n\pi} + \dfrac{16}{n^3\pi^3}[(-1)^n - 1]\ (n=1,\ 2,\ \cdots).$

又 $f(x)$ 作了上述延拓后的函数在 $[0, 2)$ 上连续，所以

$$f(x) = \dfrac{8}{\pi}\sum_{n=1}^{\infty}\left\{\dfrac{(-1)^{n+1}}{n} + \dfrac{2}{n^3\pi^2}[(-1)^n - 1]\right\}\sin\dfrac{n\pi x}{2},\ x \in [0, 2),$$

在间断点 $x=2$ 处，右边级数收敛于 0.

再设 $f(x)$ 已作偶延拓和周期延拓，则可展开成余弦级数，这时 $b_n=0\ (n=1, 2, \cdots)$. 类似地，

$$a_n = \frac{2}{2}\int_0^2 x^2 \cos\frac{n\pi x}{2}dx = \frac{2}{n\pi}\int_0^2 x^2 d\sin\frac{n\pi x}{2}$$

$$= \frac{2}{n\pi}\left(x^2\sin\frac{n\pi x}{2}\Big|_0^2 - 2\int_0^2 x\sin\frac{n\pi x}{2}dx\right)$$

$$= \frac{8}{n^2\pi^2}\int_0^2 x d\cos\frac{n\pi x}{2}$$

$$= \frac{8}{n^2\pi^2}\left(x\cos\frac{n\pi x}{2}\Big|_0^2 - \frac{2}{n\pi}\sin\frac{n\pi x}{2}\Big|_0^2\right)$$

$$= (-1)^n \frac{16}{n^2\pi^2} (n=1, 2, \cdots).$$

又 $a_0 = \frac{2}{2}\int_0^2 x^2 dx = \frac{8}{3}$，$f(x)$作上述延拓后的函数在$[0, 2]$上连续，所以

$$f(x) = \frac{4}{3} + \frac{16}{\pi^2}\sum_{n=1}^{\infty}\frac{(-1)^n}{n^2}\cos\frac{n\pi x}{2}, \; x \in [0, 2].$$

3. 将函数 $f(x) = \begin{cases} 1, & 0 < x < \frac{1}{2}, \\ 0, & \frac{1}{2} < x < 1 \end{cases}$ 展开成余弦级数.

解 将函数进行偶延拓，再按 2 为周期进行周期延拓，计算延拓后的函数的傅里叶系数为

$$a_0 = 2\int_0^1 f(x)dx = 2\int_0^{\frac{1}{2}}dx = 1,$$

$$a_n = 2\int_0^1 f(x)\cos n\pi x\, dx = 2\int_0^{\frac{1}{2}}\cos n\pi x\, dx = \frac{2}{n\pi}\sin\frac{n\pi}{2}$$

$$= \begin{cases} 0, & n=2k, \\ \frac{2(-1)^{k+1}}{(2k-1)\pi}, & n=2k-1 \end{cases} (k=1, 2, \cdots),$$

所以 $f(x) = \frac{1}{2} + \sum_{n=1}^{\infty}(-1)^{n+1}\frac{2}{(2n-1)\pi}\cos(2n-1)\pi x, \; x \in \left(0, \frac{1}{2}\right) \cup \left(\frac{1}{2}, 1\right).$

4. 将函数 $f(x) = x - 1 (0 \leqslant x \leqslant 2)$ 展开成周期为 4 的余弦级数.

解 对 $f(x)$ 在 $[-2, 2]$ 上进行偶延拓，

$$a_0 = \frac{2}{2}\int_0^2 (x-1)dx = 0,$$

$$a_n = \frac{2}{2}\int_0^2 (x-1)\cos\frac{n\pi x}{2}dx = \frac{2}{n\pi}\int_0^2 (x-1)d\left(\sin\frac{n\pi x}{2}\right)$$

$$= \frac{2}{n\pi}\left[(x-1)\sin\frac{n\pi x}{2}\Big|_0^2 - \int_0^2 \sin\frac{n\pi x}{2}dx\right] = -\frac{2}{n\pi}\int_0^2 \sin\frac{n\pi x}{2}dx$$

$$= \frac{4}{(n\pi)^2}\cos\frac{n\pi x}{2}\Big|_0^2 = \frac{4}{(n\pi)^2}[(-1)^n - 1]$$

$$= \begin{cases} 0, & n=2k, \\ -\frac{8}{(2k-1)^2\pi^2}, & n=2k-1 \end{cases} (k=1, 2, \cdots),$$

所以 $$f(x) = -\frac{8}{\pi^2} \sum_{n=1}^{\infty} \frac{1}{(2n-1)^2} \cos \frac{(2n-1)\pi x}{2}, \ x \in [0, 2].$$

(B)

1. 将函数 $f(x) = 2 + |x|(-1 \leqslant x \leqslant 1)$ 展开成以 2 为周期的傅里叶级数，并计算级数 $\sum_{n=1}^{\infty} \frac{1}{n^2}$ 的和．

解 $f(x) = 2 + |x|(-1 \leqslant x \leqslant 1)$ 为偶函数，所以 $b_n = 0 (n = 1, 2, \cdots)$.

$$a_0 = 2\int_0^1 (2+x)dx = 5,$$

$$a_n = 2\int_0^1 (2+x)\cos n\pi x\, dx = \frac{2}{(n\pi)^2}[(-1)^n - 1]$$

$$= \begin{cases} 0, & n = 2k, \\ -\dfrac{4}{(2k-1)^2 \pi^2}, & n = 2k-1 \end{cases} (k=1, 2, \cdots; n=1, 2, \cdots),$$

所以 $$f(x) = \frac{5}{2} - \frac{4}{\pi^2} \sum_{n=1}^{\infty} \frac{\cos(2n-1)\pi x}{(2n-1)^2}, \ x \in [-1, 1).$$

$$f(0) = 2 = \frac{5}{2} - \frac{4}{\pi^2} \sum_{n=1}^{\infty} \frac{1}{(2n-1)^2} \Rightarrow \sum_{n=1}^{\infty} \frac{1}{(2n-1)^2} = \frac{\pi^2}{8},$$

而 $$\sum_{n=1}^{\infty} \frac{1}{n^2} = \sum_{n=1}^{\infty} \frac{1}{(2n-1)^2} + \sum_{n=1}^{\infty} \frac{1}{(2n)^2} = \sum_{n=1}^{\infty} \frac{1}{(2n-1)^2} + \frac{1}{4} \sum_{n=1}^{\infty} \frac{1}{n^2},$$

所以 $$\sum_{n=1}^{\infty} \frac{1}{n^2} = \frac{4}{3} \sum_{n=1}^{\infty} \frac{1}{(2n-1)^2} = \frac{4}{3} \cdot \frac{\pi^2}{8} = \frac{\pi^2}{6}.$$

2. 将函数 $f(x) = \begin{cases} x, & 0 \leqslant x < \dfrac{l}{2}, \\ l-x, & \dfrac{l}{2} \leqslant x \leqslant l \end{cases}$ 分别展开成正弦级数和余弦级数．

解 设 $f(x)$ 已作奇延拓和周期延拓，则可展开成正弦级数，这时 $a_n = 0 (n=0, 1, 2, \cdots)$，

而 $$b_n = \frac{2}{l} \int_0^l f(x) \sin \frac{n\pi x}{l} dx$$

$$= \frac{2}{l} \left[\int_0^{\frac{l}{2}} x \sin \frac{n\pi x}{l} dx + \int_{\frac{l}{2}}^l (l-x) \sin \frac{n\pi x}{l} dx \right]$$

$$= \frac{2}{l} \left\{ -\frac{l}{n\pi} \left(x\cos \frac{n\pi x}{l} - \frac{l}{n\pi} \sin \frac{n\pi x}{l} \right) \Big|_0^{\frac{l}{2}} - \right.$$

$$\left. \frac{l}{n\pi} \left[(l-x)\cos \frac{n\pi x}{l} + \frac{l}{n\pi} \sin \frac{n\pi x}{l} \right] \Big|_{\frac{l}{2}}^l \right\}$$

$$= \frac{4l}{n^2 \pi^2} \sin \frac{n\pi}{2} (n = 1, 2, \cdots).$$

又 $f(x)$ 作了上述延拓后的函数在 $[0, l]$ 上连续，所以

$$f(x) = \frac{4l}{\pi^2} \sum_{n=1}^{\infty} \frac{1}{n^2} \sin \frac{n\pi}{2} \sin \frac{n\pi x}{l}, \ x \in [0, l].$$

再设 $f(x)$ 已作偶延拓和周期延拓，则可展开成余弦级数，这时 $b_n = 0 (n=1, 2, \cdots)$.

类似地，
$$a_n = \frac{2}{l}\int_0^l f(x)\cos\frac{n\pi x}{l}dx$$
$$= \frac{2}{l}\left[\int_0^{\frac{l}{2}} x\cos\frac{n\pi x}{l}dx + \int_{\frac{l}{2}}^l (l-x)\cos\frac{n\pi x}{l}dx\right]$$
$$= \frac{2}{l}\left\{\frac{l}{n\pi}\left(x\sin\frac{n\pi x}{l} + \frac{l}{n\pi}\cos\frac{n\pi x}{l}\right)\Big|_0^{\frac{l}{2}} + \frac{l}{n\pi}\left[(l-x)\sin\frac{n\pi x}{l} - \frac{l}{n\pi}\cos\frac{n\pi x}{l}\right]\Big|_{\frac{l}{2}}^l\right\}$$
$$= \frac{2l}{n^2\pi^2}\left[2\cos\frac{n\pi}{2} - 1 - (-1)^n\right] \quad (n=1, 2, \cdots),$$
$$a_0 = \frac{2}{l}\int_0^l f(x)dx = \frac{2}{l}\left[\int_0^{\frac{l}{2}} x dx + \int_{\frac{l}{2}}^l (l-x)dx\right] = \frac{l}{2}.$$

又 $f(x)$ 作上述延拓后的函数在 $[0, l]$ 都连续，所以
$$f(x) = \frac{l}{4} + \frac{2l}{\pi^2}\sum_{n=1}^\infty \frac{1}{n^2}\left[2\cos\frac{n\pi}{2} - 1 - (-1)^n\right]\cos\frac{n\pi x}{l}, \quad x \in [0, l].$$

3. 将函数 $f(x) = \begin{cases} x, & -\frac{\pi}{2} \leqslant x < \frac{\pi}{2}, \\ \pi - x, & \frac{\pi}{2} \leqslant x \leqslant \frac{3\pi}{2} \end{cases}$ 展开成傅里叶级数.

解 作变量代换 $z = x - \frac{\pi}{2}$，则函数 $f(x)$ 转化为
$$F(z) = \begin{cases} z + \frac{\pi}{2}, & -\pi \leqslant z < 0, \\ -z + \frac{\pi}{2}, & 0 \leqslant z \leqslant \pi. \end{cases}$$

将 $F(z)$ 延拓并展开，因为 $F(z)$ 为偶函数，则 $b_n = 0 (n=1, 2, \cdots)$.
$$a_0 = \frac{2}{\pi}\int_0^\pi \left(-z + \frac{\pi}{2}\right)dz = 0,$$
$$a_n = \frac{2}{\pi}\int_0^\pi \left(-z + \frac{\pi}{2}\right)\cos nz\, dz$$
$$= \frac{2}{n\pi}\left\{\left[\left(-z + \frac{\pi}{2}\right)\sin nz\right]\Big|_0^\pi + \int_0^\pi \sin nz\, dz\right\}$$
$$= -\frac{2}{n^2\pi}\cos nz\Big|_0^\pi = -\frac{2}{n^2\pi}\left[(-1)^n - 1\right]$$
$$= \begin{cases} 0, & n = 2k, \\ \frac{4}{(2k-1)^2\pi}, & n = 2k-1 \end{cases} \quad (k=1, 2, \cdots),$$

所以
$$f(z) = \frac{4}{\pi}\sum_{n=1}^\infty \frac{1}{(2n-1)^2}\cos(2n-1)z, \quad z \in [-\pi, \pi],$$

即
$$f(x) = \frac{4}{\pi}\sum_{n=1}^\infty \frac{1}{(2n-1)^2}\cos\left[(2n-1)\left(x - \frac{\pi}{2}\right)\right], \quad x \in \left[-\frac{\pi}{2}, \frac{3\pi}{2}\right].$$

自测题十一

一、选择题

1. 设级数 $\sum_{n=1}^{\infty} a_n$ 条件收敛，将其中的正项保留，负项改为 0，组成的级数记为 $\sum_{n=1}^{\infty} b_n$，将 $\sum_{n=1}^{\infty} a_n$ 中的负项保留，正项改为 0，组成的级数记为 $\sum_{n=1}^{\infty} c_n$，则( ).

(A) $\sum_{n=1}^{\infty} b_n$ 与 $\sum_{n=1}^{\infty} c_n$ 必定都收敛；

(B) $\sum_{n=1}^{\infty} b_n$ 与 $\sum_{n=1}^{\infty} c_n$ 必定都发散；

(C) $\sum_{n=1}^{\infty} b_n$ 与 $\sum_{n=1}^{\infty} c_n$ 必定有一收敛，另一发散；

(D) 以上三种情况都可以发生.

解 选 B.

2. 级数 $\sum_{n=1}^{\infty}(-1)^n\left(\dfrac{a}{n}-\ln\dfrac{n+a}{n}\right)(a>0)$( ).

(A) 条件收敛；   (B) 绝对收敛；
(C) 发散；   (D) 敛散性与 a 的取值有关.

解 选 B.

3. 已知级数 $\sum_{n=1}^{\infty}(-1)^n a_n = 2$，$\sum_{n=1}^{\infty} a_{2n-1} = 5$，则级数 $\sum_{n=1}^{\infty} a_{2n} = ($).

(A) 3；   (B) 7；   (C) 8；   (D) 9.

解 选 B.

4. 已知 $\lim_{n\to\infty} na_n = 0$，且级数 $\sum_{n=1}^{\infty} n(a_n - a_{n-1})$ 收敛，则级数 $\sum_{n=1}^{\infty} a_n$ 敛散性的结论是( ).

(A) 收敛；   (B) 发散；
(C) 不定；   (D) 敛散性与 a_n 的正负有关.

解 选 A.

5. 设 a 为常数，则级数 $\sum_{n=1}^{\infty}\left[\dfrac{\sin(na)}{n^2} - \dfrac{1}{\sqrt{n}}\right]$( ).

(A) 绝对收敛；   (B) 条件收敛；
(C) 发散；   (D) 敛散性与 a 有关.

解 选 C.

6. 设级数 $\sum_{n=1}^{\infty} u_n$ 收敛，则必收敛的级数为( ).

(A) $\sum_{n=1}^{\infty}(-1)^n \dfrac{u_n}{n}$；   (B) $\sum_{n=1}^{\infty} u_n^2$；

(C) $\sum_{n=1}^{\infty}(u_n - u_{2n})$；   (D) $\sum_{n=1}^{\infty}(u_n + u_{n+1})$.

解 选 D.

7. 设正项级数 $\sum_{n=1}^{\infty} u_n$ 收敛,则( ).

(A) $\lim\limits_{n\to\infty}\dfrac{u_{n+1}}{u_n}<1$;

(B) $\lim\limits_{n\to\infty}\dfrac{u_{n+1}}{u_n}\leqslant 1$;

(C) 若极限 $\lim\limits_{n\to\infty}\dfrac{u_{n+1}}{u_n}$ 存在,其值小于 1;

(D) 若极限 $\lim\limits_{n\to\infty}\dfrac{u_{n+1}}{u_n}$ 存在,其值小于等于 1.

解 选 D.

8. 若级数 $\sum_{n=1}^{\infty} u_n$,$\sum_{n=1}^{\infty} v_n$ 发散,则( ).

(A) $\sum_{n=1}^{\infty}(u_n+v_n)$ 发散; (B) $\sum_{n=1}^{\infty}(u_n v_n)$ 发散;

(C) $\sum_{n=1}^{\infty}(|u_n|+|v_n|)$ 发散; (D) $\sum_{n=1}^{\infty}(u_n^2+v_n^2)$ 发散.

解 选 C.

9. 已知级数 $\sum_{n=1}^{\infty} u_n^2$ 收敛,则 $\sum_{n=1}^{\infty}(-1)^n\dfrac{u_n}{n}$ ( ).

(A) 绝对收敛; (B) 条件收敛;
(C) 不定; (D) 发散.

解 选 A.

10. 若级数 $\sum_{n=0}^{\infty} a_n(x-1)^n$ 在 $x=-1$ 处收敛,则在 $x=2$ 处,级数( ).

(A) 绝对收敛; (B) 条件收敛;
(C) 发散; (D) 敛散性不能确定.

解 选 A.

11. 幂级数 $\sum_{n=1}^{\infty}\dfrac{x^{n-1}}{3^{n-1}n^{\frac{3}{2}}}$ 的收敛域为( ).

(A) $(-3,3]$; (B) $(-3,3)$; (C) $[-3,3]$; (D) $[-3,3)$.

解 选 C.

12. 已知级数 $x+\dfrac{x^3}{3}+\dfrac{x^5}{5}+\cdots$ 在收敛域内的和函数为 $S(x)=\dfrac{1}{2}\ln\dfrac{1+x}{1-x}$,则级数 $\sum_{n=1}^{\infty}\dfrac{1}{2^n(2n-1)}=($).

(A) $\dfrac{1}{2}\ln(\sqrt{2}+1)$; (B) $\dfrac{1}{\sqrt{2}}\ln(\sqrt{2}+1)$;

(C) $\dfrac{1}{2}\ln(\sqrt{2}-1)$; (D) $\dfrac{1}{\sqrt{2}}\ln(\sqrt{2}-1)$.

解 选 B.

二、填空题

1. $\sum_{n=1}^{\infty} \dfrac{1}{n(n+10)} = $ _____ .

解 填 $\dfrac{1}{10}\left(1+\dfrac{1}{2}+\dfrac{1}{3}+\cdots+\dfrac{1}{10}\right)$.

2. $\sum_{n=1}^{\infty} \dfrac{1}{\sqrt{n(n+1)}(\sqrt{n+1}+\sqrt{n})} = $ _____ .

解 填 1.

3. 已知级数 $\sum_{n=1}^{\infty} \dfrac{(-1)^n + a}{n}$ 收敛，则 $a = $ _____ .

解 填 0.

4. 已知级数 $\sum_{n=1}^{\infty} (-1)^{n-1} \dfrac{(x-a)^n}{n}$ 在 $x>0$ 时发散，在 $x=0$ 时收敛，则 $a = $ _____ .

解 填 -1.

5. 若幂级数 $\sum_{n=0}^{\infty} a_n x^n$ 的收敛半径为 R，则级数 $\sum_{n=0}^{\infty} a_n x^{2n+1}$ 的收敛半径为 _____ .

解 填 $\sqrt{R}$.

6. 若幂级数 $\sum_{n=0}^{\infty} a^{n^2} x^n \ (a>0)$ 在 $(-\infty, +\infty)$ 上收敛，则 a 满足条件 _____ .

解 填 $0<a<1$.

7. $\sum_{n=0}^{\infty} \dfrac{1}{n+1} x^n$ 的收敛域为 _____ .

解 填 $[-1, 1)$.

8. $\sum_{n=1}^{\infty} (0.1)^n n = $ _____ .

解 填 $\dfrac{10}{81}$.

9. $f(x) = \cos^2 x$ 展开成 x 的幂级数为 _____ .

解 填 $1 + \dfrac{1}{2} \sum_{n=1}^{\infty} \dfrac{(-1)^n 4^n x^{2n}}{(2n)!}$, $x \in (-\infty, +\infty)$.

三、解答题

1. 判断下列级数的敛散性.

(1) $\sum_{n=1}^{\infty} \dfrac{n}{10+n}$;　　(2) $\sum_{n=1}^{\infty} \left(\dfrac{n}{n+1}\right)^n$;　　(3) $\sum_{n=1}^{\infty} n\sin\dfrac{\pi}{n}$;

(4) $\sum_{n=1}^{\infty} \dfrac{1}{\sqrt{n(n+1)}}$;　　(5) $\sum_{n=2}^{\infty} \dfrac{1}{\sqrt{n^3-1}}$;　　(6) $\sum_{n=2}^{\infty} \dfrac{1}{1+(\ln n)^n}$;

(7) $\sum_{n=1}^{\infty} \dfrac{n}{3^n}$;　　(8) $\sum_{n=1}^{\infty} \dfrac{3^n n!}{n^n}$;　　(9) $\sum_{n=1}^{\infty} \dfrac{1}{\sqrt{n(n^2+1)}}$.

解 (1) $\lim_{n\to\infty} \dfrac{n}{10+n} = 1 \neq 0$，所以原级数发散.

(2) $\lim\limits_{n\to\infty}\left(\dfrac{n}{n+1}\right)^n=\mathrm{e}^{-1}\neq 0$，所以原级数发散．

(3) $\lim\limits_{n\to\infty}n\sin\dfrac{\pi}{n}=\lim\limits_{n\to\infty}\dfrac{\sin\dfrac{\pi}{n}}{\dfrac{\pi}{n}}\pi=\pi\neq 0$，所以原级数发散．

(4) $\dfrac{1}{\sqrt{n(n+1)}}\geqslant\dfrac{1}{\sqrt{(n+1)(n+1)}}=\dfrac{1}{n+1}$，而级数 $\sum\limits_{n=1}^{\infty}\dfrac{1}{n+1}$ 是调和级数 $\sum\limits_{n=1}^{\infty}\dfrac{1}{n}$ 删去了第一项，所以级数 $\sum\limits_{n=1}^{\infty}\dfrac{1}{n+1}$ 是发散的，由比较判别法知，原级数发散．

(5) $\dfrac{1}{\sqrt{n^3-1}}\leqslant\dfrac{1}{\sqrt{n^3-\dfrac{1}{2}n^3}}=\dfrac{\sqrt{2}}{n^{3/2}}(n=2,3,\cdots)$，

而级数 $\sum\limits_{n=1}^{\infty}\dfrac{\sqrt{2}}{n^{3/2}}$ 收敛，由比较判别法知，原级数收敛．

(6) $\dfrac{1}{1+(\ln n)^n}\leqslant\dfrac{1}{(\ln n)^n}\leqslant\left(\dfrac{1}{2}\right)^n(n\geqslant 8)$，

而级数 $\sum\limits_{n=1}^{\infty}\left(\dfrac{1}{2}\right)^n$ 收敛，由比较判别法知，原级数收敛．

(7) $\lim\limits_{n\to\infty}\dfrac{u_{n+1}}{u_n}=\lim\limits_{n\to\infty}\dfrac{\dfrac{n+1}{3^{n+1}}}{\dfrac{n}{3^n}}=\dfrac{1}{3}<1$，由比值判别法知，原级数收敛．

(8) $\lim\limits_{n\to\infty}\dfrac{u_{n+1}}{u_n}=\lim\limits_{n\to\infty}\dfrac{\dfrac{3^{n+1}(n+1)!}{(n+1)^{n+1}}}{\dfrac{3^n n!}{n^n}}=\lim\limits_{n\to\infty}3\left(\dfrac{n}{n+1}\right)^n=\dfrac{3}{\mathrm{e}}>1$，由比值判别法知，原级数发散．

(9) $\lim\limits_{n\to\infty}\dfrac{u_{n+1}}{u_n}=1$，由比值判别法无法判断级数的敛散性．

$\lim\limits_{n\to\infty}\dfrac{u_n}{\dfrac{1}{n^{3/2}}}=1$，而级数 $\sum\limits_{n=1}^{\infty}\dfrac{1}{n^{3/2}}$ 收敛，由比较判别法知，原级数收敛．

2. 判断下列级数的敛散性，若收敛，说明是条件收敛还是绝对收敛？

(1) $\sum\limits_{n=1}^{\infty}(-1)^n\dfrac{2^n}{n(2^n+(-1)^n)}$；

(2) $\sum\limits_{n=1}^{\infty}\dfrac{\sin na}{n^2}$；

(3) $\sum\limits_{n=1}^{\infty}(-1)^{\frac{n(n+1)}{2}}\dfrac{n^5}{5^n}$；

(4) $\sum\limits_{n=1}^{\infty}(-1)^n\dfrac{1}{n-\ln n}$；

(5) $\sum\limits_{n=1}^{\infty}\dfrac{n\cos n\pi}{n^2+1}$．

解 (1) $u_n=\dfrac{2^n}{(2^n+(-1)^n)n}>\dfrac{1}{2n}$，故 $\sum\limits_{n=1}^{\infty}\dfrac{2^n}{(2^n+(-1)^n)n}$ 发散．

$(-1)^n\dfrac{2^n}{(2^n+(-1)^n)n}=\dfrac{(-1)^n}{n}-\dfrac{1}{(2^n+(-1)^n)n}$，而 $\dfrac{1}{(2^n+(-1)^n)n}<\dfrac{1}{2^n-1}$，

级数 $\sum_{n=1}^{\infty}\frac{1}{2^n-1}$，$\sum_{n=1}^{\infty}\frac{(-1)^n}{n}$ 均收敛，所以原级数收敛，故原级数条件收敛.

(2) $\left|\frac{\sin n\alpha}{n^2}\right|\leq\frac{1}{n^2}$，而级数 $\sum_{n=1}^{\infty}\frac{1}{n^2}$ 收敛，由比较判别法知，$\sum_{n=1}^{\infty}\left|\frac{\sin n\alpha}{n^2}\right|$ 收敛，故原级数绝对收敛.

(3) $\lim_{n\to\infty}\left|\frac{(-1)^{\frac{(n+1)(n+2)}{2}}\frac{(n+1)^5}{5^{n+1}}}{(-1)^{\frac{n(n+1)}{2}}\frac{n^5}{5^n}}\right|=\frac{1}{5}\lim_{n\to\infty}\left(1+\frac{1}{n}\right)^5=\frac{1}{5}<1$，

所以 $\sum_{n=1}^{\infty}\frac{n^5}{5^n}$ 收敛，故原级数绝对收敛.

(4) $u_n=\frac{1}{n-\ln n}>u_{n+1}=\frac{1}{(n+1)-\ln(n+1)}$.

$\lim_{n\to\infty}u_n=\lim_{n\to\infty}\frac{1}{n-\ln n}=\lim_{n\to\infty}\frac{\frac{1}{n}}{1-\frac{\ln n}{n}}=0$，故原级数收敛.

$\left|(-1)^n\frac{1}{n-\ln n}\right|>\frac{1}{n}$，而级数 $\sum_{n=1}^{\infty}\frac{1}{n}$ 发散，故原级数条件收敛.

(5) $|u_n|=\left|\frac{n\cos n\pi}{n^2+1}\right|=\frac{n}{n^2+1}\geq\frac{n}{n^2+n^2}=\frac{1}{2n}$，而级数 $\sum_{n=1}^{\infty}\frac{1}{2n}$ 发散，所以原级数非绝对收敛.

而 $\sum_{n=1}^{\infty}\frac{n\cos n\pi}{n^2+1}=\sum_{n=1}^{\infty}(-1)^n\frac{n}{n^2+1}$ 是交错级数，$u_n>u_{n+1}$，$\lim_{n\to\infty}u_n=0$，所以 $\sum_{n=1}^{\infty}\frac{n\cos n\pi}{n^2+1}$ 收敛，故原级数条件收敛.

3.(1)将 $f(x)=\frac{1}{x^2+3x+2}$ 展开成 $(x+4)$ 的幂级数；

(2)将函数 $f(x)=\frac{x}{2+x-x^2}$ 展开成 x 的幂级数；

(3)设 $f(x)$ 的麦克劳林级数为 $f(x)=\sum_{n=1}^{\infty}(-1)^{n-1}x^n$，又 $g(x)=\frac{xf(x)}{1+x}$，求 $g(x)$ 的麦克劳林级数.

解 (1) $f(x)=\frac{1}{x^2+3x+2}=\frac{1}{x+1}-\frac{1}{x+2}=\frac{1}{-3+(x+4)}-\frac{1}{-2+(x+4)}$

$=-\frac{1}{3}\frac{1}{1-\frac{x+4}{3}}+\frac{1}{2}\frac{1}{1-\frac{x+4}{2}}=-\frac{1}{3}\sum_{k=0}^{\infty}\left(\frac{x+4}{3}\right)^k+\frac{1}{2}\sum_{k=0}^{\infty}\left(\frac{x+4}{2}\right)^k$，

其中 $\begin{cases}\left|\frac{x+4}{3}\right|<1,\\ \left|\frac{x+4}{2}\right|<1,\end{cases}$ 即 $-6<x<-2$，所以

$$f(x)=-\frac{1}{3}\sum_{k=0}^{\infty}\left(\frac{x+4}{3}\right)^k+\frac{1}{2}\sum_{k=0}^{\infty}\left(\frac{x+4}{2}\right)^k\quad(-6<x<-2).$$

(2)设 $f(x)=\frac{x}{2+x-x^2}=\frac{A}{2-x}+\frac{B}{1+x}$，比较系数得 $A=\frac{2}{3}$，$B=-\frac{1}{3}$，所以

$$f(x) = \frac{x}{2+x-x^2} = \frac{2}{3}\frac{1}{2-x} - \frac{1}{3}\frac{1}{1+x} = \frac{1}{3}\frac{1}{1-\frac{x}{2}} - \frac{1}{3}\frac{1}{1-(-x)}$$

$$= \frac{1}{3}\sum_{n=0}^{\infty}\left(\frac{x}{2}\right)^n + \frac{1}{2}\sum_{n=0}^{\infty}(-1)^n x^n = \sum_{n=0}^{\infty}\frac{1}{3}\left[\frac{1}{2^n} + (-1)^{n+1}\right]x^n, \ |x|<1.$$

(3) $f(x) = \dfrac{x}{1+x} = 1 - \dfrac{1}{1+x} = \sum_{n=1}^{\infty}(-1)^{n-1}x^n (|x|<1),$

$$f'(x) = \frac{1}{(1+x)^2} = \sum_{n=1}^{\infty}(-1)^{n-1}nx^{n-1},$$

$$g(x) = \frac{xf(x)}{1+x} = \frac{x^2}{(1+x)^2} = x^2 f'(x) = x^2 \sum_{n=1}^{\infty}(-1)^{n-1}nx^{n-1}$$

$$= \sum_{n=1}^{\infty}(-1)^{n-1}nx^{n+1}(|x|<1).$$

4. 求下列幂级数的收敛域.

(1) $\sum_{n=1}^{\infty}\dfrac{1}{n\cdot 3^n}(x-3)^n$;   (2) $\sum_{n=1}^{\infty}\dfrac{1}{\sqrt{n\cdot 3^{n-1}}}(-x)^n$;   (3) $\sum_{n=1}^{\infty}3^n x^{2n+1}.$

解 (1) 令 $t=x-3$, 先求幂级数 $\sum_{n=1}^{\infty}\dfrac{1}{n\cdot 3^n}t^n$ 的收敛域.

因为 $\lim\limits_{n\to\infty}\dfrac{\frac{1}{(n+1)3^{n+1}}}{\frac{1}{n\cdot 3^n}} = \dfrac{1}{3}$, 所以幂级数 $\sum_{n=1}^{\infty}\dfrac{1}{n\cdot 3^n}t^n$ 的收敛半径为 $R=3$.

当 $t=3$ 时, 此级数化为 $\sum_{n=1}^{\infty}\dfrac{1}{n}$, 发散.

当 $t=-3$ 时, 此级数化为 $\sum_{n=1}^{\infty}(-1)^n\dfrac{1}{n}$, 收敛.

所以级数 $\sum_{n=1}^{\infty}\dfrac{1}{n\cdot 3^n}t^n$ 的收敛域为 $[-3, 3)$, 即 $-3 \leqslant x-3 < 3$, 所以 $0 \leqslant x < 6$, 所以原级数的收敛域为 $[0, 6)$.

(2) 由 $\lim\limits_{n\to\infty}\dfrac{u_{n+1}}{u_n} = \lim\limits_{n\to\infty}\dfrac{3^{n-1}\sqrt{n}}{3^n\sqrt{n+1}} = \dfrac{1}{3}$, 所以原幂级数的收敛半径为 $R=3$.

当 $x=3$ 时, 此级数化为 $\sum_{n=1}^{\infty}\dfrac{3}{\sqrt{n}}$, 发散.

当 $x=-3$ 时, 此级数化为 $\sum_{n=1}^{\infty}(-1)^n\dfrac{3}{\sqrt{n}}$, 收敛.

所以原级数的收敛域为 $[-3, 3)$.

(3) 该级数缺少 x 的偶次幂的项, 故需直接用比值判别法求收敛半径.

$\lim\limits_{n\to\infty}\dfrac{3^{n+1}x^{2n+3}}{3^n x^{2n+1}} = 3x^2$, 当 $3x^2<1$, 即 $-\dfrac{1}{\sqrt{3}}<x<\dfrac{1}{\sqrt{3}}$ 时, 级数收敛; 当 $3x^2>1$ 时, 级数发散.

当 $x=\pm\dfrac{1}{\sqrt{3}}$ 时, 原级数发散, 故原级数的收敛域为 $\left(-\dfrac{1}{\sqrt{3}}, \dfrac{1}{\sqrt{3}}\right)$.

5. 求幂级数 $\sum_{n=1}^{\infty} \dfrac{(-1)^{n-1} x^{2n+1}}{n(2n-1)}$ 的收敛域及和函数 $S(x)$.

解 $\lim_{n\to\infty} \left| \dfrac{\dfrac{(-1)^{n} x^{2n+3}}{(n+1)(2n+1)}}{\dfrac{(-1)^{n-1} x^{2n+1}}{n(2n-1)}} \right| = x^2$,

所以当 $x^2 < 1$ 时, 原级数绝对收敛; 当 $x^2 > 1$ 时, 原级数发散, 所以 $R=1$.

当 $x=\pm 1$ 时, 原级数收敛, 所以原级数的收敛域为 $[-1, 1]$.

记 $T(x) = \sum_{n=1}^{\infty} \dfrac{(-1)^{n-1} x^{2n}}{2n(2n-1)}$, $x \in (-1, 1)$, 则

$$T'(x) = \sum_{n=1}^{\infty} \dfrac{(-1)^{n-1} x^{2n-1}}{2n-1}, \quad x \in (-1, 1);$$

$$T''(x) = \sum_{n=1}^{\infty} (-1)^{n-1} x^{2n-2} = \dfrac{1}{x^2+1}, \quad T(0)=0, \quad T'(0)=0,$$

所以 $$T'(x) = \int_0^x T''(t)\mathrm{d}t = \int_0^x \dfrac{1}{t^2+1}\mathrm{d}t = \arctan x,$$

$$T(x) = \int_0^x T'(t)\mathrm{d}t = \int_0^x \arctan t \mathrm{d}t = x\arctan x - \dfrac{1}{2}\ln(1+x^2),$$

所以 $$S(x) = \sum_{n=1}^{\infty} \dfrac{(-1)^{n-1} x^{2n+1}}{n(2n-1)} = 2x T(x) = 2x^2 \arctan x - x\ln(1+x^2),$$

且收敛域为 $[-1, 1]$.

6. 求级数 $\sum_{n=1}^{\infty} \dfrac{n^2}{n!}$ 的和.

解 方法一: 考虑级数 $\sum_{n=1}^{\infty} \dfrac{n^2}{n!} x^{n-1}$, $x \in (-\infty, +\infty)$.

记和函数 $S(x) = \sum_{n=1}^{\infty} \dfrac{n^2}{n!} x^{n-1}$, $x \in (-\infty, +\infty)$, 则只需求 $S(1) = \sum_{n=1}^{\infty} \dfrac{n^2}{n!}$.

$$\int_0^x S(t)\mathrm{d}t = \sum_{n=1}^{\infty} \dfrac{n}{n!} x^n = x \sum_{n=1}^{\infty} \dfrac{n}{n!} x^{n-1}, \quad x \in (-\infty, +\infty).$$

$$\int_0^x \sum_{n=1}^{\infty} \dfrac{n}{n!} t^{n-1} \mathrm{d}t = \sum_{n=1}^{\infty} \dfrac{1}{n!} x^n = \sum_{n=0}^{\infty} \dfrac{1}{n!} x^n - 1 = \mathrm{e}^x - 1,$$

所以 $$\sum_{n=1}^{\infty} \dfrac{n}{n!} x^{n-1} = \mathrm{e}^x,$$

所以 $$\int_0^x S(t)\mathrm{d}t = x\mathrm{e}^x,$$

所以 $S(x) = (x+1)\mathrm{e}^x$, 所以

$$S(1) = \sum_{n=1}^{\infty} \dfrac{n^2}{n!} = 2\mathrm{e}.$$

方法二: $\sum_{n=0}^{\infty} \dfrac{1}{n!} x^n = \mathrm{e}^x$, $x \in (-\infty, +\infty)$, 求导得 $\mathrm{e}^x = \sum_{n=1}^{\infty} \dfrac{n}{n!} x^{n-1}$, 所以

$$x\mathrm{e}^x = \sum_{n=1}^{\infty} \dfrac{n}{n!} x^n.$$

再求导得 $(x+1)\mathrm{e}^x = \sum_{n=1}^{\infty} \frac{n^2}{n!} x^{n-1}$，令 $x=1$，得 $\sum_{n=1}^{\infty} \frac{n^2}{n!} = 2\mathrm{e}$.

7. 求幂级数 $1 + \sum_{n=1}^{\infty} (-1)^n \frac{x^{2n}}{2n}$ ($|x|<1$) 的和函数 $f(x)$ 及其极值.

解 设 $f(x) = 1 + \sum_{n=1}^{\infty} (-1)^n \frac{x^{2n}}{2n}$，则

$$f'(x) = \sum_{n=1}^{\infty} (-1)^n x^{2n-1} = -\frac{x}{1+x^2}.$$

上式两边从 0 到 x 积分，得

$$f(x) - f(0) = -\int_0^x \frac{t}{1+t^2} \mathrm{d}t = -\frac{1}{2} \ln(1+x^2),\ f(0) = 1,$$

所以
$$f(x) = 1 - \frac{1}{2} \ln(1+x^2)\ (|x|<1).$$

令 $f'(x) = 0$，求得唯一的驻点 $x=0$. 又

$$f''(x) = -\frac{1-x^2}{(1+x^2)^2},$$

所以 $f''(0) = -1 < 0$，可见 $f(x)$ 在 $x=0$ 处取得极大值，且极大值为 $f(0)=1$.

8. 将函数 $f(x) = \arctan \frac{1-2x}{1+2x}$ 展开成 x 的幂级数，并求级数 $\sum_{n=0}^{\infty} (-1)^n \frac{1}{2n+1}$ 的和.

解 $f'(x) = -\frac{2}{1+4x^2} = -2 \sum_{n=0}^{\infty} (-1)^n 4^n x^{2n},\ x \in \left(-\frac{1}{2}, \frac{1}{2}\right)$.

因为 $f(0) = \frac{\pi}{4}$，所以

$$f(x) = f(0) + \int_0^x f'(t) \mathrm{d}t = \frac{\pi}{4} - 2 \int_0^x \sum_{n=0}^{\infty} (-1)^n 4^n t^{2n} \mathrm{d}t$$

$$= \frac{\pi}{4} - 2 \sum_{n=0}^{\infty} (-1)^n 4^n x^{2n+1} \frac{1}{2n+1},\ x \in \left(-\frac{1}{2}, \frac{1}{2}\right).$$

因为级数 $\sum_{n=0}^{\infty} (-1)^n \frac{1}{2n+1}$ 收敛，函数 $f(x)$ 在 $x=\frac{1}{2}$ 处连续，所以

$$f(x) = \frac{\pi}{4} - 2 \sum_{n=0}^{\infty} (-1)^n 4^n x^{2n+1} \frac{1}{2n+1},\ x \in \left(-\frac{1}{2}, \frac{1}{2}\right].$$

令 $x = \frac{1}{2}$，得

$$f\left(\frac{1}{2}\right) = \frac{\pi}{4} - 2 \sum_{n=0}^{\infty} (-1)^n 4^n \left(\frac{1}{2}\right)^{2n+1} \frac{1}{2n+1} = \frac{\pi}{4} - \sum_{n=0}^{\infty} (-1)^n \frac{1}{2n+1}.$$

再由 $f\left(\frac{1}{2}\right) = 0$，得

$$\sum_{n=0}^{\infty} (-1)^n \frac{1}{2n+1} = \frac{\pi}{4}.$$

附录　综合测试题与解答

综合测试题一
（共100分）

一、填空题（每题3分，共30分）

1. 设 $f(x)=\sin x$，$\varphi(x)=1-x^2$，则 $f[\varphi(x)]=$ _____，$\varphi[f(x)]=$ _____.

2. 设 $f(x)=\dfrac{x-\sin x}{x+\sin x}$，则 $\lim\limits_{x\to\infty}f(x)=$ _____.

3. 设 $f(x)=\dfrac{x^2-1}{x(x+1)}$，则 $x=$ _____ 为函数 $f(x)$ 的可去间断点，$x=$ _____ 为函数 $f(x)$ 的无穷间断点.

4. 设 $f(x)=\dfrac{1}{\sqrt{x^2+y^2-2}}$，其定义域为 _____.

5. 设 $z=e^{x^2+y}$，则其全微分 $dz=$ _____.

6. 设 $\dfrac{1}{x}$ 为 $f(x)$ 的一个原函数，则 $\int xf'(x)dx=$ _____.

7. $\dfrac{d}{dx}\int_{\sqrt{x}}^{0}f(t)dt=$ _____.

8. 求由曲面 $z=\sqrt{1-x^2-y^2}$ 与平面 $z=0$ 所围图形的体积 $V=$ _____.

9. 已知 $y''+3y'+2y=0$，则其通解为 $y=$ _____.

10. 交换积分次序 $\int_{0}^{2}dy\int_{y^2}^{2y}f(x,y)dx=$ _____.

二、计算题（每题4分，共40分）

1. 求极限 $\lim\limits_{x\to 1}\left(\dfrac{x}{x-1}-\dfrac{1}{\ln x}\right)$.

2. 求极限 $\lim\limits_{x\to 0}(x+e^x)^{\frac{1}{x}}$.

3. 设 $y=\ln\sqrt{\dfrac{e^{4x}}{1+e^{4x}}}$，求 $y'|_{x=0}$.

4. 已知 $\arctan\dfrac{y}{x}=\ln\sqrt{x^2+y^2}$，求 $\dfrac{dy}{dx}$.

5. 求曲线 $\begin{cases}x=2e^t\\y=e^{-t}\end{cases}$，在 $t=0$ 处的切线方程与法线方程.

6. 设 $z=f(u,v)$，且 $u=\sin(xy)$，$v=\arctan y$，求 $\dfrac{\partial z}{\partial x}$，$\dfrac{\partial z}{\partial y}$，$dz$.

7. 求不定积分 $\int\dfrac{\ln x}{x^2}dx$.

8. 求定积分 $\int_0^1 \dfrac{1}{\sqrt{x}+1}dx$.

9. 求二重积分 $\iint\limits_{D}\sqrt{x^2+y^2}dxdy$, 其中 $D=\{(x,y)\,|\,x^2+y^2\leqslant 1\}$.

10. 求微分方程 $y'-2y=x$ 在 $y|_{x=0}=1$ 的特解.

三、综合题（每题 6 分，共 30 分）

1. 设 $f(x)=\begin{cases} x\cos\dfrac{1}{x}, & x\neq 0, \\ 0, & x=0, \end{cases}$ 试讨论函数 $f(x)$ 在 $x=0$ 处的连续性与可导性.

2. 设抛物线 $y=x^2$ 与 $y=4-x^2$, 求:
(1) 两条抛物线所围成图形的面积；
(2) 这两条抛物线所围成的平面图形绕 y 轴旋转一周所得旋转体的体积.

3. 对函数 $y=\dfrac{x+1}{x^2}$ 填写下表:

单调减区间	
单调增区间	
极值点	
极值	
凹区间	
凸区间	
拐点	
渐近线	

4. 如图综-1 所示，已知曲线 $y=f(x)$ 过原点及点 $(2,3)$, 且 $f(x)$ 单调递增, $f'(x)$ 连续, 点 (x,y) 为曲线上的任意点, 图中曲边三角形面积 $S_1=2S_2$, 求 $f(x)$ 的表达式.

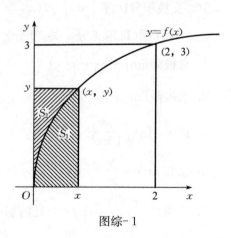

图综-1

5. 设实数 $a_0, a_1, \cdots, a_n$ 满足 $a_0+\dfrac{a_1}{2}+\dfrac{a_2}{3}+\cdots+\dfrac{a_n}{n+1}=0$, 证明：多项式 $f(x)=a_0+a_1 x+a_2 x^3+\cdots+a_n x^n$ 在 $(0,1)$ 内至少有一个零点.

综合测试题二

(共100分)

一、填空题(每题3分,共15分)

1. 设 $f\left(x-\dfrac{1}{x}\right)=3-x^2-\dfrac{1}{x^2}$,则 $f(\cos x)=$ _____.

2. $\lim\limits_{x\to 2}\dfrac{\sin(x-2)}{x-2}=$ _____.

3. 若点 $(1,2)$ 是曲线 $y=x^3+ax^2+bx$ 上的拐点,则 $a=$ _____,$b=$ _____.

4. $\int_{-1}^{1}\left(x^2\ln\dfrac{2-x}{2+x}+|x|\right)dx=$ _____.

5. 设 $z=\ln(x^2+y^2)$,则其全微分 $dz=$ _____.

二、单项选择题(每题3分,共15分)

1. 当 $x\to 0$ 时,$x-\sin x$ 是 x^3 的( ).
   (A)低阶无穷小量;   (B)高阶无穷小量;
   (C)等价无穷小量;   (D)同阶但不等价的无穷小量.

2. 设函数 $f(x,y)$ 在区域 $D:0\leqslant y\leqslant x\leqslant a$ 上连续,则二次积分 $\int_0^a dx\int_0^x f(x,y)dy$ 改变积分次序后等于( ).
   (A) $\int_0^a dy\int_0^y f(x,y)dx$;   (B) $\int_0^a dy\int_0^x f(x,y)dx$;
   (C) $\int_0^a dy\int_y^a f(x,y)dx$;   (D)上述结果都不对.

3. 二元函数 $f(x,y)=\begin{cases}(x^2+y^2)\sin\dfrac{1}{x^2+y^2}, & (x,y)\neq(0,0),\\ 0, & (x,y)=(0,0)\end{cases}$ 在点 $(0,0)$ 处( ).
   (A)偏导数不存在;   (B)不连续;
   (C)连续、偏导数存在,但不可微;   (D)可微.

4. 广义积分 $\int_1^{+\infty}\dfrac{1}{x^2}dx$ ( ).
   (A)收敛于 -2; (B)收敛于 1; (C)发散; (D)以上都不对.

5. 函数 $f(x)=2x^3-9x^2+12x+2$ 在区间 $[0,2]$ 上的最大值为( ).
   (A) 2;   (B) 6;   (C) 7;   (D) 8.

三、计算题(每题4分,共40分)

1. 求极限 $\lim\limits_{x\to\infty}\left(\dfrac{2^{\frac{1}{x}}+3^{\frac{1}{x}}}{2}\right)^x$.

2. 求极限 $\lim\limits_{x\to 0^+}\dfrac{\int_0^{x^2}\ln(1+\sqrt{t^3})dt}{\tan^5 x}$.

3. 求极限 $\lim\limits_{\substack{x\to 0\\ y\to 0}}(x^2+y^2)\sin\dfrac{1}{x^2+y^2}$.

4. 求曲线 $\begin{cases} x = \sin t, \\ y = \cos 2t \end{cases}$ 上 $t = \dfrac{\pi}{6}$ 处的法线方程.

5. 设 $y = y(x)$ 由方程 $x^2 y - e^{x+y} = \dfrac{1}{\cos y}$ 确定，求 dy.

6. 设 $z = xy e^{\frac{x}{y}}$，求 $\dfrac{\partial z}{\partial x}, \dfrac{\partial^2 z}{\partial x \partial y}$.

7. 求不定积分 $\displaystyle\int \dfrac{\ln(x+1)}{x^2} dx$.

8. 求定积分 $\displaystyle\int_0^{\frac{\pi}{2}} \sqrt{1 - \sin 2x}\, dx$.

9. $\displaystyle\iint_D \dfrac{\cos y}{1 + x^2} dx dy$，其中 D 是由 $x = 1$，$x = -1$，$y = 0$，$y = \dfrac{\pi}{2}$ 所围成的平面区域.

10. 求二阶常系数微分方程 $y'' - 4y' + 4y = 0$ 的通解.

四、综合题(每题 6 分，共 30 分)

1. 设函数 $f(x) = \begin{cases} e^x + ax + b, & x \leqslant 0, \\ \ln\left(1 + \dfrac{x}{2}\right), & x > 0, \end{cases}$ 试问 a, b 分别取什么值时，函数 $f(x)$ 在 $x = 0$ 处 (1) 连续；(2) 可导？

2. 求由 $y = x^2$ 与 $y = 2x$ 所围成平面图形的面积，并计算上述图形绕 x 轴旋转一周所成旋转体的体积.

3. 设函数 $f(x)$ 连续，且满足 $f(x) = 1 + 2x + \displaystyle\int_0^x t f(t) dt - x \int_0^x f(t) dt$，试求 $f(x)$.

4. 由直线 $y = 0$，$x = 8$ 及抛物线 $y = x^2$ 围成一个曲边三角形，在抛物线 $y = x^2 (0 < x < 8)$ 上求一点 P，使曲线在该点处的切线与直线 $y = 0$，$x = 8$ 所围成的三角形面积最大.

5. 设函数 $f(x)$ 在 $[0, c]$ 上连续，在 $(0, c)$ 内可导，$f'(x)$ 单调下降，且 $f(0) = 0$，证明：若 a, b 满足 $0 < a < b < a + b < c$，则有 $f(a + b) < f(a) + f(b)$.

综合测试题 三

(共 100 分)

一、选择题(每题 2 分，共 16 分)

1. 若 $f(x) + f(y) = f(xy)$，则 $f(x) = ($).
   (A) x^n； (B) e^x； (C) $\ln x$； (D) $\sin x$.

2. $x = 1$ 是函数 $f(x) = \dfrac{x^2 - 1}{x - 1}$ 的( ).
   (A) 跳跃间断点； (B) 可去间断点； (C) 无穷间断点； (D) 振荡间断点.

3. 当 $x \to 0$ 时，$\tan 2x$ 是 $2x$ 的( ).
   (A) 高阶无穷小；
   (B) 低阶无穷小；
   (C) 等价无穷小；
   (D) 同阶无穷小但不等价.

4. 设函数 $f(x)=\begin{cases}\sin x, & x\geq 0,\\ x, & x<0,\end{cases}$ 则 $f(x)$ 在点 $x=0$ 处（　　）.

(A)不连续；　　　　　　　　　　　　　　(B)连续但不可导；

(C)连续且 $f'(0)=0$；　　　　　　　　　　(D)连续且 $f'(0)=1$.

5. 若 $f(x)$ 在 (a,b) 上两次可导，且（　　），则 $f(x)$ 在 (a,b) 内单调增加且是凹的.

(A) $f'(x)>0$，$f''(x)>0$；　　　　　　　(B) $f'(x)>0$，$f''(x)<0$；

(C) $f'(x)<0$，$f''(x)<0$；　　　　　　　(D) $f'(x)<0$，$f''(x)>0$.

6. 如果函数 $f(x)$ 满足 $\int f(x)\mathrm{e}^{-\frac{1}{x}}\mathrm{d}x=-\mathrm{e}^{-\frac{1}{x}}+C$，则 $f(x)=$（　　）.

(A) $-\dfrac{1}{x}$；　　　　(B) $\dfrac{1}{x}$；　　　　(C) $-\dfrac{1}{x^2}$；　　　　(D) $\dfrac{1}{x^2}$.

7. 定积分 $\int_{-\pi}^{\pi}\dfrac{x^4\sin x}{x^2+\cos x}\mathrm{d}x=$（　　）.

(A)0；　　　　(B) 2π；　　　　(C)1；　　　　(D)2.

8. 设 $z=x^3y^2-x^2y^3+xy$，则 $\dfrac{\partial^2 z}{\partial x\partial y}\bigg|_{(0,0)}=$（　　）.

(A)0；　　　　(B)1；　　　　(C)2；　　　　(D)3.

二、填空题（每题 2 分，共 14 分）

1. 设 $\lim\limits_{x\to -1}\dfrac{x^3+ax^2-x+4}{x+1}=b$ 存在，则 $a=$＿＿＿＿，$b=$＿＿＿＿.

2. 拉格朗日中值定理的几何意义是＿＿＿＿＿＿＿＿＿＿＿＿＿＿＿＿＿＿＿＿＿＿.

3. 设函数 $y=\dfrac{1}{\mathrm{e}^x-1}$，则 $x=0$ 是＿＿＿＿间断点.

4. 设 $f(x)=\mathrm{e}^x+x^{\mathrm{e}}$，则 $f'(x)=$＿＿＿＿＿＿＿＿＿＿＿＿＿＿.

5. 设 $\begin{cases}x=1+t^2,\\ y=t^3,\end{cases}$ 则 $\dfrac{\mathrm{d}^2 y}{\mathrm{d}x^2}=$＿＿＿＿＿＿.

6. 定积分 $\int_{-1}^{1}\dfrac{x+1}{1+x^2}\mathrm{d}x=$＿＿＿＿＿＿.

7. 广义积分 $\int_{1}^{+\infty}\dfrac{1}{x^2}\mathrm{e}^{-\frac{1}{x}}\mathrm{d}x=$＿＿＿＿＿＿.

三、（8 分）讨论 $f(x)=\begin{cases}\dfrac{\sqrt{1+x}-1}{x}, & x\neq 0,\\ \dfrac{1}{2}, & x=0\end{cases}$ 在 $x=0$ 处的连续性与可导性.

四、求极限（每题 4 分，共 8 分）

1. $\lim\limits_{x\to 0}\left(\dfrac{1}{x\sin x}-\dfrac{1}{x^2}\right)$.

2. $\lim\limits_{x\to \frac{\pi}{2}-0}(\cos x)^{\frac{\pi}{2}-x}$.

五、计算下列各题（每题 3 分，共 12 分）

1. 设 $y=\mathrm{e}^{-\sin^2\frac{1}{x}}+\tan\dfrac{\pi}{3}$，求 $\mathrm{d}y$.

2. 已知 $\begin{cases} x=t\ln t, \\ y=\dfrac{\ln t}{t}, \end{cases}$ 求 $\dfrac{dy}{dx}$ 及曲线在 $t=1$ 处的切线方程.

3. 已知 $x=z\ln\dfrac{z}{y}$ 确定隐函数 $z=z(x,y)$, 求 dz.

4. 已知 $y=\ln f(x^2)$, 其中 $f(x)$ 为二阶可导函数, 求 $\dfrac{d^2 y}{dx^2}$.

六、求下列积分(每题 4 分, 共 16 分)

1. $\int (2a^x + \sin x + \csc x \cot x)dx$.

2. $\int_0^{\frac{3\pi}{2}} \sqrt{1+\sin 2x}\,dx$.

3. $\int_1^{+\infty} \dfrac{1}{\sqrt{x}+x\sqrt{x}}dx$.

4. 计算 $I = \iint\limits_D (x-1)y\,dxdy$, D 由 $y=(x-1)^2$ 和 $y=1-x$ 所围成.

七、证明题(8 分)

设 $f(x)$ 在 $[a,b]$ 上连续, 且 $f(x)>0(a<b)$, $F(x) = \int_a^x f(t)dt + \int_b^x \dfrac{1}{f(t)}dt$, 证明:

(1) $F'(x) \geq 2$; (2) 方程 $F(x)=0$ 在 (a,b) 内有且仅有一个实根.

八、应用题(8 分)

计算由曲线 $y=\sqrt{x}$, 直线 $y=x-2$, 以及 x 轴所围成的图形的面积, 并求该图形绕 x 轴旋转而成的旋转体的体积.

九、下面三题任选二题(每题 5 分, 共 10 分)

1. 求微分方程 $y' - \dfrac{1}{x\ln x}y = x\ln x$ 满足 $y\big|_{x=e} = \dfrac{e^2}{2}$ 的特解.

2. 设 $\int_0^x f(t)dt = \int_0^x (x-t)f(t)dt$, 求 $f(x)$.

3. 求级数 $1 + \sum\limits_{n=2}^{+\infty} n(x-1)^{n-1}$ 的收敛域, 并在收敛域内求其和函数.

综合测试题 四

(共 100 分)

一、选择题(每题 2 分, 共 12 分)

1. 若 $\lim\limits_{x \to a} f(x) = k$ 存在, 那么点 $x=a$ 是 $f(x)$ 的( ).

(A) 连续点; (B) 可去间断点;

(C) 跳跃间断点; (D) 以上结论都不对.

2. 设 $f(x)$ 在 $x=a$ 处可导, 那么 $\lim\limits_{h \to 0} \dfrac{f(a+h)-f(a-2h)}{h} = ($).

(A)$3f'(a)$;　　　　(B)$2f'(a)$;　　　　(C)$f'(a)$;　　　　(D)$\frac{1}{3}f'(a)$.

3. 设 $f(x)$ 在区间 $[0, c^2]$ 上连续，那么函数 $F(x) = \int_0^x tf(t^2)dt$ 在 $[-c, c]$ 上是(　　).

(A)奇函数;　　　　　　　　　　　　(B)偶函数;
(C)非奇非偶函数;　　　　　　　　　(D)单调增加函数.

4. 设 $f(x)$ 在区间 $[a, b]$ 上连续，$F(x) = \int_0^x f(t)dt (a \leqslant x \leqslant b)$，那么 $F(x)$ 是 $f(x)$ 的(　　).

(A)不定积分;　　　　　　　　　　　(B)一个原函数;
(C)全体原函数;　　　　　　　　　　(D)在 $[a, b]$ 上的定积分.

5. 反常积分 $\int_0^{+\infty} \frac{xdx}{(1+x^2)^2} = (　　)$.

(A)0;　　　　(B)$\frac{1}{2}$;　　　　(C)1;　　　　(D)发散.

6. 曲线 $y = x^3 + x - 2$ 在点 $(1, 0)$ 处的切线方程为(　　).
(A)$y = 2(x-1)$;　　(B)$y = 4(x-1)$;　　(C)$y = 4x-1$;　　(D)$y = 3(x-1)$.

二、填空题(每空 2 分，共 18 分)

1. 设 $f(x) = x^2 - 1$，$g(x) = \sec x$，则 $f[g(x)] =$ _____，$g[f(x)] =$ _____.

2. 利用微分近似计算 $e^{0.01995} \approx$ _____.

3. 设 $f(x)$ 在 x_0 的邻域内连续，且 $\lim\limits_{x \to x_0} \frac{f(x) - f(x_0)}{(x-x_0)^4} = a^2 (a \neq 0)$，则 $f(x)$ 在 x_0 处取得极_____值.

4. $\int_{-1}^{1} \left(\frac{\sin x \cos^4 x}{1+x^2} + e^{-x} \right) dx =$ _____.

5. 在 $[-1, 2]$ 上 $f''(x) < 0$，则 $f'(1)$，$f'(0)$，$f(1) - f(0)$ 从大到小的顺序是_____.

6. 将 $I = \int_0^1 dy \int_0^{2y} f(x, y)dx + \int_1^3 dy \int_0^{3-y} f(x, y)dx$ 变换积分次序，则 $I =$ _____.

7. 在求解微分方程 $yy'' + (y')^2 = y'$ 时，应令 $y' =$ _____，$y'' =$ _____，从而可以求出方程的通解.

三、计算题(每题 4 分，共 36 分)

1. 已知 $xy = e^{-\frac{y}{x}}$，求 dy.

2. 设 $z = x^4 + y^4 - 4\ln x \cdot \ln y$，求 $\frac{\partial^2 z}{\partial x^2}$，$\frac{\partial^2 z}{\partial x \partial y}$.

3. 求曲线 $\begin{cases} x = t^2, \\ y = 3t + t^3 \end{cases}$ 上的拐点.

4. 求 $\lim\limits_{x \to 0} \frac{\tan x - x}{x^3}$.

5. 求 $\lim\limits_{x \to 0^+} \sqrt[x]{\cos \sqrt{x}}$.

6. 求 $\int \frac{e^{-\frac{1}{\sqrt{x}}}}{x^2} dx$.

7. 求 $\int_0^{\frac{\pi}{2}} \frac{\cos x}{\sin x + \cos x} dx$.

8. 求 $\int_{-\infty}^{+\infty} (x+|x|) e^{-|x|} dx$.

9. 求 $\iint_D x\sqrt{y}\, dxdy$，D 是由 $y=\sqrt{x}$，$y=x^2$ 所围成的平面区域.

四、(6 分)设函数 $f(x)=\begin{cases} x, & x \leqslant 0, \\ x^2\cos\dfrac{1}{x}, & x>0, \end{cases}$ 试讨论函数 $f(x)$ 在 $x=0$ 处的连续性与可导性.

五、应用题(8 分)

设抛物线 $y=1+ax^2$ ($x\geqslant 0$，$a>0$)，过坐标原点引一条切线，已知由该切线、抛物线与 y 轴所围成的平面图形的面积为 $\dfrac{1}{3}$，试求：

(1) 该抛物线方程；

(2) 该图形绕 x 轴旋转一周所成旋转体的体积.

六、(6 分)证明：当 $x>1$ 时，$e^x > ex$.

七、(8 分)已知曲线过点 $\left(\dfrac{\pi}{2}, 0\right)$，且曲线上每一点的切线斜率等于 $\cos x - \dfrac{y}{x}$，求此曲线方程.

八、(6 分)求函数 $f(x)=x\cos x\sin x$ 的麦克劳林展开式.

综合测试题五

（共 100 分）

一、选择题(每题 2 分，共 16 分)

1. 若 $\lim\limits_{x\to a} f(x)=\infty$，那么点 $x=a$ 是 $f(x)$ 的( ).

(A) 连续点； (B) 可去间断点；
(C) 跳跃间断点； (D) 第二类间断点.

2. $x=0$ 是 $f(x)=e^{\frac{x+1}{x}}$ 的( ).

(A) 可去间断点； (B) 跳跃间断点； (C) 第二类间断点； (D) 不能判断.

3. 设 $I=\int_{-1}^{0} dy \int_{-2\sqrt{1+y}}^{2\sqrt{1+y}} f(x,y)dx + \int_{0}^{8} dy \int_{-2\sqrt{1+y}}^{2-y} f(x,y)dx$，交换累次积分的顺序，则 I 可化为( ).

(A) $\int_{-6}^{2} dx \int_{2-x}^{\frac{x^2}{4}-1} f(x,y)dy$； (B) $\int_{-6}^{2} dx \int_{\frac{x^2}{4}-1}^{2-x} f(x,y)dy$；

(C) $\int_{-1}^{8} dx \int_{2-x}^{\frac{x^2}{4}-1} f(x,y)dy$； (D) $\int_{-1}^{8} dx \int_{\frac{x^2}{4}-1}^{2-x} f(x,y)dy$.

4. 函数 $f(x)=\ln(1+x)$ 在区间 $(0,1)$ 内满足拉格朗日中值定理结论的点 $\xi=$( ).

(A) $\dfrac{1}{\ln 2}$; (B) $\dfrac{1}{\ln 2}+1$; (C) $\dfrac{1}{\ln 2}-1$; (D) $\ln\dfrac{1}{2}$.

5. 函数 $f(x)=x^3-3x^2+7$ 的单调递减区间为（   ）.

(A) $(-\infty, 0]$; (B) $[0, 2]$;

(C) $[2, +\infty)$; (D) $(-\infty, +\infty)$.

6. 设 $y=\displaystyle\int_x^{2x}\sin t\,\mathrm{d}t$，则 $\dfrac{\mathrm{d}y}{\mathrm{d}x}=$（   ）.

(A) $\displaystyle\int_x^{2x}\cos t\,\mathrm{d}t$; (B) $\sin 2x-\sin x$;

(C) $\sin 2x+\sin x$; (D) $2\sin 2x-\sin x$.

7. 定积分 $\displaystyle\int_{-3}^{3}\sqrt{9-x^2}\,\mathrm{d}x=$（   ）.

(A) 0; (B) $\dfrac{3\pi}{2}$; (C) $\dfrac{9\pi}{2}$; (D) $\dfrac{9\pi}{4}$.

8. 下列级数中为条件收敛的是（   ）.

(A) $\displaystyle\sum_{n=1}^{+\infty}(-1)^{n-1}\dfrac{n}{2n-1}$; (B) $\displaystyle\sum_{n=1}^{+\infty}(-1)^{n+1}\dfrac{1}{\sqrt{n}}$;

(C) $\displaystyle\sum_{n=1}^{+\infty}(-1)^n\dfrac{1}{3^n}$; (D) $\displaystyle\sum_{n=1}^{+\infty}(-1)^n\dfrac{n^n}{n!}$.

二、填空题（每题 2 分，共 10 分）

1. 设 $\displaystyle\lim_{x\to 2}\dfrac{x^3+ax+4}{x^2-3x+2}=b$ 存在，则 $a=$ _____，$b=$ _____.

2. 罗尔定理的几何意义是 _____.

3. 函数 $y=x+\dfrac{1}{x}$，$x\in\left[\dfrac{1}{3}, 2\right]$，当 $x=$ _____ 时，取得极小值为 _____.

4. 函数 $f(x)=x\ln(1+x)$ 的 n 阶麦克劳林展开式为 _____.

5. 微分方程 $y''+4y'+5y=0$ 的通解为 _____.

三、讨论（6 分）

设 $f(x)=\begin{cases}\mathrm{e}^{2ax}, & x\leqslant 0\\ \sin x+b, & x>0\end{cases}$，问当 a，b 为何值时，$f(x)$ 在 $x=0$ 可导，并求出 $f'(0)$.

四、求极限（每题 3 分，共 6 分）

1. $\displaystyle\lim_{x\to 0}\dfrac{x-x\cos x}{x-\sin x}$.

2. $\displaystyle\lim_{x\to +\infty}\left(\dfrac{\pi}{2}-\arctan x\right)^{\frac{1}{\ln x}}$.

五、计算下列各题（每题 3 分，共 12 分）

1. 设 $y=\mathrm{e}^{\sin x}\cos(\sin x)+\ln\left(1+\tan\dfrac{\pi}{4}\right)$，求 $y'(0)$.

2. 已知 $\begin{cases}x=\dfrac{t^2}{2},\\ y=1-t,\end{cases}$ 求 $\dfrac{\mathrm{d}y}{\mathrm{d}x}$，$\dfrac{\mathrm{d}^2 y}{\mathrm{d}x^2}$.

3. 已知 $y=1+x\mathrm{e}^y$ 确定函数 $y=f(x)$，求函数在 $x=0$ 处的切线方程及法线方程.

4. $z = y\varphi(x^2 - y^2)$，其中 $\varphi(u)$ 可微，求 $y\dfrac{\partial z}{\partial x} + x\dfrac{\partial z}{\partial y}$.

六、求下列积分（每题 4 分，共 16 分）

1. $\displaystyle\int \dfrac{\cos 2x}{\sin x + \cos x} dx$.

2. $\displaystyle\int_{-1}^{3} \dfrac{f'(x)}{1 + f^2(x)} dx$.

3. $\displaystyle\int_{0}^{+\infty} \dfrac{1}{\sqrt{x}} e^{-\sqrt{x}} dx$.

4. 计算 $I = \iint\limits_{D} x \, dx \, dy$，$D$ 由 $y = (x-1)^2$ 和 $y = 1 - x$ 所围成.

七、证明题（8 分）

设 $f(x)$ 在 $[0, 1]$ 上连续，且 $f(x) < 1$，证明：方程 $2x - \displaystyle\int_{0}^{x} f(t) dt = 0$ 在 $[0, 1]$ 内有且只有一个实根.

八、应用题（8 分）

求由曲线 $y = 3x^2$，$y = 2x^2 + 9$ 围成的图形的面积，及该图形绕 y 轴旋转而成的旋转体的体积.

九、解下列各题（每题 6 分，共 18 分）

1. 求微分方程 $y' + y\tan x = -3\tan x$ 的通解.

2. 设 $x\displaystyle\int_{0}^{x} f(t) dt = (x+1)\displaystyle\int_{0}^{x} t f(t) dt$，求 $f(x)$.

3. 求幂级数 $\displaystyle\sum_{n=1}^{+\infty} \dfrac{x^n}{n}$ 的收敛域，并求出它的和函数.

综合测试题六

（共 100 分）

一、选择题（每题 2 分，共 18 分）

1. 当 $x \to 1$ 时，$\ln x$ 是 $x - 1$ 的（　　）.

(A) 高阶无穷小量；
(B) 低阶无穷小量；
(C) 同阶但非等价无穷小量；
(D) 等价无穷小量.

2. 设函数 $f(x) = \begin{cases} \sin x, & x \geq 0, \\ x, & x < 0, \end{cases}$ 则 $f(x)$ 在点 $x = 0$ 处（　　）.

(A) 不连续；
(B) 连续但不可导；
(C) 连续且 $f'(0) = 0$；
(D) 连续且 $f'(0) = 1$.

3. 设 $f(x)$ 连续，则 $\dfrac{d}{dx} \displaystyle\int_{0}^{x} t f(x^2 - t^2) dt = $（　　）.

(A) $x f(x^2)$；　　(B) $-x f(x^2)$；　　(C) $2x f(x^2)$；　　(D) $-2x f(x^2)$.

4. 下列式子正确的是（　　）.

(A) $\left[\int f(x)\mathrm{d}x\right]' = f(x)+C$; (B) $\mathrm{d}\left[\int f(x)\mathrm{d}x\right] = f'(x)\mathrm{d}x$;

(C) $\int f'(x)\mathrm{d}x = f(x)$; (D) $\int \mathrm{d}f'(x) = f'(x)+C$.

5. 交换二重积分的积分次序 $\int_1^2 \mathrm{d}x \int_1^x f(x,y)\mathrm{d}y + \int_2^3 \mathrm{d}x \int_1^{4-x} f(x,y)\mathrm{d}y$ 正确的是（　　）.

(A) $\int_1^2 \mathrm{d}y \int_y^{4-y} f(x,y)\mathrm{d}x$; (B) $\int_1^2 \mathrm{d}y \int_y^{4+y} f(x,y)\mathrm{d}x$;

(C) $\int_1^2 \mathrm{d}y \int_y^{y-4} f(x,y)\mathrm{d}x$; (D) $\int_1^2 \mathrm{d}y \int_{4-y}^y f(x,y)\mathrm{d}x$.

6. 设 $D=\{(x,y)\mid x^2+y^2\leqslant 4\}$，则二重积分 $\iint\limits_D \mathrm{d}x\mathrm{d}y =$（　　）.

(A) 2; (B) 2π; (C) 4; (D) 4π.

7. 级数 $\sum\limits_{n=1}^{+\infty}(-1)^n \dfrac{1}{n^2+a}$（$a>0$ 为常数）（　　）.

(A) 绝对收敛; (B) 条件收敛;

(C) 发散; (D) 敛散性与 a 有关.

8. 若级数 $\sum\limits_{n=1}^{+\infty} u_n$ 发散，则（　　）.

(A) 可能有 $\lim\limits_{n\to+\infty} u_n = 0$; (B) 一定有 $\lim\limits_{n\to+\infty} u_n \neq 0$;

(C) 一定有 $\lim\limits_{n\to+\infty} u_n = \infty$; (D) 一定有 $\lim\limits_{n\to+\infty} u_n = 0$.

9. 当 $|x|<1$ 时，幂级数 $1-x+x^2-x^3+\cdots+(-1)^n x^n+\cdots$ 的和函数为（　　）.

(A) $\dfrac{1}{1-x}$; (B) $\dfrac{1}{1+x}$; (C) $\ln(1+x)$; (D) $\ln(1-x)$.

二、填空题（每题 2 分，共 14 分）

1. 设 $f(3x)=x+1$，则 $f[f(x)]=$ ＿＿＿＿＿＿．

2. $\lim\limits_{x\to\infty}\left(\dfrac{x+1}{x-1}\right)^x =$ ＿＿＿＿＿＿．

3. 已知 $f(x)=x^3+ax^2+bx$ 在 $x=-1$ 处取得极小值 -2，则 $a=$ ＿＿＿＿，$b=$ ＿＿＿＿．

4. 若 $\int f(x)\mathrm{d}x = F(x)+C$，则 $\int f(\arctan x)\dfrac{1}{1+x^2}\mathrm{d}x =$ ＿＿＿＿＿＿．

5. $\int_{-\frac{\pi}{2}}^{\pi}\sqrt{1-\cos^2 x}\,\mathrm{d}x =$ ＿＿＿＿＿＿．

6. 函数 $z=\dfrac{1}{\sqrt{1-x-y}}+\dfrac{\ln y}{\sqrt{x}}$ 的定义域为＿＿＿＿＿＿．

7. 微分方程 $y''-2y'+2y=x\mathrm{e}^x$ 的一个特解为 $y^* =$ ＿＿＿＿＿＿．

三、计算题（每题 4 分，共 40 分）

1. $\lim\limits_{x\to\frac{\pi}{4}}(1-\ln\tan x)^{\frac{2}{1-\tan x}}$.

2. $\lim\limits_{x\to 0}\dfrac{\int_x^0 \tan t\,\mathrm{d}t}{x^2}$.

3. 已知 $y=\ln(x+\sqrt{x^2-1})$，求 y'.

4. 已知 $y^2-2xy+9=0$，求 y'.

5. 设 $z=\int_y^x e^{t^2}dt$，求 $\dfrac{\partial z}{\partial x}$，$\dfrac{\partial z}{\partial y}$.

6. $\int \dfrac{dx}{\sqrt{1+e^x}}$.

7. $\int_1^{e^2} \dfrac{dx}{x\sqrt{1+\ln x}}$.

8. $\int_{-\frac{\pi}{4}}^{\frac{3\pi}{2}} \dfrac{dx}{\cos^2 x}$.

9. 设 $z=\dfrac{xy}{\sqrt{x^2+y^2}}$，求 dz.

10. 计算 $I=\iint\limits_D e^{x+y}d\sigma$，$D$：$0\leqslant x\leqslant 1$，$0\leqslant y\leqslant 1$.

四、(8分) 试确定 a，b，c 的值，使 $f(x)=\begin{cases} a+bx, & x\leqslant 0, \\ \ln(1+cx), & x>0 \end{cases}$ 在 $x=0$ 处可导.

五、应用题(10分)

在区间 $[0,1]$ 上给定函数 $y=x^2$，问当 t 取何值时，图综-2 中 S_1 与 S_2 所指部分的面积之和取最小值？何时又取最大值？

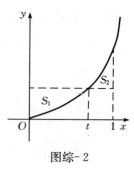

图综-2

六、求解下列各题(每题5分，共10分)

1. 一曲线在两坐标轴间的任一切线均被切点平分，求此曲线方程.

2. 求微分方程 $\dfrac{dy}{dx}+\dfrac{y}{x}=\sin x$ 的通解.

综合测试题一解答

一、1. $\sin(1-x^2)$，$\cos^2 x$； 2. 1； 3. -1，0； 4. $\{(x,y)\mid x^2+y^2>2\}$；

5. $e^{x^2+y}(2xdx+dy)$； 6. $-\dfrac{2}{x}+C$； 7. $-\dfrac{1}{2\sqrt{x}}f(\sqrt{x})$； 8. $\dfrac{2\pi}{3}$；

9. $C_1 e^{-2x}+C_2 e^{-x}$； 10. $\int_0^4 dx\int_{\frac{x}{2}}^{\sqrt{x}} f(x,y)dy$.

二、1. **解** $\lim\limits_{x\to 1}\left(\dfrac{x}{x-1}-\dfrac{1}{\ln x}\right)=\lim\limits_{x\to 1}\dfrac{x\ln x-x+1}{(x-1)\ln x}=\lim\limits_{x\to 1}\dfrac{\ln x+1-1}{\ln x+\dfrac{x-1}{x}}$

$\qquad\qquad\qquad =\lim\limits_{x\to 1}\dfrac{x\ln x}{x\ln x+x-1}=\lim\limits_{x\to 1}\dfrac{1+\ln x}{2+\ln x}=\dfrac{1}{2}.$

2. **解** $\lim\limits_{x\to 0}(x+\mathrm{e}^x)^{\frac{1}{x}}=\lim\limits_{x\to 0}\mathrm{e}(x\mathrm{e}^{-x}+1)^{\frac{1}{x}}=\mathrm{e}[\lim\limits_{x\to 0}(x\mathrm{e}^{-x}+1)^{\frac{1}{x\mathrm{e}^{-x}}}]^{\mathrm{e}^{-x}}=\mathrm{e}^2.$

3. **解** 因为 $y=\dfrac{1}{2}[\ln(\mathrm{e}^{4x})-\ln(1+\mathrm{e}^{4x})]=\dfrac{1}{2}[4x-\ln(1+\mathrm{e}^{4x})]$,

所以 $\qquad\qquad\qquad y'=\dfrac{1}{2}\left(4-\dfrac{4\mathrm{e}^{4x}}{1+\mathrm{e}^{4x}}\right)=2-\dfrac{2\mathrm{e}^{4x}}{1+\mathrm{e}^{4x}}=\dfrac{2}{1+\mathrm{e}^{4x}},$

故 $\qquad\qquad\qquad y'|_{x=0}=1.$

4. **解** 方程两端同时求导得

$$\dfrac{1}{1+\left(\dfrac{y}{x}\right)^2}\left(\dfrac{y}{x}\right)'=\dfrac{1}{2(x^2+y^2)}(x^2+y^2)',$$

所以 $\qquad\qquad \dfrac{1}{1+\left(\dfrac{y}{x}\right)^2}\dfrac{xy'-y}{x^2}=\dfrac{1}{2(x^2+y^2)}(2x+2yy'),$

即 $\qquad\qquad\qquad xy'-y=x+yy',$

故 $\qquad\qquad\qquad y'=\dfrac{x+y}{x-y}.$

5. **解** $\dfrac{\mathrm{d}y}{\mathrm{d}x}=\dfrac{\mathrm{d}y}{\mathrm{d}t}\bigg/\dfrac{\mathrm{d}x}{\mathrm{d}t}=\dfrac{-\mathrm{e}^{-t}}{2\mathrm{e}^t}=-\dfrac{1}{2\mathrm{e}^{2t}}$,所以切线斜率为

$$k_{\text{切}}=\dfrac{\mathrm{d}y}{\mathrm{d}x}\bigg|_{t=0}=-\dfrac{1}{2}.$$

当 $t=0$ 时,$x=2$,$y=1$,故切线方程为

$$y-1=-\dfrac{1}{2}(x-2),$$

法线方程为

$$y-1=2(x-2).$$

6. **解** $\dfrac{\partial z}{\partial x}=\dfrac{\partial f}{\partial u}\cos(xy)\cdot y+\dfrac{\partial f}{\partial v}\cdot 0=y\cos(xy)\dfrac{\partial f}{\partial u},$

$\dfrac{\partial z}{\partial y}=\dfrac{\partial f}{\partial u}\cos(xy)\cdot x+\dfrac{\partial f}{\partial v}\cdot\dfrac{1}{1+y^2}=x\cos(xy)\dfrac{\partial f}{\partial u}+\dfrac{1}{1+y^2}\dfrac{\partial f}{\partial v},$

$\mathrm{d}z=y\cos(xy)\dfrac{\partial f}{\partial u}\mathrm{d}x+\left(x\cos(xy)\dfrac{\partial f}{\partial u}+\dfrac{1}{1+y^2}\dfrac{\partial f}{\partial v}\right)\mathrm{d}y.$

7. **解** $\displaystyle\int\dfrac{\ln x}{x^2}\mathrm{d}x=-\int\ln x\,\mathrm{d}\left(\dfrac{1}{x}\right)=-\left(\dfrac{1}{x}\ln x-\int\dfrac{1}{x}\mathrm{d}\ln x\right)$

$\qquad\qquad =-\dfrac{1}{x}\ln x+\displaystyle\int\dfrac{1}{x^2}\mathrm{d}x=-\dfrac{1}{x}\ln x-\dfrac{1}{x}+C.$

8. **解** 令 $t=\sqrt{x}$,则 $x=t^2$,且 $\mathrm{d}x=2t\mathrm{d}t$,所以

$$\int_0^1 \frac{1}{\sqrt{x}+1}dx = \int_0^1 \frac{2t}{t+1}dt = 2\int_0^1 \left(1-\frac{1}{t+1}\right)dt$$
$$= 2[t-\ln(1+t)]_0^1 = 2-2\ln 2.$$

9. 解 令 $\begin{cases}x=r\cos\theta,\\y=r\sin\theta,\end{cases}$ 则 $D=\{(r,\theta)|0\leqslant\theta\leqslant 2\pi,r\leqslant 1\}$，故

$$\iint_D \sqrt{x^2+y^2}\,dxdy = \int_0^{2\pi}d\theta\int_0^1 r\cdot r\,dr = \int_0^{2\pi}\left[\frac{1}{3}r^3\right]_0^1 d\theta = \frac{1}{3}\int_0^{2\pi}d\theta = \frac{2\pi}{3}.$$

10. 解 由已知 $P(x)=-2$，$Q(x)=x$，则方程的通解为

$$y = e^{-\int P(x)dx}\left(C+\int Q(x)e^{\int P(x)dx}dx\right) = e^{2x}\left(C+\int xe^{-\int 2dx}dx\right)$$
$$= e^{2x}\left(C+\int xe^{-2x}dx\right) = e^{2x}\left(C-\frac{1}{2}\int xde^{-2x}\right) = e^{2x}\left(C-\frac{1}{2}xe^{-2x}+\frac{1}{2}\int e^{-2x}dx\right)$$
$$= e^{2x}\left(C-\frac{1}{2}xe^{-2x}-\frac{1}{4}e^{-2x}\right) = Ce^{2x}-\frac{1}{2}x-\frac{1}{4}.$$

将 $y|_{x=0}=1$ 代入通解，得 $C=\frac{5}{4}$，从而所求特解为

$$y = \frac{5}{4}e^{2x}-\frac{1}{2}x-\frac{1}{4}.$$

三、1. 解 因为 $\lim\limits_{x\to 0}f(x)=\lim\limits_{x\to 0}x\cos\frac{1}{x}=0=f(0)$，

所以 $f(x)$ 在 $x=0$ 处连续.

又因为 $\lim\limits_{x\to 0}\frac{f(x)-f(0)}{x-0}=\lim\limits_{x\to 0}\cos\frac{1}{x}$ 不存在，所以 $f(x)$ 在 $x=0$ 处不可导.

2. 解 (1) 由 $\begin{cases}y=x^2,\\y=4-x^2,\end{cases}$ 解得 $\begin{cases}x=\pm\sqrt{2},\\y=2,\end{cases}$ 所以所围成图形的面积为

$$S = \int_{-\sqrt{2}}^{\sqrt{2}}[(4-x^2)-x^2]dx = \int_{-\sqrt{2}}^{\sqrt{2}}(4-2x^2)dx = \left[4x-\frac{2}{3}x^3\right]_{-\sqrt{2}}^{\sqrt{2}} = \frac{16}{3}\sqrt{2}.$$

(2) $V = \int_0^2 \pi y\,dy + \int_2^4 \pi(4-y)dy = \pi\left[\frac{y^2}{2}\right]_0^2 + \pi\left[4y-\frac{y^2}{2}\right]_2^4 = 4\pi.$

3. 解

单调减区间	$(-\infty,-2]$，$(0,+\infty)$	$y'=-\frac{1}{x^3}(x+2)$
单调增区间	$[-2,0)$	$y'=-\frac{1}{x^3}(x+2)$
极值点	极小值点 $x=-2$	$y(-2)=-\frac{1}{4}$
极值	$y_{极小值}=-\frac{1}{4}$	
凹区间	$[-3,0)$，$(0,+\infty)$	$y''=\frac{2}{x^4}(x+3)$
凸区间	$(-\infty,-3]$	$y''=\frac{2}{x^4}(x+3)$
拐点	$\left(-3,-\frac{2}{9}\right)$	
渐近线	水平渐近线 $y=0$，铅直渐近线 $x=0$	

4. 解 根据定积分知
$$S_1 = \int_0^x f(t)\mathrm{d}t,\ S_2 = xy - S_1 = xf(x) - S_1,$$

由 $S_1 = 2S_2$，得
$$3\int_0^x f(t)\mathrm{d}t = 2xf(x),$$

方程两边同时求导得
$$3f(x) = 2f(x) + 2xf'(x),\ 即\ y' = \frac{y}{2x},$$

分离变量，得
$$\frac{\mathrm{d}y}{y} = \frac{\mathrm{d}x}{2x},$$

同时积分，得
$$\ln y = \frac{1}{2}\ln x + \ln C,$$

故 $y = C\sqrt{x}$.

将 $(2, 3)$ 代入上式得 $C = \dfrac{3\sqrt{2}}{2}$，故所求函数为
$$f(x) = \frac{3\sqrt{2}}{2}\sqrt{x}.$$

5. 证 令 $F(x) = a_0 x + \dfrac{a_1}{2}x^2 + \dfrac{a_2}{3}x^3 + \cdots + \dfrac{a_n}{n+1}x^{n+1}$，显然 $F(x)$ 在 $[0, 1]$ 上连续，在 $(0, 1)$ 内可导，且 $F(0) = F(1) = 0$，由罗尔定理知，至少存在一点 $\xi \in (0, 1)$，使得
$$F'(\xi) = 0,\ 即\ f(\xi) = a_0 + a_1\xi + a_2\xi^2 + \cdots + a_n\xi^n = 0,$$
故结论得证.

综合测试题二解答

一、1. $\sin^2 x$；　2. 1；　3. $-3, 4$；　4. 1；　5. $\dfrac{2}{x^2+y^2}(x\mathrm{d}x + y\mathrm{d}y)$.

二、1. D；　2. C；　3. D；　4. B；　5. C.

三、**1. 解** $\lim\limits_{x\to\infty}\left(\dfrac{2^{\frac{1}{x}} + 3^{\frac{1}{x}}}{2}\right)^x = \lim\limits_{x\to\infty} e^{x[\ln(2^{\frac{1}{x}} + 3^{\frac{1}{x}}) - \ln 2]}$，令 $t = \dfrac{1}{x}$，则

$$\lim_{x\to\infty} x[\ln(2^{\frac{1}{x}} + 3^{\frac{1}{x}}) - \ln 2] = \lim_{t\to 0}\frac{\ln(2^t + 3^t) - \ln 2}{t}$$
$$= \lim_{t\to 0}\frac{1}{2^t + 3^t}(2^t\ln 2 + 3^t\ln 3) = \frac{1}{2}\ln 6,$$

故
$$原式 = e^{\frac{1}{2}\ln 6} = \sqrt{6}.$$

2. 解 $\lim\limits_{x\to 0^+}\dfrac{\int_0^{x^2}\ln(1+\sqrt{t^3})\mathrm{d}t}{\tan^5 x} = \lim\limits_{x\to 0^+}\dfrac{\int_0^{x^2}\ln(1+\sqrt{t^3})\mathrm{d}t}{x^5} = \lim\limits_{x\to 0^+}\dfrac{2x\ln(1+x^3)}{5x^4}$

$$= \frac{2}{5} \lim_{x \to 0^+} \frac{x^3}{x^3} = \frac{2}{5}.$$

3. **解** 因为 $\lim\limits_{\substack{x \to 0 \\ y \to 0}}(x^2+y^2)=0$，且 $\left|\sin\dfrac{1}{x^2+y^2}\right| \leqslant 1$，所以

$$\lim_{\substack{x \to 0 \\ y \to 0}}(x^2+y^2)\sin\frac{1}{x^2+y^2}=0.$$

4. **解** 因为 $\left.\dfrac{\mathrm{d}y}{\mathrm{d}x}\right|_{t=\frac{\pi}{6}}=\left(\dfrac{\mathrm{d}y}{\mathrm{d}t}\bigg/\dfrac{\mathrm{d}x}{\mathrm{d}t}\right)_{t=\frac{\pi}{6}}=\left(\dfrac{-2\sin 2t}{\cos t}\right)_{t=\frac{\pi}{6}}=\dfrac{-2\cdot\frac{\sqrt{3}}{2}}{\frac{\sqrt{3}}{2}}=-2$,

且当 $t=\dfrac{\pi}{6}$ 时，$x=\dfrac{1}{2}$，$y=\dfrac{1}{2}$，所以法线方程为

$$y-\frac{1}{2}=\frac{1}{2}\left(x-\frac{1}{2}\right), \text{即 } x-2y+\frac{1}{2}=0.$$

5. **解** 方程两边对 x 求导得

$$2xy+x^2y'-\mathrm{e}^{x+y}(1+y')=\sec y\tan y \cdot y',$$

$$y'=\frac{2xy-\mathrm{e}^{x+y}}{\mathrm{e}^{x+y}+\sec y\tan y-x^2},$$

故

$$\mathrm{d}y=\frac{2xy-\mathrm{e}^{x+y}}{\mathrm{e}^{x+y}+\sec y\tan y-x^2}\mathrm{d}x.$$

6. **解** $\dfrac{\partial z}{\partial x}=y\mathrm{e}^{\frac{x}{y}}+xy\mathrm{e}^{\frac{x}{y}}\cdot\dfrac{1}{y}=(x+y)\mathrm{e}^{\frac{x}{y}},$

$$\frac{\partial^2 z}{\partial x\,\partial y}=\frac{\partial}{\partial y}\left[(x+y)\mathrm{e}^{\frac{x}{y}}\right]=\mathrm{e}^{\frac{x}{y}}+(x+y)\mathrm{e}^{\frac{x}{y}}\cdot\left(-\frac{x}{y^2}\right)=\frac{y^2-x^2-xy}{y^2}\mathrm{e}^{\frac{x}{y}}.$$

7. **解** $\displaystyle\int\frac{\ln(x+1)}{x^2}\mathrm{d}x=-\int\ln(x+1)\mathrm{d}\left(\frac{1}{x}\right)=-\left[\frac{\ln(x+1)}{x}-\int\frac{1}{x}\mathrm{d}\ln(x+1)\right]$

$$=-\frac{\ln(x+1)}{x}+\int\frac{1}{x(x+1)}\mathrm{d}x=-\frac{\ln(x+1)}{x}+\int\left(\frac{1}{x}-\frac{1}{x+1}\right)\mathrm{d}x$$

$$=-\frac{\ln(x+1)}{x}+\ln|x|-\ln(x+1)+C.$$

8. **解** $\displaystyle\int_0^{\frac{\pi}{2}}\sqrt{1-\sin 2x}\,\mathrm{d}x=\int_0^{\frac{\pi}{2}}\sqrt{(\cos x-\sin x)^2}\,\mathrm{d}x$

$$=\int_0^{\frac{\pi}{4}}(\cos x-\sin x)\mathrm{d}x-\int_{\frac{\pi}{4}}^{\frac{\pi}{2}}(\cos x-\sin x)\mathrm{d}x$$

$$=[\sin x+\cos x]_0^{\frac{\pi}{4}}-[\sin x+\cos x]_{\frac{\pi}{4}}^{\frac{\pi}{2}}=2\sqrt{2}-2.$$

9. **解** $\displaystyle\iint_D\frac{\cos y}{1+x^2}\mathrm{d}x\mathrm{d}y=\int_{-1}^1\frac{1}{1+x^2}\mathrm{d}x\cdot\int_0^{\frac{\pi}{2}}\cos y\,\mathrm{d}y=[2\arctan x]_0^1\cdot[\sin y]_0^{\frac{\pi}{2}}=\dfrac{\pi}{2}.$

10. **解** 其特征方程为 $r^2-4r+4=0$，故特征根为二重根 $r_{1,2}=2$，所以通解为

$$y=(C_1+C_2 x)\mathrm{e}^{2x}.$$

四、1. 解 （1）$\lim\limits_{x \to 0^-}f(x)=\lim\limits_{x \to 0^-}(\mathrm{e}^x+ax+b)=1+b,$

$$\lim_{x \to 0^+} f(x) = \lim_{x \to 0^+} \ln\left(1 + \frac{x}{2}\right) = 0,$$

要使 $f(x)$ 在 $x=0$ 连续，只需 $b=-1$，而 a 可为任意数.

(2) $\lim\limits_{x \to 0^-} \dfrac{f(x)-f(0)}{x-0} = \lim\limits_{x \to 0^-} \dfrac{e^x + ax - 1}{x} = \lim\limits_{x \to 0^-}(e^x + a) = 1 + a,$

$$\lim_{x \to 0^+} \frac{f(x)-f(0)}{x-0} = \lim_{x \to 0^-} \frac{\ln\left(1+\dfrac{x}{2}\right)}{x} = \lim_{x \to 0^-} \frac{\dfrac{1}{2}}{1+\dfrac{x}{2}} = \frac{1}{2},$$

所以当 $a = -\dfrac{1}{2}$ 且 $b = -1$ 时，$f(x)$ 在 $x=0$ 处可导.

2. **解** 由 $\begin{cases} y = x^2, \\ y = 2x, \end{cases}$ 解得 $\begin{cases} x=0, \\ y=0, \end{cases} \begin{cases} x=2, \\ y=4, \end{cases}$ 所以所围成图形的面积为

$$S = \int_0^2 (2x - x^2)\,dx = \left[x^2 - \frac{1}{3}x^3\right]_0^2 = \frac{4}{3},$$

绕 x 轴旋转一周所成旋转体的体积为

$$V_x = \int_0^2 \pi(2x)^2\,dx - \int_0^2 \pi(x^2)^2\,dx = \int_0^2 \pi(4x^2 - x^4)\,dx$$

$$= \pi\left[\frac{4}{3}x^3 - \frac{x^5}{5}\right]_0^2 = \frac{64\pi}{15}.$$

3. **解** 因为 $f(x)$ 连续，由定积分基本定理可知，$\int_0^x tf(t)\,dt$，$\int_0^x f(t)\,dt$ 可导，故 $f(x)$ 可导，且 $f(0)=1$，等式两边对 x 求导得

$$f'(x) = 2 + xf(x) - xf(x) - \int_0^x f(t)\,dt = 2 - \int_0^x f(t)\,dt.$$

同理，$f'(x)$ 可导，且 $f'(0) = 2$，等式两边再对 x 求导得

$$f''(x) = -f(x),$$

由二阶常系数齐次微分方程通解公式可得通解为

$$f(x) = C_1\cos x + C_2 \sin x.$$

由 $f(0)=1$，$f'(0)=2$，可得 $C_1 = 1$，$C_2 = 2$，故

$$f(x) = \cos x + 2\sin x.$$

4. **解** 设 P 为 (x, y)，则该处的切线方程为

$$Y - y = 2x(X - x), \text{ 即 } Y = 2xX - x^2.$$

当 $Y=0$ 时，$X = \dfrac{x}{2}$；当 $X=8$ 时，$Y = 16x - x^2$，所以三角形面积为

$$S = \frac{1}{2}\left(8 - \frac{x}{2}\right)(16x - x^2) = \frac{1}{4}x(16-x)^2.$$

由于

$$S' = \frac{1}{4}(16-x)^2 - \frac{1}{2}x(16-x) = \frac{1}{4}(16-x)(16-3x),$$

$$S''\left(\frac{16}{3}\right) = \left(\frac{3}{2}x - 16\right)_{x=\frac{16}{3}} = -8 < 0,$$

所以当 $x = \dfrac{16}{3}$ 时面积最大，故点 P 的坐标为 $\left(\dfrac{16}{3}, \dfrac{256}{9}\right)$.

5. 证 (1)在$[0, a]$上由拉格朗日中值定理知，存在$\xi_1 \in (0, a)$，使得

$$f(a) - f(0) = f'(\xi_1)a, \text{ 即 } f'(\xi_1) = \frac{f(a)}{a}.$$

(2)在$[b, a+b]$上由拉格朗日中值定理知，存在$\xi_2 \in (b, a+b)$，使得

$$f(a+b) - f(b) = f'(\xi_2)(a+b-b) \text{ 即 } f'(\xi_2) = \frac{f(a+b) - f(b)}{a}.$$

(3)因为$f'(x)$单调下降，又$\xi_1 < a < b < \xi_2$，则$f'(\xi_1) > f'(\xi_2)$，把(1)、(2)所得结果代入上式，因为$a > 0$，所以

$$f(a+b) < f(a) + f(b).$$

综合测试题三解答

一、1. 选 C. 将各选项代入原题中验证：$x^n + y^n \neq (xy)^n$，$e^x + e^y \neq e^{xy}$，$\ln x + \ln y = \ln(xy)$，$\sin x + \sin y \neq \sin(xy)$，所以选项 C 是正确答案.

2. 选 B. 因为$\lim\limits_{x \to 1} \frac{x^2-1}{x-1} = \lim\limits_{x \to 1}(x+1) = 2$，而$f(x)$在$x=1$处没有定义，所以$x=1$是$f(x)$的可去间断点.

3. 选 C. 因为$\lim\limits_{x \to 1} \frac{\tan 2x}{2x} = 1$，所以$\tan 2x$是$2x$的等价无穷小.

4. 选 D. 因为$\lim\limits_{x \to 0+0} \sin x = \lim\limits_{x \to 0-0} x = 0 = f(0)$，所以$f(x)$在点$x=0$处连续，且

$$\lim\limits_{x \to 0+0} \frac{\sin x - 0}{x - 0} = \lim\limits_{x \to 0-0} \frac{x-0}{x-0} = f'(0) = 1.$$

5. 选 A.

6. 选 C. 因为$(-e^{-\frac{1}{x}})' = -\frac{1}{x^2} e^{-\frac{1}{x}}$，故$f(x) = -\frac{1}{x^2}$.

7. 选 A. 被积函数是奇函数，积分区间是关于原点对称的区间，所以积分值为 0.

8. 选 B. 因为$\frac{\partial z}{\partial x} = 3x^2 y^2 - 2xy^3 + y$，$\frac{\partial^2 z}{\partial x \partial y} = 6x^2 y - 6xy^2 + 1$，所以$\frac{\partial^2 z}{\partial x \partial y}\bigg|_{(0,0)} = 1$.

二、1. $a = -4, b = 10$. 因为$\lim\limits_{x \to -1} \frac{x^3 + ax^2 - x + 4}{x+1} = b$ 存在，所以$\lim\limits_{x \to -1}(x^3 + ax^2 - x + 4) = 0$，即$-1 + a + 1 + 4 = 0$，所以$a = -4$. 又$\lim\limits_{x \to -1} \frac{x^3 + ax^2 - x + 4}{x+1} = b$，所以$\lim\limits_{x \to -1} \frac{3x^2 - 8x - 1}{1} = 10 = b$.

2. 曲线$y = f(x)$在点$(\xi, f(\xi))$处切线平行于弦 AB.

3. 因为$\lim\limits_{x \to 0} \frac{1}{e^x - 1} = \infty$，所以$x = 0$是无穷间断点.

4. $f'(x) = (e^x)' + (x^e)' = e^x + e x^{e-1}$.

5. $\frac{dy}{dx} = \frac{dy/dt}{dx/dt} = \frac{3t^2}{2t} = \frac{3}{2}t$，$\frac{d^2 y}{dx^2} = \frac{\frac{dy}{dx}}{dx/dt} = \frac{3}{4t}$.

6. $\int_{-1}^{1} \dfrac{x+1}{1+x^2}dx = \int_{-1}^{1}\dfrac{x}{1+x^2}dx + \int_{-1}^{1}\dfrac{1}{1+x^2}dx = \arctan x\Big|_{-1}^{1} = \dfrac{\pi}{2}$.

7. $\int_{1}^{+\infty}\dfrac{1}{x^2}e^{-\frac{1}{x}}dx = \int_{1}^{+\infty}e^{-\frac{1}{x}}d\left(-\dfrac{1}{x}\right) = e^{-\frac{1}{x}}\Big|_{1}^{+\infty} = 1 - e^{-1}$.

三、**解** $\lim\limits_{x\to 0}f(x) = \lim\limits_{x\to 0}\dfrac{\sqrt{1+x}-1}{x} = \lim\limits_{x\to 0}\dfrac{x}{x(\sqrt{1+x}+1)} = \dfrac{1}{2} = f(0)$,

所以 $f(x)$ 在 $x=0$ 处连续. 当 $x\neq 0$ 时,

$$f(\Delta x) = \dfrac{\sqrt{1+\Delta x}-1}{\Delta x},$$

所以 $\lim\limits_{\Delta x\to 0}\dfrac{f(0+\Delta x)-f(0)}{\Delta x} = \lim\limits_{\Delta x\to 0}\dfrac{\sqrt{1+\Delta x}-1-\frac{1}{2}\Delta x}{(\Delta x)^2} = \lim\limits_{\Delta x\to 0}\dfrac{\frac{1}{2}(1+\Delta x)^{-\frac{1}{2}}-\frac{1}{2}}{2\Delta x}$

$$= \lim\limits_{\Delta x\to 0}\dfrac{-\frac{1}{4}(1+\Delta x)^{-\frac{3}{2}}}{2} = -\dfrac{1}{8},$$

所以 $f(x)$ 在 $x=0$ 处可导, $f'(0) = -\dfrac{1}{8}$.

四、1. **解** $\lim\limits_{x\to 0}\left(\dfrac{1}{x\sin x} - \dfrac{1}{x^2}\right) = \lim\limits_{x\to 0}\dfrac{x-\sin x}{x^2\sin x} = \lim\limits_{x\to 0}\dfrac{x-\sin x}{x^3}$

$$= \lim\limits_{x\to 0}\dfrac{1-\cos x}{3x^2} = \lim\limits_{x\to 0}\dfrac{\sin x}{6x} = \dfrac{1}{6}.$$

2. **解** $\lim\limits_{x\to \frac{\pi}{2}-0}e^{(\frac{\pi}{2}-x)\ln\cos x} = e^{\lim\limits_{x\to \frac{\pi}{2}-0}(\frac{\pi}{2}-x)\ln\cos x} = e^{\lim\limits_{x\to \frac{\pi}{2}-0}\frac{\ln\cos x}{\frac{1}{\frac{\pi}{2}-x}}} = e^{\lim\limits_{x\to \frac{\pi}{2}-0}\frac{-\sin x}{\cos x}(\frac{\pi}{2}-x)^2} = e^{\lim\limits_{x\to \frac{\pi}{2}-0}\frac{-(\frac{\pi}{2}-x)^2}{\cos x}\sin x}$

$$= e^{\lim\limits_{x\to \frac{\pi}{2}-0}\frac{-(\frac{\pi}{2}-x)^2}{\cos x}} = e^{\lim\limits_{x\to \frac{\pi}{2}-0}\frac{-2(\frac{\pi}{2}-x)}{\sin x}} = e^0 = 1.$$

五、1. **解** $dy = d(e^{-\sin^2\frac{1}{x}}) = e^{-\sin^2\frac{1}{x}}d\left(-\sin^2\dfrac{1}{x}\right)$

$$= e^{-\sin^2\frac{1}{x}}\left(-2\sin\dfrac{1}{x}\right)\cos\dfrac{1}{x}\cdot\left(-\dfrac{1}{x^2}\right)dx$$

$$= \dfrac{1}{x^2}e^{-\sin^2\frac{1}{x}}\sin\dfrac{2}{x}dx.$$

2. **解** 因为 $\dfrac{dy}{dx} = \dfrac{dy/dt}{dx/dt} = \dfrac{\frac{1-\ln t}{t^2}}{\ln t+1} = \dfrac{1-\ln t}{\ln t+1}\dfrac{1}{t^2}$, 所以 $\dfrac{dy}{dx}\Big|_{t=1} = 1$.

当 $t=1$ 时, $x=0$, $y=0$, 则切线方程为 $y=x$.

3. **解** 设 $F(x,y,z) = x - z\ln\dfrac{z}{y}$, 则

$$F'_x = 1,\quad F'_y = \dfrac{z}{y},\quad F'_z = -\left(1+\ln\dfrac{z}{y}\right),$$

所以 $\dfrac{\partial z}{\partial x}=-\dfrac{F'_x}{F'_z}=\dfrac{1}{1+\ln\dfrac{z}{y}},\ \dfrac{\partial z}{\partial y}=-\dfrac{F'_y}{F'_z}=\dfrac{\dfrac{z}{y}}{1+\ln\dfrac{z}{y}},$

$$dz=\dfrac{\partial z}{\partial x}dx+\dfrac{\partial z}{\partial y}dy=\dfrac{1}{1+\ln\dfrac{z}{y}}dx+\dfrac{z}{y+y\ln\dfrac{z}{y}}dy.$$

4. 解 $\dfrac{dy}{dx}=\dfrac{1}{f(x^2)}\cdot f'(x^2)\cdot 2x=\dfrac{2xf'(x^2)}{f(x^2)},$

$$\dfrac{d^2y}{dx^2}=\dfrac{[2xf'(x^2)]'\cdot f(x^2)-2xf'(x^2)f'(x^2)\cdot 2x}{[f(x^2)]^2}$$

$$=\dfrac{[2f'(x^2)+4x^2f''(x^2)]f(x^2)-4x^2[f'(x^2)]^2}{[f(x^2)]^2}.$$

六、1. 解 $\displaystyle\int(2a^x+\sin x+\csc x\cot x)dx=\dfrac{2a^x}{\ln a}-\cos x-\csc x+C.$

2. 解 $\displaystyle\int_0^{\frac{3\pi}{2}}\sqrt{1+\sin 2x}\,dx=\int_0^{\frac{3\pi}{2}}\sqrt{(\sin x+\cos x)^2}\,dx=\int_0^{\frac{3\pi}{2}}|\sin x+\cos x|\,dx$

$$=\int_0^{\frac{3\pi}{4}}(\sin x+\cos x)dx-\int_{\frac{3\pi}{4}}^{\frac{3\pi}{2}}(\sin x+\cos x)dx$$

$$=2+2\sqrt{2}.$$

3. 解 $\displaystyle\int_1^{+\infty}\dfrac{1}{\sqrt{x}+x\sqrt{x}}dx\xrightarrow{\sqrt{x}=t}\lim_{b\to+\infty}\int_1^b\dfrac{2}{1+t^2}dt=2\lim_{b\to+\infty}\arctan t\Big|_1^b=\dfrac{\pi}{2}.$

4. 解 $I=\displaystyle\iint_D(x-1)y\,dxdy=\int_0^1 dy\int_{1+\sqrt{y}}^{1-y}(x-1)y\,dx$

$$=\int_0^1\dfrac{1}{2}y(x-1)^2\Big|_{1+\sqrt{y}}^{1-y}dy=\dfrac{1}{2}\int_0^1(y^3-y^2)dy=-\dfrac{1}{24}.$$

七、证 (1) $F'(x)=f(x)+\dfrac{1}{f(x)}\geq 2\sqrt{f(x)\cdot\dfrac{1}{f(x)}}=2.$

(2) $F(a)=\displaystyle\int_b^a\dfrac{1}{f(x)}dx<0,\ F(b)=\int_a^b f(x)dx>0,$ 则 $F(x)$ 在 (a,b) 内有根.

又 $F'(x)\geq 2>0$, 所以 $F(x)$ 在 $[a,b]$ 上严格单调增加, 所以 $F(x)$ 在 (a,b) 内有且仅有一个根.

八、解 $S=\displaystyle\int_0^2[(y+2)-y^2]dy=\left[\dfrac{1}{2}y^2+2y-\dfrac{1}{3}y^3\right]_0^2=\dfrac{10}{3},$

$$V=\int_0^4\pi(\sqrt{x})^2 dx-\int_2^4\pi(x-2)^2 dx=8\pi-\dfrac{8\pi}{3}=\dfrac{16\pi}{3}.$$

九、1. 解 $y=e^{\int\frac{1}{x\ln x}dx}\left(\displaystyle\int x\ln x\,e^{-\int\frac{1}{x\ln x}dx}dx+C\right)$

$$=\ln x\left(\int x\ln x\dfrac{1}{\ln x}dx+C\right)$$

$$= \ln x \left(\frac{1}{2}x^2 + C\right).$$

因为 $y|_{x=e} = \dfrac{e^2}{2}$，所以 $C=0$，所以

$$y = \frac{1}{2}x^2 \ln x.$$

2. **解** 原方程改写为

$$\int_0^x f(t)\,dt = x\int_0^x f(t)\,dt - \int_0^x t f(t)\,dt,$$

两边求导得

$$f(x) = \int_0^x f(t)\,dt + x f(x) - x f(x) = \int_0^x f(t)\,dt,$$

上式两边再求导一次得

$$f'(x) = f(x),$$

分离变量后两边积分得

$$\int \frac{1}{f(x)}\,df(x) = \int dx,$$

所以 $\ln|f(x)| = x + C_1$，即 $f(x) = Ce^x$.

3. **解** $\rho = \lim\limits_{n\to +\infty}\left|\dfrac{a_{n+1}}{a_n}\right| = 1$，所以 $R=1$.

当 $x=0,2$ 时，级数发散，故收敛域为 $(0,2)$.

设 $S(x) = \sum\limits_{n=1}^{+\infty} n(x-1)^{n-1}$，积分得

$$\int_1^x S(t)\,dt = \sum_{n=1}^{+\infty}\int_1^x n(t-1)^{n-1}\,dx = \sum_{n=1}^{+\infty}(x-1)^n = \frac{x-1}{2-x},$$

所以

$$S(x) = \left(\frac{x-1}{2-x}\right)' = \frac{1}{(2-x)^2}.$$

综合测试题四解答

一、1. 选 D. 若 $k=f(a)$，则 $x=a$ 是 $f(x)$ 的连续点；若 $k\neq f(a)$，则 $x=a$ 是 $f(x)$ 的可去间断点.

2. 选 A. $\lim\limits_{h\to 0}\dfrac{f(a+h)-f(a-2h)}{h} = \lim\limits_{h\to 0}\dfrac{f(a+h)-f(a)+f(a)-f(a-2h)}{h}$

$$= \lim_{h\to 0}\frac{f(a+h)-f(a)}{h} - \lim_{h\to 0}\frac{f(a-2h)-f(a)}{-2h}(-2)$$

$$= f'(a) + 2f'(a) = 3f'(a).$$

3. 选 B. $F(-x) = \int_0^{-x} t f(t^2)\,dt \xrightarrow{t=-u} \int_0^x (-u)f(u^2)(-du) = \int_0^x u f(u^2)\,du = F(x)$，

所以 $F(x)$ 为偶函数.

4. 选 B. $F'(x) = f(x)$，所以 $F(x)$ 是 $f(x)$ 的一个原函数.

$f(x)$ 的不定积分和全体原函数均应含有任意常数,所以选项 A,C 均不正确;$F(x)$ 是变上限的定积分,所以选项 D 也不正确.

5. 选 B. $\int_0^{+\infty} \dfrac{x}{(1+x^2)^2} dx = \dfrac{1}{2} \int_0^{+\infty} \dfrac{1}{(1+x^2)^2} d(1+x^2) = -\dfrac{1}{2} \dfrac{1}{1+x^2} \Big|_0^{+\infty} = \dfrac{1}{2}$.

6. 选 B. 因为 $y'=3x^2+1$,$y'_{x=1}=4$,所以切线方程为 $y=4(x-1)$.

二、1. $f[g(x)]=\sec^2 x-1=\tan^2 x$,$g[f(x)]=\sec(x^2-1)$.

2. 1.01995. $f(x)=e^x$,$x_0=0$,$\Delta x=0.01995$,$f'(x)=e^x$,所以
$$e^{0.01995}=f(x_0+\Delta x)\approx f(x_0)+f'(x_0)\Delta x=e^0+e^0\times 0.01995=1.01995.$$

3. 小. 因为 $\lim\limits_{x\to x_0}\dfrac{f(x)-f(x_0)}{(x-x_0)^4}=a^2>0$,所以存在点 x_0 的某一邻域,当 x 在该邻域内,但 $x\neq x_0$ 时,有 $\dfrac{f(x)-f(x_0)}{(x-x_0)^4}>0$,所以有 $f(x)>f(x_0)$,所以 $f(x)$ 在 x_0 处取得极小值.

4. $e-e^{-1}$. 因为 $f(x)=\dfrac{\sin x\cos^4 x}{1+x^2}$ 为奇函数,所以
$$\int_{-1}^{1}\left(\dfrac{\sin x\cos^4 x}{1+x^2}+e^{-x}\right)dx = \int_{-1}^{1}\dfrac{\sin x\cos^4 x}{1+x^2}dx+\int_{-1}^{1}e^{-x}dx$$
$$= 0+\int_{-1}^{1}e^{-x}dx=-e^{-x}\Big|_{-1}^{1}=e-e^{-1}.$$

5. $f'(0)>f(1)-f(0)>f'(1)$. 由题意知,$f(x)$ 在 $[0,1]$ 上满足拉格朗日中值定理,所以至少存在一点 $\xi\in(0,1)$ 使得
$$f'(\xi)=\dfrac{f(1)-f(0)}{1-0}=f(1)-f(0),$$
由 $f''(x)<0$ 知,$f'(x)$ 在 $[0,1]$ 上单调减小,所以 $f'(0)>f(1)-f(0)>f'(1)$.

6. $\int_0^2 dx\int_{\frac{1}{2}x}^{3-x} f(x,y)dy$. 积分区域为
$$D=\{(x,y)\mid 0\leqslant y\leqslant 1,0\leqslant x\leqslant 2y\}\bigcup\{(x,y)\mid 1\leqslant y\leqslant 3,0\leqslant x\leqslant 3-y\}$$
$$=\{(x,y)\mid 0\leqslant x\leqslant 2,\dfrac{x}{2}\leqslant y\leqslant 3-x\},$$
所以 $I=\int_0^2 dx\int_{\frac{1}{2}x}^{3-x} f(x,y)dy$.

7. p,$p\dfrac{dp}{dy}$.

三、1. **解** 方程两边求导数得
$$y+xy'=e^{-\frac{y}{x}}\left(-\dfrac{xy'-y}{x^2}\right),\quad y'=\dfrac{y(e^{-\frac{y}{x}}-x^2)}{x(x^2+e^{-\frac{y}{x}})},$$
所以
$$dy=\dfrac{y(e^{-\frac{y}{x}}-x^2)}{x(x^2+e^{-\frac{y}{x}})}dx \text{ 或 } dy=\dfrac{y^2-xy}{x^2+xy}dx.$$

2. **解** $\dfrac{\partial z}{\partial x}=4x^3-4\ln y\cdot\dfrac{1}{x}$,

$\dfrac{\partial^2 z}{\partial x^2}=12x^2+\dfrac{4\ln y}{x^2}$,

$$\frac{\partial^2 z}{\partial x \partial y} = -\frac{4}{xy}.$$

3. **解** $\dfrac{dy}{dx} = \dfrac{3+3t^2}{2t}$, $\dfrac{d^2 y}{dx^2} = \dfrac{\frac{3}{2}\left(1-\frac{1}{t^2}\right)}{2t} = \dfrac{3(t^2-1)}{4t^3}$.

故当 $t=0$, $t=\pm 1$ 时，三点 $(0,0)$, $(1,4)$, $(1,-4)$ 可能是拐点，经检验 $(1,4)$, $(1,-4)$ 为曲线的拐点.

4. **解** $\lim\limits_{x \to 0} \dfrac{\tan x - x}{x^3} = \lim\limits_{x \to 0} \dfrac{\sec^2 x - 1}{3x^2} = \lim\limits_{x \to 0} \dfrac{\tan^2 x}{3x^2} = \dfrac{1}{3}$.

5. **解** $\lim\limits_{x \to 0^+} \sqrt[x]{\cos \sqrt{x}} = \lim\limits_{x \to 0^+} (\cos \sqrt{x})^{\frac{1}{x}} = \lim\limits_{x \to 0^+} e^{\frac{1}{x}\ln\cos\sqrt{x}} = e^{\lim\limits_{x \to 0^+} \frac{\frac{1}{\cos\sqrt{x}}(-\sin\sqrt{x})\frac{1}{2\sqrt{x}}}{1}}$

$$= e^{-\frac{1}{2} \lim\limits_{x \to 0^+}\left(\frac{\sin\sqrt{x}}{\sqrt{x}} \cdot \frac{1}{\cos\sqrt{x}}\right)} = e^{-\frac{1}{2}}.$$

6. **解** $\displaystyle\int \dfrac{e^{-\frac{1}{\sqrt{x}}}}{x^2} dx = -\int e^{-\frac{1}{\sqrt{x}}} d\left(\dfrac{1}{x}\right) \xlongequal{t = -\frac{1}{\sqrt{x}}} -\int e^t dt^2 = -\int e^t \cdot 2t\, dt$

$$= -2(t-1)e^t + C = 2\left(\dfrac{1}{\sqrt{x}} + 1\right) e^{-\frac{1}{\sqrt{x}}} + C.$$

7. **解** $\displaystyle\int_0^{\frac{\pi}{2}} \dfrac{\cos x}{\sin x + \cos x} dx = \dfrac{1}{2}\int_0^{\frac{\pi}{2}} \dfrac{(\cos x + \sin x) + (\cos x - \sin x)}{\sin x + \cos x} dx$

$$= \dfrac{1}{2}\left[\int_0^{\frac{\pi}{2}} 1\, dx + \int_0^{\frac{\pi}{2}} \dfrac{d(\sin x + \cos x)}{\sin x + \cos x} dx\right]$$

$$= \dfrac{1}{2}\left(x\Big|_0^{\frac{\pi}{2}} + \ln|\sin x + \cos x|\Big|_0^{\frac{\pi}{2}}\right) = \dfrac{\pi}{4}.$$

8. **解** $\displaystyle\int_{-\infty}^{+\infty} (x + |x|) e^{-|x|} dx = 2\int_0^{+\infty} x e^{-x} dx = 2\lim\limits_{b \to +\infty} \int_0^b x e^{-x} dx = -2\lim\limits_{b \to +\infty} (x+1)e^{-x}\Big|_0^b$

$$= 2 - 2\lim\limits_{b \to +\infty} (b+1)e^{-b} = 2,$$

故广义积分收敛.

9. **解** $\displaystyle\iint\limits_D x\sqrt{y}\, dxdy = \int_0^1 \sqrt{y}\, dy \int_{y^2}^{\sqrt{y}} x\, dx = \dfrac{1}{2}\int_0^1 (y - y^4)\sqrt{y}\, dy = \dfrac{6}{55}$.

四、解 $\lim\limits_{x \to 0^-} f(x) = \lim\limits_{x \to 0^-} x = 0$, $\lim\limits_{x \to 0^+} f(x) = \lim\limits_{x \to 0^+} x^2 \cos\dfrac{1}{x} = 0$,

所以 $\lim\limits_{x \to 0^-} f(x) = \lim\limits_{x \to 0^+} f(x) = 0 = f(0)$,

所以函数 $f(x)$ 在 $x=0$ 处连续.

$$\lim\limits_{x \to 0^-} \dfrac{f(x) - f(0)}{x - 0} = \lim\limits_{x \to 0^-} \dfrac{x}{x} = 1,$$

$$\lim\limits_{x \to 0^+} \dfrac{f(x) - f(0)}{x - 0} = \lim\limits_{x \to 0^+} \dfrac{x^2 \cos\dfrac{1}{x}}{x} = 0,$$

所以 $\lim\limits_{x \to 0} \dfrac{f(x) - f(0)}{x - 0}$ 不存在，即函数 $f(x)$ 在 $x=0$ 处不可导.

五、解 设抛物线上切点为 $(x_0, 1 + ax_0^2)$，则切线方程为

$$y-(1+ax_0^2)=2ax_0(x-x_0).$$

又切线由原点引出，故过点 $O(0,0)$，所以
$$1+ax_0^2=2ax_0^2, \quad ax_0^2=1.$$

又所给图形面积为
$$\int_0^{x_0}(1+ax^2)dx-\frac{1}{2}x_0(1+ax_0^2)=\frac{1}{3}, \quad 即 \frac{1}{3}x_0=\frac{1}{3},$$

所以 $x_0=1$，$a=1$.

(1)抛物线方程为 $y=1+x^2$.

(2)旋转体体积为
$$V_x=\pi\int_0^1(1+x^2)^2 dx-\frac{1}{3}\pi\cdot 2^2\cdot 1=\frac{8\pi}{15}.$$

六、证 取 $f(x)=e^x-ex$，$f(1)=0$.
$$f'(x)=e^x-e.$$

当 $x>1$ 时，$f'(x)>0$，所以当 $x>1$ 时，$f(x)$ 单调增加，即 $f(x)>f(1)=0$.

或用拉格朗日中值定理，对 $g(x)=e^x$ 在 $[1,x]$ 上应用定理.

七、解 据题意知
$$y'=\cos x-\frac{y}{x}, \quad 即 y'+\frac{y}{x}=\cos x,$$

所以
$$y=e^{-\int\frac{1}{x}dx}\left(\int\cos x\, e^{\int\frac{1}{x}dx}dx+C\right)$$
$$=\frac{1}{x}\left(\int\cos x\cdot x\, dx+C\right)$$
$$=\frac{1}{x}(x\sin x+\cos x+C).$$

又曲线过点 $\left(\frac{\pi}{2}, 0\right)$，故 $C=-\frac{\pi}{2}$，所以曲线为
$$y=\frac{1}{x}\left(x\sin x+\cos x-\frac{\pi}{2}\right).$$

八、解 $f(x)=x\cos x\sin x=\frac{1}{2}x\sin(2x)$
$$=\frac{1}{2}x\left(2x-\frac{(2x)^3}{3!}+\frac{(2x)^5}{5!}-\frac{(2x)^7}{7!}+\cdots\right)$$
$$=\frac{1}{2}\sum_{n=1}^{+\infty}\frac{(-1)^{n-1}(2x)^{2n-1}x}{(2n-1)!}=\sum_{n=1}^{+\infty}\frac{(-1)^{n-1}2^{2n-2}x^{2n}}{(2n-1)!}.$$

综合测试题五解答

一、1. 选 D. 由间断点的分类可得，该点为第二类间断点.

2. 选 C. 因为 $\lim\limits_{x\to 0^+}e^{\frac{x+1}{x}}=\lim\limits_{x\to 0^+}e^{1+\frac{1}{x}}=\infty$，$\lim\limits_{x\to 0^-}e^{\frac{x+1}{x}}=\lim\limits_{x\to 0^-}e^{1+\frac{1}{x}}=0$，单侧极限有一个不存在，所以 $x=0$ 为第二类间断点.

3. 选 B. 如图所示,

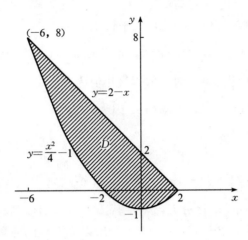

$$I = \int_{-1}^{0} dy \int_{-2\sqrt{1+y}}^{2\sqrt{1+y}} f(x, y) dx + \int_{0}^{8} dy \int_{-2\sqrt{1+y}}^{2-y} f(x, y) dx = \int_{-6}^{2} dx \int_{\frac{x^2}{4}-1}^{2-x} f(x, y) dy.$$

4. 选 C. 由拉格朗日中值定理得

$$f(1) - f(0) = f'(\xi)(1-0), \text{ 即 } \ln 2 = \frac{1}{1+\xi},$$

故 $\xi = \frac{1}{\ln 2} - 1$.

5. 选 B. $f'(x) = 3x^2 - 6x = 3x(x-2)$, 令 $f'(x) = 0$, 得驻点 $x = 0$, $x = 2$.
当 $x \in [0, 2]$ 时, $f'(x) < 0$, 故 $f(x)$ 的单调递减区间为 $[0, 2]$.

6. 选 D. $y' = \sin 2x \cdot (2x)' - \sin x \cdot x' = 2\sin 2x - \sin x$.

7. 选 C. 设 $x = 3\sin t$, $t \in \left(-\frac{\pi}{2}, \frac{\pi}{2}\right)$, 则 $dx = 3\cos t\, dt$, 故

$$\int_{-\frac{\pi}{2}}^{\frac{\pi}{2}} 3\cos t \cdot 3\cos t\, dt = 9\int_{-\frac{\pi}{2}}^{\frac{\pi}{2}} \cos^2 t\, dt = 9\int_{-\frac{\pi}{2}}^{\frac{\pi}{2}} \frac{1+\cos 2t}{2} dt$$

$$= \frac{9}{2}\left(t + \frac{1}{2}\sin 2t\right)\bigg|_{-\frac{\pi}{2}}^{\frac{\pi}{2}} = \frac{9\pi}{2}.$$

8. 选 B. 因为 $\lim\limits_{n \to +\infty} \frac{n}{2n-1} = \frac{1}{2} \neq 0$, 所以 $\sum\limits_{n=1}^{+\infty} (-1)^{n-1} \frac{n}{2n-1}$ 发散;

因为 $\sum\limits_{n=1}^{+\infty} \frac{1}{3^n}$ 收敛, 故 $\sum\limits_{n=1}^{+\infty} (-1)^n \frac{1}{3^n}$ 绝对收敛;

又因为 $\lim\limits_{n \to +\infty} \frac{(n+1)^{n+1}}{(n+1)!} \cdot \frac{n!}{n^n} = \lim\limits_{n \to +\infty} \left(1 + \frac{1}{n}\right)^n = e > 1$, 故 $\sum\limits_{n=1}^{+\infty} (-1)^n \frac{n^n}{n!}$ 发散;

由莱布尼茨判别法可知, $\sum\limits_{n=1}^{+\infty} (-1)^{n+1} \frac{1}{\sqrt{n}}$ 条件收敛.

二、1. $a = -6$, $b = 6$. 因为 $\lim\limits_{x \to 2} \frac{x^3 + ax + 4}{x^2 - 3x + 2} = \lim\limits_{x \to 2} \frac{x^3 + ax + 4}{(x-1)(x-2)} = b$ 存在, 所以 $x = 2$ 为 $x^3 + ax + 4 = 0$ 的根, 解得 $a = -6$.

将 $a = -6$ 代入极限式可得

$$\lim_{x\to 2}\frac{x^2+2x-2}{x-1}=6=b.$$

2. 曲线 $y=f(x)$ 在点 $(\xi, f(\xi))$ 处的切线平行于 x 轴.

3. $x=1$, 2. 函数 $y'=1-\frac{1}{x^2}$, 令 $y'=0$, 得驻点 $x=1$, 当 $x\in\left[\frac{1}{3}, 1\right)$ 时, $y'<0$; 当 $x\in(1, 2]$ 时, $y'>0$, 所以当 $x=1$ 时, 取得极小值为 2.

4. $x^2-\frac{1}{2}x^3+\cdots+(-1)^{n-1}\frac{x^{n+1}}{n}+R_n(x)$. 因为

$$\ln(1+x)=x-\frac{x^2}{2}+\frac{x^3}{3}-\cdots+(-1)^{n-1}\frac{x^n}{n}+R_n(x),$$

所以 $f(x)=x\ln(1+x)=x^2-\frac{1}{2}x^3+\cdots+(-1)^{n-1}\frac{x^{n+1}}{n}+R_n(x).$

5. $y=e^{-2x}(C_1\cos x+C_2\sin x)$. 微分方程 $y''+4y'+5y=0$ 对应的特征方程为 $r^2+4r+5=0$, 它有一对共轭的复根为 $r_1=-2+i$, $r_2=-2-i$, 所以原方程的通解为

$$y=e^{-2x}(C_1\cos x+C_2\sin x).$$

三、解 因为 $f(x)$ 在 $x=0$ 可导, 则在 $x=0$ 连续, 所以 $\lim_{x\to 0^+}f(x)=b=f(0)=1$, 即 $b=1$.

又 $f'_-(0)=\lim_{\Delta x\to 0}\frac{e^{2a\Delta x}-1}{\Delta x}=2a$, $f'_+(0)=\lim_{\Delta x\to 0}\frac{\sin\Delta x+1-1}{\Delta x}=1$,

且 $f'_+(0)=f'_-(0)$, 所以 $2a=1$, 即 $a=\frac{1}{2}$. 所以 $f'(0)=1$, $a=\frac{1}{2}$, $b=1$.

四、1. 解
$$\lim_{x\to 0}\frac{x-x\cos x}{x-\sin x}=\lim_{x\to 0}\frac{1-\cos x+x\sin x}{1-\cos x}=\lim_{x\to 0}\left(1+\frac{x\sin x}{1-\cos x}\right)$$
$$=1+\lim_{x\to 0}\frac{x\sin x}{1-\cos x}=1+\lim_{x\to 0}\frac{\sin x+x\cos x}{\sin x}$$
$$=2+\lim_{x\to 0}\frac{x\cos x}{\sin x}=3.$$

2. 解
$$\lim_{x\to+\infty}\left(\frac{\pi}{2}-\arctan x\right)^{\frac{1}{\ln x}}=\lim_{x\to+\infty}e^{\frac{\ln\left(\frac{\pi}{2}-\arctan x\right)}{\ln x}}=e^{\lim_{x\to+\infty}\frac{-\frac{1}{1+x^2}}{\frac{\pi}{2}-\arctan x}\cdot\frac{1}{\frac{1}{x}}}$$
$$=e^{\lim_{x\to+\infty}\frac{-\frac{x}{1+x^2}}{\frac{\pi}{2}-\arctan x}}=e^{\lim_{x\to+\infty}\frac{\frac{(1+x^2)-x\cdot 2x}{(1+x^2)^2}}{-\frac{1}{1+x^2}}}$$
$$=e^{\lim_{x\to+\infty}\frac{1-x^2}{1+x^2}}=e^{-1}.$$

五、1. 解 $y'=e^{\sin x}\cos x\cos(\sin x)-e^{\sin x}\sin(\sin x)\cos x$
$=e^{\sin x}\cos x[\cos(\sin x)-\sin(\sin x)]$,
$y'(0)=1.$

2. 解 $\dfrac{dy}{dx}=-\dfrac{1}{t}$,

$$\frac{d^2y}{dx^2}=\frac{d}{dx}\left(\frac{dy}{dx}\right)=\frac{d\left(\frac{dy}{dx}\right)/dt}{dx/dt}=\frac{\frac{1}{t^2}}{t}=\frac{1}{t^3}.$$

3. 解 $y'=e^y+xe^y y'$, $y'=\dfrac{e^y}{1-xe^y}.$

当 $x=0$ 时,$y=1$,$y'(0)=e$,所以
切线方程为 $y-ex-1=0$,法线方程为 $ey+x-e=0$.

4. **解** $\dfrac{\partial z}{\partial x}=y\varphi'_u \cdot 2x=2xy\varphi'_u$(其中 $u=x^2-y^2$),

$\dfrac{\partial z}{\partial y}=\varphi(x^2-y^2)+y\varphi'_u(-2y)=\varphi(x^2-y^2)-2y^2\varphi'_u$,

$y\dfrac{\partial z}{\partial x}+x\dfrac{\partial z}{\partial y}=2xy^2\varphi'_u+x\varphi(x^2-y^2)-2xy^2\varphi'_u=x\varphi(x^2-y^2).$

六、1. **解** $\displaystyle\int\dfrac{\cos 2x}{\sin x+\cos x}dx=\int(\cos x-\sin x)dx=\sin x+\cos x+C.$

2. **解** $\displaystyle\int_{-1}^{3}\dfrac{f'(x)}{1+f^2(x)}dx=\int_{-1}^{3}\dfrac{df(x)}{1+f^2(x)}=\arctan f(x)\Big|_{-1}^{3}$
$=\arctan f(3)-\arctan f(-1).$

3. **解** $\displaystyle\int_{0}^{+\infty}\dfrac{1}{\sqrt{x}}e^{-\sqrt{x}}dx=\int_{0}^{1}\dfrac{1}{\sqrt{x}}e^{-\sqrt{x}}dx+\int_{1}^{+\infty}\dfrac{1}{\sqrt{x}}e^{-\sqrt{x}}dx$

$=\lim_{\varepsilon\to 0^+}\int_{0+\varepsilon}^{1}(-2e^{-\sqrt{x}})d(-\sqrt{x})+\lim_{b\to+\infty}\int_{1}^{b}(-2e^{-\sqrt{x}})d(-\sqrt{x})$

$=\lim_{\varepsilon\to 0^+}[-2e^{-\sqrt{x}}]_{\varepsilon}^{1}+\lim_{b\to+\infty}[-2e^{-\sqrt{x}}]_{1}^{b}=2.$

4. **解** $I=\displaystyle\iint_D xdxdy=\int_{0}^{1}dx\int_{(x-1)^2}^{1-x}xdy=\int_{0}^{1}x(1-x-(x-1)^2)dx=\int_{0}^{1}(x^2-x^3)dx=\dfrac{1}{12}.$

七、**证** 设 $F(x)=2x-\displaystyle\int_{0}^{x}f(t)dt$,则
$$F(0)=0,\ F'(x)=2-f(x)>1>0,$$
故 $F(x)$ 在 $[0,1]$ 上严格单调增加,而 $F(0)=0$. 当 $x>0$ 时,$F(x)>0$,所以 $F(x)$ 在 $[0,1]$ 上有且只有一个根 $F(0)=0$. 即方程 $2x-\displaystyle\int_{0}^{x}f(t)dt=0$ 在 $[0,1]$ 内有且只有一个实根.

八、**解** $y=3x^2$ 与 $y=2x^2+9$ 的交点为 $(3,27),(-3,27)$.
$$S=\int_{-3}^{3}[(2x^2+9)-3x^2]dx=\int_{-3}^{3}(9-x^2)dx=36.$$
$$V=\pi\int_{0}^{27}\dfrac{y}{3}dy-\pi\int_{9}^{27}\dfrac{y-9}{2}dy=\dfrac{81}{2}\pi.$$

九、1. **解** $y=e^{-\int\tan xdx}\left[\int\left(-3\tan xe^{\int\tan xdx}\right)dx+C\right]$

$=\cos x\left[\int\left(-3\tan x\cdot\dfrac{1}{\cos x}\right)dx+C\right]$

$=\cos x\left(\dfrac{-3}{\cos x}+C\right)=C\cos x-3.$

2. **解** 对 $x\displaystyle\int_{0}^{x}f(t)dt=(x+1)\int_{0}^{x}tf(t)dt$ 求导得
$$\int_{0}^{x}f(t)dt+xf(x)=\int_{0}^{x}tf(t)dt+(x+1)xf(x),$$
即
$$\int_{0}^{x}f(t)dt=\int_{0}^{x}tf(t)dt+x^2f(x).$$
再求导得

即 $$f(x)=xf(x)+2xf(x)+x^2f'(x),$$
$$x^2f'(x)+(3x-1)f(x)=0,$$

故 $$\frac{\mathrm{d}f(x)}{f(x)}=\frac{1-3x}{x^2}\mathrm{d}x,$$

积分得 $$\ln f(x)=-\frac{1}{x}-3\ln x+\ln C.$$

所以 $$f(x)=\frac{Ce^{-\frac{1}{x}}}{x^3}.$$

3. **解** $\rho=\lim\limits_{n\to\infty}\left|\dfrac{a_{n+1}}{a_n}\right|=1$，$R=\dfrac{1}{\rho}=1$.

当 $x=1$ 时，$\sum\limits_{n=1}^{+\infty}\dfrac{1}{n}$ 发散；当 $x=-1$ 时，$\sum\limits_{n=1}^{+\infty}\dfrac{(-1)^n}{n}$ 收敛，则收敛域为 $[-1,1)$.

设 $S(x)=\sum\limits_{n=1}^{+\infty}\dfrac{x^n}{n}$，则 $S'(x)=\sum\limits_{n=1}^{+\infty}x^{n-1}=\dfrac{1}{1-x}$，故

$$S(x)=\int_0^x\frac{1}{1-x}\mathrm{d}x=-\ln(1-x).$$

综合测试题六解答

一、1. 选 D. 因为 $\lim\limits_{x\to1}\dfrac{\ln x}{x-1}=\lim\limits_{x\to1}\dfrac{1}{x}=1$，故当 $x\to1$ 时，$\ln x$ 是 $x-1$ 的等价无穷小量.

2. 选 D. 因为 $\lim\limits_{x\to0^+}\sin x=\lim\limits_{x\to0^-}x=0=f(0)$，故 $f(x)$ 在点 $x=0$ 处连续；又因为 $f'_+(0)=\lim\limits_{x\to0^+}\dfrac{\sin x-0}{x-0}=1=\lim\limits_{x\to0^+}\dfrac{x-0}{x-0}=f'_-(0)$，故 $f'(0)=1$.

3. 选 A. 先作变量代换，然后再求导. 令 $x^2-t^2=u$，则 $-2t\mathrm{d}t=\mathrm{d}u$，$t\mathrm{d}t=-\dfrac{1}{2}\mathrm{d}u$，

$$\int_0^x tf(x^2-t^2)\mathrm{d}t=-\frac{1}{2}\int_{x^2}^0 f(u)\mathrm{d}u=\frac{1}{2}\int_0^{x^2}f(u)\mathrm{d}u,$$

则 $$\frac{1}{x}\int_0^x tf(x^2-t^2)\mathrm{d}t=\frac{1}{2}\frac{\mathrm{d}}{\mathrm{d}x}\int_0^{x^2}f(u)\mathrm{d}u=\frac{1}{2}f(x^2)\cdot 2x=xf(x^2).$$

4. 选 D. 由积分的基本公式及性质可得.

5. 选 A. 如图所示，
$$\int_1^2\mathrm{d}x\int_1^x f(x,y)\mathrm{d}y+\int_2^3\mathrm{d}x\int_1^{4-x}f(x,y)\mathrm{d}y=\int_1^2\mathrm{d}y\int_y^{4-y}f(x,y)\mathrm{d}x.$$

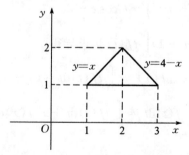

6. 选 D. 设 $x=r\cos\theta$, $y=r\sin\theta$, $0\leqslant\theta\leqslant 2\pi$, $0\leqslant r\leqslant 2$, 则
$$\iint_D dxdy = \int_0^{2\pi} d\theta \int_0^2 rdr = 4\pi.$$

7. 选 A. 因为 $\dfrac{1}{n^2+a} < \dfrac{1}{n^2}$, $\sum\limits_{n=1}^{+\infty} \dfrac{1}{n^2}$ 收敛, 故 $\sum\limits_{n=1}^{+\infty} \dfrac{1}{n^2+a}$ 收敛, 从而 $\sum\limits_{n=1}^{+\infty} (-1)^n \dfrac{1}{n^2+a}$ 绝对收敛.

8. 选 A. 当级数发散时, $\lim\limits_{n\to+\infty} u_n = 0$ 可能成立. 例如, $\sum\limits_{n=1}^{+\infty} \dfrac{1}{n}$ 发散, 且 $\lim\limits_{n\to+\infty} u_n = 0$.

9. 选 B. 由于 $\dfrac{1}{1+x} = 1 - x + x^2 - x^3 + \cdots + (-1)^n x^n + \cdots$.

二、1. $\dfrac{x}{9} + \dfrac{4}{3}$;　2. e^2;　3. 4, 5;　4. $F(\arctan x) + C$;　5. 3;

6. $\{(x, y) \mid x > 0 \text{ 且 } y > 0, \text{ 且 } x+y < 1\}$;　7. xe^x.

三、1. 解 $\lim\limits_{x\to\frac{\pi}{4}} (1-\ln\tan x)^{\frac{2}{1-\tan x}} = e^{2\lim\limits_{x\to\frac{\pi}{4}} \frac{\ln|1-\ln\tan x|}{1-\tan x}} = e^{2\lim\limits_{x\to\frac{\pi}{4}} \frac{-\ln\tan x}{1-\tan x} \left(\frac{0}{0}\right)} = e^2$.

2. 解 $\lim\limits_{x\to 0} \dfrac{\int_x^0 \tan t\, dt}{x^2} \left(\dfrac{0}{0}\right) = \lim\limits_{x\to 0} \dfrac{-\tan x}{2x} = -\dfrac{1}{2}$.

3. 解 $y' = \dfrac{1}{x+\sqrt{x^2-1}} \left(1 + \dfrac{x}{\sqrt{x^2-1}}\right) = \dfrac{1}{\sqrt{x^2-1}}$.

4. 解 两端求导得 $2yy' - 2y - 2xy' = 0$, 所以 $y' = \dfrac{-y}{x-y}$.

5. 解 $\dfrac{\partial z}{\partial x} = e^{x^2}$, $\dfrac{\partial z}{\partial y} = -e^{y^2}$.

6. 解 $\displaystyle\int \dfrac{dx}{\sqrt{1+e^x}} \xlongequal{t=\sqrt{1+e^x}} \int \dfrac{2dt}{t^2-1} = \ln\left|\dfrac{t-1}{t+1}\right| + C$
$= 2\ln(\sqrt{1+e^x} - 1) - x + C$.

7. 解 $\displaystyle\int_1^{e^2} \dfrac{dx}{x\sqrt{1+\ln x}} = \int_1^{e^2} \dfrac{d(1+\ln x)}{\sqrt{1+\ln x}} = 2\sqrt{1+\ln x}\Big|_1^{e^2}$
$= 2\sqrt{3} - 2\sqrt{1+\ln 1} = 2\sqrt{3} - 2$.

8. 解 $\displaystyle\int_{-\frac{\pi}{4}}^{\frac{3\pi}{2}} \dfrac{dx}{\cos^2 x} = \int_{-\frac{\pi}{4}}^{\frac{\pi}{2}} \dfrac{dx}{\cos^2 x} + \int_{\frac{\pi}{2}}^{\frac{3\pi}{2}} \dfrac{dx}{\cos^2 x}$.

因为 $\displaystyle\int_{-\frac{\pi}{4}}^{\frac{\pi}{2}} \dfrac{dx}{\cos^2 x} = \lim\limits_{\varepsilon\to 0^+} \int_{-\frac{\pi}{4}}^{\frac{\pi}{2}-\varepsilon} \sec^2 x\, dx = \lim\limits_{\varepsilon\to 0^+} \tan x \Big|_{-\frac{\pi}{4}}^{\frac{\pi}{2}-\varepsilon} = +\infty$, 所以原积分发散.

9. 解 $dz = \dfrac{y^3 dx + x^3 dy}{(x^2+y^2)^{3/2}}$.

10. 解 $I = \displaystyle\int_0^1 e^x dx \int_0^1 e^y dy = \left(\int_0^1 e^x dx\right)^2 = (e^x\big|_0^1)^2 = (e-1)^2$.

四、解 要使 $f(x)$ 在 $x=0$ 处可导, 可知 $f(x)$ 在 $x=0$ 处连续, 而
$$\lim\limits_{x\to 0^-} f(x) = \lim\limits_{x\to 0^-} (a+bx) = a,$$

· 375 ·

$$\lim_{x\to 0^+} f(x) = \lim_{x\to 0^+} \ln(1+cx) = 0,$$

所以 $a=0$.

又
$$\lim_{x\to 0^-} \frac{f(x)}{x} = \lim_{x\to 0^-} \frac{bx}{x} = b,$$
$$\lim_{x\to 0^+} \frac{f(x)}{x} = \lim_{x\to 0^+} \frac{\ln(1+cx)}{x} = c,$$

所以 $b=c$.

五、解　$S(t) = S_1 + S_2 = t^3 - \int_0^t x^2 dx + \int_t^1 x^2 dx - (1-t)t^2$
$$= \frac{4}{3}t^3 - t^2 + \frac{1}{3}.$$

由 $S'(t) = 4t^2 - 2t = 0$，得驻点 $t=0$，$t=\frac{1}{2}$.

又　　$S''(t) = 8t - 2 = 2(4t-1)$，$S''(0) = -2 < 0$，$S''\left(\frac{1}{2}\right) = 2 > 0$，

故当 $t=\frac{1}{2}$ 时，S_1+S_2 取极小值 $S\left(\frac{1}{2}\right) = \frac{1}{4}$；

当 $t=0$ 时，S_1+S_2 取极大值 $S(0) = \frac{1}{3}$.

又当 $t=1$ 时，$S(1) = \frac{2}{3}$.

比较知，$S_{\text{最大}} = S(1) = \frac{2}{3}$，$S_{\text{最小}} = S\left(\frac{1}{2}\right) = \frac{1}{4}$.

六、1.解　设切点坐标为 (x, y)，切线与坐标轴交点为 $(2x, 0)$，$(0, 2y)$，切线斜率为
$$\frac{dy}{dx} = -\frac{y}{x},$$

积分得
$$\int \frac{dy}{y} = -\int \frac{dx}{x},$$

即
$$\ln y = -\ln x + \ln C,$$

整理得
$$xy = C.$$

2.解　$y = e^{-\int \frac{1}{x} dx} \left(\int \sin x e^{\int \frac{1}{x} dx} dx + C \right) = \frac{1}{x} \left(\int x \sin x dx + C \right)$
$$= \frac{1}{x}(-x\cos x + \sin x + C).$$

参考文献
REFERENCES

李正元，李永乐，等，2002. 微积分复习指导与典型例题分析[M]. 北京：机械工业出版社.
马少军，袁冬梅，王殿坤，2016. 高等数学学习指导与习题解答[M]. 北京：科学出版社.
马少军，赵翠萍，2007. 高等数学[M]. 2版. 北京：中国农业出版社.
同济大学数学教研室，1996. 高等数学[M]. 4版. 北京：高等教育出版社.
朱士信，唐烁，2020. 高等数学[M]. 2版. 北京：高等教育出版社.

图书在版编目(CIP)数据

高等数学学习指导 / 王殿坤，李福乐，袁冬梅主编. —北京：中国农业出版社，2023.8(2024.7重印)
高等农业院校教材
ISBN 978-7-109-30873-2

Ⅰ.①高… Ⅱ.①王… ②李… ③袁… Ⅲ.①高等数学－高等学校－教学参考资料 Ⅳ.①O13

中国国家版本馆 CIP 数据核字(2023)第 124845 号

中国农业出版社出版
地址：北京市朝阳区麦子店街 18 号楼
邮编：100125
责任编辑：魏明龙
版式设计：王 晨 责任校对：吴丽婷
印刷：中农印务有限公司
版次：2023 年 8 月第 1 版
印次：2024 年 7 月北京第 2 次印刷
发行：新华书店北京发行所
开本：787mm×1092mm 1/16
印张：24.25
字数：605 千字
定价：55.50 元

版权所有·侵权必究
凡购买本社图书，如有印装质量问题，我社负责调换。
服务电话：010-59195115 010-59194918